"十二五"国家重点图书出版规划项目

我国近海海洋综合调查与评价专项成果

福建近海海洋综合调查与评价丛书

Comprehensive Investigation
and Assessment in Offshore
of Fujian Province

福建省近海海洋综合调查与评价总报告

陈 坚◎主 编

科学出版社
北 京

内 容 简 介

本报告在福建省908专项各调查成果的基础上，汇总、综合和提炼了"海岸带、海岛、近岸与港湾、资源以及海域使用和社会经济基本情况"等调查的成果，对资源、环境的状况和承载力，以及灾害状况与发生趋势进行综合评价，并提出了海洋持续开发战略与管理对策。

本报告较完整地反映了福建省近海海洋状况，可为政府相关部门在合理开发、科学利用和有效保护海洋资源等方面提供科学决策依据；也可以满足海洋综合管理的需要，对保护海洋环境、保护海洋资源、制定海洋规划、进行海洋功能区划和海洋经济产业结构调整提供科学依据；还可以为海洋科技工作者开展海洋研究、海洋调查、海域论证等提供技术支撑。

图书在版编目（CIP）数据

福建省近海海洋综合调查与评价总报告／陈坚主编．—北京：科学出版社，2016.1
（福建近海海洋综合调查与评价丛书）

ISBN 978-7-03-045812-4

Ⅰ．①福… Ⅱ．①陈… Ⅲ．①近海-海洋调查-研究-报告-福建省②近海-海洋资源-资源评价-研究报告-福建省 Ⅳ．①P714②P74

中国版本图书馆 CIP 数据核字（2015）第 227257 号

丛书策划：胡升华　侯俊琳
责任编辑：牛　玲　张翠霞／责任校对：胡小洁
责任印制：徐晓晨／封面设计：铭轩堂
编辑部电话：010-64035853
E-mail：houjunlin@mail.sciencep.com

科学出版社 出版
北京东黄城根北街 16 号
邮政编码：100717
http://www.sciencep.com
北京虎彩文化传播有限公司 印刷
科学出版社发行　各地新华书店经销
*
2016 年 1 月第　一　版　开本：787×1092　1/16
2021 年 1 月第三次印刷　印张：34 1/2
字数：780 000
定价：298.00 元
（如有印装质量问题，我社负责调换）

福建省近海海洋综合调查与评价项目（908 专项）组织机构

专项领导小组 *

组　　长　张志南（常务副省长）

历任组长　（按分管时间排序）

　　　　　刘德章（常务副省长，2005～2007 年）

　　　　　张昌平（常务副省长，2007～2011 年）

　　　　　倪岳峰（副省长，2011～2012 年）

副 组 长　吴南翔　王星云

历任副组长　刘修德　蒋谟祥　刘　明　张国胜　张福寿

成员单位　省发展和改革委员会、省经济贸易委员会、省教育厅、省科学技术厅、省公安厅、省财政厅、省国土资源厅、省交通厅、省水利厅、省环保厅、省海洋与渔业厅、省旅游局、省气象局、省政府发展研究中心、省军区、省边防总队

专项工作协调指导组

组　　长　吴南翔

历任组长　张国胜（2005～2006 年）　刘修德（2006～2012 年）

副 组 长　黄世峰

成　　员　李　涛　李钢生　叶剑平　钟　声　吴奋武

历任成员　陈苏丽　周　萍　张国煌　梁火明　卢振忠

专项领导小组办公室

主　　任　钟　声

历任主任　叶剑平（2005～2007 年）

---

* 福建省海洋开发管理领导小组为省 908 专项领导机构。如无特别说明，排名不分先后，余同。

常务副主任 柯淑云

历任常务副主任 李 涛（2005～2006 年）

成 员 许 斌 高 欣 陈凤霖 宋全理 张俊安（2005～2010 年）

专项专家组

组 长 洪华生

副 组 长 蔡 锋

成 员（按姓氏笔画排序）

刘 建 刘容子 关瑞章 阮五崎 李 炎 李培英 杨圣云 杨顺良
陈 坚 余金田 杜 琦 林秀萱 林英厦 周秋麟 梁红星 曾从盛
简灿良 暨卫东 潘伟然

任务承担单位

省内单位 国家海洋局第三海洋研究所，福建海洋研究所，厦门大学，福建师范大学，集美大学，福建省水产研究所，福建省海洋预报台，福建省政府发展研究中心，福建省海洋环境监测中心，国家海洋局闽东海洋环境监测中心，厦门海洋环境监测中心，福建省档案馆，沿海设区市、县（市、区）海洋与渔业局、统计局

省外单位 国家海洋局第一海洋研究所、中国海洋大学、长江下游水文水资源勘测局

各专项课题主要负责人

郭小钢 暨卫东 唐森铭 林光纪 潘伟然 蔡 锋 杨顺良 陈 坚
杨燕明 罗美雪 林 忠 林海华 熊学军 鲍献文 李奶姜 王 华
许金电 汪卫国 吴耀建 李荣冠 杨圣云 张 钒 赵东波 方民杰
戴天元 郑耀星 郑国富 颜尤明 胡 毅 张数忠 林 辉 蔡良侯
张澄茂 陈明茹 孙 琪 王金坑 林元烧 许德伟 王海燕 胡灯进
徐勇航 赵 彬 周秋麟 陈 尚 张雅芝 莫好容 李 晓 雷 刚

"福建近海海洋综合调查与评价丛书"

编纂指导委员会

主　　任　吴南翔

历任主任　刘修德

副 主 任　黄世峰

委　　员

李　涛　李钢生　叶剑平　钟　声　吴奋武　柯淑云　蔡　锋　李培英

李　炎　杨圣云　周秋麟　阮五崎　刘容子　温　泉　吴桑云　杜　琦

编纂指导委员会办公室

主　　任　钟　声

副 主 任　柯淑云

成　　员　许　斌　高　欣　张俊安　宋全理

《福建省近海海洋综合调查与评价总报告》

编委会

主　编　陈　坚

副 主 编　徐勇航　柯淑云

编　　委　郭小钢　唐森铭　林　辉　杨顺良　杨圣云　蔡　锋

张数忠　潘伟然　张澄茂　郑国富　杨燕明　李　晓

林光纪

丛书序 PREFACE

2003 年 9 月，为全面贯彻落实中共中央、国务院关于海洋发展的战略决策，摸清我国近海海洋家底及其变化趋势，科学评价其承载力，为制定海洋管理、保护、开发的政策提供基础依据，国家海洋局部署开展我国近海海洋综合调查与评价（简称 908 专项）。

福建省 908 专项是国家 908 专项的重要组成部分。在国家海洋局的精心指导下，福建省海洋与渔业厅认真组织实施，经过各级、各有关部门，特别是相关海洋科研单位历经 8 年的不懈努力，终于完成了任务，将福建省 908 专项打造成为精品工程、放心工程。福建是我国海洋大省，在 13.6 万千米^2 的广阔海域上，2214 座大小岛屿星罗棋布；拥有 3752 千米漫长的大陆海岸线，岸线曲折率 1：7，居全国首位；分布着 125 个大小海湾。丰富的海洋资源为福建海洋经济的发展奠定了坚实的物质基础。

但是，随着海洋经济的快速发展，福建近海资源和生态环境也发生了巨大的变化，给海洋带来严重的资源和环境压力。因此，实施 908 专项，对福建海岛、海岸带和近海环境开展翔实的调查和综合评价，对解决日益增长的用海需求和海洋空间资源有限性的矛盾，促进规划用海、集约用海、生态用海、科技用海、依法用海，规范科学管理海洋，推动海洋经济持续、健康发展，具有十分重要和深远的意义。

福建是 908 专项任务设置最多的省份，共设置 60 个子项目。其中，国家统一部署的有五大调查、两个评价、"数字海洋"省级节点建设和 7 个成果集成等 15 项任务。除此之外，福建根据本省管理需要，增加了 13 个重点海湾容量调查、海湾数模与环境研究、近海海洋生物苗种、港航、旅游等资源调查，有关资源、环境、灾害和海洋开发战略等综合评价项目，以及《福建海湾志》等成果集成，共 45 项增设任务。

在福建实施 908 专项过程中，包括省内外海洋科研院所、省直相关部门、沿海各级海洋行政主管部门和统计部门在内的近百个部门和单位，累计 3000 多人参与了专项工作，外业调查出动的船只达上千船次。经过 8 年的辛勤劳动，福建省 908 专项取得了丰硕成果，获取了海量可靠、实时、连续、大范围、高精度的海洋基础信息数据，基本摸清了福建近海和港湾的海洋环境资源家底，不仅全面完成了国家海洋局下达的任务，而且按时完成了具有福建地方特色的调查和评价项目，实现了预期目标。

本着"边调查、边评价、边出成果、边应用"的原则，福建及时将 908 专项调查评价成果应用到海峡西岸经济区建设的实践中，使其在海洋资源合理开发与保护、海洋综合管理、海洋防灾减灾、海洋科学研究、海洋政策法规制定等领域发挥了积极作用，充分体现了福建省 908 专项工作成果的生命力。

为了系统总结福建省 908 专项工作的宝贵经验，充分利用专项工作所取得的成果，福建省 908 专项办公室继 2008 年结集出版 800 多万字的"《福建省海湾数模与环境研究》项目系列专著"（共 20 分册），2012 年安排出版《中国近海海洋图集——福建省海岛海岸带》、《福建省海洋资源与环境基本现状》和《福建海湾志》等重要著作之后，这次又编辑出版"福建近海海洋综合调查与评价丛书"。"福建近海海洋综合调查与评价丛书"共有 8 个分册，涵盖了专项工作各个方面，填补了福建"近海"研究成果的空白。

　　"福建近海海洋综合调查与评价丛书"所提供的翔实、可靠的资料，具有相当权威的参考价值，是沿海各级人民政府、有关管理部门研究福建海洋的重要工具书，也是社会大众了解、认知福建海洋的参考书。

　　福建省908专项工作得到相关部门、单位和有关人员的大力支持，在本系列专著出版之际，谨向他们表示衷心感谢！由于本专著涉及学科门类广，承担单位多，时间跨度长，综合集成、信息处理量大，不足和差错之处在所难免，敬请读者批评指正。

福建省908专项系列专著编辑指导委员会

2013年12月8日

前　言 ■■■■■
PREFACE

　　福建省地处我国东南沿海，是东海和南海的交通要冲。位置为北纬 23°32′~28°19′、东经 115°51′~120°52′。北连长江三角洲、南接珠江三角洲、东与台湾岛隔海相望。福建是著名的侨乡，旅外侨胞1260多万人，80%的台湾同胞祖籍福建。全省下辖计划单列市厦门和福州、宁德、莆田、泉州、漳州、南平、三明、龙岩等八个地级市。沿海地区分布有厦门和五个地级市，共辖33个县和1个综合示范区，其中，宁德市下辖福鼎市、霞浦县、福安市、蕉城区，福州市下辖罗源县、连江县、马尾区、长乐市、福清市，莆田市下辖涵江区、荔城区、城厢区、秀屿区、仙游县，泉州市下辖泉港区、洛江区、丰泽区、惠安县、晋江市、石狮市、南安市，厦门市下辖翔安区、同安区、集美区、思明区、湖里区、海沧区，漳州市下辖龙海市、漳浦县、云霄县、东山县、诏安县，原辖于福州市的平潭县于2010年升格为平潭综合示范区，由省政府直接管理。

　　福建地区在大地构造上属于华南褶皱系，为环太平洋中、新生代巨型构造——岩浆带陆缘活动带的一部分。构造形迹以断裂构造最为显著，发育了 NE、NNE、NW、EW、SN 向等多组断裂，其中以 NE 向、NNE 向断裂为主干断裂，NW 向为重要次级断裂，对岩浆活动、海岸地貌形成与发育有着控制作用。福建沿海地区的主要断裂带平潭—东山断裂带平行海岸线 NE 向展布，多没于海域中，控制了闽江口以南海岸线总体轮廓；滨海断裂带大致沿海域 40～50 米等深线分布，总体走向 NE，长约 660 千米，为全省最大和现今弱震震中分布带；NW 向断裂带主要有霍童溪、闽江、晋江、九龙江等断裂，具有一定的活动性，NW 向与 NE 向断裂交切，形成曲折海岸线，并控制了半岛、岛屿与海湾、河口平原相间排列的格局。燕山期福建沿海的岩浆活动相当剧烈而且频繁，形成多期侵入岩和火山岩，闽江口以北以火山岩为主，闽江口以南多为侵入岩；喜马拉雅期本区地壳处于相对稳定阶段，仅在漳浦沿海地带有小规模的拉斑玄武岩喷溢。

福建省地形以山地、丘陵为主，山地和丘陵地貌占全省陆地总面积的 80% 以上，有"八山一水一分田"之称。闽西、闽中两大山带是构成福建地形的骨架，形成西北高东南低的地势格局。两大山带均呈东北—西南走向，与海岸平行。蜿蜒于闽赣边界附近的闽西大山带，由武夷山、杉岭山脉等组成，长约 530 千米，平均海拔 1000 多米，是闽赣两省水系的分水岭，也是闽江的发源地，主峰黄岗山海拔 2161 米，位于武夷山市境内。闽中大山带斜贯福建中部，被闽江、九龙江截为三部分，闽江干流以北为鹫峰山脉，闽江与九龙江之间为戴云山脉，九龙江以南为博平岭山脉；中段德化境内的戴云山，主峰海拔 1856 米，为闽中大山带的最高峰。两大山带的外侧与沿海地带，广泛分布着丘陵。

福建省海岸线总长 3486.2 千米，居全国第二位。岸线曲折率居全国首位，海岸带地貌以基岩海岸线曲折和多港湾、半岛与岛屿为特点。大小港湾 125 个，主要分布在大型港湾内及近岸海域，北部和中北部分布多、南部少。主要港湾有沙埕港、三沙湾、罗源湾、福清湾、兴化湾、湄洲湾、泉州湾、深沪湾、厦门湾、旧镇湾、东山湾、诏安湾等。

福建全省大部分属中亚热带气候。受闽西大山的阻挡和海洋暖湿气流的影响，福建大部分地区冬无严寒，夏少酷暑，雨量充沛，形成暖热湿润的亚热带海洋性季风气候，年均气温 15.7~22.4℃，年均降雨量 1000~1800 毫升，年均日照时数 1700~2300 小时。以闽江口为界，南北沿海分属南亚热带和中亚热带海洋性季风气候。

福建省共有 29 个水系，大小河流 600 多条，共长 13 569 千米。主要水系有闽江、九龙江、汀江、晋江、漳江、交溪、霍童溪、萩芦溪、鳌江、木兰溪、东溪和龙江等。各水系自成独立入海的水系单元，河流大多流程短，形成外流单向格子状水系，除汀江外基本在福建辖区内入海。

福建全省陆地面积 12.40 万千米^2，土地资源绝对量少，人均土地面积 3.38 公顷，不到全国人均土地面积的一半，是最少的省份之一。全省山地丘陵多，地形坡度较大，灌溉条件差，不利于开垦为耕地而适宜林木生长。全省土地中宜林地约占 74%，宜耕地约占 21%。土地资源分布地域差异显著，闽东南地区的福州、厦门、漳州、泉州、莆田等五个地级市，土地总面积约占全省面积的 34%，而耕地面积占 47.06%；闽西北地区土地总面积约占全省的 66%，而林地面积占全省的 76.1%。

由于海洋调查历史资料陈旧，时空密度小、准确度低，难以全面准确反映当前海洋状况，远不能满足落实党的十六大提出的"实施海洋开发"战略部署的需求。2003 年 10 月，国家海洋局提出的"我国近海海洋综合调查与评价"专项（简称国家 908 专项）获准立项。福建省作为重要的沿海省份，在国家海洋局的统一指导下，积极组织实施了福建省近海海洋综合调查与评价（简称福建省 908 专项）工作。

福建省 908 专项由综合调查、综合评价、"数字海洋"信息基础框架建设和成果集成四部分组成，除了国家 908 专项办公室下达给福建省的近岸海域化学和生物生态调查、海岛调查、海岸带调查、海域使用现状调查、沿海地区社会经济基本情况调查、新型潜在开发区评价与选划、福建"数字海洋"信息基础框架建设等七项任务外，福建省 908 专项根据福建的具体特点和需求，新增了部分调查与评价工作，共设置了专项任务合同 59 个，其中综合调查任务合同 24 个、综合评价任务合同 24 个、数字海洋任务合同 1 个和成果集成任务合同 10 个。

综合调查包括近岸与港湾综合调查、海岛调查、海岸带调查、海域使用现状调查、沿海社会经济基本情况调查和遥感调查等。

近岸与港湾综合调查除了开展近海海域和重要港湾海洋水文、海洋气象、海洋化学和生物生态调查外，还开展了近海海洋经济生物苗种资源调查、海洋灾害调查、重要港湾海底地形编图。海岛调查开展有居民海岛和无居民海岛的数量、地理坐标、面积、岸线、资源环境的现状、变化及原因等调查工作。海岸带调查开展海岸线长度，滩涂及潮间带的类型和面积，滨海湿地类型、面积、生态特点，围填海类型、面积，以及海岸带港口、旅游、矿产、土地、淡水等资源的状况等调查工作。海域使用现状调查开展海域使用基础调查、重点海域使用排他性与兼容性调查、海洋功能区划符合性调查等。沿海社会经济基本情况调查开展沿海地区社会经济的发展条件、发展历史、发展状况、发展水平、结构和布局特征、存在问题及其对海洋资源开发和海洋经济发展的影响等调查。遥感调查配合海岛、海岸带和海域使用现状调查工作实施，完成 1:10 000 比例尺卫星遥感图像解译和信息提取工作，并制作遥感影像图件。

综合评价共设福建沿岸和港湾资源及其承载力综合评价、福建沿岸和港湾生态环境及其承载力综合评价、福建海洋灾害状况及对策综合研究、福建海洋经济发展战略与海洋管理研究四个课题。

福建沿岸和港湾资源及其承载力综合评价，下设港口航运资源的保护和利用评价、海水养殖容量与新型潜在增养殖区评价与选划、潜在渔业资源开发利用与保护、新型潜在滨海旅游区评价与选划、围填海综合评价、海砂资源综合评价、海洋新能源综合评价、海洋特殊保护资源综合评价等八个专题。福建沿岸和港湾生态环境及其承载力综合评价，下设主要港湾环境容量评估、海岸带开发活动环境效应评价、闽江入海物质对闽江口及沿海地区的影响、滨海湿地及红树林生态系统评价、典型海湾生态系统健康与安全评价、滨海沙滩保护利用评价等六个专题。福建海洋灾害状况及对策综合研究，下设沿海台风风暴潮与台风浪发生状况及对社会经济发展的影响、海洋赤潮灾害趋势评估及防治对策、海洋外来物种入侵现状与对策评估研究、海岸侵蚀与港湾淤积影响评价、海洋突发性污染灾害评估等五个专题。福建海洋经济发展战略与海洋管理研究，下设海域使用分类定级与价值评估研究、海洋功能区划管理办法研究、海岛生态系统评价与资源开发保护策略、海洋经济发展战略研究、海洋政策研究等五个专题。

福建省"数字海洋"信息基础框架建设包括海洋信息基础平台建设、海洋综合管理信息系统建设、系统业务化运行能力建设三个部分内容。通过建设福建省"数字海洋"信息基础框架软硬件平台和网络交换中心，对接"数字福建"，实现海洋基础地理与资源环境数据、专业模型和信息技术的综合集成，为国民经济发展、国防建设、海洋综合管理、海洋环境保护和海洋科学研究等提供全面、多层次的海洋信息共享服务。

国家908专项获准立项后，福建省抓住时机，及时介入和组织一批海洋科技专家经过六次的讨论修改，编制了《关于在福建开展中国近海海洋综合调查与评价（908专项）试点建议书》，于2004年5月以福建省政府的名义向国家海洋局提出承担专项调查与评价工作试点的申请，得到国家海洋局的高度评价。2004年10月，沿海省（自治区、直辖市）908专项工作正式启动，根据国家海洋局的要求和部署，10月15日成立了福建省908专项工作协调指导组、专家组和专项办公室，专项办公室挂靠省海洋与渔业局海域处和海域勘界办。2004年11月5日成立了福建省908专项专家组和质量监督管理组，建立了以国家海洋局第三海洋研究所、福建海洋研究所、福建省水产研究所、厦门大学等为技术支撑单位，省直有关厅局共同协作的项目实施架构。2004年11月6日，福建省908专项办公室正式委托国家海洋局第三海洋研究所在专家组的指导下开展《福建省908专项总体实施方案》编制工作，11月30日专家组向全省有关部门、科研院校、沿海设区市海洋与渔业局征求《福建省908专项重大需求分析要点》意见，并在全省范围内开展在研项目与历史项目情况调研；2005年3月，专家组先后走访了省直有关涉海部门并召开了座谈会，认真听取各部门对实施方案的意见和建议；在深入调查研究、广泛征求意见、反复研究讨论的基础上，经过七次方案论证和修编会议，2005年3月25日《福建省908专项总体实施方案》通过评审，成为指导专项实施的重要依据。

在历经八年的专项实施过程中，先后有26家单位约3235人参与了专项的调查评价、"数字海洋"基础框架建设和成果集成等工作，累计工作量20余万人天；外业调查使用各类船只238艘，累计5000多航次，出海人员6470人天，航程31.56万千米；调查使用车辆6800多天次，行程75万千米。通过专项的实施，获取了可靠、实时、连续、大范围、高精度的数据，基本摸清了福建省近海和港湾的海洋环境资源家底，构建了福建省"数字海洋"信息基础框架，为福建省海洋经济发展和海峡西岸经济区建设提供了科学依据。

福建省908专项在实施过程中，贯彻"边调查、边总结、边应用"的方针，及时将成果转化应用于海洋经济和海洋管理的各项工作中去。例如，2008年1月，专项海岸线修测成果经省政府批准向全社会公布信息，实现了全省海岸线基础地理信息数据的全面更新，明确了海洋与土地、水利部门的管理界限，解决了长期困扰海岸带管理职能冲突和管理缺位等问题，其成果被广泛运用于《福建省行政区划图集》绘制、省市县三级海洋功能区划、海洋环境保护规划编制等。福建省各级海洋行政管理部门直接参与908专项海域使用现状调查，及时将成果应用到海洋综合管理中，强化了沿海各市县海域权属管理工作，提高了海域确权发证率。海岛海岸带调查资料为全省推进海岸带综合治理、无居民海岛保护与利用、典型海岛和重点保护区选划提供了最新的基础资料。海湾围填评价成果运用于福建省海湾围填海控制、海湾规划等工作；海砂资源综合评价成果为《福建海砂开采临时用海管理办法》的出台和地市海砂开采控制规划的制订提供了依据；近海生物苗种调查成果为量化评估三沙湾官井洋大黄鱼增殖放流效果，以及人工鱼礁建设工程提供了重要科学依据；新型潜在滨海旅游区评价与选划，查清了滨海旅游资源家底，为新一轮海洋功能区划、滨海旅游开发规划提供了依据；海域使用分类定级及价值评估成果，为福建省海域使用金征收标准、科学分类定级提供了科学依据，并对逐步施行海域使用市场化运作和科学管理提出了办法和对策。"数字海洋"构建的成果《福建省海域使用管理信息系统》实现了海域使用审批流程、海域使用项目查询、海域使用情况统计及日常业务管理功能；福建省风暴潮预警辅助决策系统在2008年、2009年影响福建省的10多次台风期间发挥了重要的作用，为省政府防灾减灾应急指挥部的决策部署提供了有力依据。

　　本报告由国家海洋局第三海洋研究所牵头，联合福建海洋研究所、福建省水产研究所、厦门大学、福建省海洋预报台、福建师范大学、福建省人民政府政策研究中心等单位的专家共同完成。因报告篇幅和水平所限，专项取得的成果无法全部一一涵盖，其中也难免存在不足之处，恳请有关方面和各位读者批评指正。

编　者

2014 年 7 月

目 录 ■■■■■■
CONTENTS

第一章
海洋水文与海洋气象调查

福建省 908 专项海洋水文和海洋气象调查由福建海域海洋水文与海洋气象调查和 13 个重要港湾海洋水文调查两部分组成。

近岸海域海洋水文与海洋气象调查于 2006 年夏季和冬季、2007 年春季和秋季分四个航次实施,每个航次开展 39 个大面站的海洋水文和海洋气象观测。2006 年夏季调查时间为 7 月 18 日至 8 月 17 日,2006 年冬季调查时间为 12 月 25 日至翌年 2 月 7 日,2007 年春季调查时间为 4 月 5 日至 5 月 5 日,2007 年秋季调查时间为 10 月 9 日至 12 月 20 日。海洋水文观测要素有:水温、盐度、浊度、海流剖面、波浪、海况、水色、透明度、海发光。其中海况、水色、透明度、波浪只在白天进行观测,海发光在晚上观测;海流剖面采用全航程走航声学多普勒流速剖面仪(ADCP)观测方式开展。海洋气象观测要素有:风速、风向、气温、气压、相对湿度、云、能见度、天气现象。其中风速、风向、气温、气压、相对湿度全航程开展观测,云、能见度、天气现象只在白天观测。

重要港湾海洋水文调查于 2005 年和 2006 年由国家海洋局第一海洋研究所、国家海洋局第三海洋研究所等单位分别在沙埕湾、三沙湾、罗源湾、闽江口、福清湾、兴化湾、湄州湾、泉州湾、深沪湾、厦门湾、旧镇湾、东山湾和诏安湾 13 个重要港湾开展。海洋水文调查内容包括潮位观测,海流、温度、盐度、含沙量定点周日连续观测,湾口周日往返式 ADCP 海流走航断面观测,大面站温度、盐度观测等。

为全面反映福建近海海洋水文和海洋气象特征,补充使用了国家 908 专项 ST06 区块的有关资料。各观测站位置如图 1-1 所示。

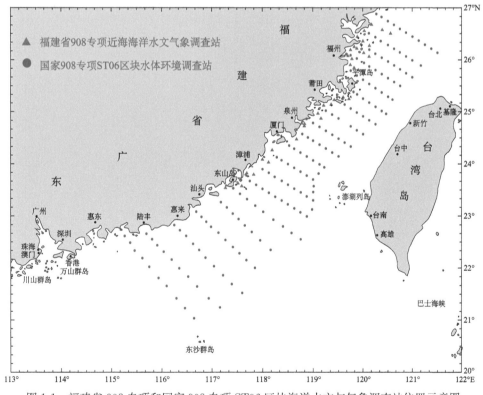

图 1-1　福建省 908 专项和国家 908 专项 ST06 区块海洋水文与气象调查站位置示意图

第一节 海 洋 气 象

一、福建近海海域气象要素特征

海面气象调查资料统计结果见表1-1。

表 1-1 气象要素观测资料统计特征值

季节	气压/百帕		气温/℃		相对湿度/%		风速/(米/秒)		最多风向频率/%		
	变化范围	平均	变化范围	平均	变化范围	平均	变化范围	平均	偏北风	偏南风	偏东风
2006年夏季	1001.4~1011.9	1006.8	25.8~29.0	27.5	9~87	77	0.9~11.9	6.1	54	24	9
2006年冬季	1015.4~1032.0	1023.0	6.7~18.2	13.4	27~85	64	1.2~15.3	7.8	81	1	14
2007年春季	1007.3~1021.9	1013.8	14.2~23.8	18.4	51~87	74	0.4~10.4	4.9	50	28	15
2007年秋季	1010.3~1026.1	1018.3	13.3~25.7	17.8	46~86	72	0.2~14.5	6.9	74	7	14

(一) 气压

受"格美"等6个台风先后影响，2006年夏季航次期间调查海域大部分时间气压较低，平均海平面气压为1006.8百帕，最低气压1001.4百帕，最高气压1011.9百帕。受"格美"等台风直接影响，7月20日~27日和8月7日~12日气压最低；受副热带高压西扩影响，7月28日~8月1日气压较高，最高气压达1011.9百帕 [图1-2(a)]。

2006年冬季航次期间受大陆冷高压影响，气压较高，平均海平面气压达1023.0百帕，最低气压1015.4百帕，最高气压1032.0百帕。闽江口及其以北近岸海域、台湾浅滩北至东山岛之间近岸区气压在1023.0百帕以上，其他区域气压低于此值。2007年1月5日~14日、17日~18日、26日~29日海平面气压较高，大于1023.2百帕；2006年12月25日~2007年1月4日、1月15日~16日、19日~25日和1月30日~2月6日气压较低，小于等于1023.0百帕 [图1-2(b)]。

2007年春季航次期间调查海域海平面气压较低，平均1013.8百帕，相对而言，海坛岛至东山岛近岸区气压稍高，大多高于1015.0百帕，其他区域气压低于1011.0百帕。最低气压1007.3百帕，最高气压1021.9百帕。2007年4月5日~12日、19日~21日、26日~29日海平面气压较高，4月14日~18日、22日~25日和5月1日~4日气压较低 [图1-2(c)]。

2007年秋季航次期间海平面气压平均1018.3百帕，最低气压1010.3百帕，最高气压1026.1百帕。在闽江口及其以北近岸海域、兴化湾至泉州湾外海域气压较高，大于1020.0百帕，其他区域气压较低，多在1018.0百帕以下。10月9日~13日、23日~28日、12月10日~13日、19日~20日海平面气压较低，低于1018.0百帕，10月14日~19日、11月13日~16日和12月2日~4日、14日~18日气压较高，大多高于1018.0百帕 [图1-2(d)]。

综上所述，2006~2007年调查期间海平面气压变化为1001.4~1032.0百帕，各航

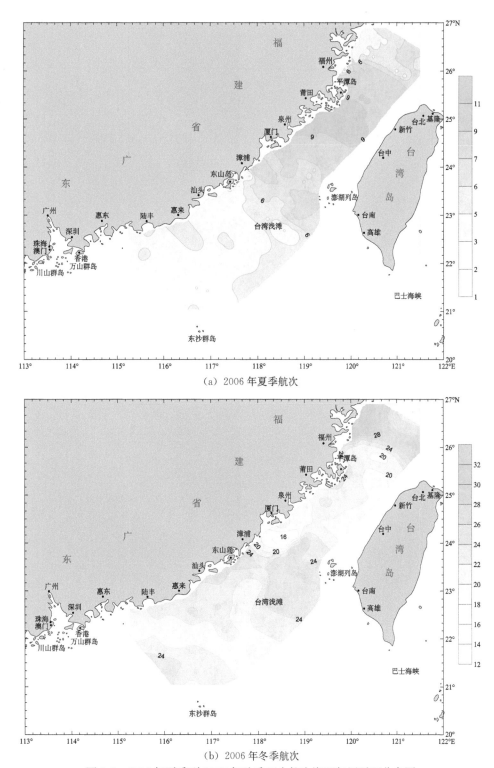

（a）2006 年夏季航次

（b）2006 年冬季航次

图 1-2　2006 年夏季到 2007 年秋季四个航次海面气压平面分布图

注：图上数值为实测气压值减 1000 百帕的余数值

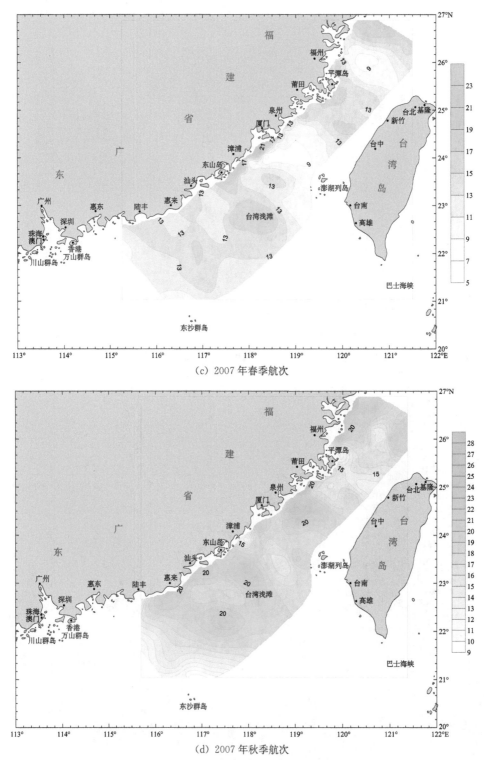

（c）2007年春季航次

（d）2007年秋季航次

图1-2　2006年夏季到2007年秋季四个航次海面气压平面分布图（续）

次平均气压为 1006.8～1023.0 百帕，冬季航次最高，秋季航次居次，夏季航次最低。大陆冷高压、副热带高压、热带气旋等是影响海域海平面气压高低的主要天气系统。

(二) 气温

2006 年夏季航次期间，福建近海海域海面温度较高，且近岸区高于远岸区。气温大多变化于 25.8～29.0℃，平均气温为 27.5℃。7 月 19 日～21 日、7 月 25 日～8 月 2 日、8 月 6 日～9 日气温较低，大多低于平均值，7 月 22 日～25 日和 8 月 13 日～16 日气温高于平均值［图 1-3(a)］。

2006 年冬季航次期间，海面平均气温为 13.4℃，最低气温 6.7℃，最高气温 18.2℃。闽江口以北海域低于 10.0℃，厦门湾外东南海域气温为 16.0～18.0℃，气温较高，其他区域介于二者之间。2006 年 12 月 25 日～2007 年 1 月 2 日、15～16 日、20 日～28 日、30 日～2 月 1 日气温较高，1 月 3 日～8 日、10 日～14 日、17～19 日气温较低［图 1-3(b)］。

2007 年春季航次期间，调查海域气温基本在 20℃以上。平均气温 18.4℃，最高气温 23.8℃，最低气温 14.2℃。兴化湾以北海域、厦门至漳浦海域气温较低，其他区域气温较高。4 月 5 日～20 日气温较低，且 4 月 13 日～18 日气温不稳定，起伏变化大［图 1-3(c)］。

2007 年秋季航次期间，福建近海海域平均气温为 17.8℃，最高气温 25.7℃，最低气温 13.3℃。2007 年 12 月 1 日～20 日调查区受冷空气过程影响，气温快速下降。泉州湾至东山岛近岸区气温较高，其他区域气温较低［图 1-3(d)］。

综上所述，2006～2007 年四个航次期间海面气温变化为 6.7～29.0℃，平均气温为 13.4～27.5℃，其中，夏季航次最高，春季航次次之，冬季航次最低。

(三) 相对湿度

2006 年夏季航次期间，福建近海海域空气湿度中等，平均相对湿度为 77%，最小相对湿度为 9%，最大相对湿度为 87%。7 月 19 日～21 日、7 月 26 日～30 日、16～17 日空气湿度稍高，大多为 78%～84%，最大达 87%；7 月 22 日～25 日、8 月 7 日～10 日、14 日～15 日空气较干燥，相对湿度基本上变化在 65%～75%［图 1-4(a)］。

2006 年冬季航次期间，福建近海海域相对湿度大多变化在 45%～80%，平均相对湿度为 64%，空气湿度偏低，最小相对湿度为 27%，最大相对湿度为 85%。2006 年 12 月 25 日～31 日以及 2007 年 1 月 5 日～11 日、28 日～2 月 4 日相对湿度低于 65%，空气较干燥；2007 年 1 月 1 日～4 日、15 日～17 日、19 日～23 日、25 日～27 日相对湿度高于 75%，空气较湿润［图 1-4(b)］。

2007 年夏季航次期间，相对湿度大多变化在 50%～85%，平均相对湿度为 74%，最小和最大相对湿度分别为 51% 和 87%。2007 年 4 月 14 日～17 日、22 日～25 日、30 日～5 月 1 日相对湿度高于 75%，空气较湿润；4 月 7 日～13 日、18 日～20 日、26 日～28 日和 5 月 2 日～4 日相对湿度低于 65%，空气较干燥［图 1-4(c)］。

2007 年秋季航次期间，相对湿度大多变化在 50%～80%，变化幅度较大，平均相对湿度为 72%，最小相对湿度为 46%，最大相对湿度为 86%。2007 年 10 月 9 日～11 月 17 日、12 月 3 日～5 日、12 日～15 日等相对湿度较小，空气较干燥，其他日期相对湿度比较大，空气较湿润［图 1-4(d)］。

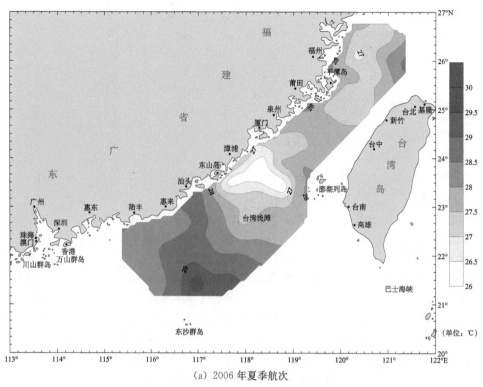

（a）2006 年夏季航次

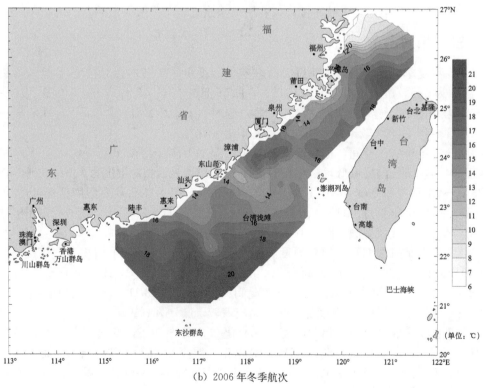

（b）2006 年冬季航次

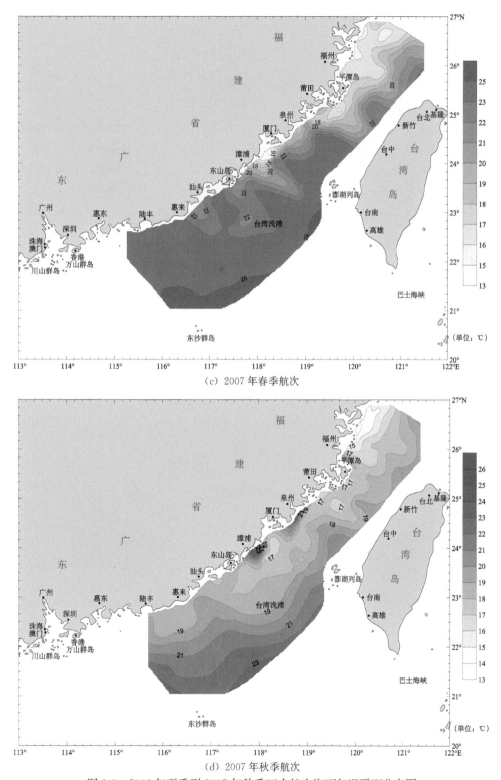

(c) 2007 年春季航次

(d) 2007 年秋季航次

图 1-3　2006 年夏季到 2007 年秋季四个航次海面气温平面分布图

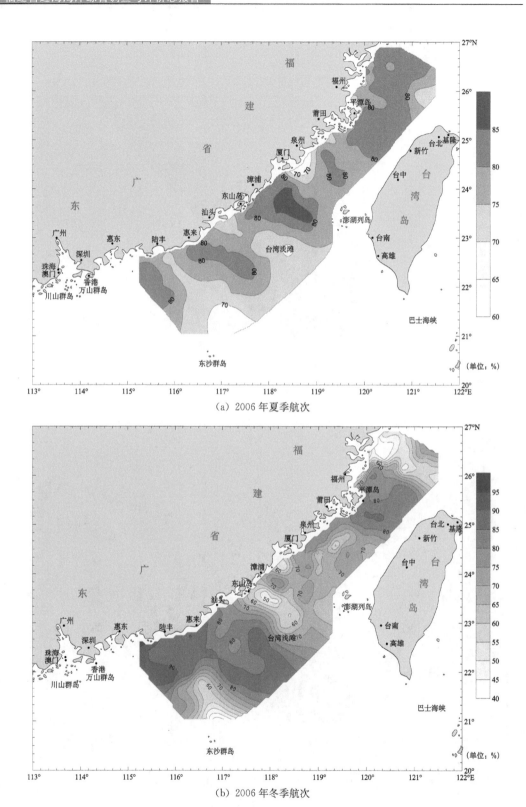

（a）2006年夏季航次

（b）2006年冬季航次

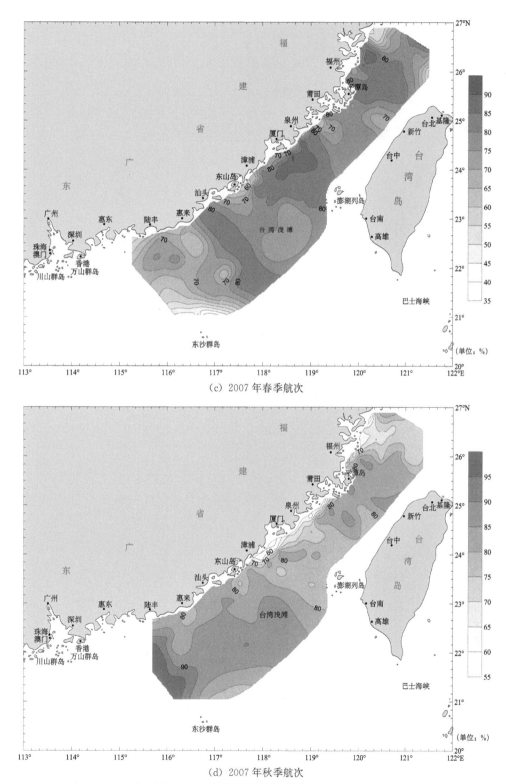

(c) 2007 年春季航次

(d) 2007 年秋季航次

图 1-4　2006 年夏季到 2007 年秋季四个航次海面空气相对湿度平面分布图

综上所述，2006 年夏季到 2007 年秋季四个航次的相对湿度为 9％～87％，平均相对湿度为 72％～77％，其中夏季航次较高为 77％，春季航次次之为 74％，冬季航次最低为 64％。

（四）风向风速

2006 年夏季航次期间，风速大多为 2.0～10.0 米/秒，平均风速为 6.1 米/秒，最大风速为 11.9 米/秒，风向 NNE。风向以偏北风最多，占 54％，偏南风次之，占 24％，偏东风占 9％〔图 1-5(a)〕。

2006 年冬季航次期间，风速大多变化于 2.0～13.0 米/秒，平均风速为 7.8 米/秒，最大风速为 15.3 米/秒，风向偏北风。风向以偏北风最多，频率达 81％，其次是偏东风，频率 14％。2007 年 1 月 1～4 日、7～9 日、15～24 日风速较大，调查期其他时段风速较小〔图 1-5(b)〕。

2007 年春季航次期间，风速大多变化于 1.0～9.0 米/秒，平均风速为 4.9 米/秒，最大风速为 10.4 米/秒，风向 ENE。偏南风和偏东风频率分别为 28％和 15％，偏北风仍占主导地位，频率达 50％。2007 年 4 月 17 日～18 日、25 日～29 日风速较大，调查期其他时段风速较小〔图 1-5(c)〕。

2007 年秋季航次期间，风速大多变化于 2.0～12.0 米/秒，平均风速为 6.9 米/秒，最大风速为 14.5 米/秒，风向偏北风。偏北风最多，频率达到 74％，偏东风居次，偏南风降至 7％。2007 年 10 月 10 日～16 日、10 月 24 日～28 日、11 月 14 日～17 日、12 月 3 日～5 日风速较大，调查期其他时段风速较小〔图 1-5(d)〕。

综上所述，2006～2007 年四个航次的海面风速变化于 0.2～15.3 米/秒，平均风速为 4.9～7.8 米/秒。冬季风速最大，秋季次之，春季最小。风向以偏北风最多，频率为 50％～81％，春、夏季偏南风增多，频率为 24％～28％，四个航次偏东风频率稳定在 9％～15％。

（五）能见度和云量

四个季节航次能见度变化于 1.0～30.0 千米，有效能见度平均 9.0～23.0 千米，最小能见度平均 5.0～17.0 千米。2006 年冬季航次能见度最好，2006 年夏季航次居次，2007 年秋季航次最差，其平均能见度仅为 5.0～9.0 千米（图 1-6）。

四个航次观测的平均总云量为 5～7 成，春、秋季航次较厚，平均达 6～7 成；低云量除 2007 年秋季航次较多，达 6 成外，其他三航次均未超过 4 成，为少云天气（表 1-2，图 1-7）。

表 1-2　2006 年夏季到 2007 年秋季四航次大面站气象观测资料统计表

季节	有效能见度/千米		最小能见度/千米		总云量/成		低云量/成	
	变化范围	平均	变化范围	平均	变化范围	平均	变化范围	平均
2006 年夏季	10.0～25.0	20.0	4.0～25.0	16.0	0～10	5	0～10	2
2006 年冬季	15.0～30.0	23.0	10.0～25.0	17.0	0～10	5	0～10	4
2007 年春季	1.0～20.0	13.0	1.0～12.0	5.0	0～10	6	0～10	4
2007 年秋季	1.0～15.0	9.0	1.0～12.0	5.0	0～10	7	0～10	6

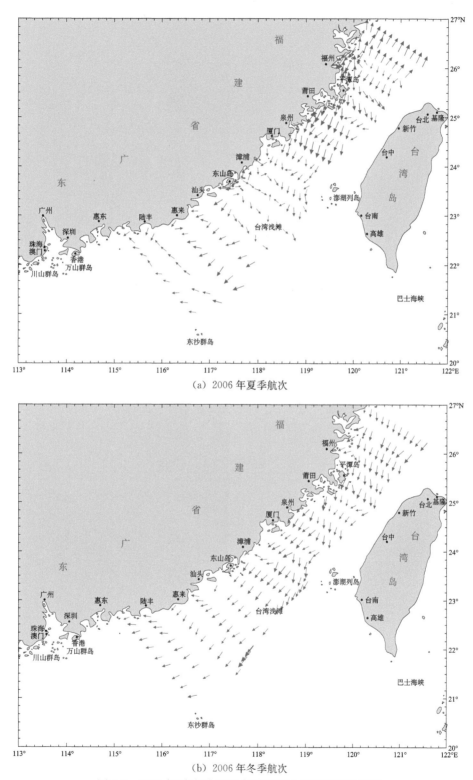

(a) 2006 年夏季航次

(b) 2006 年冬季航次

图 1-5　2006 年夏季到 2007 年秋季四个航次海面风矢图

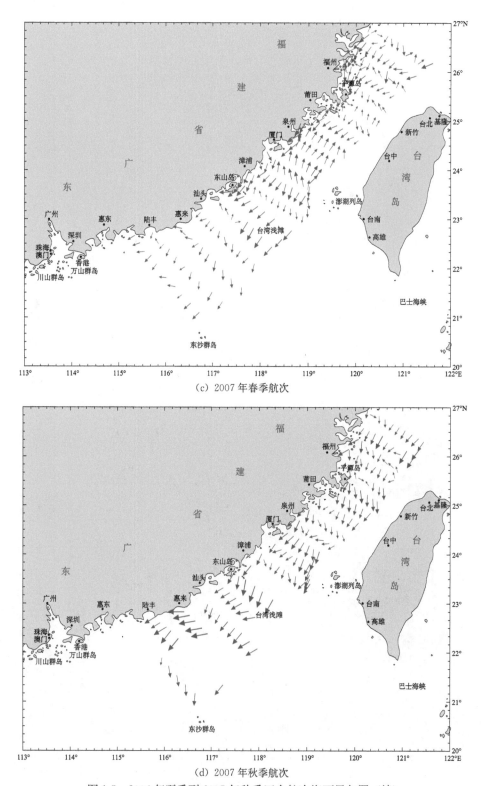

（c）2007年春季航次

（d）2007年秋季航次

图1-5 2006年夏季到2007年秋季四个航次海面风矢图（续）

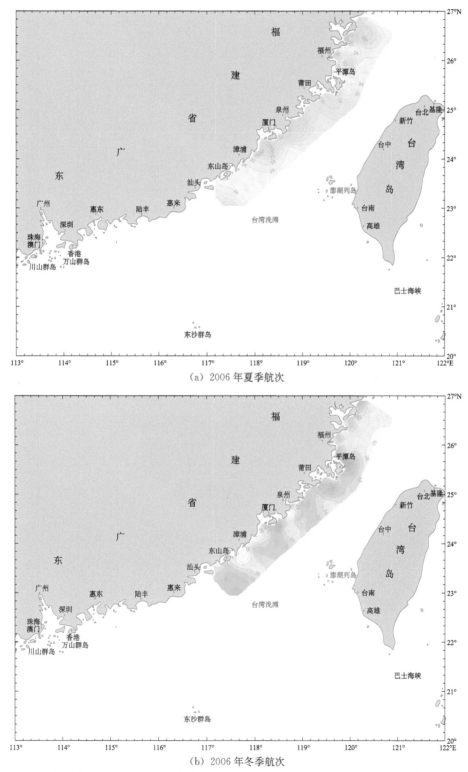

（a）2006 年夏季航次

（b）2006 年冬季航次

图 1-6　2006 年夏季到 2007 年秋季四个航次海面有效能见度平面分布图

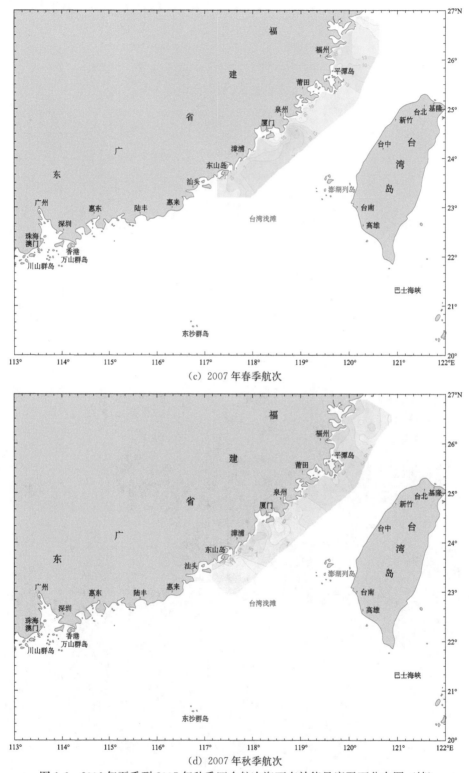

（c）2007 年春季航次

（d）2007 年秋季航次

图 1-6　2006 年夏季到 2007 年秋季四个航次海面有效能见度平面分布图（续）

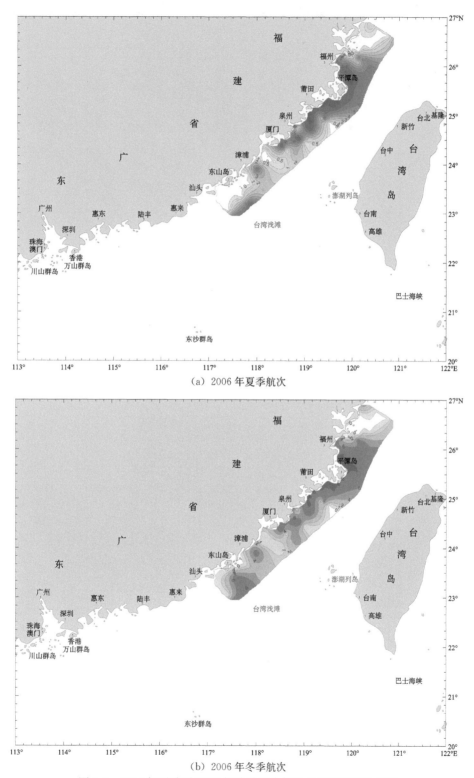

（a）2006 年夏季航次

（b）2006 年冬季航次

图 1-7 2006 年夏季到 2007 年秋季四个航次总云量平面分布图

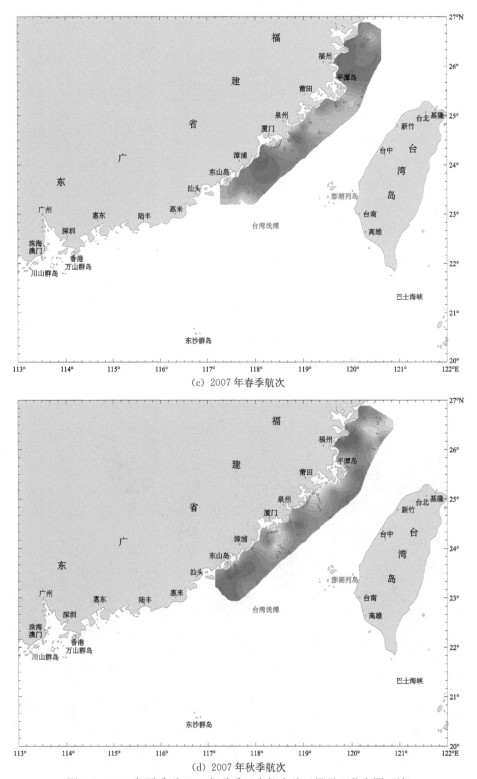

(c) 2007 年春季航次

(d) 2007 年秋季航次

图 1-7 2006 年夏季到 2007 年秋季四个航次总云量平面分布图（续）

二、重要港湾气象

福建省各重要港湾中，闽江口以北的港湾位于中亚热带，闽江口及其以南的港湾位于南亚热带。各港湾气候受台湾海峡和季风环流的影响，海洋调节作用明显，具有较典型的亚热带海洋性季风气候特征。

（一）气压

福建海湾海平面气压的变化与分布，受季风环流系统影响大，季节与区域分布变化都较明显。调查期间北起沙埕港（福鼎站），南至诏安湾（诏安站），各测站的年平均气压变化为997.9～1012.8百帕，厦门湾最低（997.9百帕），福宁湾（霞浦）最高（1012.8百帕），二者相差14.9百帕。平均海平面气压的季节变化明显，冬季（12月至翌年2月）最高，为1016.4百帕，变化范围为1015.7～1016.9百帕；秋季（10～11月）居次，为1012.3百帕，变化范围为1010.6～1013.9百帕；夏季（7～9月）最低，为1001.7百帕，变化范围为1000.3～1004.4百帕（表1-3）。

表1-3　2000～2008年港湾各站累年各月平均海平面气压统计表（单位：百帕）

测站	1月	2月	3月	4月	5月	6月	7月	8月	9月	10月	11月	12月	全年平均
福鼎	1019.7	1018.6	1014.9	1010.6	1006.3	1002.7	1001.3	1002.0	1006.7	1013.3	1016.9	1020.0	1011.1
霞浦	1021.3	1020.3	1016.8	1012.6	1008.2	1004.5	1003.1	1003.7	1008.2	1014.8	1018.5	1021.4	1012.8
宁德	1019.9	1018.9	1015.3	1011.1	1006.7	1003.1	1001.7	1002.3	1007.0	1013.5	1017.1	1020.2	1011.4
罗源	1016.5	1015.5	1012.1	1008.0	1003.7	1000.3	998.9	999.4	1003.3	1010.4	1013.3	1016.8	1008.3
福州	1012.9	1011.8	1008.6	1004.6	1000.4	997.2	995.8	996.1	1000.5	1006.9	1010.2	1013.2	1004.9
福清	1018.2	1017.2	1013.9	1010.0	1005.8	1002.5	1001.3	1001.8	1006.0	1012.0	1015.3	1018.1	1010.2
平潭	1018.3	1017.3	1014.1	1010.3	1006.3	1003.1	1002.1	1002.5	1006.5	1012.2	1015.5	1018.1	1010.9
湄洲	1019.4	1018.4	1015.2	1011.6	1007.4	1004.3	1003.2	1003.5	1006.9	1013.0	1016.5	1019.6	1011.6
崇武	1018.7	1017.7	1014.5	1011.1	1007.2	1004.0	1003.0	1003.3	1006.6	1013.1	1015.8	1018.9	1011.2
晋江	1014.8	1013.8	1010.8	1007.4	1003.2	1000.6	999.2	999.6	1003.2	1008.4	1012.1	1015.0	1007.3
厦门	1004.8	1003.9	1001.2	997.8	994.0	991.5	990.4	990.8	993.8	999.5	1002.4	1005.1	997.9
漳浦	1015.1	1014.2	1011.2	1007.7	1003.9	1001.3	1000.1	999.9	1003.7	1009.2	1012.3	1015.3	1007.9
东山	1014.4	1013.5	1010.6	1007.4	1003.9	1001.1	999.9	999.5	1003.1	1008.7	1011.7	1014.5	1007.4
诏安	1018.3	1017.7	1014.6	1011.1	1007.1	1004.7	1003.5	1001.9	1004.3	1010.7	1014.1	1018.1	1011.1
各站平均	1016.6	1015.7	1012.7	1008.7	1004.8	1001.3	1000.3	1000.3	1004.4	1010.6	1013.9	1016.9	1008.9

（二）气温

港湾累年平均气温变化于19.2～22.1℃，南部港湾高于北部，温差约3℃。闽江口以北港湾为19.2～20.1℃，闽江口至泉州湾为20.5～20.9℃，泉州湾至诏安湾为21.2～22.1℃。最低为沙埕港域福鼎站的19.2℃，最高为诏安湾诏安站的22.1℃。

福建近海港湾气温的年变化呈单峰型。冬季气温最低，最冷月多出现在1月份，平均气温为12.1℃，变化范围为9.4～14.3℃，南北温差达4.9℃。春季是升温季节，4月份平均气温为19.2℃，变化范围为17.6～21.3℃，南北温差减小1.2℃，为3.7℃。

夏季气温最高,最热月出现在 7 月,平均气温为 28.8℃,变化范围为 27.7～29.6℃,南北温差降至 1.9℃。秋季进入降温季节,10 月份平均气温为 23.2℃,变化范围为 21.5～24.5℃,南北温差又加大到 3.0℃。

闽江口及其以北各测站,多年极端最高气温为 39.4～40.6℃,闽江口以南各测站,除诏安为 39.2℃外,其他各站都没超过 39.0℃,变化范围为 35.6～38.9℃,比闽江口以北各测站约低 2.5℃。极端最低气温为－5.2～4.6℃,地区分布与前者趋势相反。极端最高气温高于 39.0℃者,则极端最低气温一般低于－1.0℃;极端最高气温低于 39.0℃者,极端最低气温一般在 0.0℃以上。气温极值出现时间比较集中,高温极值出现在 7 月和 8 月,以 7 月最多,低温极值出现在 12 月和 1 月,以 12 月最多(表1-4)。

表 1-4　2000～2008 年港湾各站累年各月平均气温统计表　　　(单位:℃)

测站	1月	2月	3月	4月	5月	6月	7月	8月	9月	10月	11月	12月	全年平均
福鼎	9.4	10.3	13.1	17.8	22.1	25.5	29.0	28.2	25.8	21.5	16.5	11.7	19.2
霞浦	10.1	10.5	13.1	17.6	22.1	25.8	29.2	28.5	26.2	22.1	17.4	12.6	19.6
宁德	10.6	11.1	13.9	18.3	22.7	26.2	29.6	28.6	26.4	22.6	17.7	13.0	20.1
罗源	10.7	11.2	14.2	18.6	22.6	26.0	29.3	28.4	26.1	22.3	17.7	12.9	19.9
福州	11.6	12.2	14.8	19.2	23.4	26.5	29.6	28.9	26.4	23.0	18.6	13.9	20.7
福清	11.9	12.1	14.7	19.0	23.3	26.4	29.0	28.6	26.2	23.1	18.9	14.3	20.7
平潭	11.9	11.7	14.2	18.4	22.7	26.2	28.9	28.4	26.8	23.5	19.2	14.6	20.5
湄洲	12.6	12.4	15.1	19.1	23.3	26.3	28.7	28.3	27.0	23.6	19.6	15.1	20.9
崇武	12.6	12.5	14.8	18.6	23.0	25.9	27.7	27.9	27.0	23.6	19.5	15.1	20.7
晋江	13.1	13.4	15.9	20.0	23.9	26.6	28.9	28.5	27.1	23.9	19.8	15.4	21.4
厦门	13.3	13.7	16.3	19.9	23.4	26.2	28.4	27.9	26.6	23.7	19.7	15.4	21.2
漳浦	13.9	14.5	16.6	20.7	24.3	26.6	28.6	28.0	26.7	23.9	20.0	15.8	21.6
东山	14.0	14.0	16.1	20.2	24.2	26.5	28.0	27.7	27.1	24.4	20.6	16.4	21.6
诏安	14.3	15.0	17.2	21.3	24.9	26.9	28.6	28.2	27.1	24.5	20.5	16.2	22.1
各站平均	12.1	12.5	14.9	19.2	23.3	26.3	28.8	28.3	26.6	23.3	19.0	14.4	20.7

(三)降水

港湾多年平均降水量变化在 1133.3～2038.7 毫米,福鼎、宁德、罗源、福清、漳浦、诏安等站处在湾区陆域,降水丰沛,累年平均降水量为 1566.6～2038.7 毫米,其他湾区测站年平均降水量大多不超过 1400.0 毫米,东山、崇武等海湾岛屿或半岛区为降水低值区,年平均降水量仅为 1133.3～1256.4 毫米(表1-5)。

表 1-5　2000～2008 年港湾各站累年各月平均降水量统计表　　(单位:毫米)

测站	1月	2月	3月	4月	5月	6月	7月	8月	9月	10月	11月	12月	全年平均
福鼎	64.1	82.8	94.7	140.5	195.9	286.4	236.6	299.5	194.2	96.6	52.4	48.3	1792.0
霞浦	53.6	67.2	90.0	126.0	149.8	257.4	199.8	244.9	113.6	59.9	47.2	43.8	1453.2
宁德	77.6	98.5	118.5	156.7	203.4	308.6	259.1	352.7	215.6	93.7	79.7	74.6	2038.7
罗源	55.4	90.8	137.2	161.7	207.4	240.6	172.4	251.4	178.7	75.7	49.1	42.0	1662.5
福州	52.9	67.3	93.3	135.6	185.7	223.4	177.3	160.1	110.4	66.6	47.0	44.3	1363.9

测站	1月	2月	3月	4月	5月	6月	7月	8月	9月	10月	11月	12月	全年平均
福清	48.5	61.3	83.7	138.9	173.2	358.3	217.5	322.3	177.0	61.1	32.9	36.9	1711.6
平潭	47.4	51.6	78.7	126.3	187.0	281.4	196.2	123.4	165.4	54.0	43.9	36.3	1391.6
湄洲	45.6	47.4	81.1	118.3	185.6	237.8	185.7	251.6	145.3	40.3	24.9	35.3	1398.9
晋江	39.7	6.2	75.8	115.4	192.0	239.0	150.9	296.5	134.3	50.5	32.4	33.3	1421.5
崇武	32.9	58.0	76.4	121.2	166.6	185.1	141.8	134.0	132.7	29.3	26.6	28.7	1133.3
厦门	38.4	62.5	81.4	136.5	180.5	253.5	151.2	235.6	140.8	34.9	24.9	34.5	1374.8
漳浦	36.4	55.4	88.3	153.2	224.6	345.6	211.4	306.9	182.6	42.3	29.5	38.1	1714.9
东山	29.6	38.5	68.2	128.6	136.1	230.8	168.0	213.2	157.7	31.0	25.3	29.4	1256.4
诏安	35.8	39.9	80.7	145.2	179.4	316.2	241.3	294.8	153.9	16.4	29.8	33.2	1566.6
各站平均	47.0	59.1	89.1	136.0	183.4	268.9	193.6	249.0	157.3	53.7	39.0	39.9	1516.0

各港湾降水量的季节变化受季风、热带气旋活动等的影响，降水量从 12 月开始增多，6 月达到高峰，平均 268.9 毫米，变化范围为 185.1～358.3 毫米，7 月下降，8 月再度增多，平均降水量为 249.0 毫米，变化范围为 123.4～352.7 毫米，9 月起逐月减少，11 月最少，平均 39.0 毫米，变化范围为 24.9～79.7 毫米，降水量分布呈双峰型。降水量在一年中的分配很不均匀，干湿季分明，春季降水最多，占全年总降水量的 45%，夏季居次，占全年总降水量的 40%，秋冬季最少，两季合计降水量仅占年总降水量的 15%。

闽江口以北港湾降水日数较多，为 149～185 天，闽江口以南降水日数较少，为 110～140 天，北部港湾多于南部港湾约 40 天。降水日数的季节变化明显，夏半年（3～9 月）雨日较多，各月平均雨日为 10.6～16.7 天，约占年平均总降水日数的 70%，冬半年（10 月～翌年 2 月）雨日较少，各月平均雨日为 6.3～12.7 天，约占年平均总降水日数的 30%（表 1-6）。

表 1-6　1971～2000 年港湾各站累年各月平均降水日数统计表　（单位：天）

测站	1月	2月	3月	4月	5月	6月	7月	8月	9月	10月	11月	12月	全年平均
福鼎	12.5	14.1	18.9	18.0	19.1	17.4	13.3	16.3	14.5	9.6	8.9	8.3	170.9
霞浦	11.4	14.7	18.8	17.7	18.5	16.5	10.9	13.4	11.7	7.8	8.0	8.3	157.7
宁德	13.6	16.5	20.1	18.6	20.3	18.0	13.6	16.4	16.1	11.5	10.0	9.9	184.6
罗源	12.7	16.1	19.8	18.6	19.6	17.8	13.1	15.8	14.2	9.0	9.0	8.7	174.4
福州	9.7	14.4	17.5	17.8	18.2	15.9	10.4	12.1	11.6	7.1	7.2	7.1	149.0
福清	7.8	12.3	16.0	15.7	17.2	16.1	9.8	12.9	12.1	7.3	6.8	6.1	140.1
平潭	8.3	12.4	15.7	14.6	16.0	12.4	6.0	8.8	9.3	7.3	7.3	6.6	124.9
湄洲	7.3	10.5	13.8	14.0	14.2	14.6	9.2	12.2	7.8	3.9	3.8	6.2	117.9
晋江	7.0	11.2	14.5	14.9	15.4	14.3	9.0	10.9	7.9	4.2	5.1	5.2	119.6
崇武	6.4	10.7	14.2	14.2	14.1	12.7	6.9	9.0	6.6	3.6	4.2	4.7	107.3
厦门	7.1	11.5	14.7	14.7	15.9	15.6	9.7	11.7	8.5	4.1	4.4	5.3	123.2
漳浦	7.4	11.9	14.5	15.4	15.9	16.3	11.1	14.1	9.6	4.3	4.7	5.4	129.6
东山	6.5	9.9	12.4	12.6	13.9	14.0	9.3	11.0	8.3	3.8	3.8	4.6	110.0
诏安	7.7	10.9	12.9	13.8	15.5	16.3	12.8	13.8	9.6	4.1	4.8	5.7	127.9
各站平均	9.0	12.7	16.0	15.7	16.7	15.6	10.4	12.7	10.6	6.3	6.3	6.6	138.4

（四）风速风向

福建港湾测站累年平均风速变化于0.9～5.4米/秒，其中闽江口以北测站年平均风速较小，为0.9～1.7米/秒，闽江口以南区域年平均风速较大，为1.9～5.4米/秒。湾外岛屿或半岛区平均风速最大，如东山、平潭等站年平均风速达4.3～5.4米/秒。测站累年各月平均风速变化于0.7～6.9米/秒，秋季平均风速最大，为3.1米/秒，变化范围为0.7～6.7米/秒，冬季居次，为2.8米/秒，变化范围为0.7～6.9米/秒，春季最小，为2.5米/秒，变化范围为0.8～6.1米/秒（表1-7）。

表1-7　1989～2008年港湾各站累年各月平均风速统计表　（单位：米/秒）

测站	1月	2月	3月	4月	5月	6月	7月	8月	9月	10月	11月	12月	全年平均
福鼎	1.0	1.0	1.1	1.1	1.1	1.2	1.5	1.5	1.3	1.1	1.1	1.0	1.2
霞浦	1.6	1.6	1.4	1.4	1.4	1.3	1.8	2.0	2.0	1.9	1.9	1.7	1.7
宁德	0.7	0.8	0.8	0.9	0.9	1.0	1.2	1.2	1.0	0.9	0.7	0.7	0.9
罗源	1.1	1.2	1.3	1.3	1.3	1.3	1.7	1.6	1.4	1.3	1.2	1.1	1.3
福州	2.5	2.4	2.4	2.4	2.5	2.7	3.2	3.1	3.0	2.9	2.8	2.6	2.7
福清	2.1	2.1	2.0	1.9	1.9	2.2	2.3	2.2	2.0	2.2	2.1	2.1	2.1
平潭	4.6	4.5	3.9	3.6	3.5	4.0	4.2	3.8	4.1	5.0	5.1	4.8	4.3
湄洲	3.5	3.4	3.1	3	2.8	3.5	3.6	3.4	3.4	3.8	3.8	3.7	3.4
晋江	2.7	2.8	2.7	2.6	2.5	3.0	3.0	2.7	2.7	3.2	3.0	2.9	2.8
崇武	6.1	6.0	5.0	4.5	4.3	4.9	4.8	4.5	5.2	6.0	6.1	6.0	5.4
厦门	2.8	2.8	2.6	2.5	2.4	2.7	2.7	2.6	2.8	3.3	3.1	3.0	2.8
漳浦	1.8	1.8	1.7	1.8	1.8	1.9	2.2	2.1	2.0	2.1	2.0	2.0	1.9
东山	6.9	6.9	6.1	5.1	4.6	3.9	3.4	3.5	4.7	6.7	6.7	6.8	5.4
诏安	2.2	2.4	2.4	2.3	2.2	2.3	2.2	2.1	2.5	2.3	2.3	2.2	2.3
各站平均	2.8	2.8	2.6	2.5	2.4	2.6	2.7	2.6	2.7	3.1	3.0	2.9	2.7

各站日最大风速大多为20.0～27.0米/秒，风向主要是偏北和偏东风。以东山的33.7米/秒风速为最大，风向为ENE，宁德的14.3米/秒风速为最小，风向为NW。日最大风速出现时间，除福州为5月份外，其他各站都出现在台风季节（7～10月）。风力大于等于8级的平均大风日数，东山最多，为93.4天，其次是崇武，为47.7天，平潭、湄洲、厦门为16.6～22.1天，其他各站很少，不超过9天。

福鼎、福清、平潭、湄洲、崇武、晋江、东山等海湾区，季风环流起着支配的作用，各月最多风向表现出较为典型的季风特征，6～8月盛行偏南风（频率为11%～34%），9月～翌年5月盛行偏北风（频率为13%～53%）。福宁、三沙、罗源、厦门、诏安等海湾受海湾陆域地形和海湾走向等的影响，使季风环流支配下的盛行风向发生不同程度的改变，霞浦8月～翌年2月盛行西风（频率为11%～17%），宁德7月～翌年5月盛行东南风（频率为10%～15%）、罗源1～8月盛行东风（频率为10%～13%）、厦门10月～翌年4月盛行东风（频率为15%～25%）、诏安8月～翌年5月盛行东风（频率为10%～27%）。此外累年平均风速小（0.9～1.3米/秒）的沙埕港（福鼎）、三沙湾（宁德）和罗源湾（罗源）等静风多（频率达35%～48%）。

（五）相对湿度

港湾区多年平均相对湿度为75％～80％，3～8月空气较湿润，相对湿度较高，大多在78％～85％，其中以6月最突出，为80％～88％。10月～翌年1月空气较干燥，相对湿度较低，以10～11月最低，为67％～76％。日最小相对湿度为7％～15％，多出现在11～12月份（表1-8）。

表1-8　1989～2008年港湾各站累年各月平均相对湿度　　　　（单位:％）

测站	1月	2月	3月	4月	5月	6月	7月	8月	9月	10月	11月	12月	全年	日最小相对湿度值	出现时间
福鼎	78	79	80	80	81	83	79	80	78	74	74	75	79	9	2003年12月3日
霞浦	77	79	82	82	82	83	79	80	77	72	72	74	78	12	2008年12月9日
宁德	78	80	80	80	80	81	76	77	75	72	73	75	77	7	2天　2年
罗源	79	81	82	82	82	84	80	81	78	73	73	76	79	11	2天　2005年
福州	74	76	78	78	78	80	74	76	74	69	68	71	74	11	2008年4月23日
福清	72	74	76	78	79	82	78	79	75	70	69	69	75	11	3天　2年
平潭	77	79	81	83	85	86	83	83	79	75	76	75	80	12	2004年2月14日
湄洲	71	74	77	79	80	84	81	81	74	68	68	68	75	12	2005年12月22日
晋江	72	74	76	79	80	84	78	78	74	68	67	68	75	12	2005年12月22日
崇武	75	77	80	83	84	88	87	85	77	72	71	72	79	10	2001年5月21日
厦门	75	77	79	81	82	85	81	82	76	68	69	71	77	10	2005年11月24日
漳浦	73	76	78	80	81	84	79	81	77	70	69	70	76	7	1989年2月25日
东山	77	80	81	83	84	85	85	84	79	71	72	73	80	15	2004年1月24日
诏安	76	77	79	81	82	85	83	83	79	71	71	73	78	10	1995年11月24日
各站平均	75	77	79	81	81	84	80	81	77	71	71	72	77	—	—

注：—表示无数据。

（六）能见度

港湾各站累年年平均能见度变化在12.0～30.2千米，东山能见度最好，为30.2千米，霞浦、罗源、福州、晋江、漳浦等居次，为16.3～18.8千米，其他站较差，为12.0～15.0千米。各月平均能见度为13.0～20.4千米，以6～11月能见度最好，平均16.9～20.4千米；1～4月能见度较差，平均13.0～13.9千米（表1-9）。

表1-9　2000～2008年港湾各站累年各月平均能见度统计表　　（单位：千米）

测站	1月	2月	3月	4月	5月	6月	7月	8月	9月	10月	11月	12月	全年平均
福鼎	12.6	12.7	13.0	13.1	13.4	14.8	18.6	18.2	17.5	15.4	14.5	13.8	14.8
霞浦	15.9	16.3	16.1	15.1	16.6	19.4	22.9	22.2	22.6	19.9	19.6	18.9	18.8
宁德	12.1	12.0	12.4	12.5	12.9	14.7	17.3	16.7	16.6	15.2	14.4	13.7	14.2
罗源	14.9	15.0	15.5	15.0	16.0	17.7	21.7	19.7	19.4	17.9	18.0	17.1	17.3
福州	13.0	13.0	12.6	12.0	13.0	16.4	21.4	20.2	20.6	18.4	18.1	16.1	16.3
福清	11.5	11.4	11.2	9.6	11.2	14.6	16.7	15.9	16.9	14.6	14.8	13.4	13.5

测站	1月	2月	3月	4月	5月	6月	7月	8月	9月	10月	11月	12月	全年平均
平潭	10.8	10.5	10.8	9.7	10.6	13.1	15.5	14.1	13.1	12.7	11.8	11.6	12.0
湄洲	10.7	11.1	10.1	9.8	11.1	14.7	15.8	14.8	15.5	13.7	14.3	12.7	12.9
崇武	11.4	11.1	10.7	9.5	10.8	14.6	15.2	14.3	14.1	13.3	12.9	12.4	12.5
晋江	15.2	15.9	13.7	13.5	15.3	20.9	22.0	18.8	21.4	20.1	19.0	17.1	17.7
厦门	11.9	11.9	11.1	10.8	13.0	18.9	20.4	17.6	16.7	16.2	16.0	14.2	14.9
漳浦	13.4	13.7	13.3	13.2	15.0	20.2	21.8	17.9	17.2	16.7	16.9	15.7	16.3
东山	26.4	26.8	25.9	24.7	28.4	36.4	37.3	32.0	31.6	31.3	31.2	29.8	30.2
诏安	13.0	13.0	12.9	12.8	14.8	18.7	19.4	16.4	15.7	15.6	15.7	15.0	15.3
各站平均	13.8	13.9	13.5	13.0	14.5	18.2	20.4	18.5	18.5	17.2	16.9	15.8	16.2

（七）雾

福建港湾的雾多为平流雾，是由暖湿空气流经冷的海面时水汽凝结而成的。累年平均雾日变化在6～37天，位于湾外岛屿和陆域突出部出现雾的概率大于湾内陆域区，如东山、厦门、崇武、平潭等站平均雾日数较多，为15～37天，湾内陆域区一般只有6～10天。

雾多发生在冬、春季，占90%，集中于2～4月，占62%，夏、秋季雾出现的概率少，仅占10%（表1-10）。

表 1-10   1989～2008 年港湾各站累年各月平均雾日数与最多年雾日数（单位：天）

测站	1月	2月	3月	4月	5月	6月	7月	8月	9月	10月	11月	12月	全年	年最多雾日数
福鼎	1.3	1.7	2.5	1.5	0.6	0.5	0.0	0.1	0.0	0.0	0.4	1.3	9.6	17（1990年）
霞浦	0.7	0.9	1.6	1.9	0.7	0.4	0.1	0.0	0.0	0.0	0.3	0.3	6.7	18（1997年）
宁德	0.6	1.0	1.4	1.6	0.9	0.3	0.5	0.0	0.1	0.0	0.1	0.1	6.5	14（1990年）
罗源	1.1	1.3	1.3	1.5	1.0	0.2	0.0	0.0	0.0	0.0	0.1	0.2	5.8	16（1993年）
福州	1.1	1.6	2.4	1.8	0.7	0.1	0.1	0.1	0.1	0.1	0.0	0.5	8.9	20（1990年）
福清	0.7	1.6	2.1	3.1	1.1	0.2	0.1	0.1	0.1	0.1	0.4	0.3	10.1	27（2005年）
平潭	0.8	1.5	3.3	5.0	2.5	0.9	0.1	0.1	0.1	0.1	0.4	0.7	15.4	31（1993年）
湄洲	0.6	1.2	1.5	2.5	3.4	0.3	0.1	0.1	0.1	0.1	0.2	0.3	9.5	23（1993年）
晋江	1.4	2.0	2.6	3.8	1.2	0.3	0.2	0.1	0.1	0.0	0.3	0.4	12.0	26（1991年）
崇武	1.6	2.9	5.4	8.4	6.0	1.5	1.5	0.5	0.0	0.1	0.5	0.5	28.9	57（1993年）
厦门	4.1	5.1	7.5	7.4	5.2	2.5	0.3	1.0	0.1	0.0	0.7	1.8	36.6	68（1992年）
漳浦	0.5	1.3	1.5	1.8	0.6	0.3	0.1	0.2	0.0	0.0	0.1	0.2	6.9	19（1993年）
东山	1.5	3.2	5.1	5.8	2.6	1.0	1.3	0.8	0.2	0.1	0.2	0.7	22.5	39（1991年）
诏安	0.9	1.9	2.2	1.8	0.4	0.2	0.3	0.2	0.1	0.1	0.6	1.1	9.8	20 2年
各站平均	1.2	2.0	3.0	3.5	1.7	0.7	0.3	0.2	0.1	0.1	0.3	0.6	13.7	68（1992年）

三、极端天气

（一）台风

福建沿海是台风影响较重的地区，台风的狂风暴雨和巨浪常给沿海地区人民带来重大损失。

1. 台风的统计特征

凡台风中心正面登陆本省，或登陆广东后其环流中心进入福建者，为登陆台风；凡台风中心进入距福建海岸线 3 个纬距者，为影响台风。福建气象部门按此分类，对 1884～2005 年登陆和影响福建的台风进行统计。可看出，122 年间登陆福建的台风总计 233 个，平均每年 1.91 个；影响福建的台风 369 个，平均每年 3.02 个。登陆、影响福建的台风主要出现在 7～9 月，以 8 月最多（分别占 32.6%、28.5%），7 月居次（分别占 29.2%、26.0%），9 月再次（分别占 24.5%、21.1%），7～9 月合计分别占 86.3% 和 75.6%。按旬统计，登陆、影响福建的台风主要集中于 7 月中旬～9 月中旬，各占 75.5% 和 65.6%，其中登陆台风 8 月下旬最多，占 12.9%，影响台风 7 月下旬最多，占 12.2%。

2. 台风登陆地段及其次数

1956～2008 年的 53 年间有 102 次台风登陆福建，其中福州以北 29 次，福州至厦门 52 次，厦门以南 21 次。年平均次数分别为 0.55 次、0.98 次和 0.40 次。

3. 台风大风

据 1961～1990 年的资料统计，福建沿海 10 分钟平均最大风速的极值约有 94% 是台风造成的。10 分钟平均最大风速以东山最大，为 48 米/秒，三沙次之，为 38.7 米/秒，崇武、平潭、厦门、福鼎为 28～30 米/秒。台风瞬间极大风速（阵风）普遍可达 12 级以上，厦门曾有 60 米/秒的记录，三沙和福州分别为 50 米/秒和 40.7 米/秒。

4. 台风降水

据近 50 年的资料统计，正面登陆连江—厦门的台风，可在附近引起最大的降水，在登陆点附近及其右上方地区过程降水量可达 150～250 毫米，局部可超过 300 毫米；登陆粤东的台风过程降水量一般可达 100～200 毫米，局部超过 250 毫米，常导致九龙江和晋江发生特大洪水。登陆厦门—诏安的台风，可产生强降水，但总量小于前者。登陆罗源—福鼎的台风多在闽东北地区引起强暴雨。

福建台风暴雨出现时间早可在 5 月，迟至 11 月，但高频时期在 7～9 月。由于不同季节台风的强度、水汽条件等不同，暴雨强度有差异。近 50 年的资料显示，福建一些特别强的台风降水过程多见于 6 月底～7 月初、8 月底～9 月初、9 月下半月 3 个时段（表 1-11）。

表 1-11 1884～2005 年福建登陆和影响台风的频数分布

月旬	4月				5月				6月				7月				8月			
	上	中	下	合计	上	中	下	合计	上	中	下	合计	上	中	下	合计	上	中	下	合计
登陆	0	0	0	0	1	2	2	5	2	2	9	13	15	26	27	68	27	19	30	76
影响	1	0	1	2	2	1	7	10	9	11	12	32	18	33	45	96	32	38	35	105

月旬	9月				10月				11月				12月				全年			
	上	中	下	合计	上	中	下	合计	上	中	下	合计	上	中	下	合计	上	中	下	合计
登陆	25	22	10	57	11	3	0	14	0	0	0	0	0	0	0	0		233		1.91
影响	29	30	19	78	16	7	6	29	3	7	0	10	0	0	1	1		369		3.02

（二）大风

根据福建港湾测站 1989～2008 年各月风力大于等于 8 级平均日数统计，东山、崇武、平潭等年平均大风日数多在 22～94 天，厦门和湄洲 17 天左右，其他测站大多不超过 5 天。各测站月平均大风日数季节分布，秋冬季较多（平均 1.5～1.9 天），夏季次之（平均 1.3～1.7 天），春季最少（平均 0.7～1.3 天）（表 1-12）。

表 1-12　1989～2008 年各月风力大于等于 8 级平均日数统计表　（单位：天）

测站	1月	2月	3月	4月	5月	6月	7月	8月	9月	10月	11月	12月	全年
福鼎	0.0	0.0	0.0	0.1	0.1	0.1	0.7	1.5	0.5	0.1	0.0	0.0	3.1
霞浦	0.0	0.0	0.0	0.0	0.0	0.1	0.6	0.9	0.7	0.1	0.0	0.0	2.4
宁德	0.0	0.0	0.0	0.1	0.0	0.0	0.2	0.9	0.4	0.0	0.0	0.0	1.8
罗源	0.0	0.0	0.0	0.1	0.2	0.3	1.1	1.6	0.7	0.1	0.0	0.0	4.1
福州	0.4	0.3	0.3	0.5	0.8	1.3	1.6	2.0	1.2	0.3	0.2	0.2	8.9
福清	0.0	0.1	0.0	0.2	0.0	0.2	0.8	1.0	0.8	0.2	0.1	0.0	3.4
平潭	1.4	1.2	0.6	1.0	0.6	1.2	2.2	1.9	2.8	3.8	3.3	2.2	22.1
湄洲	0.7	1.0	1.1	1.4	0.7	1.3	1.8	2.5	1.5	1.6	1.5	1.5	16.6
晋江	0.0	0.0	0.1	0.3	0.5	0.5	0.7	1.7	1.3	0.9	0.4	0.6	7.4
崇武	6.8	5.3	4.5	2.5	1.1	0.9	2.0	2.6	3.3	6.1	6.6	6.4	47.7
厦门	0.8	0.7	0.9	1.4	1.1	1.0	1.9	3.1	1.7	2.0	1.4	1.0	16.7
漳浦	0.0	0.0	0.0	0.1	0.3	0.3	0.6	0.7	0.3	0.3	0.0	0.0	2.5
东山	12.7	12.2	10.5	6.9	4.0	1.6	2.0	2.7	4.9	10.8	12.5	12.8	93.4
诏安	0.0	0.0	0.0	0.1	0.2	0.4	0.5	0.0	0.4	0.4	0.0	0.0	2.5

（三）暴雨

暴雨是福建沿海重要灾害之一。经统计，日降水量大于等于 50.0 毫米的暴雨日数，福建沿海各地平均每年出现 2～7 天，宁德、漳浦、诏安等地较多，为 6～7 天，其他地区较少，一般不超过 4 天。多年一日最大降水量介于 190.0～340.0 毫米，以晋江的 338.8 毫米为最大。日最大降水量出现时间，除了厦门、东山出现在梅雨期的 6 月份外，其他各地均出现在台风季的 7～10 月份。

第二节　海洋水文

一、福建近海海域水文特征

（一）水温平面分布

2006 年夏季，太阳辐射强，水温较高。调查海域表层高水温中心在东山至厦门外海一带，表层水温大于28℃的区域占据汕头至台湾浅滩一线以南海域，由于冲淡水作用闽江口水温也较高。10米层水温大于28℃的区域占据了调查海域的南部海域。闽粤沿岸海域水温较低，等温线几乎与岸线平行，且非常密集，有冷水上升的迹象；台湾浅滩的水温较低，有上升流迹象；台湾海峡的中部及北部，水温的分布较均匀，北部略高于中部。30米层的水温分布与10米层类似，调查海域的南部水温仍然较高，在闽粤沿岸上升更加明显，在台湾浅滩的东北部存在高温水，在台湾浅滩附近冷水上升的迹象更加明显；台湾海峡的中部及北部水温分布比较均匀，东部水温高于西部。在50米层，海域南部水温仍然较高，澎湖列岛至海坛岛一线海域水温较低，其两侧的水温较高。

2006年冬季，海水的垂向混合较强，受闽浙沿岸水的影响，闽粤沿岸的表层水温较低，等温线非常密集，产生温度锋。闽浙沿岸水沿福建沿岸南下可达汕头外海。在澎湖列岛附近海域，水温较高，并出现两个暖水舌，一个向北指向海坛岛，另一个向西北延伸直指金门外海。海域南部水温较高；台湾海峡西北部水温较低，几乎被闽浙沿岸水所控制；而东北部受外海水影响，水温较高。10米层、30米层、50米层的水温分布与表层基本相同。

2007年春季，闽浙沿岸水范围缩小，仅在泉州以北沿岸水温维持在17℃以下；来自南海的暖水北上势力开始增强，24°N以南的海域基本被暖水占据，最高水温28℃出现在海域东南表层，其中一高温水舌沿台湾海峡西岸向东北伸展，其21℃等温线可达到台湾新竹外海。海峡南部水温自近岸向远岸递增，等温线大致与岸线平行，近岸较远岸分布更加密集；海峡北部低温的闽浙沿岸水和高温的海峡暖水在119.5°E25°N附近存在明显的温度梯度，形成温度锋。整个海域由表至底变化基本一致，北上暖水和温度锋在各层均可见，随着水深的增加水温逐渐降低。

2007年秋季，调查海域表层水温大于20℃的区域占据了调查海域的南部，等温线与岸呈45°角斜交，分布均匀。海峡两侧近岸海域水温较低，等温线几乎与岸线平行，东山岛沿岸与台湾浅滩的水温较低，有上升流迹象。漳浦—厦门—泉州一带由海向岸水温急剧上升，这是因为这一带的调查时间处于10月和11月而其他海域调查时间为12月至2008年1月。台湾海峡的中部及北部，水温的分布较均匀，等温线基本与岸平行。由于调查期间海况较差，调查海域的东北部表层数据缺失。10米层水温的分布与表层基本相同。30米层的水温分布与10米层类似，温度变化不大；海域南部水温较高，等温线分布均匀；台湾浅滩的冷水上升迹象明显。海峡中部及北部水温分布比较均匀，东部水温高于西部。在50米层，调查海域的南部水温仍然较高；由浅滩分界，呈现南高北低的分布；澎湖列岛西北方向有一个20℃的暖水舌，比周围高出1℃（图1-8）。

（二）盐度平面分布

2006年夏季，受闽粤沿岸水、外海水、上升流、蒸发、降水等因素影响，调查海域的盐度分布比较复杂。表层，在台湾浅滩的西南部出现低盐中心，盐度可低于33，与台湾浅滩西南部的高温水相对应，是高温低盐水域。在厦门海域、兴化湾和闽江口，由于冲淡水等的影响盐度较低。10米层，受外海水的影响，海域南部盐度较高，台湾海

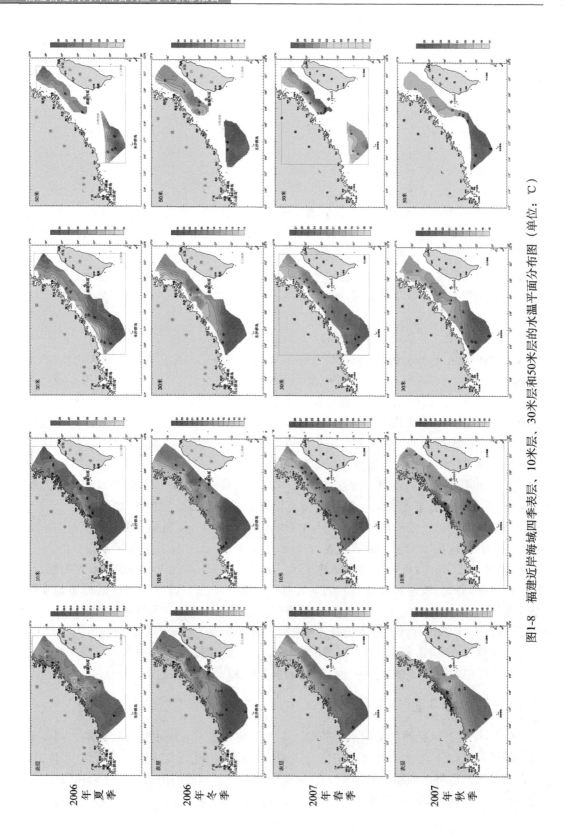

图1-8　福建近岸海域四季表层、10米层、30米层和50米层的水温平面分布图（单位：℃）

2006年夏季　　2006年冬季　　2007年春季　　2007年秋季

峡的中部、台湾浅滩的西侧，盐度较低。30 米层，台湾浅滩的高温低盐水有加强的迹象，形成一个很大的低盐中心区；在闽粤沿岸出现的上升流更加强盛，盐度均高于 34；台湾海峡的中部及北部盐度的分布较均匀。50 米层，澎湖列岛至海坛岛一线海域盐度较高，其两侧的盐度较低。

2006 年冬季，闽粤沿岸海域表层盐度较低，等盐度线几乎与岸线平行且密集，形成盐度锋。澎湖岛附近海域表层受外海水影响，形成一个高温高盐水域。海域南部盐度比较高，且分布较均匀。在台湾海峡北部，东侧盐度高于西侧。10 米层和 30 米层盐度分布与表层分布几乎相同。50 米层出现在澎湖列岛北部的高盐水可达海坛岛南部。

2007 年春季，闽浙沿岸水范围开始减弱，盐度低于 31 的低盐区主要分布在海坛岛以北的沿岸一带。而自南海北上的高盐暖水几乎占据整个海峡以南，高盐水自台湾海峡西岸南部向东北延伸，分布与水温的分布特征相一致，盐度维持在 33～35。盐度自近岸向远岸递增，等盐度线大致与岸线平行，近岸处等盐度线分布较为密集。受入海径流影响，在闽江口一带盐度最低达到 5，等值线非常密集，水平梯度很大，形成近岸的盐度锋。119.5°E、25°N 的温度锋出现的位置，也存在非常强的盐度锋。整个海域由表至底盐度基本呈一致变化，随水深的增加，盐度逐渐增大。

2007 年秋季，表层等盐度线由南至北基本与岸线平行，受冲淡水影响闽江口盐度较低，形成密集的等盐度线。10 米层，等盐度线基本与岸线平行，仅在台湾浅滩和东山岛中间，出现盐度 31 的低盐中心。受南海暖水的影响，调查海域南部盐度较高，大部分海域达到 34。在厦门海域、兴化湾和闽江口，受冲淡水影响出现最低的盐度值。整个台湾海峡盐度分布呈现东高西低、南北高中部低的分布特征，南端略高于北端。30 米层盐度分布与 10 米层基本一致，台湾浅滩与东山岛之间的低盐中心有加强的迹象；在闽粤沿岸出现的上升流更加强盛，盐度接近 30；陆丰外海的珠江冲淡水已不存在；台湾海峡的北部有高盐水舌进入，等盐度线与 10 米层相比要密集得多。50 米层，泉州与台中一线的中心出现低盐中心，北端进入的高盐水舌盐度进一步增大，南端盐度均匀化（图 1-9）。

（三）密度平面分布

2006 年夏季，表层海水受冲淡水影响，近岸密度较小，等值线几乎与岸线平行。10 米层，调查海域南部水温较高，密度较小；在台湾浅滩的西南部出现一个西北—东南走向的低密中心；受上升流的影响，东山外海、平潭、闽江口外海为低温高盐水，密度较高。台湾海峡中部和台湾浅滩的密度较低。30 米层，密度分布几乎与温度分布相反；调查海域南部为低密区；台湾浅滩的低密中心有所加强；沿岸的高密区更明显；台湾海峡中部及北部的等密度线与海峡轴线平行，西部密度高于东部。50 米层，密度分布基本与温度相反，调查海域南部密度较低。澎湖列岛至海坛岛海域密度较高，其两侧的密度较低。

2006 年冬季，表层海水在闽粤沿岸密度较低，等密度线与岸线平行，台湾海峡东部密度较高；在台湾浅滩出现一个东北—西南走向的高密度中心；陆丰外海至台湾浅滩

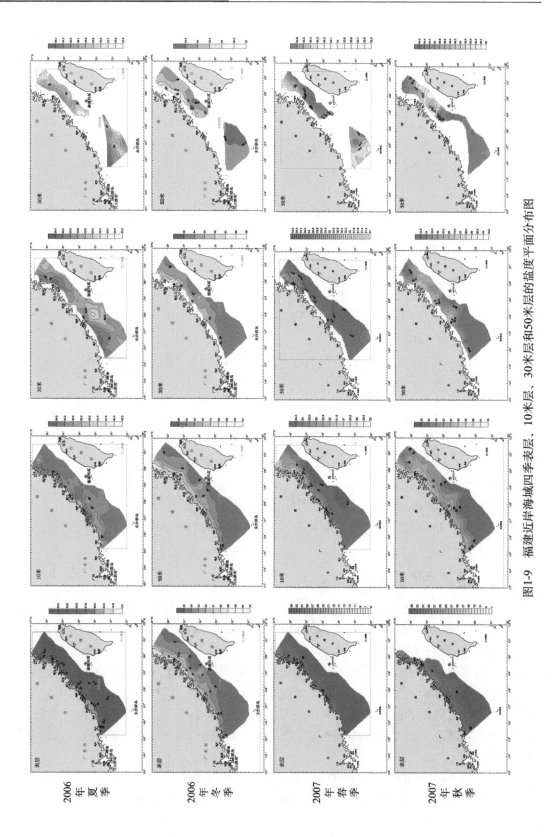

图1-9　福建近岸海域四季表层、10米层、30米层和50米层的盐度平面分布图

2006年夏季

2006年冬季

2007年春季

2007年秋季

一线以南密度较低，且分布均匀；闽江口受到冲淡水的影响密度较低。30米层密度分布与10米层几乎相同。50米层密度分布与30米层基本相同。

2007年春季，随着春季台湾海峡水温逐步上升，海水密度随之降低。密度分布趋势与盐度分布比较相似，等密度线大致与岸线平行，大致近岸低远岸高，闽江口附近和海域南部较低，海域东北部和中部较高。密度最低值出现在闽江口附近及暖水北上的海域东南部。海坛岛以北沿岸由于受低温低盐的闽浙沿岸水控制，其密度较低；东北部外海受东海水影响，密度相对较高；由于受北上的暖水影响，整个海域南部和台湾海峡西岸密度较低，在24°～25°N的海峡中部有一密度相对较高的水存在。整个海域由表至底基本呈一致的变化，随着水深的增加，密度逐渐增大。

2007年秋季，沿岸表层等密度线基本沿岸分布，只在东山岛向外突出，受冲淡水影响，闽江口密度最低。澎湖列岛附近存在一个密度较高的水舌。调查海域东北部表层数据缺失。10米层，调查海域南部水温较高，密度较小；北部水温低，密度高于南部。闽江口低密区和澎湖列岛附近高密水舌依然存在。30米层，南部密度降低，北部增大，东山岛外的密度进一步降低，南北两侧的等密度线分布仍然与岸线平行，澎湖列岛附近的高密度水舌保持不变。50米层，密度分布与30米层相似，南端进一步减弱，北端和澎湖列岛附近的高密度水舌加强，厦门—澎湖列岛一线的等密度线与岸线垂直且十分密集（图1-10）。

（四）浊度平面分布

2006年夏季，在表层，浊度等值线基本与岸线平行。浊度离岸越近越大，特别是在有河口的近海海域，如闽江口、三沙外海等。10米层和30米层浊度的分布与表层类似。50米层，南部浊度低于北部。由于在部分海域50米是底层，浊度也较大。

2006年冬季，在表层，浊度等值线基本与岸线平行，近岸高外海低。

10米层和30米层，浊度的分布与表层类似。50米层，南部浊度低于北部，海峡北部西岸浊度大，闽江口浊度明显较高，向南减少。由于在部分海域50米是底层，浊度也较大。

2007年春季，浊度近岸高外海低，特别是在有河口的近海海域。海域内浊度较大的地方主要在海坛岛以北的近岸部分，比如，闽江口、三沙外海等，浊度非常大，其等值线非常密集，但浊度为5的等值线不超过台湾海峡中线，南界不超过25°N，其他海域浊度几乎为0。不同深度的浊度分布较为一致，随着深度的增加，浊度也随之增加。

2007年秋季，表层浊度等值线基本与岸线平行，特别是在有河口的近海海域如闽江口，浊度较大。由于调查期间海况较差，调查海域的东北部海域表层数据缺失。10米层、30米层和50米层浊度的分布与表层类似。调查海域的南部，浊度较小。

四个季节相比，冬季海峡西岸浊度最高，春季次之，夏季最低，显示闽浙沿岸流携带泥沙自北向南输送的特征（图1-11）。

（五）水温、盐度、密度和浊度的断面分布

在台湾海峡选取4条自岸向外的断面分析海域水文特征（图1-12）。

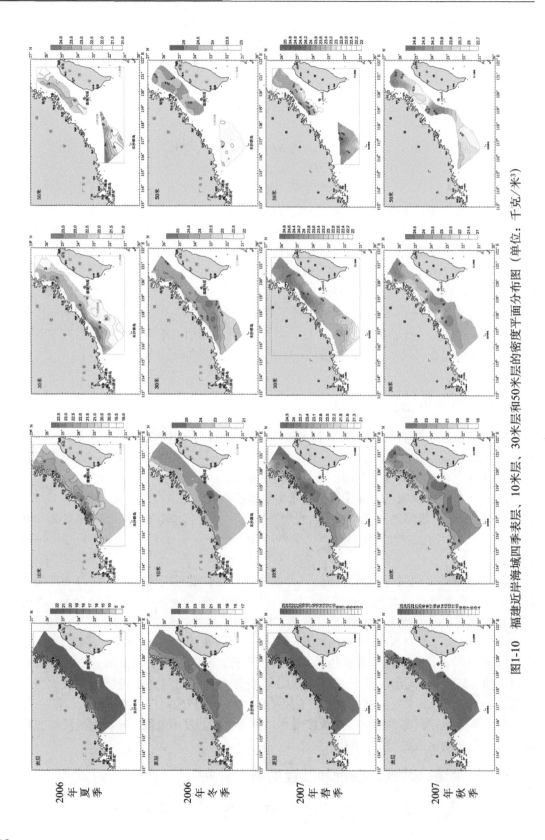

图1-10 福建近岸海域四季表层、10米层、30米层和50米层的密度平面分布图（单位：千克/米³）

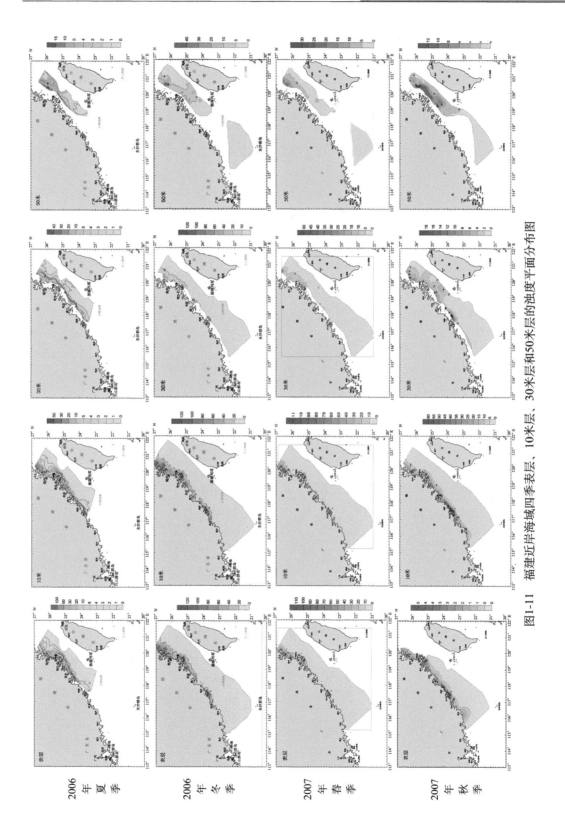

图1-11 福建近岸海域四季表层、10米层、30米层和50米层的浊度平面分布图

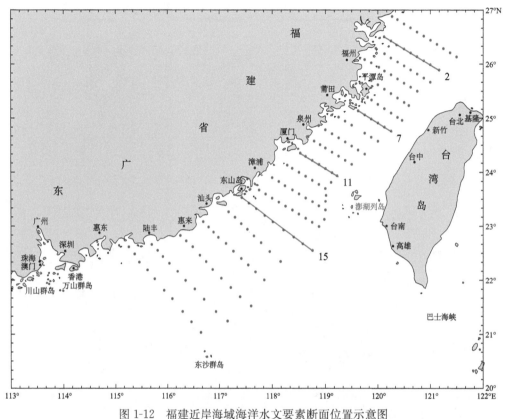

图 1-12 福建近岸海域海洋水文要素断面位置示意图

1. 断面 2

断面位于台湾海峡的西北部，三沙湾外海，最大水深约 82 米。

2006 年夏季，在三沙湾外海，水深 15 米以浅是高温低盐水，密度较低，15 米以深是低温高盐水，密度较大。在 15 米以浅水温、盐度东部高于西部，密度两侧略低，中部略高。15 米以深水温东部高于西部，盐度、密度是西部高于东部。西岸的底层存在低温高盐水。浊度西部高于东部，下层高于上层。

2006 年冬季，受闽浙沿岸水的影响，该断面的中部和西部 40 米以浅水层呈现低温、低盐、低密度的特点，而断面的东侧，水温、盐度、密度都较高，分布比较均匀。浊度呈现西部高于东部，下层高于上层特征。

2007 年春季，闽浙沿岸水的影响减弱，该断面的中部和西部仍呈现低温、低盐、低密度的特点，而断面的东侧，水温、盐度、密度还较高。浊度呈现西部高于东部、下层高于上层的特征。

2007 年秋季，在离岸 50 千米处有沿底部由西向东、较为均匀的高温高盐水抬升到水面，将由岸边延伸出来的低温低盐水截成两部分，近岸低温低盐水到达 30 米海底，被截断的水在 30 米水深与底部的高温高盐水相交。水温、盐度、密度和声速的分布基本一致，为东高西低，底部高上层低。浊度西岸近岸高，向东急剧降低，等值线基本与海面垂直（图 1-13）。

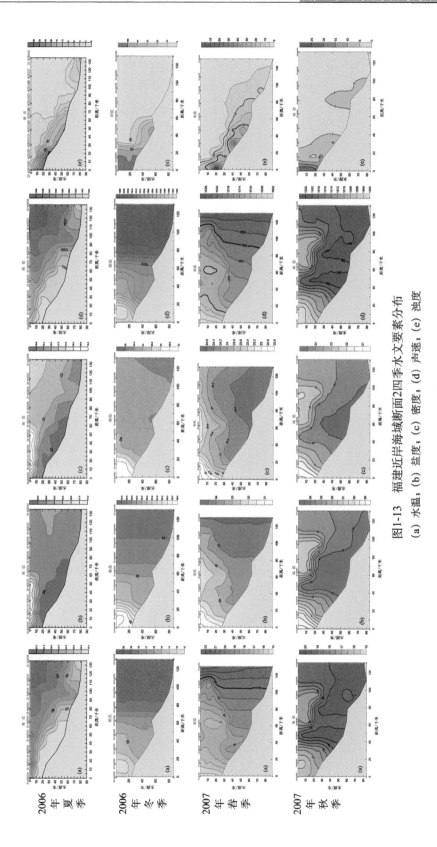

图1-13　福建近岸海域断面2四季水文要素分布
(a) 水温；(b) 盐度；(c) 密度；(d) 声速；(e) 浊度

2. 断面 7

断面位于台湾海峡的中部，兴化湾外海，最大水深约 70 米，两侧浅，中间深。

2006 年夏季，由于夏季西南季风强盛，垂直涡动混合较强烈，在该断面 25 米以浅的水层各要素分布较均匀，水温、盐度和声速东部高于西部，密度两侧略低，中部略高。近岸区水深 30 米以下海水呈低温、高盐、高密、低声速特征，有上升流的迹象。浊度西部高于东部，下层高于上层。20 米以下，西部浊度明显较大，可能因上升流影响所致。

2006 年冬季，该断面的西部被闽浙沿岸水所控制，影响深度约 30 米，断面的东端为高温高盐水，分布较均匀。在两水团的交界处等值线非常密集，形成海洋锋。浊度西部高于东部，下层高于上层。

2007 年春季，该断面的西部仍有闽浙沿岸水存在，影响深度约 20 米，断面的中东部为高温高盐水，分布较均匀。在两水团的交界处等值线非常密集，形成海洋锋。密度在 20 米以浅较低，且东西部分布均匀；在 20 米以深，西部密度大于东部，在西部形成一个高密度区。浊度仍然西部高于东部，下层高于上层。

2007 年秋季，断面中部存在一个自底至 15 米水深的高温高盐水舌，水舌西侧为低温低盐区，离岸 20 千米处存在较强的垂直梯度；东侧温盐分布均匀。水温、盐度东部高于西部，密度和声速为两侧略低，中部略高。浊度西高东低，下部高于上部（图 1-14）。

3. 断面 11

断面位于台湾海峡的南部，金门岛至澎湖列岛之间海域，最大水深约 66 米。

2006 年夏季，在断面中西部的站位下层，有一个低温高盐水舌自海底向海面延伸达到表层，为上升流，其密度较高，声速较小。在表层到 10 米左右，有一个高温低盐水，其密度较低，声速较大，可能是台湾浅滩东北部的高温低盐水的入侵所致。浊度下层高于上层，特别是在上升流海域浊度较大。

2006 年冬季，断面基本被闽浙沿岸水覆盖，但强度较弱。断面 40 米以浅温度较低且分布均匀。40 米以深的中部及东部温度盐度均较高。在断面中部的 40~50 米水深附近海域出现一个自海底垂直向上的高温高盐水，可能为外海高温高盐水的入侵所致。在断面东部 30~40 米深度处等值线比较密集，形成海洋锋。浊度特征仍然是西部高于东部，下层高于上层。

2007 年春季，断面从西向东水温、盐度和声速逐渐增大，上下分布均匀，显示外海水入侵。在 10 米以浅，断面中部密度较大，东西两侧密度较小；在 10 米以深，东部密度较小，往西逐渐增大。浊度西部高于东部，下层高于上层。

2007 年秋季，断面西侧 30 千米之内，垂向混合强，温度、盐度、密度、声速的等值线密集且与水面垂直，温度和声速在 30~40 千米处存在一个低值中心，所处深度为 0~30 米，整体呈现两边高中间低；盐度和密度均为西低东高的分布，西部等值线较密，东部较疏。浊度垂向分布较均匀，向东减小（图 1-15）。

4. 断面 15

断面位于福建东山岛外海域，穿过台湾浅滩，最大水深约 54 米。

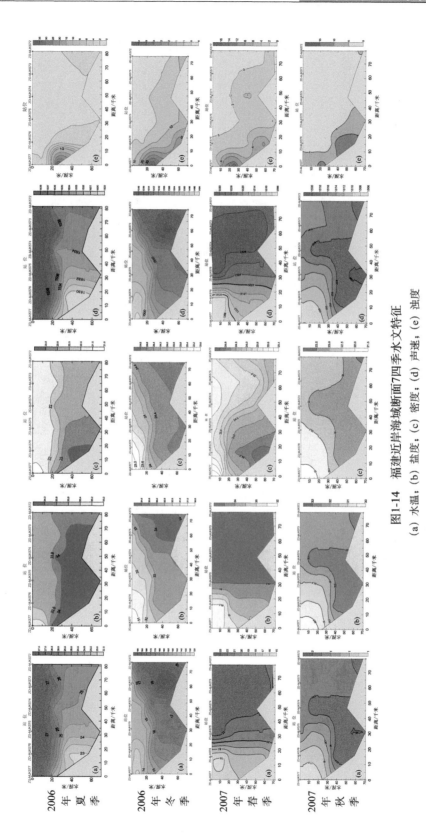

图1-14 福建近岸海域断面7四季水文特征
(a) 水温; (b) 盐度; (c) 密度; (d) 声速; (e) 浊度

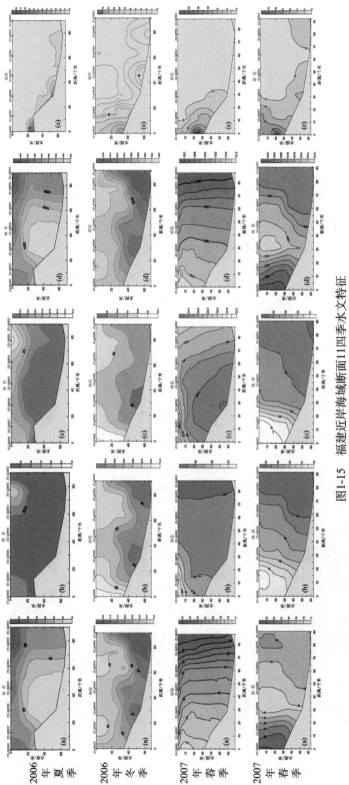

图1-15 福建近岸海域梅断面11四季水文特征
(a) 水温；(b) 盐度；(c) 密度；(d) 声速；(e) 浊度

2006 年夏季，在台湾浅滩，各要素分布较均匀，高温低盐。东山岛近岸海域，表层为高温低盐水，底层则是低温高盐水。在断面东端 ZD-XM639 到 ZD-XM638 站之间的斜坡，等值线有往外下倾的趋势；在 40～50 米深度，等值线较密集，出现跃层，随着深度的增加，水温和声速降低，密度升高；表层水温高，盐度略低，密度较低，声速较大。

2006 年冬季，断面西部由闽浙沿岸水覆盖，但强度较弱，范围小。强烈的垂直涡动混合，使得断面上层各要素垂直分布均匀，等值线几乎与海面垂直。断面的西部，水温盐度较低。东部水温盐度较高。浊度是西部高于东部，下层高于上层。

2007 年春季，断面自西向东，水温、盐度和声速逐渐增大。断面垂直涡动混合强，断面上层各要素垂直分布非常均匀，等值线几乎与海面垂直。密度从上层到底层逐渐增加。浊度仍然是西部高于东部，下层高于上层，浅滩处浊度也较高。

2007 年秋季，台湾浅滩各要素的垂直分布较均匀，等值线基本与海面垂直，温度和密度等值线较疏，盐度和密度等值线较密，尤其是在断面两侧 20 千米和距离两端 50～100 千米处更为密集。断面两侧为低温低盐水，由西向东温度和盐度逐渐增大，声速变化与温度基本一致，呈现西低东高的分布；由于温度水平变化没有盐度迅速，密度呈现两边低中间高的马鞍形结构。浊度同样仅在近西岸 20 千米内较高，等值线与海面垂直，与盐度的分布相似（图 1-16）。

（六）浙闽沿岸水

台湾海峡环流受冬、夏季风交替驱动。夏季海峡西侧和东侧分别为北向的南海季风漂流和黑潮分支水所占据，平均流速达 90 厘米/秒。冬季海峡东侧为紧贴台湾西侧逆风而上的黑潮分支水，流速约 20 厘米/秒；海峡西侧为由东北季风驱动的南下浙闽沿岸流。

作为海峡西侧的主要流系，浙闽沿岸流起源于长江口和杭州湾一带，主要分布在长江口以南浙、闽沿岸，主要由长江、钱塘江的径流入海后构成，沿途还有瓯江和闽江等的径流加入。浙闽沿岸流以低温、低盐为特征，出现在秋、冬、春三季。冬季在强劲的东北季风驱动下，低温、低盐且富含营养盐的浙闽沿岸流沿海峡西岸向南流动，远端可影响到汕头附近海域，可对海峡的环流结构、水团组成、海洋生态等产生重要影响。

强劲的东北季风可以起到阻止海峡暖水北上和促进浙闽沿岸冷水南下或东侵的效果，从而改变浙闽沿岸流的影响区域。通常认为，冬季浙闽沿岸流由于径流量小，仅能影响到海坛岛一带；而部分研究则认为，浙闽沿岸流在强劲东北季风的驱动下，向南可达泉州附近。目前大家比较认可浙闽沿岸流向南可影响到东山至南澳岛附近海域。

以 17℃等温线和 33.5 等盐度线表征浙闽沿岸流的外缘，调查数据显示，冬季浙闽沿岸流向南可伸展至广东外海汕头一带；台湾浅滩以南为显著的高温、高盐南海暖水（图 1-17）。

在海坛岛、泉州、漳浦和汕头外海附近等 4 个海床基获取的近海底水温数据显示，2 月 9 日前低于 18℃的浙闽沿岸流向南可延伸至汕头附近，此后，泉州和汕头外海近海底水温持续地被高温水体（大于 18℃）占据，可能与浙闽沿岸流的北撤有关。

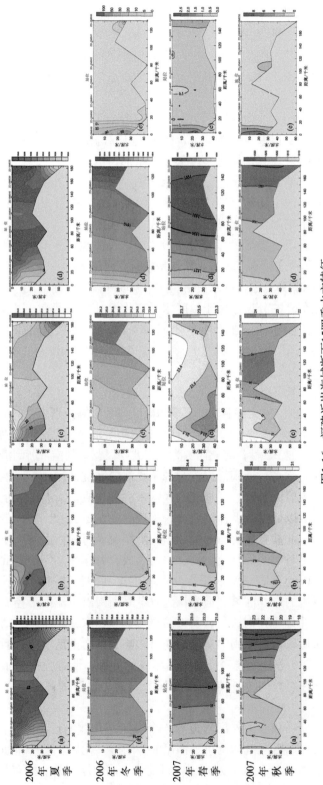

图1-16 福建近岸海域断面15四季水文特征
(a) 水温；(b) 盐度；(c) 密度；(d) 声速；(e) 浊度

注：2006年夏季浊度数据缺。

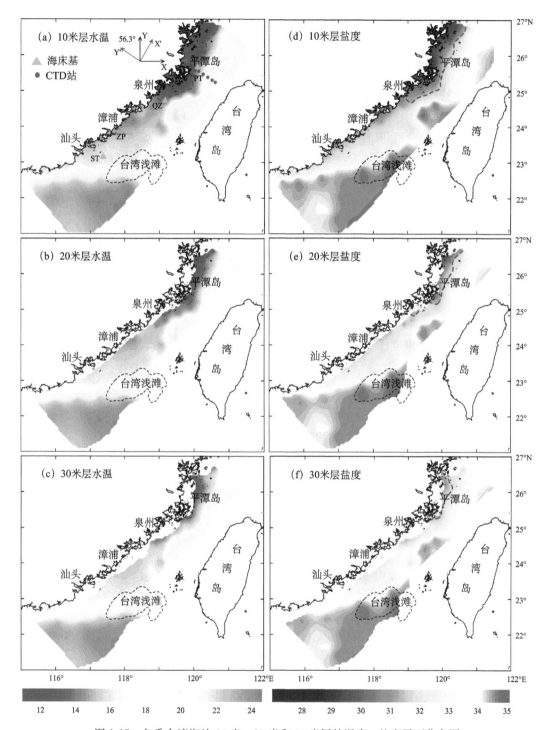

图 1-17　冬季台湾海峡 10 米、20 米和 30 米层的温度、盐度平面分布图

注：紫色虚线表示 14℃ 等温线，"▲" 代表在海坛岛、泉州、漳浦和汕头外海布放的 4 个海床基，

"●" 代表 CTD 站位；台湾浅滩位置以 35 米等深线表示（黑色虚线）

（七）闽江口

闽江口有较强潮汐环流：黄岐半岛与北竿塘岛之间断面进潮量大于退潮量；长乐梅花与马祖岛之间断面退潮量大于进潮量。闽江口及其邻近海域潮流比较强劲，由潮流引发的侧向混合及垂向混合都较剧烈，闽江径流和外海水混合形成冲淡水，本书将 32.0 等盐线作为闽江冲淡水的外边界。受径流量季节变化的影响，闽江冲淡水具有鲜明的季节变化特征。因强劲潮流混合与淡水混合形成的低盐水一般能达到底层。

夏季，闽江入海径流量达全年最大，河口海域盐度降至全年最低值，但在西南季风影响下，经台湾海峡北上的南海高盐水直逼闽中沿岸，闽江口近邻的外海水盐度较高，通过涨落潮流与冲淡水混合，闽江口冲淡水盐度反而高于其他入海季节。闽江口外沙海域及闽东沿岸带盐度低于 25.0，梅花、马祖岛至大嵛山一线沿岸带盐度低于 32.0，由海坛岛北部沿岸至温州洞头岛沿岸带盐度低于 33.0，是闽江冲淡水影响较大的低盐混合水。由于闽江冲淡水与外海水混合比较充分，冲淡水边界附近盐度梯度不大。盐度分布态势表明，闽江冲淡水入海后有南北两路去向，一路受夏季福建北向沿岸流的影响朝东北向扩展至三沙湾附近沿海，另一路南下与海峡南部的九龙江及韩江冲淡水连成一片。闽江冲淡水在闽江口及附近海域保留了陆地径流高温特性，水温高于 27.5℃。冲淡水厚度较小，5 米深度已基本不可见（图 1-18）。

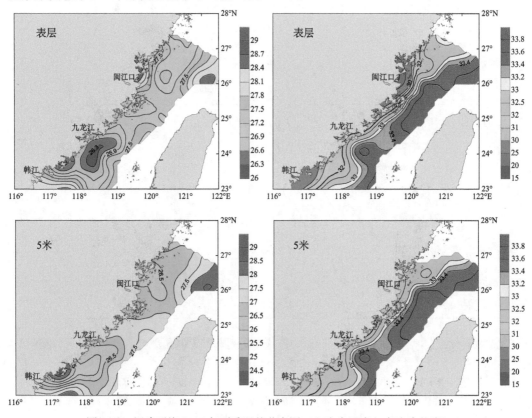

图 1-18　福建近海 2006 年夏季温盐分布图（左边为温度，右边为盐度）

秋季，闽江入海径流量明显减少，仅为夏季一半。由于闽浙沿岸水在秋季开始成型并进入海峡，因而闽东沿海盐度下降1.0～3.0。闽江口是闽江冲淡水与闽浙沿岸水混合之处，闽东沿岸、闽江口及南至兴化湾的沿岸带海域盐度低于31.0，盐度低于32.0的低盐舌可达漳浦赤湖东南30海里的沿岸。福建沿岸潮流较强，垂直混合较剧烈，盐度垂直梯度很小。

冬季，正值枯水期，闽江入海水量少，与南下的闽浙沿岸水混合成沿岸低盐水。从32.0等盐线分布范围看，表层沿岸低盐水的影响范围远较夏季大，沿岸低盐水基本可向外扩展80千米，向南至韩江口。由于来自海峡北部且受冬季海面冷却等影响，沿岸水水温较低，并呈由北至南逐渐降低的趋势。沿岸低盐水厚度较大，垂直影响范围可至30米深。随着深度增加，沿岸低盐水逐渐向北退缩，10米层和20米层退至九龙江口，30米层仅出现在闽江口及其北部海域，且更贴近岸（图1-19）。

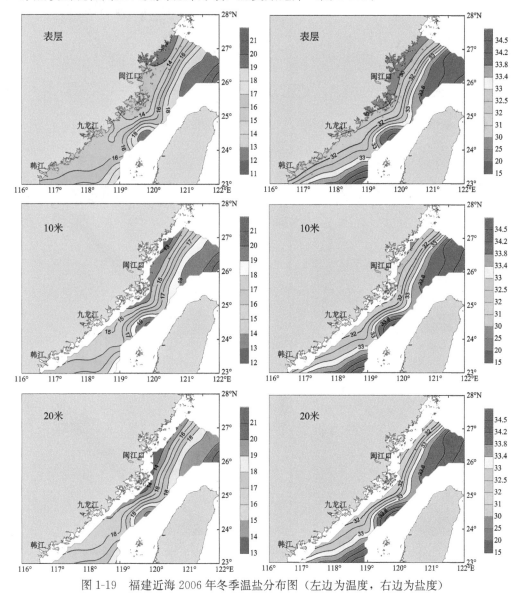

图1-19　福建近海2006年冬季温盐分布图（左边为温度，右边为盐度）

　　春季，闽江入海径流量增加，闽江口及其以南沿岸带仍旧为闽江冲淡水与闽浙沿岸水混合形成的沿岸低盐水，但因东北季风减弱或消退，低盐水扩展范围缩小。沿岸低盐水的范围比冬季的明显减小，最南仅至九龙江口。沿岸低盐水的水温较低，由北至南逐渐降低。沿岸冲淡水厚度较大，垂直影响可至 25 米深，南向水平扩展范围随深度增加而递减，10 米层延伸至海坛岛海域，20 米层和 25 米层延伸至三沙湾且更贴近岸（图 1-20）。

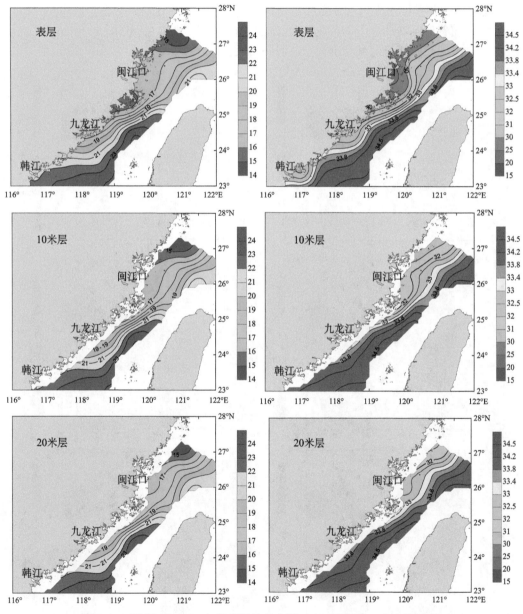

图 1-20　福建近海 2006 年春季温盐分布图（左边为温度，右边为盐度）

（八）上升流

福建沿海中、北部的上升流主要分布在海坛岛附近海域和三沙湾外海（图1-21）。表层至10米层上升流的迹象不明显；受闽江冲淡水和地形影响，20米和30米层两个上升流处于分离状态，海坛岛附近海域的上升流强度较大；40米和50米层，两个上升流区合为一体，其西南部可扩展到湄洲湾外海。

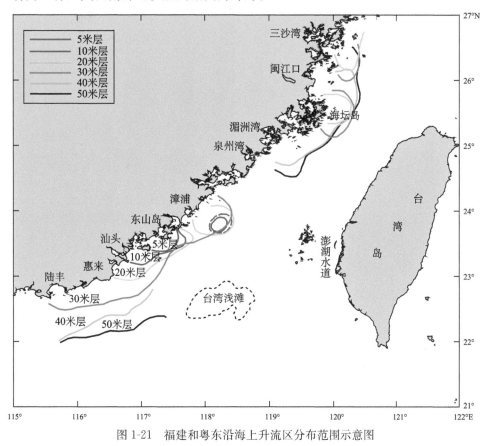

图1-21　福建和粤东沿海上升流区分布范围示意图

表层和10米层闽南和粤东沿海上升流出现在漳浦外海和东山岛至汕头沿海一带。20米层上升流的范围比10米层有所扩大。30米层上升流的范围沿海岸呈带状分布，东北部可达厦门外海南侧，西南部可扩展到陆丰外海。40米层和50米层，上升流的范围向外海扩展，但只局限在粤东外海。

闽南和粤东沿海的上升流主要分布在台湾浅滩西北部水道的西北侧和粤东沿海。闽南沿海的上升流可能是来自南海北部北上的深层水受西南季风影响，在台湾浅滩西北部水道向北的流动中沿陡坡爬升所致。该上升流可沿海底地形向岸爬升至表层。受珠江冲淡水向东北扩展的影响，粤东沿海的上升流沿海底向岸爬升只达到20米层，范围向外海扩展，且底层冷水直通外海。总的来说，汕头以北的上升流范围较窄，但向岸爬升高度较高；而汕头以南的上升流范围较宽，但向岸爬升高度较低（图1-22）。

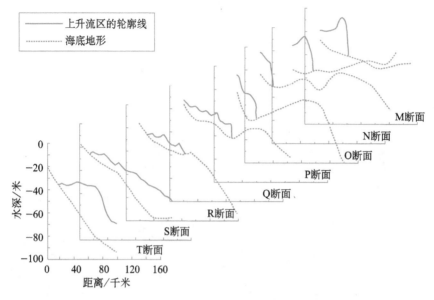

图 1-22　闽南和粤东沿海上升流区各断面的轮廓线

注：A 断面为调查区块从北往南的第 1 条断面，B 断面为第 2 条，以此类推

二、重要港湾水文特征

（一）三沙湾

1. 余流

三沙湾内最大余流 37 厘米/秒，流向 126°，出现在白马河口处 T12 站春季大潮表层，是由白马河径流引起的。东吾洋余流较小（图 1-23）。

2. 水温平面分布

2005 年秋季，表层水温为 26.8～28.3℃，最高值出现在三都岛与青山岛之间海域，最低值在东吾洋内。以三都澳南侧为中心，逐渐向东北降低，东吾洋的东北角水温较低。三沙湾西部表层水温等值线较疏，温差较小，三沙湾中部往东等温线分布均匀。底层水温为 27.2～28.3℃，高温区分布与表层相同，低温区分布于东冲口附近至下浒镇沿海一线。以三都澳南侧为中心，逐步向四周降低 ［图 1-24（a）］。底层水温下降趋势与表层不同，从三沙湾中部高温区向南、向东等温线分布较为密集，水温下降较为明显，而在三沙湾西部海域变化幅度较小 ［图 1-24（b）］。

2006 年春季，表层水温变化于 15.9～17.1℃，高温区出现在盐田港及白马港海域，低温区分布在东吾洋内东安岛东北部。表层水温从盐田港及白马港向三沙湾中心降低，并向东吾洋方向上进一步下降，低温区在东吾洋中部。表层水温在三沙湾中部及西部变化较小，由三沙湾中部向东吾洋降低 ［图 1-24（c）］。底层水温为 15.7～17.0℃，高温区集中在白马口较小区域，低温区紧靠东吾洋长春镇沿岸。表、底层水温变化趋势相

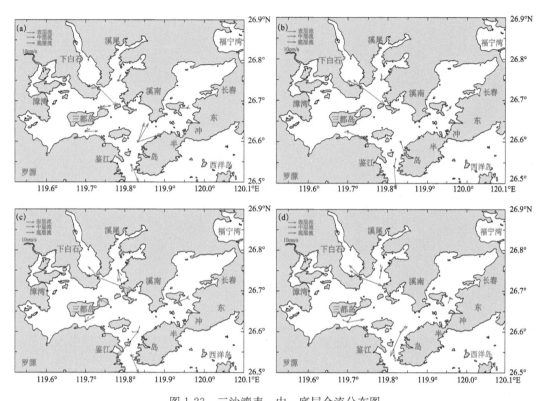

图 1-23　三沙湾表、中、底层余流分布图
（a）秋季大潮；（b）秋季小潮；（c）春季大潮；（d）春季小潮

似，高温区分布在三沙湾北部的白马港海域，稍微降低后进入三沙湾中部，并向东吾洋逐步下降［图 1-24（d）］。

3. 盐度平面分布

2005 年秋季，表层盐度变化于 21.20～31.54，低值区出现在白马港口，向东南方向上升，并在东冲口达到最高值，与白马河的冲淡作用有关。随着与白马港口距离的增加，等值线分布逐步变疏，白马河入海径流对表层盐度影响不断减小［图 1-25（a）］。底层盐度变化于 28.75～31.49，平面分布与表层较相近，低值区位于岛屿周边海域，并向东冲口方向逐步升高［图 1-25（b）］。与表层相比，底层盐度变化小得多，说明底层盐度受入海径流的影响比表层要小很多。

2006 年春季，表层盐度变化于 22.97～30.12，表层盐度分布趋势与秋季表层盐度分布相似。低值区同样分布于白马港及卢门港一线，高值区分布于东冲口至东吾洋下浒一线。盐度整体上呈现从西北向东南方向增加的趋势［图 1-25（c）］。底层盐度变化于 25.68～30.33，低值区分布于白马港内，而高值区出现在东冲口，盐度逐步增加，整个三沙湾盐度分布趋势清晰明朗［图 1-25（d）］。

4. 湾口流速剖面特征

由于湾口地形复杂，湾口断面流速分布也很复杂，很不均匀。秋季大潮落急时，

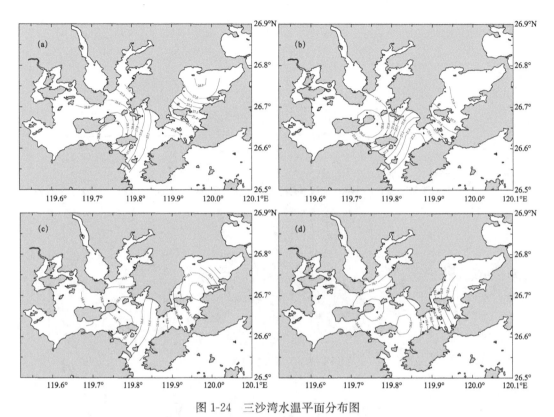

图1-24　三沙湾水温平面分布图

（a）秋季小潮表层；（b）秋季小潮底层；（c）春季小潮表层；（d）春季小潮底层

海水直接从东冲水道南下，湾口东侧流速极大；涨急时，由于地形缘故，断面西侧的流速增大；春季大潮时，断面东西侧流速比较均衡，落急时流速大于涨急时流速（图1-26）。

（二）福清湾

1. 余流

秋季大潮最大余流26.8厘米/秒，流向182°，出现在海坛水道南部F4站表层，秋季海坛水道的余流，大小潮从表层到底层都往南流；春季大潮最大余流25.4厘米/秒，流向31°，出现在北口大练岛附近的F1站中层，春季北口F1站的余流，不分大小潮，从表层到底层都向北流出湾外（图1-27）。

2. 水温平面分布

秋季小潮表层水温港湾东侧高于西侧，温差超过2℃，等温线南北走向，湾口附近等温线较为密集。底层水温分布不同于表层，湾口附近水温较低，湾中至湾顶部水温较高，等温线分布稀少。

春季温度分布与秋季不同，表层水温港湾西侧高于东侧，湾口高于湾顶部，水温差大于0.6℃，等温线呈西北—东南走向。底层水温较为均匀，温差小于0.3℃（图1-28）。

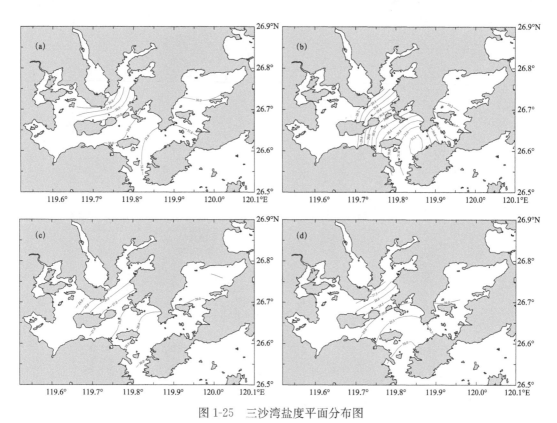

图 1-25　三沙湾盐度平面分布图

（a）秋季小潮表层；（b）秋季小潮底层；（c）春季小潮表层；（d）春季小潮底层

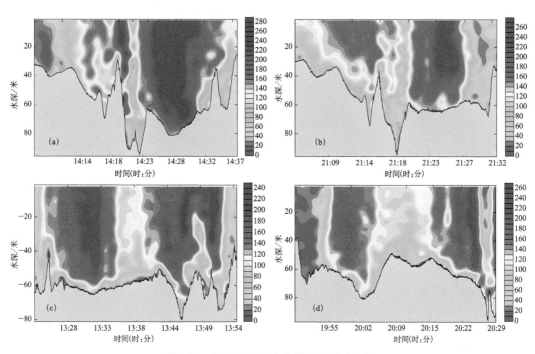

图 1-26　三沙湾湾口走航断面流速分布图

（a）秋季大潮落急；（b）秋季大潮涨急；（c）春季大潮落急；（d）春季大潮涨急

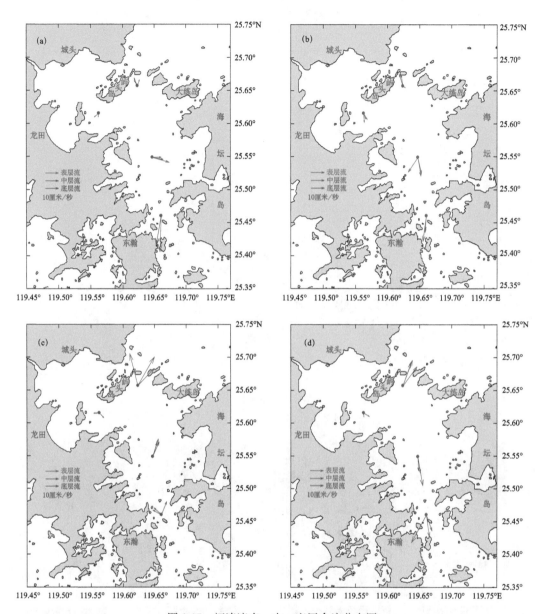

图 1-27　福清湾表、中、底层余流分布图
（a）秋季大潮；（b）秋季小潮；（c）春季大潮；（d）春季小潮

3. 盐度平面分布

秋季小潮期表、底层盐度港湾东侧高西侧低，盐度差为 1～2，等盐度线大致为南北走向。春季小潮期表层盐度沿岸低、外海高，等盐度线呈外海水入侵的舌状分布，底层的盐度分布基本上与表层分布一致，盐度差均不大（图 1-29）。

4. 湾口流速剖面特征

春季断面流速大于秋季断面流速，春季落急时断面流速最大（图 1-30）。

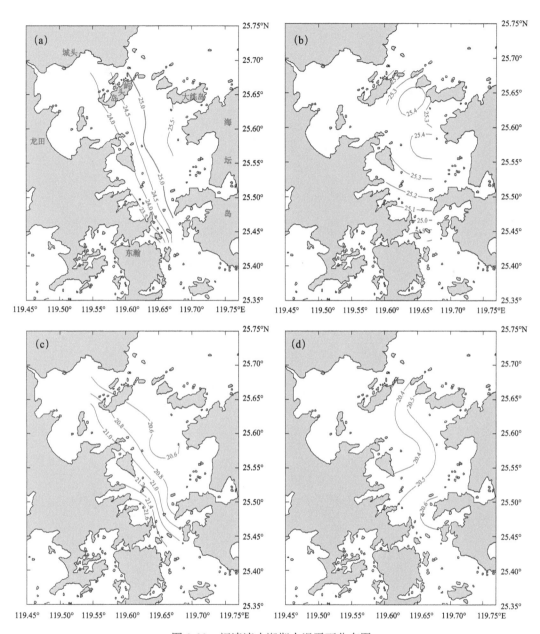

图 1-28 福清湾小潮期水温平面分布图
(a) 秋季表层；(b) 秋季底层；(c) 春季表层；(d) 春季底层

（三）东山湾

1. 余流

东山湾余流不稳定，秋季最大余流 28.0 厘米/秒，流向 206°，出现在湾口内侧中心水道的大潮表层；春季最大余流 13.2 厘米/秒，流向 233°，也出现在湾口内侧中心水道的大潮表层（图 1-31）。

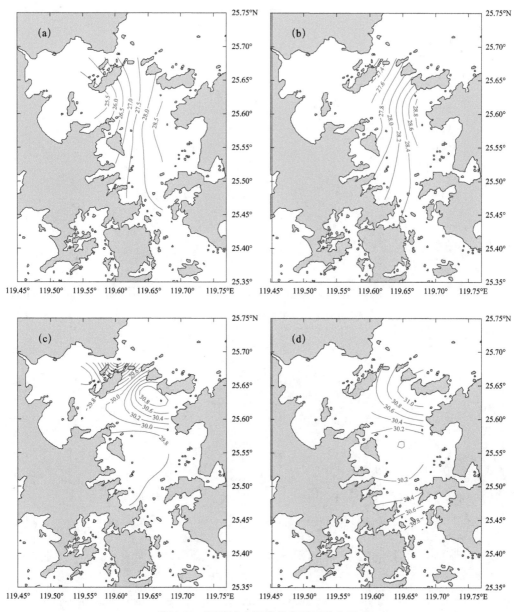

图 1-29　福清湾小潮期盐度平面分布图

（a）秋季表层；（b）秋季底层；（c）春季表层；（d）春季底层

2. 水温平面分布

秋季大潮期间表层、中层、底层水温从湾顶到湾口逐渐增大，并且湾口水温由南屿至古雷头逐渐增大，湾顶表层日平均水温为23.76℃，湾口三站表层日平均水温南屿至古雷头分别为24.59℃、24.61℃、24.72℃。小潮期间表层、中层、底层水温从湾顶到湾口逐渐减小，湾口水温由南屿至古雷头逐渐增大，湾顶表层日平均水温为26.24℃，湾口表层日平均水温由南屿至古雷头分别为25.68℃、25.95℃、26.18℃。

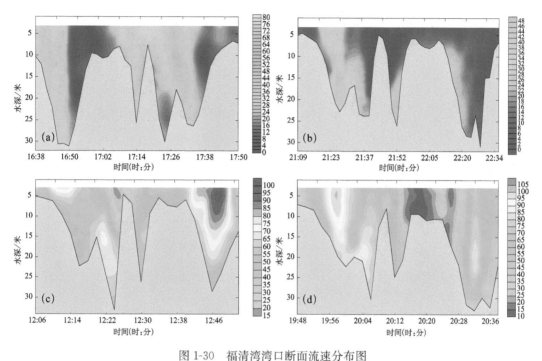

图 1-30　福清湾湾口断面流速分布图
（a）秋季大潮落急；（b）秋季大潮涨急；（c）春季大潮落急；（d）春季大潮涨急

春季大潮期间表层、中层、底层水温从湾顶到湾口逐渐减小，湾顶表层日平均水温为 23.69℃，湾口三站表层日平均水温由南屿至古雷头分别为 23.45℃、23.50℃、23.40℃。小潮期间表层、中层、底层水温从湾顶到湾口逐渐减小，湾顶表层日平均水温为 25.18℃，湾口表层日平均水温由南屿至古雷头分别为 24.45℃、24.41℃、24.43℃。表、中、底层等温线基本呈东—西向，沿着东山湾从湾口到湾顶有规律地分布（图 1-32）。

3. 盐度平面分布

秋季大潮期间表层、中层、底层盐度从湾顶到湾口逐渐增大，湾口盐度由南屿至古雷头有逐渐增大的趋势。湾顶表层日平均盐度为 27.24，湾中表层日平均盐度为 30.33，湾口三站表层日平均盐度由南屿至古雷头分别为 30.77、31.62、31.67，平均 31.35。

小潮期间表层、中层、底层盐度从湾顶到湾口逐渐增大，湾口盐度由南屿至古雷头有逐渐增大的趋势。湾顶表层日平均盐度为 25.90，湾中表层日平均盐度为 28.81，湾口表层日平均盐度为 30.72。表、中、底层，等盐线呈东北—西南向，沿着东山湾主轴方向从湾口至湾顶有规律地分布。

春季大潮期间，表层盐度由湾中向湾顶和湾口逐渐增大，湾口盐度有由中间向南屿和古雷头逐渐减小的趋势，中层和底层盐度都由湾中向湾顶和湾口逐渐增大。湾顶表层日平均盐度为 29.98，湾中表层日平均盐度为 30.09，湾口三站表层日平均盐度由南屿至古雷头分别为 31.01、32.98、32.71。

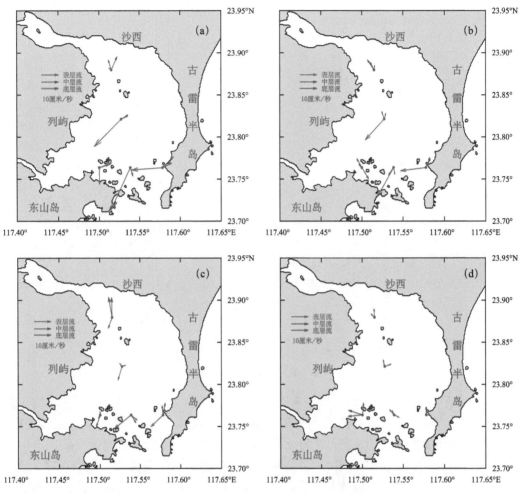

图 1-31　东山湾表、中、底层余流分布图
(a) 秋季大潮；(b) 秋季小潮；(c) 春季大潮；(d) 春季小潮

　　小潮期间表层、中层、底层盐度从湾顶到湾口逐渐增大。湾顶表层日平均盐度为
26.94，湾中表层日平均盐度为 28.64，湾口三站表层日平均盐度由南屿至古雷头分别
为 30.43、30.49、31.73，平均 30.88。表、中、底层，等盐线呈东—西向，沿着东山
湾主轴方向从湾口至湾顶有规律地分布（图 1-33）。

　　4. 湾口流速剖面特征

　　东侧湾口断面地形复杂，断面流速分布也复杂。秋季大潮涨急流速大于落急，春季
大潮落急大于涨急（图 1-34）。

（四）九龙江口

　　九龙江河口共有两个航次调查资料，调查时间分别是 2009 年 5 月 11 日～12 日、18
日～19 日，测站设置见图 1-35。

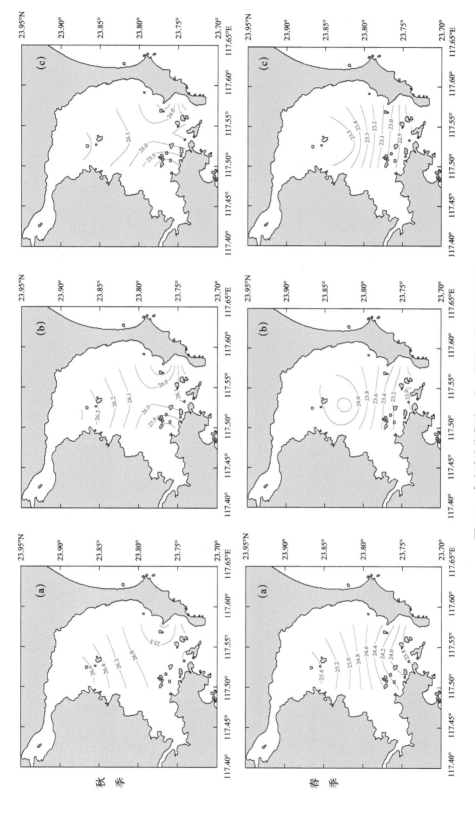

图1-32　东山湾小潮期表、中、底层水温平面分布图

(a) 表层; (b) 中层; (c) 底层

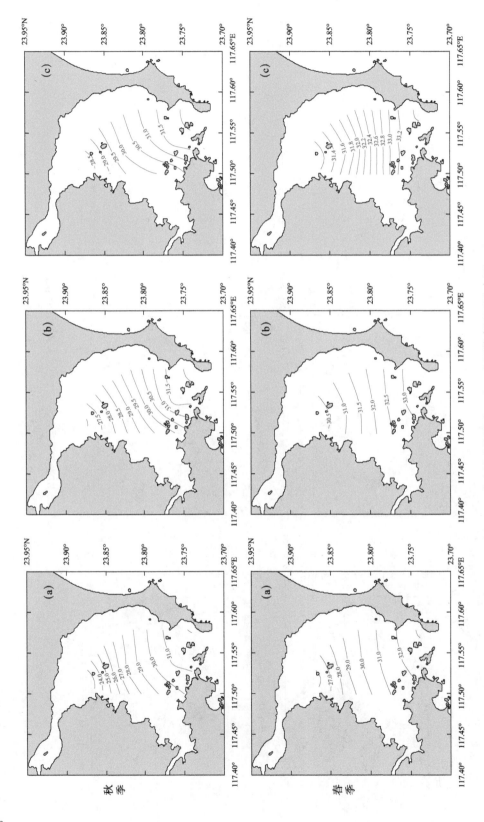

图1-33 东山湾小潮期表、中、底层盐度平面分布图
(a) 表层; (b) 中层; (c) 底层

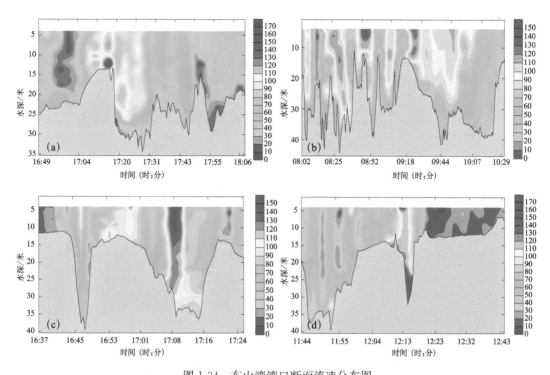

图 1-34　东山湾湾口断面流速分布图

（a）秋季大潮落急；（b）秋季大潮涨急；（c）春季大潮落急；（d）春季大潮涨急

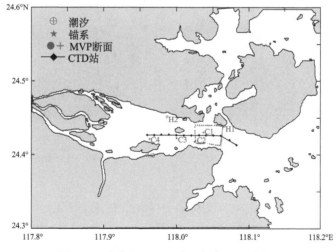

图 1-35　九龙江河口区水文气象调查站位图

1. 温盐特征

无论大潮小潮，九龙江上游水温均高于下游，表层水温较高，底层水温较低。调查期间大潮高平潮时水平层化最为显著，低平潮时水平层化最弱，基本是垂直分层。无论大潮小潮，九龙江上游盐度均低于下游，表层盐度较低，底层盐度较高。小潮低平潮时水平层化最为显著，大潮高低平潮时水平层化均较弱（图 1-36）。

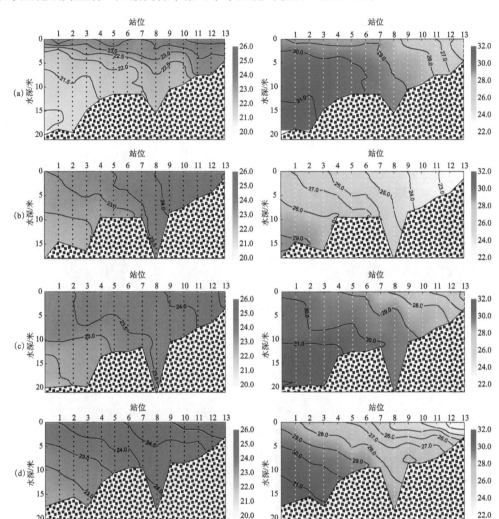

图 1-36　九龙江口 2009 年 5 月不同潮时温盐断面分布图（左边为温度，右边为盐度）

（a）大潮高平潮；（b）大潮低平潮；（c）小潮高平潮；（d）小潮低平潮

2. 海流特征

实测海流的幅值呈现明显的半日潮特征。在大小潮各 25 小时的连续海流观测中各层均出现 4 个流速峰值。大潮期间落潮的流速峰值一般在 100 厘米/秒左右，流向为偏东向，流落潮历时较流涨潮历时稍长；大潮期间涨潮的流速峰值一般为 65～95 厘米/秒，流向为偏西向。在小潮期间，除流速较大潮小约 40％之外，其他特征与大潮基本一致。

大潮期间，除 C1 站外，C2～C4 站均表现为表层余流流速向下递减的特征，最大余流流速达 19.0 厘米/秒，流向东偏南（C2 站）。小潮期间，除 C3 站外，其余 3 站均表现为表层余流流速向下递减的特征，最大余流流速可达 11.3 厘米/秒，流向东偏北（C4 站）。

（五）重要港湾水文要素统计特征

1. 潮汐

13 个重要港湾的潮汐形态数 F 值由北向南具有明显增大的趋势，旧镇湾以北 11 个湾 F 值都小于 0.5，潮汐为正规半日潮型，浅水分潮较小。旧镇湾以南东山湾、诏安湾两个湾 F 值在 0.48 和 0.75 之间，潮汐为不规则半日潮型。

13 个重要港湾中，有潮位统一参照点的多数港湾的最高潮位、平均高潮位、平均海平面系由湾口向湾内增大。多数港湾的最大潮差、平均潮差、最小潮差系由湾口向湾内增大。厦门湾以北港湾潮差较大，平均潮差大于 3.9 米；厦门湾以南港湾潮差较小，平均潮差只有 1.73～2.70 米。最大平均潮差 5.64 米，出现在三沙湾 T20 潮位站，最小平均潮差 1.71 米，出现在诏安湾 T2 潮位站。平均涨潮历时和平均落潮历时没有规律，有的港湾平均涨潮历时比平均落潮历时长，有的港湾平均涨潮历时比平均落潮历时短；还有的港湾的站点平均涨潮历时比平均落潮历时长，有的站点平均涨潮历时比平均落潮历时短。

2. 潮流

13 个重要港湾的潮流形态数都小于 0.5，属正规半日潮流。湾内各站中层平均可能最大潮流流速从 15 厘米/秒（深沪湾）到 135 厘米/秒（三沙湾）变化；三沙湾的潮差最大，其可能最大潮流也最大。其他随地而异，一般水深大的海域潮流流速大，水深浅的如深沪湾，潮流很小（表 1-13）。

表 1-13　13 个重要港湾中层潮流和表、底层涨、落潮流历时统计表

港湾	中层测站平均潮流特征值		大潮观测表层涨、落历时		大潮观测底层涨、落历时	
	潮流形态数	可能最大流速/（厘米/秒）	涨潮	落潮	涨潮	落潮
沙埕湾	0.14	84	06：23	06：02	06：53	05：32
三沙湾	0.14	135	05：55	06：30	06：23	06：03
罗源湾	0.14	72	05：48	06：38	06：20	06：05
闽江口	0.31	119	05：44	06：41	06：05	06：20
福清湾	0.20	57	06：07	06：18	06：10	06：16
兴化湾	0.12	84	05：48	06：20	06：14	06：11
湄洲湾	0.10	119	05：46	06：39	06：11	06：14
泉州湾	0.17	132	05：21	07：05	06：38	05：48
深沪湾	0.32	15	06：41	05：44	06：42	05：43
厦门湾	0.23	101	06：05	06：20	06：25	06：01
旧镇湾	0.24	84	05：58	06：20	07：09	05：16
东山湾	0.28	87	06：19	06：20	06：38	05：42
诏安湾	0.40	43	07：05	05：21	06：56	05：27

涨、落潮流历时因地而异，但大潮观测的各站平均的底层涨潮流历时明显比表层长，13 个重要港湾平均的底层涨潮流历时比表层长 35.3 分钟。

3. 水温

秋季大潮期各站平均水温变化于 18.59～28.80℃，各湾平均水温 26.70℃，变化范围为23.31~28.56℃，以兴化湾最高，为28.56℃，厦门湾次之，为28.45℃，三沙湾第三，为28.40℃，东山湾最低，为23.31℃。各湾表层平均水温为26.44℃，变化范围为23.25~28.57℃，底层平均水温为26.21℃，变化范围为23.38~28.54℃，表层略高于底层。各站最高水温为29.45℃（厦门湾），最低水温为17.74℃（东山湾）。

秋季小潮期各站平均水温变化于20.15~27.90℃，各湾平均水温为26.25℃，变化范围为24.87~27.54℃，以罗源湾最高，为27.54℃，三沙湾居次，为27.40℃，厦门湾第三，为27.13℃，东山湾最低，为24.87℃。各湾表层平均水温为26.14℃，变化范围为24.82~27.47℃，底层平均水温为26.10℃，变化范围为24.90~27.59℃，表层略高于底层。各站最高水温为28.46℃（厦门湾，C4站表层），最低水温为19.43℃。

沙埕、深沪、旧镇、诏安四个港湾，2005年冬季大潮期各站平均水温变化于10.42~16.61℃，各湾平均水温14.24℃，变化范围为11.13~16.06℃，以旧镇湾最高，为16.06℃，沙埕湾最低，为11.13℃。各湾表层平均水温为14.32℃，变化范围为11.18~16.09℃，底层平均水温14.19℃，变化范围为11.11~16.00℃，表层稍高于底层。各站最高水温为17.33℃（旧镇湾），最低水温为10.19℃（沙埕湾）。

沙埕、深沪、旧镇、诏安四个港湾，2005年冬季小潮期各站平均水温变化于10.50~14.88℃，各湾平均水温为12.28℃，变化范围为11.45~14.84℃，以旧镇湾最高，为14.84℃，沙埕湾最低，为11.45℃。各湾表层平均水温为13.31℃，变化范围为11.50~14.85℃，底层平均水温13.25℃，变化范围为11.41~14.83℃，表层稍高于底层。各站最高水温为16.42℃（旧镇湾），最低水温为10.00℃（沙埕湾）。

春季大潮期各站平均水温变化于15.80~24.35℃，各湾平均水温为20.07℃，变化范围为16.10~23.50℃，以东山湾最高，为23.50℃，诏安湾次之，为23.47℃，兴化湾第三，为22.50℃，三沙湾最低，为16.10℃。各湾表层平均水温20.53℃，变化范围为17.57~23.56℃，底层平均水温为20.10℃，变化范围为17.72~23.49℃，表层稍高于底层。各站最高水温为25.53℃（诏安湾），最低水温为15.40℃（三沙湾）。

春季小潮期各站平均水温为16.34~24.48℃，各湾平均水温为20.35℃，变化范围为17.10~23.91℃，以东山湾最高，为23.91℃，旧镇湾居次，为23.42℃，三沙湾最低，为17.10℃。各湾表层平均水温为20.95℃，变化范围为17.47~24.76℃，底层平均水温为20.41℃，变化范围为16.98~23.39℃，表层稍高于底层。各站最高水温为27.39℃（东山湾），最低水温为14.77℃（沙埕湾）。

总的来说，全域平均水温，秋季高于春季5.9~6.6℃，春季高于冬季5.8~7.0℃；秋冬季大潮期高于小潮期0.45~0.96℃，春季小潮期高于大潮期0.28℃；表层平均水温高于底层平均水温0.04~0.51℃。

各湾水温的垂直分布归纳起来有四种类型：负梯度型，即表层高底层低，从表到底水温逐渐降低，沙埕、三沙、罗源、深沪、旧镇湾等出现这种类型的站次占比为50%~75%，福清、兴化、湄洲、泉州湾等则占20%~33%；垂直均匀型，即从表层到底层水温变化很小，甚至无变化，这种类型主要出现在闽江口、福清、湄洲、兴化、深沪、厦门、诏安湾等，约占各对应总站次的50%~90%；正梯度型，即表层低底层高，从表到底水温逐渐升高；先负后正型，即表底层水温高中间层低，从表到底先减后增。后两种类型只是个别站出现。

经统计对比，三沙（春季）、罗源（春季小潮）、闽江口（春季小潮）、兴化（秋春季）、厦门（秋季大潮）、旧镇（冬季）、东山（秋春季）、诏安湾（春季）等水温日变幅较大，湄洲（秋春季）、泉州（秋季）、诏安（冬季）、罗源湾（秋季）等日变幅较小。同一个港湾，一般湾顶区水温日变化大，湾口区水温日变化小；以层次而言，一般上表层（0.4H层以浅）水温日变化较大，近底层（0.8H层以深）日变化较小。

水温日变化类型归纳起来大致有四种：一是潮流型，这种类型的水温随潮汐涨落呈现两高两低的日变化特点，沙埕（冬春季）、罗源（秋春季80%）、闽江口（秋春季70%）、兴化（秋春季50%）、厦门（秋季）、旧镇（冬春季50%）、东山湾（秋春季60%）等水温的日变化属于这种类型；二是以太阳辐射影响为主引起的水温日变化，其日变化特点是最高水温多出现于午后的16时前后，最低水温多出现在清晨的5～8时，水温极值一般比气温极值出现的时间滞后2～3小时，三沙（秋春季）、兴化（秋春季C2、C4、C5站）、东山湾（秋春季A、B站）等属于这种类型；三是太阳辐射和潮汐运动共同影响形成的日变化混合型，这种类型较少；四是水温日变化平缓，呈小波动变化型，这种类型的日变化，多出现在上述日变幅较小的港湾。

4. 盐度

秋（冬）季大潮期各站平均盐度变化于0.00～33.91，各湾平均盐度为28.38，变化范围为12.30～31.83，以诏安湾最高，为31.83，湄洲湾居次，为31.58，厦门、兴化、深沪湾为31.13～31.27，闽江口最低，为12.30。各湾表层平均盐度为27.75，变化范围为12.03～32.06，底层平均盐度为28.86，变化范围为14.74～32.07，底层高于表层。最高盐度为34.00（湄洲湾），最低盐度为0.00（闽江口）。

秋（冬）季小潮期各站平均盐度变化于0.30～33.66，各湾平均盐度为28.91，变化范围为15.40～32.36，以诏安、湄洲湾最高，为32.26～32.36，厦门、兴化湾居次，为31.52～31.93，东山、罗源湾第三，为30.15～30.36，闽江口最低，为15.40。各湾表层平均盐度为28.23，变化范围为14.61～32.36，底层平均盐度为29.32，变化范围为17.41～32.38，底层高于表层。最高盐度为33.89（湄洲湾），最低盐度为0.00（闽江口）。

春季大潮各站平均盐度变化于0.03～33.52，各湾平均盐度为27.85，变化范围为11.28～33.18，以兴化湾最高，为33.18，湄洲湾次之，为32.51，东山湾第三，为31.63，闽江口最低，为11.28。各湾表层平均盐度为27.42，变化范围为10.09～32.87，底层平均盐度为28.31，变化范围为13.90～33.34，底层高于表层。最高盐度为33.61（湄洲湾），最低盐度为0.00（闽江口）。

春季小潮期各站平均盐度为0.00～33.75，各湾平均盐度为28.42，变化范围为12.40～33.24，以深沪湾最高，为33.24，湄洲湾居次，为32.77，诏安湾第三，为31.11，闽江口最低，为12.40。各湾表层平均盐度为27.79，变化范围为9.37～33.16，底层为29.00，变化范围为15.26～33.26，底层高于表层。最高盐度为34.03（湄洲湾），最低盐度为 0.00（闽江口）。

统计显示，全域平均盐度秋（冬）季稍高于春季 0.49～0.53，小潮期稍高于大潮期 0.53～0.57，底层稍高于表层 0.89～1.21。

盐度的垂直分布归纳起来大致有四种类型：正梯度型，即表层低底层高，从表到底盐度逐渐增大，沙埕、三沙、罗源、闽江口、泉州、深沪、旧镇、东山湾等出现这种类型的站次多，占各对应总站次的 60%～95%，兴化、湄洲、厦门湾等占 10%～25%；垂直均匀型，从表层到底层盐度变化很小，甚至无变化，这种类型主要出现在福清、湄洲、兴化、厦门、诏安湾等，约占各对应总站次的 70%～90%；先负后正型，即表底层盐度高中间层低，从表到底先减后增；先正后负型，即表底层盐度低中间层高，从表到底先增后减。后两种类型只是个别站出现。

盐度的日变化主要是由潮汐引起的，极值出现在高、低潮前后。盐度日变化，除了湄洲（秋春季）、深沪（冬季）、厦门、诏安（冬季）湾等盐度日变化不明显外，其他湾盐度日变化明显。一般具有春季日变化较大，秋冬季日变化较小；表层日变化较大，底层日变化较小；湾顶区日变化较大，湾口区日变化较小的特点。

5. 含沙量

秋（冬）季大潮期各站平均含沙量变化于 0.0050～0.4456 千克/米^3，港湾全域平均含沙量为 0.0090～0.1876 千克/米^3，各港湾以闽江口最高，为 0.1876 千克/米^3，三沙湾次之，为 0.1406 千克/米^3，沙埕湾、兴化湾、东山湾第三，为 0.0753～0.0802 千克/米^3，深沪湾最低，为 0.0090 千克/米^3。全域表层平均含沙量为 0.0067～0.1292 千克/米^3，底层为 0.0137～0.2524 千克/米^3，底层高于表层。最大含沙量为 2.8670 千克/米^3，出现在闽江口，最低含沙量为 0.0000 千克/米^3，出现在泉州湾。

秋（冬）季小潮期各站平均含沙量低于大潮期，为 0.0088～0.3113 千克/米^3，平均含沙量为 0.0104～0.1110 千克/米^3，各港湾仍以闽江口最高，为 0.1110 千克/米^3，沙埕湾居次，为 0.0518 千克/米^3，湄洲湾第三，为 0.0444 千克/米^3，其他湾较低。全域表层平均含沙量为 0.0091～0.0560 千克/米^3，底层为 0.0114～0.1719 千克/米^3，底层高于表层。最大含沙量为 2.3160 千克/米^3，出现在闽江口，最小含沙量为 0.0000 千克/米^3，出现在罗源湾。

春季大潮期各站平均含沙量变化于 0.0130～0.2430 千克/米^3，平均含沙量为 0.0151～0.1413 千克/米^3，各港湾以闽江口最高，为 0.1413 千克/米^3，三沙湾次之，为 0.1016 千克/米^3，沙埕湾第三，为 0.0790 千克/米^3，福清湾最低，为 0.0151 千克/米^3。全域表层平均含沙量为 0.0130～0.1045 千克/米^3，底层为 0.0169～0.1844 千克/米^3，底层高于表层。最大含沙量为 1.0760 千克/米^3，出现在闽江口，最小含沙量为 0.0007 千克/米^3，出现在罗源湾。

春季小潮各站平均含沙量低于大潮期，为 0.0060～0.1251 千克/米^3，平均含沙量为 0.0144～0.0773 千克/米^3，各港湾以闽江口最高，为 0.0773 千克/米^3，三沙湾居次，为 0.0700 千克/米^3，罗源湾第三，为 0.0534 千克/米^3，其他湾较低。全域表层平均含沙量为 0.0067～0.0540 千克/米^3，底层为 0.0140～0.1098 千克/米^3，底层高于表层。最大含沙量为 0.4510 千克/米^3，出现在闽江口，最小含沙量为 0.0005 千克/米^3，出现在东山湾。

统计表明，秋（冬）季含沙量高于春季，大潮期含沙量高于小潮期含沙量，底层含沙量高于表层含沙量，闽江口及其以北的三沙、沙埕湾含沙量高于其他湾含沙量。

各站含沙量的垂直分布归纳起来主要有四种类型：正梯度型，即表层低底层高，从表到底含沙量逐渐增大；先负后正型，即表底层含沙量高中间层低，从表到底先减后增；先正后负型，即表底层含沙量低中间层高，从表到底先增后减；垂直均匀型，从表层到底层含沙量变化很小。以正梯度型最多，垂直均匀型次之，其他类型较少。

含沙量全潮周日过程变化与潮汐运动有关，在一涨一落的潮汐运动过程中含沙量多出现 2～4 个峰谷，且一般大潮期特别是秋（冬）季大潮期峰谷较突出，日变幅大，春季小潮期多出现小波动变化，日变幅小。

6. 湾口断面过流量

由于各湾口断面长度和水深都有很大不同，过流量差别很大，从不到 10 千米^3/秒到 300 多千米^3/秒。各湾口过流量不稳定，流入和流出时过流量不同，并随季节变化。各湾口断面过流量随时间的变化与水位随时间的变化类似，两者位相相差 2～3 小时。涨急时流入流量最大，高平潮时流量约为零，落急时流出流量最大，低平潮时流量也约为零。湾口断面流速分布主要取决于湾口断面地形，湾口断面地形复杂，断面流速分布也复杂；湾口断面地形变化不大时断面流速分布也较均匀（表 1-14）。

表 1-14　重点港湾湾口断面过流量统计　　　　　　（单位：千米^3/秒）

港湾	秋（冬）季大（小）潮		春季大（小）潮		备注
	流入	流出	流入	流出	
沙埕湾	9.079	10.092	15.562	15.365	冬季、大潮
三沙湾	263.570	317.517	204.594	235.600	秋季、大潮
罗源湾	19.96	21.152	33.635	34.433	秋季、小潮
闽江口	19.644	18.206	17.700	16.400	秋季、大潮、ADCP1 断面
福清湾	88.434	65.995	71.192	66.582	秋季、大潮
兴化湾	223.914	232.963	207.316	207.170	秋季、大潮
湄洲湾	84.890	72.520	90.679	84.208	秋季、大潮、斗尾-湄洲岛断面
深沪湾	8.437	8.756	8.449	8.696	冬季、大潮
诏安湾	13.428	14.337	8.782	12.352	冬季、大潮

第三节　小　　结

一、海洋气象

福建沿岸海域气候受季风环流的影响，同时受海洋的调节，具有较典型的亚热带海洋性季风气候特征。福建港湾区海平面气压的变化与分布，受季风环流系统影响大，季节与区域分布变化都较明显，年平均气压变化于 997.9～1012.8 百帕；平均气温变化于 19.2～22.1℃，南部港湾高于北部港湾，温差约 3℃；平均降水量变化于 1133.3～2038.7 毫米；平均风速变化于 0.9～5.4 米/秒，风向既受季风环流的支配，又受地形的影响；平均相对湿度介于 75%～80%；平均能见度变化于 12.0～30.2 千米；雾多为平流雾，平均雾日变化于 6～37 天。

福建沿海是台风影响较重的地区，台风带来的狂风暴雨和巨浪常常会对沿海地区人民造成重大损失。

二、海洋水文

1. 沿岸水

福建近岸海域夏季海峡西侧和东侧分别为北向的南海季风漂流和黑潮分支水所占据，平均流速达 90 厘米/秒。冬季海峡东侧为紧贴台湾西岸逆风而上的黑潮分支水，流速约 20 厘米/秒；海峡西侧为由东北季风驱动南下的浙闽沿岸流。

2. 闽江冲淡水

闽江平均年入海径流量 6.2×10^{10} 米^3，闽江冲淡水具有鲜明的季节变化特征。夏季最大，占全年 40.2%，春季次之，占全年 37.1%，秋季占 21.7%，冬季最小，占 10.2%。

夏季闽江口海域盐度降至全年最低值，外沙海域及闽东沿岸带盐度低于 25.0，水温高于 27.5℃。闽江冲淡水厚度较小，5 米深度已基本不可见。

秋季闽江口及南至兴化湾的沿岸带海域盐度低于 31.0，盐度低于 32.0 低盐舌可达漳浦赤湖东南 30 海里的沿岸带。

冬季表层沿岸低盐水的影响范围远较夏季大，沿岸低盐水基本上位于海峡西岸离岸 80 千米范围内，最南扩展至韩江口。沿岸低盐水厚度较大，垂直影响范围可至 30 米深。

春季闽江口及其以南沿岸带仍旧为闽江冲淡水与闽浙沿岸水混合形成的沿岸低盐水，沿岸低盐水的范围比冬季的明显减小，最南仅至九龙江口。沿岸低盐水的水温较低，且呈由北至南逐渐降低的趋势，冲淡水厚度较大，垂直影响可至 25 米深。

3. 九龙江冲淡水

春末九龙江上游水温高于下游，表层水温较高，底层水温较低。大潮高平潮时水平层化最为显著；上游盐度均低于下游，表层盐度较低，底层盐度较高，小潮低平潮时水平层化最为显著。海流呈现明的半日潮特征，大潮期间落潮的流速峰值一般在 100 厘米/秒左右，流向为偏东向，涨潮的流速峰值一般为 65～95 厘米/秒，流向为偏西向。

4. 上升流

2006 年夏季，福建沿岸中部和北部的上升流主要分布在海坛岛附近海域和三沙湾外海。

闽南和粤东沿海的上升流主要分布在台湾浅滩西北部水道的西北侧和粤东沿岸。尽管闽南和粤东沿海的上升流连成一体，但是汕头以北的上升流只局限在台湾浅滩西北部水道的西北侧，范围较窄，但向岸爬升高度较高；而汕头以南的上升流范围较宽，但向岸爬升高度较低。

5. 重要港湾水文要素统计特征

13 个重要港湾的潮汐形态数 F 值由北向南具有明显增大的趋势，旧镇湾以北 11 个湾 F 值都小于 0.5，潮汐为正规半日潮型，浅水分潮较小。旧镇湾以南东山湾和诏安湾两个湾 F 值在 0.48 和 0.75 之间，其潮汐为不规则半日潮型。

13 个重要港湾的潮流形态数都小于 0.5，潮流都属正规半日潮流。湾内各站中层平均可能最大潮流流速从 15 厘米/秒（深沪湾）到 135 厘米/秒（三沙湾）变化；三沙湾的潮差最大，其可能最大潮流也最大。其他随地而异，一般水深大的地方潮流流速也大，水深浅的（如深沪湾）潮流很小。涨、落潮流历时也因地而异，但大潮观测的各站平均的底层涨潮流历时明显比表层长，底层平均涨潮流历时比表层长 35.3 分钟。

全域平均水温秋季高于春季 5.9～6.6℃，春季高于冬季 5.8～7.0℃；秋冬季大潮期高于小潮期 0.45～0.96℃，春季小潮期高于大潮期 0.28℃；表层平均水温高于底层平均水温 0.04～0.51℃。

全域平均盐度秋（冬）季稍高于春季 0.49～0.53，小潮期稍高于大潮期 0.53～0.57，底层稍高于表层 0.89～1.21。

秋（冬）季含沙量高于春季含沙量，大潮期含沙量高于小潮期含沙量，底层含沙量高于表层含沙量。

各湾口断面长度和水深都有很大不同，过流量差别很大，从不到 10 千米³/秒到 300 多千米³/秒。各湾口过流量不稳定，流入和流出时过流量不同，并随季节变化。各湾口断面过流量随时间的变化与水位随时间的变化类似，两者位相相差 2～3 小时。涨急时流入流量最大，高平潮时流量约为零，落急时流出流量最大，低平潮时流量也约为零。湾口断面流速分布主要取决于湾口断面地形，湾口断面地形复杂，断面流速分布也复杂；湾口断面地形变化不大时断面流速分布也较均匀。

第二章
海洋化学调查

近岸海域海洋化学调查范围为领海基线以内的福建管辖海域，共开展 71 站的海水化学调查，调查时间、季节和站位与近岸海域海洋水文和海洋气象调查一致；并在沙埕港、三沙湾、罗源湾、闽江口、福清湾、兴化湾、湄洲湾、泉州湾、深沪湾、厦门湾、旧镇湾、东山湾和诏安湾等 13 个重要港湾开展了海洋化学调查。

对 36 站海底表层沉积物开展沉积物重金属、砷、有机质和石油类调查；对 10 站沉积物开展持续性有机污染物（POPs）调查；对沿岸 20 站开展生物质量调查，调查要素包括重金属、砷、有机质和石油类；对 10 站贝类开展 POPs 调查（图 2-1）。

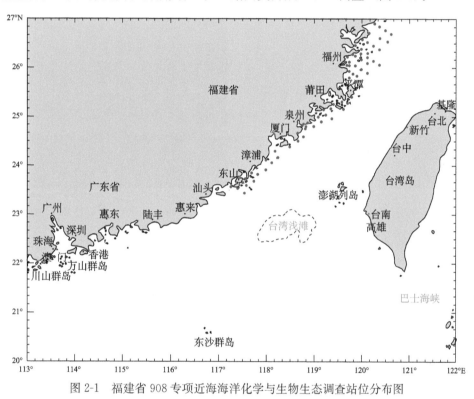

图 2-1　福建省 908 专项近海海洋化学与生物生态调查站位分布图

第一节　海水环境化学

一、近岸海域海水环境化学

（一）常规水化学要素

1. 溶解氧

福建近海海域海水中溶解氧含量冬季最高，春季是浮游植物水华期，浮游植物放出氧气，海水中的溶解氧也比较高；夏季水温最高，海水溶解氧含量最低；秋季水温降低海水溶解氧含量回升。总体上，福建近岸海域溶解氧平均值夏季最低，冬季最高（表 2-1）。

表 2-1　福建近海海域海水溶解氧各水层平均值　（单位：毫克/分米³）

季节	表层	10 米层	30 米层	底层	总体
夏季	7.07	6.48	5.64	5.39	6.15
冬季	8.29	8.20	8.18	8.15	8.21
春季	8.04	7.95	7.47	7.68	7.79
秋季	7.58	7.56	7.63	7.48	7.56

2. pH

福建近海海域海水中 pH 的季节变化主要受到陆源冲淡水、沿岸流、上升流、台湾暖流、黑潮支流等水系动力作用和海洋生物活动的影响。河口区、沿岸流区和深层海水影响的区域及近岸海域 pH 低，外海表层海水影响的海域及海洋浮游植物活动强烈的区域 pH 高。总体上，福建近岸海域 pH 平均值春季最高，夏季最低（表 2-2）。

表 2-2　福建近海海域海水 pH 各水层平均值

季节	表层	10 米层	30 米层	底层	总体
夏季	8.11	8.17	8.16	8.12	8.13
冬季	8.14	8.15	8.16	8.15	8.14
春季	8.17	8.18	8.18	8.16	8.16
秋季	8.14	8.17	8.19	8.16	8.15

3. 总碱度

福建近海海域海水中总碱度的季节变化主要受到陆源冲淡水、沿岸流、上升流、台湾暖流、黑潮支流等水系动力作用和海洋生物活动的影响。河口区、沿岸流区及近岸海域总碱度低，外海水影响的海域及海洋浮游植物活动强烈的区域总碱度高。各季节各水层总碱度平均值见表 2-3，总体上，福建近岸海域总碱度春季最低，秋季最高。

表 2-3　福建近海海域海水总碱度各水层平均值　（单位：毫摩/分米³）

季节	表层	10 米层	30 米层	底层	总体
夏季	1.98	2.12	2.2	2.15	2.08
冬季	2.07	2.10	2.16	2.10	2.09
春季	2.01	2.07	2.11	2.07	2.03
秋季	2.11	2.16	2.20	2.16	2.12

4. 悬浮物

福建近海海域海水中悬浮物的季节变化主要受到陆源冲淡水、沿岸流、上升流、台湾暖流、黑潮支流等水系动力作用和海洋生物活动的影响。河口区、沿岸流区、海洋浮游植物活动强烈的区域及近岸海域悬浮物含量高，外海水影响的海域悬浮物含量低。总体上，福建近岸海域悬浮物平均值夏季最低，冬季最高（表 2-4）。

表 2-4　福建近海海域海水悬浮物含量各水层平均值（单位：毫克/分米³）

季节	表层	10 米层	30 米层	底层	总体
夏季	11.3	6.9	7.6	13.6	10.8
冬季	31.0	26.9	19.4	45.0	33.9
春季	12.2	10.6	8.5	27.1	19.9
秋季	20.4	12.4	12.9	16.7	22.3

（二）海水中生源要素分布变化特征

1. 硝酸盐

福建近海海域海水中硝酸盐的季节变化主要受到陆源冲淡水、沿岸流、上升流、台湾暖流、黑潮支流等水系动力作用和海洋生物活动的影响。河口区、沿岸流区、上升流区、深层海水影响海域及近岸海域硝酸盐高，外海表层海水影响的海域及海洋浮游植物活动强烈的区域硝酸盐低。总体上，福建近岸海域硝酸盐平均值夏季最低，冬季最高（表 2-5）。

表 2-5　福建近海海域海水硝酸盐含量各水层平均值（单位：微摩/分米³）

季节	表层	10 米层	30 米层	底层	总体
夏季	4.73	1.72	1.85	3.68	3.52
冬季	24.2	22.0	18.6	22.6	22.8
春季	14.6	10.8	6.48	10.5	12.9
秋季	22.9	18.9	14.5	18.7	22.0

2. 亚硝酸盐

福建近海海域海水中亚硝酸盐的季节变化，主要受到陆源冲淡水、沿岸流、上升流、台湾暖流、黑潮支流等水系动力作用和海洋生物活动的影响。河口区、沿岸流区及近岸海域亚硝酸盐高，外海水影响的海域及海洋浮游植物活动强烈的区域亚硝酸盐低。总体上，福建近岸海域亚硝酸盐平均值冬季最低，春季最高（表 2-6）。

表 2-6　福建近海海域海水亚硝酸盐含量各水层平均值（单位：微摩/分米³）

季节	表层	10 米层	30 米层	底层	总体
夏季	1.43	0.89	1.37	1.63	1.36
冬季	0.38	0.34	0.32	0.35	0.36
春季	1.33	1.31	1.52	1.45	1.40
秋季	0.63	0.45	0.28	0.51	0.60

3. 铵盐

福建近海海域海水中铵盐的季节变化主要受到陆源冲淡水、沿岸流、上升流、台湾暖流、黑潮支流等水系动力作用和海洋生物活动的影响。河口区、沿岸流区及近岸海域铵盐高，外海水影响的海域低。总体上，福建近岸海域铵盐平均值冬季最低，夏季最高（表 2-7）。

表 2-7　福建近海海域海水铵盐含量各水层平均值（单位：微摩/分米^3）

季节	表层	10 米层	30 米层	底层	总体
夏季	4.08	2.55	2.82	2.73	3.21
冬季	1.130	0.889	0.563	0.984	0.987
春季	2.57	1.74	1.38	2.30	2.40
秋季	1.57	1.05	1.26	1.20	1.49

4. 总无机氮

福建近海海域海水中总无机氮为硝酸盐-氮、亚硝酸盐-氮和铵盐-氮三者之和，其季节变化主要受到陆源冲淡水、沿岸流、上升流、台湾暖流、黑潮支流等水系动力作用和海洋生物活动的影响。河口区、沿岸流区及近岸海域总无机氮高，外海水影响的海域低。总体上，福建近岸海域总无机氮含量平均值夏季最低，秋冬季最高（表 2-8）。

表 2-8　福建近海海域海水总无机氮含量各水层平均值（单位：微摩/分米^3）

季节	表层	10 米层	30 米层	底层	总体
夏季	10.2	5.16	6.04	8.04	8.09
冬季	25.8	23.2	19.5	24.0	24.1
春季	18.5	13.8	9.38	14.2	16.7
秋季	25.1	20.4	16.1	20.4	24.1

5. 溶解态氮

福建近海海域海水中溶解态氮的季节变化主要受到陆源冲淡水、沿岸流、上升流、台湾暖流、黑潮支流等水系动力作用和海洋生物活动的影响。福建近岸海域溶解态氮含量平均值夏季最低，秋季最高（表 2-9）。

表 2-9　福建近海海域海水溶解态氮含量各水层平均值（单位：微摩/分米^3）

季节	表层	10 米层	30 米层	底层	总体
夏季	20.68	12.43	11.31	14.46	16.04
冬季	35.40	30.70	23.40	31.30	32.20
春季	24.45	17.96	11.91	18.85	22.63
秋季	44.20	34.19	24.59	34.37	42.17

6. 总氮

福建近海海域海水中总氮的季节变化主要受到陆源冲淡水、沿岸流、上升流、台湾暖流、黑潮支流等水系动力作用和海洋生物活动的影响。总体上，福建近岸海域总氮含量平均值夏季最低，秋季最高（表 2-10）。

表 2-10　福建近海海域海水溶解态氮含量各水层平均值

（单位：微摩/分米^3）

季节	表层	10 米层	30 米层	底层	总体
夏季	28.01	16.22	16.27	19.35	21.46
冬季	42.30	36.40	31.10	37.40	38.60
春季	35.24	27.09	24.74	28.06	33.50
秋季	46.17	35.69	25.93	36.48	44.21

7. 活性磷酸盐

福建近海海域海水中活性磷酸盐的季节变化主要受到陆源冲淡水、沿岸流、上升流、台湾暖流、黑潮支流等水系动力作用和海洋生物活动的影响。河口区、沿岸流区、上升流区、深层海水影响海域及近岸海域活性磷酸盐含量高，外海表层海水影响的海域及海洋浮游植物活动强烈的区域活性磷酸盐含量低。总体上，福建近岸海域活性磷酸盐平均值夏季最低，冬季最高（表2-11）。

表 2-11　福建近海海域海水活性磷酸盐含量各水层平均值

（单位：微摩/分米^3）

季节	表层	10 米层	30 米层	底层	总体
夏季	0.21	0.18	0.29	0.33	0.25
冬季	1.12	1.18	0.87	1.14	1.13
春季	0.53	0.58	0.31	0.56	0.57
秋季	0.94	0.87	0.8	0.89	0.94

8. 溶解态磷

福建近海海域海水中溶解态磷的季节变化主要受到陆源冲淡水、沿岸流、上升流、台湾暖流、黑潮支流等水系动力作用和海洋生物活动的影响。总体上，福建近岸海域溶解态磷平均值夏季最低，冬季最高（表2-12）。

表 2-12　福建近海海域海水溶解态磷含量各水层平均值

（单位：微摩/分米^3）

季节	表层	10 米层	30 米层	底层	总体
夏季	0.40	0.36	0.42	0.49	0.42
冬季	1.33	1.33	0.98	1.37	1.33
春季	0.70	0.67	0.40	0.73	0.73
秋季	1.08	1.02	0.71	1.00	1.07

9. 总磷

福建近海海域海水中总磷的季节变化主要受到陆源冲淡水、沿岸流、上升流、台湾暖流、黑潮支流等水系动力作用和海洋生物活动的影响。总体上，福建近岸海域总磷平均值夏季最低，冬季最高（表2-13）。

表 2-13　福建近海海域海水总磷含量各水层平均值（单位：微摩/分米^3）

季节	表层	10 米层	30 米层	底层	总体
夏季	0.75	0.60	0.46	0.73	0.68
冬季	2.05	1.75	1.24	2.18	1.97
春季	1.06	0.84	0.54	1.13	1.13
秋季	1.54	1.19	0.8	1.26	1.51

10. 活性硅酸盐

福建近海海域海水中活性硅酸盐的季节变化主要受到陆源冲淡水、沿岸流、上升流、台湾暖流、黑潮支流等水系动力作用和海洋生物活动的影响。河口区、沿岸流区、上升流区、深层海水影响海域及近岸海域活性硅酸盐含量高，外海表层海水影响的海域及海洋浮游植物活动强烈的区域活性硅酸盐含量低。总体上，福建近岸海域活性硅酸盐平均值夏季最低，冬季最高（表2-14）。

表2-14　福建近海海域海水活性硅酸盐含量各水层平均值

（单位：微摩/分米³）

季节	表层	10米层	30米层	底层	总体
夏季	33.0	18.3	17.5	22.2	25.1
冬季	36.0	31.6	26.1	32.5	33.2
春季	27.0	22.7	15.5	23.3	25.9
秋季	30.0	24.8	14.6	25.5	28.9

11. 总有机碳

福建近海海域海水中总有机碳的季节变化主要受到陆源冲淡水、沿岸流、上升流、台湾暖流、黑潮支流等水系动力作用和海洋生物活动的影响。河口区及近岸海域总有机碳含量高，外海表层海水影响的海域总有机碳含量低（表2-15）。

表2-15　福建近海海域海水总有机碳含量各水层平均值

（单位：微摩/分米³）

季节	表层	10米层	30米层	底层	总体
夏季	1.60	1.22	1.20	1.19	1.38
冬季	1.14	1.07	0.96	1.10	1.10
春季	1.56	1.66	1.39	1.62	1.60
秋季	1.61	1.50	1.14	1.47	1.54

（三）海水中重金属、砷和石油类分布变化特征

1. 铜

福建近海海水中铜的季节变化主要受到陆源冲淡水、沿岸流、上升流、台湾暖流、黑潮支流等水系动力作用的影响。河口区、沿岸流区影响海域铜含量高，外海表层海水影响的海域铜含量低。总体上，福建近岸海域海水铜平均值夏季最低，秋季最高。

2. 铅

福建近岸海域海水中铅的季节变化主要受到陆源冲淡水、沿岸流、上升流、台湾暖流、黑潮支流等水系动力作用的影响。河口区、沿岸流区影响海域铅含量高，外海表层海水影响的海域铅含量低。总体上，福建近岸海域表层海水铅平均值春季最低，夏季最高。

3. 锌

福建近岸海域海水中锌的季节变化主要受到陆源冲淡水、沿岸流、上升流、台湾暖流、黑潮支流等水系动力作用的影响。河口区、沿岸流区影响海域锌含量高，外海表层海水影响的海域锌含量低。总体上，福建近岸海域表层海水锌平均值春季最低，夏季最高。

4. 镉

福建近岸海域海水中镉的季节变化主要受到陆源冲淡水、沿岸流、上升流、台湾暖流、黑潮支流等水系动力作用的影响。河口区、沿岸流区影响海域镉含量高，外海表层海水影响的海域镉含量低。总体上，福建近岸海域表层海水镉平均值春季最低，秋季最高。

5. 总铬

福建近岸海域海水中总铬的季节变化主要受到陆源冲淡水、沿岸流、上升流、台湾暖流、黑潮支流等水系动力作用的影响。河口区、沿岸流区影响海域总铬含量高，外海表层海水影响的海域总铬含量低。总体上，福建近岸海域表层海水总铬平均值夏季最低，冬季最高。

6. 汞

福建近岸海域表层海水中汞的季节变化主要受到陆源冲淡水、沿岸流、上升流、台湾暖流、黑潮支流等水系动力作用的影响。河口区、沿岸流区影响区域汞含量高，外海表层海水影响的海域汞含量低。总体上，福建近岸海域表层海水汞平均值秋季最低，春季最高。

7. 砷

福建近岸海域表层海水中砷的季节变化主要受到陆源冲淡水、沿岸流、上升流、台湾暖流、黑潮支流等水系动力作用的影响。河口区、沿岸流区影响区域砷含量高。外海表层海水影响的海域砷含量低。总体上，福建近岸海域表层海水砷平均值冬季最低，夏季最高。

8. 石油类

福建近岸海域表层海水石油类的季节变化主要受到陆源冲淡水、沿岸流、上升流、台湾暖流、黑潮支流等水系动力作用的影响。河口区、港口区、石油运输通道等海域石油类含量高，外海表层海水影响的海域石油类含量低。总体上，福建近岸海域表层海水石油类平均值夏季最低，冬季最高（表2-16）。

表2-16　福建近海海水重金属、砷和石油类统计特征值

（单位：微克/分米^3）

种类	航次	夏季	冬季	春季	秋季
Cu	量值范围	0.18~1.18	0.28~1.18	0.19~1.38	0.34~1.22
	平均值	0.48	0.59	0.49	0.62
Pb	量值范围	ND~0.27	ND~0.29	ND~0.22	ND~0.15
	平均值	0.08	0.05	0.03	0.04
Zn	量值范围	0.27~2.85	0.30~0.94	0.18~1.51	0.37~3.80
	平均值	0.91	0.55	0.5	0.88
Cd	量值范围	0.01~0.03	0.01~0.08	0.01~0.04	0.02~0.05
	平均值	0.02	0.03	0.02	0.03
Cr	量值范围	ND~0.21	0.06~0.35	0.01~0.18	0.03~0.62
	平均值	0.08	0.15	0.08	0.11
Hg	量值范围	0.01~0.02	0.01~0.03	0.01~0.02	0.003~0.08
	平均值	0.015	0.02	0.02	0.01
As	量值范围	1.9~5.4	1.0~3.5	1.7~4.4	1.4~3.0
	平均值	3.4	2.1	2.5	2.2
石油类	量值范围	3.9~32.4	26.7~44.2	8.9~23.6	4.2~149.1
	平均值	13.5	34.8	14.4	19.9

（四）近岸海域海水化学环境质量状况

根据《国家海水水质标准》（GB 3097—1997），采用单因子评价法评价福建近岸海域海水化学环境质量状况。

1. 溶解氧

福建近岸海域溶解氧含量为 $1.91\sim9.75$ 毫克/分米^3，平均 7.46 毫克/分米^3；国家一类海水水质标准溶解氧的范围是大于 6.0 毫克/分米^3。因此，大部分海域溶解氧含量处于正常水平；个别测站溶解氧含量低于四类水质标准（3.0 毫克/分米^3）。

春季、秋季和冬季溶解氧含量均符合国家海水水质一类标准。夏季，溶解氧含量有不同程度超一类标准的现象存在，表层水体 79% 的调查站位符合一类水质标准，18% 的调查站位符合二类水质标准；符合二类标准的站位主要分布在闽江口及其以北近岸海域、兴化湾、湄洲湾、厦门湾和浮头湾口附近海域，符合三类标准的站位主要分布在东山、浮头湾附近。10 米层，溶解氧含量符合二类标准的站位主要分布在闽江口以北近岸以及兴化湾和海坛岛附近海域；东山岛附近海域溶解氧含量较低，其符合水质标准的等级从二类、三类到劣四类。30 米层，溶解氧含量基本符合水质二类标准，三类水质的站位主要出现在东山岛附近。底层，溶解氧含量基本符合二类标准，三类站位出现在浮头湾附近海域，四类和劣四类站位主要出现在东山岛附近（表 2-17，图 2-2）。

表 2-17　福建近海海域隶属不同水质标准站位数（溶解氧）

季节	采样层次	采水站位数	隶属不同水质等级站位数				
			一类	二类	三类	四类	劣四类
春季	表层	71	71	0	0	0	0
	10 米	59	59	0	0	0	0
	30 米	16	16	0	0	0	0
	底层	70	70	0	0	0	0
夏季	表层	71	56	13	2	0	0
	10 米	60	38	18	2	1	1
	30 米	17	0	15	0	2	0
	底层	59	10	42	2	4	1
秋季	表层	71	71	0	0	0	0
	10 米	55	55	0	0	0	0
	30 米	12	12	0	0	0	0
	底层	62	62	0	0	0	0
冬季	表层	71	71	0	0	0	0
	10 米	61	61	0	0	0	0
	30 米	19	19	0	0	0	0
	底层	59	59	0	0	0	0

2. 营养盐

福建近岸海域总无机氮含量为 $0.89\sim84.7$ 微摩/分米^3，平均 18.83 微摩/分米^3；

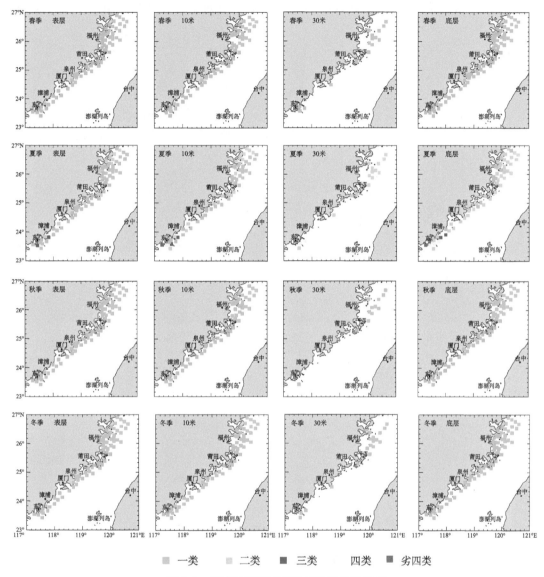

图 2-2　福建近海海域溶解氧质量状况分布

总体上，总无机氮含量符合国家二类海水水质标准。

　　春季，福建近岸海域总无机氮质量基本处于一类和二类水平。表层水体中总无机氮处于一类水平的站位约占总调查站位 37%，处于二类水平的站位数约占 35%，三类及以上水平站位主要分布在兴化湾以北近岸区域，处于劣四类水平站位出现在泉州湾、闽江口等区域。10 米层水体总无机氮含量亦以处于一类和二类水平为主，处于三类水平的站位分布在兴化湾、闽江口及三沙湾。30 米层水体总无机氮含量主要以一类水平为主，处于三类水平的站位出现在兴化湾和三沙湾。底层水体总无机氮含量处于一类水平的为主，三类及以上水平站位处于闽江口及三沙湾附近海域。

夏季，福建近岸海域总无机氮质量基本处于一类水平。表层仅在厦门湾口、泉州湾、闽江口个别区域总无机氮处于三类及以上水平。10 米层总无机氮二类及以上水平站位仅分布在三沙湾、厦门湾口、东山岛等海域。30 米层总无机氮含量处于一类水平。底层总无机氮质量分布与 10 米层分布类似。

秋季，福建近岸海域总无机氮质量基本处于二类和三类水平。表层总无机氮含量处于三类及以上水平站位分布在厦门以北近岸海域，其中泉州湾、闽江口及其以北近岸处于四类或劣四类水平。10 米层兴化湾以北近岸海域总无机氮含量处于三类及以上水平。30 米层兴化湾和三沙湾总无机氮质量水平分别处于三类和四类水平。底层总无机氮质量水平分布与 10 米层分布类似。

冬季，福建近岸海域总无机氮质量基本处于二类和三类水平。表层总无机氮含量四类及以上水平站位分布在兴化湾及其以北近岸海域，劣四类水平主要集中在闽江口。10 米层闽江口及其以北近岸海域总无机氮含量大多处于三类及以上水平。30 米层兴化湾以北近岸海域总无机氮含量处于三类及以上水平。底层总无机氮质量水平分布与 10 米层分布类似（表 2-18，图 2-3）。

表 2-18　福建近海海域隶属不同水质标准站位数（总无机氮）

季节	采样层次	采水站位数	隶属不同水质等级站位数				
			一类	二类	三类	四类	劣四类
春季	表层	71	26	25	12	4	4
	10 米	59	27	23	9	0	0
	30 米	16	14	0	2	0	0
	底层	70	40	19	8	1	2
夏季	表层	71	61	2	3	1	4
	10 米	60	56	3	1	0	0
	30 米	17	17	0	0	0	0
	底层	59	55	3	1	0	0
秋季	表层	71	8	21	22	11	9
	10 米	55	8	20	22	4	1
	30 米	12	8	0	2	1	1
	底层	62	15	18	22	6	1
冬季	表层	71	8	14	30	10	9
	10 米	61	6	16	24	12	3
	30 米	19	5	8	3	3	0
	底层	59	10	19	19	14	5

3. 磷酸盐

福建近岸海域磷酸盐含量在 0.03～3.01 微摩/分米^3，平均 0.73 微摩/分米^3。总体上，福建近岸海域总无机氮含量符合二～三类海水水质标准。

春季，福建近岸海域磷酸盐含量基本处于一类或二～三类水平。表层磷酸盐，泉州湾至海坛岛近岸海域，以及闽江口及其以北海域含量大多处于三类及以上水平，四类和

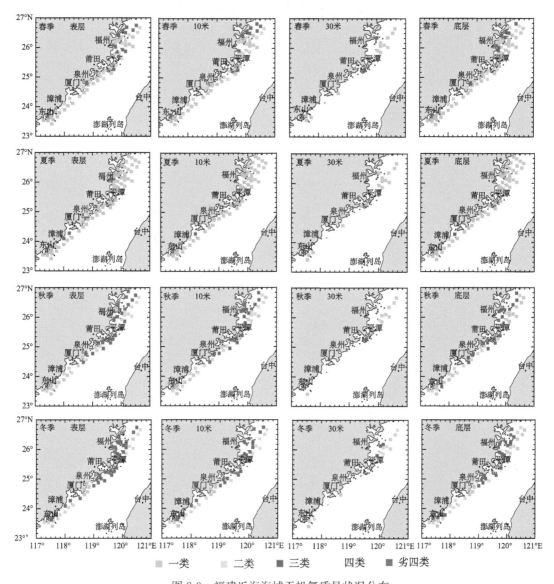

图 2-3 福建近海海域无机氮质量状况分布

劣四类水平站位出现在闽江口附近海域。10米层，磷酸盐含量处于三类水平的站位分布在除东山岛附近以外的大部分近岸海域。30米层，兴化湾和三沙湾磷酸盐含量处于三类水平。底层，磷酸盐质量状况分布与10米层分布大体类似。

夏季，福建近岸海域磷酸盐含量基本处于一类，磷酸盐含量处于二～三类水平的个别站位主要分布在闽江口、三沙湾及东山附近海域。

秋季，福建近岸海域磷酸盐含量基本处于二～三类或四类水平。表层，磷酸盐处于四类水平的站位主要分布在泉州湾及其以北近岸海域，劣四类水平的站位出现在闽江口及三沙湾近岸海域。10米层，磷酸盐质量分布与表层类似。30米层，处于四类水平的站位位于兴化湾和海坛岛附近，三沙湾磷酸盐含量处于劣四类水平。底层，磷酸盐含量处于四类水平的站位主要分布在湄洲湾及其以北海域，处于劣四类水平的站位处于三沙湾附近海域。

冬季，福建近岸海域磷酸盐含量基本处于二～三类或四类水平。表层，磷酸盐处于四类水平的站位主要分布在泉州湾及其以北近岸海域，劣四类水平的站位出现在闽江口及三沙湾近岸海域。10米层，磷酸盐质量分布与表层类似。30米层，处于四类水平和劣四类水平的站位主要位于闽江口及三沙湾近岸海域。底层，磷酸盐质量分布状况与表层类似（表2-19，图2-4）。

表2-19　福建近海海域隶属不同水质标准站位数（磷酸盐）

季节	采样层次	采水站位数	隶属不同水质等级站位数			
			一类	二～三类	四类	劣四类
春季	表层	71	33	35	2	1
	10米	59	22	29	7	1
	30米	16	14	2	0	0
	底层	70	35	28	4	3
夏季	表层	71	60	11	0	0
	10米	60	55	5	0	0
	30米	17	14	3	0	0
	底层	59	51	8	0	0
秋季	表层	71	2	43	23	3
	10米	55	1	35	18	1
	30米	12	2	7	2	1
	底层	62	3	42	15	2
冬季	表层	71	1	21	41	8
	10米	61	0	12	40	9
	30米	19	0	13	4	2
	底层	59	0	21	40	6

4. 重金属、砷和油类

福建近岸海域水体中镉含量在 0.004～0.08 微克/分米^3，平均值为 0.02 微克/分米^3；水体中铅含量在未检出～0.29 微克/分米^3，平均值为 0.05 微克/分米^3；水体中砷含量在 1.0～5.4 微克/分米^3，平均值为 2.6 微克/分米^3；水体中铜含量在 0.18～1.38 微克/分米^3，平均值为 0.54 微克/分米^3；水体中锌含量在 0.12～3.80 微克/分米^3，平均值为 0.71 微克/分米^3；水体中总铬含量在未检出～0.62 微克/分米^3，平均值为 0.10 微克/分米^3。上述重金属在福建近岸海域水体中含量均处于一类水质水平。

福建近岸海域水体中汞含量在 0.003～0.08 微克/分米^3，平均值为 0.02 微克/分米^3；油类含量在 3.9～149.1 微克/分米^3，平均值为 20.65 微克/分米^3；汞和油类平均值符合海水水质一类标准。春、夏、冬季各调查站位的汞含量均为一类水平，秋季仅在闽江口附近出现符合二～三类水平的站位，其余站位汞含量亦处于一类水平。油类质量

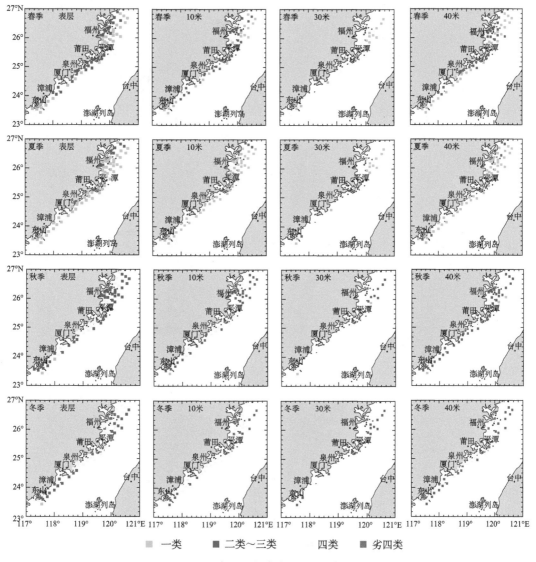

图 2-4 福建近海海域磷酸盐质量状况分布

分布也仅在秋季浮头湾附近出现处于三类水平站位，其他季节福建近岸海域水体中油类均处于一类至二类水平（图 2-5，图 2-6）。

二、重要港湾海水环境化学

（一）沙埕港

沙埕港冬季常规水化学要素中无机氮和磷酸盐存在严重的超标现象。无机氮含量符合海水水质二类、三类和四类标准的样品数分别占 1.5%、1.6% 和 4.7%，其余的

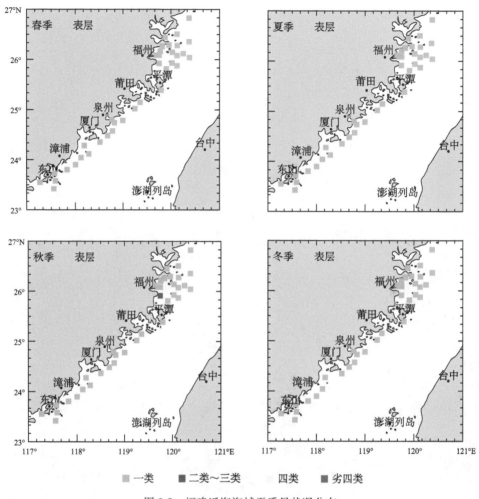

图 2-5 福建近海海域汞质量状况分布

92.2%均超过四类海水水质标准；磷酸盐含量符合海水水质二～三类标准的样品数占3.1%，11.0%的样品符合四类海水水质标准，其他的85.9%样品均超过四类海水水质标准。

沙埕港春季常规水化学要素中无机氮和磷酸盐存在不同程度的超标现象。无机氮含量符合海水水质二类、三类和四类标准的样品数分别占2.2%、7.4%和7.7%，其余的82.7%均超过海水水质四类标准；磷酸盐含量符合海水水质一类、二～三类和四类标准的样品数分别占15.4%、38.5%和32.7%，其他的13.4%样品均超过四类海水水质标准。

沙埕港冬季海水除31.6%样品的油类含量符合海水水质三类标准外，砷、汞、铜、铅、镉、锌含量均符合海水水质一类标准。春季海水中油类、砷、汞、铜、铅、镉、锌含量均符合海水水质一类标准（表2-20）。

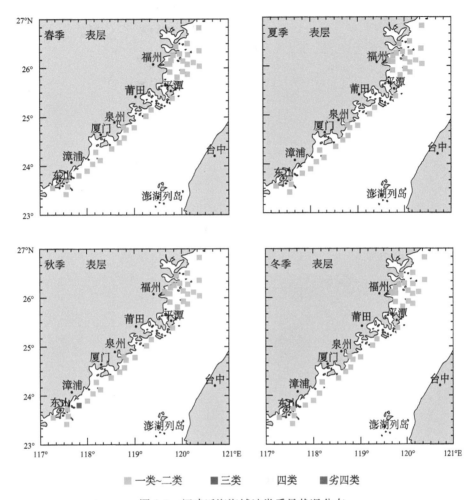

图 2-6 福建近海海域油类质量状况分布

表 2-20 沙埕港常规海水化学要素调查结果统计表

时间	层次	特征值	溶解氧/(毫克/分米³)	COD/(毫克/分米³)	总无机氮/(微摩/分米³)	磷酸盐/(微摩/分米³)	硅酸盐/(微摩/分米³)	TN/(微摩/分米³)	TP/(微摩/分米³)	悬浮物/(毫克/分米³)	pH
2006年1月(冬季)	表层	最小值	7.10	0.66	33.4	1.26	35.3	244.3	2.74	0.8	7.81
		最大值	8.20	1.48	272.1	2.61	46.9	372.9	10.16	144.4	8.05
		平均值	7.75	1.05	72.1	1.98	43.8	327.1	3.53	54.4	7.93
	底层	最小值	6.45	0.42	21.3	1.03	34.6	204.3	2.81	5.8	7.81
		最大值	8.78	1.42	110.1	2.55	48.4	404.3	10.32	154.2	8.05
		平均值	7.88	1.03	63.9	1.89	44.3	339.1	3.88	77.5	7.93
	总体均值		7.80	1.01	67.2	1.91	44.1	333.1	3.89	73.1	7.94

续表

时间	层次	特征值	溶解氧/（毫克/分米³）	COD/（毫克/分米³）	总无机氮/（微摩/分米³）	磷酸盐/（微摩/分米³）	硅酸盐/（微摩/分米³）	TN/（微摩/分米³）	TP/（微摩/分米³）	悬浮物/（毫克/分米³）	pH
2006年4月（春季）	表层	最小值	6.36	0.47	28.0	0.52	6.2	19.6	1.39	9.3	7.96
		最大值	7.99	1.73	87.3	1.74	77.2	403.6	2.71	102.6	8.13
		平均值	7.25	1.17	56.2	1.09	50.6	222.4	1.87	33.7	8.06
	底层	最小值	5.22	0.69	6.9	0.19	3.3	21.4	1.32	10.6	7.75
		最大值	8.81	2.03	112.1	5.68	73.8	372.1	5.48	134.7	8.12
		平均值	7.29	1.44	51.3	1.02	46.1	205.6	2.31	36.1	8.03
	总体均值		7.30	1.34	52.2	1.03	47.1	210.7	2.30	33.7	8.03

（二）三沙湾

三沙湾秋季常规水化学要素中溶解氧、无机氮和磷酸盐存在不同程度的超标现象。溶解氧含量符合一类、二类和三类海水水质标准的样品数分别占20％、76.7％和3.3％；无机氮含量符合海水水质一类、二类、三类和四类标准的样品数分别占13.3％、13.4％、3.3％和43.3％，其余26.7％的样品均超过四类海水水质标准；磷酸盐含量符合海水水质二～三类标准的样品占40％，符合海水水质四类标准的样品占56.7％，其他的3.3％均超过四类海水水质标准。常规水化学要素（COD、悬浮物和pH）水质综合指数均值符合海水水质二类标准。

三沙湾秋季海水中砷、铜和镉含量均符合海水水质一类标准；31.6％的样品油类含量符合海水水质一类标准，68.4％的样品油类含量符合海水水质三类标准；47％的样品汞含量符合海水水质一类标准，其余53％则符合海水水质二类标准；63.2％的样品铅含量符合海水水质一类标准，其余36.8％的样品铅含量符合海水水质二类标准；73.7％的样品锌含量符合海水水质一类标准，其余26.3％的样品锌含量符合海水水质二类标准。

三沙湾春季常规水化学要素中无机氮和磷酸盐存在不同程度的超标现象。无机氮含量符合海水水质三类和四类标准的样品数分别占20％和13.3％，其他66.7％的样品均超过四类海水水质标准；磷酸盐含量符合海水水质二～三类标准的样品占86.7％，其余13.3％符合海水水质四类标准。

三沙湾春季海水中砷、镉含量均符合海水水质一类标准；89.5％的样品汞含量符合海水水质一类标准，其余10.5％的样品汞含量符合海水水质二～三类标准；47％的样品铜含量符合海水水质一类标准，其余的53％符合海水水质二类标准；57.9％的样品铅含量符合海水水质一类标准，其余42.1％的样品铅含量符合海水水质二类标准；15.8％的样品锌含量符合海水水质一类标准，78.9％的样品锌含量符合海水水质二类标准，其余5.3％的样品锌含量符合海水水质四类标准；5.3％的样品油类含量符合海水水质一~二类标准，其余94.7%的样品油类含量符合海水水质三类标准（表2-21）。

表 2-21　三沙湾常规海水化学要素调查结果统计表

时间	层次	特征值	溶解氧/(毫克/分米³)	COD/(毫克/分米³)	总无机氮/(微摩/分米³)	磷酸盐/(微摩/分米³)	硅酸盐/(微摩/分米³)	TN/(微摩/分米³)	TP/(微摩/分米³)	悬浮物/(毫克/分米³)	pH
2005 年 9 月（秋季）	表层	最小值	5.16	0.16	12.48	0.52	26.29	24.9	1.26	15.7	7.82
		最大值	6.49	0.42	44.39	1.45	73.43	52.0	2.40	75.0	8.09
		平均值	5.78	0.23	30.60	1.02	38.89	37.8	1.64	40.0	7.96
	底层	最小值	5.27	0.13	12.19	0.79	23.71	20.2	1.34	64.3	7.82
		最大值	8.46	0.43	40.68	1.54	45.57	45.0	2.69	140.3	8.11
		平均值	5.87	0.21	27.25	1.01	31.16	33.3	1.69	96.0	8.01
	总体均值		5.82	0.22	30.08	1.02	37.10	37.0	1.64	56.4	7.97
2006 年 4 月（春季）	表层	最小值	7.98	0.17	25.69	0.58	20.82	33.6	0.97	17.7	8.02
		最大值	9.02	0.82	51.07	1.18	51.79	64.4	3.59	76.7	8.29
		平均值	8.38	0.32	38.53	0.83	31.70	51.1	1.79	42.2	8.19
	底层	最小值	8.01	0.17	23.29	0.54	19.64	28.2	1.48	48.0	8.14
		最大值	8.86	0.92	48.11	0.94	40.04	54.8	4.25	198.0	8.30
		平均值	8.18	0.36	35.89	0.73	25.87	44.3	2.76	104.6	8.23
	总体均值		8.34	0.32	38.02	0.82	30.48	49.7	2.08	61.5	8.20

（三）罗源湾

罗源湾秋季常规水化学要素中溶解氧、无机氮和磷酸盐存在不同程度的超标现象。溶解氧含量符合海水水质二类标准的样品数占51.5%，其余48.5%的样品符合海水水质三类标准；无机氮含量符合海水水质一类和二类标准的样品数分别占94.3%和5.7%；磷酸盐含量符合海水水质一类、二~三类和四类标准的样品数分别占8.6%、62.8%和20.0%，其他8.6%的样品均超过四类海水水质标准。

罗源湾春季常规水化学要素中无机氮和磷酸盐存在不同程度的超标现象。无机氮含量符合海水水质一类、二类、三类和四类标准的样品数分别占35.8%、34.2%、25.8%和5.6%，其余的8.6%均超过海水水质四类标准；磷酸盐含量符合海水水质二~三类和四类标准的样品数分别占25.8%和51.3%，其他22.9%的样品均超过四类海水水质标准。

罗源湾秋季海水中油类、镉、锌含量均符合海水水质一类标准；铜、铅含量符合海水水质二类标准；砷含量符合海水水质三~四类标准。春季海水中油类、砷、铜、铅、镉、锌含量均符合海水水质一类标准（表2-22）。

表 2-22　罗源湾常规海水化学要素调查结果统计表

时间	层次	特征值	溶解氧/（毫克/分米³）	COD/（毫克/分米³）	总无机氮/（微摩/分米³）	磷酸盐/（微摩/分米³）	硅酸盐/（微摩/分米³）	TN/（微摩/分米³）	TP/（微摩/分米³）	悬浮物/（毫克/分米³）	pH
2005 年 9 月（秋季）	表层	最小值	5.25	0.64	2.79	0.65	2.14	10.1	1.26	2.3	7.95
		最大值	5.62	1.21	15.0	1.45	7.50	26.9	1.81	14.1	8.19
		平均值	5.44	0.80	7.08	0.93	4.62	19.4	1.57	5.1	8.09
	底层	最小值	4.20	0.34	2.29	0.29	2.14	8.77	0.87	2.8	7.90
		最大值	5.18	1.07	18.2	1.81	8.21	22.8	1.68	43.5	8.15
		平均值	4.57	0.54	6.40	0.80	4.40	16.9	1.37	10.8	8.06
	总体均值		4.96	0.66	6.24	0.85	4.57	17.5	1.41	7.6	8.08
2006 年 5 月（春季）	表层	最小值	6.86	0.86	11.9	0.55	25.0	4.77	0.26	3.9	7.90
		最大值	8.17	2.32	27.9	1.71	36.5	7.06	4.26	16.3	8.09
		平均值	7.30	1.14	19.3	1.22	28.3	6.11	1.33	9.0	8.01
	底层	最小值	6.53	0.94	7.50	0.71	24.3	4.62	0.26	1.9	7.95
		最大值	7.50	2.36	40.0	2.48	36.7	7.08	1.45	14.3	8.15
		平均值	7.15	1.20	24.2	1.33	28.6	5.94	0.873	7.2	8.02
	总体均值		7.20	1.18	20.1	1.27	27.9	6.04	1.14	8.2	8.02

（四）闽江口

闽江口秋季常规水化学要素中化学溶解氧、无机氮和磷酸盐存在不同程度的超标现象。化学耗氧量含量符合海水水质一类、二类和三类标准的样品数分别占 70.6%、6.9% 和 23.5%。无机氮含量符合海水水质三类标准的样品数占 41.2%，其余的 58.8% 样品均超过海水水质四类标准。磷酸盐含量符合海水水质一类、二类～三类和四类标准的样品分别占 5.9%、5.9% 和 88.2%。

闽江口春季常规水化学要素中无机氮和磷酸盐存在不同程度的超标现象。无机氮含量符合海水水质二类、三类和四类标准的样品数分别占 25.0%、37.5% 和 12.5%，其余的 25.0% 样品均超过四类海水水质标准。磷酸盐含量符合海水水质一类、二类～三类和四类标准的样品数分别占 6.2%、87.5% 和 6.3%。

闽江口秋季海水中 80.0% 样品的油类含量符合海水水质一类和二类标准，其余的 20.0% 则符合海水水质三类标准；砷、铜、镉含量均符合海水水质一类标准；20.0% 样品的汞含量符合海水水质一类标准，40.0% 样品的汞含量符合海水水质二类～三类标准，其余的 40.0% 样品的汞含量则符合海水水质四类标准；10.0% 样品的铅含量符合海水水质一类标准，80.0% 样品的铅含量符合海水水质二类标准，其余的 10.0% 则符合海水水质三类标准；90.0% 样品的锌含量符合海水水质一类标准，其余的 10.0% 均符合海水水质二类标准。

闽江口春季海水中砷、铜、镉、锌含量均符合海水水质一类标准；80.0% 样品的油类含量符合海水水质一类～二类标准，其余的 20.0% 则符合海水水质三类标准；

30.0%样品的汞含量符合海水水质一类标准，50.0%样品的汞含量符合海水水质二类～三类标准，其余的20.0%样品的汞含量则符合海水水质四类标准；30.0%样品的铅含量符合海水水质一类标准，其余的70.0%样品的铅含量则均符合海水水质二类标准（表2-23）。

表2-23　闽江口常规海水化学要素调查结果统计表

时间	层次	特征值	溶解氧/（毫克/分米³）	COD/（毫克/分米³）	总无机氮/（微摩/分米³）	磷酸盐/（微摩/分米³）	硅酸盐/（微摩/分米³）	TN/（微摩/分米³）	TP/（微摩/分米³）	悬浮物/（毫克/分米³）	pH
2005年10月（秋季）	表层	最小值	6.82	0.48	21.49	0.36	13.75	21.5	1.41	23.5	7.00
		最大值	9.77	3.38	142.61	1.17	85.64	174.6	10.87	301.0	8.27
		平均值	8.06	1.92	85.92	0.98	45.77	106.0	4.69	93.5	7.73
	底层	最小值	1.04	0.37	21.71	0.99	16.11	21.8	2.16	19.0	7.07
		最大值	8.56	3.58	146.69	1.11	70.71	194.2	7.92	285.0	8.16
		平均值	5.82	1.30	54.45	1.05	34.54	70.0	3.87	125.9	7.94
	总体均值		7.49	1.87	84.34	1.02	44.39	103.8	4.84	109.8	7.73
2006年4月（春季）	表层	最小值	7.78	0.45	15.50	0.53	9.68	23.6	1.75	20.4	7.94
		最大值	8.24	1.23	51.48	0.89	76.71	57.9	2.70	33.2	8.33
		平均值	8.01	0.80	32.05	0.71	41.82	39.3	2.18	25.3	8.20
	底层	最小值	7.68	0.37	14.29	0.44	11.79	22.5	1.47	25.8	8.23
		最大值	8.16	1.50	30.73	1.03	39.93	40.2	3.23	95.0	8.34
		平均值	7.89	0.84	22.83	0.64	26.52	29.6	2.13	44.7	8.28
	总体均值		7.97	0.82	30.48	0.71	40.59	37.3	2.18	30.7	8.20

（五）福清湾

福清湾秋季常规水化学要素中无机氮和磷酸盐存在不同程度的超标现象。无机氮含量符合海水水质二类、三类和四类标准的样品数分别占44%、32%和8%，其他4%的样品超过四类海水水质标准。磷酸盐含量符合海水水质二类～三类和四类标准的样品分别占56%和36%，其他的8%超过四类海水水质标准。

福清湾秋季海水中砷、镉和石油类含量均符合海水水质一类标准；24.1%的样品汞含量均符合海水水质一类标准，61.5%的样品汞含量符合海水水质二类标准，其余的14.4%则符合海水水质三类标准；53.8%的样品铜含量符合海水水质一类标准，其余的46.2%则符合海水水质二类标准；69.2%的样品铅含量符合海水水质一类标准，15.4%的样品铅含量符合海水水质三类标准，其余15.4%的样品铅含量符合海水水质四类标准；61.5%的样品锌含量符合海水水质二类标准，其余38.5%的样品锌含量符合海水水质三类标准。

福清湾春季常规水化学要素中无机氮和磷酸盐以及溶解氧存在不同程度的超标现象。无机氮含量符合海水水质一类、二类和三类标准的样品数分别占88%、8%和4%。磷酸盐含量符合海水水质一类和二类～三类标准的样品数分别占56%和44%。溶解氧含量符合海水水质一类、二类和三类标准的样品数分别占68%、24%和8%。

福清湾春季海水中砷、镉含量均符合海水水质一类标准；38.5%的样品汞含量符合海水水质一类标准，15.3%的样品汞含量符合海水水质二类～三类标准，38.5%的样品汞含量符合海水水质四类标准，其余7.7%的样品汞含量超过海水水质四类标准；46.2%的样品铜含量符合海水水质二类标准，其余的53.8%则符合海水水质三类标准；61.5%的样品铅含量符合海水水质二类标准，其余38.5%的样品铅含量符合海水水质三类标准；7.7%的样品锌含量符合海水水质一类标准，76.9%的样品锌含量符合海水水质二类标准，7.7%的样品锌含量符合海水水质三类标准，其余7.7%的样品锌含量符合海水水质四类标准（表2-24）。

表2-24 福清湾常规海水化学要素调查结果统计表

时间	层次	特征值	溶解氧/(毫克/分米³)	COD/(毫克/分米³)	总无机氮/(微摩/分米³)	磷酸盐/(微摩/分米³)	硅酸盐/(微摩/分米³)	TN/(微摩/分米³)	TP/(微摩/分米³)	悬浮物/(毫克/分米³)	pH
2005年10月（秋季）	表层	最小值	6.03	0.53	18.2	0.84	23.3	27.4	1.29	31.0	7.03
		最大值	7.52	1.46	40.6	2.19	49.1	79.0	8.77	122.0	8.06
		平均值	7.03	0.86	25.8	1.16	34.8	46.9	4.01	52.8	7.82
	底层	最小值	6.40	0.57	18.0	0.81	22.0	30.5	1.55	25.0	7.83
		最大值	7.19	1.03	24.3	1.03	39.8	57.8	3.55	77.0	8.06
		平均值	6.98	0.70	20.3	0.90	31.3	44.2	2.33	55.3	7.98
	总体均值		7.05	0.86	25.6	1.16	35.0	48.4	3.81	54.7	7.82
2006年5月（春季）	表层	最小值	8.27	0.43	4.4	0	5.0	9.1	0.10	14.0	7.87
		最大值	10.07	1.74	22.1	0.23	27.1	61.1	0.61	22.0	8.38
		平均值	9.18	1.04	11.2	0.09	13.7	32.4	0.29	16.7	8.19
	底层	最小值	7.21	0.54	7.2	0	4.7	21.1	0.10	14.0	8.08
		最大值	9.25	0.96	10.9	0.16	17.5	27.4	0.39	30.0	8.31
		平均值	8.25	0.78	8.9	0.05	10.4	24.2	0.20	20.9	8.24
	总体均值		8.87	0.89	10.8	0.09	13.2	29.0	0.26	17.7	8.20

（六）兴化湾

兴化湾秋季常规水化学要素中无机氮和磷酸盐存在不同程度的超标现象。无机氮含量符合海水水质一类、二类和三类标准的样品数分别占52.0%、36.0%和8.0%，其余4.0%的样品均超过海水水质四类标准。磷酸盐含量符合海水水质一类和二类～三类标准的样品数分别占4.0%和60.0%，其余的36.0%均超过海水水质四类标准。兴化湾秋季海水中油类和重金属含量均符合海水水质一类标准。

兴化湾春季常规水化学要素中无机氮和磷酸盐存在不同程度的超标现象。无机氮含量符合海水水质一类、二类、三类和四类标准的样品数分别占26.9%、42.3%、11.6%和7.7%，其余11.5%的样品均超过海水水质四类标准。磷酸盐含量符合海水水质一类、二类～三类和四类标准的样品数分别占7.7%、65.4%和15.4%，其余11.5%

的样品均超过海水水质四类标准。兴化湾春季海水中油类和重金属含量均符合海水水质一类标准（表 2-25）。

表 2-25　兴化湾常规海水化学要素调查结果统计表

时间	层次	特征值	溶解氧/(毫克/分米³)	COD/(毫克/分米³)	总无机氮/(微摩/分米³)	磷酸盐/(微摩/分米³)	硅酸盐/(微摩/分米³)	TN/(微摩/分米³)	TP/(微摩/分米³)	悬浮物/(毫克/分米³)	pH
2006 年 5 月（春季）	表层	最小值	6.54	0.67	12.84	0.48	12.32	25.4	0.81	6.4	8.21
		最大值	7.42	1.26	68.93	2.33	55.36	91.4	3.42	18.9	8.33
		平均值	7.09	0.89	29.99	1.17	23.89	47.6	1.85	12.4	8.30
	底层	最小值	6.42	0.54	11.06	0.39	10.00	20.4	0.84	14.2	8.30
		最大值	7.11	0.91	29.64	1.22	23.43	55.6	1.77	28.5	8.34
		平均值	8.88	0.41	23.68	0.87	22.43	40.1	2.44	45.6	8.17
	总体均值		7.01	0.80	25.05	1.01	20.21	41.2	1.68	15.1	8.30
2006 年 9 月（秋季）	表层	最小值	6.36	0.43	12.11	0.45	21.46	15.9	0.68	9.5	8.02
		最大值	7.14	3.98	38.85	1.91	61.43	52.6	3.52	18.8	8.21
		平均值	6.68	0.91	18.58	0.95	32.75	32.2	2.03	13.3	8.12
	底层	最小值	6.34	0.40	10.33	0.55	21.57	23.6	1.03	15.5	8.06
		最大值	6.87	0.82	20.24	1.24	38.21	38.9	2.58	22.8	8.22
		平均值	6.54	0.55	13.99	0.79	27.46	29.8	1.92	19.1	8.14
	总体均值		6.65	0.72	16.76	0.93	32.56	31.1	2.04	15.0	8.12

（七）湄洲湾

湄洲湾秋季常规水化学要素中无机氮和磷酸盐存在不同程度的超标现象。无机氮含量符合海水水质一类标准的站位数占 63.7%，其他的均符合二类海水水质标准；磷酸盐含量均符合海水水质二类标准。

湄洲湾春季常规水化学要素中，磷酸盐含量均符合海水水质一类标准，溶解氧、无机氮则存在不同程度的超标现象。溶解氧含量符合海水水质一类标准的站位占 96.4%；无机氮含量符合海水水质一类标准的站位占 63.7%，其他的符合二类海水水质标准。常规水化学要素水质综合指数符合海水水质一类标准。湄洲湾秋季和春季海水中重金属和油类含量均符合海水水质一类标准（表 2-26）。

表 2-26　湄洲湾常规海水化学要素调查结果统计表

时间	层次	特征值	溶解氧/(毫克/分米³)	COD/(毫克/分米³)	总无机氮/(微摩/分米³)	磷酸盐/(微摩/分米³)	硅酸盐/(微摩/分米³)	TN/(微摩/分米³)	TP/(微摩/分米³)	悬浮物/(毫克/分米³)	pH
2005 年 10 月（秋季）	表层	最小值	6.47	0.22	9.9	0.42	21.3	18.5	2.21	5.5	7.92
		最大值	6.88	0.75	21.3	1.06	37.1	29.9	5.07	28.6	8.28
		平均值	6.76	0.42	13.1	0.74	25.1	24.4	3.43	19.8	8.11
	底层	最小值	6.47	0.31	9.8	0.55	21.9	18.5	2.21	10.7	7.99
		最大值	6.84	0.70	19.1	1.10	30.1	27.5	5.71	35.7	8.29
		平均值	6.74	0.48	12.6	0.74	24.8	23.6	3.29	24.0	8.13
	总体均值		6.75	0.42	13.0	0.74	25.1	24.2	3.43	21.4	8.11

续表

时间	层次	特征值	溶解氧/（毫克/分米³）	COD/（毫克/分米³）	总无机氮/（微摩/分米³）	磷酸盐/（微摩/分米³）	硅酸盐/（微摩/分米³）	TN/（微摩/分米³）	TP/（微摩/分米³）	悬浮物/（毫克/分米³）	pH
2006年4月（春季）	表层	最小值	7.35	0.35	5.3	0.03	6.75	14.9	1.50	4.3	8.10
		最大值	8.48	1.53	23.5	0.36	15.7	27.9	2.29	31.8	8.32
		平均值	7.78	0.71	12.3	0.19	10.1	20.7	1.71	11.2	8.22
	底层	最小值	7.34	0.16	4.8	0.10	7.07	14.3	1.14	9.0	8.14
		最大值	7.72	1.12	24.4	0.45	13.2	27.0	2.64	25.7	8.32
		平均值	7.50	0.59	10.4	0.19	10.0	20.4	1.79	16.8	8.24
	总体均值		7.70	0.66	11.6	0.19	10.0	20.7	1.71	14.6	8.23

（八）泉州湾

泉州湾秋季常规水化学要素中无机氮和磷酸盐存在不同程度的超标现象。无机氮含量符合海水水质一类、三类和四类标准的样品数分别占21.7%、30.5%和13.0%，其余34.8%的样品均超过四类海水水质标准。磷酸盐含量符合海水水质二类～三类标准的样品数占21.7%，符合海水水质四类标准的样品数56.6%，其余的21.7%均超过四类海水水质标准。

泉州湾秋季海水中砷、铅和镉含量均符合海水水质一类标准；石油类含量均符合海水水质三类标准；67.7%站位的汞含量符合海水水质一类标准，其余的33.3%符合海水水质二类标准；77.8%站位的铜和锌含量符合海水水质一类标准，其余的22.2%符合合海水水质二类标准；油类及重金属均符合海水水质一类标准（表2-27）。

表2-27 泉州湾常规海水化学要素调查结果统计表

时间	层次	特征值	溶解氧/（毫克/分米³）	COD/（毫克/分米³）	总无机氮/（微摩/分米³）	磷酸盐/（微摩/分米³）	硅酸盐/（微摩/分米³）	TN/（微摩/分米³）	TP/（微摩/分米³）	悬浮物/（毫克/分米³）	pH
2005年9月（秋季）	表层	最小值	6.41	0.36	10.94	1.01	20.29	55.0	2.44	0.5	7.95
		最大值	7.06	1.08	89.81	1.68	95.41	113.3	3.00	17.1	8.12
		平均值	6.73	0.60	45.87	1.30	51.11	78.6	2.60	7.7	8.08
	底层	最小值	5.93	0.42	10.45	0.78	11.75	53.1	2.50	14.2	8.03
		最大值	6.58	0.82	44.78	1.54	50.55	81.0	3.05	70.4	8.15
		平均值	6.32	0.57	23.42	1.07	25.08	61.7	2.71	32.7	8.11
	总体均值		6.49	0.56	31.98	1.16	35.40	68.5	2.66	21.3	8.10

（九）深沪湾

深沪湾春季常规水化学要素中无机氮和磷酸盐存在不同程度的超标现象。无机氮与磷酸盐含量符合海水水质一类标准的样品数均占5.3%，其余94.7%的样品均符合海水水质二类标准。

深沪湾春季海水中油类、砷和镉含量均符合海水水质一类标准；54.5％的样品汞含量均符合海水水质一类标准，18.2％的样品汞含量符合海水水质四类标准，其余27.3％的样品汞含量超过海水水质四类标准；铜含量符合海水水质三类标准；54.5％的样品铅含量符合海水水质二类标准，其余45.5％的样品铅含量符合海水水质三类标准。

深沪湾冬季常规水化学要素中无机氮和磷酸盐存在不同程度的超标现象。无机氮含量符合海水水质二类标准的样品数占4.3％，其余94.7％的样品符合海水水质四类标准；所有样品磷酸盐含量均符合海水水质二类～三类标准。

深沪湾冬季海水中油类、砷和镉含量均符合海水水质一类标准；54.5％的样品汞含量符合海水水质一类标准，27.3％的样品汞含量符合海水水质二类～三类标准，其余18.2％的样品汞含量符合海水水质四类标准；90.1％的样品铜含量符合海水水质一类标准，其余的9.1％超过海水水质四类标准；所有样品铅含量符合海水水质三类标准；锌含量符合海水水质一类、二类、三类和四类标准的样品数分别占63.6％、18.2％、9.1％和9.1％（表2-28）。

表 2-28 深沪湾常规海水化学要素调查结果统计表

时间	层次	特征值	溶解氧/（毫克/分米³）	COD/（毫克/分米³）	总无机氮/（微摩/分米³）	磷酸盐/（微摩/分米³）	硅酸盐/（微摩/分米³）	TN/（微摩/分米³）	TP/（微摩/分米³）	悬浮物/（毫克/分米³）	pH
2006年1月（冬季）	表层	最小值	7.20	0.34	21.21	0.65	18.80	28.7	1.68	29.0	8.15
		最大值	9.07	0.50	24.50	0.90	25.00	49.1	2.81	57.0	8.19
		平均值	8.26	0.40	23.17	0.82	22.09	39.3	2.15	40.7	8.17
	底层	最小值	7.98	0.34	21.93	0.77	19.30	35.4	1.94	34.0	8.14
		最大值	10.00	0.50	25.00	0.94	24.20	49.3	4.16	83.0	8.18
		平均值	8.88	0.41	23.68	0.87	22.43	40.1	2.44	45.6	8.17
	总体均值		8.37	0.40	23.41	0.83	22.07	40.3	2.30	43.7	8.17
2006年4月（春季）	表层	最小值	7.58	0.19	8.00	0.32	11.21	12.9	0.90	22.0	8.07
		最大值	8.10	0.60	16.14	0.65	24.79	33.7	3.06	60.0	8.13
		平均值	7.88	0.38	10.84	0.41	16.80	20.3	1.46	31.4	8.10
	底层	最小值	7.52	0.16	8.36	0.29	10.71	10.6	0.74	20.0	8.09
		最大值	7.76	0.39	9.57	0.36	19.07	23.6	2.90	67.0	8.12
		平均值	7.63	0.32	9.01	0.32	13.10	15.3	1.84	47.2	8.11
	总体均值		7.81	0.36	10.62	0.39	16.25	18.6	1.64	36.9	8.10

（十）厦门湾

厦门湾秋季常规水化学要素中溶解氧、化学耗氧量、无机氮和磷酸盐存在不同程度的超标现象。21.7％样品的溶解氧及17.4％样品的化学耗氧量的含量符合海水水质二类标准，其余样品的溶解氧及化学耗氧量的含量均符合海水水质一类标准。无机氮含量符合海水水质一类、二类、三类和四类标准的样品数分别占56.5％、26.1％、8.7％和

4.4％，其余 4.3％的样品超过四类海水水质标准。磷酸盐含量符合海水水质一类和二类～三类标准的样品数分别占 60.9％和 26.1％，其余的 13.0％超过四类海水水质标准（表 2-29）。

表 2-29　厦门湾常规海水化学要素调查结果统计表

时间	层次	特征值	溶解氧/（毫克/分米³）	COD/（毫克/分米³）	总无机氮/（微摩/分米³）	磷酸盐/（微摩/分米³）	硅酸盐/（微摩/分米³）	TN/（微摩/分米³）	TP/（微摩/分米³）	悬浮物/（毫克/分米³）	pH
2005 年 9 月（秋季）	表层	最小值	5.04	0.69	10.21	0.32	5.75	15.7	0.77	2.9	7.93
		最大值	6.33	2.78	38.79	1.25	31.71	43.0	1.55	14.1	8.07
		平均值	5.99	1.25	20.35	0.67	15.88	23.5	1.13	8.3	8.02
	底层	最小值	5.92	0.43	11.14	0.36	5.39	17.4	0.75	8.6	7.99
		最大值	6.23	2.72	18.93	0.80	20.21	24.0	1.48	16.3	8.07
		平均值	6.09	1.24	14.21	0.53	12.35	20.8	1.19	13.0	8.03
	总体均值		6.05	1.24	16.55	0.59	13.46	21.7	1.15	10.7	8.03

厦门湾秋季海水中砷、锌含量均符合海水水质一类标准；55.6％样品的石油类含量符合海水水质一类～二类标准，其余的 44.4％均符合海水水质三类标准；55.6％样品的汞、镉含量均符合海水水质一类标准，其余 44.4％样品的汞、镉含量则符合海水水质二类标准；铜含量符合海水水质一类、二类和三类标准的样品数分别占 11.1％、44.5％和 44.4％；铅含量符合海水水质二类、三类和四类标准的样品数分别占 55.6％、33.3％和 11.1％。厦门湾秋季海水中重金属及油类均符合海水水质二类标准。

（十一）旧镇湾

旧镇湾春季常规水化学要素中无机氮和磷酸盐存在不同程度的超标现象。无机氮含量符合海水水质一类、二类和三类标准的样品数分别占 25.0％、12.5％和 25.0％，其余的 37.5％超过四类海水水质标准。磷酸盐含量符合海水水质二类～三类标准的样品数占 93.7％，其余的 6.3％样品符合四类海水水质标准。

旧镇湾冬季常规水化学要素中无机氮和磷酸盐存在不同程度的超标现象。无机氮含量符合海水水质二类、三类和四类标准的样品数分别占 43.7％、31.3％和 18.7％，其余的 6.3％超过海水水质四类标准；磷酸盐含量均符合海水水质二类～三类标准。

旧镇湾春季海水中铅、镉含量均符合海水水质一类标准；22.2％样品的铜及 11.1％样品的锌含量符合海水水质二类标准，其余均符合海水水质一类标准；砷含量均符合海水水质二类标准；28.6％样品的油类含量符合海水水质一类～二类标准，其余的 71.4％样品则符合海水水质三类标准；67.6％样品的汞含量符合海水水质四类标准，其余的 32.4％样品则超过海水水质四类标准。

旧镇湾冬季海水中铅、镉、锌含量均符合海水水质一类标准；砷含量均符合海水水质二类标准；66.7％的样品铜含量符合海水水质一类标准，其余的 33.3％样品则符合海水水质二类标准；油类、汞含量均符合海水水质三类标准（表 2-30）。

表 2-30　旧镇湾常规海水化学要素调查结果统计表

时间	层次	特征值	溶解氧/(毫克/分米³)	COD/(毫克/分米³)	总无机氮/(微摩/分米³)	磷酸盐/(微摩/分米³)	硅酸盐/(微摩/分米³)	TN/(微摩/分米³)	TP/(微摩/分米³)	悬浮物/(毫克/分米³)	pH
2006 年 1 月（冬季）	表层	最小值	7.23	0.62	16.57	0.64	8.72	47.0	2.52	12.0	7.84
		最大值	8.34	1.14	72.51	0.75	91.46	104.7	4.39	44.9	8.13
		平均值	7.99	0.84	30.14	0.70	38.02	58.6	3.45	25.1	8.01
	底层	最小值	7.97	0.57	17.55	0.64	7.80	46.5	2.68	13.5	7.99
		最大值	8.24	0.68	25.95	0.73	83.30	66.7	3.91	29.1	8.13
		平均值	8.13	0.62	21.60	0.67	45.52	55.3	3.24	23.6	8.08
	总体均值		8.01	0.77	29.95	0.69	41.86	59.0	3.38	25.0	8.02
2006 年 5 月（春季）	表层	最小值	6.70	0.42	11.30	0.63	10.89	30.6	0.73	5.8	7.86
		最大值	7.90	1.51	73.33	1.03	102.99	124.1	2.26	49.3	8.11
		平均值	7.21	0.84	34.22	0.78	38.65	58.3	1.32	16.8	8.03
	底层	最小值	6.95	0.29	12.13	0.67	18.69	37.4	0.75	9.4	8.04
		最大值	7.38	1.35	58.19	0.95	68.32	93.2	1.60	49.4	8.12
		平均值	7.18	0.64	31.43	0.79	40.92	59.1	1.21	20.4	8.08
	总体均值		7.18	0.79	34.13	0.79	40.97	61.0	1.33	18.3	8.04

（十二）东山湾

东山湾秋季常规水化学要素中溶解氧、化学耗氧量、无机氮和磷酸盐存在不同程度的超标现象。溶解氧含量除 9.5％样品符合海水水质二类标准外，其余的 90.5％样品均符合海水水质一类标准；化学耗氧量中 81.0％的样品符合海水一类水质标准，14.2％的样品符合四类海水水质标准，其余的 4.8％则超过四类海水水质标准；无机氮含量符合海水水质一类、二类、三类和四类标准的样品数分别占 38.1％、42.9％、9.5％和 4.7％，其余的 4.8％超过四类海水水质标准。磷酸盐含量符合海水水质二类～三类标准的样品数占 66.7％，其余的 33.3％样品符合四类海水水质标准。

东山湾春季常规水化学要素中溶解氧、无机氮和磷酸盐存在不同程度的超标现象。溶解氧含量除 4.3％样品符合海水水质二类标准外，其余的 95.7％样品均符合海水水质一类标准。无机氮含量符合海水水质一类、二类和三类标准的样品数分别占 87.0％、4.3％和 4.4％，其余的 4.3％超过四类海水水质标准。磷酸盐含量符合海水水质一类标准的样品数占 8.7％，其余的 91.3％样品均符合海水水质二类～三类标准。

东山湾秋季海水中砷、铅、镉、锌含量均符合海水水质一类标准；石油类含量均符合海水水质三类标准；87.5％样品的汞含量符合海水水质一类标准，其余的 12.5％样品汞含量符合海水水质二类标准；75.0％样品的铜含量符合海水水质一类标准，其余的 25.0％样品铜含量则符合海水水质二类标准。

东山湾春季海水中铅、镉含量均符合海水水质一类标准；石油类含量符合海水水质三类标准；87.5％样品的砷含量符合海水水质二类标准，其余的 12.5％样品砷含量符合海水水质三类标准；62.5％样品的汞含量符合海水水质四类标准，其余的 37.5％样品汞含量则超过海水水质四类标准；75.0％样品的锌含量符合海水水质一类标准，其余的 25.0％样品锌含量则符合海水水质二类标准（表 2-31）。

表 2-31　东山湾常规海水化学要素调查结果统计表

时间	层次	特征值	溶解氧/（毫克/分米³）	COD/（毫克/分米³）	总无机氮/（微摩/分米³）	磷酸盐/（微摩/分米³）	硅酸盐/（微摩/分米³）	TN/（微摩/分米³）	TP/（微摩/分米³）	悬浮物/（毫克/分米³）	pH
2005 年 10 月（秋季）	表层	最小值	5.99	0.48	10.56	0.68	22.71	44.9	2.65	7.9	8.01
		最大值	7.51	5.13	50.76	1.17	101.00	98.4	3.62	14.0	8.10
		平均值	6.85	1.73	20.72	0.92	45.50	57.4	3.01	11.4	8.07
	底层	最小值	5.59	0.49	11.98	0.48	25.99	46.9	2.65	10.3	8.01
		最大值	7.53	4.90	35.38	1.15	71.20	64.5	3.29	18.8	8.12
		平均值	6.58	1.72	18.04	0.82	38.23	55.7	3.01	15.5	8.08
	总体均值		5.99	0.48	10.56	0.68	22.71	44.9	2.65	7.9	8.01
2006 年 5 月（春季）	表层	最小值	7.45	0.72	2.47	0.42	3.35	14.2	0.55	2.0	8.07
		最大值	8.16	1.18	38.24	0.58	53.19	47.3	1.26	9.9	8.15
		平均值	7.68	0.87	11.10	0.51	16.81	21.6	0.75	4.7	8.11
	底层	最小值	6.48	0.50	2.26	0.45	2.71	11.0	0.65	3.1	8.10
		最大值	7.42	0.82	13.78	0.55	21.50	21.8	0.94	9.3	8.14
		平均值	7.05	0.70	5.40	0.51	8.45	14.5	0.73	4.6	8.12
	总体均值		7.36	0.79	8.01	0.52	12.56	18.3	0.73	4.6	8.11

（十三）诏安湾

诏安湾冬季常规水化学要素中磷酸盐存在超标现象；磷酸盐含量符合海水水质一类、二～三类和四类标准的样品数分别占 8.3％、83.4％和 8.3％。诏安湾冬季海水中油类和重金属含量均符合海水水质一类标准。

诏安湾春季常规水化学要素中无机氮和磷酸盐存在不同程度的超标现象。无机氮含量符合海水水质一类标准的样品占 91.7％，其余 8.3％符合海水水质二类标准；溶解氧含量符合海水水质一类标准的样品占 91.7％，其余 8.3％符合海水水质三类标准；磷酸盐含量符合海水水质一类标准的样品占 66.7％，其余 33.3％符合海水水质二类～三类标准。诏安湾春季海水中油类和重金属含量均符合海水水质一类标准（表 2-32）。

表 2-32　诏安湾常规海水化学要素调查结果统计表

时间	层次	特征值	溶解氧/（毫克/分米³）	COD/（毫克/分米³）	总无机氮/（微摩/分米³）	磷酸盐/（微摩/分米³）	硅酸盐/（微摩/分米³）	TN/（微摩/分米³）	TP/（微摩/分米³）	悬浮物/（毫克/分米³）	pH
2005 年 12 月（冬季）	表层	最小值	6.70	0.40	1.54	0.36	33.29	19.3	0.94	7.0	8.09
		最大值	10.16	0.82	14.71	1.10	48.57	31.4	1.77	17.6	8.49
		平均值	8.63	0.58	9.34	0.76	40.16	23.8	1.48	12.2	8.30
	底层	最小值	8.32	0.61	14.38	0.77	37.14	22.4	1.03	9.4	8.31
		最大值	8.32	0.61	14.38	0.77	37.14	22.4	1.03	9.4	8.31
		平均值	8.32	0.61	14.38	0.77	37.14	22.4	1.03	9.4	8.31
	总体均值		8.63	0.58	9.39	0.76	40.19	23.7	1.48	12.3	8.31

续表

时间	层次	特征值	溶解氧/（毫克/分米³）	COD/（毫克/分米³）	总无机氮/（微摩/分米³）	磷酸盐/（微摩/分米³）	硅酸盐/（微摩/分米³）	TN/（微摩/分米³）	TP/（微摩/分米³）	悬浮物/（毫克/分米³）	pH
2006年4月（春季）	表层	最小值	7.13	0.42	1.54	0.10	9.64	16.1	0.65	8.1	8.18
		最大值	10.11	1.08	14.91	0.84	48.21	27.3	1.65	34.4	8.30
		平均值	7.90	0.62	8.59	0.49	24.38	20.6	1.12	15.3	8.22
	底层	最小值	7.04	0.53	7.28	0.29	11.43	26.1	1.06	16.0	8.22
		最大值	7.04	0.53	7.28	0.29	11.43	26.1	1.06	16.0	8.22
		平均值	7.04	0.53	7.28	0.29	11.43	26.1	1.06	16.0	8.22
总体均值			7.89	0.62	8.60	0.49	24.43	20.8	1.13	15.3	8.22

第二节 海洋沉积环境化学

一、近岸海域沉积环境化学

（一）沉积环境化学要素分布特征

福建近岸海域表层沉积物有机质含量介于 0.09%～1.90%，平均 1.23%，区域变化较小；其分布表现出近岸高远岸低、北部高南部低的特征；低值区主要分布在台湾浅滩附近海域，含量小于 0.2%；而近岸高值区主要分布在厦门至泉州湾之间、闽江口至三沙湾之间海域，含量大于 0.8%。

硫化物含量在 4.15×10^{-6}～354×10^{-6}，平均 112×10^{-6}；其平面分布表现出近岸高远岸低、北部高南部低的特征。近岸高值区主要分布在东山至厦门湾之间、闽江口外海域，含量大于 200×10^{-6}；而在南部远岸区硫化物含量大多小于 30.0×10^{-6}。

总氮含量介于 0.10%～1.24%，平均值为 0.81%；分布上表现为北部高于南部、近岸高于远岸的特征；台湾浅滩附近总氮含量较低，其含量小于 0.20%；近岸总氮含量高值区主要分布在东山岛附近、厦门湾至泉州湾近岸、海坛岛以东及闽江口以北近岸局部海域，含量大于 1.0%。

总磷含量介于 0.01%～0.04%，平均 0.03%；北部含量较南部含量高；台湾浅滩附近海域总磷含量较低，其含量小于 0.02%；近岸总磷高值区主要分布在东山岛附近、厦门湾至泉州湾近岸；在调查海域中北部区域亦存在总磷高值区。

沉积物中油类含量在小于检测限到 101.4×10^{-6} 之间，平均值为 37.1×10^{-6}；基本表现出北部高南部低、近岸高远岸低的特点；澎湖列岛、台湾浅滩附近海域沉积物中油类含量较低，其含量小于 2.0×10^{-6}；高值区主要分布在东山岛附近海域、厦门湾至泉州湾海域、闽江口以北局部海域；海坛岛东北侧调查海域中部沉积物油类含量亦较高。

Eh 值在 $-96.50 \sim 490.3$ 毫伏，平均值为 163.3 毫伏；低值区主要分布在浮头湾、泉州湾至海坛岛之间近岸海域，其值小于 100.0 毫伏；在厦门湾至澎湖列岛之间的中部海域，存在氧化还原电位大于 400 毫伏的高值区。

汞含量为小于检测限 $\sim 0.15 \times 10^{-6}$，平均 0.05×10^{-6}；其含量分布表现出北高南低、近岸高远岸低的分布特征；东山岛附近、厦门湾至泉州湾近岸、湄洲湾口及其以北近岸区域海洋沉积物中汞含量较高，其中海坛岛附近海域以及闽江口外局部海域汞含量最高，其含量大于 0.06×10^{-6}；台湾浅滩附近海域海洋沉积物中汞含量较低，其含量小于 0.01×10^{-6}。

铜含量在 $3.03 \times 10^{-6} \sim 32.0 \times 10^{-6}$，平均 17.6×10^{-6}；其含量分布表现出近岸高远岸低、北部高南部低的特征；含量大于 15.0×10^{-6} 的区域主要分布在东山岛附近、厦门湾至泉州湾附近、兴化湾以北近岸区域，其中闽江口外、海坛岛以北局部区域铜含量大于 25.0×10^{-6}。

铅含量在 $4.11 \times 10^{-6} \sim 99.8 \times 10^{-6}$，平均 23.0×10^{-6}；近岸海域沉积物中铅含量普遍较高，大部海域铅含量大于 20.0×10^{-6}，其中，东山岛、泉州湾和海坛岛附近海域以及闽江口以南局部海域海洋沉积物中铅含量大于 40.0×10^{-6}；而在台湾浅滩附近海域是铅含量低值区。

锌含量在 $20.07 \times 10^{-6} \sim 140 \times 10^{-6}$，平均值为 83.4×10^{-6}；北部近岸海域沉积物中锌含量明显较南部的高，锌含量高值区主要分布在闽江口以北区域，其含量大于 120.0×10^{-6}；锌含量低值区分布在台湾浅滩附近海域。

镉含量在 $0.02 \times 10^{-6} \sim 0.14 \times 10^{-6}$，平均值为 0.05×10^{-6}；低值区主要分布在南部台湾浅滩附近；近岸高值区主要分布在东山岛以及闽江口附近海域，其含量高于 0.06×10^{-6}。

总铬含量在 $1.30 \times 10^{-6} \sim 27.7 \times 10^{-6}$，平均值为 14.2×10^{-6}；基本表现出北部高南部低、近岸高远岸低的特点；澎湖列岛至台湾浅滩之间海域沉积物中铬含量较低，其含量小于 2.5×10^{-6}；高值区主要分布在东山岛、泉州湾、湄洲湾以及海坛岛以南海域，其含量大于 15×10^{-6}。

砷含量在 $4.2 \times 10^{-6} \sim 14.4 \times 10^{-6}$，平均 8.6×10^{-6}。沉积物砷含量基本表现出北部高南部低的特点；高值区出现在海坛岛附近、闽江口以北近岸海域，以及澎湖列岛以北局部海域，其含量高于 10.0×10^{-6}（表 2-33）。

表 2-33　福建近岸海域沉积物常规化学要素统计特征值

特征值	硫化物 (10^{-6})	有机质/%	总氮/%	总磷/%	Eh/毫伏	油类 (10^{-6})	汞 (10^{-6})
最小值	4.15	0.09	0.10	0.01	-96.5	ND	ND
最大值	354	1.90	1.25	0.04	490.3	101.4	0.15
平均值	112	1.23	0.81	0.03	163.3	37.1	0.05

续表

特征值	铜 (10^{-6})	铅 (10^{-6})	锌 (10^{-6})	镉 (10^{-6})	铬 (10^{-6})	砷 (10^{-6})	
最小值	3.03	4.11	20.07	0.02	1.30	4.20	
最大值	32.0	99.8	140	0.14	27.7	14.4	
平均值	17.6	23.0	83.4	0.045	14.2	8.60	

注：ND为小于检测限，下同。

沉积物中六六六含量在小于检测限到 0.46×10^{-9} 之间，平均 0.14×10^{-9}，沉积物中六六六高值区主要出现在闽江口以北的西洛岛附近海域以及泉州湾、湄洲湾附近局部海域。滴滴涕含量在 $0.62 \times 10^{-9} \sim 69.33 \times 10^{-9}$，平均 8.87×10^{-9}，其高值区主要出现在东山岛、泉州湾、湄洲湾、闽江口及其以北的西洛岛附近局部海域。多氯联苯含量在 $0.12 \times 10^{-9} \sim 5.04 \times 10^{-9}$，平均 0.90×10^{-9}，其高值区主要出现在东山岛、泉州湾以及闽江口以北的西洛岛附近海域。多环芳烃含量在 $56.69 \times 10^{-9} \sim 825 \times 10^{-9}$，平均 277×10^{-9}，其高值区主要出现在东山岛、泉州湾、湄洲湾、闽江口及其以北的西洛岛附近海域（表2-34）。

表 2-34　沉积物中新型有机污染物统计特征值（10^{-9}）

特征值	六六六	滴滴涕	多氯联苯	多环芳烃
最小值	ND	0.62	0.12	56.69
最大值	0.46	69.33	5.04	825
平均值	0.14	8.87	0.90	277

（二）近岸海域沉积物质量状况

福建近岸海域37个海洋沉积物调查站位中，汞、镉、铅、锌、铜、铬、有机质、砷含量均符合中华人民共和国国家标准《海洋沉积物质量标准》（GB18688—2002）中的一类标准；硫化物含量符合一类沉积物质量标准的有33个，符合二类沉积物质量标准的有4个，后者主要分布在厦门湾至东山岛之间近岸海域。

采集了13个站沉积物样品分析持续性有机污染状况，六六六和多氯联苯含量符合一类沉积物质量标准；滴滴涕含量有1个站符合三类沉积物质量标准，结果显示位于东山岛附近，其他12个站均符合一类沉积物质量标准（图2-7，图2-8）。

二、重要港湾沉积环境化学

参照《国家海洋沉积物质量标准》（GB18668—2002），根据福建重要港湾浅海沉积环境和潮间带沉积环境监测结果，采用单因子评价法评价各重要港湾浅海和潮间带沉积环境质量。

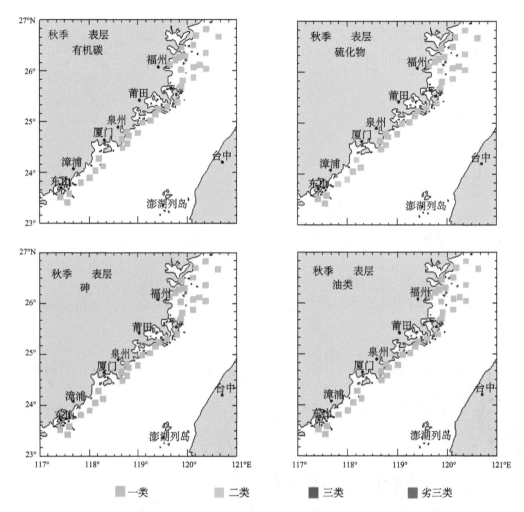

图 2-7 福建近岸海域有机碳、硫化物、砷和油类海底沉积物质量分布

（一）沙埕港

沙埕港浅海、潮间带沉积环境各化学要素含量均符合海洋沉积物质量一类标准（表 2-35）。

表 2-35 沙埕港浅海和潮间带沉积物化学要素测定结果

调查区域	季节	特征值	有机质/%	有机碳/%	TN/%	TP/%	硫化物/(10⁻⁶)	铜/(10⁻⁶)	铅/(10⁻⁶)	锌/(10⁻⁶)	镉/(10⁻⁶)	汞/(10⁻⁶)	砷/(10⁻⁶)	石油类/(10⁻⁶)	Eh/毫伏
浅海	春季	最小值	—	0.13	—	—	3.5	14.93	23.86	68.39	0.02	0.039	4.92	27.0	—
		最大值	—	1.07	—	—	6.6	29.05	33.87	96.24	0.27	0.130	13.28	239.7	—
		平均值	—	0.68	—	—	4.2	22.92	28.67	90.43	0.16	0.070	9.86	55.4	—
	冬季	最小值	0.29	0.17	—	—	3.3	5.30	8.70	70.30	0.05	0.038	4.90	21.8	—
		最大值	2.03	1.18	—	—	6.3	42.30	51.00	116.8	0.36	0.133	11.40	258.9	—
		平均值	1.24	0.72	—	—	4.0	23.56	21.97	91.24	0.15	0.070	8.58	58.7	—
		总体均值	1.24	0.70	—	—	4.1	23.26	25.13	90.86	0.15	0.070	9.18	57.1	—

续表

调查区域	季节	特征值	有机质/%	有机碳/%	TN/%	TP/%	硫化物(10⁻⁶)	铜(10⁻⁶)	铅(10⁻⁶)	锌(10⁻⁶)	镉(10⁻⁶)	汞(10⁻⁶)	砷(10⁻⁶)	石油类(10⁻⁶)	Eh/毫伏
潮间带	春季	最小值	0.71	0.41	—	—	—	21.12	24.93	89.11	0.03	0.05	5.21	32.1	—
		最大值	1.78	1.03	—	—	—	32.94	35.79	98.65	0.10	0.12	15.64	140.4	—
		平均值	1.30	0.75	—	—	—	25.94	29.73	94.74	0.07	0.09	10.63	57.2	—
	冬季	最小值	0.99	0.57	—	—	—	10.55	30.55	64.44	0.05	0.03	3.66	33.5	—
		最大值	1.95	1.13	—	—	—	25.78	44.75	86.89	0.29	0.12	13.42	134.4	—
		平均值	1.38	0.83	—	—	—	21.48	37.65	80.22	0.17	0.08	8.72	67.1	—
		总体均值	1.34	0.74	—	—	—	23.80	33.51	87.8	0.11	0.08	9.72	61.9	—

注：—表示未检测，下同。

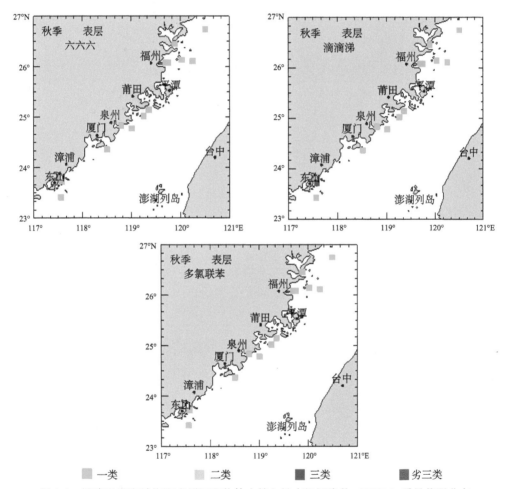

图 2-8　福建近岸海域海底表层沉积物体中持久性有机污染物（POPs）质量状况分布

（二）三沙湾

　　三沙湾浅海沉积环境化学要素均符合海洋沉积物质量一类标准；潮间带沉积环境化学要素均符合海洋沉积物质量一类标准（表 2-36）。

表 2-36　三沙湾浅海和潮间带沉积物化学要素测定结果（秋季）

调查区域	特征值	有机质/%	有机碳/%	TN/%	TP/%	硫化物(10⁻⁶)	铜(10⁻⁶)	铅(10⁻⁶)	锌(10⁻⁶)	镉(10⁻⁶)	汞(10⁻⁶)	砷(10⁻⁶)	石油类(10⁻⁶)	Eh/毫伏
浅海	最小值	0.03	0.02	0.03	0.06	10.3	3.95	19	45.4	0.04	0.01	6.01	10.2	−186.9
	最大值	2.60	1.51	0.11	0.11	197.4	32.6	48.2	127.5	0.22	0.07	13.8	184.8	−53
	平均值	1.48	0.86	0.08	0.09	62.8	20.7	35.8	99.2	0.11	0.04	10.8	40	−109.4
潮间带	最小值	1.48	0.86	0.07	0.08	ND	17.4	17.9	97.1	ND	0.04	10.7	15	−181.2
	最大值	5.05	2.93	0.11	0.11	150	35.1	61.6	156.5	0.14	0.07	13.8	122.1	131.4
	平均值	2.55	1.48	0.09	0.09	39.9	25.9	46.2	115.3	0.09	0.05	12.4	43.9	−76.6

（三）罗源湾

罗源湾浅海、潮间带沉积物中除镉的平均含量符合海洋沉积物质量二类标准外，其余各化学要素的平均含量均符合海洋沉积物质量一类标准（表 2-37）。

表 2-37　罗源湾浅海和潮间带沉积物化学要素测定结果

调查区域	季节	特征值	有机质/%	有机碳/%	TN/%	TP/%	硫化物(10⁻⁶)	铜(10⁻⁶)	铅(10⁻⁶)	锌(10⁻⁶)	镉(10⁻⁶)	汞(10⁻⁶)	砷(10⁻⁶)	石油类(10⁻⁶)	Eh/毫伏
浅海	秋季	最小值	2.42	1.40	—	—	—	11.26	19.72	6.54	0.27	0.02	4.9	78	—
		最大值	3.11	1.80				27.42	30.99	14.46	2.26	0.12	8.52	157	
		平均值	2.73	1.58				18.75	24.38	9.09	1.22	0.07	7.23	106.8	
	春季	最小值	0.38	0.22				19.16	24.43	78.27	0.12	0.04	6.24	388	
		最大值	1.92	1.11				33.88	36.48	109.8	0.30	0.12	12.13	564	
		平均值	1.38	0.80				25.19	32.47	89.57	0.195	0.08	8.69	495.4	
		总体均值	1.93	1.12				22.56	29.16	56.65	0.612	0.07	8.09	336.4	
潮间带	秋季	最小值	2.35	1.36				7.44	15.5	1.81	0.40	0.04	3.02	78	
		最大值	2.95	1.71				55.56	44.02	11.41	3.38	0.10	10.43	644	
		平均值	2.50	1.45				24.32	31.69	6.65	1.737	0.07	8.02	257.3	
	春季	最小值	0.98	0.57				9.59	13.53	63.06	0.10	0.05	4.25	428	
		最大值	1.60	0.93				38.49	34.11	99.60	0.32	0.11	11.26	820	
		平均值	1.35	0.78				22.59	28.16	88.88	0.20	0.07	7.96	597.6	
		总体均值	1.93	1.12				23.42	29.86	49.18	0.94	0.07	7.99	433.3	

（四）闽江口

闽江口浅海沉积环境化学要素中硫化物、有机碳、石油类、汞、铜、铅、锌、镉、砷的含量均符合海洋沉积物质量一类标准；闽江口潮间带沉积环境化学要素中除 5.6% 样品铜超过一类标准外，其他环境要素均符合海洋沉积物质量一类标准；铜平均含量符合海洋沉积物质量一类标准（表 2-38）。

表 2-38　闽江口浅海和潮间带沉积物化学要素测定结果（秋季）

调查区域	特征值	有机质/%	有机碳/%	TN/%	TP/%	硫化物(10⁻⁶)	铜(10⁻⁶)	铅(10⁻⁶)	锌(10⁻⁶)	镉(10⁻⁶)	汞(10⁻⁶)	砷(10⁻⁶)	石油类(10⁻⁶)	Eh/毫伏
浅海	最小值	0.01	0.01	<0.01	<0.014	6.1	1.1	10.8	22.0	0.05	0.01	0.89	2.9	−42.0
	最大值	2.03	1.18	<0.01	<0.01	152.7	26.1	41.8	103.3	0.45	0.39	10.70	411	395.0
	平均值	0.95	0.55	<0.01	<0.01	52.2	11.2	26.5	62.0	0.26	0.13	5.62	185	168.6

续表

调查区域	特征值	有机质/%	有机碳/%	TN/%	TP/%	硫化物(10^{-6})	铜(10^{-6})	铅(10^{-6})	锌(10^{-6})	镉(10^{-6})	汞(10^{-6})	砷(10^{-6})	石油类(10^{-6})	Eh/毫伏
潮间带	最小值	0.01	0.01	<0.01	<0.01	5.6	1.90	11.5	26.1	0.05	<0.01	1.65	1.4	−125.0
	最大值	2.20	1.28	0.01	0.01	192.4	31.2	47.4	137.5	0.55	0.27	9.81	478	388.0
	平均值	0.1	0.41	0.01	<0.01	46.3	10.1	26.4	61.3	0.18	0.08	4.71	77.5	202.9

（五）福清湾

福清湾浅海沉积环境化学要素均符合海洋沉积物质量一类标准；潮间带沉积环境化学要素中除71.4%站位的汞符合海洋沉积物质量二类标准外，其余各化学要素均符合海洋沉积物质量一类标准（表2-39）。

表2-39　福清湾浅海和潮间带沉积物化学要素测定结果（秋季）

调查区域	特征值	有机质/%	有机碳/%	TN/%	TP/%	硫化物(10^{-6})	铜(10^{-6})	铅(10^{-6})	锌(10^{-6})	镉(10^{-6})	汞(10^{-6})	砷(10^{-6})	石油类(10^{-6})	Eh/毫伏
浅海	最小值	0.50	0.29	0.04	0.03	12.3	7.65	34.9	88.8	0.04	0.04	6.19	26.2	56.0
	最大值	1.16	0.67	0.11	0.06	73.6	16.1	45.2	122.4	0.07	0.09	9.86	194.0	130.0
	平均值	0.73	0.37	0.07	0.04	27.9	12.0	39.8	109.3	0.06	0.06	8.40	74.6	81.3
潮间带	最小值	0.21	0.12	0.01	0.02	ND	3.71	13.5	38.7	0.03	0.05	2.81	15.5	56.0
	最大值	1.21	0.70	0.12	0.07	26.5	20.9	50.9	129.6	0.07	0.30	11.5	131.0	97.0
	平均值	0.90	0.52	0.08	0.05	12.0	12.9	38.6	96.5	0.05	0.23	8.87	59.6	84.3

（六）兴化湾

兴化湾浅海沉积环境化学要素中除锌外，其他要素均符合海洋沉积物质量一类标准；约8.9%站位的锌含量超过沉积物质量三类标准，其他站位的锌含量均符合海洋沉积物质量一类标准。兴化湾潮间带沉积环境化学要素均符合海洋沉积物质量一类标准（表2-40）。

表2-40　兴化湾浅海和潮间带沉积物化学要素测定结果（春季）

调查区域	特征值	有机质/%	有机碳/%	TN/%	TP/%	硫化物(10^{-6})	铜(10^{-6})	铅(10^{-6})	锌(10^{-6})	镉(10^{-6})	汞(10^{-6})	砷(10^{-6})	石油类(10^{-6})	Eh/毫伏
浅海	最小值	0.26	0.15	0.02	0.01	ND	10.9	12.7	19.1	0.03	<0.01	3.2	ND	76.3
	最大值	2.28	1.32	0.14	0.04	327.2	27.6	39.8	1701	0.15	0.01	10.3	2.6	443.8
	平均值	1.55	0.90	0.09	0.03	67.6	18.5	33.5	253.8	0.08	0.01	7.31	ND	263.9
潮间带	最小值	0.02	0.01	0.01	<0.01	ND	1.51	1.2	ND	ND	ND	2	ND	430.8
	最大值	1.94	1.12	0.13	0.04	351	19.7	33	123	0.10	0.14	11.3	ND	470
	平均值	1.20	0.69	0.08	0.03	105	11.5	21.2	75.6	0.05	0.06	6.5	ND	450.5

（七）湄洲湾

湄洲湾浅海沉积环境化学要素中镉符合海洋沉积物质量一类标准的站位数占84.6%；其他环境化学要素均符合海洋沉积物质量一类标准。湄洲湾潮间带沉积环境化学要素均符合海洋沉积物质量一类标准（表2-41）。

表 2-41　湄洲湾浅海和潮间带沉积物化学要素测定结果（秋季）

调查区域	特征值	有机质/%	有机碳/%	TN/%	TP/%	硫化物(10^{-6})	铜(10^{-6})	铅(10^{-6})	锌(10^{-6})	镉(10^{-6})	汞(10^{-6})	砷(10^{-6})	石油类(10^{-6})	Eh/毫伏
浅海	最小值	0.15	0.09	0.02	0.02	ND	3.27	10.6	22.6	0.02	ND	3.9	ND	147.2
	最大值	1.84	1.07	0.11	0.03	203	10.5	33.1	1410	0.14	0.01	12	4.0	448.1
	平均值	1.44	0.84	0.08	0.03	36.8	8.33	25.7	246	0.06	0.01	7.9	1.6	342.6
潮间带	最小值	0.82	0.47	0.06	0.02	14.1	7.96	10.4	56.7	0.03	0.03	3.5	ND	419
	最大值	1.85	1.07	0.11	0.04	73.3	19	29.3	124	0.07	0.08	7.7	ND	441.6
	平均值	1.33	0.77	0.09	0.03	35	14.1	22.8	91.8	0.04	0.06	5.8	ND	428.3

（八）泉州湾

泉州湾浅海沉积环境化学要素均符合海洋沉积物质量一类标准；潮间带沉积环境化学要素中除 13.3％调查站位的铜、20.0％调查站位的铅符合海洋沉积物质量二类标准外，其余各化学要素均符合海洋沉积物质量一类标准（表 2-42）。

表 2-42　泉州湾浅海和潮间带沉积物化学要素测定结果（秋季）

调查区域	特征值	有机质/%	有机碳/%	TN/%	TP/%	硫化物(10^{-6})	铜(10^{-6})	铅(10^{-6})	锌(10^{-6})	镉(10^{-6})	汞(10^{-6})	砷(10^{-6})	石油类(10^{-6})	Eh/毫伏
浅海	最小值	0.10	0.06	0.01	<0.01	14.9	3.54	21.1	37.7	ND	<0.01	0.72		338
	最大值	2.07	1.20	0.07	0.03	116.1	32.6	48	118	ND	0.08	1.67	196	365
	平均值	1.14	0.66	0.04	0.02	60.2	16.2	31.8	75.7	ND	0.04	1.15	91	355
潮间带	最小值	ND	ND	ND	ND	4.5	0.021	2.76	10.7	ND		0.32	3.31	280
	最大值	1.71	0.99	0.06	0.02	35	36.8	71.4	142	ND	0.09	2.17	316.4	358
	平均值	0.94	0.55	0.03	0.02	17.8	18.7	36.4	77.8	ND	0.04	1.25	83.3	321

（九）深沪湾

深沪湾浅海沉积环境化学要素均符合海洋沉积物质量一类标准；潮间带沉积环境化学要素均符合海洋沉积物质量一类标准（表 2-43）。

表 2-43　深沪湾浅海和潮间带沉积物化学要素测定结果（冬季）

调查区域	特征值	有机质/%	有机碳/%	TN/%	TP/%	硫化物(10^{-6})	铜(10^{-6})	铅(10^{-6})	锌(10^{-6})	镉(10^{-6})	汞(10^{-6})	砷(10^{-6})	石油类(10^{-6})	Eh/毫伏
浅海	最小值	0.04	0.02	<0.01	<0.01	ND	12.4	19.5	56.4	0.06	0.04	5.7	6.3	67
	最大值	1.08	0.63	0.12	0.15	469	21.7	33.9	174	0.19	0.07	7.3	960	138
	平均值	0.40	0.28	0.05	0.05	105.2	17.4	25.2	86	0.10	0.05	6.66	173	103
潮间带	最小值	0.06	0.04	0.01	<0.01	ND	1.23	3.88	7.87	0.05	0.01	0.78	4.2	307
	最大值	0.10	0.06	0.02	0.03	ND	2.57	7.39	21.7	0.12	0.02	2.6	16.2	347
	平均值	0.08	0.05	0.01	0.01	ND	1.86	5.43	13.9	0.08	0.01	2.13	9.5	320

（十）厦门湾

厦门湾浅海沉积环境化学要素中除 12.5％站位的铜、12.5％站位的锌符合海洋沉积物质量二类标准外，其余各化学要素均符合海洋沉积物质量一类标准。

厦门湾潮间带沉积环境化学要素中汞、砷含量均符合海洋沉积物质量一类标准；除

33.3％站位的铅、锌含量符合海洋沉积物质量二类标准外，其余的铅、锌含量均符合海洋沉积物质量一类标准；除8.3％站位的硫化物含量符合海洋沉积物质量三类标准外，其余站位的含量均符合海洋沉积物质量一类标准；除25.0％站位的有机碳含量符合海洋沉积物质量二类标准外，其余站位的含量均符合海洋沉积物质量一类标准；除25.0％站位的石油类含量符合海洋沉积物质量二类标准，8.3％站位的石油类含量超过海洋沉积物质量三类标准外，其余66.7％站位的含量均符合海洋沉积物质量一类标准；除25.0％站位的铜含量符合海洋沉积物质量二类标准外，其余的铜含量均符合海洋沉积物质量一类标准；除25.0％的镉含量符合海洋沉积物质量二类标准，8.3％站位的镉含量符合海洋沉积物质量三类标准外，其余66.7％站位的含量均符合海洋沉积物质量一类标准（表2-44）。

表2-44　厦门湾浅海和潮间带沉积物化学要素测定结果（秋季）

调查区域	特征值	有机质/％	有机碳/％	TN/％	TP/％	硫化物/(10^{-6})	铜/(10^{-6})	铅/(10^{-6})	锌/(10^{-6})	镉/(10^{-6})	汞/(10^{-6})	砷/(10^{-6})	石油类/(10^{-6})	Eh/毫伏
浅海	最小值	0.06	0.03	0.03	0.02	4.5	18.7	30.2	91.1	0.18	0.02	5.37	26.2	285
	最大值	1.53	0.89	0.05	0.04	125.4	41.8	48.9	152	0.48	0.13	7.51	400.5	572
	平均值	0.87	0.50	0.03	0.03	39.2	24.5	41.5	113.3	0.25	0.06	6.47	106.6	429
潮间带	最小值	0.40	0.23	<0.01	0.02	27.9	11.2	24	59.5	0.10	ND	5.6	41.9	−201
	最大值	3.97	2.30	0.08	0.07	555.6	49.2	120	308	1.64	0.09	13.9	2089.6	420
	平均值	2.30	1.34	0.03	0.04	103	27.8	55.4	134.7	0.49	0.04	8.32	378.2	150

（十一）旧镇湾

旧镇湾浅海沉积环境化学要素中除铅含量外符合海洋沉积物质量一类标准的站位数占66.7％，其他环境化学要素均符合海洋沉积物质量一类标准；旧镇湾潮间带沉积环境化学要素均符合海洋沉积物质量一类标准（表2-45）。

表2-45　旧镇湾浅海和潮间带沉积物化学要素测定结果（春季）

调查区域	特征值	有机质/％	有机碳/％	TN/％	TP/％	硫化物/(10^{-6})	铜/(10^{-6})	铅/(10^{-6})	锌/(10^{-6})	镉/(10^{-6})	汞/(10^{-6})	砷/(10^{-6})	石油类/(10^{-6})	Eh/毫伏
浅海	最小值	0.07	0.04	0.01	<0.01	10	1.07	11.4	9.2	0.02	<0.01	3.66	2.82	−238
	最大值	3.45	2.00	0.06	0.03	21	20.9	946	134	0.14	0.09	8.87	585	112
	平均值	0.96	0.56	0.03	0.01	15.1	8.64	136	57.5	0.06	0.03	6.29	181	−56.7
潮间带	最小值	0.83	0.48	ND	ND	18.1	8.13	38.2	56.2	0.08	0.03	5.56	4.09	5
	最大值	1.71	0.99	0.06	0.03	23.5	20.2	58.9	107	0.13	0.07	8.16	292	332
	平均值	1.24	0.72	0.04	0.02	20.9	14.9	48.6	87.1	0.11	0.05	7.04	78.4	123

（十二）东山湾

东山湾浅海沉积环境化学要素中硫化物、有机碳、石油类、汞、铜、铅、锌、镉、砷的含量均符合海洋沉积物质量一类标准；东山湾潮间带沉积环境化学要素均符合海洋沉积物质量一类标准（表2-46）。

表 2-46　东山湾浅海和潮间带沉积物化学要素测定结果（秋季）

调查区域	特征值	有机质/%	有机碳/%	TN/%	TP/%	硫化物/(10^-6)	铜/(10^-6)	铅/(10^-6)	锌/(10^-6)	镉/(10^-6)	汞/(10^-6)	砷/(10^-6)	石油类/(10^-6)	Eh/毫伏
浅海	最小值	1.07	0.62	0.04	0.02	17.6	5.83	19.7	45.6	ND	0.04	1.14	26.3	300
	最大值	1.71	0.99	0.05	0.03	31.4	27	57.7	134	ND	0.13	3.49	121.8	351
	平均值	1.44	0.84	0.05	0.03	24	13.6	31.9	78.4	ND	0.09	2.03	67.8	330
潮间带	最小值	0.14	0.08	0.01	<0.01	11.6	0.03	3.61	2.54	ND	0.01	ND	5.49	315
	最大值	1.95	1.13	0.07	0.03	38.9	17.7	41.8	88.2	ND	0.08	2.09	150.4	370
	平均值	1.05	0.61	0.04	0.02	20.7	9.18	24.4	51	ND	0.04	0.98	69	331

（十三）诏安湾

诏安湾浅海沉积环境化学要素均符合海洋沉积物质量一类标准。诏安湾潮间带沉积环境化学要素均符合海洋沉积物质量一类标准，潮间带环境化学要素综合评价指数均值符合海洋沉积物质量一类标准（表 2-47）。

表 2-47　诏安湾浅海和潮间带沉积物化学要素测定结果（秋季）

调查区域	特征值	有机质/%	有机碳/%	TN/%	TP/%	硫化物/(10^-6)	铜/(10^-6)	铅/(10^-6)	锌/(10^-6)	镉/(10^-6)	汞/(10^-6)	砷/(10^-6)	石油类/(10^-6)	Eh/毫伏
浅海	最小值	0.04	0.02	0.01	0.01	ND	1.92	19.7	7.11	0.02	<0.01	0.8	ND	234
	最大值	1.82	1.06	0.13	0.04	202	15.1	56.8	173	0.08	0.02	3.9	8.1	527
	平均值	1.21	0.70	0.09	0.03	62.6	10.8	42.6	80.3	0.05	0.01	2.11	4.02	433
潮间带	最小值	0.53	0.31	0.01	0.01	8.7	4.45	22.5	16.8	0.02	0.01	1.3	2.3	435
	最大值	1.53	0.89	0.13	0.04	41.6	14.9	57.2	84.5	0.06	0.02	5.4	5.1	455
	平均值	0.84	0.49	0.07	0.02	28.1	7.94	32.5	40	0.03	0.01	3.33	3.63	447

第三节　海洋生物质量

一、近岸海域海洋生物质量

（一）海洋生物体中污染要素分布特征

福建近岸海域海洋生物体重重金属、砷及石油烃等调查要素统计特征值见表 2-48，海洋生物体中新型有机污染物统计特征值见表 2-49。

表 2-48　生物体重金属、砷及石油烃质量调查统计特征值

（单位：毫克/千克）

生物种类	特征值	汞	铜	铅	锌	镉	铬	砷	石油烃
贝类	最小值	0.01	1.44	ND	10.6	0.18	0.06	0.28	8.5
	最大值	0.03	561	0.23	379	1.32	1.11	0.89	35.3
	平均值	0.02	50.4	0.04	114	0.53	0.20	0.50	20.0

续表

生物种类	特征值	汞	铜	铅	锌	镉	铬	砷	石油烃
藻类	最小值	<0.01	0.69	ND	3.32	0.03	0.01	0.17	1.0
	最大值	0.02	2.76	0.19	7.57	1.01	1.17	3.00	4.0
	平均值	<0.01	1.30	0.03	4.75	0.19	0.18	1.71	2.1
鱼类	最小值	0.01	ND	ND	1.33	ND	ND	0.18	3.3
	最大值	0.03	1.75	0.05	7.18	<0.01	0.02	0.62	24.9
	平均值	0.02	0.59	0.02	3.95	<0.01	<0.01	0.41	7.6

表 2-49　生物体中新型有机污染物统计特征值　（单位：微克/千克）

生物种类	项目	六六六	滴滴涕	多氯联苯	多环芳烃
贝类	最小值	ND	2.54	0.98	59.24
	最大值	0.71	100.6	24.88	216.51
	平均值	0.28	42.37	11.64	108.17
鱼类	最小值	ND	1.56	0.34	38.25
	最大值	1.86	78.0	4.08	128.90
	平均值	0.20	27.38	1.15	61.95
藻类	最小值	ND	0.90	0.10	31.20
	最大值	0.10	8.23	0.24	649.93
	平均值	0.04	2.70	0.16	196.47

1. 铜

福建近岸海域贝类生物体内铜含量在 1.44～561 毫克/千克，平均 50.4 毫克/千克。总体上，莲峰以北海域贝类体内铜含量较高，而其以南贝类铜含量相对较低；其中产于福建沿海中部崇武附近的牡蛎体内铜含量最高。

福建近岸海域藻类生物体内铜含量在 0.69～2.76 毫克/千克，平均 1.30 毫克/千克。产于五路村的石莼体内铜含量最高；产于古港附近的紫菜体内铜含量次高，含量达 2.07 毫克/千克。

福建近岸海域鱼类生物体内铜含量在未检出至 1.75 毫克/千克之间，平均 0.59 毫克/千克。产于梅北村的加网鱼、蛤沙的黄鳍体内铜含量较高。

2. 铅

福建近岸海域贝类生物体内铅含量在未检出至 0.23 毫克/千克之间，平均 0.04 毫克/千克。产于梅北村附近的牡蛎体内铅含量最高，而在产于琼头的牡蛎体内铅含量亦较高，其含量为 0.19 毫克/千克。

福建近岸海域藻类生物体内铅含量在未检出至 0.19 毫克/千克之间，平均 0.03 毫克/千克。产于五路村的石莼体内铅含量最高；产于镇海附近的紫菜体内铅含量较高，含量为 0.12 毫克/千克。

福建近岸海域鱼类生物体内铅含量在未检出至 0.05 毫克/千克之间，平均 0.02 毫克/千克。福建北部鱼类体内铅含量总体上高于南部；产于苏澳、武岐和渔洋村的鱼中铅含量较高。

3. 锌

福建近岸海域贝类生物体内锌含量在 10.6～379 毫克/千克，平均 114 毫克/千克。

总体上福建北部沿海贝类体内锌含量高于南部贝类；其中产于崇武附近的牡蛎体内锌含量最高。

福建近岸海域藻类生物体内锌含量在 3.32～7.57 毫克/千克，平均 4.75 毫克/千克。产于镇海附近的紫菜体内锌含量最高，其次是产于苏澳的紫菜；南部藻类锌含量普遍较高。

福建近岸海域鱼类生物体内锌含量在 1.33～7.18 毫克/千克，平均 3.95 毫克/千克。产于南镜、蛤沙和江田的鱼中锌含量较高。

4. 镉

福建近岸海域贝类生物体内镉含量在 0.18～1.32 毫克/千克，平均 0.53 毫克/千克。总体上福建北部沿海贝类体内镉含量高于南部贝类；其中产于涵江村、五路村和苏澳的牡蛎体内镉含量较高。

福建近岸海域藻类生物体内镉含量在 0.03～1.01 毫克/千克，平均 0.19 毫克/千克。产于下河附近的海带体内镉含量最高，其次是产于南镜、崇武和渔洋村的紫菜。

福建近岸海域鱼类生物体内镉含量在未检出至小于 0.01 毫克/千克之间，总体上鱼类体内镉含量变化不大。

5. 汞

福建近岸海域贝类生物体内汞含量在 0.01～0.03 毫克/千克，平均 0.02 毫克/千克。产于苏澳、涵江村、五路村的牡蛎体内汞含量较高。

福建近岸海域藻类生物体内汞含量在 0.0008～0.02 毫克/千克，平均 0.004 毫克/千克。产于下河附近的海带体内汞含量最高，其次是产于镇海、南镜、苏澳、莲峰的紫菜。

福建近岸海域鱼类生物体内汞含量在 0.01～0.03 毫克/千克，平均 0.02 毫克/千克。产于江田村的鱼类体内汞含量最高，产于田厝、苔埭、梅北村的鱼类体内汞含量较高。

6. 砷

福建近岸海域贝类生物体内砷含量在 0.28～0.89 毫克/千克，平均 0.50 毫克/千克。产于古港的贝类体内砷含量最高，其次为产于大福、江田、武岐和涵江的牡蛎以及产于蛤沙的文蛤。

福建近岸海域藻类生物体内砷含量在 0.17～3.00 毫克/千克，平均 1.71 毫克/千克。产于上西、崇武、古浮和丙洲的紫菜体内砷含量较高。

福建近岸海域鱼类生物体内砷含量在 0.18～0.62 毫克/千克，平均 0.41 毫克/千克。产于武岐、苔埭、崇武、琼头、六鳌、青营的鱼类体内砷含量较高。

7. 铬

福建近岸海域贝类生物体内铬含量在 0.06～1.11 毫克/千克，平均 0.20 毫克/千克。福建北部近岸海域贝类铬含量总体上高于南部海域；其中，产于石湖的紫贻贝体内铬含量最高，其次为涵江村和五路村的牡蛎。

福建近岸海域藻类生物体内铬含量在 0.01～1.17 毫克/千克，平均 0.18 毫克/千克。产于下河的海带体内铬含量最高，其次为产于渔洋村的紫菜。

福建近岸海域鱼类生物体内铬含量在未检出至 0.02 毫克/千克之间，平均 0.007 毫克/千克；其中 16 处鱼类铬含量低于检测限；而其他铬检出产地分别是琼头、田厝、苏澳和苔埭。

8. 石油烃

福建近岸海域贝类生物体内石油烃含量在 8.5～35.3 毫克/千克，平均 20.0 毫克/千克。产于坑头村、崇武、古港、江田和苏澳的贝类体内石油烃含量较高。

福建近岸海域藻类生物体内石油烃含量在 1.0～4.0 毫克/千克，平均 2.1 毫克/千克。产于下河的海带和镇海的紫菜内石油烃含量较高。

福建近岸海域鱼类生物体内石油烃含量在 3.3～24.9 毫克/千克，平均 7.6 毫克/千克。产于五路村的鱼体内石油烃含量最高，产于琼头和镇海的鱼类次之。

9. 六六六

福建近岸海域贝类六六六含量在未检出至 0.71 微克/千克之间，平均 0.28 微克/千克；产于涵江村、石湖村附近海域的贝类中六六六含量较高，其次是产于琼头和古港的贝类。藻类中六六六含量在未检出至 0.10 微克/千克之间，平均 0.04 微克/千克；产于渔洋村附近海域的紫菜中六六六含量最高，其次为产于古浮、大嶝和南镜附近海域的紫菜。鱼类中六六六含量在未检出至 1.86 微克/千克之间，平均 0.20 微克/千克；福建北部鱼类体内六六六含量高于南部；其中，产于五路村附近海域的鱼中六六六含量最高，其次为产于江田村、武岐村附近海域的鱼类。

10. 滴滴涕

福建近岸海域贝类滴滴涕含量在 2.54～100.6 微克/千克，平均 42.37 微克/千克；产于古港、江田村附近海域的贝类中滴滴涕含量较高，其次是产于石湖、琼头和南镜的贝类。藻类中滴滴涕含量在 0.90～8.23 微克/千克，平均 2.70 微克/千克；产于渔洋、蛤沙附近海域的紫菜中滴滴涕含量较高，其次是产于古浮和青营的紫菜。鱼类中滴滴涕含量在 1.56～78.0 微克/千克，平均 27.38 微克/千克；产于青营、蛤沙附近海域的鱼中滴滴涕含量最高，其次为产于琼头、武岐村附近海域的鱼类。

11. 多氯联苯

福建近岸海域贝类多氯联苯含量在 0.98～24.88 微克/千克，平均 11.64 微克/千克；产于琼头、江田村附近海域的贝类中多氯联苯含量较高，其次是产于南镜和古港的贝类。藻类中多氯联苯含量在 0.10～0.24 微克/千克，平均 0.16 微克/千克；产于南镜和青营附近海域的紫菜中多氯联苯含量较高。鱼类中多氯联苯含量在 0.34～4.08 微克/千克，平均 1.15；产于琼头附近海域的鱼中多氯联苯含量最高，其次为产于青营附近海域的鱼类。

12. 多环芳烃

福建近岸海域贝类多环芳烃含量在 59.24～216.51 微克/千克，平均 108.17 微克/千克；产于琼头附近海域的贝类中多环芳烃含量较高，其次是产于武岐和江田村的贝类。藻类中多环芳烃含量在 31.20～649.93 微克/千克，平均 196.47 微克/千克；产于渔洋村附近海域的紫菜中多环芳烃含量最高，其次为产于上西和古浮附近海域的紫菜。鱼类中多环芳烃含量在 38.25～128.90 微克/千克之间，平均 61.95 微克/千克；产于武岐村附近海域的鱼中多环芳烃含量最高，其次为产于青营附近海域的鱼类。

（二）近岸海域海洋生物质量状况

参照《海洋生物质量标准》（GB 18421—2001），统计福建近岸海域贝类生物中重金属、砷和石油类隶属不同质量等级的站位数及不同质量等级分布。

在 10 个生物体调查站位中，六六六含量均符合一类生物质量标准；滴滴涕含量有 1 个站符合一类生物质量标准，其采集地点位于大福，8 个站符合二类生物质量标准，1 个站符合三类生物质量标准，其采集地点位于江田村（表 2-50，图 2-9，图 2-10）。

表 2-50　贝类生物隶属不同质量等级站位数

项目	调查站位数	隶属生物质量等级站位数			
		一类	二类	三类	劣三类
汞	20	20	—	—	—
镉	20	1	19	—	—
铅	20	17	3	—	—
砷	20	20	—	—	—
铜	20	5	7	6	2
锌	20	3	1	16	—
石油类	20	5	15	—	—

二、重要港湾海洋生物质量

参照《海洋生物质量标准》（GB 18421—2001），采用单因子评价法评价各重要港湾贝类生物质量。

（一）沙埕港

2006 年 1 月，产于沙埕港的海洋贝类的汞、锌、砷、六六六、滴滴涕含量均符合海洋生物质量一类标准；铅、镉含量符合海洋生物质量二类标准；铜含量符合海洋生物质量三类标准。

春季，产于沙埕港的海洋贝类除铅含量符合海洋生物质量二类标准外，其余各参数（铜、锌、镉、汞、砷、六六六、滴滴涕）含量均符合海洋生物质量一类标准（表 2-51）。

表 2-51　生物体中化学要素测定结果（湿重）

时间	生物体	铜/（毫克/千克）	铅/（毫克/千克）	锌/（毫克/千克）	镉/（毫克/千克）	汞/（毫克/千克）	砷/（毫克/千克）	石油类/（毫克/千克）	多氯联苯/（微克/千克）	六六六/（微克/千克）	滴滴涕/（微克/千克）
2006 年 1 月	美国红鱼	0.21	0.09	18.26	ND	0.03	0.50	—	53.7	3.6	9.7
	葛氏长臂虾	7.01	0.09	9.07	ND	0.02	0.43	—	33.0	8.1	9.2
	坛紫菜	2.67	0.08	9.57	0.03	0.01	0.86	—	6.0	3.5	5.2
	牡蛎	49.84	0.19	4.53	1.41	0.03	0.55	—	24.0	0.5	4.4
2006 年 4 月	蛏子	3.86	0.11	17.53	<0.01	0.03	0.56	—	49.0	11.4	10.0
	黑鲷	0.29	0.09	6.60	<0.01	0.05	0.44	—	36.2	1.4	7.2
	中国毛虾	4.21	0.12	9.19	<0.01	0.05	0.44	—	6.7	7.0	9.9
	海带	1.46	0.30	9.76	7.00	0.04	0.99	—	17.5	0.4	7.0

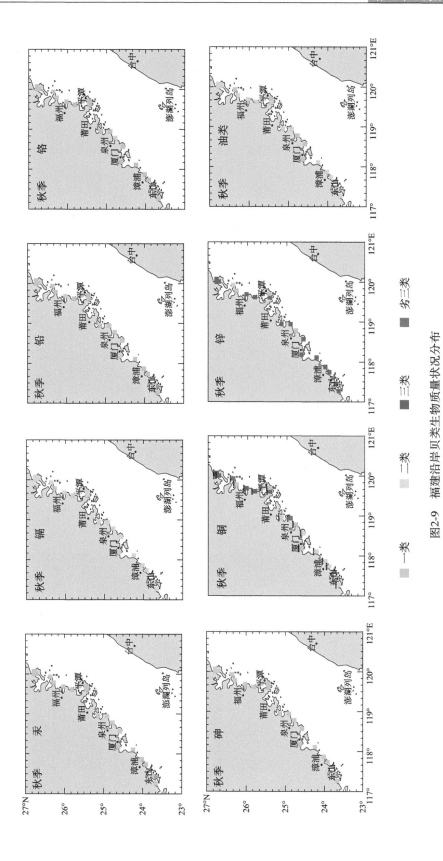

图2-9 福建沿岸贝类生物质量状况分布

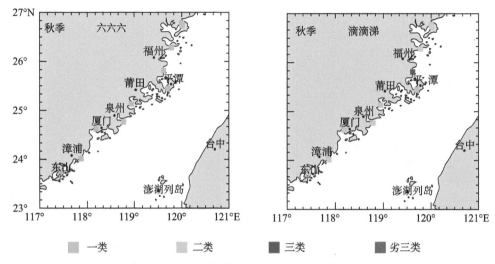

图 2-10　福建沿岸贝类生物体中 POPs 质量状况分布

（二）三沙湾

秋季，产于三沙湾的海洋贝类的镉和砷含量符合海洋生物质量二类标准，其他各要素均符合海洋生物质量一类标准，海洋贝类质量综合指数符合海洋生物质量一类标准。

春季，产于三沙湾的海洋贝类的镉含量符合海洋生物质量二类标准，其他各要素均符合海洋生物质量一类标准，海洋贝类质量综合指数符合海洋生物质量一类标准（表 2-52）。

表 2-52　三沙湾生物体中化学要素测定结果（湿重）

时间	生物体	铜/（毫克/千克）	铅/（毫克/千克）	锌/（毫克/千克）	镉/（毫克/千克）	汞/（毫克/千克）	砷/（毫克/千克）	石油类/（毫克/千克）	多氯联苯/（微克/千克）	六六六/（微克/千克）	滴滴涕/（微克/千克）
2005 年 9 月	大黄鱼	—	0.05	—	<0.01	0.05	0.38	3.71	35.8	471	431
	牡蛎	—	0.26	—	0.71	0.01	2.76	8.66	1.46	ND	0.64
	白对虾	—	0.05	—	<0.01	0.02	1.15	0.57	0.21	ND	1.45
2006 年 4 月	缢蛏	—	0.10	—	0.51	0.01	0.28	—	<0.01	ND	<0.01
	海带	—	0.40	—	0.41	0.02	0.07	—	ND	ND	<0.01
	大黄鱼	—	0.34	—	1.14	0.04	0.45	—	<0.01	ND	<0.01
	白对虾	—	0.56	—	1.59	0.03	1.53	—	ND	ND	ND

（三）罗源湾

秋季，产于罗源湾的海洋贝类的汞、锌、砷、六六六、滴滴涕含量均符合海洋生物质量一类标准，铜、铅、镉含量符合海洋生物质量二类标准。

春季，产于罗源湾的海洋贝类的铅、锌、砷、六六六、滴滴涕含量均符合海洋生物质量一类标准，镉、汞含量符合海洋生物质量二类标准，铜含量符合海洋生物质量三类标准（表2-53）。

表 2-53　生物体中化学要素测定结果（湿重）

时间	生物体	铜/（毫克/千克）	铅/（毫克/千克）	锌/（毫克/千克）	镉/（毫克/千克）	汞/（毫克/千克）	砷/（毫克/千克）	石油类/（毫克/千克）	多氯联苯/（微克/千克）	六六六/（微克/千克）	滴滴涕/（微克/千克）
2005年9月	大黄鱼	0.20	ND	0.30	ND	0.01	0.10	—	59.0	7.9	7.1
	对虾	5.30	0.10	1.10	0.10	0.01	0.45	—	5.5	15.1	1.7
	江蓠	1.30	0.20	5.50	0.04	0.04	0.63	—	14.1	1.5	8.0
	牡蛎	14.80	0.30	1.40	1.30	<0.01	0.86	—	28.0	7.6	7.8
2006年5月	弹涂鱼	0.20	0.19	12.44	0.01	0.03	0.45	—	53.2	11.0	9.7
	南美白对虾	3.10	0.04	9.07	ND	0.02	0.50	—	7.1	1.2	9.7
	海带	1.75	0.14	5.61	0.08	0.04	0.86	—	24.5	0.4	5.0
	牡蛎	39.53	0.06	15.88	1.28	0.08	0.70	—	32.7	8.6	8.2

（四）闽江口

春季，产于闽江口的海洋贝类汞、铜、铅、锌、镉、砷、石油烃、六六六、滴滴涕的含量均符合海洋生物质量一类标准。

秋季，产于闽江口的海洋贝类除镉含量符合海洋生物质量二类标准外，其余汞、铜、铅、锌、砷、石油烃、六六六、滴滴涕的含量均符合海洋生物质量一类标准（表2-54）。

表 2-54　生物体中化学要素测定结果（湿重）

时间	生物体	铜/（毫克/千克）	铅/（毫克/千克）	锌/（毫克/千克）	镉/（毫克/千克）	汞/（毫克/千克）	砷/（毫克/千克）	石油类/（毫克/千克）	多氯联苯/（微克/千克）	六六六/（微克/千克）	滴滴涕/（微克/千克）
2005年10月	小黄鱼	0.14	0.11	1.57	0.01	0.01	0.18	—	0.27	0.08	0.21
	日本对虾	4.60	0.09	5.85	0.04	<0.01	0.35	—	0.04	0.01	0.09
	西施舌	0.94	0.26	5.21	0.28	0.01	0.19	—	ND	0.01	0.06
	坛紫菜	8.97	1.14	13.00	0.72	0.02	1.22	—	ND	ND	0.08
2006年4月	尖吻小公鱼	1.48	0.18	0.53	0.07	0.02	0.92	ND	0.85	0.01	0.71
	中国毛虾	3.62	0.06	4.06	0.11	0.02	0.36	ND	1.21	0.01	0.13
	海蚌	1.03	0.22	3.97	0.18	0.02	0.69	ND	0.77	0.01	0.11
	海带	0.56	0.92	9.36	0.53	0.01	0.34	ND	7.53	ND	0.06

（五）福清湾

秋季，产于福清湾的海洋贝类的砷含量均符合海洋生物质量二类标准，其他各要素均符合海洋生物质量一类标准。

春季，产于福清湾的海洋贝类的汞和镉含量均符合海洋生物质量二类标准，其他各要素均符合海洋生物质量一类标准（表2-55）。

表 2-55　福清湾生物体中化学要素测定结果（湿重）

时间	生物体	铜/（毫克/千克）	铅/（毫克/千克）	锌/（毫克/千克）	镉/（毫克/千克）	汞/（毫克/千克）	砷/（毫克/千克）	石油类/（毫克/千克）	多氯联苯/（微克/千克）	六六六/（微克/千克）	滴滴涕/（微克/千克）
2005 年 10 月	鲈鱼	0.05	0.03	9.66	<0.01	0.02	1.18	—	0.30	ND	0.18
	长毛对虾	7.85	0.04	20.80	0.02	0.01	6.22	—	1.32	2.18	1.83
	长牡蛎	2.03	0.15	12.70	0.13	0.01	3.17		2.11	0.15	4.69
	坛紫菜	2.48	0.30	8.13	0.33	ND	4.74		1.18	0.79	2.74
2006 年 5 月	鲈鱼	0.31	0.03	3.65	0.01	<0.01	ND		0.98	0.05	14.10
	长毛对虾	3.56	ND	8.95	0.05	0.02	0.40		0.32	0.02	0.32
	菲律宾蛤仔	1.47	0.02	11.70	0.54	0.07	0.20		0.38	0.09	0.74

（六）兴化湾

春季，产于兴化湾的海洋贝类的铜、锌含量符合海洋生物质量三类标准，镉含量符合海洋生物质量二类标准，其他各要素均符合海洋生物质量一类标准。

秋季，产于兴化湾的海洋贝类的石油类含量符合海洋生物质量二类标准，其他各要素均符合海洋生物质量一类标准（表 2-56）。

表 2-56　兴化湾生物体中化学要素测定结果（湿重）

时间	生物体	铜/（毫克/千克）	铅/（毫克/千克）	锌/（毫克/千克）	镉/（毫克/千克）	汞/（毫克/千克）	砷/（毫克/千克）	石油类/（毫克/千克）	多氯联苯/（微克/千克）	六六六/（微克/千克）	滴滴涕/（微克/千克）
2006 年 5 月	鱼	0.75	0.02	2.71	0.01	0.01	0.47	7.2	0.12	0.02	0.20
	虾	3.08	0.02	8.61	0.01	0.04	0.96	3.7	0.04	0.04	0.09
	缢蛏	4.41	0.27	18.1	0.09	0.05	0.15	18.3	0.27	0.07	0.38
	紫菜	7.70	0.20	20.1	0.94	—	—	—	0.01	ND	0.01
2006 年 9 月	鱼	0.23	<0.01	4.85	0.01	0.04	1.00		2.15	0.36	3.83
	虾	12.20	0.06	15.8	0.29	0.02	0.20		0.05	0.03	0.79
	海带	0.49	0.29	4.32	0.06	0.01	0.60		7.19	ND	3.14
	牡蛎	51.00	0.39	119.00	1.15	0.01	0.40		3.26	0.22	11.5

（七）湄洲湾

春季，产于湄洲湾的海洋贝类的锌含量略超过海洋生物质量一类标准；其他各要素均符合海洋生物质量一类标准。

秋季，产于湄洲湾的海洋贝类的环境要素均符合海洋生物质量一类标准（表 2-57）。

表 2-57　湄洲湾生物体中化学要素测定结果（湿重）

时间	生物体	铜/（毫克/千克）	铅/（毫克/千克）	锌/（毫克/千克）	镉/（毫克/千克）	汞/（毫克/千克）	砷/（毫克/千克）	石油类/（毫克/千克）	多氯联苯/（微克/千克）	六六六/（微克/千克）	滴滴涕/（微克/千克）
2005 年 10 月	蛏	3.15	0.43	12.5	0.08	<0.01	0.10	13.7	0.25	0.02	1.65
	虾	3.77	0.01	10.9	0.03	0.01	0.75	2.4	0.16	ND	0.18
	鱼	0.56	0.02	3.86	0.03	0.02	1.07	11.2	0.13	0.02	0.22

续表

时间	生物体	铜/(毫克/千克)	铅/(毫克/千克)	锌/(毫克/千克)	镉/(毫克/千克)	汞/(毫克/千克)	砷/(毫克/千克)	石油类/(毫克/千克)	多氯联苯/(微克/千克)	六六六/(微克/千克)	滴滴涕/(微克/千克)
2006年5月	蛏	2.06	0.49	21.5	0.02	0.01	0.44	—	1.58	0.10	5.72
	虾	4.77	0.01	15.4	<0.01	0.02	0.19	—	0.05	0.11	0.60
	鱼	0.31	<0.01	4.88	<0.01	0.09	0.15	—	0.21	0.21	2.24
	海带	0.39	0.49	4.67	0.05	0.01	1.69	—	0.31	0.13	2.62

（八）泉州湾

秋季，产于泉州湾的海洋贝类的汞、铅、镉、石油烃、六六六、滴滴涕含量均符合海洋生物质量一类标准；砷含量符合海洋生物质量二类标准；铜、锌含量则符合海洋生物质量三类标准（表 2-58）。

表 2-58　泉州湾生物体中化学要素测定结果（湿重）

时间	生物体	铜/(毫克/千克)	铅/(毫克/千克)	锌/(毫克/千克)	镉/(毫克/千克)	汞/(毫克/千克)	砷/(毫克/千克)	石油类/(毫克/千克)	多氯联苯/(微克/千克)	六六六/(微克/千克)	滴滴涕/(微克/千克)
2005年9月	鱼	0.45	0.14	17.7	<0.01	0.04	1.02	1.17	ND	0.25	0.03
	文蛤	2.43	0.17	13.4	0.03	<0.01	2.00	1.68	ND	0.05	<0.01
	牡蛎	217	0.73	329	0.28	0.01	2.89	1.83	ND	0.01	0.51
	菲律宾蛤仔	4.35	0.15	26.1	0.02	0.01	4.53	14.8	ND	0.05	0.01
	缢蛏	7.40	0.26	41.4	0.03	0.02	2.96	6.52	ND	0.11	0.39

（九）深沪湾

春季，产于深沪湾的海洋贝类的镉含量符合海洋生物质量二类标准，锌含量符合海洋生物质量三类标准，铜含量超过海洋生物质量三类标准，其他各要素均符合海洋生物质量一类标准。

冬季，产于深沪湾的海洋贝类的汞含量符合海洋生物质量二类标准，滴滴涕含量符合海洋生物质量三类标准，其他各要素均符合海洋生物一类标准（表 2-59）。

表 2-59　深沪湾生物体中化学要素测定结果（湿重）

时间	生物体	铜/(毫克/千克)	铅/(毫克/千克)	锌/(毫克/千克)	镉/(毫克/千克)	汞/(毫克/千克)	砷/(毫克/千克)	石油类/(毫克/千克)	多氯联苯/(微克/千克)	六六六/(微克/千克)	滴滴涕/(微克/千克)
2006年1月	长毛对虾	4.60	0.40	10.20	0.38	0.02	1.8	—	0.23	—	1.13
	坛紫菜	2.48	<0.01	5.82	0.09	<0.01	13.5	—	0.67	—	2.23
	长牡蛎	1.62	0.12	15.30	0.05	0.07	3.3	—	23.7	—	142
	鲈鱼	0.58	0.01	3.75	ND	0.04	2.2	—	0.81	—	0.64
2006年4月	鲈鱼	0.48	0.01	5.55	<0.01	0.01	0.3	—	2.28	0.22	24.9
	海带	1.36	0.16	15.20	0.05	<0.01	0.4	—	15.3	ND	1.64
	长毛对虾	12.00	ND	16.40	0.01	0.01	0.5	—	0.44	0.15	2.12
	长牡蛎	161.00	0.05	377.00	0.72	0.02	0.5	—	0.88	0.30	4.89

（十）厦门湾

秋季，产于厦门湾的海洋贝类除铅含量符合海洋生物质量二类标准外，其余各参数的含量均符合海洋生物质量一类标准（表 2-60）。

表 2-60　厦门湾生物体中化学要素测定结果（湿重）

时间	生物体	铜/（毫克/千克）	铅/（毫克/千克）	锌/（毫克/千克）	镉/（毫克/千克）	汞/（毫克/千克）	砷/（毫克/千克）	石油类/（毫克/千克）	多氯联苯/（微克/千克）	六六六/（微克/千克）	滴滴涕/（微克/千克）
2005 年 10 月	鲈鱼	0.50	0.33	9.0	ND	0.05	0.07	—	0.60	0.03	1.53
	虾	8.93	0.08	12.3	ND	ND	0.02	—	0.10	0.02	0.40
	花蛤	2.36	0.25	13.8	0.09	0.04	0.26	—	0.52	0.01	0.35
	紫菜	1.94	0.29	5.0	0.02	ND	1.86	—	0.03	0.10	0.03

（十一）旧镇湾

春季，产于旧镇湾的海洋贝类的汞、铅、石油烃、六六六、滴滴涕含量均符合海洋生物质量一类标准；镉、砷含量符合海洋生物质量二类标准；铜含量符合海洋生物质量三类标准；锌含量超过海洋生物质量三类标准。

冬季，产于旧镇湾的海洋贝类的汞、铅、镉、石油烃、六六六、滴滴涕含量均符合海洋生物质量一类标准；铜、砷含量符合海洋生物质量二类标准；锌含量符合海洋生物质量三类标准（表 2-61）。

表 2-61　生物体中化学要素测定结果（湿重）

时间	生物体	铜/（毫克/千克）	铅/（毫克/千克）	锌/（毫克/千克）	镉/（毫克/千克）	汞/（毫克/千克）	砷/（毫克/千克）	石油类/（毫克/千克）	多氯联苯/（微克/千克）	六六六/（微克/千克）	滴滴涕/（微克/千克）
2006 年 1 月	毛蛤	1.74	0.01	16.0	0.17	0.01	2.58	5.73	ND	0.17	0.20
	牡蛎	37.40	0.02	198.0	0.29	0.02	2.54	5.84	ND	0.34	0.89
	鱼	2.25	0.05	27.9	<0.01	0.05	1.56	2.38	ND	0.21	<0.01
	花蛤	3.52	0.01	14.6	0.09	0.01	1.89	8.27	ND	<0.01	0.01
2006 年 5 月	牡蛎	73.20	0.36	234.0	0.75	0.03	3.14	2.57	ND	0.08	0.01
	鱼	0.23	0.10	5.47	<0.01	0.04	2.40	1.36	ND	0.06	0.46
	虾	7.66	0.06	25.6	<0.01	0.02	1.16	1.02	ND	0.12	ND
	花蛤	1.49	0.19	10.8	0.03	0.01	2.41	1.68	ND	0.04	<0.01

（十二）东山湾

秋季，产于东山湾的海洋贝类除砷含量符合海洋生物质量二类标准外，其余汞、铜、铅、锌、镉、石油烃、六六六、滴滴涕的含量均符合海洋生物质量一类标准。

春季，产于东山湾的海洋贝类除铜、锌、砷含量符合海洋生物质量二类标准，其余汞、铅、镉、石油烃、六六六、滴滴涕的含量均符合海洋生物质量一类标准（表 2-62）。

表 2-62　生物体中化学要素测定结果（湿重）

时间	生物体	铜/（毫克/千克）	铅/（毫克/千克）	锌/（毫克/千克）	镉/（毫克/千克）	汞/（毫克/千克）	砷/（毫克/千克）	石油类/（毫克/千克）	多氯联苯/（微克/千克）	六六六/（微克/千克）	滴滴涕/（微克/千克）
2005 年 10 月	黄鱼	0.18	0.02	5.05	<0.01	0.04	1.47	6.73	ND	0.07	0.20
	文蛤	1.49	0.44	15.1	0.10	<0.01	1.41	1.71	ND	0.05	<0.01
	虾	6.32	0.03	15.3	0.01	0.01	1.25	3.56	ND	0.06	ND
	花蛤	—	—	—	—	—	—	10.0	ND	0.11	0.01
	牡蛎	—	—	—	—	—	—	—	—	—	—
2006 年 5 月	虾	11.7	0.07	34.1	0.05	0.01	2.68	11.6	ND	0.27	0.03
	黄鱼	0.22	0.02	6.09	<0.01	0.04	1.49	2.01	ND	0.04	0.10
	牡蛎	0.89	0.14	8.54	0.03	0.01	1.74	2.58	ND	0.15	0.60
	文蛤	23.7	0.39	61.5	0.33	0.01	1.73	1.34	ND	0.07	0.20

（十三）诏安湾

春季，产于诏安湾的海洋贝类的铜、锌含量符合海洋生物质量三类标准，镉、滴滴涕含量符合海洋生物质量二类标准，其他各要素均符合海洋生物质量一类标准。

秋季，产于诏安湾的海洋贝类的铜、铅和镉含量符合海洋生物质量二类标准，锌含量符合海洋生物质量三类标准，其他各要素均符合海洋生物质量一类标准（表 2-63）。

表 2-63　诏安湾生物体中化学要素测定结果（湿重）

时间	生物体	铜/（毫克/千克）	铅/（毫克/千克）	锌/（毫克/千克）	镉/（毫克/千克）	汞/（毫克/千克）	砷/（毫克/千克）	石油类/（毫克/千克）	多氯联苯/（微克/千克）	六六六/（微克/千克）	滴滴涕/（微克/千克）
2005 年 12 月	牡蛎	16.60	1.41	86.00	0.62	0.01	0.39	14.1	0.67	0.04	1.69
	鱼	1.16	0.02	6.88	<0.01	0.01	0.59	3.0	1.37	0.05	7.05
	虾	5.93	0.13	9.51	0.01	0.01	1.40	3.8	0.16	0.07	0.89
2006 年 4 月	鱼	0.41	0.03	3.80	<0.01	0.05	1.20	—	3.35	0.56	32.10
	海带	1.29	0.32	11.10	0.40	0.01	1.10	—	0.85	ND	0.33
	虾	8.30	0.01	18.20	0.01	0.02	0.40	—	1.42	0.07	11.50
	牡蛎	50.30	0.08	220.00	1.11	0.02	0.80	—	4.98	0.24	23.10

第四节　海洋大气化学

一、气溶胶中化学要素分布特征

福建近岸海域气溶胶中悬浮颗粒物在 $3.00\times10^{-4}\sim1.06$ 毫克/米³ 波动；平均含量夏季最低，约为 3.83×10^{-2} 毫克/米³，秋季最高，约为 2.16×10^{-1} 毫克/米³。

气溶胶中甲基磺酸根离子在小于检出限至 1.75×10^{-1} 微克/米³ 之间波动；平均含量夏季最低，约为 8.00×10^{-3} 微克/米³，春季最高，约为 3.90×10^{-2} 微克/米³。

气溶胶中硝酸根离子在 $6.10 \times 10^{-2} \sim 1.94 \times 10^{-1}$ 微克/米³ 波动；平均含量夏季最低，约为 1.30 微克/米³，秋季最高，约为 7.74 微克/米³。

气溶胶中硫酸根离子在 $5.70 \times 10^{-2} \sim 3.02 \times 10^{-1}$ 微克/米³ 波动；平均含量夏季最低，约为 1.08 微克/米³，春季最高，约为 10.0 微克/米³。

气溶胶中氯离子在 $2.60 \times 10^{-2} \sim 3.47 \times 10^{-1}$ 微克/米³ 波动；平均含量夏季最低，约为 8.18×10^{-1} 微克/米³，冬季最高，约为 10.1 微克/米³。

气溶胶中磷酸根离子在小于检出限至 7.70×10^{-2} 微克/米³ 之间波动；平均含量夏季最低，约为 6.00×10^{-3} 微克/米³，冬季最高，约为 2.80×10^{-2} 微克/米³。

气溶胶中铜在小于检出限至 70.7 纳克/米³ 之间波动；平均含量夏季最低，约为 1.38 纳克/米³，春季最高，约为 17.1 纳克/米³。

气溶胶中铅在小于检出限至 1.88×10^{2} 纳克/米³ 之间波动；平均含量夏季最低，约为 4.33 纳克/米³，冬季最高，约为 65.1 纳克/米³。

气溶胶中锌在小于检出限至 9.75×10^{2} 纳克/米³ 之间波动；平均含量秋季最低，约为 0.23 纳克/米³，冬季最高，约为 2.85×10^{2} 纳克/米³。

气溶胶中镉在 $2.00 \times 10^{-2} \sim 16.5$ 纳克/米³ 波动；平均含量夏季最低，约为 8.08×10^{-2} 纳克/米³，春季最高，约为 1.73 纳克/米³。

气溶胶中铝在 $3.53 \sim 1.98 \times 10^{3}$ 纳克/米³ 波动；春季其平均含量最低，约为 32.5 纳克/米³，冬季最高，约为 6.88×10^{2} 纳克/米³。

气溶胶中钒在 $2.60 \times 10^{-2} \sim 13.7$ 纳克/米³ 波动；平均含量夏季最低，约为 1.44 纳克/米³，春季最高，约为 6.27 纳克/米³。

气溶胶中铁在 $1.15 \times 10^{-1} \sim 1.07 \times 10^{4}$ 纳克/米³ 波动；春季其平均含量最低，约为 4.19×10^{-1} 纳克/米³，冬季最高，约为 1.81×10^{3} 纳克/米³。

气溶胶中钾在 $1.00 \times 10^{-3} \sim 1.41$ 微克/米³ 波动；平均含量夏季最低，约为 8.00×10^{-3} 微克/米³，秋季最高，约为 4.95×10^{-1} 微克/米³。

气溶胶中钠在 $1.90 \times 10^{-2} \sim 20.2$ 微克/米³ 波动；平均含量夏季最低，约为 1.17×10^{-1} 微克/米³，秋季最高，约为 3.54 微克/米³。

气溶胶中铵在 $9.00 \times 10^{-3} \sim 8.51$ 微克/米³ 波动；平均含量夏季最低，约为 7.40×10^{-2} 微克/米³，秋季最高，约为 2.94 微克/米³。

气溶胶中钙在 $4.00 \times 10^{-3} \sim 6.58$ 微克/米³ 波动；平均含量夏季最低，约为 1.60×10^{-2} 微克/米³，秋季最高，约为 1.65 微克/米³。

气溶胶中镁在 $2.50 \times 10^{-2} \sim 2.72$ 微克/米³ 波动；平均含量夏季最低，约为 1.70×10^{-2} 微克/米³，秋季最高，约为 8.56×10^{-1} 微克/米³。

气溶胶中总碳在小于检出限至 43.1 微克/米³ 波动；平均含量夏季最低，约为 2.56 微克/米³，秋季最高，约为 17.6 微克/米³。

气溶胶中总氮在 $2.10 \times 10^{-1} \sim 8.85$ 微克/米³ 波动；平均含量夏季最低，约为 2.56

微克/米³，秋季最高，约为 2.93 微克/米³。

二、大气中温室气体分布特征

大气中甲烷含量在 1.26～2.33 微克/米³ 波动；平均含量冬季最低，约为 1.36 微克/米³，春季最高，约为 1.51 微克/米³。

大气中氧化亚氮含量在 0.51～0.71 微克/米³ 波动；平均含量春、夏季最低，约为 0.62 微克/米³，秋季最高，约为 0.64 微克/米³。

大气中氮氧化物含量在 0.003～3.67 微克/米³ 波动；平均含量春季最低，约为 0.01 微克/米³，夏季最高，约为 0.13 微克/米³。

大气中二氧化碳含量在 369～410 微摩/摩波动；平均含量秋季最低，约为 382 微摩/摩，春季最高，约为 387 微摩/摩。

三、大气气溶胶中微量金属含量变化分析

福建近岸海域大气微量金属全年平均含量高低依次为：铁大于铝大于锌大于铅大于镉大于铜大于钒。大气中铁、铝、锌的含量相对较高，基本反映近岸海域大气受陆源影响的特征；铅、铜、镉、钒的含量相对较低，体现出海洋气溶胶较为洁净的特征（表 2-64～表 2-66）。

表 2-64　福建近岸海域与其他典型区域大气气溶胶中微量金属的含量

（单位：纳克/米³）

地区	铜	铅	镉	钒	锌	铁	铝
福建近岸海域	10.38	41.5	1.14	3.59	22.80	461.60	255.0
北京	34	560	1～3	—	—	8 900	19 000
北美	280	2 700	<1～41	—	—	3 600	2 000
欧洲	340	120	0.5～620	—	—	1 400	600
南太平洋	0.70	0.23	0.04	2.13	12.90	21.95	69.41

表 2-65　福建近岸海域大气主要温室气体统计特征值

参数	2006 年夏季航次		2006 年冬季航次		2007 年春季航次		2007 年秋季航次	
	量值范围	平均值	量值范围	平均值	量值范围	平均值	量值范围	平均值
甲烷/ （微克/米³）	1.26～1.60	1.41	1.27～1.48	1.36	1.34～2.08	1.51	1.26～2.33	1.47
氧化亚氮/ （微克/米³）	0.61～0.63	0.62	0.59～0.69	0.63	0.61～0.64	0.62	0.51～0.71	0.64
氮氧化物/ （微克/米³）	0.03～3.67	0.13	0.00～0.06	0.02	0.003～0.02	0.01	0.01～0.03	0.02
二氧化碳/ （微摩/摩）	380～393	385	379～394	386	378～410	387	369～400	382

表 2-66　福建近岸海域大气气溶胶中化学要素统计特征值

参数	2006 年夏季航次		2006 年冬季航次		2007 年春季航次		2007 年秋季航次	
	量值范围	平均值	量值范围	平均值	量值范围	平均值	量值范围	平均值
悬浮颗粒物/ (毫克/米³)	0.0003~0.10	0.04	0.024~0.38	0.13	0.04~0.23	0.11	0.04~1.06	0.22
甲基磺酸根 离子/ (微克/米³)	0.001~0.03	0.01	0.001~0.04	0.02	ND~0.18	0.04	0.01~0.07	0.02
硝酸根离子/ (微克/米³)	0.06~3.67	1.30	0.07~12.97	5.46	0.12~9.23	5.13	1.74~19.45	7.74
硫酸根离子/ (微克/米³)	0.06~3.73	1.08	0.51~24.02	9.27	0.17~30.16	10.00	1.81~23.17	9.49
氯离子/ (微克/米³)	0.07~1.90	0.82	1.24~58.11	10.09	0.03~5.15	1.86	0.90~34.66	5.94
磷酸根离子/ (微克/米³)	0.001~0.01	0.01	0.001~0.02	0.03	ND~0.05	0.02	0.003~0.08	0.02
铜/ (纳克/米³)	ND~10.73	1.38	0.89~55.59	12.43	3.13~70.66	17.09	0.92~33.58	10.66
铅/ (纳克/米³)	ND~20.60	4.33	0.80~188.4	65.10	4.76~107.30	42.06	10.25~154.49	54.74
锌/ (纳克/米³)	ND~68.60	25.66	ND~975	285	0.02~0.53	0.25	0.05~0.99	0.23
镉/ (纳克/米³)	0.04~0.27	0.08	0.02~3.53	1.61	0.03~16.46	1.73	0.16~2.89	1.15
铝/ (纳克/米³)	3.53~138.67	45.19	6.71~1983	6871	8.27~72.82	32.50	53.13~577.76	254.83
钒/ (纳克/米³)	0.03~4.69	1.44	0.11~6.48	3.28	1.77~13.66	6.27	0.59~9.86	3.37
铁/ (纳克/米³)	5.81~104.42	33.46	97.76~ 1.07×10^4	1807	0.12~1.08	0.42	0.90~30.43	5.36
钾/ (微克/米³)	0.001~0.02	0.01	0.08~1.30	0.46	0.10~0.71	0.30	0.11~1.406	0.50
钠/ (微克/米³)	0.02~0.23	0.12	0.19~11.68	2.66	0.14~2.46	0.78	0.96~20.21	3.54
铵/ (微克/米³)	0.01~0.22	0.07	0.07~1.15	0.53	0.52~3.88	1.65	0.59~8.51	2.94
钙/ (微克/米³)	0.004~0.03	0.02	0.07~6.58	1.07	0.08~3.38	0.82	0.45~5.20	1.65
镁/ (微克/米³)	0.003~0.03	0.02	0.03~1.66	0.37	0.03~0.46	0.15	0.24~2.72	0.86
总碳/ (微克/米³)	0.75~10.04	2.56	0.06~43.12	13.09	ND~21.21	9.00	3.36~32.40	17.61
总氮/ (微克/米³)	0.21~4.53	2.56	0.49~8.85	2.93	—	—	—	—

铝、铁、锌的全年含量变化基本上呈现冬季高、春夏秋三季低的特征,其中冬季铝、铁的含量比春夏秋季高出 1~3 数量级。铝、铁、锌是典型的地壳元素,海洋大气中的铝、铁、锌主要来源于陆源的沙尘,冬季盛行的东北风有利于亚洲大陆沙尘向海洋输送。另外一方面,由于冬季空气比较干燥、湿沉降少,且气溶胶颗粒的粒径比较小、风速大,也有利于大气颗粒物长距离传输。福建位于我国的东南部,距离我国西北部干旱地区比较远,随着大气的长距离输送,沙尘暴的影响逐渐减弱。因此,春季福建近岸海域大气环境并没有受到我国西北地区沙尘暴天气的明显影响。

铜、铅含量的变化趋势基本一致,呈现出冬春秋三季高、夏季低的变化特征。大气铜、铅是具有典型污染特征的元素,铅主要来自汽车废气和冶炼,而铜主要来自冶炼排放的烟尘。台湾海峡的风向具有明显的季节变化,夏季台湾海峡盛行偏南向风,气流主要来自北太平洋的海洋大气,铜、铅含量较低;而冬春秋三季,尤其冬季,台湾海峡盛行东北风,气流主要自陆地吹向海洋,陆源污染物受风力作用,可经中长距离的传输进入台湾海峡。冬季,其铜、铅含量较高可能直接受陆地污染源的影响。镉与铜、铅的含量变化趋势相反,出现夏季高、冬春秋三季低的变化特征。除夏季外,其他季节大气镉的含量保持在较低水平上。大气镉污染主要是由于石化燃烧排放的烟尘等污染造成的。钒的全年含量变化不大,没有明显的季节变化,其空间分布不规律,这可能是跟钒的含量水平很低有关。

通过主成分分析可以将气溶胶中的元素分为三类:与海洋源有关的钠、钾、镁、钙;与污染源有关的铜、镉、钒、铅;与地壳源有关的铝、铁、锌。在影响福建近岸海域大气气溶胶金属来源的三大因素中,海洋因子较为突出,而污染因子和地壳因子的影响程度较为相近,且污染因子的影响略大于地壳因子的影响。这说明福建近岸海域气溶胶中金属元素的来源,除海洋因子外,人为污染对海洋气溶胶金属组成有着较大影响,并与影响铝含量的地壳因子存在着密切联系。

第五节 小 结

一、近岸海域海洋环境质量及其变化

1) 影响福建近岸海域海水环境的主要污染物是无机氮和活性磷酸盐;重金属和油类含量基本处于一类海水水质标准水平。受随季节变化水团的影响,特别是秋、冬季,由于受污染物含量相对较高的闽浙沿岸水的影响,福建近岸海域海水中的无机氮、磷酸盐等物质含量明显高于春季和夏季;夏季、春季、秋季和冬季表层海水无机氮含量符合一至二类海水水质标准的站位数分别占总监测站位数的 85.9%、71.8%、40.8% 和 31.0%,夏季、春季、秋季和冬季表层海水磷酸盐含量符合一类海水水质标准的站位比例分别为 84.5%、46.5%、48%、2.8%、1.4%。

与历史数据相比，2006～2007年福建近岸海域水体中无机氮含量和磷酸盐含量约为1984～1985年的2倍。1984～1985年福建近岸海域海水中无机氮平均含量符合一类水质标准，而2006～2007年仅夏季水体平均含量符合一类水质标准，春季、秋季和冬季海水中无机氮平均含量仅分别符合二类、三类和三类水质标准。1984～1985年福建近岸海域海水中活性磷酸盐平均含量除冬季符合二类～三类海水水质标准外，其他季节其平均含量均符合一类海水水质标准，而2006～2008年，福建近岸海域海水中活性磷酸盐平均含量除夏季符合一类海水水质标准外，春、秋季仅符合二～三类海水水质标准，冬季则达到四类水平。

2) 福建近岸海域海洋沉积物中汞、镉、铅、锌、铜、铬、有机质、砷、六六六和多氯联苯含量均符合海洋沉积物质量一类标准；硫化物含量符合一类标准的站位占89%，滴滴涕含量符合一类沉积物质量标准的站位占92.3%。

3) 福建近岸海域海洋贝类生物中汞、镉、铅、砷、铜、锌、油类符合一类海洋生物质量标准的站位比例分别为100%、5%、85%、100%、25%、15%、25%。贝类中镉含量符合二类标准的占95%，锌含量符合三类标准的占80%，油类含量符合二类标准的占75%，而铜含量符合二类和三类标准的分别占35%和30%。六六六含量均符合一类生物质量标准，滴滴涕含量符合二类标准的占80%。

4) 铜、铅含量的变化趋势基本一致，呈现出冬春秋三季高、夏季低的变化特征，镉季节变化与铜、铅相反。在影响福建近岸海域大气气溶胶金属来源的三大因素中，海洋因子较为突出，污染因子和地壳因子的影响程度较为相近，前者略大于后者的影响。

二、重要港湾海洋环境质量及其变化

1) 影响福建重要港湾海水环境质量的污染物是无机氮和活性磷酸盐；沙埕港、罗源湾、闽江口、兴化湾、泉州湾、厦门湾、旧镇湾水体富营养化程度较高，特别是闽江口和沙埕港尤为显著。

除沙埕港、湄洲湾、兴化湾和诏安湾海水中重金属和油类均符合一类水质标准外，其他港湾均存在不同重金属元素和油类超过一类标准的现象。三沙湾海水中超一类海水水质标准的污染物有锌和油类，罗源湾为铅、汞和砷，闽江口为铅和汞，福清湾为铜、铅、锌和汞，泉州湾为油类，深沪湾为铜、铅、锌和汞，厦门湾为铜、铅、汞和油类，旧镇湾为汞、砷和油类，东山湾为汞、砷和油类。

2) 福建重要港湾浅海和潮间带沉积物重金属和油类平均含量基本符合一类海洋沉积物质量标准。浅海沉积物中仅旧镇湾的铅平均含量符合三类标准，兴化湾、湄洲湾的锌平均含量符合二类标准，罗源湾的镉平均含量符合二类标准；潮间带沉积物中仅罗源湾的镉和福清湾的汞平均含量符合二类海洋沉积物质量标准。

3) 福建重要港湾牡蛎体内汞和六六六含量符合生物质量一类标准，铜、铅和锌含量大多仅达到生物质量三类水平；牡蛎之外的贝类生物质量优于牡蛎，其中铜、汞、六六六和滴滴涕含量基本符合生物质量一类标准。

4）福建各重要港湾海水环境及沉积环境趋势变化表现如下。

沙埕港海水中无机氮和活性磷酸盐含量上升趋势明显，2006 年无机氮已超四类海水水质标准，活性磷酸盐出现超过三类标准的现象，铜、铅、镉和油类等化学要素均值符合海水水质二类标准，其中石油类含量变化波动较大；沙埕港潮下带铜、铅、镉、汞、砷和油类等要素基本满足海洋沉积物质量一类标准，其中石油类含量上升趋势较为明显。

三沙湾海水中的无机氮和石油类含量呈持续上升的趋势，特别是无机氮增长显著，2006 年已超四类海水水质标准；三沙湾沉积物各评价因子均满足一类沉积物质量标准，有机碳、铅、锌、镉和油类含量年均值呈上升趋势，尤其是油类增长较快。

罗源湾无机氮及活性磷酸盐含量呈明显上升趋势，其中，2005～2006 年磷酸盐平均含量已达到四类水平；而海水中汞和铅含量亦较高，其均值符合二类海水水平。罗源湾沉积物镉基本满足二类海洋沉积物质量标准，但在 2005～2006 年镉出现超沉积物质量二类标准的现象。

闽江口海水水质中无机氮、活性磷酸盐含量呈迅速上升的趋势，海域无机氮和活性磷酸盐已分别超四类和三类海水水质标准，汞和铅平均含量符合海水水质二类标准，铜、镉、锌、砷等要素则符合海水水质一类标准；沉积物中各化学元素均值符合一类沉积物质量标准。

福清湾水环境中各化学要素含量总体呈逐渐上升趋势，近年来无机氮、活性磷酸盐，特别是汞、铜、铅出现超二类海水水质标准现象；潮下带沉积物中主要环境因子均符合海洋沉积物质量一类标准，其中石油类含量上升较明显。

兴化湾海水无机氮和活性磷酸盐表现出上升的趋势；2006 年无机氮和活性磷酸盐平均含量达二类水平，而铜、铅、锌、镉、汞、砷、油类等平均含量符合一类海水水质标准。与 1991 年相比，2005～2006 年潮下带沉积物中锌含量达到二类水平，其含量上升趋势显著；铜、铅、汞、镉等其他化学要素均值符合海洋沉积物质量一类标准。

湄洲湾海水中无机氮、磷酸盐于冬季有超国家海水水质一类标准现象，重金属和油类均值符合海水水质一类标准；湄洲湾沉积物各环境因子基本符合一类海洋沉积物质量标准，仅锌含量上升趋势较明显，出现超标现象。

泉州湾海水水质除无机氮及活性磷酸盐含量呈明显上升趋势，达到四类水平，铜、铅、锌、镉等重金属要素均值符合海水水质一类标准，石油类含量增长速度较快；沉积物重金属及油类等要素均值符合一类海洋沉积物质量标准。

深沪湾 2006 年海水中无机氮和活性磷酸盐平均含量基本符合海水水质二类标准，较往年无机氮和活性磷酸盐含量增长较为明显；沉积物各评价因子均符合海洋沉积物质量一类标准，其中石油类含量波动幅度较大。

厦门湾水环境主要污染因子为无机氮、活性磷酸盐和铅，且呈上升趋势，其中无机氮在厦门湾各海域普遍污染严重，持续上升趋势明显，目前无机氮属劣四类水质，活性磷酸盐和铅皆属三类水质；沉积物重金属和油类等各评价因子基本符合海洋沉积物质量一类标准。

旧镇湾海水水质中无机氮及汞污染较为严重，2006 年无机氮和汞平均含量达四类水平，油、砷、汞均值达二类水平，而铜、铅、镉和锌等要素均值符合海水水质一类标准；潮下带沉积物中除 2006 年铅含量超标外，重金属和油类要素均值符合一类沉积物质量标准；其中沉积物中锌、镉和铅含量逐渐升高，而铅污染显著加重。

东山湾 2005～2006 年海水中无机氮和活性磷酸盐含量基本介于一类至二类水平，重金属和砷要素均值符合一类海水水质标准，油类符合三类海水水质标准；总体上各要素含量呈持续增加趋势；沉积物中重金属和油类平均含量保持一类水平。

诏安湾 2005～2006 年除磷酸盐平均含量符合二类～三类水质标准外，无机氮、重金属和油类平均含量均符合一类海水水质标准；与往年相比，水体中化学耗氧量（COD$_{Mn}$）、活性磷酸盐、铜、铅和镉等要素平均含量基本保持一类水平；而无机氮含量呈逐渐增长趋势。沉积物中重金属和油类等要素均值符合一类海洋沉积物质量标准，但铅含量较以往有了较大幅度的增长，其余要素总体变化不大。

第三章
海洋生物生态调查

海洋生物生态调查开展了水体生物调查和底栖生物调查。前者包括叶绿素a、初级生产力、浮游植物、浮游动物和鱼类浮游生物调查；后者开展了底栖生物和潮间带生物调查。福建近岸海域开展了71个站的调查，站位位置与海洋化学调查站一致。2006年秋季和2007年春季对福建沿岸26个断面开展了潮间带底栖生物调查，对福建连江、惠安、厦门和霞浦四个海域开展了春夏秋冬四个季节航次游泳动物调查，并于13个重要港湾开展了海洋生物生态调查，调查要素见表3-1。

表 3-1 港湾和近海调查要素表

调查要素	福建港湾	福建近海	调查要素	福建港湾	福建近海
水体微生物	+	+	沉积物微生物	−	+
微生物分子生物学	−	+	微微型浮游生物	+	++
叶绿素 a	++	++	微型浮游植物	++	++
生产力	+	+	中大型浮游生物	++	++
鱼卵和仔稚鱼	+	+	底栖生物	++	++
潮间带底栖生物	++	++	底栖生物定性拖网	+	+
游泳生物	−	+	珍稀濒危物种	−	+
外来物种调查	+				

注：由于各港湾和近海调查的设计有所不同，上述调查要素在各港湾航次中有所变化，表中"＋＋"表示全部调查，"＋"表示部分或局部调查，"－"表示没有进行调查。

第一节 叶绿素 a 和初级生产力

一、福建近岸海域

春季福建近岸海域各水层叶绿素a的平均值在0.57～2.14毫克/米³，变化幅度大。调查最低值为0.22毫克/米³，最高值为9.79毫克/米³。平面分布呈现北部海域高南部海域低、近岸高远岸低的特点。春季海域层化现象不明显，各水层叶绿素a含量变化不大。

夏季福建近岸海域叶绿素a含量在0.22～14.42毫克/米³波动。表层叶绿素a含量较高，平均值达4.27毫克/米³，总体分布仍呈近岸高远岸低的特征；闽江口出现大于10毫克/米³的高值，金门岛、海坛岛至罗源湾一带的远岸海域低于0.5毫克/米³。10米层叶绿素a含量略低，分布与表层基本一致；30米层叶绿素a含量降至1.34毫克/米³，变化范围在0.33～8.64毫克/米³；底层叶绿素a含量分布类型与30米层类似，闽江口及各大湾口处较高。

秋季各层叶绿素a的平均值在0.79～1.05毫克/米³，变化幅度小于春季和夏季。高值区出现在南部沿海东山湾，各层均高于3.00毫克/米³，中部和北部海域，泉州湾、海坛岛附近海域和闽江口一带叶绿素a的含量约为1.50毫克/米³，其他海域普遍低于1.00毫克/米³。

冬季叶绿素 a 含量为 0.48~0.76 毫克/米³，普遍较低，分布均匀，站位之间的含量变化不大，表现出近岸高远岸低的特征。30 米层叶绿素 a 含量较高，平均 0.72 毫克/米³（图 3-1）。南澎列岛至礼士列岛一带叶绿素 a 值较高。

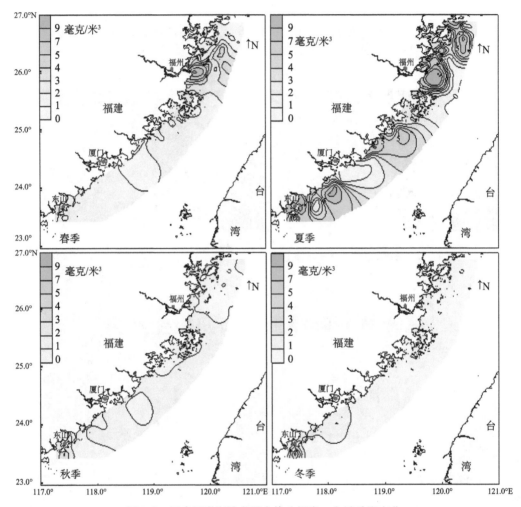

图 3-1　福建近岸海域表层水体叶绿素 a 含量季度变化

福建近岸海域各季节不同水层叶绿素 a 含量变化较大。夏季表层叶绿素 a 平均含量全年最高，春季其次，秋、冬季明显降低，冬季最低，不足 1.00 毫克/米³。表层最高，10 米层、30 米层和底层逐层降低，底层叶绿素 a 含量不高于 1.00 毫克/米³（表 3-2）。

表 3-2　福建近岸海域各层水体中叶绿素 a 平均值季节变化（单位：毫克/米³）

层次	春季	夏季	秋季	冬季	均值
表层	2.14	4.24	1.05	0.76	2.07
10 米	1.78	3.08	0.94	0.70	1.60
30 米	1.01	1.78	0.79	0.72	1.05
底层	0.57	1.23	0.85	0.48	0.73
均值	1.62	3.17	0.94	0.71	1.59

福建近岸海域春季初级生产力含量介于 17.4～976.1 毫克碳/(米²·日)，平均值为 217.2 毫克碳/(米²·日)。高值区出现在闽江口外和闽东外海。沿岸水体生产力水平不高，约 100.0 毫克碳/(米²·日)。

夏季初级生产力是全年最高峰，全省含量介于 61～5763 毫克碳/(米²·日)，平均值为 989 毫克碳/(米²·日)。闽江口和闽东外海高于 1200 毫克碳/(米²·日)。泉州湾、湄洲湾、东山湾口和漳州旧镇湾外海区生产力也较高，平潭和金门以南海域较低。

秋季初级生产力含量介于 9.3～1297.2 毫克碳/(米²·日)，平均值为 103.7 毫克碳/(米²·日)。远岸生产力较高，高于 300.0 毫克碳/(米²·日) 的生产力出现在闽东外海和东山湾口外，其他海域小于 100.0 毫克碳/(米²·日)。

冬季初级生产力均值为 75.1 毫克碳/(米²·日)，除个别站位外，海域初级生产力在 13.1～179.9 毫克碳/(米²·日) 变化。高于 100.0 毫克碳/(米²·日) 的分布在南部海域和东山湾附近，低于 30.0 毫克碳/(米²·日) 的海域在中北部沿海。

福建近岸海域春季初级生产力平均值为 217.2 毫克碳/(米²·日)，夏季初级生产力平均值为 989 毫克碳/(米²·日)，秋季初级生产力平均值为 103.7 毫克碳/(米²·日)，冬季初级生产力平均值为 75.1 毫克碳/(米²·日)。最高初级生产力夏季最高，春季次之，秋季和冬季较低。

总体上，北部海域和中部海域初级生产力夏季较高，春季次之，冬季最低；南部海域秋季最低，夏季和春季初级生产力较高。

二、重要港湾

(一) 沙埕港

冬季（2006 年 1 月）表层叶绿素 a 含量平均值为 0.32 毫克/米³，5 米层平均 0.28 毫克/米³，底层平均 0.28 毫克/米³。春季（2006 年 4 月）表层海水叶绿素 a 平均 1.15 毫克/米³，5 米层平均 0.97 毫克/米³，底层平均 0.91 毫克/米³。

冬季表层叶绿素 a 最高站位在旧城西面，总体上沙埕港东西两段海域的叶绿素 a 高于中部海域。底层叶绿素的分布趋势类似于表层。除春季表层和底层最高含量出现在岐澳头岸外，其他海域的叶绿素 a 含量差异不大，在 1 毫克/米³ 左右波动。

冬季的初级生产力变化范围在 8.28～19.2 毫克碳/(米²·日)，平均 11.92 毫克碳/(米²·日)；春季初级生产力变化范围在 38～188 毫克碳/(米²·日)，平均 108.42 毫克碳/(米²·日)，各站之间初级生产力变化较大。

春季表层叶绿素 a 含量较高，平均值较冬季高 0.82 毫克/米³。底层平均值较冬季高 0.61 毫克/米³。春季叶绿素 a 最大值是冬季最大值的 2 倍。春季初级生产力平均值是冬季的 11 倍。

(二) 三沙湾

秋季表层叶绿素 a 含量变化范围在 0.24～1.41 毫克/米³，平均 0.90 毫克/米³；底层叶绿素 a 变化范围在 0.22~0.92 毫克/米³, 平均 0.60 毫克/米³。春季表层叶绿素 a 含量变化范围在 0.32~1.32 毫克/米³, 平均 0.76 毫克/米³; 底层含量变化范围在 0.68~1.56 毫克/米³, 平均 1.23 毫克/米³。

三都澳口和东吾洋表层叶绿素 a 含量相对较高, 湾内较低; 底层叶绿素 a 含量在湾口相对较高。秋季表层水体的叶绿素 a 含量较高, 春季底层叶绿素 a 含量较高, 分布模式与湾口海水的交换频率和强度有关。

秋季实测初级生产力为 26.82 毫克碳/(米²·日) ($n=1$); 春季平均初级生产力为 147.47 毫克碳/(米²·日) ($n=4$)。

秋季和春季平均叶绿素 a 含量分别为 0.80 毫克/米³ 和 0.99 毫克/米³, 秋季低于春季。秋季表层叶绿素 a 含量大于春季, 底层叶绿素 a 含量小于春季。春季初级生产力高于秋季, 为秋季的 5~6 倍。

(三) 罗源湾

秋季罗源湾表层叶绿素 a 含量变化范围在 2.12~5.12 毫克/米³, 平均 3.37 毫克/米³; 底层海水叶绿素 a 含量变化范围在 1.21~4.49 毫克/米³, 平均 2.64 毫克/米³。南岸高于北岸。

春季表层海水叶绿素 a 含量变化范围在 0.48~1.95 毫克/米³, 平均 1.14 毫克/米³; 底层含量变化范围在 0.36~1.73 毫克/米³, 平均 0.80 毫克/米³。湾顶含量大于湾口可门海域。

秋季罗源湾初级生产力在 367.0~918.0 毫克碳/(米²·日), 春季在 120.5~1483 毫克碳/(米²·日)。湾口初级生产力高于湾中部。

春季叶绿素含量低于秋季, 秋季罗源湾初级生产力站间变动幅度较小, 春季变动范围大, 春季平均高于秋季。

(四) 闽江口

秋季闽江口表层水叶绿素 a 含量变化范围在 0.90~2.87 毫克/米³, 平均值为 1.34 毫克/米³。春季表层水叶绿素 a 变化范围为 0.52~3.52 毫克/米³, 平均值为 1.41 毫克/米³。叶绿素 a 含量在闽江口川石水道和敖江口外海域较高, 闽江口内上游方向含量较低。春季闽江口叶绿素 a 含量略高于秋季, 春季叶绿素 a 的站间变动幅度也大于秋季, 粗芦岛和琅岐岛之间水道的叶绿素 a 含量局部处于低值区。

闽江口秋季平均初级生产力为 117.67 毫克碳/(米²·日), 春季平均初级生产力为 138.12 毫克碳/(米²·日)。春季水体总体的初级生产力有一定幅度的增加。

(五) 福清湾

秋季福清湾叶绿素 a 含量变化范围在 1.46~13.0 毫克/米³, 平均值为 2.88 毫克/米³。春季叶绿素 a 含量变化范围在 2.75~21.6 毫克/米³, 平均值为 9.16 毫克/米³, 平均值比秋季高 2 倍。呈北高西低、西高东低的特征, 可能与港湾营养盐污染北高南低的分布趋势有关。

秋季初级生产力在 69.2～693.2 毫克碳/（米^2·日），平均值为 160.4 毫克碳/（米^2·日）。春季初级生产力变化范围在 191.1～1222.4 毫克碳/（米^2·日），平均值为 640.7 毫克碳/（米^2·日）。分布趋势与叶绿素 a 含量类似，以福清湾北部和西部水体较高，南部和东部水体较低。

（六）兴化湾

秋季兴化湾表层叶绿素 a 含量变化范围在 0.95～9.05 毫克/米^3，平均值为 3.98 毫克/米^3，底层平均 3.44 毫克/米^3。表层叶绿素 a 含量低于底层，但多数测站表、底层测值比较接近。春季表层叶绿素 a 含量变化范围在 0.61～3.63 毫克/米^3，平均值为 1.90 毫克/米^3，底层平均 1.25 毫克/米^3，表层稍高于底层。

秋季和春季初级生产力分别为 364.92 毫克碳/（米^2·日）和 168.83 毫克碳/（米^2·日）。秋季最大值在 800 毫克碳/（米^2·日）以上，春季最大值为 323.29 毫克碳/（米^2·日）。秋季初级生产力站间变化幅度大于春季。叶绿素 a 含量和初级生产力秋季较春季高。兴化湾的初级生产力呈秋季高春季低的特征。春季调查期间阴天伴有小雨，光照强度低可能是海域叶绿素较低的原因之一。

（七）湄洲湾

湄洲湾海域叶绿素 a 含量介于 0.70～7.41 毫克/米^3，平均值为 2.68 毫克/米^3；秋季叶绿素 a 含量平均值为 1.27 毫克/米^3，春季较秋季高，春季约是秋季的 3.3 倍，季节变化明显。叶绿素 a 高值区位于湾顶和峰尾以南海域，并向湾口递减。

秋季表层和底层叶绿素 a 含量分别为 1.30 毫克/米^3 和 1.24 毫克/米^3，春季表层和底层叶绿素 a 含量分别为 4.37 毫克/米^3 和 3.28 毫克/米^3，两个季度含量均为表层高于底层，秋季表层和底层之间的含量相差不多。

秋季和春季湄洲湾的初级生产力平均值分别为 95.23 毫克碳/（米^2·日）和 405.28 毫克碳/（米^2·日），秋季的生产力明显低于春季。

春季叶绿素 a 最高值为 7.41 毫克/米^3，秋季最高值为 2.70 毫克/米^3，春季叶绿素 a 的站间变化幅度大于秋季。

（八）泉州湾

泉州湾海域叶绿素 a 含量介于 1.04～9.93 毫克/米^3，平均值为 4.15 毫克/米^3。秋季（2008 年 10 月）表层含量均值为 4.89 毫克/米^3，底层平均值为 5.28 毫克/米^3。春季（2009 年 5 月）叶绿素 a 含量偏低，表层叶绿素平均值为 2.18 毫克/米^3。

秋季泉州湾表层叶绿素 a 分布呈港湾北部高南部低的特征，春季则呈现近岸高中部水体低的特征，春季叶绿素 a 的站间变化明显。

（九）深沪湾

深沪湾海域叶绿素 a 含量介于 0.36～1.33 毫克/米^3，均值为 0.69 毫克/米^3，总体含量较低。冬季（2006年1月）叶绿素a含量较高，均值为0.80毫克/米³，春季较低（2006年4月），均值为0.54毫克/米³。春季含量低于冬季。春季底层叶绿素a含量最低，仅0.46毫克/米³，此时表层的含量可以达到0.58毫克/米³。

冬、春两季叶绿素a含量分布均呈现出港湾南部高北部低的特点。冬季南部近岸含量较高，达1.14毫克/米³。含量最低的站位在深沪湾东北部，仅为0.44毫克/米³。底层多数站位的叶绿素a都在1毫克/米³以下。

春季叶绿素a最高含量出现在深沪湾的南部，其他海域较低，多数低于0.8毫克/米³。底层站位的含量不高于0.60毫克/米³。

冬季和春季深沪湾海域表、底层叶绿素含量相差不大，均为表层含量略高于底层。深沪湾水浅，较开阔，港湾水动力作用较强，水体上下层混合较为均匀可能是表层和底层叶绿素a含量相差不大的原因。

（十）厦门湾

厦门湾海域叶绿素a的年平均值为3.66毫克/米³。2008年春季五通以西海域，表层和底层叶绿素a平均值分别为2.81毫克/米³和1.65毫克/米³，底层叶绿素a含量低于表层。

厦门湾河口区春季表层叶绿素a含量介于1.21～9.41毫克/米³，平均值为3.37毫克/米³；底层叶绿素a含量介于1.76～9.41毫克/米³，平均值为3.32毫克/米³。秋季表层叶绿素a含量介于0.88～9.19毫克/米³，平均值为1.96毫克/米³；底层叶绿素a含量介于0.77～9.19毫克/米³，平均值为1.92毫克/米³。

大嶝岛周边海域2008年8月叶绿素a含量介于1.43～3.14毫克/米³，平均值为2.04毫克/米³，表、底层含量平均分别为2.10毫克/米³和1.98毫克/米³。2006年秋季叶绿素a含量高值区位于大嶝岛航道南侧和五缘湾近岸。

（十一）旧镇湾

旧镇湾春季叶绿素a含量介于1.84～3.86毫克/米³，平均值为2.94毫克/米³，低值区在湾口最外面，高值区在湾顶。冬季叶绿素a的平均含量不足春季平均值的1/2，为1.38毫克/米³，且分布与春季相反，由外向内逐渐降低。叶绿素a的垂向分布表层普遍高于底层。由于水浅，水体上下层之间的交换比较充分，表、底层叶绿素a值差别不大。

冬季旧镇湾的表层和底层水体中的叶绿素a等值线分布以东西走向为主，湾顶叶绿素的含量高于湾外。春季表层和底层水体的叶绿素a含量等值线以东南－西北走向为主，高含量在湾顶的竹屿方向。尽管等值线分布有所不同，但旧镇湾两个季度叶绿素a的平面分布比较均匀。

（十二）东山湾

东山湾秋季叶绿素a含量介于1.08～2.93毫克/米³，平均值为1.74毫克/米³；

其中表层平均值为 2.07 毫克/米³，中层平均值为 1.33 毫克/米³，底层平均值为 1.46 毫克/米³。

东山湾春季叶绿素 a 含量介于 2.27～4.38 毫克/米³，平均值为 3.14 毫克/米³，表层平均值为 3.87 毫克/米³，中层平均值为 3.01 毫克/米³，底层平均值为 2.38 毫克/米³。表层高于底层。

秋季东山湾各水层中叶绿素 a 含量的分布低于春季，其中中层和底层水体中的叶绿素 a 含量差别较大，不及春季的 1/2。秋季表层和底层在港湾中部高，南部和北部低。春季除了中部高值区继续存在之外，在湾口海域出现了一个高值区，表层和底层分布形式相同。

（十三）诏安湾

诏安湾冬季叶绿素 a 含量介于 1.01～6.64 毫克/米³，平均值为 2.63 毫克/米³。西高东低，从湾内向湾口递减。高值主要见于湾顶及西埔湾附近，达 5 毫克/米³ 左右，湾中部为 2～5 毫克/米³，港湾口低于 2.0 毫克/米³。

诏安湾春季叶绿素 a 含量介于 1.71～5.45 毫克/米³，平均值为 2.90 毫克/米³。从湾内向湾口递减。高值主要见于湾顶东梧以南海域，达 5 毫克/米³ 以上，湾中部为 3～5 毫克/米³，湾口低于 3.0 毫克/米³。

诏安湾叶绿素 a 未出现明显的冬、春季差异。冬季表层水体中叶绿素 a 西浦港海堤有较高的含量，宫口半岛近岸海域的含量低。春季叶绿素 a 含量高值区分布在北部湾顶和湾口，西浦港海堤以西海域为低含量区。

三、重要港湾总特征

秋季各港湾表层叶绿素 a 总平均值为 2.20 毫克/米³，底层总平均值为 1.76 毫克/米³。秋季底层叶绿素 a 平均值略低于表层。秋季叶绿素 a 含量平均值为 2.06 毫克/米³，处于正常水平，泉州湾和兴化湾叶绿素 a 含量较高，分别为 5.13 毫克/米³ 和 3.71 毫克/米³；泉州湾个别站位的叶绿素 a 含量可达 13.13 毫克/米³ 以上。叶绿素含量较低的港湾有沙埕港、三沙湾、罗源湾和深沪湾等，含量均低于 1 毫克/米³。一般认为，如果水体中叶绿素 a 在 10 毫克/米³ 以上，则表示海域水体处于富营养化状态。因此，秋季上述两个港湾的局部海域至少处于富营养盐化状态。

春季港湾叶绿素含量较高的位于福清湾和湄洲湾，平均叶绿素 a 含量分别为 9.16 毫克/米³ 和 4.19 毫克/米³。福清湾叶绿素含量个别站位表层叶绿素 a 高达到 20 毫克/米³，已经达到赤潮水平。

多数港湾春季的叶绿素 a 含量大于秋季，但少数港湾，如兴化湾、深沪湾和厦门湾的叶绿素 a 含量春季低于秋季。

总体上，福建沿海重要港湾的叶绿素 a 含量春季和秋季分别为 2.53 毫克/米³ 和 2.06 毫克/米³，两季节之间的差别不是很大（图 3-2）。

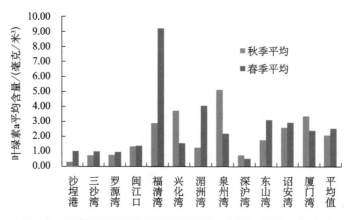

图 3-2 福建沿海重要港湾秋季和春季叶绿素 a 平均含量比较

四、近岸海域与港湾的比较

港湾调查两个季度的平均值略高于福建近岸海域四个季节的平均值 0.25 毫克/米³。如果取春季和秋季调查的平均值，则福建近岸海域叶绿素 a 平均值为 1.6 毫克/米³，低于同期港湾平均值 2.06 毫克/米³。这表明港湾的富营养程度高于近岸海域。另外，数据表明，内湾叶绿素 a 含量总体上比沿海开阔海域更高。

福建省多数港湾周边地区都已经进入开发利用时期，大规模的围垦，海域纳潮量减少，水体交换能力弱，周边人口密度增加，径流输入量减少，入海生活污水和工农业污水污染，海洋排污、海水养殖、疏浚导致的沉积物再悬浮，以及赤潮暴发等可能是福建省港湾局部海域叶绿素含量较高的主要原因。

第二节　浮　游　植　物

一、福建近岸海域

（一）种类组成

微型浮游植物为水采样品获得的种类，四个季节共获浮游植物 27 科 100 属 349 种（含变种、变型、孢囊和未定种类，下同），其中，硅藻 15 科 74 属 299 种，甲藻 6 科 16 属 38 种，蓝藻和金藻分别为 1 科 3 属 4 种，隐藻和裸藻分别为 1 科 1 属 1 种，其他 2 科 2 属 2 种。全年属种比例硅藻最高，甲藻其次，其他属种比例较低。

春季航次共鉴定浮游植物 179 种（包含变种、变型），隶属于 4 门 23 科 57 属；夏季航次共鉴定浮游植物 185 种，隶属于 6 门 24 科 57 属；秋季共鉴定浮游植物 216 种，隶属于 4 门 16 科 63 属；冬季共鉴定浮游植物 131 种，隶属于 4 门 20 科 44 属。各季度均以硅藻种类数最多，秋季所占比例最大（图 3-3），其次为春、夏季，两季相差不大，冬季最低（图 3-4）。

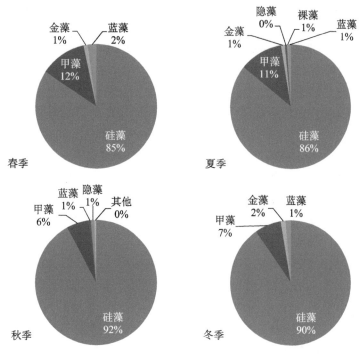

图 3-3　福建近岸海域微型浮游植物各属种数的百分比组成

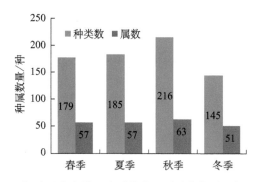

图 3-4　福建近岸海域四个季节微型浮游植物种属数量组成

（二）数量变化

春季水体表层浮游植物密度平均 8.00×10^4 个细胞/升，10 米层平均值为 5.52×10^4 个细胞/升，30 米层平均值为 0.76×10^4 个细胞/升，底层较低，平均为 0.50×10^4 个细胞/升，总平均值为 3.69×10^4 个细胞/升。表层高密度区出现在东山湾口、漳浦外海、泉州湾口和闽江口外，特别是闽江口外密度高，达 10.00×10^4 个细胞/升，自岸向外递增。多数站位密度在 $1.00 \times 10^4 \sim 5.00 \times 10^4$ 个细胞/升。厦门湾外、湄洲湾外和闽东局部海域密度很低，在 $0.50 \times 10^4 \sim 1.00 \times 10^4$ 个细胞/升。10 米层处浮游植物密度也较高，高值区出现在福建北部与东海海域，由近岸海域区向外海域递减；低值区主要在福建南部海域，在 $0.10 \times 10^4 \sim 0.50 \times 10^4$ 个细胞/升。30 米层浮游植物密度分布与表层相似，但低于表层。

夏季水体表层浮游植物总密度为 187.96×10^4 个细胞/升；10 米层为 176.64×10^4 个细胞/升，30 米层为 15.82×10^4 个细胞/升，底层为 24.82×10^4 个细胞/升。水体表层、中层和底层以硅藻为优势种，其次为甲藻，甲藻所占比例不足总数量的 0.1%。夏季表层浮游植物高密度区出现在厦门以南的外海域以及东山附近海域，大部分海域密度大于 500.00×10^4 个细胞/升。湄洲岛以北近岸海域，浮游植物密度在 $50.00 \times 10^4 \sim 100.00 \times 10^4$ 个细胞/升，高值区出现在闽江口外，分布不均匀。10 米层浮游植物密度较高，高值区主要出现在福州东北近岸海域及东海局部海域，在东山沿海也分布一小范围高值区，密度高于 500.00×10^4 个细胞/升。底层浮游植物高值区出现在福州外海域和泉州湾外海域，密度大于 100.00×10^4 个细胞/升，近岸海域低于外海，低值区出现在东山近岸海域区，密度小于 0.50×10^4 个细胞/升。

秋季水体浮游植物密度平均为 0.22×10^4 个细胞/升，表层、10 米层、30 米层和底层的数量平均分别为 0.48×10^4 个细胞/升、0.14×10^4 个细胞/升、0.14×10^4 个细胞/升和 0.10×10^4 个细胞/升。硅藻居第一位，其次为甲藻，甲藻约占总密度的 2.0%。表层浮游植物密度较高值区出现在东山至厦门之间海域，数量大于 1.00×10^4 个细胞/升，东山岛外海的个别测站高达 2.00×10^4 个细胞/升以上，厦门湾外和海坛岛外局部站位密度不高于 0.20×10^4 个细胞/升，其余的多数站位在 $(0.50 \sim 1.00) \times 10^4$ 个细胞/升。10 米层和 30 米层浮游植物密度呈现由近岸向外海递增趋势，近岸海域大多在 0.50×10^4 个细胞/升以下，高值区仅出现于东山岛外海和连江外海的个别测站，数量在 0.30×10^4 个细胞/升左右。底层浮游植物密度分布类似于 10 米层和 30 米层，近岸密度低于外海，南部高于北部。

冬季浮游植物密度平均为 0.34×10^4 个细胞/升。表层总密度为 0.51×10^4 个细胞/升，10 米层为 0.54×10^4 个细胞/升，30 米层为 0.08×10^4 个细胞/升，底层为 0.24×10^4 个细胞/升。以硅藻为主，其次为甲藻。表层浮游植物密度总体不高，高值区出现在东山、厦门、泉州外海域，密度大于 0.50×10^4 个细胞/升，最高大于 10.00×10^4 个细胞/升，东山南部高值区密度在 10.0×10^4 个细胞/升以上，厦门近岸海域以及泉州湾以北的北部海域浮游植物的密度很低，为 $0.50 \times 10^4 \sim 1.00 \times 10^4$ 个细胞/升，近岸高于外海。10 米层及以下水层水体中浮游植物高值区自湄洲湾伸展到东山海域，东山海域近岸高于远岸。30 米以下水层从东山湾到台湾海峡中部出现较高值区，近岸海域低于远岸。福建北部沿海浮游植物密度较低，密度在 0.50×10^4 个细胞/升左右，密度梯度不明显（图 3-5）。

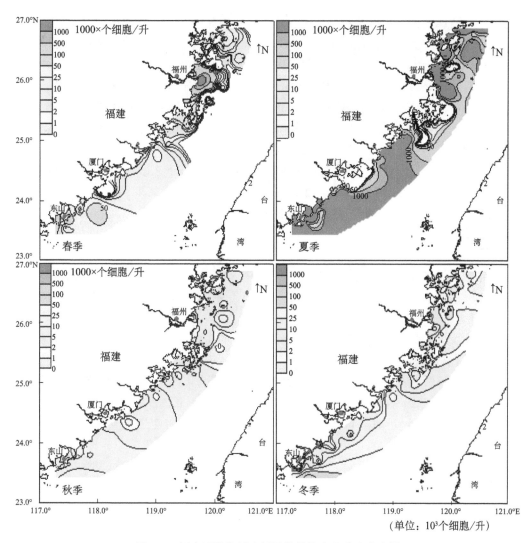

图 3-5　福建近岸海域表层浮游植物密度季度分布图

（三）主要类群

福建近岸海域浮游植物主要类群有广温广盐种的中肋骨条藻、旋链角毛藻、洛氏角毛藻，暖温低盐种的柔弱几内亚藻等。优势种中中肋骨条藻常见于福建近岸河口和沿海富营养水体，四季均可形成高密度。旋链角毛藻多见于春季和夏季，柔弱几内亚藻四季常见。

二、重要港湾

（一）沙埕港

2006 年冬季和春季调查共记录浮游植物 141 种。其中，硅藻 118 种、甲藻 14 种、绿藻 3 种、蓝藻 3 种、金藻 2 种和定鞭藻 1 种。浮游植物种类数春季高于冬季，湾口高于湾内，底层稍高于表层。浮游植物冬季和春季的主要优势种有中肋骨条藻，海域平均数量达到 23.4×10^2 个细胞/升。其他优势种有具槽帕拉藻、海链藻和拟菱形藻等。冬季辐射列圆筛藻、佛氏海毛藻和琼氏圆筛藻占优势，春季辐射列圆筛藻为海域优势种。

沙埕港浮游植物冬季平均密度为 30.07×10^2 个细胞/升，春季平均密度为 60.7×10^2 个细胞/升，春季细胞密度高于冬季。冬季西段海域浮游植物丰度高于东段，表层和底层呈现同样趋势。表层和底层密度平均值分别为 9.0×10^2 个细胞/升和 11.10×10^2 个细胞/升，底层高于表层。春季西段海域浮游植物数量高于东段海域。西段海域个别站位达到 100×10^2 个细胞/升以上，东段海域的数量不足西段密度的 1/2。表层和底层密度平均值分别为 40.40×10^2 个细胞/升和 27.00×10^2 个细胞/升，表层高于底层。

（二）三沙湾

共鉴定浮游植物 89 种，其中硅藻 76 种、甲藻 12 种、蓝藻 1 种。秋季（9月）鉴定物种数 66 种，其中硅藻 56 种、甲藻 9 种、蓝藻 1 种；春季记录物种数 58 种，包括蓝硅藻 50 种、甲藻 7 种和蓝藻 1 种。

秋季主要优势种有中肋骨条藻、丹麦细柱藻、曲舟藻、柔弱根管藻和舟形藻等；春季主要优势种有中肋骨条藻、具槽帕拉藻、菱形海线藻和舟形藻等。

三沙湾春秋两季表层水采浮游植物细胞密度平均值为 175.6×10^2 个细胞/升。秋季密度均值为 192.24×10^2 个细胞/升，表层密度最大值为 337×10^2 个细胞/升，出现在东吾洋的湾内；最小值为 46.6×10^2 个细胞/升，位于东冲口。底层密度最大值为 194×10^2 个细胞/升，出现在盐田港中，卢门港水体的数量也较高；最小值为 40.0×10^2 个细胞/升，出现在白马港口。春季密度均值为 158.95×10^2 个细胞/升，表层最大值为 538×10^2 个细胞/升，最小值为 47.4×10^2 个细胞/升；底层密度最大值为 739×10^2 个细胞/升，最小值为 60.7×10^2 个细胞/升。盐田港和白马港海域浮游植物数量和种类比较丰富。

总体上，三沙湾浮游植物数量春季大于秋季，湾口低于湾内，底层略高于表层。

（三）罗源湾

2005～2006 年罗源湾共记录各类浮游植物 147 种。其中，硅藻 145 种、甲藻 13 种、蓝藻 4 种、金藻 3 种、绿藻和定鞭藻各 1 种。秋季优势种有中肋骨条藻、尖刺菱形藻和热带骨条藻等，春季优势种有具槽直链藻、中肋骨条藻和长菱形藻。秋季和春季的网采样品中大洋角管藻和夜光藻分别成为海区优势种。

2009 年罗源湾调查记录了浮游植物 5 门 75 属 250 种（包括变形和变种等），其中绿藻 2 属 2 种、金藻 2 属 3 种、蓝藻 4 属 6 种、甲藻 13 属 31 种、硅藻 54 属 208 种、海域主要类群为硅藻。

罗源湾秋季浮游植物总密度为 165×10^2 个细胞/升，表层平均密度为 195.61×10^2 个细胞/升，底层为 129.1×10^2 个细胞/升。总体上南岸密度高于北岸，表层高于底层。春季表层平均密度为 103.04×10^2 个细胞/升，底层高于表层，湾顶海域高于湾口。

（四）闽江口

秋季表层水样中共鉴定浮游植物 193 种，其中硅藻 167 种、甲藻 9 种、绿藻 8 种、蓝藻 7 种、金藻 1 种。主要种类有中肋骨条藻、小环藻和针杆藻。局部发现数量很大的红海束毛藻。春季表层水样中共鉴定出浮游植物 31 属 43 种，其中硅藻 26 属 38 种、甲藻 3 属 3 种、绿藻和金藻各 1 种，主要种类和优势种有中肋骨条藻和条纹小环藻。

秋季表层平均密度为 1029.93×10^2 个细胞/升，部分站位达到 $10\,000 \times 10^2$ 个细胞/升以上，局部海域密度较低，在 1000×10^2 个细胞/升以下。

春季表层水采调查浮游植物密度在 $230 \times 10^2 \sim 2620 \times 10^2$ 个细胞/升，平均密度为 1149.22×10^2 个细胞/升。优势种中肋骨条藻密度在 $138 \times 10^2 \sim 2330 \times 10^2$ 个细胞/升，平均为 938×10^2 个细胞/升。

（五）福清湾

福清湾浮游植物共记录 160 种，其中硅藻和甲藻分别为 122 种和 31 种，蓝藻 4 种、金藻 1 种、裸藻 1 种。秋季福清湾共记录 90 种浮游植物（包括变种和变形），其中硅藻 71 种、甲藻 13 种、蓝藻 4 种、裸藻 1 种、金藻 1 种。春季共记录 131 种，其中硅藻 98 种、甲藻 29 种、金藻门 2 种、蓝藻和裸藻各 1 种。各站浮游植物种类数平均为 43 种。各站种类数较接近，其中最北部的位于松下附近的站位种类最多，为 53 种，而大练岛以南站的种类较少。

秋季优势种有中肋骨条藻、琼氏圆筛藻、蛇目圆筛藻、星脐圆筛藻、虹彩圆筛藻、蓝藻门的红海束毛藻，以及铁氏束毛藻等。

春季优势种有纺锤角藻、三角角藻、夜光藻、奇异棍形藻、柔弱角毛藻、双突角毛藻、柔弱菱形藻、尖刺菱形藻和笔尖形根管藻等。

秋季网采浮游植物密度变化范围为 $0.83 \times 10^2 \sim 79.13 \times 10^2$ 个细胞/升，平均为 12.14×10^2 个细胞/升。湾口海域密度明显高于其他海域，一般高于湾内站位一个数量级。海坛海峡南端西侧水深不大，但密度高于海峡东侧。

春季浮游植物密度范围为 $26.72 \times 10^2 \sim 124.94 \times 10^2$ 个细胞/升，平均为 59.71×10^2 个细胞/升。湾口一带高于其他南部海域。海坛海峡南端，西侧比东侧密度高。

（六）兴化湾

秋、春季调查共记录浮游植物 100 种，分别隶属于 4 个门类 44 属。其中硅藻类最多，有 36 属 95 种，其次是甲藻类，有 6 属 10 种，金藻类为 1 属 1 种、蓝藻类为 1 属 2 种。秋季和春季种类数分别为 72 种和 67 种。

秋季浮游植物总密度为 295.74×10^2 个细胞/升，表、底层平均密度分别为 334.37×10^2 个细胞/升和 257.11×10^2 个细胞/升，表层高于底层。表层密度最高位于兴化湾的中部和西部海域，底层局部也有较高密度，可达 498.17×10^2 个细胞/升。

春季浮游植物总密度为 62.19×10^2 个细胞/升，表层和底层分别为 80.67×10^2 个细胞/升和 $43.71×10^2$ 个细胞/升，表层高于底层。表层最高密度位于兴化湾中部和东部海域，在 $200×10^2$ 个细胞/升以上，其他站位不足 $50×10^2$ 个细胞/升。总细胞密度和主要优势种的密度分布秋、春两季明显不同，秋季基本上呈现自湾外向湾内递增的特征，春季则呈现自湾外往湾内递增的趋势。春季密度是秋季密度的 20%，可能源于调查期间的阴雨天气。

（七）湄洲湾

湄洲湾秋季和春季两个航次调查浮游植物共 157 种，其中秋季航次共鉴定 103 种，含硅藻 95 种、甲藻 4 种、蓝藻 2 种、金藻和裸藻各 1 种，此外出现孔虫 1 种。优势种有菱形海线藻、具槽直链藻和中肋骨条藻等。春季共鉴定 111 种，其中硅藻 99 种、甲藻 10 种、金藻 2 种，优势种主要有中肋骨条藻、柔弱几内亚藻和布氏双尾藻等。

总体上，秋季浮游植物种类数低于春季，秋季出现的蓝藻和裸藻没有在春季出现。春季硅藻种数在浮游植物种数中的比例有所降低，从 89.2% 降低到 99.4%，而甲藻的种数有所增加。

秋季浮游植物密度总平均 $130.0×10^2$ 个细胞/升。其中表层为 $142×10^2$ 个细胞/升，底层为 $118×10^2$ 个细胞/升。表层最高密度发生在湾口，为 $250×10^2$ 个细胞/升，底层最高密度为 $400×10^2$ 个细胞/升。表层和底层呈近岸高、港湾中部和内湾低的分布特征。

春季浮游植物密度总平均 $492×10^2$ 个细胞/升。其中表层为 $563×10^2$ 个细胞/升，底层为 $422×10^2$ 个细胞/升。表层和底层站间平均差别不大。总体来看高密度区主要位于湄州湾西岸，表层最高为 $1496×10^2$ 个细胞/升。

（八）泉州湾

2008～2009 年春、秋季两季调查，由水采样共鉴定浮游植物 122 种（包括变形和变种等），其中硅藻 112 种、甲藻 7 种、金藻 2 种和蓝藻 1 种。硅藻门类占总种数的 91.8%。

泉州湾秋季记录浮游藻类 97 种，其中硅藻 90 种、甲藻 5 种、金藻和蓝藻各 1 种，主要种有中肋骨条藻、旋链角毛藻、奇异棍形藻、具槽帕拉藻和布氏双尾藻等。春季共记录浮游植物 46 种，其中硅藻 43 种、甲藻 2 种、金藻 1 种，主要优势种有中肋骨条藻、具槽帕拉藻、加氏星杆藻和菱形海线藻等。

两季度浮游植物细胞数量均值为 $1346.5×10^2$ 个细胞/升。春季细胞数量较高，均值为 $2521.0×10^2$ 个细胞/升；秋季稍低，均值为 $348.2×10^2$ 个细胞/升。从平面分布来看，不论秋季或夏季浮游植物细胞数量等值线一般以东西走向为主，密度分布呈现出南岸低北岸高的趋势。

（九）深沪湾

深沪湾海域冬季航次调查（网采）共检出浮游植物 122 种，其中硅藻 112 种、甲藻

7种、蓝藻 2 种、金藻 1 种。硅藻数量占绝对优势，其细胞数量占了浮游植物细胞总量的 99.7％。冬季共记录 86 种，其中硅藻 77 种、甲藻 6 种、金藻 1 种和蓝藻 2 种，主要优势种有中肋骨条藻、中华盒形藻、热带骨条藻、卡氏角毛藻、具槽帕拉藻和虹彩圆筛藻。春季调查共检出浮游植物 89 种，其中硅藻 82 种、甲藻 6 种、蓝藻 2 种、金藻 1 种。春季主要优势种有冰河拟星杆藻（日本星杆藻）、细弱海链藻、柔弱根管藻、中肋骨条藻、覆瓦根管藻和旋链角毛藻。

深沪湾海域浮游植物细胞数量介于 $23×10^2 \sim 1938×10^2$ 个细胞/升，均值为 $338×10^2$ 个细胞/升。春季均值为 $632.0×10^2$ 个细胞/升，高值区出现在湾口和湾内站位；冬季密度均值为 $44.94×10^2$ 个细胞/升，数量不及春季的 1/10，全区仅在湾北部有一个高密度站位。

（十）厦门湾

大嶝岛周边海域夏季水采共鉴定出浮游植物 36 属 63 种，其中包括硅藻 33 属 60 种、甲藻 2 属 2 种和裸藻 1 属 1 种。春季（2009 年 3 月）水采浮游植物共鉴定出 23 属 43 种，其中硅藻 20 属 39 种、甲藻 2 属 3 种、金藻 1 属 1 种。

大嶝岛周边海域夏季水采浮游植物总密度介于 $52×10^2 \sim 262×10^2$ 个细胞/升，平均值为 $113×10^2$ 个细胞/升；春季水采浮游植物总密度介于 $37×10^2 \sim 402×10^2$ 个细胞/升，平均值为 $120×10^2$ 个细胞/升。春夏两季浮游植物细胞总量变化规律基本一致，表现出西部海域和安海湾口附近海域高的特点。

（十一）旧镇湾

旧镇湾春、冬两个航次网采和水样浮游植物样品共计 137 种，隶属于 4 门 54 属，其中硅藻 38 属 111 种，甲藻 13 属 23 种，绿藻、蓝藻和金藻各 1 种。网采春、冬季分别记录了 99 种和 75 种，网采种类多于水样种类。种类较多的属为圆筛藻属 14 种、盒形藻属 11 种、角毛藻属 10 种、根管藻属 10 种、菱形藻属 8 种。

水采浮游植物的总细胞密度冬季为 $207.1×10^2$ 个细胞/升，春季为 $341.3×10^2$ 个细胞/升。冬季水的混合较好，水样浮游植物数量的分布相对均匀，波动范围为 $0.011×10^2 \sim 368×10^2$ 个细胞/升，湾东侧高于西侧，湾口区域也较低。春季浮游植物细胞数量波动较大，范围为 $0.071×10^2 \sim 1936.0×10^2$ 个细胞/升，湾口及湾外大部分区域很低，但比较均匀，变动范围在 $0.071×10^2$ 个细胞/升和 $120×10^2$ 个细胞/升之间。

（十二）东山湾

东山湾春秋两季浮游植物共计 3 门 61 属 239 种，其中硅藻 211 种、甲藻 26 种、蓝藻和金藻各 1 种；角毛藻属 41 种、根管藻属 18 种、圆筛藻属 17 种、菱形藻属 16 种；辐杆藻属、盒形藻属、海链藻属、斜纹藻属及甲藻门的角藻属各 10 种左右。

东山湾水样浮游植物细胞数量的季节分布与网采的相同，春季高于秋季，分别为

$2146×10^2$ 个细胞/升和 $519.2×10^2$ 个细胞/升，两月份相差 4 倍多。网采的浮游植物细胞数量两季节差距没那么明显，春季小型种类的数量明显增多。春季水样浮游植物的细胞数量全区变化范围较大，为 $5.3×10^2 \sim 6324×10^2$ 个细胞/升，最高值区在大霜岛西南部和湾顶，密度接近 $4000×10^2$ 个细胞/升。最低值区在湾西南侧和湾口东侧，密度均低于 $600×10^2$ 个细胞/升。秋季水样浮游植物的细胞密度分布由东北向西南递增，漳江口附近最低，仅有 $178.1×10^2$ 个细胞/升；湾西南侧最高，为 $1500×10^2$ 个细胞/升。

（十三）诏安湾

诏安湾冬春两季调查鉴定浮游植物共计 96 种，隶属于 4 个门类，其中硅藻 84 种、甲藻 9 种、蓝藻 2 种、金藻 1 种。硅藻占浮游植物细胞总量的 87.5%，甲藻占 9.37%，其他门类更少。主要优势种有刚毛根管藻和中肋骨条藻。菱形海线藻、布氏双尾藻和细弱海链藻等也较为常见，均为福建沿海的常见种。

诏安湾冬季网采浮游植物平均总细胞密度为 $0.96×10^2$ 个细胞/升，分布不均匀，站间密度变动范围为 $0.17×10^2 \sim 5.00×10^2$ 个细胞/升，相差近 30 倍，密集中心位于湾口西屿以北的港湾中部；系中肋骨条藻大量繁殖所致，总量分布受优势种中肋骨条藻所支配。春季浮游植物总细胞密度平均 $2.38×10^2$ 个细胞/升，分布不均匀，变动范围在 $0.15×10^2$ 个细胞/升和 $7.425×10^2$ 个细胞/升，高低相差近 50 倍。高密度区位于湾口海域。

三、重要港湾总特征

福建重要港湾两个季度共鉴定出浮游植物 8 门 497 种，其中硅藻种类数最多，计 411 种，甲藻 56 种，蓝藻 11 种，绿藻 11 种，金藻 4 种，定鞭藻 2 种，裸藻和有孔虫各 1 种。硅藻为港湾最为常见的种类，数量占全部种数的 82.7%，其次为甲藻，占 11.3%，其他门类所占比例均低于 6%（图 3-6）。

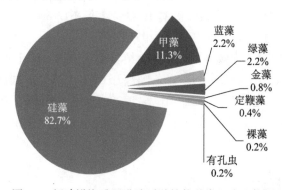

图 3-6　福建沿海重要港湾浮游植物种类组成比较图

硅藻门中数量最大的种类有奇异棍型藻、中肋骨条藻、双突角毛藻、柔弱角毛藻、柔弱拟菱形藻、尖刺拟菱形藻等。甲藻门中优势种有棱角藻、三角角藻、亚历山大藻、夜光藻等。蓝藻门中常见种有红海束毛藻、铁氏束毛藻、颤藻等种类。绿藻门中常见种有绿藻、井字藻、团藻和栅藻等。

福建重要港湾浮游植物种类多样性高，数量也比较高（图3-7）。秋季和春季港湾表层水体总平均密度分别为 258.48×10^2 个细胞/升和 672.59×10^2 个细胞/升，春季密度高于秋季。13 个重要港湾中，东山湾藻类密度最高，春季平均密度为 2145.63×10^2 个细胞/升，秋季为 519.02×10^2 个细胞/升；其次为泉州湾、闽江口、湄洲湾等；密度较低的港湾有厦门湾、沙埕港、深沪湾和诏安湾等，密度每升仅数千个或不足 100 个细胞。网采浮游植物样的细胞密度通常低于水采样品。

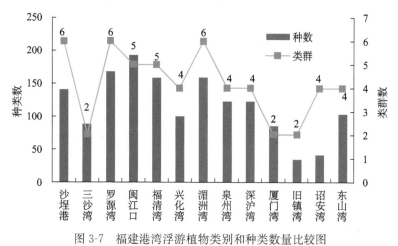

图 3-7　福建港湾浮游植物类别和种类数量比较图

四、近岸海域与港湾的比较

港湾调查所获的总种数高于近岸海域调查结果。近岸海域调查四个季节的硅藻种类仅有 299 种，约低于港湾 100 种。近岸海域四个季节调查记录的其他门类的种类数量也低于港湾调查。福建港湾和河口的环境较近岸海域环境复杂，浮游植物的种类多样性明显高于福建近岸海域。近岸海域海水中浮游植物密度比港湾的低，密度低于 200×10^2 个细胞/升左右。这一趋势与港湾叶绿素 a 较高的特征一致，显示港湾内的富营养化倾向明显于沿海开放海域。

第三节　浮　游　动　物

一、福建近岸海域

（一）种类组成

福建近岸海域四个季节浮游动物调查共鉴定 292 种（类），其中以夏季出现的种数最多（194 种），其次是春季（149 种）和秋季（134 种），冬季最少（100 种）（图 3-8）。四季均以桡足类为优势种，所占比例最大。水母类在春季、夏季和秋季占有较大比例。毛颚类和糠虾类也比较多，其他包括端足类、介形类、翼足类、被囊类、翼足类、异足类、十足类、磷虾类和枝角类等类别所占比例相对较小。此外，调查中还发现有若干类阶段性浮游幼虫以及少量的底栖端足类。

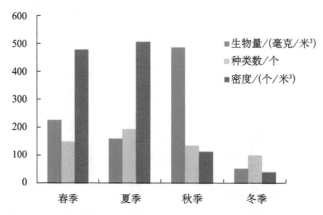

图 3-8　福建近岸海域浮游动物种数、生物量和密度的季节变化

（二）生物量

全年浮游动物总的湿重生物量为 232 毫克/米³，其中以秋季最高，为 488 毫克/米³，其次是春季 227 毫克/米³ 和夏季 160 毫克/米³，冬季最低，为 53 毫克/米³。总体上生物量呈现秋季和春季高、夏季和冬季低的特征（图 3-9）。

春季生物量在 39～1938 毫克/米³，大于 500 毫克/米³ 的高值区主要出现在海坛岛外海和厦门以南海域；平潭至厦门之间海域，以及闽江口局部海域外的北部近岸海域生物量低于 200 毫克/米³。夏季生物量在 17～937 毫克/米³，呈近岸低外海高的分布格局，闽江口外和厦门与东山之间外海海域生物量高。秋季生物量在 43～1802 毫克/米³，平潭以南外海出现大片大于 200 毫克/米³ 的高值区，少数站位的生物量大于 1000 毫克/米³；平潭以北海域近岸生物量普遍小于 150 毫克/米³。冬季生物量在 6～308 毫克/米³ 变化，海域生物量偏低，仅东山、漳浦和闽江口近岸局部海域较高，冬季平均生物量全年最低。

（三）密度

福建近岸海域浮游动物总个体密度年平均 175 个/米³。夏季最高，为 508 个/米³，其次是春季 478 个/米³ 和秋季 114 个/米³，冬季最低，为 40 个/米³。

全年桡足类在各类群中密度百分比组成优势显著；介形类和阶段性浮游幼虫主要出现在夏季，春季和秋季也有较高的出现率；毛颚类和水母类分别在春、夏、秋季出现，其中春、夏季出现比例较大；磷虾类在冬季也常出现，形成优势类群；异足类、翼足类、端足类、糠虾类、十足类和枝角类等类群在各季出现的密度不高。

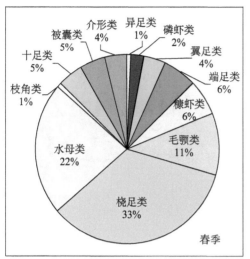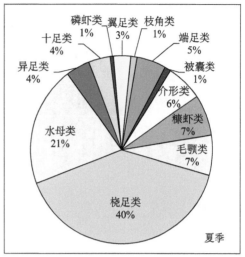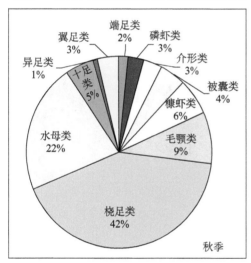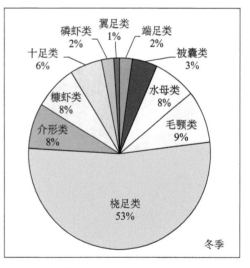

图 3-9 福建近岸海域浮游动物主要类别种数的季度百分组成

春季总个体密度在 6～2300 个/米³ 变动，大于 500 个/米³ 的高密度区分别位于海坛岛以北和福建南部海域，其中海坛岛以北以中华哲水蚤（*Calanus sinicus*）、蛇尾类长腕幼虫、拟细浅室水母（*Lensia subtiloides*）、五角水母（*Muggiaea atlantica*）、纳噶箭虫（*Sagitta nagae*）和肥胖软箭虫（*Sagitta enflata*）等占优势。南部海域种类主要由桡足类幼体、长腹剑水蚤（*Oithona* spp.）小拟哲水蚤（*Paracalanus parvus.*）和长尾住囊虫（*Oikopleura longicauda*）等组成，其他区域数量多数不足 200 个/米³（图 3-10）。

夏季总个体密度在 21～1145 个/米³ 变动。近岸低外海高，高密度区位于沿海东北部，主要种类有锥形宽水蚤（*Temora turbinate*）、肥胖软箭虫、亨生莹虾（*Lucifer hanseni*）、美丽秃鳍箭虫（*Sagitta pulchra*）、精致真刺水蚤（*Euchaeta concinna*）、微刺哲水蚤（*Canthocalanus pauper*）、半口壮丽水母（*Aglaura hemistoma*）和双生水母

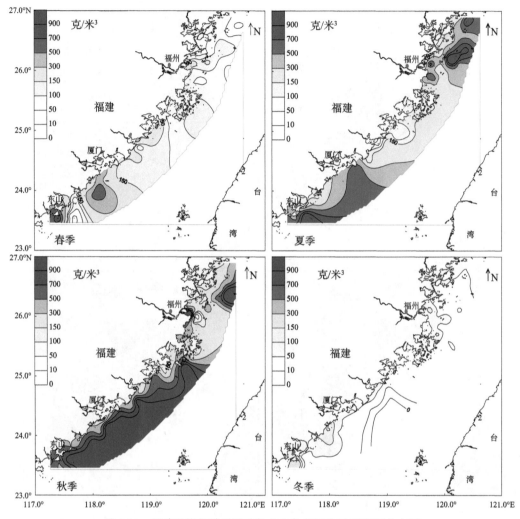

图 3-10　福建近岸海域浮游动物总生物量四个季度平面分布图

（*Diphyes chamissonis*）等。

秋季总个体密度在 4～386 个/米^3，大于 200 个/米^3 的高密度区位于厦门以南海域，并在古雷半岛两侧形成高密度区，其中古雷以北海域主要种类有齿形海萤（*Cypridina dentata*）、双生水母、肥胖软箭虫、微刺哲水蚤、亚强真哲水蚤（*Subeucalanus subcrassus*）、精致真刺水蚤和长尾类幼虫等，古雷以南沿海主要有中华哲水蚤、精致真刺水蚤、微刺哲水蚤、百陶箭虫（*Zonosagitta bedoti*）、普通波水蚤（*Undinula vulgaris*）、伯氏平头水蚤（*Candacia bradyi*），以及多毛类幼虫。福建北部沿海浮游动物数量较低（<50 个/米^3）。

冬季总个体密度在 2～232 个/米^3，高密度区位于东北部沿海，主要种类有桡足类幼体、长腹剑水蚤（*Oithona* spp.）、拟哲水蚤（*Paracalanus* sp.）、中华哲水蚤、隆剑水蚤（*Oncaea* sp.）、住囊虫（*Oikopleura* sp.）等。其他区域密度较低，一般小于 20 个/米^3。

调查所获浮游动物共 292 种，数量明显低于港湾。主要优势种以桡足类为首，其次是水母和毛颚类，与港湾和近岸海域浮游动物种类组成相同（图 3-11）。

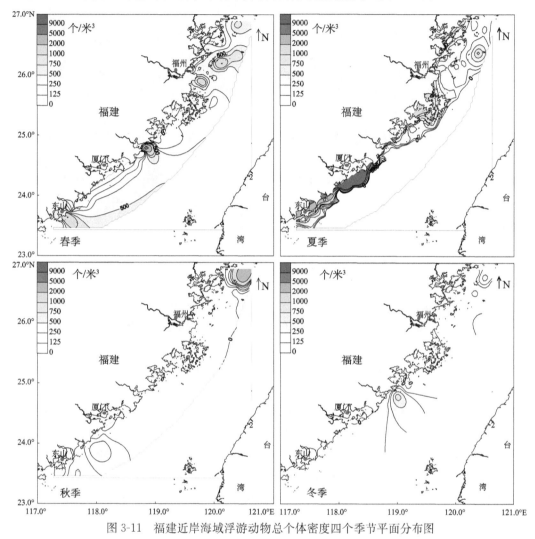

图 3-11　福建近岸海域浮游动物总个体密度四个季节平面分布图

福建近岸海域水体春秋两季浮游动物密度分别为 522 个/米³ 和 135 个/米³，两季平均值为 328 个/米³，仅为港湾同季节平均密度的 14%。福建近岸海域春季和秋季浮游动物生物量分别为 370 毫克/米³ 和 150 毫克/米³；港湾春季和秋季浮游动物生物量分别为 1213 毫克/米³ 和 1518 毫克/米³，近岸海域浮游动物总生物量为港湾的 20% 左右。

二、重要港湾

（一）沙埕港

2006 年调查共鉴定到浮游动物 17 类 103 种（含 19 个未定种），以及部分浮游幼虫。

其中，原生动物 2 种、刺胞动物 23 种、栉水母 2 种、环节动物多毛类 3 种、软体动物 5 种、浮游甲壳动物 60 种（以桡足类为主，有 46 种）、毛颚动物 5 种、被囊类 2 种、海洋昆虫 1 种。幼虫及幼体有 26 类。大中型浮游动物的种类数从湾顶到湾口逐渐增加，呈西部低东部高的分布趋势。

冬季沙埕港大中型浮游动物平均密度为 21 个/米^3，最高为 53 个/米^3，最低为 88 个/米^3。春季平均密度为 5427 个/米^3，最高为 9805 个/米^3，最低为 2200 个/米^3。冬季和春季大中型浮游动物分布大体相同，一般为北低南高、西低东高。中小型浮游动物的密度分布与大中型浮游动物基本一致。

冬季浮游动物生物量平均 39 毫克/米^3，总体很低，呈南高北低、西高东低的特征。最高为 104 毫克/米^3，最低为 13 毫克/米^3。春季浮游动物的平均生物量为 109 毫克/米^3，最高为 238 毫克/米^3，最低为 32 毫克/米^3。沙埕港内浮游动物生物量总体较低，春季浮游动物生物量比冬季高 5 倍，分布与浮游动物密度的分布趋势相一致。

（二）三沙湾

两个航次共记录浮游动物 16 类 118 种，包括甲壳类 68 种（其中桡足类 49 种）、水母类 36 种、毛颚类 7 种、海洋昆虫 1 种、原生动物 3 种、被囊类 3 种。

秋季航次记录浮游动物 113 种，其中桡足类 33 种、水母类 20 种、浮游幼虫 34 种，其他 26 种，主要优势种有百陶箭虫、长尾类幼虫、短尾类幼虫、精致真刺水蚤、球型侧腕水母、汤氏长足水蚤等。春季航次记录浮游动物 112 种，其中桡足类 34 种、水母类 24 种、浮游幼虫 28 种、其他 26 种，主要优势种有球型侧腕水母、拟细浅室水母、短尾类溞状幼虫等。

三沙湾浮游动物种类多样性在全省各重要港湾中仅次于福清湾和闽江口，总的门类数量仅次于沙埕港。三沙湾浮游幼虫的种类和数量在各港湾中最高。

三沙湾浮游动物生物量平均值为 56.11 毫克/米^3，个体密度平均值为 17 个/米^3。秋季平均生物量为 52.94 毫克/米^3，平均个体密度为 17 个/米^3；春季平均生物量为 49.23 毫克/米^3，平均个体密度为 17 个/米^3。秋季主要优势种百陶箭虫和真刺唇角水蚤的平均密度分别为 3 个/米^3 和 2 个/米^3。春季的优势种球形侧腕水母和短尾类幼虫平均密度都为 2 个/米^3。此外，春季夜光虫也有较高数量，平均密度达到 2 个/米^3。春季生物量略高于秋季，平均密度两个季节没有显著差别。

（三）罗源湾

初步鉴定浮游动物 12 类 50 种（包括 19 个未定种）和若干种浮游幼虫。其中，刺胞动物 9 种、栉水母 2 种、管水母 2 种、浮游甲壳动物 32 种（其中桡足类 23 种、涟虫 1 种、等足类 1 种、端足类 2 种、磷虾 1 种、糠虾 2 种、十足类 2 种）、毛颚动物 4 种、被囊类 1 种。幼虫及幼体有 24 类。

罗源湾的浮游动物类别和物种的数量在全省各港湾中属于较不丰富类型，种类数大大低于沿海港湾的平均水平，浮游动物多样性在全省重要港湾中排名倒数第四。

秋季大中型浮游动物的总密度为 20 个/米^3，主要种类为汤氏长足水蚤 16 个/米^3、针刺拟哲水蚤 9 个/米^3、中华假磷虾 7 个/米^3 等。中小型浮游动物密度为 2232 个/米^3。主要种类为强额拟哲水蚤 1625 个/米^3、蔓足类无节幼虫 594 个/米^3、针刺拟哲水蚤 313 个/米^3、简长腹剑水蚤 281 个/米^3 等。大官坂外密度较高，湾顶和牛坑海域密度较低。春季大中型浮游动物的平均密度是 24 个/米^3，主要种类为太平洋纺锤水蚤 60 个/米^3 和短尾类幼体 20 个/米^3 等。中小型浮游动物密度为 1017 个/米^3，主要种类有蔓足类幼体 1156 个/米^3、桡足类幼体 500 个/米^3、克氏纺锤水蚤 469 个/米^3、太平洋纺锤水蚤 219 个/米^3、强额拟哲水蚤 219 个/米^3、针刺拟哲水蚤 188 个/米^3 等。春季密度分布大致呈南高北低、西高东低趋势，高值区位于湾顶，最低值出现在湾口和碧里附近海域区。

秋季罗源湾浮游动物平均生物量为 89.11 毫克/米^3，春季为 162.58 毫克/米^3。总体上湾内生物量较低。春季明显高于秋季与夜光虫数量较大有关。春秋两季生物量分布趋势一致，类似于密度分布。

（四）闽江口

闽江口共鉴定到浮游动物 112 种，其中秋季 58 种、春季 89 种。两季浮游动物中，桡足类 55 种、枝角类 20 种、介形类 2 种、糠虾类 7 种、磷虾类 1 种、十足类 2 种、涟虫类 2 种、端足类 1 种、等足类 2 种、毛颚类 6 种、刺胞动物 10 种、管母 2 种、栉水母 1 种、被囊类 1 种。优势种有火腿许水蚤和中华异水蚤等。

闽江口浮游动物种类丰富。类别的多样性在全省属于中等水平，种类多样性在沿海港湾中属于中上水平。

秋季浮游动物平均生物量为 246.6 毫克/米^3，粗芦岛东面最低，为 17.5 毫克/米^3，琅岐岛近岸最高，为 760.0 毫克/米^3。浮游动物个体数密度平均 206 个/米^3，粗芦岛东面最低，为 18 个/米^3，琅岐岛东面最高，为 930 个/米^3。总种数最多的位于闽江口外，最低的在琅岐岛东侧。

春季浮游动物平均生物量为 510.2 毫克/米^3。粗芦岛北面最低，为 52.1 毫克/米^3，琅岐岛川石水道东侧最高，为 1780.0 毫克/米^3。浮游动物个体数密度平均 125 个/米^3，连江近岸最低，为 33 个/米^3，闽江口南口最高，为 348 个/米^3。总种数最多的位于琅岐岛东侧和闽江口外海。

（五）福清湾

福清湾两个季度共记录 14 类 147 种。其中甲壳动物有 98 种、水母类 34 种、毛颚类 9 种、被囊类 4 种、海洋昆虫和翼足类各 1 种。

秋季调查共记录到的浮游动物有 107 种，其中包括水母类 13 种（水螅水母 9 种、管水母 2 种、栉水母 2 种）、介形类 5 种、桡足类 63 种、糠虾 4 种、磷虾 1 种、端足类 2 种、十足类 7 种、毛颚类 7 种、被囊类 2 种。与此同时还记录到若干类阶段浮游幼虫以及鱼卵和仔稚鱼等。

春季调查共记录到的浮游动物有 84 种。桡足类和水母类的种数占很大的比例，分别有 38 和 27 种；浅水 II 型网获的种类（60 种）明显多于浅水 I 型网获的种类（38 种），表明小型种类的优势地位。与此同时还记录到若干类阶段性浮游幼虫、鱼卵和仔稚鱼。福清湾的浮游动物门类和物种多样性在全省各海湾中数量最高。

福清湾口中部种类数最多，总数在 15～23 种；海坛海峡总数在 3～21 种；湾内种类数最少，各站在 5～11 种。

秋季浮游动物总个体密度平均为 5311 个/米³，变化范围在 736～18 147 个/米³。湾口北部浮游动物数量最高，变化范围在 18 147～11 050 个/米³；湾内浮游动物数量最低，为 736 个/米³ 左右；海坛海峡浮游动物的数量在 5000 个/米³ 以下，其中海峡东部高于西部。

春季浮游动物总个体密度平均值为 22 817 个/米³。屿头岛以西海域最高，各站均值为 30 432 个/米³；海坛海峡中南部海域次之，各站均值为 23 022 个/米³，其中西侧海域的数量高于东侧的数量；屿头岛以东的海坛海峡北口海域最少，各站均值为 14 792 个/米³。最高值为 55 308 个/米³，其中蔓足类幼体数量占总个体密度的 80.0%，最低值为 10 218 个/米³，该站蔓足类幼体密度较低，最高的仅为 0.5%。

（六）兴化湾

春秋两季调查鉴定出浮游动物 11 类 116 种，其中春季 83 种，秋季 77 种。两季均以桡足类和水母类占比例最大，其次秋季是毛颚类、十足类、介形类和糠虾类，春季则是毛颚类、糠虾类、介形类和端足类，其他类别如磷虾类和被囊类所占分量都较小。此外，还鉴定出若干类阶段性浮游幼虫，以及少量的鱼卵和仔稚鱼及底栖端足类等。

兴化湾浮游动物门类多样性略低于 13 个重要港湾的平均水平，但种类多样性很高，仅次于福清湾、三沙湾和闽江口。

秋季兴化湾浮游动物平均密度为 560 个/米³，变化范围在 30～5385 个/米³。较高密度区位于兴化湾口和东北部，主要种类为短尾类幼虫和长尾类幼虫，低密度区位于西北部湾顶，密度小于 60 个/米³。

春季平均密度为 281 个/米³，变化范围在 33～2488 个/米³。密度大于 100 个/米³ 的 5 个站位分别位于湾口海域以及港湾西北部和东北部，湾口中部主要由桡足类幼体、小拟哲水蚤和挪威小毛猛水蚤组成。其他高密度区优势种有瘦尾胸刺水蚤、中华哲水蚤、肥胖软箭虫，拿卡箭虫、齿形海萤和中华假磷虾等。兴化湾北部锥型多管水母和刺尾纺锤水蚤密度较高，东北部以短尾类幼体为主，东南部密度低，在 50 个/米³ 以下。

秋季和春季浮游动物总个体密度平均值为 420 个/米³。秋季密度平均值为 560 个/米³，是春季平均值 281 个/米³ 的两倍。

秋季的总生物量均值 229.5 毫克/米³ 明显低于春季的 1096.6 毫克/米³。春季胶质类浮游动物（如锥形多管水母等）个体密度较高。秋季总生物量和总个体密度均呈南部高北部低的特征，春季分布与秋季相反。

（七）湄洲湾

湄洲湾春秋两季调查共鉴定浮游动物 12 类 94 种，春季较多，为 66 种，秋季较少，为 60 种。桡足类比例最大，约为 50%，其次水母类约 15%、毛颚类约 15%、十足类约 8%、糠虾类约 6%，其他类别如端足类、介形类、磷虾类和被囊类所占比例较小。此外，还鉴定出若干类浮游幼虫和少量涟虫。

湄洲湾浮游动物多样性在沿海各港湾中属于中等水平，其类别数量略低于全省的平均数。

湄洲湾春秋两季调查浮游动物总个体密度介于 17~165 个/米³，平均值 56 个/米³，季节变化较小。秋季生物密度均值为 55 个/米³，大于 75 个/米³ 的高值区位于东浦西部近岸海域，强额拟哲水蚤和短角长腹剑水蚤等数量较高。春季生物密度均值为 57 个/米³，高值区位于秀屿西南、峰尾东部和东浦西部近岸海域，主要种类有捷氏歪水蚤、住囊虫、瘦尾胸刺水蚤和拿卡箭虫等，小于 30 个/米³ 低值区位于港湾中部和南部海域。

（八）泉州湾

泉州湾春秋两季调查共鉴定浮游动物 14 类 91 种，其中桡足类 48 种、水母类 24 种，另有若干十足类、端足类、糠虾类、等足类、枝角类和毛颚动物，1~2 种有尾类、原生动物、介形类、多毛类、涟虫类和磷虾类。秋季鉴定出 53 种，春季鉴定出 65 种。浮游动物门类和种类多样性略高于全省平均水平。

泉州湾海域四个航次调查浮游动物平均密度为 4619 个/米³，变化范围在 131~18 459 个/米³。秋季最高，均值为 9989 个/米³，其次为春季和冬季，均值分别为 4757 个/米³ 和 3005 个/米³，夏季最低，均值为 724 个/米³。密度分布趋势与生物量较为一致，基本呈现出港湾西部和南部海域高、东部和北部海域低的特点。

（九）深沪湾

深沪湾春冬两季调查共鉴定浮游动物 14 类 63 种（类），以及若干浮游幼体（虫），冬季和春季分别为 50 种和 38 种。其中，腔肠动物 9 种，桡足类 40 种，糠虾类 2 种，十足类 1 种，端足类 1 种，涟虫类 1 种，磷虾类 1 种，枝角类 1 种，毛颚类 3 种，被囊类 1 种。在全省各港湾中深沪湾浮游动物门类多样性中等略高，物种多样性属中等偏低水平。Ⅰ型网生物量（湿重）变化范围在 18.13~465.00 毫克/米³，平均 83.89 毫克/米³；Ⅱ型网生物量（湿重）变化范围在 69.44~825.00 毫克/米³，平均 227.83 毫克/米³。调查中，Ⅰ型网优势种类为夜光虫、中华哲水蚤；Ⅱ型网优势种类为强额孔雀哲水蚤、夜光虫。

Ⅰ型网生物量（湿重）变化范围在 74.40~307.50 毫克/米³，平均 211.20 毫克/米³。Ⅰ型网优势种为五角水母、中华哲水蚤；Ⅱ型网优势种为夜光虫。

浮游动物湿重生物量和总个体密度在湾口外侧海域和湾顶北部海域较高。冬季浮游动物湿重生物量均值为 227 毫克/米³。春季浮游动物湿重生物量变化范围在 74.4~307.5 毫克/米³，平均 132.8 毫克/米³。分布趋势大体上与冬季的相反，东高西低。

冬季浮游动物平均密度为 1546 个/米³，最高值 2658 毫克/米³ 在深沪湾北面，南部也有较高密度。春季平均密度为 1259 个/米³，最高在湾的南部，达到 9217 个/米³，其他站位的密度多数不足 100 个/米³。总体上,深沪湾的南部和北部近岸较高。

(十) 厦门湾

大嶝岛周边海域 2008 年夏季共鉴定出浮游动物 14 类 58 种(含鱼卵和仔稚鱼)及 7 类阶段性浮游幼虫,以桡足类占明显优势,其余依次是水母类、鱼卵和仔稚鱼、毛颚类、被囊类和十足类、糠虾类、介形类。主要由近岸暖水类群、外海广高盐类群 2 个生态类群组成。2009 年春季共鉴定 20 种浮游动物,桡足类占 55%,其次是水母类 25%,磷虾类、毛颚类和糠虾类所占分量都相对较小。此外,还鉴定出若干类阶段性浮游幼虫,以及少量的鱼卵和仔稚鱼及底栖端足类等。2005 年秋季共记录浮游动物 17 类 81 种。生物种类多样性在全省沿海港湾中属于中下水平。浮游动物均由近岸种组成。

2005 年秋季大嶝岛周边海域浮游动物平均密度为 88 个/米³,围头湾附近海域较高,密度在 100 个/米³ 以上,最大达到 200 个/米³,五通附近海域在 76～92 个/米³。2008 年夏季平均密度为 19 个/米³,变化范围在 4.0～38 个/米³,高值区位于大嶝东部和南部海域,大嶝西北侧海域最低。2009 年春季(3 月)总个体密度均值为 11 个/米³,变化范围在 1～28 个/米³,东北部和东南部较高。2005 年秋季调查的浮游动物密度高于其他年份同季节。

大嶝岛周边海域 2008 年夏季调查海域的浮游动物生物量介于 18.7～192.0 毫克/米³,均值为 80.38 毫克/米³。东部海域最高,大于 150 毫克/米³,西部海域最低,小于 20 毫克/米³。2009 年春季浮游动物生物量介于 11.7～303.3 毫克/米³,均值为 96.8 毫克/米³,略高于夏季调查结果,东南部高于西北部。

(十一) 旧镇湾

旧镇湾冬春两季共鉴定浮游动物 8 类 23 种,以及若干种浮游幼虫。以桡足类为主,共 13 种,其次为毛颚类 3 种,以及涟虫类、长尾类、瓣鳃类、多毛类、磷虾类、糠虾类和短尾类等其他类别的种类若干。旧镇湾浮游动物多样性在全省居于最低水平。

冬季旧镇湾浮游动物的个体密度平均 30 个/米³,春季平均 63 个/米³,春季是冬季的两倍。个体密度分布很不均匀,冬季范围为 3～133 个/米³,湾顶最高,湾中部最低,湾东侧较高(72 个/米³),其他低于平均值。春季的高值区仍在湾顶,个体密度高达 293 个/米³,湾外最低,形成了由湾顶向湾外递减的趋势。

旧镇湾浮游动物生物量冬季为 56.4 毫克/米³,春季为 125.7 毫克/米³,春季高于冬季。生物量分布很不均匀,冬季生物量的范围为 1.2～118 毫克/米³,高值区在湾东侧和湾顶,生物量超过 100 毫克/米³,低值区在湾口,自东向西降低。其他站上的生物量分布较均匀,在 37.3～61.4 毫克/米³。春季生物量变化范围为 16.13～267 毫克/米³,分布无明显规律,高值区在湾顶和湾口,最低值分布在湾东部。

(十二) 东山湾

东山湾春秋两季调查共鉴定出浮游动物 8 类 31 种,以及若干浮游幼体,秋季和春季分别为 23 种和 17 种。优势类群为桡足类，达 18 种，占 58%。春季鱼卵、短尾类幼体和长尾类幼体稍多，秋季幼体偏少。东山湾浮游动物门类和物种多样性在全省各港湾中居较低水平。

东山湾春秋两季调查浮游动物个体数量分别为 53 个/米^3 和 65 个/米^3，春季稍低于秋季。春季个体数量的分布不均匀，范围为 5～80 个/米^3；秋季范围为 40～100 个/米^3，湾口比湾内稍高。拟哲水蚤和瘦尾胸刺水蚤遍布调查区，在湾顶区稍高。太平洋纺锤水蚤出现率很低，但湾口密度达 18 个/米^3。住囊虫的高密度中心在湾东侧，可达 18 个/米^3。浮游幼体以短尾类幼体最多，平均 10 个/米^3，湾顶达 35 个/米^3，蔓足类幼体主要集中在湾口。

东山湾浮游动物生物量均值春季为 24.97 毫克/米^3，范围为 8.6～57.2 毫克/米^3，湾口低，湾内高，湾中央最高。秋季的浮游动物生物量均值为 114.9 毫克/米^3，范围为 61.6～223.3 毫克/米^3，由湾口向湾内递增，湾顶生物量最高。

（十三）诏安湾

诏安湾冬春两季调查共鉴定出浮游动物 13 类 48 种，其中春季 35 种，冬季 34 种。桡足类和水母类所占比例较大，其次是毛颚类，其他类别如糠虾类、十足类、介形类、磷虾类、异足类、翼足类、枝角类和被囊类所占分量都较小。此外，还有若干类阶段性浮游幼虫以及少量的涟虫和底栖端足类等。诏安湾浮游动物类别数和种类多样性在全省居于较低水平。

诏安湾浮游动物总个体密度均值以冬季较高，为 30 个/米^3，范围为 3～130 个/米^3。春季较低，为 22 个/米^3，范围为 5～56 个/米^3。冬季以梅岭镇东部近侧最密集，达 130 个/米^3，主要由小型桡足类如挪威小毛猛水蚤、短角长腹剑水蚤、小拟哲水蚤及桡足类幼体大量聚集所致；湾口海域个体密度也较高，大于 30 个/米^3，主要以瘦尾胸刺水蚤、精致真刺水蚤、小拟哲水蚤和桡足类幼体占优势；湾北部大片海域和港口西北近侧海域数量贫乏，小于 10 个/米^3。春季大于 30 个/米^3 的站位分别位于西屿附近以及西埔海堤西面近侧，其中西埔海堤西面近侧以底栖端足类为主，西屿附近则以瘦尾胸刺水蚤和短尾类幼虫占优势。

诏安湾冬春两季调查浮游动物（湿重）生物量均值为 191.7 毫克/米^3。季节变化较小，冬季和春季分别为 189.8 毫克/米^3 和 191.6 毫克/米^3。冬季的变化范围为 65.0～405.0 毫克/米^3；梅岭镇东部近侧和湾口海域生物量较高，达 200 毫克/米^3；梅岭镇东部近侧最高，达 405.0 毫克/米^3；诏安湾北部以及港口西北近侧生物量最低，范围为 65～100 毫克/米^3。春季生物量的变化范围为 95.0～415.0 毫克/米^3，湾东南部的生物量较高，达 300 毫克/米^3；东南角的量值最高，达 415.0 毫克/米^3；港口东北部生物量贫乏，范围为 95～100 毫克/米^3。

三、重要港湾总特征

福建 13 个重要港湾两个季度共获得调查浮游动物 20 个门类，有桡足类、阶段性浮游动物、箭虫、水螅水母、管水母、鱼卵和仔稚鱼、端足类、糠虾、磷虾、介形类、栉水母、十足类、等足类、涟虫类、翼足类和异足类等。此外，三沙湾还检出少量海洋昆虫。桡足类是沿海港湾浮游动物的主要类群，不仅种类多，而且出现率高，阶段性浮游动物、毛颚类动物、水螅水母等也占有很大的分量。

调查的 13 个重要港湾中，浮游动物的总种类共有 489 种，除了 176 种桡足类外，有水螅水母 100 种、阶段性浮游动物 76 种、介形类 30 种等。其他类群的数量不多，有的仅有 2～3 种。各港湾中，福清湾记录的种类多样性最高，种类数达 147 种；其次是闽江口，有 158 种；其后依次为三沙湾、兴化湾、沙埕港、泉州湾、湄洲湾、深沪湾、厦门湾、罗源湾和诏安湾等；东山湾和旧镇湾的种类最为简单，分别为 31 种和 23 种（图 3-12）。

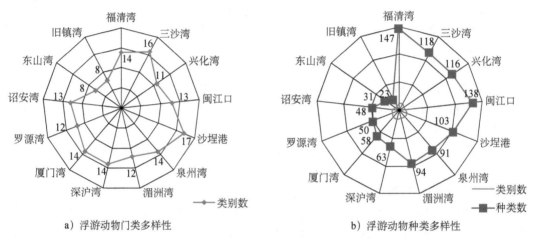

a) 浮游动物门类多样性　　　　　　　　b) 浮游动物种类多样性

图 3-12　福建重要港湾浮游动物门类和种类多样性比较图

沿海各港湾秋季（或冬季）和春季调查所获浮游动物平均密度分别为 1092 个/米³ 和 3705 个/米³；最高密度分别为 5311 个/米³ 和 22 978 个/米³，均位于福清湾；最低密度近 22 个/米³，位于春季的三沙湾。总体上春季平均密度是秋季的 3.4 倍。各港湾秋季和春季航次浮游动物调查密度值见表 3-3。

表 3-3　福建沿海重要港湾秋冬季和春季航次浮游动物密度平均值统计表

（单位：个/米³）

河口/港湾	秋季/冬季	春季	均值
福清湾	5 311	22 978	14 145
泉州湾	2 870	10 045	6 287
沙埕港	1 853	5 517	3 638
深沪湾	1 546	1 259	1 403
罗源湾	29	1 169	674
兴化湾	800	511	655
湄洲湾	170	184	177
闽江口	194	125	161
厦门湾	158	—	158

续表

河口/港湾	秋季/冬季	春季	均值
三沙湾	194	22	108
东山湾	65	56	61
旧镇湾	23	63	43
诏安湾	44	39	42
均值	1 092	3 705	2 339

四、近岸海域与港湾的比较

福建近岸海域调查中，所获浮游动物数量明显低于港湾。港湾和近岸海域浮游动物种类主要优势种以桡足类为首，其次是水母和毛颚类。港湾种类数较高，表明港湾的环境多样，给多种浮游动物的栖息和生长留下了空间。相比较而言，近岸海域水体开放，栖息环境单一，种类组成相对简单是必然的。福建近岸海域水体春、秋两季浮游动物密度低于港湾同期，仅为港湾平均密度的14%。此外，从生物量角度看，福建近岸海域春季和秋季浮游动物生物量为港湾的20%左右。因此，港湾的浮游动物的丰度和生物量均高于近岸海域。

第四节　鱼卵和仔稚鱼

一、福建近岸海域

（一）鱼卵

近岸海域调查共记录鱼卵13科29种（含未定种）。其中，水平拖网获得种类24种，垂直拖网获得17种。水平拖网以夏季和春季获得的种类较多，分别为14种和13种；秋季和冬季较低，分别为3种和1种。夏季获得的鱼卵和仔稚鱼种类最多，达到11种，其次为春季共获得8种，秋冬两季种类最少，分别为2种（表3-4）。所获种类中，鳀科和鲱科种数较高，分别为6种，其他科仅有1～3种。鳀科的小公鱼、棱鳀和鲱科小沙丁鱼鱼卵数量较多。两种不同网具调查表明，除了冬季以外，其他三个季节水平拖网都获得较多种类。

表3-4　福建近岸海域鱼卵和仔稚鱼种类数的季节分布

拖网方式	春季	夏季	秋季	冬季	总种数
水平拖网	13	14	3	1	24
垂直拖网	8	11	2	2	17

春季垂直拖网和水平拖网获得的鱼卵和仔稚鱼密度呈现南高北低的特征，高密度区

集中在东山一带海域。其中垂直拖网获得数量较高,超过 400 个/100 米³;水平拖网获得的密度在 40 个/100 米³ 以上,主要种类为日本鳀。闽江口以北海域数量较低,垂直拖网和水平拖网获得的鱼卵和仔稚鱼分别低于 50 个/100 米³ 和 20 个/100 米³。

夏季垂直拖网和水平拖网鱼卵的分布趋势一致,高密度区出现在厦门外海域。厦门湾外东南部和东北部海域数量最高,均大于 500 个/100 米³,主要种类为鳀科小公鱼和鲱科鱼卵。除了个别站外站位之外,多数站位上的鱼卵数量不高于 80 个/100 米³,闽江口以北海域数量低于 50 个/100 米³。

秋季垂直拖网结果表明,高密度鱼卵仅出现在泉州湾以南海域,东山附近海域密度较高,最高数量在 180 个/100 米³ 以上,主要为小公鱼鱼卵。泉州湾以北海域鱼卵很少,仅在闽江口东北部海域发现少量鱼卵。水平拖网所获鱼卵在东北部沿海和泉州湾以南海域有较高密度,数量仅高于 10 个/100 米³,密度仍低于垂直拖网所获,闽江口至泉州湾之间沿海仅获得鱼卵。

冬季鱼卵数量为全年最低,垂直拖网未采到任何鱼卵。北部沿海个别站位水平拖网仅获得大于 8 个/100 米³ 的鱼卵,大部分海域鱼卵密度不足 1 个/100 米³。

福建近岸海域拖网获得鱼卵总密度为 37 个/100 米³。其中水平拖网和垂直拖网密度分别为 45 个/100 米³ 和 29 个/100 米³。夏季所获鱼卵密度最高,其次是春季,冬季鱼卵密度最低。冬季垂直拖网未获得任何鱼卵。总体上,海域鱼卵密度夏季最高,冬季最低。垂直拖网获得的鱼卵密度低于水平拖网(表 3-5)。

表 3-5　福建近岸海域鱼卵密度的季节变化　　（单位：个/100 米³）

拖网方式	春季	夏季	秋季	冬季	均值
水平拖网	41	63	38	40	45
垂直拖网	41	66	10	0	29
均值	41	64	24	20	37

(二) 仔稚鱼

福建近岸海域四季共记录仔稚鱼 86 种(含未定种),隶属 35 科 59 属。其中垂直拖网记录 42 种,水平拖网记录 72 种。以鳀科(12 种)、鰕虎鱼科(11 种)和鲱科(7 种)种类较多。其他各科一般为 1~4 种。夏季种类最多,垂直拖网和水平拖网分别记录 30 种和 47 种,春季其次,垂直和水平拖网各记录 22 种和 30 种,冬季种类最低,分别记录了 3 种和 11 种。

春季仔稚鱼高数量区出现在北部海域,其中垂直拖网和水平拖网均在闽江口外出现较高密度。南部东山湾也出现大于 20 个/100 米³ 的高值区,主要种类是鰕虎鱼。其他海域数量均低于 10 个/100 米³ 或未检出。

夏季仔稚鱼数量明显上升,沿海各站位垂直拖网均获得较高密度,闽江口外海域数量大于 250 个/100 米³。个别站位大于 500 个/100 米³,主要种类为鰕虎鱼和鳀科小公鱼,其次是少量白姑鱼、棱鳀和小沙丁鱼等。厦门湾外海域数量小于 10 个/100 米³,为沿海最低。水平拖网获得的仔稚鱼高密度区于闽江口外和漳浦外海,主要种类是鰕虎鱼。

秋季垂直拖网获得较高的仔稚鱼，高密度区出现在平潭以东、罗源湾外和厦门湾以南海域，以东山海域密度最高，数量大于 40 个/100 米³。此外，漳浦外海有少量分布，其他海域均未获得高密度仔稚鱼。水平拖网发现东山湾外、闽江口外均有较高密度仔稚鱼，其中东山湾古雷半岛以东海域数量较高，形成数量大于 20 个/100 米³ 的高密度区，以小公鱼和褐菖鲉数量较高。

冬季仅约 20% 站位获得仔稚鱼，垂直拖网获得的高密度区主要在罗源湾和三都澳之间的海域和东山湾外。沿海水平拖网几乎都能够获得仔稚鱼，较高密度区主要出现在北部海域，在罗源湾和三都澳之间沿海形成数量为 25 个/100 米³ 的高密度区。主要种类为褐菖鲉和少量的鰕虎鱼、前棱龟鲛和小公鱼；其他海域数量较低。

福建沿海四个季度拖网调查获得的仔稚鱼密度总密度为 25 个/100 米³。垂直和水平拖网获得密度分别为 38 个/100 米³ 和 11 个/100 米³。其中垂直拖网夏季获得密度最高，春季其次，秋季和冬季数量明显低落，冬季密度全年最低。水平拖网以秋季最高，夏季其次，春季和冬季较低。仔稚鱼总密度表明，冬季是数量最低季节，夏季仔稚鱼的数量最多（表 3-6）。

表 3-6　福建近岸海域仔稚鱼密度季节变化　　　（单位：个/100 米³）

拖网方式	春季	夏季	秋季	冬季	平均值
垂直拖网	51	90	8	4	38
水平拖网	4	13	26	2	11
平均值	27	51	17	3	25

福建近岸海域仔稚鱼各个季节的分布趋势是，春季的高数量密集区位于调查区北部海域。夏季仔稚鱼遍及全区数量也明显上升，其中垂直拖网以福州邻近北部海域最为密集，水平拖网仔稚鱼的密集区位于福州邻近北部海域及厦门东南部海域。秋季垂直拖网以东山海域最为密集；水平拖网仔稚鱼的密集区仅出现在东山东北部海域和福州一带海域，其他海域均未分布。冬季的高数量密集区主要出现在东北部海域。

二、重要港湾

（一）沙埕港

2005 年冬季仅获得鳀科和未定种仔稚鱼各 1 种。2006 年春季获得褐菖鲉、纹缟鰕虎鱼、油魣、鰕虎鱼等 5 种仔稚鱼，其中褐菖鲉分布较广，多数站位均有检出。冬季各站位上未获得鱼卵。春季收集的鱼卵有褐菖鲉、油魣、鲻科鱼类、鰕虎鱼、青鳞鱼、角鯻及未定种鱼卵等 7 种（类）。各种鱼卵中，褐菖鲉在多数站位上均有分布。油魣在不足 1/3 的站位出现，其他种仅在个别站位上出现。

2008 年春季（5 月）获得仔稚鱼 2 种、鱼卵 5 种，隶属于 4 科 6 属。仔稚鱼种类有日本鳀和鰕虎鱼。鱼卵有鲱科、凤鲚、沙丁鱼、鳀鱼和大眼鲷等 5 种（类）。其中鲱科鱼卵数量最多，其余 4 种很少。

冬季全区仔稚鱼平均密度为 3 个/100 米³。春季获得鱼卵平均密度较高，为 201 个/100 米³，高密度区出现在沙埕港的西段和中段。春季全港湾仔稚鱼平均密度为 71 个/100 米³，最高在 600 个/100 米³ 左右，沙埕港西段和东段达到 100 个/100 米³ 以上，中段多数密度在 50 个/100 米³ 以下。

（二）三沙湾

共鉴定出鱼卵与仔稚鱼 6 目 20 科 26 种，主要有鮨鱼卵、石首鱼科、美肩鳃鳚、鰕虎鱼科、褐菖鲉、矛尾复鰕虎鱼、油鯻、六丝矛尾鰕虎鱼等。秋季记录鱼卵和仔稚鱼 12 种，其中定量的鱼卵和仔稚鱼 5 种，定性的鱼卵和仔稚鱼 10 种；春季记录鱼卵和仔稚鱼 16 种，其中定量的鱼卵和仔稚鱼 5 种，定性的鱼卵和仔稚鱼 13 种。

秋季三沙湾鱼卵和仔稚鱼种数最高均位于三都澳内。春季种类数在三都澳以北大楼近岸水体和三都澳内高。这说明三都澳是一个适宜于多种生物栖息的海域。沿海各港湾中三沙湾鱼卵和仔稚鱼的多样性丰富程度仅次于兴化湾，在各港湾中属于较高水平。

秋季三沙湾鱼卵密度较低，仅局部海域出现斑鰶鱼卵和未定种，密度分别为 7 个/100 米³ 和 25 个/100 米³，平均密度为 2 个/100 米³。春季鱼卵平均密度达到 182 个/100 米³，最高密度为 1300 个/100 米³，由高密度鮨鱼卵造成，其他海域的鮨鱼卵密度在 4～375 个/100 米³。

秋季三沙湾仔稚鱼平均密度为 5 个/100 米³，最高密度在三都澳内，达 46 个/100 米³，其他站位密度不超过 20 个/100 米³。春季海域仔稚鱼平均密度为 28 个/100 米³，最高密度为 125 个/100 米³，位于三都澳。

（三）罗源湾

2006 年秋季和春季垂直拖网共鉴定 4 目 5 科 7 种，主要有康氏小公鱼、鳎科鱼类、褐菖鲉、纹缟鰕虎鱼、六丝矛尾鰕虎鱼和油鯻等。鱼卵和仔稚鱼的多样性在沿海各港湾中的丰富程度较差，类似于沙埕港，属较低水平。

2005 年秋季仅在 2 个站位上垂直拖网获得鱼卵，平均密度为 16 个/100 米³。秋季未获得仔稚鱼。

2006 年春季在 8 个站位上垂直拖网获得鱼卵，平均密度为 211 个/100 米³，最高密度 647.06 个/100 米³。仔稚鱼仅在 3 个站位上获得，全区平均密度为 45 个/100 米³。湾顶站位鱼卵的密度较高，湾中部站位仔稚鱼的密度较高。

2009 年夏季（7 月）鉴定仔稚鱼 11 种、鱼卵 10 种，隶属于 9 科。仔稚鱼有小沙丁鱼、鲱科、康氏小公鱼、中颌棱鳀、鳎、美肩鳃鳚、金线鱼、鳄、鰕虎鱼、舌鳎、珠海龙等 11 种。鱼卵有鲱科、鳀科、鳎科、鲾科、笛鲷科、金线鱼科、鰕虎鱼科、舌鳎科等 8 科，主要种类有康氏小公鱼、中颌棱鳀、赤鼻棱鳀、鳎、竹荚鱼、鲳科、多鳞鳝、舌鳎、鬼鲉、鰕虎鱼等 9 种[1]。

---

① 2009 年福建省水产研究所内部资料。

（四）闽江口

秋季琅岐岛以东近岸垂直拖网获得鱼卵和仔稚鱼，鱼卵密度为 80 个/100 米^3。其他站位鱼卵密度不足 20 个/100 米^3，没有采集到仔稚鱼。

春季在琅岐岛以东近岸、粗芦岛以北和闽江口外海站位获得仔稚鱼，垂直拖网密度在 60 个/100 米^3 以下。粗芦岛南获得仔稚鱼密度为 90 个/100 米^3。鱼卵仅在闽江口外站位获得，密度不足 15 个/100 米^3。

（五）兴化湾

兴化湾 2005 秋季和 2006 年春季调查共鉴定出鱼卵和仔稚鱼 44 种（含未定种和类），其中秋季和春季各为 14 种和 34 种（含未定种）。种类组成以鳀科居多，为 6 种，其他科仅有 1～3 种。

秋季全区鱼卵和仔稚鱼的站位平均有 3 种，种类数最多的站位有 6 种，主要为舌鳎和鲷的鱼卵和仔稚鱼。其他多在 2～3 种。春季全区鱼卵和仔稚鱼的站位平均种数为 10.5 种，种类最多的站位有 17 种，其中沙丁鱼和鳀科鱼的种类较多，小公鱼在多个站位都有分布，为分布最广的种类。兴化湾鱼卵和仔稚鱼的多样性在沿海各港湾中的丰富程度较高，属于较好的水平。

秋季兴化湾鱼卵平均密度为 73 个/100 米^3，主要种为舌鳎。水平拖网最高密度在江阴半岛东侧小麦屿北面，达 108 个/100 米^3。仔稚鱼的密度较低，平均密度为 14 个/100 米^3，仅在两个站位上采集到仔稚鱼样品，站位密度分别为 111 个/100 米^3，次高密度为 36 个/100 米^3。

春季海域鱼卵密度较高，全区平均密度为 534 个/100 米^3，最高密度在小麦屿北面，为 1496 个/100 米^3。仔稚鱼平均密度为 140 个/100 米^3，最高密度在湾顶，达 535 个/100 米^3。鰕虎鱼为主要种，湾内密度比较低，为 8 个/100 米^3，与秋季一样鱼卵和仔稚鱼的数量稀少。

春秋两季海域鱼卵和仔稚鱼高数量区位于江阴岛东面和兴化湾湾顶一带海域。春季鱼卵和仔稚鱼的数量分别是秋季的 6 倍和 10 倍左右。

（六）湄洲湾

2005 年秋季湄洲湾水平拖网获得鲷、鲾和其他鱼卵仅三种（类）。主要分布在湄洲湾中部海域，秀屿附近和湾口处的种类很少。获得仔稚鱼 7 种，较多的有美肩鳃鳚、鰕虎鱼，另外小公鱼、康氏小公鱼、舌鰕虎鱼和小鳞脂眼鲱偶然出现。湾口站位仔稚鱼的种类较多。2006 年春季水平拖网记录鱼卵 22 种，平均每站 10.2 种。港湾中部种类数较多，峰尾附近海域种类较少。春季仔稚鱼分布范围小，仅在 8 个站位有记录。湄洲湾仔稚鱼的多样性在沿海各港湾中的丰富程度较高，鱼卵的种类多样性稍低。

秋季海域鱼卵平均密度为 7 个/100 米^3，水平拖网数量全海域鱼卵平均值仅为 9 个/100 米^3，主要由鲷科和鲾科鱼卵组成；最高密度站位在湾内秀屿近岸水体中，为 45 个/

100 米³，湾口站位上未采集到鱼卵。春季鱼卵的数量明显上升，鱼卵的平均值为 240 个/100 米³；密度最高站位在湾中部，为 811 个/100 米³；秀屿附近站点也有较高密度，数量最低的站位分别出现在湾顶和湾口，密度低于 90 个/100 米³。

全区仔稚鱼平均数量仅为 2 个/100 米³，多数站位的数量低于 2 个/100 米³。美肩鳃鳚和鰕虎鱼仔稚鱼在总数量中占有较大比例，约占仔稚鱼总量的 62.1%。其他种类如小公鱼、康氏小公鱼等的数量较少。秋季仔稚鱼密度平均值为 5 个/100 米³，美肩鳃鳚仔稚鱼的数量占总密度的 60%。

（七）泉州湾

春季共记录鱼卵和仔稚鱼 18 种（含未定种），隶属 11 科 12 属。种类组成以鳀科、鲱科和鲷科种类较多，各为 3 种，其他各科一般为 1~2 种。秋季共记录鱼卵和仔稚鱼 6 种，隶属 4 科 5 属。种类组成有鳀科、鲷科和石首鱼科等鱼卵和仔稚鱼。

春季鱼卵种类组成简单，仅出现小公鱼和其他未定种的鱼卵；仔稚鱼的种类较多，站位平均为 8 种，数量最多的站位在秀涂以南，共有 10 种之多，平鲷、黑鲷小公鱼、鲛鱼和魮鱼等出现站位较多，其他类别仔稚鱼仅在 1 个站位上出现。秋季鱼卵仅在 1 个站上获得一种；在多个站位上获得黄鳍鲷、小公鱼等 3 种仔稚鱼，每站平均数量 2 种。

泉州湾仔稚鱼的种属多样性稍高；鱼卵的多样性则处于较低水平。秋季仔稚鱼平均密度在 200 个/100 米³ 左右，高密度的仔稚鱼密度出现在泉州湾中部海域，密度达 516 个/100 米³；春季仔稚鱼平均密度为 1306 个/100 米³，高值站位在祥芝东北角上。秋季泉州湾记录的鱼卵数量仅为 1 个/100 米³；春季平均值为 1293 个/100 米³，全海域平均密度较高，春季高密度鱼卵出现在祥芝附近，密度达到 5172 个/100 米³。

（八）厦门湾

秋季厦门大嶝海域东部鱼卵密度平均值为 519 个/100 米³，密度最高的在围头湾，为 1800 个/100 米³，其次大嶝附近海域也有较高密度。其他海域鱼卵密度在 300 个/100 米³ 左右或低于 300 个/100 米³。秋季海域未采集到仔稚鱼。

（九）东山湾

秋季仅在两个站位上采集到鱼卵和仔稚鱼，海域平均密度分别为 13 个/100 米³ 和 8 个/100 米³，站位最高密度分别不高于 63 个/100 米³ 和 42 个/100 米³。

春季在全部站位上采集到鱼卵，海域平均密度为 806 个/100 米³，最高密度为 2208 个/100 米³，位于漳江口。东山湾仔稚鱼平均密度为 171 个/100 米³，仅一站未采集到仔稚鱼，最高密度为 500 个/100 米³，位于东山湾口东侧。春季的鱼卵和仔稚鱼的数量分别是秋季的 15 倍和 6 倍。

（十）诏安湾

2005 年冬季（12 月和翌年 1 月）共获得鱼卵和仔稚鱼 7 科 9 种（类），其中鱼卵 5

种、仔稚鱼 4 种，分属于不同科属，其中舌鳎科和菖鲉科的数量较高，其他种类有舌鳎、鲷科鱼卵、鲾科鱼卵和小沙丁鱼等。鱼卵平均每站 1.5 种，仔稚鱼平均每站 1.4 种。鱼卵和仔稚鱼种类最多的站位在诏安湾口，达 5 种（类）。

2006 年春季（5 月）鱼卵和仔稚鱼的数量较多，共记录 22 种，其中鳀科和鲱科鱼的种类较多，其他种类有白姑鱼、鲬、蛇鲻、鬼鲉、裴氏小沙丁鱼、小公鱼、断斑石鲈等。鱼卵和仔稚鱼中，鱼卵 14 种，平均每站 5 种。春季记录仔稚鱼 11 种，平均每站 2 种。湾中部和湾口的鱼卵种类较多，达 7 种，有美肩鳃鳚、康氏小公鱼、**鯻**鱼、**鰕**虎鱼等。各站仔稚鱼种类数分布较均匀，种类数在 1~3 种波动。

诏安湾的鱼卵和仔稚鱼的种类多样性低于三沙湾和湄洲湾，在全省港湾中处于中等以上水平。

冬季诏安湾鱼卵数量仅在 1/3 的站位上出现，站位平均密度为 3 个/100 米^3，最高密度在湾口，为 23 个/100 米^3，主要密度组成是未定种的鱼卵和舌鳎卵等，其他各站的密度低于 6 个/100 米^3。春季鱼卵平均密度为 8 个/100 米^3，最高密度在湾口附近，数量在 84 个/100 米^3，组成种主要有鲾科卵和其他鱼卵，其他站位的密度均低于 20 个/100 米^3。

冬季仔稚鱼平均密度为 3 个/100 米^3，最高和次高密度站位均集中在湾口和湾中部。春季仔稚鱼的平均密度为 38 个/100 米^3，湾内密度较高，站位最高密度达 190 个/100 米^3。

冬季和秋季的鱼卵的数量都高于同期采集的仔稚鱼。春季鱼卵和仔稚鱼的数量高于冬季，仔稚鱼的数量比冬季高 10 倍。

三、重要港湾总体特征

全省沿海重要港湾两个季度调查获得鱼卵和仔稚鱼 9 目 66 种（类）。其中鲈形目种类多样性最高，共记录 29 种，其次是鲱形目计 17 种，鲀形目 4 种，颌针鱼目、鲉形目和鲻形目各 3 种，海龙目和文昌鱼目各 1 种，以及其他为数不少的疑难种属的鱼卵和仔稚鱼。鲈形目中常见的种类有鲾科鱼、美肩鳃鳚、鲐鱼和**鰕**虎鱼的鱼卵和仔稚鱼。鲱形目中，数量最大且常见的有小公鱼、青鳞小沙丁鱼、小沙丁鱼和中颌棱鳀等。

记录的鱼卵共有 5 类，计 38 种。其中鲱形目有 16 种，鲈形目有 13 种。其他为鲀形目、鲻形目和鲽形目，目下所含种类低于 5 种。记录的仔稚鱼有 9 目，鲈形目和鲱形目下的种类多样性较高，分别有 25 种和 7 种，其他类别为鲽形目、颌针鱼目、海龙目、鲀形目、文昌鱼目、鲉形目和鲻形目，各目下的种类数低于 5 种。

各港湾中仔稚鱼门类和种类多样性较高的有兴化湾、三沙湾和诏安湾，门类和种类较低的是泉州湾和罗源湾。

各港湾中鱼卵门类和种类数较高的有三沙湾、兴化湾、湄洲湾 3 个港湾。诏安湾虽然种类数较低，但科的多样性仅低于三沙湾、兴化湾和湄洲湾（图 3-13）。

各港湾春季调查所获的鱼卵平均密度较高，达到 276 个/100 米^3，东山湾鱼卵的平

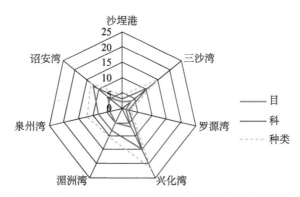

图 3-13　福建沿海重要港湾仔稚鱼类别多样性比较图

均密度最高，达 806 个/100 米³。秋季密度为 85 个/100 米³，沙埕港、湄洲湾和泉州湾秋季未获得鱼卵。仔稚鱼最高密度出现在秋季，平均密度达到 125 个/100 米³，春季东山湾仔稚鱼的密度最高，达到 171 个/100 米³，湄洲湾的密度最低，仅 13 个/100 米³；春季仔稚鱼的平均密度为 82 个/100 米³。春季调查所获得的鱼卵和仔稚鱼数量约分别为秋季（或冬季）调查的 3 倍和 1.5 倍（图 3-14）。

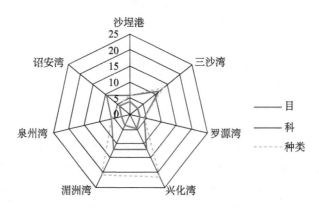

图 3-14　福建沿海重要港湾鱼卵类别多样性比较图

四、近岸海域与港湾的比较

结合垂直拖网和水平拖网的数据，近岸海域鱼卵和仔稚鱼的种类数较高，但鱼卵的种类数则以港湾较高。春季港湾和近岸海域的鱼卵和仔稚鱼的数量均高于秋季（表 3-7），近岸海域和港湾的鱼卵和仔稚鱼数量变化有共同的特点，港湾的鱼卵和仔稚鱼的数量也都高于福建近岸海域。因此，港湾调查中虽然部分站位没有采集到鱼卵或仔稚鱼，但总密度仍然是港湾高于近岸海域。福建港湾内鱼卵和仔稚鱼的密度集群分布现象十分明显，可见港湾是鱼卵和仔稚鱼良好栖息地的庇护所，港湾在鱼卵和幼体的繁育中具有重要的作用。

表 3-7 福建重要港湾和近岸海域鱼卵和仔稚鱼平均密度比较

（单位：个/100 米³）

海域	春季		秋季	
	港湾	近岸海域	港湾	近岸海域
鱼卵	276	41	85	38
仔稚鱼	125	27	82	17

第五节 底栖生物

一、福建近岸海域

（一）种类组成

福建近岸海域四个季节调查共记录底栖生物 581 种（类）。多毛类动物种类数最多，其次是甲壳动物、软体动物和棘皮动物，其他类别包括腔肠动物、苔藓动物、尾索动物、涡虫、星虫、鱼类、螠虫、纽虫和海藻等共 51 种（类）。

底栖生物夏季种类数量最大、冬季和春季次之，秋季最少。四个季节调查中环节动物多毛类均为海域的优势类群。春季、秋季和冬季第二优势类群为甲壳动物，夏季第二优势类群为软体动物。夏季种类数量最大，冬季和春季其次，秋季数量最低。多毛类的数量变化在底栖生物种类变化中起主要作用（表 3-8）。

表 3-8 福建近岸海域底栖生物种类组成季节变化统计表 （单位：种）

类别	春季	夏季	秋季	冬季	总种数
多毛类动物	151	132	137	167	224
棘皮动物	26	22	27	19	41
甲壳动物	78	76	81	73	134
软体动物	44	69	54	41	131
其他动物	19	38	12	21	51
合计	318	337	311	321	581

（二）生物量

底栖生物的总生物量为 25.84 克/米²，春季和秋季的生物量分别为 21.67 克/米² 和 22.66 克/米²，生物量贡献率最大的为棘皮动物，其次为多毛类和软体动物。软体动物和多毛类生物量变化较大，软体动物在冬季生物量最高，多毛类动物在春季生物量最高。

福建近岸海域棘皮动物总生物量最高，其次是软体动物，多毛类动物生物量较低。软体动物在冬季生物量最高，春季和秋季较低；多毛类动物生物量在春季较高，夏季较低；棘皮动物夏季生物量较高，其他生物的生物量的季节变化不大。总体上，秋季和冬季福建近岸海域的底栖生物总生物量仍能维持较高水平，有时甚至比春季和夏季还高（表3-9）。

表3-9　福建近岸海域底栖生物主要门类生物量季节变化　（单位：克/米²）

类别	春季	夏季	秋季	冬季	平均
多毛类动物	5.57	3.32	5.40	5.38	4.91
棘皮动物	8.40	10.12	9.78	9.91	9.55
甲壳动物	4.52	2.00	4.50	5.55	4.14
软体动物	2.90	4.06	2.98	16.61	6.64
其他动物	0.29	2.10	—	—	0.60
合计	21.67	21.60	22.66	37.44	25.84

（三）密度

福建近岸海域底栖生物四个季节的总密度为512个/米²，其中春季和秋季密度分别为583个/米²和359个/米²。各季度生物栖息密度以环节动物多毛类为最高，该类群四季平均密度为369个/米²，平均密度占总密度的60%以上；甲壳动物的密度也较高，平均密度约为115个/米²，约占总密度的20%左右；棘皮动物和软体动物的密度都不超过20个/米²，总密度不及多毛类的5%，其他类群的密度不足总密度的15%。冬季生物密度最高，秋季最低，总密度仅为冬季的一半。

春季调查底栖生物总密度为582个/米²，超过500个/米²的高密度站位达59%，其中约10%站位密度超过1000个/米²。总体上，闽江北口、浮鹰以东海域和厦门湾外镇海角以南海域密度较高，分别为1845个/米²和1825个/米²。远岸海域密度较低。

夏季底栖生物密度比较高，总密度达389个/米²，超过500个/米²的高密度站位比例约36%。闽江口外，泉州湾外及厦门湾外站位上的密度超过1000个/米²，最高达1910个/米²，泉州湾外个别站位的密度则低至25个/米²，密度分布非常不均匀（表3-10）。

表3-10　福建近岸海域底栖生物主要门类密度的季节变化　（单位：个/米²）

类别	春季	夏季	秋季	冬季	平均
多毛类动物	397	265	265	548	369
棘皮动物	20	13	14	20	17
甲壳动物	144	98	76	142	115
软体动物	21	13	3	9	11
其他动物	1	0	0	0	0
合计	582	389	359	720	512

秋季底栖生物总密度为359个/米²，总密度组成中超过500个/米²的高密度站位比例约30%。漳浦外海域密度高达1142个/米²，东山湾口密度也达940个/米²。

冬季底栖生物总密度可达720个/米²，密度超过500个/米²的高密度站位达70%，其中密度超过1000个/米²的站位比例约为28%，最高密度出现在漳浦岸外，达2125

个/米^2；高密度区还出现在霞浦县浮鹰岛西侧，密度高达 1970 个/米^2；最低密度出现在闽江口外，仅 5 个/米^2。

底栖生物总密度冬季最高，其次为春季和夏季，秋季最少。多毛类密度的季节变化最为明显，甲壳动物门也有类似的变化趋势，其他类群如软体动物和棘皮动物等的密度不高，没有明显的季节变化。

春夏季海域主要密度优势种为中蚓虫，出现频率为 90％，其次为不倒翁虫和日本稚齿虫。日本稚齿虫出现频率很低，但密度很高，也成为主要优势种。秋季和冬季优势种主要由小型多毛类和甲壳类动物组成。

各季度福建南部近岸海域的底栖生物栖息密度高于北部近岸海域；生物量的分布趋势相反，南部平均生物量较高。

二、重要港湾

（一）沙埕港

沙埕港冬春两季调查共记录到底栖生物 6 门 81 种。2006 年冬季调查记录底栖生物 40 种，其中环节动物 29 种、甲壳动物 6 种、软体动物 2 种、棘皮动物 3 种；春季调查记录底栖生物 60 种，其中腔肠动物 2 种、纽形动物 1 种、环节动物 35 种、节肢动物 10 种、软体动物 9 种、棘皮动物 3 种。冬季底栖动物的种数低于春季。两个季度的优势类群均以多毛类生物为主，其次为软体动物和棘皮动物。总之，底栖动物种类数量在各站位上差异不大，湾顶（C1 断面）的种类数量略低于沙埕港中段水域。

沙埕港调查的门类和种类数量处于全省各港湾的中等水平。

沙埕港 2006 年冬季底栖动物的丰度变化范围为 5～405 个/米^2，平均 150 个/米^2。春季变化范围为 25～755 个/米^2，平均 323 个/米^2。冬季底栖生物量平均为 5.62 克/米^2，春季平均为 9.50 克/米^2。冬季西段海域的底栖生物密度和生物量低于湾中段和西段。春季湾西段底栖动物生物量低至 1.84 克/米^2，丰度为 49 个/米^2，湾中段生物量达 23.98 克/米^2，丰度为 131 个/米^2。西段断面底栖生物个体较小，约 0.01 克/个，中段断面底栖动物个体大，约 17.26 克/个。

春季沙埕港底栖生物密度高于冬季，生物量低于冬季。显示春季底栖生物的个体较小和生物量低。

（二）三沙湾

三沙湾浅海大型底栖生物共鉴定 144 种。秋季鉴定大型底栖动物 48 种，其中多毛类为主要种，占总种数的 45.83％，其次为软体动物、甲壳动物、棘皮动物和其他动物（包括纽形动物、腔肠动物和脊索动物等），分别占 14.58％、14.29％、10.42％ 和 10.42％。主要优势种有爪哇拟塔螺、浅缝骨螺、西格织纹螺、凸镜蛤、活额寄居蟹、中型三强蟹、口虾蛄、日本鼓虾、鲜明鼓虾、索沙蚕、长吻沙蚕、刺瓜参等种类。常见的种类还有不倒翁虫、加州齿吻沙蚕、双齿围沙蚕、无疣齿吻沙蚕、日本索沙蚕、彩虹明樱蛤、扁玉螺、中华尖牙鰕虎鱼和矛尾鰕虎鱼等种类。

春季鉴定到大型底栖动物115种，其中定量88种。多毛类为主要种，占总种数的47.79%，其次为甲壳动物、软体动物、其他动物（包括纽形动物、腔肠动物和脊索动物等）和棘皮动物，分别占21.24%、17.70%、11.50%和1.77%。主要优势种有似蛰虫、不倒翁虫、独毛虫、扇栉虫、背蚓虫、薄云母蛤、薄索足蛤、新模糊短眼蟹、倍棘蛇尾等种类。常见的种类还有双唇索沙蚕、双鳃内卷齿蚕、长吻沙蚕、无眼特矶沙蚕、异足索沙蚕、日本鼓虾、口虾蛄、缢蛏、小刀蛏等种类。

秋季三沙湾大型底栖动物平均密度为20个/米²，高密度区在三沙湾中部海域；全海域多毛类平均密度最大为7个/米²，其次是软体动物6个/米²、甲壳动物4个/米²、棘皮动物2个/米²和其他动物1个/米²。春季大型底栖动物平均密度为183个/米²，高密度区位于三都澳以东，其中多毛类平均密度最大为106个/米²，其次是软体动物61个/米²，甲壳动物10个/米²，棘皮动物5个/米²，其他动物1个/米²。多毛类密度优势种有似蛰虫、不倒翁虫、独毛虫；软体动物优势种是薄云母蛤、薄索足蛤；甲壳动物优势种是新模糊短眼蟹；棘皮动物优势种是倍棘蛇尾。春季大型底栖动物的总密度高于秋季。

秋季大型底栖动物平均生物量为3.61克/米²，其中软体动物平均生物量最高，为9.09克/米²，其次是甲壳动物2.44克/米²、棘皮动物1.13克/米²、其他动物0.93克/米²和多毛类动物0.88克/米²。春季平均生物量为15.06克/米²，其中棘皮动物平均生物量最高，为7.24克/米²，其次为软体动物3.68克/米²、甲壳动物2.93克/米²、多毛类2.70克/米²和其他动物0.75克/米²。总体上秋季大型底栖动物平均生物量略高于春季。

（三）罗源湾

罗源湾共鉴定到115种（类）。其中，环节动物76种、节肢动物12种、软体动物16种、棘皮动物5种、腔肠动物2种、纽形动物1种、星虫动物2种、鱼类1种。

秋季共记录各类底栖生物92种（类）。其中，环节动物67种、节肢动物11种、软体动物7种、棘皮动物3种、纽形动物1种、星虫动物1种、鱼类1种。春季共记录各类底栖生物47种。其中，环节动物30种、甲壳动物2种、软体动物10种、棘皮动物3种、腔肠动物和星虫动物各1种。

罗源湾种类多样性较高，门类数量略高于三沙湾，种类数量稍低，但在全省平均水平以上。

秋季底栖动物密度为27～627个/米²，平均363个/米²。最大值出现在湾顶，为627个/米²。主要优势种有扁蛰虫和梳鳃虫，平均密度分别为37个/米²和45个/米²。扁蛰虫在湾的西部A和B断面上平均密度较高，湾口部分站位也较高；梳鳃虫集中在湾顶区域，湾口密度较低。底栖动物生物量平均19.89克/米²，变化幅度在0.13～169.3克/米²，最高值在湾顶。

春季底栖动物密度为 47~573 个/米²，平均值为 146 个/米²，最大值出现在湾顶。主要优势种有脆壳理蛤和洼颚棘蛇尾，密度分别为 42 个/米² 和 14 个/米²，前者在湾顶有较高密度，达 153 个/米²，后者分布范围较广，高密度区在湾口。底栖动物生物量在 2.03~251.54 克/米²，平均 9.69 克/米²。

（四）闽江口

秋季记录底栖生物 26 种，其中多毛类 12 种、甲壳动物 9 种、软体动物 4 种，其他为棘皮动物。闽江北口外海出现的种类较多，闽江口南口和琅岐岛近岸站位的数量较低。

春季记录底栖生物底栖生物 29 种，其中软体动物 13 种、多毛类 8 种、甲壳动物 7 种、棘皮动物 1 种。春季闽江北口（粗芦岛以北和连江近岸海区）站位上的种类数也较南口上的站位高。

闽江口两季底栖生物仅记录 4 个门类 50 种，门类数和种类数均低于全省平均水平。

秋季和春季底栖生物密度分别为 34 个/米² 和 85 个/米²，生物量分别为 3.18 克/米² 和 4.11 克/米²。春季的密度和生物量均高于秋季。秋季和春季高密度和高生物量区主要在闽江北出海口近岸海域，最高密度为 100 个/米²。春季在川石以南的水道中有较高密度，为 492 个/米²。

（五）福清湾

福清湾两个季度共记录 10 门 248 种，种类多样性为全省最高水平。秋季调查记录底栖生物 172 种。其中，多毛类的种类最多，有 107 种，占总种类数的 58.38%。其他种类数量依次为，软体动物 26 种、甲壳动物 22 种、棘皮动物 8 种、鱼类 3 种、其他类群动物 6 种。底栖生物种类平面分布不均匀，各测站出现的底栖生物种数在 4~68 种，平均 31.3 种/站。种类以海坛海峡北口的 DM8 和 DM7 站最多，海峡中段的站位种类最少。各站种类组成均以多毛类的种类较多。

春季初步鉴定共有 146 种。其中，多毛类的种类最多，共 89 种，占总种类数的 57.82%，其次是软体动物 22 种、甲壳动物 20 种、棘皮动物 8 种、鱼类 2 种、其他类群动物 5 种。春季平面分布不均匀，各测站出现的底栖生物种数在 6~56 种，平均 26 种/站；海峡中段站位种类最少。各站种类组成以多毛类的种类较多。秋季和春季均采集到国家二类保护动物厦门文昌鱼。

秋季调查底栖生物平均密度为 1318 个/米²。多毛类数量占绝对优势，平均密度为 1134 个/米²，占密度组成的 85.97%；其次是甲壳动物 98 个/米²、软体动物 38 个/米²、其他类群动物 37 个/米²、棘皮动物最少，为 12 个/米²。秋季调查海域平均生物量为 31.00 克/米²，多毛类为生物量优势种。春季调查底栖生物平均密度为 1160 个/米²，以多毛类占绝对优势，其平均密度为 799 个/米²，占密度组成的 63.82%；其次是软体动物 378 个/米²、甲壳动物 65 个/米²、其他类群动物 5 个/米²、棘皮动物 5 个/米²。海域平均生物量为 24.46 克/米²，软体动物为优势种，平均生物量达到 101.58 克/米²。

（六）兴化湾

兴化湾秋季和春季底栖生物分别记录了 121 种和 115 种。两季度调查种类数相差不多，秋季略微多于春季。两个季度调查共获得大型底栖生物 186 种，其中有多毛类 34 科 86 种，占全部种类数的 46.2%。此外有软体动物 24 科 31 种、甲壳动物 27 科 45 种、棘皮动物 12 种、苔藓动物 4 种、鱼类 3 种、腔肠动物 2 种、藻类 2 种、纽虫 1 种。

兴化湾底栖生物物种丰富，平均每站可达 41 种，50% 的站位种类数都在 30～40 种。多毛类种类数在各站处于优势地位，平均每站有 23 种。软体动物在各站种类数不多，有 92% 的站种类数少于 10 种。甲壳动物种类数较少，平均每站 9 种。种类数以兴化湾北部和湾顶站位上的较多；湾口和湄洲湾南岸的种类数偏少。春季的种类数高于秋季。

秋、春两个季度调查站位平均总密度达 372 个/米^2；以多毛类占据第一位，平均密度达 177 个/米^2，占平均总密度的 47%；其次为甲壳动物、软体动物、棘皮动物和其他动物。兴化湾总生物量为 23.97 克/米^2；以软体动物占绝对优势，平均生物量达 70.52 克/米^2，占总生物量的 80%；以下依次为棘皮动物、多毛类、甲壳动物及其他动物。总体上，春季底栖生物的密度高于秋季。秋季站位平均密度为 234 个/米^2，站位最高密度低于 500 个/米^2，春季平均密度为 511 个/米^2，多个站位的密度大于 500 个/米^2。秋季和春季的生物量分别为 21.27 克/米^2 和 26.67 克/米^2。

兴化湾高生物量区位于湾北部，湾南部密度较低。高生物量区位于湾的南部，低生物量区位于湾的北部。例如，兴化湾最南部个别站位的生物量达 796.7 克/米^2，为棒锥螺所致，兴化湾北部多毛类密度较高。

（七）湄洲湾

湄洲湾 2005 年秋季（10 月）和 2006 年春季（5 月）两季调查共鉴定底栖生物 149 种，其中多毛类 84 种、甲壳动物 38 种、软体动物 8 种、棘皮动物 7 种、腔肠动物 4 种、苔藓动物 1 种、鱼类 2 种、纽虫 2 种、被囊类 1 种、海草 1 种、藻类 1 种。多毛类、甲壳动物和软体动物三大类群占总种数的 84.6%，为湄洲湾海域浅海底栖生物种类组成的重要类群。从季节分布来看，春季底栖生物种类较多，为 130 种，秋季较少，为 81 种。

湄洲湾秋季底栖生物总密度为 174 个/米^2，最高密度为 620 个/米^2，位于东吴西侧近岸海域。春季平均密度为 372 个/米^2，最高密度达 800 个/米^2，同样位于东吴西侧近岸海域。春季平均栖息密度是秋季的两倍。底栖生物高密度区位于兴化湾内和湾中部，湾口站位上的栖息密度较低。

秋季底栖生物生物量平均为 14.33 克/米^2，春季生物量为 25 个/米^2。秋季高生物量分布于惠屿、东浦和峰尾附近海域，低生物量位于湾口及东周半岛附近海域。春季生物量高于秋季。

（八）泉州湾

泉州湾春季共获得底栖生物 79 种，多毛类动物为海区优势种类群，共 39 种，占总种类数的 49.4%。其次为甲壳动物 25 种、软体动物 12 种。另外有鱼类、腔肠动物和棘皮动物各 1 种。种类最多的集中在泉州内湾，最高种类数达到 23 种。

秋季调查记录底栖生物 42 种，多毛类动物 21 种、甲壳动物 15 种、软体动物 5 种，没有出现其他的类群。种类数最多的站位在泉州湾中部，与春季最高种类数位置相同。春季种类数高于秋季。洛阳江内和秀涂附近的站位种类数高于湾顶和湾外其他站位。

秋季泉州湾底栖生物平均密度为 320 个/米^2，生物量为 11.13 克/米^2。最高密度在洛阳江口和晋江口，分别为 604 个/米^2 和 1260 个/米^2。春季泉州湾平均密度为 98 个/米^2，生物量为 5.60 克/米^2，最高密度位于泉州湾中部，为 540 个/米^2，生物量为 2.04 克/米^2。总体上秋季底栖生物的密度和生物量高于春季。

秋季底栖生物生物量高值区位于晋江口和洛阳江口附近海域，与栖息密度高值区相同。春季河口区的高密度值均有下降。

总体上，秋季河口区和内湾底栖生物总密度和总生物量较高。甲壳动物和软体动物有些不同，春季密度值内湾高于外湾，秋季密度值外湾高于内湾。

（九）深沪湾

深沪湾共获得底栖生物 57 种，其中多毛类种数最多，其次是软体动物和甲壳动物。

深沪湾冬季和春季记录大型底栖动物 57 种，其中环节动物 41 种、软体动物 7 种、甲壳动物 6 种、棘皮动物 2 种、星虫动物 1 种。春季共记录 39 种，其中多毛类 32 种、甲壳动物 3 种、软体动物 2 种、棘皮动物和星虫各为 1 种；冬季共 39 种，其中多毛类 28 种、甲壳动物 4 种、软体动物 6 种、棘皮动物 1 种。种类最多的站位在湾口，达 19 种之多。冬季湾口站位上的底栖生物种类数稍高。

冬季底栖生物平均密度为 448 个/米^2，生物量为 13.83 克/米^2，最高密度在湾口，为 1025 个/米^2，最低站位的密度为 90 个/米^2；湾口密度大于湾内近岸。春季平均密度为 217 个/米^2，生物量平均为 12.00 克/米^2，最高密度在湾中部，为 330 个/米^2。底栖生物密度分布较均匀。深沪湾底栖生物栖息密度冬季稍高于春季，生物量春季高于冬季。

（十）厦门湾

厦门湾秋季调查记录厦门湾东部海区底栖生物 19 种，其中多毛类动物 8 种、甲壳动物 9 种，均为海区优势类群。此外，其他 2 种分别为文昌鱼和纽虫，前者在大嶝站位检出，后者为纽虫的残体。厦门湾站位平均种数为 3 种，变化范围为 2～5 种。其中五通断面琼头近岸的站位种类较多。其他站位上的种类数差别不大。站位上螳盲蟹、豆形短眼蟹、纽虫、特矶沙蚕、锥唇吻沙蚕、智利巢沙蚕的数量相对高。

大嶝附近海域秋季底栖生物的分布比较均匀，底栖生物数量分布没有大的差别，总平均密度 22 个/米^2，变动范围为 10～40 个/米^2。琼头站位密度最高，达 40 个/米^2。除了优势种外，其他生物种类的出现频率低，基本上一个站位出现一种。生物量平均值为 3.11 克/米^2，最高密度在围头，为 21.50 克/米^2。

（十一）旧镇湾

旧镇湾冬春两季调查底栖生物共记录 37 种，其中多毛类 16 种、软体动物 11 种、甲壳动物 5 种、棘皮动物 4 种、腔肠动物 1 种。

底栖生物栖息密度很低，冬季和春季分别平均 79 个/米^2 和 44 个/米^2，栖息密度的分布两个季节非常相似，高值区在湾东侧，其他大部分区域比较均匀。

冬季底栖生物生物量平均 8.99 克/米^2，最高值为 22.08 克/米^2，湾内比湾外高，高值区集中在湾顶和湾西侧的区域。春季底栖生物生物量平均 4.59 克/米^2，范围为 0.3～9.65 克/米^2。

（十二）东山湾

东山湾春秋两季调查底栖生物共记录 52 种，其中多毛类种数 21 种，占总种数的 40%；软体动物 14 种、甲壳动物 13 种；腔肠动物、拟软体动物、棘皮动物和鱼类各 1 种。

秋季底栖生物平均栖息密度为 121 个/米^2，生物量为 13.83 克/米^2。春季平均密度为 50 个/米^2，生物量为 12.0 克/米^2。春季东山湾中部密度为 20 个/米^2，秋季未检出。底栖生物密度的分布与生物量分布基本一致，高值区在东山湾口。秋季栖息密度是春季的两倍。

（十三）诏安湾

诏安湾底栖生物共计 187 种，其中甲壳动物 62 种，占总种数的 33.16%；多毛类有 63 种，占总种数的 33.68%；软体动物有 39 种、鱼类 9 种、藻类 5 种、棘皮动物 4 种、其他动物 6 种（分别为腔肠动物和被囊类）。

秋季共获得 112 种，各站平均种数为 16 种，其中前楼南部种数最多，达 32 种；其次为大梧村南部，为 22 种；西屿南部种类最少，仅有 4 种。春季获得底栖生物 122 种，各站平均种数 20 种，其中大梧村南部种数最多，达 34 种；其次为西屿东北和西屿西部，分别为 33 种和 32 种；城州岛西北种类数最少，仅有 1 种。

总体上，湾口种数较低，湾中部较高，湾顶种数最大，形成湾内高、湾口低的分布格局。

秋季调查底栖生物平均密度为 437 个/米^2，生物量为 16.00 克/米^2；春季为 298 个/米^2，生物量为 19.73 克/米^2。秋季底栖生物最高密度出现在湾顶站位（大梧村南部）和八尺门海堤的西侧，密度分别高达 1356 个/米^2 和 1004 个/米^2；湾口和宫口一侧密度较低。春季密度最高值出现在湾顶，为 696 个/米²；最小出现在湾口西侧，仅 4 个/米²。数量分布趋势为湾顶密度高、湾口密度低。

三、重要港湾总特征

福建省重要港湾两个季度调查共记录底栖生物 15 类 710 种（类），主要门类有环节动物、节肢动物、软体动物、棘皮动物、鱼类及腔肠动物等。其他门类的生物包括线虫、扁虫、苔藓动物、被囊动物、曳鳃类动物、螠虫动物、维管植物和藻类等。上述各类生物中，环节动物有 296 种，节肢动物 166 种，软体动物 154 种，棘皮动物 34 种，鱼类 24 种，腔肠动物 12 种，藻类 7 种，苔藓动物和星虫各 4 种，被囊动物 3 种，线虫 2 种，扁虫、螠虫、曳鳃类动物和维管植物各 1 种。藻类主要是江蓠、鹿角沙菜等一些大型藻类，属定性采集的样品。

环节动物为最大类群，占全部种类数的 42%；其次是节肢动物和软体动物，分别占总种数的 23% 和 22%；其后是棘皮动物 5%，鱼类 3%；其他动物所占比例占总种数的 5% 左右（图 3-15）。

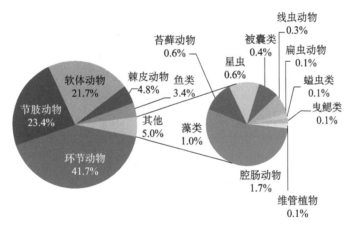

图 3-15　福建沿海重要港湾底栖生物种类百分比组成

福建省沿海门类多样性较高的港湾有湄洲湾 12 类、福清湾 10 类、兴化湾 9 类，其后依次为罗源湾、沙埕港、诏安湾、三沙湾、泉州湾，厦门湾和闽江口的门类多样性最低，仅有 4 个门类（图 3-16）。

福清湾种类多样性最高，共有 248 种；其次是兴化湾、诏安湾、湄洲湾、三沙湾和罗源湾，依次为 188 种、187 种、151 种、147 种和 126 种；其他港湾的种类数都在 100 种以下，闽江口和厦门湾的种类多样性最低。

春季和秋季港湾生物栖息密度分别为 339 个/米² 和 320 个/米²。福清湾底栖生物密度最高，春季和秋季调查分别为 1318 个/米² 和 1160 个/米²，季节变化不大。诏安湾和深沪湾底栖生物的密度也较高，密度较低的有三沙湾、闽江口和厦门湾。各港湾的底栖生物密度有较大差别，但总密度的季节变化不明显。

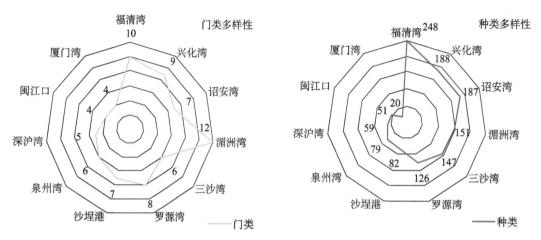

图 3-16　福建沿海重要港湾底栖生物门类和种类多样性比较图

生物量较高的港湾有福清湾和兴化湾，其两季调查的密度平均值都大于 20 克/米²。湄洲湾、诏安湾和罗源湾的密度也较高。生物量较低的是闽江口和厦门湾（缺春季数据），生物量分别为 3.65 克/米² 和 3.11 克/米²，大约是总平均值的 1/4（表 3-11）。

表 3-11　福建沿海重要港湾底栖生物密度和生物量统计表

海域	秋季		春季	
	密度/（个/米²）	生物量/（克/米²）	密度/（个/米²）	生物量/（克/米²）
沙埕港	150	5.62	323	9.50
三沙湾	20	3.61	183	15.06
罗源湾	363	19.89	146	9.69
闽江口	34	3.18	85	4.11
福清湾	1318	31.00	1160	24.46
兴化湾	234	21.27	511	26.67
湄洲湾	174	14.33	372	24.77
泉州湾	320	11.13	98	5.60
深沪湾	448	13.83	217	12.00
厦门湾	22	3.11	—	—
诏安湾	437	16.00	298	19.73
均值	320	13.00	339	15.16

四、近岸海域与港湾比较

近岸海域种类总体上低于港湾。其共同特点是港湾和近岸海域底栖生物的主要类群以环节动物多毛类为主，甲壳动物和软体动物的种类也较高。春季和秋季福建近岸海域底栖生物密度和生物量高于港湾，与水体生物的结果有所不同，一般来说，港湾内浮游生物的密度和生物量都高于近岸海域水体（图 3-17）。

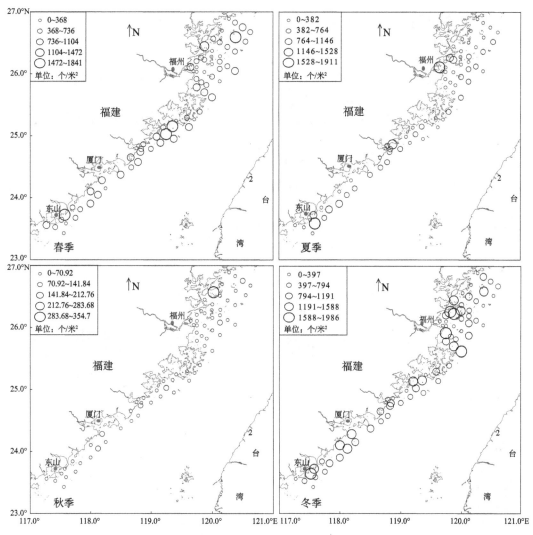

图 3-17 福建近岸海域四个季节底栖生物密度分布图

第六节 潮间带底栖生物

一、 福建海岸带

（一）种类组成和季节变化

　　2006 年秋季和 2007 年春季两次调查共记录 12 类 756 种底栖生物。2007 年春季调查共记录潮间带生物 566 种，其中多毛类共有 124 种，占 21.91%；软体动物 186 种，占 32.86%；甲壳动物 130 种，占 22.97%；棘皮动物 18 种，占 3.18%；其他类 108 种，占 19.08%。

春季调查断面平均种类数为 65 种。福清泽朗（泥沙质）断面种类数量最大，为 119 种；漳浦虎头山（沙质）断面种类数量也较大，达 106 种；龙海霞威红树林断面种类数量最小，只有 28 种。以中潮区占优势，中潮区平均种类数 44 种，占整个潮间带平均种数的 66.91%；高潮区平均种类数 8 种，占 11.71%；低潮区平均种类数 30 种，占 46.14%。

秋季调查闽江口海域和厦门海域潮间带生物有 522 种，其中多毛类共有 121 种、软体动物 183 种、甲壳动物 105 种、棘皮动物 17 种、其他类 96 种。潮间带断面种类数量平均 49 种，种类数低于夏季。福清泽朗（泥沙质）断面和南安奎霞（泥沙质）断面种类数量最大，为 84 种；霞浦北兜（沙质）断面种类数量最小，只有 20 种。

不同潮区种类组成以中潮区占绝对优势，占整个潮间带种类数的 55.94%，平均种类数 34 种；高潮区平均种类数 7 种，占 12.4%；低潮区平均种类数 19 种，占 31.66%（表 3-12）。

表 3-12　福建省沿岸春/秋季潮间带断面生物种类数

断面	种类数 （春/秋）	多毛类 （春/秋）	软体动物 （春/秋）	甲壳动物 （春/秋）	棘皮动物 （春/秋）	其他动物 （春/秋）
霞浦北兜/岩	60/69	7/8	40/39	12/17	0/0	1/5
霞浦北兜/沙	43/20	7/3	15/5	16/12	0/0	5/0
霞浦涵江	65/37	9/3	34/15	10/13	1/0	11/6
宁德碗窑	65/37	9/5	32/13	18/12	0/1	6/6
罗源北山	72/53	4/1	28/24	22/16	2/2	16/10
连江镜路	57/67	9/10	15/23	22/24	1/1	10/9
连江下宫	66/43	2/4	28/15	20/15	0/0	16/9
连江黄岐/岩	58/62	8/8	26/35	11/13	0/0	13/6
连江黄岐/沙	70/21	8/8	17/3	21/10	0/0	24/0
连江琯头/红	43/25	5/1	12/4	17/11	1/0	8/9
长乐梅花	40/42	10/11	8/9	13/13	0/0	9/9
长乐江田	40/30	7/13	21/10	8/5	0/0	4/2
福清泽朗	119/84	23/18	41/30	16/17	7/6	32/13
福清牛头尾	86/64	14/5	30/6	24/18	2/6	16/17
莆田整山	51/37	12/3	16/16	17/7	2/0	4/11
惠安辋川	83/57	20/21	24/11	23/7	4/1	12/17
惠安秀涂	60/53	10/6	25/17	14/21	0/1	11/8
南安奎霞	87/84	18/23	34/31	23/17	0/1	12/12
厦门前浦	91/54	11/8	40/24	18/9	0/2	18/11
龙海霞威/红	28/31	4/8	7/6	9/11	1/0	7/6
龙海白坑/岩	33/28	2/2	17/16	7/6	0/0	7/4
漳浦井美	80/43	6/5	37/19	25/12	0/0	12/7
云霄竹塔/红	38/32	10/12	12/9	12/8	0/0	4/3
漳浦虎头山	106/78	21/37	48/25	24/6	2/2	11/8
东山东沈/岩	84/76	13/6	40/48	12/14	2/2	17/6
诏安田厝	74/56	13/15	38/29	10/10	1/2	12/0

注：/岩表示岩礁断面，/沙表示沙滩断面，/红表示红树林断面，未标记表示泥沙滩断面。

（二）栖息密度

春季福建沿岸潮间带生物平均密度为 3892 个/米^2；最高栖息密度出现在莆田鳌山断面，平均密度达 31 349 个/米^2；其次是霞浦北兜岩礁断面，其密度达 14 123 个/米^2；最低在厦门前埔断面，只有 269 个/米^2（表 3-13）。莆田鳌山断面凸壳肌蛤的数量很大，占断面密度的 98.63%，中潮带的平均密度更高，达 91 584 个/米^2。高密度站位多出现在基岩海岸断面，例如，霞浦北兜、东山东沈和龙海白坑断面潮间带生物密度都很高，远高于泥沙滩和沙滩海岸；相反，红树林和沙质海滩断面的底栖生物密度相对较低。

表 3-13　福建沿岸春秋季潮间带生物平均密度和生物量

断面	密度 /（个/米^2）	生物量 /（克/米^2）	断面	密度 /（个/米^2）	生物量 /（克/米^2）
霞浦北兜/岩	14 123/8 297	1 722.59/5 337.44	福清泽朗	8 661/1 717	1 263.22/343.29
霞浦北兜/沙	338/68	80.41/70.96	莆田鳌山	31 349/293	1 138.96/167.53
宁德碗瑶	1 243/661	790.26/433.63	惠安辋川	933/416	366.82/307.88
霞浦涵江	2 478/1 143	578.16/242.41	惠安秀涂	2 276/544	251.84/266.95
罗源北山	11 836/2 181	1 147.44/1 287.77	南安奎霞	1 485/4 021	693.39/1 257.50
连江黄岐/岩	2 357/3 324	3 029.37/2 038.01	厦门前埔	269/219	86.26/166.38
连江黄岐/沙	941/264	152.32/212.17	龙海白坑/岩	6 645/28 695	1 450.63/4 330.91
连江琯头/红	464/165	62.64/806.88	龙海霞威/红	670/978	89.48/216.24
连江镜路	747/531	849.47/470.95	漳浦虎头山	667/1 059	60.86/235.73
连江下宫	787/597	670.15/254.88	漳浦井美	308/288	69.80/334.20
长乐江田	4677/293	993.38/111.77	云霄竹塔/红	556/2 702	141.61/251.98
长乐梅花	770/1 820	453.75/125.02	东山东沈/岩	3 378/22 656	7 478.57/3 093.00
福清牛头尾	382/256	84.84/393.70	诏安田厝	2 843/1 115	1 165.59/484.94
平均值	3 165/1 508	816.52/906.58		4 618/4 977	1 096.69/881.04

注：/岩表示岩礁断面，/沙表示沙滩断面，/红表示红树林断面，未标记表示泥沙滩断面。

秋季沿岸潮间带平均密度为 3243 个/米^2，稍低于春季；最高密度出现在龙海白坑岩礁断面，平均密度为 28 965 个/米^2，主要为白脊藤壶和日本笠藤壶，其最高密度可分别达到 24 960 个/米^2 和 18 464 个/米^2；东山东沈岩礁断面密度也较高，平均为 22 656 个/米^2，主要为白脊藤壶、日本笠藤壶和鳞笠藤壶等；密度最低断面位于霞浦北兜沙滩断面上，平均密度仅为 68 个/米^2，主要生物为平掌沙蟹和双扇股窗蟹等少数几种甲壳动物。

春季高潮带和低潮带密度低于秋季，但春季中潮带底栖生物密度高，达到 8423 个/米^2 以上，秋季中潮带生物密度仅为 4488 个/米^2，仅是春季的一半，加上高潮带和低潮带的潮间带生物密度都不高于 4000 个/米^2，且春秋两个季度之间的差别较小，使得春季潮间带总平均密度稍高于秋季（图 3-18）。

春季潮间带生物密度主要为软体动物，占 79.3%，主要代表种为凸壳肌蛤和秀异蓝蛤。节肢动物密度也较大，主要有白脊藤壶和日本笠藤壶。

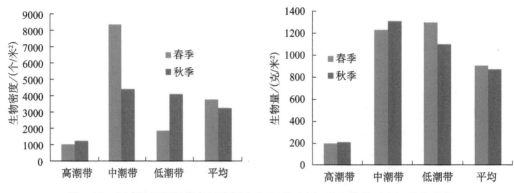

图 3-18　福建沿岸潮间带各区底栖生物密度（左）和生物量（右）季节变化

秋季潮间带生物栖息密度组成以节肢动物和软体动物为主，所占比例分别为52.5％和39.7％。其他门类生物的密度较低。随着近岸海域潮间带总密度的季节性变化，潮间带群落结构也完成了季节演替，从春季的以软体动物为优势的群落演替为以甲壳类为优势类群的生物群落（图 3-19）。

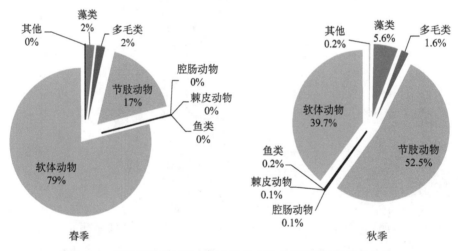

图 3-19　福建沿岸潮间带主要生物类群密度百分比组成季节变化

（三）生物量

春季福建沿岸潮间带生物平均生物量为 956.61 克/米²。最高断面在东山东沈岩石质潮间带，平均值达 7478.57 克/米²，中潮带和低潮带较高，分别为 8532.07 克/米² 和13 644.93 克/米²，高潮带较低，为 258.72 克/米²；生物量主要贡献种是敦氏猿头蛤和棘刺牡蛎，生物量分别是 24 582 克/米² 和 2228.7 克/米²，分别占 38.4％和 34.83％。最低生物量出现在连江琯头红树林断面，主要贡献种为伍氏厚蟹和可口革囊星虫，生物量为 59.98 克/米² 和 27.44 克/米²，分别占 47.0％和 21.5％。

秋季福建沿岸潮间带平均生物量为 5337.44 克/米²。最高在霞浦北兜岩礁中潮带，达 7636.89 克/米²，主要种类是褶牡蛎、棘刺牡蛎和黑荞麦蛤等种类，生物量分别是

3981.31 克/米²、775.58 克/米² 和 434.09 克/米²，其中褶牡蛎最大，占断面生物量的69.51%，余下两种分别占 13.54% 和 7.58%，三种的生物总量占 90.63%。最低生物量出现在霞浦北兜沙质断面，其主要贡献种为高潮带的平掌沙蟹；低潮带的生物量不足 1 克/米²，仅检出四索沙蚕 1 种。

春季潮间带生物生物量垂直分布以低潮区为最高，平均达 1297.81 克/米²；中潮区密度次之，平均 1232.47 克/米²；高潮区密度最低，平均只有 205.00 克/米²。四个岩礁断面的中潮带和低潮区平均生物量分别为 3926.09 克/米² 和 5985.09 克/米²，为全省潮间带生物量最高值，支撑全省潮间带底栖生物的生物量变化。莆田鳌山和福清泽朗的泥质断面生物量也较大，生物量在 1100 克/米² 和 1300 克/米² 之间。这些断面的生物量在全省总生物量中占有绝对比例。

秋季潮间带生物量总平均值为 893.81 克/米²，低于春季。中潮带生物量最高，低潮带其次，生物量分别为 1303.44 克/米² 和 1100.59 克/米²；高潮带的生物量最低，为211.04 克/米²，与春季生物量相差不大。霞浦北兜、连江黄岐、龙海百坑和东山东沈岩礁潮间带断面的平均生物量为 3699.09 克/米²，占全省总生物量的主要部分，秋季潮间带生物量变化主要来自四个岩礁断面生物量的变化。上述四个岩礁潮间带的中潮带和低潮带的生物量分别为 5546.52 克/米² 和 5277.31 克/米²，远高于近岸海域潮间带中潮带和低潮带的平均值。

类似于潮间带密度的季节变化类型，断面总体春季沿海各潮间带生物量略高于秋季。生物量在高潮带季节变化不大，但中潮带秋季高于春季，低潮带春季高于秋季。低潮带春秋两个季度的生物量变化较大，因此它影响了总生物量的季节变化。

春季潮间带生物量组成比例以软体动物为主，其次是多毛类和节肢动物（主要为甲壳动物），占比分别为 44.2%，27% 和 22%。其他类型的生物的百分比在 2% 或以下。秋季软体动物的生物量占 42.7%，略低于春季；节肢动物生物量百分比略有增加，为28.8%；多毛类生物有所降低（图 3-20）。春季和秋季潮间带生物量生物群落结构变化取决于甲壳动物和多毛类动物。

福建沿岸潮间带种类变化呈现由秋季低密度高生物量向春季高密度低生物量的群体演替的过程。这一过程在中潮带和低潮带表现得最为明显，即中潮带以下底栖生物的密度值和生物量随季节发生相反变化，与春季一般是生物的繁殖季节有关，表现出密度较高的新生小个体在群落中占优势地位。

福建沿岸潮间带群落结构的季节变化尚有如下特点：秋季软体动物的密度和生物量比春季都有降低，其中密度减少更大，可见数量减少的同时类群的生物量有所降低；秋季节肢动物密度百分比翻了 3 倍，同时生物量百分比也略有提高，可见进入秋季后软体动物和甲壳动物的个体都有增重；秋季多毛类生物更加瘦小，密度和生物量在群落中都位于较低水平。其数量和生物量均同时减少，可见多毛类生物的数量和重量增加都发生在春季或之前的季节。因此，潮间带底栖生物中的软体动物和甲壳动物的繁衍策略与多毛类生物的完全不同。

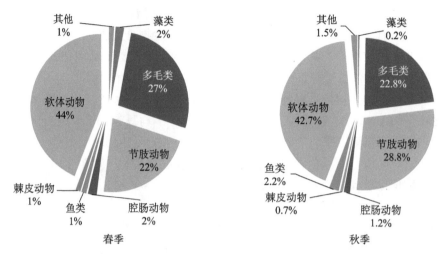

图 3-20　福建沿岸潮间带各类别生物量百分比季节变化

二、重要港湾

（一）沙埕港

2006 年冬季沙埕港潮间带调查共记录潮间带底栖生物 26 种。其中环节动物 16 种，节肢动物 5 种，软体动物 2 种，纽形动物、腔肠动物和鱼类各 1 种。

春季共记录潮间带底栖生物 55 种，其中多毛类 24 种，甲壳动物 11 种，软体动物 16 种，鱼类、纽形动物、腔肠动物和星虫各 1 种。两个季度共记录种类数 65 种。

冬季底栖生物平均密度为 343 个/米²，高潮带密度最高，中潮带密度最低，中潮带和低潮带的密度相当于高潮带的 1/10。春季总平均密度为 229 个/米²，潮区的密度分布较均匀，中潮带密度略高。总体上冬季平均密度高于春季，与后港断面高潮带的腺带刺沙蚕密度高达 2000 个/米² 有关，如果不统计腺带刺沙蚕，则冬季的数量仅为春季的 1/2。

冬季和春季生物量平均值分别为 7.45 克/米² 和 51.22 克/米²，高潮带生物量最高，低潮带生物量最低。冬季和春季潮间带高潮区的平均值分别为 20.60 克/米² 和 88.22 克/米²。春季的生物量明显高于冬季。

（二）三沙湾

三沙湾春秋两季调查共记录潮间带底栖生物 193 种。其中，秋季潮间带底栖动物 103 种。甲壳动物为主要种，共有 64 种；其次为多毛类 58 种，软体动物 43 种，鱼类 12 种，纽形动物、腔肠动物、星虫动物和被囊类、腕足动物各 1 种。常见的种类有不倒翁虫、长吻沙蚕、加州齿吻沙蚕、异足索沙蚕、日本角吻沙蚕、泥螺、纵肋织纹螺、缢蛏、彩虹明樱蛤、鲜明鼓虾、刺螯鼓虾、悦目大眼蟹、淡水泥蟹、宁波泥蟹、弹涂鱼和红狼牙鰕虎鱼等种类。

春季潮间带底栖动物有 139 种，多毛类为主要种，共 53 种。其次，甲壳动物 36 种、软体动物 29 种、棘皮动物 8 种、纽形动物 1 种、腔肠动物 1 种、星虫动物 1 种、鱼类 10 种。常见种有缢蛏、彩虹明樱蛤、薄云母蛤、光滑河蓝蛤、泥螺、纵肋织纹螺、淡水泥蟹、悦目大眼蟹、弧边招潮、日本角吻沙蚕、海棒槌、弹涂鱼等。

秋季潮间带底栖动物平均密度为 174 个/米^2。软体动物的密度最大，为 52 个/米^2，占总生物密度的 60.91%；其余依次是甲壳动物 19 个/米^2、多毛类 7 个/米^2、棘皮动物 5 个/米^2、其他动物 2 个/米^2。春季潮间带底栖动物平均密度为 229 个/米^2。软体动物密度最大，为 168 个/米^2，占总生物密度的 63.71%；其余依次是多毛类动物 58 个/米^2、甲壳动物 31 个/米^2、其他动物 4 个/米^2、棘皮动物 2 个/米^2。春季潮间带底栖生物的密度大于秋季，其中除了高潮带密度降低之外，中潮带和低潮带的生物密度都较高。

秋季和春季潮间带底栖生物平均生物量分别为 48.57 克/米^2 和 61.58 克/米^2，春季密度稍高。甲壳动物的生物量最高，达 25.37 克/米^2，其次是软体动物、棘皮动物和多毛类等。东冲口断面密度最大，生物量最高，为 24.4 克/米^2，盐田断面最低，为 14.8 克/米^2。春季平均生物量为 61.58 克/米^2，其中甲壳动物最高达 24.06 克/米^2；其次是软体动物。春季密度最高区移到中潮区，高潮区其次，低潮区密度最低。秋季潮间带底栖生物高密度区在高潮带，其次为中潮带，低潮带最低。

（三）罗源湾

罗源湾秋季调查共记录潮间带各类底栖生物 24 种。其中，多毛类 13 种、甲壳动物 8 种、软体动物 3 种。分布最广的是珠带拟蟹手螺和斑玉螺。

罗源湾春季调查共记录潮间带各类底栖生物 41 种。其中多毛类 15 种、甲壳动物 10 种、软体动物 12 种，此外另有星虫动物门、棘皮动物和肠腔动物门各 1 种，以及鱼类 1 种。两次调查共记录种类数 59 种。

秋季调查潮间带底栖生物平均密度在 15～28 个/米^2，平均 24 个/米^2，生物量平均为 3.32 克/米^2。潮间带各地密度差别不大。春季调查底栖生物密度有不同程度的增加，密度平均值为 73 个/米^2，生物量平均为 8.17 克/米^2。罗源湾潮间带的生物数量在全省各港湾潮间带中最低。双唇索沙蚕和拟紫口螺形成一定密度。

（四）闽江口

秋季闽江口软相潮间带共记录 63 种，其中甲壳动物 27 种、软体动物 22 种、多毛类 11 种、纽形动物 1 种。其中，粗芦岛断面的种类最多。

春季潮间带生物共有 64 种，其中甲壳动物 21 种、软体动物 22 种、多毛类 18 种、其他动物 3 种（分别为鱼类、纽虫和腔肠动物）。种类最多的是位于调查敖江口浦口镇山坑村断面。潭头断面低潮带没有采集到标本，但采样站位附近的定性标本中有莎草和互花米草等禾本科植物。

秋季潮间带生物总密度为 295 个/米^2，平均生物量为 193.63 克/米^2。其中以软体动物最多。密度较大的是浦口山坑断面，达 3552 个/米^2，以甲壳动物居首，其他动物占的比例最少。

春季潮间带生物总密度为 268 个/米^2，平均生物量为 109.89 克/米^2，以软体动物居最多。密度显著较大的是浦口山坑断面，达 2880 个/米^2，上甲壳动物和软体动物占优势，其他动物的数量较低。

(五) 福清湾

福清湾秋季调查记录潮间带生物 81 种，其中多毛类 35 种，软体动物 22 种，甲壳动物 19 种，纽形动物和腔肠动物各 1 种，以及鱼类 1 种。

春季获得潮间带生物 118 种，其中多毛类 52 种，软体动物 40 种，甲壳动物 19 种，棘皮动物、纽形动物、腔肠动物和鱼类各 1 种。

两个季节调查共获得种类 152 种，其中多毛类、软体动物和甲壳动物多样性较高。此外，断面中潮带的种类数最高，潮下带稍低。种类最多的断面在福清会安，其次是平潭南海。福清南山断面种类数较低。

秋季平均密度为 129 个/米^2，平均生物量为 13.78 克/米^2。生物量组成以软体动物占优势，其平均生物量为 5.68 克/米^2，其次是甲壳动物、多毛类等。春季平均密度为 1052.53 个/米^2，平均生物量为 14.38 克/米^2。生物量组成以软体动物占优势，平均生物量为 6.98 克/米^2，其次是多毛类和甲壳动物等。鱼类和其他类动物所占比例较小。南山断面密度最高，秋季高潮带和中潮带光滑河蓝蛤密度左右着秋季密度的统计量。

(六) 兴化湾

秋季和春季兴化湾软相潮间带鉴定的种类共 182 种，隶属于 11 门 95 科，其中藻类 5 种、多毛类 88 种、软体动物 32 种、甲壳动物 45 种、棘皮动物 5 种、星虫 2 种、纽形动物和腔肠动物各 1 种。多毛类种类最多，占 48.4%，甲壳动物占总种数的 24.7%，软体动物占总种数的 17.6%，三者构成软相潮间带生物主要类群，其余类群所占比例都较小。

潮间带优势种有寡鳃卷吻沙蚕、中蚓虫、异蚓虫、卷吻沙蚕、背蚓虫、长锥虫；软体动物的侧理蛤、彩虹明樱蛤、珠带拟蟹守螺、粒结节滨螺、粗糙滨螺、缢蛏、短拟沼螺、秀丽织纹螺、织纹螺、痕掌沙蟹、直背小藤壶、大角玻璃钩虾、模糊新短眼蟹、塞切尔泥钩虾、薄片裸赢蜚、大角玻璃钩虾、棘皮动物的棘刺锚参。

秋季潮间带生物平均密度为 227 个/米^2，变动范围在 39～432 个/米^2；平均生物量为 50.76 克/米^2，变动范围在 5.68～48.59 克/米^2；福清琯下断面平均密度最高，为 22 个/米^2，兴化湾南岸的湖尾断面密度最低，为 5 个/米^2；高密度区一般位于中潮带；中、高潮带密度组成以藤壶和单壳类动物为主，中、低潮带以多毛类和甲壳类为主。

春季潮间带生物平均密度为 366 个/米^2，在 203～615 个/米^2 变化；平均生物量为 43.19 克/米^2；福清琯下和东沃有较高密度，分别为 22 个/米^2 和 26 个/米^2，兴化湾南岸湖尾的密度最低，仅为 6 个/米^2；中潮带生物密度一般较高；潮间带高密度种主要为软体动物和多毛类。

春季的密度和生物量均高于秋季，两个季度中潮带的平均密度均高于低潮带和高潮带。

（七）湄洲湾

湄洲湾调查鉴定潮间带生物种类 209 种，其中多毛类 104 种、软体动物 35 种、甲壳动物 46 种、棘皮动物 7 种、藻类 10 种，以及其他动物 7 种（包括 1 种鱼类）。多毛类、软体动物和甲壳动物占总种数的 88.5%，三者构成潮间带生物主要类群。动物断面的种数较多，为 93 种，苏厝断面的种数较少，为 51 种；灵川断面以软体动物和多毛类为主，动物断面以软体动物和甲壳动物为主，苏厝断面以多毛类和软体动物为主。

秋季潮间带平均密度为 223 个/米²，平均生物量为 23.37 克/米²。平均密度和生物量东吴断面较大，分别为 531 个/米² 和 41.6 克/米²；灵川断面最小，分别为 262 个/米² 和 9.9 克/米²。春季数量平均密度和生物量分别为 530 个/米² 和 66.15 克/米²；灵川断面数量最高，平均密度和生物量分别为 1205 个/米² 和 85.6 克/米²；东吴断面最低，分别为 711 个/米² 和 55.7 克/米²。潮间带底栖生物的数量春季高于秋季，密度和生物量断面排序随季节的变化而反转。

潮间带生物量湾顶灵川断面最大，以下依次为东桥、东吴、苏厝、郭厝，湾顶大于湾中和湾口。

（八）泉州湾

泉州湾潮间带底栖生物共鉴定种类 220 种，其中多毛类 63 种、软体动物 77 种、甲壳动物 63 种、其他生物（包括藻类、腔肠动物、棘皮动物、星虫动物、纽形动物、鱼类等）17 种。其中多毛类、软体动物和甲壳动物为泉州湾潮间带生物的重要类群。

秋季共记录种类 89 种（不包括定性种类）。中潮带种类数最高，达到 85 种。其中 M3 和 M2 断面的中潮带种类数最高，分别达到 33 种和 34 种，主要种类为蟹类和软体动物，多毛类数量较少。

春季共记录 185 种。高潮带种类数最高达到 31 种。其中 R1 断面的高潮带种类数最高，为 34 种，其他站位在 18 种以下，多数站位的种类数在 6 种以下。

秋、春两季调查大型底栖生物栖息密度介于 4～1260 个/米²。秋季平均密度为 894 个/米²；多毛类所占比例最高，约 48.6%；其次依次为软体动物、甲壳类、棘皮动物、腔肠动物和鱼类。春季底栖生物栖息密度平均为 1019 个/米²。

春、秋两季调查大型底栖生物生物量介于 0.04～46.92 克/米²。秋季平均生物量为 209.81 克/米²，其中软体动物所占比例最高，约为 56.0%，其次为多毛类和甲壳类，其后依次为棘皮动物、腔肠动物和鱼类。春季大型底栖生物生物量较高，平均为 413.77 克/米²。

洛阳江和晋江入海口附近海域密度较大，湾口附近海域相对较低。晋江入海口及九十九溪入海口附近海域生物量较高，其余海域生物量相对较低。

（九）深沪湾

深沪湾春、冬两个航次调查共鉴定潮间带底栖生物 51 种，其中多毛类 23 种、软体动物 21 种、甲壳动物 7 种。从季节分布来看，春冬季共鉴定底栖动物种数相差不大，分别为 31 种和 32 种。主要优势种为昌螺[①]，还有尖锥虫、长吻沙蚕、嫁䗩、粗糙滨螺和短拟沼螺等。

冬季潮间带底栖生物类群中多毛类较多，春季部分物种逐渐被软体动物取代，主要有浅蛤、光滑河蓝蛤、菲律宾蛤仔、焦河蓝蛤和笋锥螺等。

春冬两季调查潮间带底栖生物栖息密度均值为 2747 个/米^2，其中腹足类占优势，占总密度的 95.36％；其次是多毛类和双壳类，所占比例分别为 4.49％和 0.15％。春季密度较高，均值为 3862 个/米^2，生物量为 309.29 克/米^2；冬季较低，密度值为 1635 个/米^2，生物量为 120.46 克/米^2。冬季前港断面最高，为 2823 个/米^2；其次为埔头断面 1268 个/米^2 和华峰断面 816 个/米^2；春季华峰断面最高，为 4484 个/米^2；其次为前港断面 4224 个/米^2 和埔头断面 287 个/米^2。

（十）厦门湾

厦门岛周边海域调查共记录大型底栖动物 165 种，其中多毛类动物 81 种、软体动物 29 种、甲壳动物 30 种、棘皮动物 9 种，其他动物 16 种。四季出现的底栖生物种类变化不大，以春夏季为多。多毛类种类最多，其次是甲壳动物和软体动物，棘皮动物最少。厦门岛周边海域底栖生物平均生物量春、夏、秋和冬四季分别为 18 克/米^2、24.95 克/米^2、136.49 克/米^2 和 13.64 克/米^2。

大嶝岛周边海域 2008 年 8 月调查鉴定共有大型底栖生物 185 种，以多毛类所占种数最多，有 92 种，占总种数的 49.7％；其次为甲壳动物有 59 种，占 31.9％，软体动物有 16 种，棘皮动物和其他动物分别有 8 种和 10 种，所占比例比较小。2009 年春季（3 月）鉴定有 220 种，其中多毛类有 111 种，占 50％，其次为甲壳动物，有 59 种，占 27％，软体动物有 21 种，占 10％，其他动物 18 种，占 8％，棘皮动物 8 种，约占 4％，此外还有藻类 3 种。总体来说，大嶝岛西南附近海域种类较多，多数达 50 种，大嶝岛以东海域较少，约为 40 种。

大嶝岛周边海域底栖生物平均生物量为 117.22 克/米^2，软体动物最大，其次是多毛类，甲壳动物和棘皮动物最低。各站密度和生物量相差很大。2009 年春季平均生物量为 46.03 克/米^2，大嶝岛的西南部、东南部生物量较高，大嶝岛南部及小嶝岛的东部、北部生物量较低。

九龙江河口区春季底栖生物平均生物量为 29.64 克/米^2，甲壳动物生物量最大，达 11.68 克/米^2，其次是软体动物，多毛类、棘皮动物和其他动物生物量很小。秋季生物量为 16.39 克/米^2，甲壳动物最大，其次是棘皮动物，环节动物和其他动物生物量最低。

[①] 昌螺的栖息密度很高，最高达 7208 个/米^2。

（十一）旧镇湾

旧镇湾冬春两季潮间带生物调查共记录 43 种，其中软体动物 18 种、多毛类 13 种、甲壳动物 8 种、鱼类 4 种。优势类群为软体动物和甲壳动物。冬季调查记录 26 种，高潮带生物种类较多，中潮带最少，高、中、低潮带分别为 15、12、10 种。春季调查记录 32 种，高潮带种类最多，计 19 种，中、低潮带分别为 15 和 17 种。

冬春两季潮间带底栖生物栖息密度分别为 188 个/米^2 和 600 个/米^2。冬季各断面差别很大，山前断面平均 402 个/米^2，竹屿断面仅有 1 个贝类空壳，新厝断面平均 156 个/米^2。春季新厝断面栖息密度高，为 996 个/米^2，竹屿断面为 311 个/米^2，山前断面为 493 个/米^2。

冬季高密度区在低潮区，与生物量相反，个体小的绯拟沼螺在山前低潮带的密度可达 706 个/米^2，约占该潮区总密度的 90%。春季珠带拟手螺在中潮带也有较大的密度，导致中潮带栖息密度较高。

冬季潮间带生物密度最高的断面为山前断面，其次是新厝断面，竹屿断面的密度最低。春季新厝断面潮间带生物密度最高，山前断面其次，竹屿断面最低。

（十二）东山湾

东山湾春秋两季潮间带生物调查共记录 61 种。其中软体动物最多，达 22 种，其次是甲壳动物 18 种，多毛类 16 种，鱼类 2 种，纽形动物、腔肠动物和藻类各 1 种。

秋季调查记录 45 种，高、中和低潮带各有 22、24、21 种，中潮带最多。古雷半岛西岸下崛最多，其次是礁美、列屿和位于漳江口的竹塔。

春季调查记录 31 种，高、中和低潮带分别有 11、16、19 种，低潮带最多。下崛最多，竹塔最少。

春秋两季东山湾潮间带生物的栖息密度平均差别不太明显，分别为 114 个/米^2 和 104 个/米^2。各条断面上栖息密度两季节差别也不明显。东山湾西岸断面平均栖息密度最低，春秋均在 60 个/米^2 左右；东岸断面平均密度最高，两季平均 186 个/米^2。东岸断面的春季高潮区栖息密度高出中、低潮区 3 倍之多，因该断面高潮区滩栖螺密度高达 220 个/米^2 以上，占该站总栖息密度的 70%。

春季潮间带生物生物量平均 36.35 克/米^2，在 29.91～45.46 克/米^2 变化。秋季生物量比春季高，平均 58.53 克/米^2，在 32.12～82.16 克/米^2 变化。

（十三）诏安湾

诏安湾潮间带生物调查记录 282 种，其中环节动物 86 种、软体动物 66 种、甲壳动物 57 种、棘皮动物 6 种、其他动物 21 种和藻类 46 种。环节动物、软体动物和节肢动物占总种数的 74.1%，三者构成潮间带生物主要类群。西屿断面的种数最多，为 134 种；浮塘断面的种数最少，为 109 种。种类组成以多毛类、软体动物和甲壳动物占多数。

秋季潮间带生物平均密度为 1913 个/米^2，最高密度在低潮带，其次是中潮带，潮上带最低。春季平均密度为 1486 个/米^2，潮区分布与秋季一致，春季密度略低于秋季。

秋季平均密度为 2139 个/米^2；西屿断面密度最高，平均 6453 个/米^2，中潮带下段的密度达 18 024 个/米^2；大铲断面密度最低，仅 352 个/米^2。春季总平均密度为 1599 个/米^2；浮塘断面低潮带平均密度最高，为 2820 个/米^2。总体上春季密度高于秋季，秋季西屿断面中潮带甲壳动物细螯原足虫和钩虾密度分别达到 7808 个/米^2 和 5000 个/米^2，以至于秋季密度总平均值高于春季。

生物量分布以西屿断面为最高，平均生物量为 795.35 克/米^2，藤壶和藻类的生物量占了绝大部分。邱厝断面的生物量均在 200 克/米^2 以下，浮塘断面各站高于 100 克/米^2，其余断面多数站位的生物量在 6～100 克/米^2，平均值为 57.76 克/米^2。

福建近岸海域 13 个重要港湾潮间带生物调查共记录 13 门 816 种（含定性样品）。各门类中软体动物、环节动物和节肢动物的种类多样性最高，分别记录了 236、230 和 215 种。此外，大型海藻种类也较多，为 53 种。其他生物有脊索动物鱼类 19 种，腔肠动物 14 种，星虫动物 8 种，被囊动物 5 种，纽形动物 3 种，腕足动物、多孔动物和苔藓动物分别 2 种。节肢动物、环节动物、软体动物和藻类的种类数占总种数的 90%，其他仅占 10% 左右（图 3-21）。

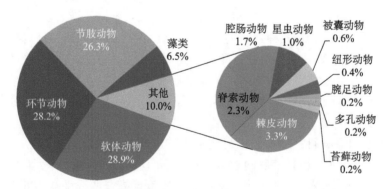

图 3-21　福建近岸海域重要港湾潮间带生物种类组成图

环节动物中的长吻沙蚕、寡鳃卷吻沙蚕、索沙蚕、中蚓虫，软体动物中的彩虹名樱蛤、短拟沼螺、缢蛏，节肢动物中的淡水妮蟹、弧边招潮、日本大眼蟹，脊索动物中的弹涂鱼等是近岸海域潮间带的优势种，这些种类不仅数量大，而且部分还是重要的经济种。

春季生物密度和生物量均高于秋季。高潮带的密度和生物量低于中潮带和低潮带。深沪湾和诏安湾潮间带密度最高，在总数量中起着主导作用，其中深沪湾潮间带的平均值高达 2747 个/米^2，诏安湾达到 1500 个/米^2，其潮间带生物的高密度区主要来自低潮带。罗源湾潮间带的生物密度最低，平均值仅为 48 个/米^2。诏安湾的生物量最高，为 1161.27 克/米^2，其次是泉州湾 311.79 克/米^2，罗源湾最低，为 5.74 克/米^2，最高值和最低值相差 200 倍（表 3-14）。

表 3-14　福建重要港湾潮间带调查密度和生物量统计表

内容	航次	高潮带	中潮带	低潮带	平均
密度/ (个/米²)	春季	366	978	1426	923
	秋/冬季	211	570	354	379
生物量/ (克/米²)	春季	42.11	222.24	702.44	322.26
	秋/冬季	23.53	138.86	88.12	83.50

三、福建海岸带与港湾比较

福建港湾潮间带上的底栖生物种类数量为 13 门 816 种，略高于近岸潮间带的 12 门 759 种。可以认为，港湾环境中的潮间带生物种类多样性高于近岸潮间带。

整体上看，福建近岸潮间带生物密度和生物量均高于港湾潮间带。其中近岸潮间带春季和秋季的生物密度值分别是港湾潮间带的 4.0 倍和 8.6 倍。近岸潮间带春季和秋季的生物量分别是港湾潮间带的 2.8 倍和 10.4 倍。与浅海底栖生物一样，近岸潮间带的生物数量一般高于港湾潮间带的生物数量。

第七节　小　结

（一）叶绿素 a

福建近岸海域 13 个重要港湾的叶绿素 a 调查表明，春季叶绿素 a 生物量较高，为 2.53 毫克/米³，秋季较低为 2.06 毫克/米³，两个季节之间的差别不是很大。福建近岸海域四季叶绿素 a 的平均值为 0.25 毫克/米³，各季节不同水层叶绿素 a 含量变化较大；夏季表层叶绿素 a 平均含量全年最高，春季其次，秋、冬季明显降低，冬季最低，不足 1.00 毫克/米³。春秋两季港湾的平均值略高于福建近岸海域四季的平均值。同季节平均值比较，港湾叶绿素 a 平均值较近岸海域 0.7 毫克/米³ 高。总体上港湾叶绿素 a 生物量高于近岸海域开阔海域。

（二）浮游植物

福建港湾两个季度共鉴定记录浮游植物 8 门 497 种，其中硅藻门种类数最多，计 411 种、甲藻门 56 种、蓝藻门 11 种、绿藻门 11 种、金藻门 4 种、定鞭藻门 2 种、裸藻和有孔虫各 1 种。近岸海域四季共获浮游植物 100 属 349 种；全年属种比例硅藻最高，甲藻其次，其他属种比例较低。近岸海域调查四季硅藻种类 299 种，约较港湾少 100 种。近岸海域四季调查记录的其他门类种类数也低于港湾，同季节相比，近岸海域种类数量更少。

福建近岸海域浮游植总密度夏季为最高，春季和秋季表层细胞密度分别为 458.67×

10^2 个细胞/升和 84.36×10^2 个细胞/升，秋季最低。福建近岸海域海水中浮游植物密度低于港湾，平均密度约低 200×10^2 个细胞/升，其趋势与叶绿素 a 分布一致。

（三）浮游动物

福建 13 个重要港湾两个季度调查共记录调查浮游动物 20 个门类 489 种，有桡足类、阶段性浮游动物、箭虫、水螅水母、管水母、鱼卵和仔稚鱼、端足类、糠虾、磷虾、介形类、栉水母、十足类、等足类、涟虫类、翼足类和异足类等，三沙湾还检出少量海洋昆虫。桡足类是近岸海域港湾浮游动物的主要类群，不仅种类多，而且出现率高，另外阶段性浮游动物、毛颚类动物、水螅水母等，也占有很大的分量。各港湾秋季（或冬季）和春季调查所获浮游动物平均密度分别为 1092 个/米³ 和 3705 个/米³。港湾春季和秋季浮游动物生物量分别为 1213 毫克/米³ 和 1518 毫克/米³。

福建近岸海域调查共获浮游动物共 292 种，主要优势种为桡足类，其四季均占有最大比例，水母类在春季、夏季和秋季也占有较大比例。毛颚类和糠虾类也比较多，其他包括端足类、介形类、被囊类、翼足类、异足类、十足类、磷虾类和枝角类等类别所占比例相对较小，另外还有若干类阶段性浮游幼虫以及少量的底栖端足类。福建近岸海域水体春秋两季浮游动物密度分别为 522 个/米³ 和 135 个/米³，两季平均值为 328 个/米³。近岸海域的浮游动物密度低于港湾。福建近岸海域春季和秋季浮游动物生物量分别为 370 毫克/米³ 和 150 毫克/米³，分别为港湾的 20% 左右。港湾的浮游动物的丰度和生物量都高于近岸海域。

（四）鱼卵和仔稚鱼

全省近岸海域港湾两个季度调查记录鱼卵和仔稚鱼 9 目 66 种（类）。其中鲈形目种类最多，其次是鲱形目、鲀形目等。记录的鱼卵有 5 类 38 种，主要有鲱形目、鲈形目、鲻形目和鲽形目鱼卵。种类多样性较高的有兴化湾、三沙湾和诏安湾。福建近岸海域四个季节共记录仔稚鱼 86 种，以鳀科、鰕虎鱼科、鲱科种类较多；鱼卵有 13 科 29 种，其中鳀科和鲱科鱼卵的种类较多。近岸海域鱼卵和仔稚鱼的种类数较高，但鱼卵种类属港湾较高。

福建近岸海域和港湾春季鱼卵及仔稚鱼的密度较秋/冬季高。港湾的鱼卵和仔稚鱼的数量也都高于福建近岸海域。

（五）底栖生物

福建港湾两个季度共记录底栖生物 15 类 710 种（类），主要门类有环节动物、节肢动物、软体动物、棘皮动物、鱼类及腔肠动物等；此外还有苔藓动物和星虫各 4 种，被囊动物 3 种，线虫 2 种，扁虫、螠虫、曳鳃类动物和维管植物各 1 种。福建近岸海域四个季节调查共记录底栖生物共 581 种（类）；多毛类动物种类数最多，其次是甲壳动物和软体动物，棘皮动物种类数最少；其他类别包括腔肠动物、苔藓动物、尾索动物、涡虫、星虫、鱼类、螠虫、纽虫和海藻等，共 51 种（类）。

福建港湾秋季和春季的平均栖息密度分别为 339 个/米³ 和 320 个/米³，生物量分别为 15 个/米² 和 13 个/米²，生物密度和生物量的季节变化不明显。春夏秋冬四个季节底栖生物密度分别为 582 个/米³、389 个/米³、359 个/米³ 和 720 个/米³，全年平均密度为 512 个/米³。总体上，福建近岸海域的底栖生物除了种类数低于港湾之外，春季和秋季底栖生物的密度和生物量均高于港湾。

（六）潮间带底栖生物

福建港湾两个季度季度调查共记录 13 门 816 种。其中软体动物、环节动物和节肢动物的种类多样性最高，种类数量分别为 236 种、230 种和 215 种；大型海藻种类也较多，达 53 种；其他类群有脊索动物、腔肠动物、星虫动物、被囊动物、纽形动物、腕足动物、多孔动物和苔藓动物等。

福建近岸海域潮间带调查秋季和春季共记录 12 类 756 种潮间带底栖生物，稍低于港湾调查的结果。主要优势类群有软体动物 249 种、环节动物 179 种和节肢动物 165 种，其他优势类群有鱼类 56 种、腔肠动物 29 种、大型藻类 36 种，以及星虫、棘皮动物、扁形动物、被囊类和苔藓动物等。

港湾春季和秋季港湾潮间带的生物栖息密度分别为 923 个/米³ 和 379 个/米³，春季高于秋季。春季和秋季港湾潮间带生物生物量分别为 322.26 克/米³ 和 83.50 克/米³。近岸海域春季和秋季主要密度优势种分别为软体动物和节肢动物；春季和秋季的栖息密度平均值分别为 3199 个/米² 和 3017 个/米²；春季和秋季的生物量平均值分别为 956.61 克/米² 和 893.81 克/米²；总体来看，福建近岸海域潮间带生物密度和生物量均高于港湾潮间带。

第四章

近海经济海洋生物苗种资源调查

近海经济海洋生物苗种资源调查开展了三沙湾和兴化湾鱼卵和仔稚鱼调查、水产苗种调查和亲鱼调查，张网作业对经济幼鱼种苗损害状况和福建四大经济贝类重要繁育区域等调查。

三沙湾、兴化湾鱼卵和仔稚鱼调查外业调查时间为 2007 年 2 月、5 月、8 月和 11 月，分别在三沙湾和兴化湾各设置 12 个调查站位。亲鱼调查时间为 2007 年 2 月 26 日至 2008 年 8 月 15 日。水产苗种调查时间为 2006 年 12 月 15 日至 2008 年 8 月 15 日。亲鱼调查和水产苗种调查均为生产性探捕调查项目，主要是根据港湾内亲鱼、苗种的生产季节和生产海域确定调查时间和调查取样地点。张网作业对经济幼鱼种苗损害状况外业调查时间为张网作业伏季休渔前后的 2007 年 4 月 6 日至 16 日和 2007 年 7 月 15 日至 18 日，在闽东沿海和闽南沿海张网作业海域各设置 1 个调查站位。福建四大经济贝类重要繁育区域调查属于社会调查专题。

亲鱼调查利用定置张网、流刺网和敷网等多种生产上使用的捕捞渔具进行调查取样。水产苗种调查方法利用现有生产上使用的渔具渔法进行调查取样。例如，日本鳗鲡苗种利用"鳗苗张网"，大弹涂鱼苗种采用"手抄网"，黄鳍鲷、灰鳍鲷和花鲈苗种利用"定置张网"，拟穴青蟹、三疣梭子蟹苗种主要利用"蟹苗张网""笼壶"和"手抄网"等多种渔具渔法，缢蛏苗种前期利用"刮土洗苗"的方法，后期则采用"手抓苗"的采捕方法。

第一节　三沙湾经济海洋生物苗种资源调查

一、水产苗种

目前具有生产性开发利用价值，且具有一定数量规模的海捕苗种有日本鳗鲡、鲻鱼、拟穴青蟹、三疣梭子蟹和日本蟳等 5 个品种。

（一）日本鳗鲡苗种

根据 2006 年 12 月至 2007 年 3 月的取样调查，三沙湾日本鳗鲡苗种生产汛期，苗种全长分布范围为 49.02～62.76 毫米，平均全长 57.15 毫米；体重分布范围为 81.0～304.3 毫克，平均体重 163.6 毫克。

秋季日本鳗鲡苗种分批分次聚集成群自外海进入三沙湾东冲口进行溯河索饵生长活动，从而形成三沙湾鳗鲡苗种生产汛期。三沙湾日本鳗鲡苗种主要分布于湾内的官井洋及周边海域，苗种捕捞渔具为鳗苗张网。现有鳗苗张网作业方式可有效地利用日本鳗鲡苗种，捕获的鳗苗活力强，存活率达到 100%；捕获的苗种的利用状况良好，鳗鲡苗种 100% 作为海水养殖用苗。与传统张网作业相比较，鳗苗张网作业捕捞过程中对日本鳗鲡苗种以外的经济幼鱼幼体资源损害程度相对要小得多，捕捞方式较为合理。目前日本鳗鲡苗种捕捞强度过大，与鼎盛时期相比较，苗种资源已出现严重衰退。1996～1998年为三沙湾日本鳗鲡苗种资源较为丰富时期，每年汛期鳗苗生产渔船为 1000 艘左右，年汛期产量为 350 万～500 万尾。2003～2007 年，三沙湾日本鳗鲡苗种每年在 12 月至翌年 3 月的生产汛期作业规模在 300～400 艘，年汛期产量 120 万～200 万尾（表 4-1）。

表 4-1　三沙湾天然水产苗种利用状况

种类	日本鳗鲡	鲻鱼	拟穴青蟹	三疣梭子蟹	日本蟳
分布区域	官井洋	金蛇头近岸	三屿至漳湾	漳湾近岸	漳湾近岸
苗种汛期	12 月至 3 月	2～3 月	4～7 月	5～8 月	4～7 月
采捕方法	鳗苗张网	船抄网、敷网	蟹苗张网、笼壶、手捕	蟹苗张网	笼壶、张网
苗种年产量	120 万～200 万尾	150 万～200 万尾	300 万～400 万只	2200 万只	1500 万～2000 万只

（二）鲻鱼苗种

根据 2008 年 2 月的现场取样调查，三沙湾鲻鱼苗种的叉长分布范围为 22.5～28.2 毫米，平均叉长 25.1 毫米；体重分布范围为 113.2～197.8 毫克，平均体重 155.1 毫克。这一阶段捕获的鲻鱼苗种 100％可作为海水养殖用苗，苗种资源的利用较为合理。三沙湾鲻鱼属于地方种类，鲻鱼仔稚鱼、幼鱼索饵生长和成鱼生殖活动均在内湾、浅海海域度过，终生活动范围不大。鲻鱼苗种主要分布于金蛇头近岸海域，生产汛期为每年 2 月中旬至 3 月下旬。小型船抄网是捕获鲻鱼苗种的专用网具，该网具捕捞效率高、对苗种损伤程度小。

三沙湾全年均可捕获到鲻鱼，但以幼鱼群体为主，资源利用不合理。尤其是 5 月中下旬至 8 月下旬，敷网作业和流刺网作业在海域大量捕捞叉长 100～250 毫米、体重为 12～210 克的 8 月龄以内的鲻鱼幼鱼群体，严重地损害了三沙湾鲻鱼幼鱼资源。据调查统计，2005 年至 2008 年三沙湾鲻鱼苗种年产量 150 万～200 万尾，年产量仅为 20 世纪 80 年代正常年份产量的 30％左右，目前鲻鱼资源已出现严重的衰退。

（三）拟穴青蟹苗种

根据 2007 年 5 月 10 日至 26 日的取样调查，三沙湾拟穴青蟹苗种甲宽在 40.7～56.9 毫米，平均甲宽 51.2 毫米；体重在 13.18～33.98 克，平均体重 24.71 克。

三沙湾湾内的浅海滩涂广阔，生态环境适宜，是拟穴青蟹幼蟹苗种良好的栖息生长场所。每年夏末秋初 9～11 月，在近海产卵场孵出的溞状幼体，经多次蜕皮发育成幼蟹后，经东冲口逐步游向三沙湾湾内进行索饵生长洄游，幼蟹苗种广泛分布于湾内的浅海滩涂，从高潮区至浅海均有分布。苗种主要分布于三屿至漳湾和东吾洋一带浅海滩涂海域。在三沙湾湾内 4～8 月都可捕到天然幼蟹苗种，生产旺季为 5～6 月。蟹苗捕捞方法大多采用定置蟹张网、笼壶和手抄网三种方式，也有采用手捕的捕捞方式。

2003～2008 年蟹苗年产量 300 万～400 万只，年产量相对较为稳定，资源状况良好。由于幼蟹苗种资源生产开发大多为讨小海的捕捞行为，生产人员多、个体产量低、苗种规格大小差异大，不利于养殖户收购用于投苗养殖，大量的幼蟹苗种还被作为商品食用蟹进入市场，被食用的拟穴青蟹苗种约占被采捕苗种总数量的 30%～40%，表明三沙湾野生蟹类苗种资源的开发利用总体不合理。

（四）三疣梭子蟹苗种

根据 2007 年 5 月的取样调查，三沙湾三疣梭子蟹苗种甲宽在 13.0～34.5 毫米，平均 21.6 毫米；体重在 0.11～1.97 克，平均 0.62 克。2007 年 6 月调查，苗种甲宽在 41.8～72.4 毫米，平均 55.7 毫米；体重在 4.58～19.45 克，平均 9.89 克。

三沙湾浅海滩涂海域辽阔，三疣梭子蟹苗种资源也相对比较丰富。1994 年以来，受人工养殖需求驱使，开始对三沙湾三疣梭子蟹苗种资源进行生产性的开发捕捞，逐步形成以定置蟹苗张网为主的专业性捕捞渔具，该渔具有效提高了蟹苗入网后的苗种质量和存活率，捕捞利用方式较为合理。

2003～2008 年，每年 5 月下旬至 7 月上旬苗种生产汛期，定置张网网渔船作业规模在 300 艘左右，在七都至金蛇头一带滩涂海域手抄网作业也有一定的规模。2006 年以来，三疣梭子蟹苗种年产量比较稳定，2007 年三沙湾三疣梭子蟹苗种生产汛期年产量 2200 万只，但仅有 40% 的蟹苗用于养殖，60% 的幼蟹作为食用蟹进入农贸市场，资源利用不甚合理。

（五）日本蟳苗种

根据 2008 年 5 月的取样调查，三沙湾日本蟳苗种甲宽在 36.9～62.2 毫米，平均 48.1 毫米；体重在 7.00～46.70 克，平均 18.20 克。2008 年 6 月，苗种甲宽在 48.0～69.0 毫米，平均 58.8 毫米；体重在 23.2～66.4 克，平均 40.23 克。

日本蟳是三沙湾湾内蟹类中最具优势的经济蟹种。苗种主要分布于漳湾、三都澳周边和东吾洋一带浅海海域，主要生产汛期与拟穴青蟹苗种和三疣梭子蟹苗种相近，为 4～7 月，但日本蟳苗种往往喜栖息分布于较深的浅海海域。三沙湾在 4～7 月都可捕获到日本蟳天然蟹苗，生产旺季是 5～6 月。目前，日本蟳捕捞方式大多采用笼壶作业和定置蟹苗张网两种，也有少量讨小海采用手捕的捕捞方式。

虽然日本蟳苗种与拟穴青蟹苗种和三疣梭子蟹苗种出现时间相近，但由于分布空间的差异，加上经济价值相对较低，往往作为拟穴青蟹苗种和三疣梭子蟹苗种生产的兼捕品种，使得日本蟳苗种承受的捕捞压力较小，资源状况相对较为稳定。2006 年以来，日本蟳苗种年产量稳定在 1500 万～2000 万只。因养殖用苗需求量较小、市场价格较低，小规格的幼蟳苗种常常被作为食用商品蟳进入市场，降低了其经济价值，也不利于日本蟳苗种资源的可持续利用。

二、重要经济种类产卵场和苗种场

三沙湾是大黄鱼、棱鲮、硬头鲻、长毛明对虾、缢蛏等许多海洋经济种类的产卵场和其幼体苗种索饵生长的重要繁育场所。

（一）官井洋大黄鱼产卵场

1. 分布范围

三沙湾官井洋大黄鱼隶属闽—粤东族，产卵场主要分布于湾内官井洋，是我国唯一的内湾性大黄鱼产卵场（图 4-1）。产卵期为春季的 5～6 月和秋季的 10～11 月，孵化后的仔稚鱼、幼鱼在港湾内索饵生长。

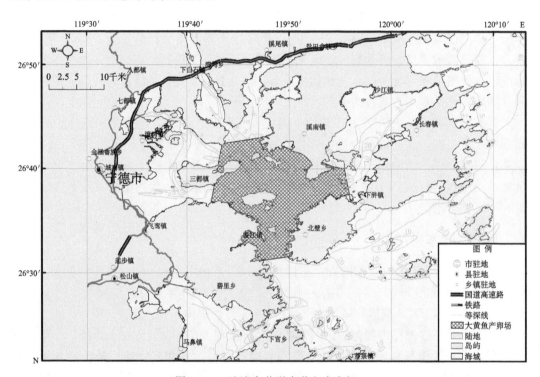

图 4-1　三沙湾官井洋大黄鱼产卵场

2. 春季生殖群体

2008 年 5 月调查，官井洋大黄鱼生殖群体的体长在 193～293 毫米，平均 237.6 毫米；体重在 147.3～520.2 克，平均 297.1 克。雌雄性比为 1：0.25，雌性个体数量占大多数。从性腺成熟度的分布情况看，雌性个体大多数为 Ⅳ 期，占 62.5%；Ⅴ 期个体占 37.5%。雌性个体的体长在 217～293 毫米，怀卵量为 $5.50×10^4～84.83×10^4$ 粒，平均 $30.03×10^4$ 粒，怀卵量个体差异较为悬殊。雌性个体的相对生殖力按体长在 2530～43 950 粒/厘米，个体平均 13 400 粒/厘米；按体重在 287～5548 粒/克，个体平均 1283 粒/克，相对生殖力也因个体大小存在一定的差异。雌性个体的成熟系数变动于 71.8～1457，个体平均 342.6。

3. 秋季生殖群体

2007 年 9 月至 11 月调查，大黄鱼秋季生殖群体的体长在 211～260 毫米，平均 236.8 毫米；体重在 211.8～405.5 克，平均 294.3 克。雌雄性比为 1：1.63，雄性个体数量占大多数。从性腺成熟度的分布情况看,雌性个体大多数为Ⅳ期,占 50.0%;其次为Ⅳ～Ⅴ期,占 25.0%;Ⅴ期和Ⅲ～Ⅳ期均占 12.5%。雌性个体的体长在 211～248 毫米,怀卵量为 $10.08×10^4$～$23.94×10^4$ 粒,平均 $16.01×10^4$ 粒,怀卵量因个体大小存在一定的差异。雌性个体的相对生殖力按体长在 4060～11 350 粒/厘米,个体平均 7130 粒/厘米;按体重在 285～1141 粒/克,个体平均 708 粒/克。相对生殖力也因个体大小存在一定的差异。雌性个体的成熟系数变动于 99.8～159.3,个体平均 133.0。

4. 资源状况

三沙湾官井洋大黄鱼资源自 20 世纪 80 年代中期出现严重衰退以来,至今尚未重新形成产卵渔汛。目前,海域大黄鱼野生群体数量已经十分稀少,增殖放流的放流群体和网箱逃逸入海的养殖群体已成为海域大黄鱼资源的主体。近 10 年来,逃逸入海的养殖鱼群和放流群体已成为流刺网和定置张网作业的主要兼捕种类,2005～2007 年官井洋大黄鱼海洋捕捞年产量达 180～220 吨,年产量为 20 世纪 50 年代的 8%～15%,但已比 20 世纪 90 年代增长 4 倍以上,资源数量已经得到一定程度的恢复。

(二) 缢蛏繁育区

1. 分布范围

三沙湾缢蛏繁殖场主要分布于宁德市蕉城区八都镇、七都镇、漳湾镇和城南镇的滩涂海域,与福安县和霞浦县相邻的滩涂海域也有少量的分布,面积约 11.30 千米² (图 4-2)。近年来,低潮区亲贝开发利用的面积在 1.30～3.30 千米² 变动;中潮区以上及高潮区边缘苗种场开发利用的面积在 8.00～10.00 千米² 变动。

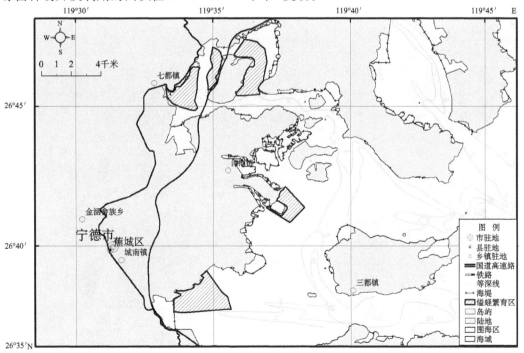

图 4-2　三沙湾缢蛏繁育场

2. 经营管理与苗种生产

三沙湾缢蛏天然繁育区为沿岸众多养殖户传统的生产经营场所。苗埕的建造与日常养护均由养殖户经营管理,苗埕从寒露开始平畦整理,至小雪结束。蛏苗采捕汛期为每年的 10 月至翌年 3 月,采苗方式主要采用刮土洗苗的方法。

3. 苗种密度与苗种资源量

2007 年 11 月至 2008 年 1 月采集了 6 批次、9123 粒缢蛏苗种,苗种壳长在 1.17～15.26 毫米、平均 1.96～11.05 毫米;体重在 0.19～147.66 毫克、平均 0.80～55.93 毫克;资源密度在 1820～50 830 粒 / 米² 变化。按附苗采捕面积 9.40 千米² 计算,缢蛏苗种的年资源量为 1153 吨。

4. 增养殖模式评析

三沙湾缢蛏养殖业以沿岸垦区内蓄水养蛏为主,以围养在中高潮区的天然滩涂海域为辅。每年 9～11 月份缢蛏繁殖季节,沿岸池塘内亲贝排放的大量受精卵和孵化后的直线铰合幼虫被直接排放到滩涂缢蛏的天然繁殖场所。这种养殖格局与养殖方式对缢蛏资源的增殖发挥了很大的作用。20 世纪 90 年代以来,三沙湾缢蛏天然繁殖场所苗种生产性开发利用一直为稳产和高产。由于天然苗种资源丰富,产量稳定,缢蛏增养殖成为宁德市一个非常稳定的产业。

第二节　兴化湾经济海洋生物苗种资源

一、水产苗种

兴化湾海捕水产苗种主要有日本鳗鲡、大弹涂鱼、花鲈、黄鳍鲷、灰鳍鲷、拟穴青蟹和三疣梭子蟹等。2005～2007 年兴化湾海捕苗种平均年产量 1.85×10^8 尾、平均年产值 1947 万元,不同苗种的产量和产值差异很大(图 4-3,表 4-2)。

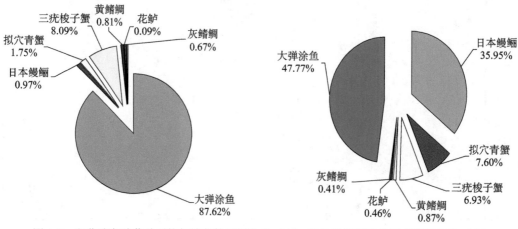

图 4-3　兴化湾各种苗种平均年捕获数量百分比(左)和各种苗种平均年产值百分比(右)

表 4-2　2005～2007 年兴化湾水产苗种开发利用状况

种类	生产季节	分布区域	采捕方法	苗种年产量
日本鳗鲡	12 月至翌年 3 月	东甲至东澳东南部、灶屿至目屿、小日岛周边海域	鳗苗张网	140～220 万尾
大弹涂鱼	7～11 月	哆头、东甲滩涂海域	手抄网	1.621×10^8 尾
黄鳍鲷	6～8 月	东甲近岸	张网、开闸纳苗	200 万～300 万尾
灰鳍鲷	6～8 月	东甲近岸	张网、开闸纳苗	100 万～150 万尾
花鲈	4～6 月	哆头浅海	张网、手抄网	15 万～20 万尾
拟穴青蟹	4～7 月	哆头滩涂	张网、笼壶	200 万～450 万只
三疣梭子蟹	5～8 月	哆头滩涂	蟹苗张网	1450 万～1600 万只

（一）日本鳗鲡苗种

日本鳗鲡苗种主要分布在东甲至东澳东南部一带浅海海域、灶屿至目屿一带海域和小日岛周边海域。根据 2006 年 12 月至 2007 年 3 月的取样调查，兴化湾日本鳗鲡苗种全长在 49.12～62.45 毫米，平均 55.52 毫米；体重在 97.7～220.8 毫克，平均 130.4 毫克。1983～1984 年，兴化湾日本鳗鲡苗种资源鼎盛，每年汛期产量 700 万～800 万尾。2005～2007 年，生产汛期年产量 140 万～220 万尾，苗种资源已经出现严重衰退（表 4-2）。

（二）大弹涂鱼苗种

大弹涂鱼苗种广泛分布于兴化湾湾内潮间带滩涂海域，苗种密度分布以湾内西北部和西南部的滩涂海域为大，也是苗种生产渔汛讨小海人员的主要采捕区域。大弹涂鱼苗种体长在 9.7～37.4 毫米，平均体长 18.7 毫米，平均体重 103.9 毫克。大弹涂鱼野生苗种的开发利用始于 20 世纪 80 年代，2003 年以后随着土池大弹涂鱼养殖技术的推广应用，大弹涂鱼苗种的开发力度迅速加大，形成年产量上亿尾的生产规模。由于大弹涂鱼野生苗种主要开发利用的范围为高潮区，讨小海人员较难于抵达捕获中、低潮区的苗种和亲鱼，加上体长生长至 25 毫米以上的幼鱼群体具备营穴居习性而不易被捕获，目前大弹涂鱼野生苗种产量较为稳定，苗种资源利用较为充分，资源状况良好。

（三）黄鳍鲷苗种和灰鳍鲷苗种

黄鳍鲷和灰鳍鲷苗种广泛分布于湾内的浅海海域，喜栖息于岩礁性海域和贝类养殖区域。调查期间，兴化湾黄鳍鲷苗种叉长在 66.3～118 毫米，平均叉长 87.5 毫米，平均体重 14.2 克；灰鳍鲷苗种叉长在 60.6～121 毫米，平均叉长 90.6 毫米，平均体重 18.4 克。黄鳍鲷和灰鳍鲷苗种为张网作业的兼捕对象。20 世纪 80 年代初期为苗种资源鼎盛时期，张网每年可捕获到上千万尾的黄鳍鲷幼鱼苗种和 400 万～500 万尾的灰鳍鲷幼鱼苗种。2005～2007 年，黄鳍鲷和灰鳍鲷幼鱼苗种年捕获量已分别下降至 200 万～300 万尾和 100 万～150 万尾，黄鳍鲷和灰鳍鲷苗种资源已出现严重衰退。

（四）花鲈苗种

花鲈幼鱼苗种相对集中分布于湾内三江口邻近海域和木兰溪溪口幼鱼苗种溯河洄游

通道上。调查期间，兴化湾花鲈苗种叉长在 28.8～134.8 毫米，平均 92.4 毫米；体重在 28.8～134.8 克，平均 29.4 克。由于长期的过度捕捞，20 世纪 90 年代花鲈资源开始出现严重衰退。2005～2007 年，抄网和敷网捕获的花鲈苗种年产量为 15 万～20 万尾，张网作业每年损害花鲈幼鱼数量达 30 万尾左右，远远大于养殖用苗的数量。与资源鼎盛时期相比较，花鲈苗种年产量下降幅度高达 90％以上，花鲈苗种资源已经出现严重的衰退。

（五）拟穴青蟹苗种和三疣梭子蟹苗种

拟穴青蟹、三疣梭子蟹苗种广泛分布于兴化湾湾内浅海海域，其中拟穴青蟹苗种分布比较偏向内侧滩涂海域，三疣梭子蟹苗种分布比较偏向外侧浅海海域。拟穴青蟹苗种甲宽在 7.92～40.0 毫米，平均甲宽 20.2 毫米，平均体重 2.29 克；三疣梭子蟹苗种甲宽在 11.8～84.0 毫米，平均甲宽 48.0 毫米，平均体重 10.53 克。拟穴青蟹和三疣梭子蟹苗种年产量相对较为稳定，资源状况良好。在蟹苗张网多年的大力开发利用下，拟穴青蟹和三疣梭子蟹苗种资源已得到较为充分的利用。

二、重要经济种类产卵场和苗种场

兴化湾是凤鲚、棱鲛、斑鰶、长毛明对虾、缢蛏等许多海洋经济种类的产卵场及其幼鱼、幼体苗种索饵生长的重要繁育场所。

（一）凤鲚

1. 分布范围

兴化湾凤鲚为河口性短距离洄游鱼类，终生活动范围不大，也是港湾小型重要经济种类。每年春季 4～6 月，生殖群体从浅海洄游至木兰溪和荻芦溪溪口半咸淡海域产卵，孵化后的仔稚鱼在港湾内栖息生长至成鱼后再回到湾外浅海海域中。

2. 生物学特性

2008 年 4～8 月调查，兴化湾凤鲚生殖群体的叉长在 135～239 毫米，平均 161.3～185.3 毫米；体重在 9.5～63.1 克，平均 18.89～30.00 克。凤鲚生殖群体在 4～8 月均有生殖活动，产卵盛期为 5 月。生殖期间雄性个体数量占大多数，雌雄性比为 1：1.344。雌鱼性腺成熟度的比例依次为 Ⅱ 期占 37.5％、Ⅲ 期占 34.4％、Ⅳ 期占 15.6％、Ⅴ 期占 12.5％。生殖群体怀卵量在 0.548×10^4～1.156×10^4 粒，平均 0.844×10^4 粒，怀卵量因个体大小存在很大差异。生殖群体雌性个体相对生殖力按叉长在 336～570 粒/厘米，平均 452 粒/厘米；按体重为 272～340 粒/克，个体平均 313 粒/克。雌性个体的成熟系数变动于 137.6～182.6，个体平均 166.2。

3. 资源状况

兴化湾凤鲚喜栖息于咸淡水交汇处，常与花鰶、黄吻棱鳀、短棘银鲈、前鳞鲻、棘头梅童鱼和口虾蛄等经济种类共同构成兴化湾近岸传统作业的主要捕捞对象。20世纪70年代为资源鼎盛时期，凤鲚年产量可达300～400吨。由于过度捕捞及环境污染，2005年以来年产量仅为4～5吨，资源已出现严重的衰退。

（二）棱鲹

1. 分布范围

兴化湾棱鲹为沿岸地方性种类，索饵生长和生殖活动等整个生命过程都在内湾海域度过。产卵场主要分布于兴化湾湾内的木兰溪和荻芦溪等近岸咸淡水交汇处。兴化湾棱鲹产卵期为春季的3～4月，孵化后的仔稚鱼、幼鱼在港湾内索饵生长。

2. 生物学特性

2008年3～4月调查，兴化湾棱鲹生殖群体的叉长在125～195毫米，平均166.8毫米；体重在17.8～87.6克，平均60.55克。生殖期间雌性个体数量占绝大多数，雌雄性比为1:0.135。雌性个体大多数为Ⅳ期，占83.78%；其次为Ⅴ期，占10.81%；Ⅲ期仅占5.41%。雌鱼怀卵量在7.20×10^4～36.80×10^4粒，平均14.27×10^4粒，怀卵量因个体大小存在很大差异。雌性个体相对生殖力按叉长在3556～21 029粒/厘米，平均8154粒/厘米；按体重为952～5050粒/克，个体平均2044粒/克。雌性个体的成熟系数变动于70.0～369.8，个体平均230.7。

3. 资源状况

棱鲹捕捞群体主要由当年鱼和一龄鱼组成。棱鲹恢复能力强，资源补充迅速，通常可承受较大的捕捞强度。从目前兴化湾棱鲹资源的开发利用程度看，湾内抄网、敷网和流刺网等近岸传统捕捞作业的数量规模不大，年捕捞产量150～200吨，资源开发力度不大，资源状况良好。但抄网和敷网近岸渔具选择性差，在5～6月可对棱鲹仔幼鱼造成一定的损害。

（三）缢蛏繁育场

1. 分布范围

兴化湾缢蛏繁育场主要分布于哆头至东澳一带潮间带滩涂海域。缢蛏苗种分布在中潮区以上及高潮区边缘，缢蛏苗种场生产面积有4.00千米²，低潮区亲贝开发利用的面积年间变动于0.10～0.30千米²（图4-4）。

2. 经营管理与苗种生产

兴化湾缢蛏天然繁育区主要为三江口镇沿岸众多养殖户传统的生产经营场所，苗埕的建造与日常养护均由养殖户经营管理。苗埕从寒露开始平畦整理，至小雪结束。蛏苗采捕汛期为每年的10月至翌年3月，初中期采苗方式主要采用刮土洗苗的方法，后期采苗方式为手抓苗。

3. 苗种密度与苗种规格

2007年11月23日至2008年3月14日采集到11批次，10 049粒缢蛏苗种。苗种

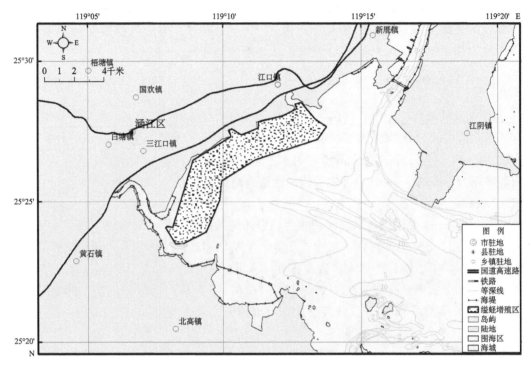

图 4-4 兴化湾缢蛏苗种场与亲贝产卵场的分布

壳长在 1.12～18.47 毫米、平均 1.98～11.77 毫米；平均体重在 0.77～80.51 毫克；资源密度在 3740 ～17.57×10⁴ 尾/米²。

4. 附苗面积与资源量估算

2007 年 11 月至 2008 年 3 月兴化湾缢蛏苗种场生产面积 2.89 千米²。其中，附苗采捕面积 2.18 千米²，小规格蛏苗采捕产量 477.7 吨；0.71 千米² 苗埕受海域污染的影响，蛏苗资源密度非常稀疏而失去生产性采捕价值，绝收面积占苗埕总面积的 24.6%。

2007 年，平均每公顷苗埕附苗采捕生物量 2197 千克，面积 2.18 千米²，兴化湾缢蛏苗种的资源量估算为 478.7 吨。

5. 增养殖模式评析

20 世纪 90 年代，池塘蓄水养蛏技术的推广应用，有力地促进了兴化湾沿岸地区缢蛏养殖产业的迅速发展。目前，缢蛏养殖绝大部分采用单养或混养模式。2006 年，兴化湾沿岸垦区内蓄水养蛏面积已超过 10.00 千米²，围养在中高潮区的天然滩涂海域仅有 4.20 千米²，其中三江口镇分布于高潮区的蓄水养蛏面积有 2.30 千米²，分布于中潮区的蛏苗生产基地有 4.00 千米²。1994～2005 年，三江口镇政府对滩涂亲贝增养殖区按每亩 200～300 元补贴给养殖户，缢蛏苗种年产量一直比较稳定。2006 年停止补贴扶持，当年滩涂海域亲贝增养殖面积仅存 0.01 千米²，比 2005 年减少了 0.07 千米²，导致苗种产量锐减。

第三节　张网作业对近海经济幼鱼种苗资源损害调查

一、连江、惠安、厦门和霞浦四个海域

(一) 种类组成

调查共记录游泳生物 320 种,其中鱼类 218 种,甲壳动物 82 种,头足类 20 种,分别占总数量的 68%、26% 和 6%。夏季鱼类种类数量最多,其次是秋季,春季和冬季数量较少,分别为 92 和 96 种。四个季节中,鱼类始终是游泳动物的主要成分,其次为甲壳动物,头足类的数量最少,种类在 10～14 种,各季度所占比例均低于 10% (图 4-5)。

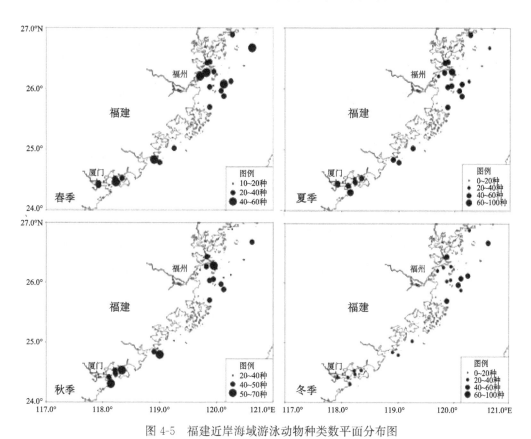

图 4-5　福建近岸海域游泳动物种类数平面分布图

福建近岸海域夏季游泳动物种类多样性最高,其次是秋季和冬季,春季种类数最低,多样性最低。

春季和夏季闽江口以北游泳动物总种数与闽江口以南的差不多,秋季闽江口以北游

泳动物总种数略低于闽江口以南，冬季闽江口以北游泳动物总种数比闽江口以南海域丰富。随着水温的下降，游泳动物有向深水区移动的现象。

（二）密度分布

春季调查各站位游泳动物总密度在 173～5206 尾/小时变化，平均生物量为 1149 尾/小时。闽江口以北海域的游泳动物总密度大于闽江口以南海域。

夏季调查各站位游泳动物总密度在 286～4508 尾/小时变化，平均生物量为 1994 尾/小时。密度较高的站位出现于闽江口外和闽江口以北近岸海域。闽江口以北海域的游泳动物总密度大于闽江口以南。

秋季调查各站位游泳动物总密度在 478～17 376 尾/小时变化，平均生物量为 3951 尾/小时。罗源湾口外以及附近海域密度最大。密度分布趋势与夏季类似，但厦门湾高密度的站位数量减少。

冬季各站位游泳动物总密度在 162～5067 尾/小时变化，平均密度 1263 尾/小时。闽江口外海域密度最大，密度达 2000 尾/小时以上；厦门湾内的密度大为减少。闽江口以北海域的游泳动物总密度大于闽江口以南海域。

（三）生物量分布

春季调查各站位游泳动物生物量在 2.43～55.20 千克/小时变化，平均生物量为 17.05 千克/小时，全年最低。闽江口外海域生物量最高，厦门湾最小。总体来说，闽江口以北游泳动物的生物量高于闽江口以南海域。

夏季调查各站位游泳动物生物量在 4.648～96.90 千克/小时变化，平均生物量为 33.15 千克/小时。闽江口生物量最高，厦门湾最小。总体来说，闽江口以北游泳动物的生物量要高于闽江口以南海域。

秋季调查各站位游泳动物生物量在 6.54～194.36 千克/小时变化，平均生物量进一步增大，达到 58.18 千克/小时。闽江口外海域生物量继续增加并达到最大；厦门湾内的站位出现较小值。闽江口以北海域游泳动物的生物量较高的分布格局没有变化。

冬季调查各站位游泳动物生物量在 1.68～62.93 千克/小时变化，平均生物量为 22.91 千克/小时。游泳动物的生物量较高的站位出现在闽江口外，厦门湾个别站位也出现高值，约为 56.60 千克/小时。闽江口海域部分站位出现低值。总体上闽江口以北海域游泳动物的生物量高于闽江口以南海域。

各季节游泳动物的生物量均以闽江口以北海域较高，闽江口以南海域较低。

（四）资源估算

1. 鱼类生态类型

调查渔获的 219 种鱼类可划分为暖水性种和暖温性种两种类型。调查没有记录冷温性和冷水性种。在捕获的种类中，暖水性种最多，有 148 种，占总数的 67.6%；暖温性种较少，有 71 种，占 32.4%。这表明福建近岸海域鱼类区系具有明显的热带和亚热带特征。

根据鱼类栖息水层的深度，可划分为中上层鱼类、近底层鱼类、底层鱼类和岩礁鱼类四种栖息类型。从调查结果来看，底层鱼类占大部分，有 100 种，占 45.7%；近底层鱼类有 65 种，占 29.7%；中上层鱼类有 38 种，占 17.4%；岩礁鱼类最少，有 16 种，占 7.3%。福建近岸海域的鱼类组成主要以底层鱼类为主，岩礁鱼类较少。

由于地理位置和水文特性，台湾海峡各海域在鱼类区系组成上有所不同，暖水性种自北向南递增，而暖温性种自北向南递减。霞浦、连江、惠安和厦门捕获的暖水种性游泳动物的出现率分别为 59.88%、64.12%、74.04% 和 80.46%，暖水性种的出现率自北向南逐渐升高。与此同时，暖温种的出现率依次为 40.12%、35.88%、25.96% 和 19.54%，出现率从 40% 以上下降到 20% 以下。即暖温种的出现率降低 20%，与此同时暖水性种的出现率也增加了 20%。因此，福建近岸海域由北向南鱼类的种群结构变化明显。与国家 908 专项调查结果类似，连江断面暖水性种类占 64.5%，广东汕尾暖水性鱼类的比例可达到 88%。

2. 资源量

闽江口及其附近海域的年平均渔业资源生物量较高，为 1.28 吨/千米^2，高于东海年平均水平的 990 千克/千米^2 以及南海北部浅海海域的 390 千克/千米^2（张波等，2005），但低于黄海的 2370 千克/千米^2。秋季闽江口及其附近海域渔业资源密度很高，达 2570 千克/千米^2，与闽江中上游带来丰富的营养物质、闽浙沿岸流与台湾暖流和黑潮交汇等因素有关。

鱼类年平均资源为 990 千克/千米^2，低于黄海的 2320 千克/千米^2，高于东海的年平均密度 884.72 千克/千米^2 和渤海近岸的 275.30 千克/千米^2。甲壳类的年平均资源生物量为 260 千克/千米^2，明显高于黄海的 31 千克/千米^2 和渤海近岸海域资源生物量的 45.39 千克/千米^2。虾蟹类的年平均资源生物量为 148.22 千克/千米^2，明显高于东海的年平均水平 31.11 千克/千米^2；头足类年平均资源生物量为 36.77 千克/千米^2，低于东海的年平均资源生物量 72.28 千克/千米^2，与黄海的 19.96 千克/千米^2 相差不大，而高于渤海近岸海域的 8.93 千克/千米^2。与其他海域相比，闽江口及其附近海域的鱼类、甲壳类的资源生物量较高，而头足类资源生物量较低。渔业资源密度秋季较高，夏季次之，冬季和春季资源密度较低，年平均渔业资源现存量为 4599 吨（黄良敏等，2010）（表 4-3）。

表 4-3 闽江口附近海域四季渔业资源生物量和资源量

季节	类别	资源生物量/（千克/千米^2）	资源现存量/吨	季节	类别	资源生物量/（千克/千米^2）	资源现存量/吨
春季	鱼类	464.62	1661.69	夏季	鱼类	792.14	2859.80
	虾类	20.51	73.10		虾类	71.94	594.25
	蟹类	31.15	121.41		蟹类	98.59	460.15
	虾蛄类	29.29	138.64		虾蛄类	80.18	288.97
	头足类	12.80	54.88		头足类	46.79	146.81
	合计	558.37	2049.72		合计	1089.64	4349.98

续表

季节	类别	资源生物量/(千克/千米²)	资源现存量/吨	季节	类别	资源生物量/(千克/千米²)	资源现存量/吨
秋季	鱼类	1980.31	7603.04	冬季	鱼类	609.12	2237.26
	虾类	67.37	248.97		虾类	50.03	211.10
	蟹类	200.32	723.69		蟹类	52.98	226.80
	虾蛄类	196.10	814.32		虾蛄类	143.59	513.72
	头足类	69.94	305.27		头足类	5.66	22.61
	合计	2514.04	9695.29		合计	861.38	3211.49

厦门海域年平均渔业资源生物量为 981.97 千克/千米²，高于南海北部浅海海域的 394 千克/千米²（戴天元等，2003），略低于东海的 988.11 千克/千米² 和闽江口及附近海域的 1278.77 千克/千米²，但明显低于黄海的 2375.27 千克/千米²。秋季该海域渔业资源生物量较高，为 1261.39 千克/千米²，与常年北上的南海暖流和南下的闽浙沿岸流等因素有关。鱼类年平均资源生物量为 720.94 千克/千米²，高于渤海近岸的 275.30 千克/千米²，略低于东海的 884.72 千克/千米² 和闽江口及附近海域的 997.36 千克/千米²，明显低于黄海的 2323.57 千克/千米²；甲壳类的年平均资源生物量为 223.80 千克/千米²，与闽江口及附近海域差不多，但明显高于黄海的 31.95 千克/千米² 和渤海近岸海域的 45.39 千克/千米²；头足类年平均资源生物量为 37.12 千克/千米²，低于东海的 72.28 千克/千米²，与闽江口及附近海域和黄海的 19.96 千克/千米² 相差不大，而高于渤海近岸海域的 8.93 千克/千米²。值得说明的是，厦门调查的头足类资源与实际调访相比较小，可能是由于调查时间只为白天及调查渔具为底层拖网等有关。与其他海域相比，厦门海域的渔业资源生物量一般，其中鱼类资源生物量处于中等，甲壳类的资源生物量较高，而头足类资源生物量较低。

用扫海面积法估算厦门海域渔业资源现存量，四季渔业资源现存量不足 3000 吨，而其潜在渔业资源量为 21 046 吨。本海域渔业资源综合营养级 2.47，比闽中的 2.48 及闽东的 2.49 小一些。渔获个体小型化明显。21 世纪以来海域渔获量急剧下降，渔获物基本上由当龄鱼、低龄鱼组成，高营养层次种类非常少。表明厦门海域渔业资源衰退明显（表 4-4）。

表 4-4　厦门海域四季渔业资源生物量和资源量

季节	类别	资源生物量/(千克/千米²)	资源现存量/吨	季节	类别	资源生物量/(千克/千米²)	资源现存量/吨
春季	鱼类	696.89	1202.71	秋季	鱼类	870.40	1502.16
	虾类	12.66	21.85		虾类	45.35	78.27
	蟹类	31.81	54.90		蟹类	225.17	388.60
	虾蛄类	19.52	33.69		虾蛄类	46.64	80.49
	头足类	17.36	29.96		头足类	73.83	127.42
	合计	778.24	1343.11		合计	1261.39	2176.94
夏季	鱼类	542.90	936.95	冬季	鱼类	773.58	1335.07
	虾类	60.00	103.55		虾类	43.98	75.90
	蟹类	109.35	188.72		蟹类	91.15	157.31
	虾蛄类	199.92	345.03		虾蛄类	9.66	16.67
	头足类	24.76	42.73		头足类	32.95	56.87
	合计	936.93	1616.98		合计	951.32	1641.82

二、闽东海域

（一）渔获物种类组成

调查期间，闽东海域定置张网调查点渔获物种类组成较为简单，经鉴定渔获种类共有31种。2007年4月渔获种类有16种，其中鱼类有14种、虾类和头足类各1种；2007年7月渔获种类有18种，其中鱼类有11种，虾类有4种，蟹类、头足类和口足类各1种。

（二）渔获物种类重量组成

2007年4月闽东张网调查点渔获物种类重量组成较为简单，龙头鱼渔获量居首位，占73.29％；中国毛虾位居第二，占22.11％；带鱼、黄鲫、黄吻棱鳀依次分别占1.98％、0.83％和0.56％；红狼牙鰕虎鱼、日本红娘鱼、七丝鲚、棘头梅童鱼、叫姑鱼、二长棘鲷、竹荚鱼、鲐鱼、灰鲳、粗吻海龙、杜氏枪乌贼等11个种类所占比重均很小，仅合占1.23％（图4-6）。

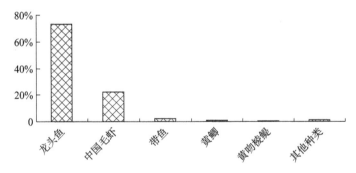

图4-6　2007年4月闽东张网调查点渔获种类重量组成

2007年7月闽东张网调查点渔获物种类较多，渔获以带鱼、蓝圆鲹幼鱼和中型经济虾类为主要捕捞对象。其中带鱼所占比重最大，占31.72％；白姑鱼位居第二，占16.66％；依次分别为鹰爪虾占8.96％、蓝圆鲹占8.68％、中华管鞭虾占7.74％、矛尾鰕虎鱼占6.98％、黄鲫占6.48％、哈氏仿对虾占2.36％、双斑蟳占1.30％、细螯虾占1.19％；海鳗、六指马鲅、发光鲷、红狼牙鰕虎鱼、麦氏犀鳕、黄鳍马面鲀、口虾蛄、柏氏四盘耳乌贼等8个品种合占7.93％（图4-7）。

（三）幼鱼种苗的损害评估

2007年伏休前的4月，闽鼎渔3106号调查船在闽东海域出海生产12天，渔获个体数量568.2×10^{4}尾、渔获产量3250千克。其中，龙头鱼、带鱼、黄鲫、七丝鲚、叫姑鱼、二长棘鲷、竹荚鱼、鲐鱼、灰鲳和棘头梅童鱼等10种经济鱼类的渔获个体数量64.65×10^{4}尾、渔获产量为2357千克，平均体重仅3.65克，分别占总渔获数量的

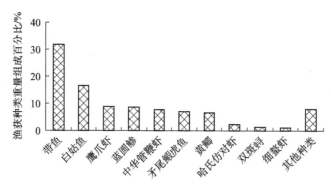

图 4-7　2007 年 7 月闽东张网调查点渔获种类重量组成

11.38％和总渔获重量的 72.52％；中国毛虾、黄吻棱鳀和红狼牙鰕虎鱼等小型大宗鱼虾类的渔获个体数量为 502.3×10⁴ 尾、渔获产量为 873.42 千克，平均体重仅 0.17 克，分别占总渔获数量的 88.40％和总渔获重量的 26.87％（表 4-5）。

表 4-5　2007 年伏休前后闽东点经济幼鱼幼体损害情况

种类	4 月份渔获情况			7 月份渔获情况		
	渔获数量 /（×10⁴ 尾）	渔获重量 /（千克）	平均体重 /（克）	渔获数量 /（×10⁴ 尾）	渔获重量 /（千克）	平均体重 /（克）
经济鱼类	64.65	2 357.06	3.65	165.12	8 408.3	5.09
中型虾类	—	—	—	47.10	3 193.4	6.78
小型大宗鱼虾	502.3	873.42	0.17	129.66	1 086.84	0.84
杜氏枪乌贼	0.151	13.92	9.22	—	—	—
其他种类	1.06	5.59	—	3.87	211.56	5.47
合计	568.2	3 250.0	0.57	345.8	12 900	3.73

2007 年伏休后的 7 月，调查船在闽东海域出海生产 12 天，渔获个体数量 345.8×10⁴ 尾、渔获产量 12 900 千克。其中，带鱼、黄鲫、白姑鱼、蓝圆鲹、海鳗、六指马鲅、黄鳍马面鲀等 7 种经济鱼类的渔获个体数量为 165.12×10⁴ 尾、渔获产量为 8408.3 千克，平均体重仅 5.09 克，分别占总渔获数量的 47.75％和总渔获重量的 65.18％；红狼牙鰕虎鱼、矛尾鰕虎鱼、麦氏犀鳕、发光鲷、细螯虾和口虾蛄等小型大宗鱼虾类的渔获个体数量为 129.66×10⁴ 尾、渔获产量为 1086.8 千克，平均体重仅 0.84 克，分别占总渔获数量的 37.50％和总渔获重量的 8.43％；中华管鞭虾、鹰爪虾和哈氏仿对虾等中型虾类的个体较大，而且也有一定的数量，渔获个体数量有 47.10×10⁴ 尾、渔获产量有 3193.4 千克，平均体重达 6.78 克，分别占总渔获数量的 37.50％和总渔获重量的 8.43％。

总的看来，2007 年伏休前的 4 月，闽东海域定置张网调查船损害的经济幼鱼品种较多、个体小，尤其是损害平均体重仅 3.52 克的龙头鱼幼鱼的数量多达 62.94×10⁴ 尾。2007 年伏休后的 7 月份，渔获的个体普遍比伏休前 4 月份的个体大，带鱼、蓝圆鲹、白姑鱼等经济幼鱼发生量明显增多，经济鱼类的个体也比伏休前的个体大，经济幼鱼的数量比伏休前的 4 月份增加了 1.55 倍，平均体重虽然也增加了 39.5％，但平均体重也仅有 5.09 克。可见，2007 年伏休前后的 4 月和 7 月闽东海域调查点定置张网对经济幼鱼的损害相当严重，一艘船出海 24 天可捕获平均体重 4.685 克经济幼鱼的产量就多达 10 765 千克、个体数量为 229.8×10⁴ 尾。

三、闽南海域

（一）渔获物种类组成

调查期间，闽南海域定置张网调查点渔获物种类较繁多，经鉴定渔获种类共有 76种。2007 年 4 月渔获种类有 54 种，其中鱼类有 37 种、虾类有 10 种、蟹类有 3 种、头足类和口足类各有 2 种。2007 年 7 月渔获物种类有 43 种，其中鱼类有 31 种、虾类有 5种、蟹类有 3 种、头足类和口足类各有 2 种。

（二）渔获物种类重量组成

2007 年 4 月龙头鱼渔获量居首位，占该月总渔获量的 14.0%，其次是二长棘鲷，占 11.7%，木叶鲽居第三，占 11.0%，以下依次为竹荚鱼、中华管鞭虾、带鱼、双喙耳乌贼、哈氏仿对虾、鹰爪虾、口虾蛄、火枪乌贼、细巧仿对虾、刺鲳、双斑东方鲀、条鲾、须赤虾、赤鼻棱鳀和双斑蟳等（图 4-8）。

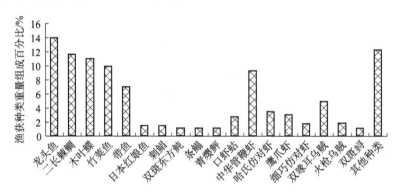

图 4-8　2007 年 4 月闽南张网调查点渔获种类重量组成

2007 年 7 月带鱼幼鱼居绝对优势，其渔获量占该月总渔获量的 42.5%，其次为绒纹线鳞鲀，占 15.9%，黄鲫居第三，占 10.5%，以下依次为蓝圆鲹、棕腹刺鲀、丽叶鲹、中华管鞭虾、刺鲳、鹰爪虾和二长棘鲷等种类（图 4-9）。

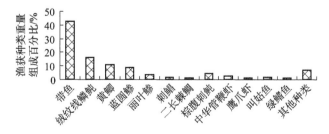

图 4-9　2007 年 7 月闽南张网调查点渔获种类重量组成

（三）幼鱼种苗的损害评估

闽南点调查船禁渔期前 2007 年 4 月生产 27 天总渔获数量 375.14×10⁴ 尾、总渔获重量 5614 千克，渔获个体平均体重仅 1.50 克；禁渔期后 2007 年 7 月生产 16 天总渔获数量 243.76×10⁴ 尾、总渔获重量 7620 千克，渔获个体平均体重也仅 3.13 克；禁渔期前后渔获物的个体大小、渔获产量差异较大（表 4-6）。

表 4-6　2007 年伏休前后闽南点经济幼鱼幼体损害情况

种类	4 月份渔获情况			7 月份渔获情况		
	渔获数量 /（×10⁴ 尾）	渔获重量 /（千克）	平均体重 /（克）	渔获数量 /（×10⁴ 尾）	渔获重量 /（千克）	平均体重 /（克）
经济鱼类	242.19	3680.7	1.52	62.82	5778.4	9.20
小型大宗鱼类	17.70	36.40	2.06	168.60	1351	0.80
中小型经济虾类	49.59	684.79	1.38	8.89	369.58	4.16
经济蟹类	0.21	4.20	2.04	0.09	13.20	14.1
小型虾蟹类	60.09	628.66	1.05	2.43	56.17	2.31
火枪乌贼	2.68	90.32	3.38	0.09	5.71	6.10
双喙耳乌贼	—	—	—	0.66	32.11	4.90
虾蛄类	2.68	160.71	6.00	0.18	13.11	7.28
合计	375.14	5285.78	1.41	243.76	7619.28	48.85

2007 年 4 月渔获数量和渔获重量均以小规格的经济幼鱼为主，平均体重仅 1.52 克。经济幼鱼渔获数量和渔获重量分别占总渔获数量的 64.5% 和总渔获重量的 65.6%。其中，二长棘鲷幼鱼渔获数量为 57.57×10⁴ 尾，平均体重仅 0.7 克；竹䇲鱼幼鱼渔获数量为 31.57×10⁴ 尾，平均体重 1.0 克；带鱼幼鱼渔获数量为 5.45×10⁴ 尾，平均体重为 4.5 克；木叶鲽幼鱼渔获数量为 25.43×10⁴ 尾，平均体重 1.4 克。可见，4 月闽南海域张网作业对二长棘鲷、竹䇲鱼、带鱼和木叶鲽等主要经济幼鱼损害相当严重。

开捕后 2007 年 7 月主要捕捞对象为带鱼、黄鲫、绒纹线鳞鲀、蓝圆鲹、丽叶鲹和中型经济虾类。渔获物带鱼渔获量居第一位，个体也较大，平均体重 89.0 克，比禁渔期前的 4 月平均体重 4.47 克增大了 84.53 克；二长棘鲷数量比禁渔期前大量减少，个体明显增大，平均体重增至 29.3 克。7 月渔获物中出现大量蓝圆鲹幼鱼和丽叶鲹幼鱼，其中蓝圆鲹个体小，平均体重仅 1.76 克，丽叶鲹平均体重为 1.91 克。可见，禁渔期后刚开捕时闽南海域定置网作业仍对鲐鲹鱼类的幼鱼有较大损害。

第四节　其他经济贝类繁育区调查

除三沙湾缢蛏繁育区和兴化湾缢蛏繁育区外，福建沿海的主要经济贝类繁育区有漳江口竹塔泥蚶繁育区、旧镇湾菲律宾蛤仔繁育区和泉州湾长牡蛎繁育区。

漳江口竹塔泥蚶繁育区分布于云霄县漳江口滩涂及港心滩涂，面积 139.9 公顷。20

世纪 50 年代资源鼎盛时期，商品蚶年产量曾经达到 500 吨，蚶苗年产量在 100 亿～200 亿粒。20 世纪 90 年代以来，漳江口海滩泥沙淤泥日趋严重，竹塔泥蚶繁殖区滩面上升，滩面干露时间延长，影响泥蚶的繁衍生长。加上长期的过度采捕，亲蚶数量逐年减少，资源再生能力下降。目前，竹塔泥蚶繁殖区适宜野生泥蚶生存空间大为缩小，资源数量十分稀少，已经连续数十年失去生产开发利用的价值，资源已处于几近枯竭的严重境地。

旧镇湾菲律宾蛤仔繁育区位于旧镇湾内霞美镇霞美村下尾溪口东部砂泥质滩涂，面积 356 公顷。在 20 世纪 80 年代初的资源鼎盛时期，繁育区菲律宾蛤仔年产量曾经达到 500 吨。由于长期高强度的开发利用，菲律宾蛤仔资源数量已出现严重的衰退，近几年来年产量仅存 60～70 吨。资源衰退除与过度开采造成亲贝数量下降有关外，还与养殖区侵占繁育区、局部海域潮流不畅引起底质泥化造成繁育区面积缩小有关系。

泉州湾长牡蛎繁育区位于浔浦西南部港心滩涂。最近十几年来，由于过度采砂和航道疏浚，港心滩涂繁育区边缘坎塌日趋严重，滩涂面积逐年缩小。2007 年实际测量面积 272.41 公顷，比 20 世纪 90 年代初期缩小了 40% 左右，年产量 9869 吨。因长牡蛎繁育区饵料生物丰富，长牡蛎摄食旺盛、怀卵量和繁殖率高、世代更新快、生存适应能力强，目前浔浦长牡蛎繁育区资源状况良好。

第五节　小　　结

（一）三沙湾生物苗种资源

1. 水产苗种

历史上，日本鳗鲡、鲻鱼、大弹涂鱼、拟穴青蟹、三疣梭子蟹、日本蟳、泥蚶、缢蛏、尖刀蛏等水产苗种资源种类多，数量也非常丰富。由于围填海、过度捕捞、环境污染等原因所致，大多数苗种资源已出现严重衰退。在目前仍具有生产性开发利用价值的 5 个种类中，日本鳗鲡和鲻鱼苗种资源也已出现严重衰退；日本蟳、拟穴青蟹和三疣梭子蟹苗种资源状况较好，但苗种资源也已得到较为充分的利用。

2. 重要经济种类产卵场和苗种场

三沙湾为大黄鱼、棱鲅、硬头鲻、长毛明对虾、缢蛏等许多海洋经济种类的产卵场及其幼鱼、幼体苗种索饵生长的重要繁育场所。其中，湾内比较著名的有官井洋大黄鱼产卵场、东吾洋长毛明对虾产卵场和缢蛏产卵场。目前，官井洋大黄鱼早已出现严重衰退；棱鲅和硬头鲻资源状况良好；缢蛏苗种场生态环境和资源状况处于良好状况。

（二）兴化湾生物苗种资源

1. 水产苗种

兴化湾水产苗种主要有日本鳗鲡、大弹涂鱼、花鲈、黄鳍鲷、灰鳍鲷、拟穴青蟹和三疣梭子蟹等 7 个品种。2005～2007 年苗种平均年产量 1.850×10^8 尾、平均年产值 1947 万元。目前，苗种资源已经出现严重衰退的品种有日本鳗鲡、黄鳍鲷、灰鳍鲷、花鲈；苗种资源已得到较为充分利用的品种有拟穴青蟹和三疣梭子蟹；资源状况良好的品种仅有大弹涂鱼苗种。

2. 重要经济种类产卵场和苗种场

兴化湾为凤鲚、棱鲮、斑鰶、长毛明对虾、缢蛏等许多海洋经济种类的产卵场及其幼鱼、幼体苗种索饵生长的重要繁育场所。目前，湾内凤鲚、斑鰶和长毛明对虾等大多数生殖群体资源已出现严重的衰退；棱鲮生殖群体资源状况良好；缢蛏苗种场海域污染较为严重，苗埕绝收面积达到 24.6%。

（三）张网作业对近海经济幼鱼苗种资源损害

1. 连江、惠安、厦门和霞浦四个海域

四个季节调查共记录游泳生物 320 种，其中鱼类 218 种、甲壳动物 82 种、头足类 20 种，分别占总种类数的 68%、26% 和 6%。闽江口以北海域游泳动物密度和生物量都高于闽江口以南。

调查渔获的 219 种鱼类可分为暖水性种和暖温性种两种类型，没有记录冷温性和冷水性种。暖水性种最多，有 148 种，占总数的 67.6%；暖温性种较少，有 71 种，占 32.4%。表明福建近岸海域鱼类区系具有明显的热带和亚热带特征。

闽江口及其附近海域的鱼类、甲壳类的资源生物量较高，而头足类资源生物量较低。渔业资源密度秋季较高，夏季次之，冬季和春季资源密度较低，分别为 867.16 千克/千米^2 和 553.60 千克/千米^2。年平均渔业资源现存量为 4599 吨。

厦门海域渔业资源现存量为 981.97 千克/千米^2，鱼类资源生物量处于中等，甲壳类的资源生物量较高，头足类资源生物量较低。四个季节渔业资源现存量均不足 3000 吨。

2. 闽东海域

2007 年伏休前后的 4 月和 7 月闽东海域张网对经济幼鱼的损害依然相当严重，一艘船出海 24 天可捕获平均体重 4.68 克的经济幼鱼产量多达 10 765 千克、个体数量 229.8×10^4 尾。伏休前的 4 月份，张网损害的经济幼鱼不但品种较多，而且个体小。调查船渔获平均体重仅 3.52 克的龙头鱼幼鱼的数量就多达 62.94×10^4 尾。2007 年伏休后的 7 月份，渔获的个体普遍比伏休前 4 月份的个体大，带鱼、蓝圆鲹、白姑鱼等经济幼鱼发生量也明显增多，经济幼鱼的数量比伏休前的 4 月份增加了 1.55 倍，但平均体重也仅有 5.09 克。

3. 闽南海域

2007 年伏休前后的 4 月和 7 月闽南海域张网对经济幼鱼的损害也相当严重。4 月渔获种类以二长棘鲷、竹荚鱼、带鱼和木叶鲽等小规格的经济幼鱼为主，平均体重仅 1.52 克；调查船经济幼鱼渔获个体数量 242.19×10^4 尾，渔获数量和渔获重量分别占总渔获数量的 64.5% 和总渔获重量的 65.6%。7 月渔获种类以小型大宗鱼类为主，但蓝

圆鲹和丽叶鲹等经济幼鱼渔获个体数量也达到 62.82×10^4 尾，其中蓝圆鲹平均体重仅
1.76 克、丽叶鲹平均体重为 1.91 克。

（四）四大经济贝类资源

缢蛏、泥蚶、菲律宾蛤仔和牡蛎是福建四大重要经济贝类，主要分布于沿海港湾内
滩涂和浅海海域。20 世纪 90 年代中期以来，由于受临海工业区和都市化迅速发展对填
海造地大量需求的影响，沿海四大重要经济贝类栖息区域不断缩小，生存条件不断恶
化，资源状况较好的有三沙湾缢蛏繁育区和泉州湾牡蛎繁育区，不少重要繁育场所已遭
受围填破坏或严重污染。

第五章
灾害调查

　　近 10 年来，福建省的海洋综合经济实力明显增强，由于处于台风风暴潮与台风灾害频发区域，福建省受到巨大影响。福建沿海有互花米草、沙筛贝、有意引进的海水养殖动植物和海洋观赏动植物、压舱水生物等 4 种典型海洋外来物种，给福建海域生物多样性、生态系统平衡、渔业安全等带来了巨大的威胁，并造成严重的经济损失和环境危害。此外，福建基岩海岸和大部分的砂质海岸多处在侵蚀状态，其中砂质海岸侵蚀比较严重。福建省 908 专项开展灾害调查，以全面系统地掌握福建主要海洋灾害分布状况及危害。

第一节　台风暴潮与台风浪灾害

一、调查基本概况

　　台风暴潮与台风浪灾害调查工作包括灾害普查和重点港湾台风过境环境影响综合调查两个部分。灾害普查采用现场踏勘、实地专访等现场调查及历史资料收集整理、统计分析等方法。历史资料的收集整理对灾害性潮位中组合成分进行调查研究，汇编灾害重点区域编制台风暴潮灾害年表；划分风暴潮灾害等级；收集整理历史台风风暴潮灾害资料和数据，编列灾害概要表。现场调查是对项目执行期间的台风灾害开展综合调查，了解台风暴潮特征和灾害影响程度等。重点港湾台风过境环境影响综合调查工作以 2006～2008 年为调查时段，对湄洲湾和厦门湾重点港湾台风过境影响开展综合调查。

　　通过项目的开展，整编了历次灾害损失统计目录表（1949～2008 年）和灾害发生情况的资料简表（1949～2008 年）；收集了 1949～2008 年历年 268 个台风的路径资料；按风暴潮灾害等级，编制了风暴潮灾害等级表和福建省特大台风风暴潮灾统计表（1949～2008 年）；完成了西北太平洋台风、强热带风暴、热带风暴出现次数表（1973～2008 年）、年度初始气旋信息和年度最末气旋信息表（1973～2008 年）、我国登陆的热带气旋个数表（1973～2008 年）、初始登陆气旋信息和最末登陆气旋信息（1973～2008 年）、历年（1949～2008 年）台风参数资料（路径、中心气压、最大风速、台风路径图）和福建省风暴潮灾害数据集（2005～2008 年）等的编制；完成了福建省台风、风暴潮及潮灾统计表（1951～2008 年）；分别对 2005～2008 年 0601（"珍珠"）、0604（"碧利斯"）、0605（"格美"）、0608（"桑美"）、0709（"圣帕"）、0808（"凤凰"）号台风等 6 个台风过程进行了现场普查，编制了台风灾害影响范围综合调查报告。重点港湾台风过境环境影响综合调查，选择湄州湾和厦门湾等港湾，设置了临时潮位站或座底潜标，进行潮位、海流、波浪和浊度等要素的物理海洋学现场观测，对"珍珠""万宜""天兔""圣帕""威马逊""风神""海鸥""凤凰""鹦鹉""蔷薇"等 10 个台风进行了观测。

二、风暴潮灾害

风暴潮是由于强烈的大气扰动（如强风和气压骤变）所导致的潮位异常升降现象。福建省地处我国东南沿海，几乎每年都有台风侵袭，引发风暴潮灾害并造成严重损失。

（一）灾害性台风周期性分析

1949～2008 年的 60 年间，共有 97 个台风登陆福建，平均每年有 1.6 个台风登陆福建，7.8 个台风影响福建海域。其中，1990 年登陆次数最多，达到 5 个；1950 年、1951 年、1954 年、1968 年、1979 年、1988 年、1991 年、1995 年、2002 年，无台风登陆福建；1961 年影响福建海域的台风最多，达到了 12 个；1993 年只有 2 个台风影响，为最少的年份。

（二）台风与风暴潮周期性相关分析

1986～2009 年的 24 年间，福建沿海主要验潮站出现超警戒水位的台风个数共有 34 个（图 5-1），平均每年达到 1.4 个。出现超警戒水位台风个数最多的年份为 2001 年，达到了 4 个；最少的年份分别是 1993 年、1995 年、1996 年和 1998 年，当年均未出现超过警戒水位的高潮位。以福建沿海台站出现超警戒水位现象作为风暴潮灾害判断因子进行分析，福建沿海发生台风暴潮的显著周期约为 5 年。

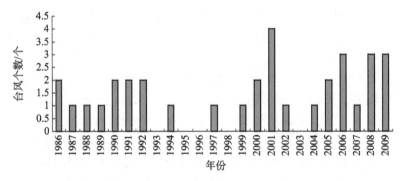

图 5-1　福建主要验潮站出现警戒水位的台风个数年际分布

（三）台风路径与沿海风暴潮的空间分布

在 1986～2008 年影响福建省的台风中，53％的台风路径为穿岛型台风，为影响福建的主要台风路径类型，历史资料的统计也显示穿岛型台风造成的台风暴潮灾害最为严重。岛南型和岛北型分别占 20％、23％，其他类型占 1％。

穿岛型台风诱发的风暴潮可影响到整个福建沿海及港湾；岛南型台风如在闽南沿海登陆，风暴潮增水一般对福建南部沿海产生较大影响，岛北型台风则对福建北部沿海影响较大。总体上，中北部沿海和港湾所受的风暴潮影响要大于南部沿海。

在风暴潮影响福建沿海的空间分布（表 5-1）上，闽江口至崇武的沿海，梅花、白岩潭受影响的次数最多，崇武以南的东山、厦门、崇武次之，闽江口以北的闽北沿海，三沙、沙埕站较其他站偏少。

表 5-1 风暴潮影响次数统计

站点 次数	东山	厦门	崇武	平潭	白岩潭	梅花	三沙	沙埕
风暴潮影响次数	84	90	81	68	114	125	52	55

（四）风暴潮影响程度

1. 风暴潮增水

1986～2008 年的 23 年间福建全省出现 216 站次超 100 厘米增水，其中，闽中沿海的白岩潭、梅花站出现的次数较其他地区多，闽东沿海三沙和沙埕两个站出现 18 次，较其他地区少；在 150～200 厘米增水的次数分布上，闽中沿海地区出现次数多，闽南仅出现 1 次超过 150 厘米增水的风暴潮，为崇武站受 0604 台风影响，风暴潮增水 153 厘米；闽东也只出现过 1 次超过 150 厘米增水的风暴潮，为沙埕站受 0608 台风影响，增水达到 184 厘米。调查分析表明，福建省台风增水发生频率是相当高的，其中尤以 150 厘米以下的台风增水最为常见（表 5-2）。

表 5-2 风暴潮增水次数统计表

项目站点	大于 50 厘米	大于 100 厘米	大于 150 厘米	大于 200 厘米
东山	84	13	0	0
厦门	90	22	0	0
崇武	81	12	1	0
平潭	68	19	5	4
白岩潭	114	61	27	8
梅花	125	71	30	13
三沙	52	11	1	1
沙埕	55	7	2	0
合计	669	216	66	26

2. 潮位影响

1986～2008 年的 23 年间，全省共有 237 站次出现超过当地警戒水位的高潮位（表 5-3）。其中闽东的沙埕站出现次数最多，达到 44 次；三沙、梅花、白岩潭次之；闽南等站较其他区域少，其中厦门站共出现 15 次超过警戒水位的风暴潮过程。出现超过警戒水位 30 厘米以上的高潮位的站次共有 96 次，东山、厦门、平潭较其他站少。出现超过警戒水位 80 厘米以上的高潮位的站次共有 13 次，沙埕、三沙和梅花站分别出现 4 次、3 次和 3 次，崇武、平潭、白岩潭各出现 1 次，东山、厦门没有出现。

表 5-3　风暴潮过程高潮位超过警戒水位情况统计表　　　　（单位：次）

项目站点	警戒潮位高程（米，黄零）	超过警戒水位	超过警戒水位30厘米	超过警戒水位80厘米	历史最高潮位（米，黄零）
东山	2.5	28	6	0	2.8
厦门	3.76	15	4	0	4.15
崇武	3.5	25	13	1	4.26
平潭	3.43	20	9	1	3.75
白岩潭	3.3	36	15	1	4.83
梅花	3.6	34	15	3	4.2
三沙	3.41	35	15	3	3.94
沙埕	3.1	44	19	4	3.9
合计		237	96	13	

3. 重点港湾台风过境影响调查

调查期间 0709 号强台风"圣帕"造成福建中南部沿海发生较大的风暴潮，沿海各海洋站风暴潮过程最大增水达 60～130 厘米，高潮位增水达到 60～110 厘米，白岩潭水文站的最高潮位超过当地警戒水位。"圣帕"影响期间正值农历中潮期，厦门湾内的潮汐性质仍为半日潮潮型，但潮位壅高并维持在较高水平，台风影响期间的实测潮位均高于天文潮预报潮位，日最高潮位（黄零基准）接近 300 厘米。从增水过程线分析，台风登陆前的增水影响大于登陆时和登陆后，最大增水为 103 厘米，发生在登陆前的 8 月 18日 13 时前后；登陆时增水为 51 厘米，仅为登陆前最大增水的一半；随后出现了较长时间但变化比较平缓的增减水过程，最大减水为 31 厘米。随着"圣帕"减弱为热带低压并移出福建省，潮汐变化进入到小潮期间的涨落格局，潮差变小，但增减水的影响并未完全消除，8 月 20 日后日平均仍有 10 厘米的小幅增水（图 5-2）。

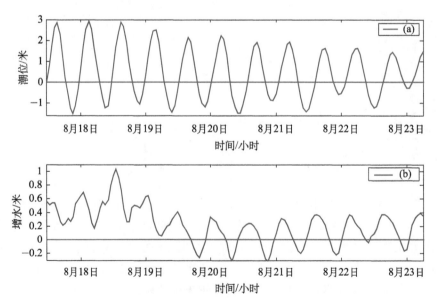

图 5-2　"圣帕"台风期间厦门湾测站潮位变化曲线（a）与增水过程线（b）

台风登陆前后的海流过程变化如图 5-3 所示，"台风天"流速普遍大于台风登陆后影响作用减退并消失的时段（图中的"非台风天"）。台风登陆前当天的表层最大流速为 122 厘米/秒，中层最大流速为 107 厘米/秒，底层最大流速为 101 厘米/秒；而在非台风天时，表层最大流速为 100 厘米/秒，中层最大流速为 70 厘米/秒，底层最大流速为 30 厘米/秒。"圣帕"台风作用使海流各层流速不同程度上有所增大，且表层落潮历时大于涨潮历时，而底层涨潮历时大于落潮历时。

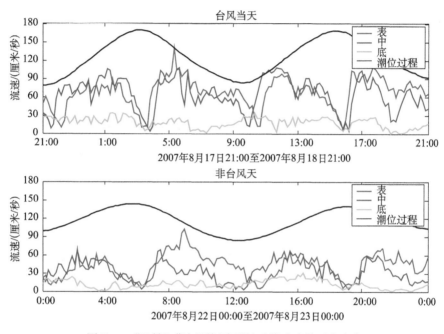

图 5-3　"圣帕"期间厦门湾测站垂线流速的时序变化

（五）福建沿海风暴潮灾害

我国灾害预警工作把风暴潮灾害划分为 4 个等级，即特大潮灾、严重潮灾、较大潮灾和轻度潮灾。

2005～2009 年，福建省发生较大潮灾 6 次，严重潮灾 4 次，特大潮灾 7 次（表 5-4）。

表 5-4　福建省 2005～2009 年特大台风风暴潮灾统计

中国台风编号及国际名称	台风登陆时强度		最大风暴潮增水/米	经济损失及人员伤亡		
	最低气压/百帕	最大风速/（米/秒）		发生地区	死（伤）人员	经济损失/亿元
0505 Haitang	975	33	1.97	福建省	3	26.33
0513 Tailim	970	35	2.03	福建省	4	37.2
0519 Longwang	975	33	1.01	福建省	67	74.67

续表

中国台风编号及国际名称	台风登陆时强度		最大风暴潮增水/米	经济损失及人员伤亡		
	最低气压/百帕	最大风速/(米/秒)		发生地区	死（伤）人员	经济损失/亿元
0601 Chanchu	960	35	1.56	福建省	15	38.06
0604 Bilis	975	30	1.65	福建省	—	50.62
0608 Saomai	920	60	1.84	福建省	215	63.87
0709 Sepat	975	33	1.94	福建省	18	22.03

0519 号台风"龙王"于 2005 年 9 月 30 日～10 月 3 日先后在台湾省以东洋面、东海、台湾海峡、南海形成 6～10 米的台风浪。崇武海洋站实测最大波高 4.5 米，平潭海洋站实测最大波高 3.8 米，北礵海洋站实测最大波高 3.5 米。福建中南部沿海增水明显，验潮站的过程最大增水达到 40～100 厘米；高潮最大增水达到 20～70 厘米。福建省海洋水产养殖损失 8.61 万吨，受损面积 13 960 公顷；损毁海塘堤防 4004 处 106.8 千米；损毁海洋工程 473 座，直接经济损失 74.67 亿元。

0604 号强热带风暴"碧利斯"于 2006 年 14 日 12 时 50 分在霞浦县北壁镇登陆，福建沿海增水明显，各验潮站的过程最大增水达到 100～165 厘米，厦门、崇武、白岩潭和梅花站超过 140 厘米；高潮最大增水达到 80～160 厘米；由于处在天文大潮期，沿海各测站的过程最高水位均超过当地警戒潮位，其中梅花站超过当地警戒潮位 107 厘米，白岩潭站超过当地警戒潮位 78 厘米，三沙站超过当地警戒潮位 59 厘米。福建沿海出现 3～6 米的大浪。受"碧利斯"的影响，福建省 57 个县市、591 个乡镇受灾，5 个县级城区受淹，受灾人口 402.81 万人，紧急转移 51.9 万人。农田受灾面积 175 970 公顷、成灾面积 82 000 公顷，直接经济损失 50.62 亿元，其中，莆田市堤防损坏 67 处 17.7 千米，堤防决口 6 处 1.3 千米；福州市堤防损坏 168 处 15.9 千米，堤防决口 8 处 0.18 千米（图 5-4）。

0608 号台风"桑美"于 2006 年 8 月 10 日 17 时 25 分在闽浙交界处登陆，登陆时中心气压 920 百帕，近中心最大风力 17 级（60 米/秒）。"桑美"造成福建沿海各验潮站的过程最大增水达到 70～185 厘米；高潮最大增水达到 40～75 厘米；由于正逢天文大潮期，崇武、白岩潭、梅花、三沙和沙埕各站的过程最高水位均超过当地警戒潮位。桑美影响区域记录到 75.3 米/秒的瞬时最大阵风。受强风的持续作用，8 月 10 日台湾海峡北部出现 8 米以上的浪高，福建北部沿海发生灾害性海浪。受"桑美"超强台风的影响，福建省有 14 个县市、164 个乡镇受灾，受灾人口 145.52 万人、倒塌房屋 4.57 万间；死亡 215 人、失踪 157 人；大量船只损毁沉没，其中仅福鼎市沙埕港口就沉没船只 952 艘、损坏 1139 艘；农作物受灾 68 800 公顷、成灾 44 230 公顷，停产工矿企业 234 个，直接经济损失总计 63.87 亿元。

0709 号强台风"圣帕"于 2007 年 8 月 18 日凌晨 5 时在台湾花莲附近登陆，8 月 19 日 2 时在惠安县崇武镇登陆。沿海各验潮站的过程最大增水达到 95～195 厘米；高潮最大增水达到 60～110 厘米；福建沿海出现 2.5～4.5 米的大到巨浪。受"圣帕"的影响，福建省死亡 18 人，失踪 5 人；莆田市堤防损坏 74 处 15 千米、堤防决口 9 处 0.6 千米、护岸损坏 89 处、灌溉设施损坏 271 处、水闸损坏 49 座、塘坝冲毁 61 座、水电站损坏 9 座；福州市和莆田市水产养殖受损面积分别损失 8192 公顷和 1860 公顷；福州市和莆田市水产养殖分别损失 2.70 万吨和 3.29 万吨（图 5-5）。

图 5-4　莆田市秀屿区东峤镇赤岐村垮塌的海堤　　　图 5-5　福建省晋江市围头村海边拍摄的巨浪
　　　　（"碧利斯"台风期间）　　　　　　　　　　　　　（"圣帕"台风期间）

三、台风风浪灾害

灾害性海浪是由热带气旋、温带气旋和强冷空气大风等强烈大气扰动所引起并造成巨大灾害的海浪。

（一）福建沿海灾害性海浪的分布特征

1966～1993 年，台湾海峡波高为 6 米以上的狂浪共出现 204 次，其中寒潮浪 115 次，气旋浪 8 次，台风浪 81 次，年平均 7.29 次。冬季北—东北风时，因台湾海峡狭管效应，极易出现波高为 4 米以上的巨浪。福建沿海年发生 2.5 米以上的海浪，北部海域为 54.8 天、中部海域为 29.2 天、南部海域为 25.6 天；4.0 米以上灾害性海浪，北部海域和中部海域均为 3.7 天、南部海域不足 3.5 天；统计结果还表明，福建海域由冷空气（寒潮）引起灾害性海浪的天数比台风引起的灾害性海浪天数要多。每年福建沿海出现 8 级以上大风的天数年平均在 100 天以上，大风发生天数与灾害性海浪的发生天数相当。

1949～2008 年的 60 年间，共有 466 个热带气旋或台风影响福建海域，平均每年造成灾害性海浪约 3.1 个，平均每个热带气旋发生 2.3 天灾害性海浪。2003～2008 年的近 6 年来的台风灾害性海浪比例为 32%，波高年极值出现在台风期间。

（二）福建沿海灾害性台风浪发生频率和影响程度

1. 发生频率

福建沿海是台风风浪灾害较频繁和较严重的区域。1990～2008 年的 19 年间，福建沿海出现 3 米以上的大浪共计 125 次，平均每年 6.6 次，其中 4 米以上的台风灾害性海浪出现 59 次，年均 3.1 次。台湾海峡发生 6 米以上的狂浪 134 次，平均每年 7.1 次，其中 57 次为台风浪，年均 3 次；出现狂涛以上的灾害性海浪 20 次，其中 17 次为台风浪，年均超过 1 次。福建沿海每年出现 3 米以上大浪的次数与台湾海峡每年发生 6 米以上灾害性海浪的次数有明显的正相关。

19 年间台风浪发生天数共计 135 天，平均每个台风浪的影响天数约 2.4 天，扣除 1993 和 2003 两年，台风浪年均发生天数将近 8 天。台风浪灾害发生的月份跨度是 5～10 月，其中 6 月 5 次，7 月 13 次，8 月 17 次，9 月 14 次，10 月 7 次，5 月 1 次，7～9 月是福建台风浪灾害多发的月份。

2. 影响程度

台风浪对福建沿海的影响呈现出几个特点。近期 33 次台风浪中，有 17 次（占 51%）是由穿岛型台风造成的；台风浪灾害连续发生，即在相对集中的一段时间内，相继出现多次台风浪，沿海堤防工程客观上无缓冲时间进行抢修加固，因而受灾；台风浪常常伴随着风暴潮、狂风、暴雨等共同作用，形成沿海较高的潮水位，致使近岸海浪进一步增大，对沿岸堤防等造成严重损坏。例如，9914 号台风，台风中心在厦门停留时间将近 8 个小时，风力 14 级，最大风力达 46 米/秒。受台风影响，福建沿海狂浪高达 6 米，加上正处在天文高潮期以及暴雨，风、雨、潮交加，造成极强的破坏，使福建沿海遭受了重大的损失。

（三）台风浪对福建沿海港湾的影响

对 2005～2009 年对福建沿海产生重大影响的 10 个台风进行模拟，重现台风登陆过程中福建省沿岸台风浪的演变过程，以福建省 11 个港湾波浪特征的变化，分析台风浪灾害的敏感海域和港湾。

2005～2009 年的 5 年间台风浪的最大值出现在深沪湾口，为 5.7 米；最小值为 1.0 米，出现在东山湾口。5 年来，在影响福建沿海的台风过程中，深沪湾在 11 个港湾中受影响的频率最高，影响程度最大，10 次台风浪均为巨浪，其中 8 次最大有效波高出现在该湾，有效波高达到 5 米左右；其次是泉州湾，最大波高 5.6 米，发生 3 次大浪和 7 次巨浪；兴化湾最大波高 5.4 米，发生 2 次大浪和 8 次巨浪；三沙湾最大波高 4.9 米，发生 3 次大浪、6 次巨浪及 1 次中浪（表 5-5）。

表 5-5 台风过程福建沿海最大的有效波高分布 ⟧　　　　　（单位：米）

台风 港湾	泰利	龙王	珍珠	格美	圣帕	罗莎	凤凰	蔷薇	莲花	莫拉克
三沙湾	4.9	4.1	3.5	3.3	4.8	4.3	4.4	4.4	2.3	3.6
罗源湾	2.3	2.2	2.0	2.0	2.3	2.2	2.1	2.2	1.6	2.0

续表

台风 港湾	泰利	龙王	珍珠	格美	圣帕	罗莎	凤凰	蔷薇	莲花	莫拉克
福清湾	3.1	2.9	2.6	2.7	3.0	3.0	2.8	3.1	2.4	2.5
兴化湾	5.4	4.9	3.6	4.2	5.0	5.1	4.4	5.2	3.0	4.0
湄洲湾	1.8	1.9	1.8	1.9	1.8	1.8	1.7	1.8	1.6	1.6
泉州湾	4.6	5.6	5.5	5.4	4.1	3.4	3.8	4.8	4.3	3.4
深沪湾	5.3	5.7	5.7	5.6	5.0	4.8	4.7	5.3	4.5	4.3
厦门湾	1.6	1.7	1.9	1.7	1.6	1.4	1.4	1.7	1.6	1.2
旧镇湾	1.8	1.8	2.1	1.7	1.7	1.7	1.5	1.9	1.7	1.3
东山湾	1.6	1.4	1.7	1.3	1.5	1.4	1.2	1.7	1.2	1.0
诏安湾	1.8	1.5	2.0	1.4	1.6	1.6	1.2	1.8	1.4	1.0

（四）福建沿海海浪灾害概况

2003～2008 年，福建沿海共发生海浪灾害事故 69 起，平均每年发生灾害性海浪事故 11.5 次。其中由冷空气引起的海浪灾害事故每年为 7.2 起；由台风引起的海浪灾害事故每年为 3.7 起；由温带气旋等其他天气系统引起的海浪灾害事故较少，6 年间共发生 4 起。从季节分布来看，冬（春）和秋季发生灾害性海浪事故较多，夏季因台风引起的灾害性海浪事故（不含台风近岸浪）相对较少，与涉海单位和人员对台风高度重视，以及防范措施做得较好有关；秋冬季冷空气活动影响时强度难以把握、影响频率较高、重视程度不够等因素，造成疏于防范，发生海浪灾害事故较多。

海浪灾害分布范围几乎遍及整个福建沿海海域；海浪灾害的高发区域依次是漳州海域、泉州海域、闽外海域（包括渔场）、福州和宁德海域。泉州以南海域共发生 35 起海浪灾害，占 54%；泉州以北沿海共发生 20 起，占 31%；外海海域发生的海浪灾害占 15%。

福建南部沿海发生的浪灾船舶生产安全事故的起数多于其他海域，但总起数的 3/4 属于损失较小的一般事故。北部沿海的海浪灾害损失大于南部沿海，灾害威胁高于南部海域。因此，闽南沿海应尽量克服麻痹思想，减少海浪灾害事故。

2003～2009 年的 7 年间，福建沿海海域因海浪灾害共计死亡（失踪）136 人，平均每年死亡（失踪）19.3 人；海浪灾害造成船只沉没或损毁共计 49 艘，平均每年 7 艘；浪损海难事故造成直接经济损失（当年）总和为 5847.5 万元，按 2008 年物价指数（CPI）计算共计人民币 6383 万元，平均每年直接经济损失 912 万元。按照沉损船舶吨位，1500 吨位船舶发生的事故 1 起，1000 吨位船舶发生的事故 1 起，其余全部是渔业捕捞作业的渔船，占事故总数的 96%，分布于整个福建沿海。

2003～2009 年的近 7 年间，死亡（失踪）人数最多的发生在福州海域，共计 46 人，其次是泉州海域的 24 人，漳州海域和闽外渔场分别为 21 人和 20 人。直接经济损失最大的也发生在福州海域，合计 4168 万元人民币，远远高于其他海域，这与 2006 年 2 月 17 日发生在福州平潭海域的巴拿马籍冷藏船"恒达 1 号"轮特别重大事故有关。船舶沉损艘数最多的发生在漳州海域，合计 16 艘，其次是泉州海域的 11 艘。

四、福建沿海台风暴潮与台风浪灾害损失

台风、风暴潮与灾害性海浪共同肆虐，给福建省沿岸人民造成了巨大的生命财产损失。风暴潮与台风近岸浪造成的直接经济损失难于划分，因此两种灾害造成的灾情统一纳入台风暴潮的经济损失统计中（表5-6）。

表5-6　2004～2009年福建省台风暴潮灾害损失

年份	当年直接经济损失/亿元	占当年全省GDP比重/‰	当年全省GDP/亿元	折算到2008年CPI水平的经济损失/亿元
2004	39.75	0.66	6 053.14	45.58
2005	138.2	2.11	6 560.07	155.68
2006	114.49	1.53	7 501.63	127.06
2007	36.66	0.4	9 160.14	38.82
2008	17.47	0.16	10 823.11	17.47
2009	23.19	0.19	11 949.53	23.35

2004～2009年的6年间，福建省每年因台风暴潮灾害造成的直接经济损失占当年全省地区生产总值（GDP）的比重均超过1.5‰，2005年和2006年分别高达21.1‰和15.3‰；按2008年物价指数折算，6年来潮灾造成的直接经济损失总和为407.96亿元，其中的69.3%由2005年和2006年两年的直接经济损失造成，这两年的损失总和为282.74亿元，占到2008年福建全省GDP的2.6%，对比全省GDP的年增长率，潮灾损失所占的比重的确不可小视，确实给福建省沿海地区的社会经济发展造成了严重的影响（表5-7）。

表5-7　2004～2009年福建省台风暴潮灾害损失

年份	台风	福建沿海最大波高/米	海水养殖受损面积/万公顷	海岸堤防受损长度/千米	船只沉损/艘	当年直接经济损失/亿元
2004	云娜	3		52.3		10.1
	艾利	3.4	1.002	45.08	885	24.85
2005	海棠	7	0.836	44.85		26.33
	泰利	5.1	1.37	80		37.2
	龙王	4.5	1.396	106.8		74.67
2006	碧利斯	6	0.6	33.6	353	50.62
	桑美	6			2091	63.87
2007	圣帕	5	1.62	15		22.03
	韦帕	4.5	0.54			10.03
	罗莎	3.8	0.45			4.6
2008	海鸥	3.3	0.11	6.86		3.25
	凤凰	5.8	0.744	39.36		14.22
2009	莲花	3.5	1.268	4.09	256	3.36
	莫拉克	4	0.764	27.12	1152	19.83

注：表格内容空白处，为记录不详。

第二节 外来物种入侵灾害

一、互花米草

(一)分布

互花米草为禾本科米草属植物,原产于北美洲中纬度海岸潮间带,加拿大魁北克沿大西洋海岸及佛罗里达州和得克萨斯州均有分布。我国于1979年从美国引进互花米草,1980年10月移植到福建罗源湾,后在我国沿海各省市扩种。

目前互花米草在福建沿海各市均有分布,已经入侵大多数港湾。调查期间,全省13个重要港湾中仅福清湾、深沪湾和诏安湾等3个港湾未发现互花米草。全省互花米草入侵区域面积为99.24千米²,在福建沿海设区市中,宁德市的互花米草分布面积最大,为66.29千米²,其次为福州市16.91千米²,厦门市最少,为0.16千米²(表5-8)。

表5-8 福建沿海地市互花米草分布面积

沿海地市	宁德	福州	莆田	泉州	厦门	漳州	合计
面积/千米²	66.29	16.91	0.58	8.51	0.16	6.79	99.24

互花米草主要分布在牙城湾、福宁湾、三沙湾、罗源湾、闽江口(包括敖江口)、泉州湾、厦门湾(包括安港湾、围头湾、大嶝海域、同安湾、九龙江口等)、东山湾;沙埕港、晴川湾、兴化湾、湄洲湾、佛昙湾、旧镇湾少量分布。互花米草分布面积前5位的港湾为三沙湾62.45千米²、罗源湾10.64千米²、泉州湾6.64千米²、闽江口5.77千米²、厦门湾5.43千米²(表5-9)。

表5-9 福建省13个重要港湾及其他部分港湾的互花米草分布面积

港湾	沙埕港	三沙湾	罗源湾	闽江口	福清湾	兴化湾	湄洲湾	泉州湾
面积/千米²	0.03	62.45	10.64	5.77	0	0.64	0.46	6.64
港湾	深沪湾	厦门湾	旧镇湾	东山湾	诏安湾	牙城湾	福宁湾	佛昙湾
面积/千米²	0	5.43	0.3	2.75	0	1.91	1.84	0.19

注:在908专项调查之后,2009年福清湾也发现零星互花米草入侵,并迅速扩张,2010年分布面积约为0.19千米²。

福建闽江口省级湿地保护区、泉州湾河口省级湿地自然保护区、龙海九龙江口省级红树林自然保护区、云霄漳江口国家级红树林自然保护区等河口湿地生态保护区,均有大面积的互花米草分布。沿海的河流入海口大多有互花米草分布,调查期间,仅福清龙江、莆田木兰溪和诏安东溪等3条主要河流的入海口尚未发现互花米草。互花米草的入侵对本地湿地植物构成严重威胁(表5-10)。

表 5-10   福建省主要河口湿地生态保护区所在海域的互花米草分布面积

河口湿地保护区	闽江口	泉州湾	九龙江口	漳江口（东山湾）
主要河流	闽江、敖江	晋江、洛阳江	九龙江	漳江
面积/千米²	5.77	6.64	3.55	2.75

2007 年 6 月的调查结果表明，泉州湾互花米草平均生物量和密度分别为 13.29 千克/米² 和 157 株/米²，三沙湾分别为 7.53 千克/米² 和 137 株/米²，总体上泉州湾互花米草平均生物量和密度高于三沙湾，可能与泉州湾营养盐较为丰富、生长期较长有关。

调查结果表明，互花米草主要分布于潮间带中潮区上区到高潮区，尤其是高潮区，在围垦区内的滩涂、堤岸边缘也有少量分布。互花米草在含泥的潮间带滩涂均能生长，其生长情况与底质类型有一定的关系。一般情况下，砾石较多的滩涂（如蕉城梅田）、含沙量较大的滩涂（如晋江白沙）和上层覆盖大量沙的滩涂（如南安老港）的互花米草长势较差，植株较为低矮；而在泥滩则生长良好（图 5-6）。

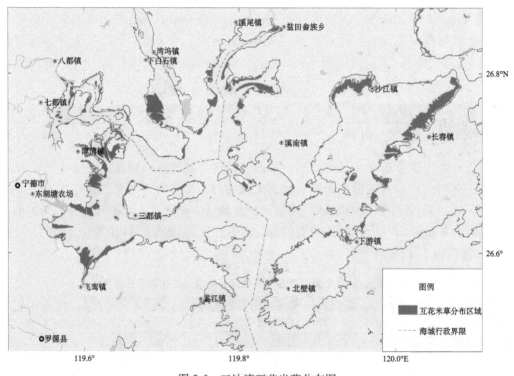

图 5-6   三沙湾互花米草分布图

（二）入侵对自然生态环境的影响

为了调查入侵前后环境状态、入侵地生物多样性的变化情况，于 2007 年 6 月，对互花米草入侵地的泉州湾西滨和东海后渚、三沙湾碗窑和炉坑等四个断面进行调查，采集底栖生物、沉积物样品，并进行实验室分析。

1. 沉积物化学

互花米草生长区域的底质硫化物、有机碳和总氮含量比光滩高，氧化还原电位较高，这与互花米草枝叶的衰败腐烂有关。泉州湾沉积物质量较差，多数指标高于三沙湾，其中硫化物、铜、铅、锌等含量超过一类标准。三沙湾沉积物铬含量高于泉州湾，并超过一类标准（表5-11）。

表5-11　泉州湾和三沙湾沉积物化学特征

分析项目	泉州湾			三沙湾		
	米草区	光滩区	低潮区	米草区	光滩区	低潮区
硫化物/（毫克/千克）	797.87	214.04	187.34	402.95	210.88	90.72
总有机碳/%	1.11	0.98	1.07	0.97	0.83	0.85
Eh/毫伏	292	281	280	302	285	285
总氮/%	0.11	0.09	0.10	0.11	0.10	0.10
总磷/（毫克/千克）	640	626	627	600	598	595
六六六/（毫克/千克）	0.0038	0.0045	0.0042	0.0042	0.0035	0.0036
滴滴涕/（毫克/千克）	0.012	0.01	0.01	0.01	0.0061	0.0057
汞/（毫克/千克）	0.10	0.09	0.09	0.06	0.069	0.066
铜/（毫克/千克）	55.5	48.9	52.7	30.8	30.8	36.8
铅/（毫克/千克）	78.1	75.5	71.7	46.1	47.2	44
锌/（毫克/千克）	195.4	181.2	183.4	126.2	128.4	126.1
铬/（毫克/千克）	74.9	68.8	69	87.4	88	86.9
镉/（毫克/千克）	0.26	0.22	0.26	0.06	0.061	0.067
砷/（毫克/千克）	10.4	10.5	9.8	11	12.8	9.5

2. 沉积物粒度

互花米草生长区域与光滩的沉积物均为粉砂质黏土，粒度指标没有明显差异，泉州湾沉积物粒度与三沙湾没有明显差异（表5-12）。

表5-12　泉州湾和三沙湾沉积物粒度特征

粒度系数	泉州湾			三沙湾		
	米草区	光滩区	低潮区	米草区	光滩区	低潮区
中值粒径（Md）	5.23	5.62	5.16	5.14	4.69	4.73
分选系数（Qd）	2.03	2.63	2.37	2.33	2.06	2.07
偏态（Sk）	0.22	0.25	0.22	0.23	0.22	0.18

3. 底栖生物

互花米草区底栖生物的平均生物量和栖息密度大于光滩区；三沙湾互花米草区和光滩区底栖生物的平均生物量和栖息密度均大于泉州湾（表5-13）。

表5-13　泉州湾和三沙湾底栖生物栖息密度组成

生物种类	泉州湾			三沙湾		
	米草区	光滩区	低潮区	米草区	光滩区	低潮区
多毛类/（个/米²）	6	78	120	11	31	112
软体动物/（个/米²）	231	67	46	244	160	116
甲壳动物/（个/米²）	45	42	36	83	114	44
其他动物/（个/米²）	17	6	4	50	5	10
合计/（个/米²）	299	193	206	388	310	282

黑口滨螺以互花米草秸秆为栖息场所，在泉州湾和三沙湾互花米草区成为优势种，而在光滩基本未采集到。短拟沼螺在各断面均为优势种。互花米草区底栖生物的多样性指数低于光滩区，泉州湾低于三沙湾。

（三）入侵危害

互花米草生长逐渐挤占本地滩涂植物如红树、芦苇、咸水草（短叶江芏）、南方碱蓬的生长区域，对这些区域的生物多样性产生严重威胁。互花米草的入侵，导致了原有滩涂底栖生物栖息环境的改变，对底栖生物的生物量分布、群落结构和多样性指数产生较大影响。

互花米草主要入侵在港湾的泥质和泥沙质潮间带的中高潮区，导致滩涂缢蛏、泥蚶自然繁殖场所和牡蛎等生物养殖面积缩减，影响海水增养殖业的持续发展。互花米草侵占的滩涂大多原来为周边渔民从事增养殖或讨小海的场所，互花米草的入侵造成以这些滩涂谋生的大量劳动力闲置、失业或改行，给社会带来一定程度的就业压力。

二、沙筛贝

（一）分布

沙筛贝属帘哈目、饰贝科。原产中美洲热带海域，附着在墨西哥的岩石和海藻场，在委内瑞拉也有发现。现我国福建、广东、广西和海南，以及香港、台湾等地区有分布。福建省最早于1990年在厦门马銮湾发现沙筛贝大量附着，随后于1993年在东山八尺门海堤西侧也发现，沙筛贝成为污损生物群落优势种。

沙筛贝在福建省沿海的宁德后陂塘垦区、罗源松山垦区和白水垦区、惠安百崎"五一"垦区、厦门马銮湾和筼筜湖、龙海卓歧垦区、东山八尺门西侧海域等多个围垦区和水流不畅通的内湾大量繁殖并成为当地优势种群（表5-14）。

表5-14 福建省沿海地区沙筛贝分布面积

分布区域	后陂塘垦区	松山垦区	白水垦区	百崎垦区	马銮湾	筼筜湖	卓歧垦区	八尺门西侧
垦区面积/千米²	1.99	20.45	8.00	2.64	3.22	1.39	2.02	4.45

注：数据仅表示发现沙筛贝所在的垦区或海域面积。

在已发现沙筛贝大量繁殖附着的港湾垦区内，1996年马銮湾沙筛贝的密度高达217.6×10^3 个/米²，1996年八尺门西侧达34.4×10^3 个/米²，2007年马銮湾挂板最高密度达16.37×10^3 个/米²。在其他未设置挂板的垦区，沙筛贝在附着绳上多层附着成团的特征。

沙筛贝在入侵海域大量繁殖必须具备水体相对封闭、有淡水大量注入等特定条件。有些港湾和垦区，即使水体也较为封闭，水体内也有大量的沙筛贝投入，但因没有淡水注入，沙筛贝无法大量繁殖成为优势种，如东山西埔湾垦区、莆田后海垦区等。在一些河口半咸水海域，如漳江口、九龙江口，虾池进排水渠道上可以偶尔发现有少量的沙筛贝附着，但不能确认是否已成为自然繁殖的种群。

2007年4月至2008年1月，在厦门西海域设置两条断面共6个调查站位，每个站位设置表层和2米水层两个站点。调查结果表明，沙筛贝仅出现于马銮湾垦区内和垦区出水闸口外的806航标站位，其他调查站的挂板上未发现沙筛贝附着。沙筛贝繁殖及附着高峰期为每年的4月至10月。一般情况下，在有沙筛贝附着的挂板上，沙筛贝的生物量和生物密度在附着生物中占绝对优势。在海水表层和2米水层的水泥挂板上均有沙筛贝附着，总体随水位加深、附着生物量有逐渐减少趋势（表5-15）。

表5-15 2007年厦门湾沙筛贝附着实验结果

站号	挂板期	沙筛贝附着情况		
		总重量/（克/板）	密度/（个/板）	个体重/（克/个）
806航标表层	4.21～7.11	198.03	1 151	0.17
马銮站表层	4.21～7.13	2 668.97	16 374	0.16
马銮站底层	4.21～7.13	23.02	622	0.04
马銮站底层	7.13～10.17	191.33	1 235	0.16
马銮站表层	7.13～10.17	248.96	1 283	0.19

（二）入侵对自然生态环境影响

马銮湾浅海域原吊养牡蛎、翡翠贻贝和紫贻贝，潮间带泥沙滩养殖菲律宾蛤仔。自沙筛贝入侵后，由于大量抢取附着基和饵料，养殖贝类随即减产继而几乎停产。马銮湾及其他沙筛贝大量繁殖附着的港湾垦区，沙筛贝已成为当地海域污损生物群落的优势种。

2007年4月至7月和7月至10月两个挂板周期于马銮湾内开展的挂板实验显示，沙筛贝的附着量占绝对优势。其中，2007年4月21日至7月13日的第二挂板期，马銮湾内表层沙筛贝生物量占总附着生物量的99.30%，生物密度占94.77%，底层沙筛贝生物量占附着总生物量的97.96%，生物密度占82.63%；2007年7月13日至10月17日的第三挂板期，马銮湾内表层沙筛贝生物量占附着总生物量的99.64%，生物密度占96.60%，底层沙筛贝生物量占附着总生物量的98.03%，生物密度占88.83%。

（三）入侵危害

在沙筛贝大量繁殖海域，沙筛贝可占据几乎全部海岸基石和养殖设施表面，排挤原有数量很大的藤壶、牡蛎等当地生物。沙筛贝生长繁殖，消耗大量浮游植物，其代谢产物增加了海水的有机污染和耗氧量，限制了其他生物的生存空间，严重影响本土物种的生长繁殖，导致本土物种生长迟缓甚至死亡，对当地生态系统造成明显影响。

沙筛贝生活力和繁殖力极强，生长迅速，与其他养殖的滤食性贝类争夺附着基和饵料，导致海域原有养殖功能基本丧失，养殖贝类减产，贝类养殖的经济效益下降。

三、压舱水生物

（一）压舱水生物的种类

2006 年 10 月至 2007 年 12 月，对停泊于厦门港、福州江阴港和马尾港等的 12 艘远洋货轮进行调查，采集水样并分析压舱水生物种类。

调查检出外轮压舱水生物至少含 10 门（32 目）116 属 292 种的动植物，物种丰富度明显高于目前国内有关港口压舱水生物种类数量的报道。

调查所记录的物种多数具有广布性，锚地乃至整个福建近岸海域未见记录出现于压舱水的物种主要有隶属于绿藻门、黄藻门和裸藻门 3 个门类的 12 种淡水或半咸淡水种，分别由来自胡志明港的金星银海号轮和中途在广州港加水的晋祥号轮携带（表 5-16）。

表 5-16　压舱水中福建近岸海域尚未见记录的浮游植物名录

所属门类	种名	拉丁文学名
黄藻门 *Xanthophyta*	头状黄管藻	*Ophiocytium capitatum*
裸藻门 *Euglenophyta*	长尾扁裸藻	*Phacus longicauda*
绿藻门 *Chlorophyta*	锥刺四棘鼓藻	*Arthrodesmus subulatus*
	长拟新月藻	*Closteriopsis longissima*
	华美十字藻	*Crucigenia lauterbornei*
	比韦盘星藻	*Pediastrum biwae*
	刚毛弓形藻	*Schroederia setigera*
	二叉四角藻	*Tetraedron bifureatum*
	单棘四星藻	*Tetrastrum hastiferum*
	韦氏藻	*westella botryoides*
	粗刺微茫藻	*Micractinium crassisetum*
	香味网绿藻	*Dictyochloris fragrans*

在鉴定出的所有浮游植物中，赤潮藻共 62 种，其中硅藻 47 种、甲藻 12 种、硅鞭藻 1 种和蓝藻 2 种，它们各自所占比例依次为 75.8％、19.4％、1.6％和 3.2％。硅藻占绝对优势，其次是甲藻。有毒（或潜在有毒）藻类包括硅藻 2 种，为尖刺拟菱形藻和柔弱拟菱形藻；甲藻 4 种，为链状亚历山大藻、膝沟藻、裸甲藻和具尾鳍藻。

压舱水浮游植物除部分淡水、半咸淡水性绿藻外，主要优势种为硅藻类，主要是中肋骨条藻、条纹小环藻，以及部分角毛藻、海链藻和圆筛藻等。

（二）传播方式

压舱水生物由远洋或国内转运货轮压舱水随意排放而引入。调查结果发现，进入福建港口的散货船由于压舱水通常水龄较短、盐度较低等原因，所携带的生物丰度大多比集装箱船高，生物（藻类）的存活状况也相对较好。集装箱船一般不排放或少排压舱水，有时还在公海换水，航行时间较长，因此存活在压舱水及其沉积物中的赤潮藻类大多为适应能力较强的赤潮藻类及其休眠孢子或孢囊；而散杂货轮一般不在公海换水，且排放大量的压舱水进入目的地，海上航行时间短，多为 3～10 天，压舱水中含有大量海洋生物，80％物种仍可在目的地存活，因此这些船舶对引入外来物种存在更大风险。

（三）入侵危害

从检出的压舱水物种来看，至今尚未在福建沿海（包括金门岛一带）发现的有 12 种，其入侵性尚待今后进一步观察。其余物种在福建沿海有记录，分布也较为广泛，包括赤潮生物 60 种，其中含产毒种 4 种，疑似产毒种 2 种，多数是危害福建海洋生态健康与安全的赤潮常见种。由于缺少足够的生物学和生物地理学资料，目前中国海域记录的浮游动植物物种绝大多数无法考证其原产地，无法判定外来压舱水物种的入侵危害程度。但压舱水带来的外来赤潮生物，可能引发赤潮，从而对海域原有生物群落和生态系统的稳定构成威胁。

四、有意引进养殖和观赏生物

（一）有意引进海水养殖品种

近 20 年来，福建省引进的海水养殖品种包括眼斑拟石首鱼（俗名美国红鱼）、红鳍东方鲀、漠斑牙鲆、犬齿牙鲆（俗名大西洋牙鲆）、大菱鲆（俗名多宝鱼）、欧洲鳎、鞍带石斑鱼（俗名龙胆石斑）、驼背鲈（俗名老鼠斑）、棕点石斑鱼（俗名老虎斑）、条纹锯鮨（俗名美洲黑石斑）、欧洲鳗鲡、（日本）真鲷、尼罗罗非鱼、斑节对虾、凡纳滨对虾（俗名南美白对虾）、红额角对虾（俗名南美蓝对虾）、长牡蛎（俗名太平洋牡蛎）、日本黑鲍、日本盘鲍、九孔鲍、西氏鲍、红鲍、硬壳蛤等 23 种。主要在围垦池塘、工厂化养殖场、海水网箱等进行养殖生产，多数品种还开展人工育苗。由于对引进生物缺乏有效监管，在养殖和育苗生产过程中不可避免地出现逃逸现象，目前眼斑拟石首鱼、尼罗罗非鱼等已在自然水体出现，它们具有很强适应性的生态特点，将不可避免地对我国海洋生态产生影响，存在较大"生物入侵"隐患。

（二）有意引进观赏生物

厦门海底世界是由新加坡华侨与鼓浪屿风景区建设开发公司合作兴建的，于 1998 年 1 月正式对外开放，拥有来自世界各大洲、各大洋的海水和淡水鱼类 350 多种、1 万多尾。2007～2008 年的调查显示，引进海洋观赏生物 91 种。

厦门海底世界海洋馆拥有大小鱼池 20 个、总水体约 4000 吨，一般情况下，成体逃逸进入自然海域的可能性不大。但水族馆具有优越的温度、光照、溶氧量等条件，部分海洋观赏生物可能在鱼池中自然排卵受精，它们可能通过排水道进入自然海域孵化发育，有在自然海域生存并形成种群的风险。

（三）潜在危害

从国外和国内异地有意引种养殖或观赏生物，加大了外来海洋物种影响本地生态系统的可能。引种过程中，可能无意中带入了其他外来有害海洋生物，对本地生态系统造成威胁。在人工育苗、养殖，以及由于人为或自然原因造成的逃逸中，外来的养殖或观赏个体很容易进入野生自然群体，对其遗传结构和多样性产生影响。

外来物种在迁移的过程中可能携带病原生物，而当地的动植物对它们几乎没有抗性，因此很容易引起养殖病害流行，造成严重的经济损失。

第三节　海岸侵蚀灾害

一、福建海岸侵蚀特征与类型

福建省调查的大陆岸线和乡级以上海岛岸线长度为 4559.0 千米，其中侵蚀岸线长度为 1965.9 千米，占总岸线长度的 43.12%。从侵蚀岸线类型上来看，多为基岩海岸和砂质岸线；从侵蚀岸线分布的位置来看，以莆田市和泉州市侵蚀岸线分布比例为最高，分别占两地市岸线长度的 58.18% 和 45.47%。

从海岸类型上来看，福建基岩海岸和大部分的砂质海岸多处于侵蚀状态，其中砂质海岸侵蚀比较明显。对福建沿岸 70 个岸段开展现场踏勘，对 10 个重点侵蚀岸段开展为期一年的冬夏两季剖面地形与沉积物现场监测，查明福建海岸侵蚀的主要分布特征、侵蚀危害和影响因素，提出防护措施和对策。显著的岸线后退主要发生无海堤护岸的"软岩类"海岸，如第四纪沉积层、红壤型风化壳残坡层等海岸；海滩滩面常发生下蚀，0 米等深线向陆侧迁移；有海堤护岸的侵蚀岸段；高滩相对稳定，低滩下蚀，通常是由于潮下带受岸外潮流冲刷侵蚀所致。

就发生侵蚀的时间尺度而言，可大体划分为长周期趋势性的（隐形）海岸侵蚀和短周期突发性的（显形）海岸侵蚀。前者主要是由于海平面上升、入海河流来沙减少或不合理的海岸工程引发的负面环境效应等所造成的海岸相对平衡的输沙态势发生变化，海岸在新的海洋动力泥沙条件下，通过长期的调整过程而缓慢发生侵蚀；后者通常是在台风发生期间，由于风暴浪潮的肆虐而造成的具有明显破坏性的侵蚀。

二、福建海岸侵蚀分布规律与侵蚀特点

在全球气候变暖引发海平面上升、风暴浪潮增强，以及入海沙量锐减的背景下，福建海岸侵蚀如同全国其他省区一样，具有侵蚀范围广泛、侵蚀程度区域差异、侵蚀原因多样、人为影响与侵蚀发展加剧的总体特征。

福建海岸中新生代的构造特征，特别是新构造运动时期形成的海岸构造格架，造成海岸呈现出以山丘或台地港湾海岸为主，并与滨海平原海岸交错分布的特征。从地质地貌变化对海岸侵蚀影响的角度，可将福建沿岸划分为北部岸段、中部岸段、南部岸段和

河口岸段等四类区域性岸段。

（一）北部岸段

位于闽江口以北，地壳以沉降为主，发育了典型的溺谷港湾海岸。该岸段的区域地质地貌具有以下几个特征：①不仅形成了诸如沙埕港和三沙湾等许多三面山丘环抱，湾中有湾之深邃港湾，而且也使在沿海分布的红壤型风化壳残积地层被深埋于第四纪沉积层之下；②区内山地丘陵面积占全区总面积的80％以上，地形显现山峦重叠起伏，群峰逶迤而连绵不断，山谷纵横交错，其中仅于小山间盆谷可看到第四纪的冲、洪积沉积物；③由于断块山体直逼海岸，沿岸岸线十分曲折，岬湾更迭，岬角突出，且海岸多为陡崖峭壁；④海岸类型，在开敞海岸系由中生代火山岩和燕山期花岗岩类岩石构成的基岩海岸占绝大多数，在港湾内部则主要为淤泥质海岸，而砂砾质海岸长度仅占总岸线的3.7％；⑤区内入海河流多为流注港湾内部，其河口平原不发育。由于本区段基岩海岸人工设施较少，加之海岸侵蚀速率较小，海岸侵蚀的危害性不甚明显。

（二）中部岸段

位于闽江口以南至九龙江口以北，乃是处在长乐－诏安以东断块之地壳轻微上升区的地带。本岸段区域地质地貌特征如下：①地势西高东低，地貌类型从内地向海大体由低山丘陵过渡为台地、滨海平原，惟半岛地带才复由台地到丘陵；②第四纪地层分布广且成片，例如，由红壤型风化壳残坡积物、老红砂层、沙丘岩、海滩岩，以及海积、风积、冲海积和冲洪积等沉积物构成的"软岩类"海岸所占的比例远大于其他岸段；③海岸类型与北部岸段相比，砂砾质海岸长度明显增加（约占总岸线长度的1/3）；④本区入海河流，如鱼溪、木兰溪、洛阳江、晋江和汀溪等的近河口段均有冲海积平原发育，其中以莆田平原和泉州平原为最大。显然，在开敞海域，红壤型风化壳残坡物等第四纪"软岩类"地层之广泛分布，是本区海岸频频发生典型侵蚀现象（含强烈岸线蚀退和海滩下蚀）的内在因素。

（三）南部岸段

位于九龙江口以南，系长乐－诏安以东断块轻微上升区的南段，其区域地质地貌状态与中部岸段有些类似。不同的地方在于：①本区北部晚第三纪到第四纪初期曾发生过基性火山喷发，形成了福建沿海唯一的新生代火山岩喷发带；②沿岸侵蚀剥蚀台地虽也分布较广，但与中部岸段相比，多呈规模较小的不连续片状分布；③风成沙地甚为发育，尤其是在漳浦－东山沿海下沉亚区，沙丘海岸比比皆是；④区内佛昙溪、赤湖溪、浯江溪、漳江和东溪等主要入海河流的流程均较短，其河口平原亦较小。总之，南部岸段的区域地质地貌背景表明其海岸稳定性与中部岸段大体相近，但发生典型的海岸侵蚀现象稍逊之；然而与北部岸段相比，却仍存在着大得多的侵蚀风险。

（四）大河口岸段

闽江口、木兰溪口、晋江口和九龙江口等大河口是在大断陷构造的基础上形成的河口湾淤泥质海岸。它们虽然也属"软岩类海岸",且其海岸低平,陆地地形宽阔单一,但泥沙供给丰富,岸前潮间带海滩宽广,能有效地消耗向岸入射的波能,故海岸侵蚀现象并不明显。即使在闽江口外的南侧开敞海岸(长乐县东岸),在强烈的风与浪的作用下,形成了宽阔的风成沙地和夷直型砂质海岸,其岸滩地貌亦多呈现弱侵蚀—堆积状态。

综上所述,福建沿海地区在中新生代形成的海岸带构造的基本格架,所体现出的海岸地质地貌轮廓及海岸稳定性具有明显的区域差异性。由此,从海岸侵蚀的内在因素考虑,在宏观尺度上可将福建海岸划分为四类具有不同侵蚀风险的岸线,其中,中部岸段的海岸侵蚀强度、侵蚀风险最大,南部岸段次之,北部岸段较低,而沿海局部构造断凹区构成的大河河口岸段则处于相对弱侵蚀—堆积状态。

在分析所收集资料及现场调查踏勘的基础上,结合实际监测资料,按国家908专项《海岸带地质灾害调查技术规程》中之海岸稳定性分级标准,绘制福建省海岸侵蚀稳定性分级图(表5-17)。

表 5-17　海岸侵蚀分级标准

海岸状态	岸线侵蚀速率		岸滩下蚀
	砂质海岸/(米/年)	粉砂淤泥质海岸/(米/年)	下蚀速率/(厘米/年)
稳定	<0.5	<1	<1
微侵蚀	0.5~1	1~5	1~5
侵蚀	1~2	5~10	5~10
强侵蚀	2~3	10~15	10~15
严重侵蚀	≥3	≥15	≥15

福建省淤涨海岸类型主要为分布于大河河口附近和隐蔽性港湾内部的粉砂淤泥质海岸,以福建省北部为多见,此外,部分沙嘴也呈现淤涨趋势;稳定海岸主要为基岩海岸,因为抗蚀能力较强,侵蚀速率非常慢;微侵蚀海岸在砂质海岸和粉砂淤泥质海岸都有发生,一般出现于湾口或湾外较开敞区域;强侵蚀海岸主要见于开敞高能海域的砂质海岸,其中人类活动引起的海岸侵蚀也较常见(图5-7,图5-8)。

图 5-7　大京海岸北段海岸前丘侵蚀状态

图 5-8　白石炮台西侧的音乐广场海岸

三、福建海岸侵蚀危害性

福建是遭受海岸侵蚀灾害影响较为严重的省份，沿海各县市的海岸带资源，如水产、港口、非金属矿产、可再生能量、旅游、盐业等丰富，区位条件优越，既是全省社会经济最为发达的地带，又是人口集居的地区。海岸侵蚀造成沿岸土地流失；冲毁沿岸村庄、工厂、水产养殖场、盐田、道路和港口码头等沿海基础设施；冲垮或冲蚀海堤、护岸等侵蚀防护工程构筑物及防护林带；破坏与降低滨海旅游休闲价值，给福建省沿海地区社会经济可持续发展和公共生活安全造成影响。

四、福建海岸侵蚀影响因素

福建海岸侵蚀的主要原因有以下几种。

(一) 波浪作用

自全新世海侵海面相对稳定以来，福建海岸在新的外动力条件下，经受了长期的塑造，其岸线的形态不断地进行着调整的过程，以达到与外动力作用、泥沙供给相对适应的状态。其中，波浪作用是最为活跃的一个因素，尤其是正常波况下 NE 向盛行波浪斜向岸入射时引起的沿岸输沙，是长期引起福建省沿岸海岸侵蚀最为普遍的一个重要因素；偏南向的波浪，对于面向南的海岸侵蚀则起着主要的作用。例如，岬角之间的海滩，斜向波入射使上游侧的泥沙向下游侧运移，造成上游侧海岸的侵蚀后退。

(二) 风暴浪潮作用

在华南沿海热带风暴，尤其是台风产生的狂风巨浪和风暴潮是造成海岸侵蚀最为显著的动力因素。福建沿岸系我国遭受台风浪潮袭击较为频繁的地区。在全球气候变暖的背景下，未来台风发生的频率和强度还将有增加的趋势。台风浪潮对海岸的侵蚀作用虽时间短促、范围有限，但对海岸沉积物的冲蚀极为严重。一次强台风浪潮所造成的侵蚀结果往往超过正常波浪与潮汐下整个季节的侵蚀变化，造成的侵蚀破坏甚至是触目惊心的。例如，9914 号台风袭击厦门岛东部海岸期间，该岸段部分沙滩滩肩蚀退达 25 米；岸滩剖面形态发生剧烈变化，滩肩及滩面上段的单宽冲蚀量达 30 米^3/米，下段单宽淤积量达 17 米^3/米，剖面形态类型明显从滩肩式断面向沙坝式断面转变，多处海堤护岸被冲毁。再如，崇武半月湾中部沙丘海岸，2008 年 8 月 6 日在"凤凰"台风登陆过后，由其诱发涌浪的冲击也使海岸蚀退达 4.52 米（图 5-9）。

(三) 人工采沙

随着经济建设的发展，人们对沙料的需求量也与日俱增。目前，福建省在砂砾质海岸和海滩上挖沙比比皆是，有些岸段近滨区也在采沙。近岸采沙不仅破坏了沿岸输沙的

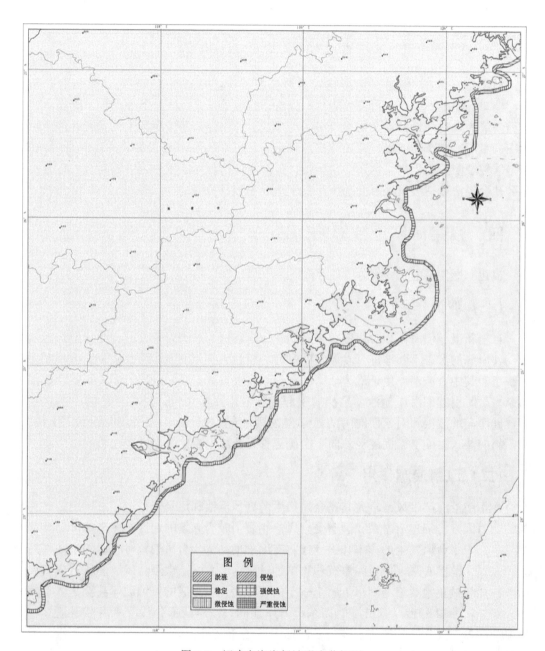

图 5-9　福建省海岸侵蚀强度分级图

平衡，而且将使海岸遭受更强的波浪袭击，进一步加速海岸侵蚀的发展。例如，厦门岛东部砂质海滩在 20 世纪 70～80 年代遭受大量采挖，由于沙滩沙的自然再生量无法与挖沙量相平衡，沙滩很快衰退或消亡，整个海岸侵蚀后退，沿岸建筑物被破坏或处于严重危险状态。尽管 21 世纪以来，人们已经意识到沿岸采沙的严重性，但禁而不止，至今仍然威胁着海岸与海滩资源、环境的可持续利用。

（四）河流入海沙量减少

福建沿岸河流入海沙量自 20 世纪 60 年代以来出现大量减少的趋势，河口三角洲及其邻近海岸泥沙收支失去平衡，海岸侵蚀现象十分普遍。沿岸河流入海沙量减少的原因，部分是由于流域采取了土壤保护措施，或是河道挖沙或河流改道，但主要是建闸和筑坝建库拦蓄了大量粒径相对较粗泥沙的缘故。

（五）不尽合理的海岸工程阻

随着福建省沿海经济的快速发展，许多海岸为了修建港口、码头，或是为了提高河口、港湾稳定性以增强通航能力，或是为了造地围垦，等等，往往需要修建突堤（jetty）或防波堤（breakwater）。但这些与岸线呈高度角相交的工程往往拦截了沿岸泥沙流，使其下游的岸滩因供沙中断而遭受侵蚀，或严重改变近岸动力泥沙条件，造成局部海岸侵蚀。

（六）海平面上升

海平面上升导致海岸淹没和海岸侵蚀后退，据研究在每年海平面上升 2.0 毫米的情况下，100 年后厦门岛厦大海滨浴场沙滩将侵蚀后退 14.8 米。

五、防护措施与对策

（一）开展海岸侵蚀防治的基础调查研究工作

建立海岸侵蚀动态监测网络，对全省主要岸段专设侵蚀监测断面，长期进行科学监测，以及时掌握海岸侵蚀的动态，找出各岸段侵蚀的原因与机制，为侵蚀防治提供科学依据。

（二）加强海岸侵蚀防治技术的研究

在传统硬质海岸防护工程建设的基础上，适当考虑结合海岸整治和生态环境修复营造沙滩等软质护岸工程，促进人与自然的和谐发展。

（三）健全海岸带综合管理系统

海岸带综合管理是当前实现海岸带资源与环境综合利用，以及海岸带经济可持续发展的一种有效手段，通过对海岸带空间、生态、环境的变化及其资源开发利用进行多环节、多层次、多范围的统筹协调和监督管理，以达到平衡和优化经济发展、公共利用及环境保护等各种社会需求的目标。目前在防治海岸侵蚀方面可考虑设定海岸侵蚀预警线，完善海岸侵蚀动态监测网络和数据库，建立部门间合作协调的海岸线管理体系。

第四节 小 结

1）福建省地处我国东南沿海，濒临西北太平洋，台风诱发风暴潮灾害造成的灾害破坏最为严重。近年台风暴潮灾害最大损失可达到全省地区当年 GDP 的 2% 左右。福建沿海发生台风暴潮的显著周期约为 5 年。闽江口至崇武的闽中沿海，梅花、白岩潭受影响的次数最多，崇武以南的闽南沿海，东山、厦门、崇武次之，闽江口以北的闽北，三沙、沙埕站较其他站少。

福建沿海地区波浪明显受到季风影响，浪向季节变化显著。2003～2008 年的近 6 年台风引起的灾害性海浪发生次数占 32%，台风引起的大浪远远大于寒潮和温带气旋产生的波浪，实测波高年极值往往发生在台风期间。福建沿海每年出现 3 米以上大浪的次数与台湾海峡每年发生 6 米以上灾害性海浪的次数，以及福建沿海 4 米以上灾害性台风浪的年发生次数与台湾海峡发生 6 米以上灾害性台风浪的年发生次数存在着明显的相关关系。灾害性海浪事故主要发生在秋冬季。

2）互花米草在福建沿海各市均有分布，入侵区域总面积为 99.24 千米^2，其中宁德市的互花米草分布面积最大。目前互花米草已经入侵大多数港湾，分布面积前 5 位的港湾为三沙湾、罗源湾、泉州湾、闽江口和厦门湾。互花米草生长区域的底质硫化物、有机碳、总氮含量和氧化还原电位比光滩高。互花米草区底栖生物的平均生物量和栖息密度大于光滩区。互花米草区底栖生物的种类多样性指数低于光滩区。互花米草的入侵对底栖生物的生物量、栖息密度、群落结构、种类多样性产生明显影响。

沙筛贝在福建省沿海的宁德后陂塘垦区、罗源松山垦区和白水垦区、惠安百崎"五一"垦区、厦门马銮湾和筼筜湖、龙海卓歧垦区、东山八尺门西侧海域等多个围垦区和水流不畅通的内湾大量繁殖并成为当地优势种群。在沙筛贝大量繁殖海域，沙筛贝几乎占据了全部海岸基石和养殖设施表面，消耗大量浮游植物，其代谢产物增加了海水的有机污染和耗氧，限制了其他生物的生存空间，对当地生态系统造成明显影响，导致海域原有养殖功能基本丧失，养殖贝类减产，贝类养殖经济效益下降。

从福建马尾、江阴和厦门等港口所获外轮压舱水生物样品检出的生物种类至少含 10 门（32 目）116 属 292 种的动植物。仅出现于压舱水而锚地乃至整个福建近岸海域尚未见记录的物种主要有隶属于绿藻门、黄藻门和裸藻门 3 个门类的 12 种淡水或半咸淡水种。压舱水中赤潮生物多数是危害福建海洋生态健康与安全的赤潮常见种。由于缺少足够的生物学和生物地理学资料，目前中国海域记录的浮游动植物物种绝大多数无法考证其原产地，外来压舱水物种的入侵危害程度尚不清楚。

近 20 年来，福建省引进的海水养殖品种包括眼斑拟石首鱼、红鳍东方鲀、漠斑牙鲆、犬齿牙鲆、大菱鲆、欧洲鳎、鞍带石斑鱼、驼背鲈、棕点石斑鱼、条纹锯鲻、欧洲鳗鲡、（日本）真鲷、尼罗罗非鱼、斑节对虾、凡纳滨对虾、红额角对虾、长牡蛎、日本黑鲍、日本盘鲍、九孔鲍、西氏鲍、红鲍、硬壳蛤等 23 种。主要在围垦池塘、工厂化养殖场、海水网箱进行养殖生产，多数品种还开展人工育苗。由于对引进生物缺乏有效监管，在养殖和育苗生产过程中不可避免地出现逃逸，扩散进入自然水体，存在较大"生物入侵"隐患。

3）福建沿海地区在中新生代形成的海岸带构造的基本格架，海岸地质地貌轮廓及海岸稳定性具有明显的区域差异性。可将福建海岸划分为四类具有不同侵蚀风险的岸线，中部岸段的海岸侵蚀强度和侵蚀风险最大，南部岸段次之，北部岸段较低，构造断凹区构成的河口岸段则处于相对弱侵蚀－堆积状态。福建省调查的大陆岸线和乡级以上海岛岸线长度为 4559.0 千米，其中侵蚀岸线长度为 1965.9 千米，占总岸线长度的43.12%。从侵蚀岸线类型上来看，多为基岩海岸和砂质岸线；从侵蚀岸线分布的位置来看，以莆田市和泉州市侵蚀岸线分布比例为最高，分别占两地市岸线长度的 58.18%和 45.47%。

第六章
海岛调查

　　2004~2008 年对 90 个有居民海岛（其中 1 个市级岛、2 个县级岛、13 个乡镇街道级海岛和 53 个行政村级海岛和 21 个自然村级海岛）进行综合性实地调查；对 10 个台湾地区管辖的有居民海岛利用遥感方法进行调查；对 2114 个无居民海岛进行一般性调查，其中对 2 个领海基点岛开展专项性登岛调查。完成 100 个有居民海岛和 276 个无居民海岛的岸线修测；完成海岛岸滩地貌与冲淤动态综合观测剖面 152 条、潮间带地形测量剖面 152 条（图 6-1）、潮间带表层沉积物取样调查剖面 152 条 443 站、潮间带沉积物化学取样调查剖面 39 条 107 站、潮间带底栖生物取样调查剖面 19 条 202 站、生物体残毒 32 站。调查获取了较翔实的岸线修测 GPS 测量定位点数据、岸滩剖面地形测量点数

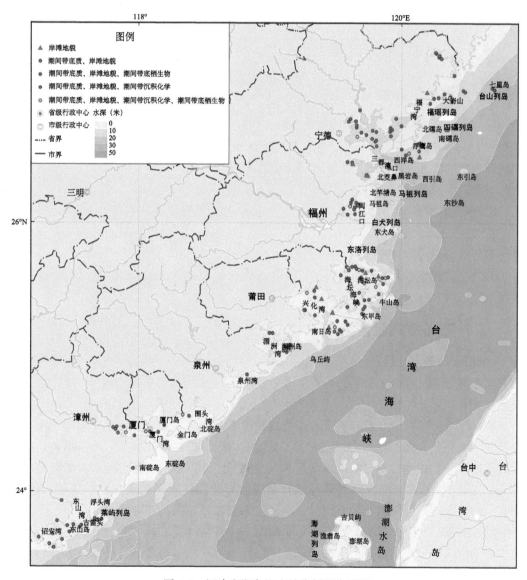

图 6-1　福建省海岛调查站位剖面位置图

据，以及沉积物粒度、矿物、地球化学、沉积物质量、底栖生物等分析数据。为了便于叙述和比较，将 20 世纪 90 年代开展的海岛资源综合调查简称"上次海岛调查"。

第一节　海岛基本情况

本次调查统计福建省海岛总数为 2214 个，其中有居民海岛 100 个，无居民海岛 2114 个；面积大于等于 500 米^2 的海岛 1321 个，面积小于 500 米^2 的海岛 893 个。

一、海岛数量及其变化

（一）海岛数量统计方法

1) 根据 908 专项《海岛界定技术规程》（试行本）的规定界定海岛。规程要求，对于面积大于等于 500 米^2 的海岛，不论其与大陆或其他海岛相隔多少距离，均界定为独立统计单元的海岛。因该规程未明确提及对围垦区内海岛的归类处理，调查中将围垦区内的海岛视为因围填导致海岛属性变化而不予以统计。

2) 福建省 908 专项海岛调查重点是大潮高潮时露出海面的岛陆地面积大于等于 500 米^2 的海岛。对面积小于 500 米^2 的海岛根据海图、《福建省海域地名志》和遥感影像图等历史资源进行补充、界定和统计。

3) 海岛数量统计边界为 2008 年福建省政府公布的大陆海岸线和闽粤海域行政界线。

（二）海岛数量变化

《福建省海岛志》（1994 年）和《全国海岛名称与代码》（HY/T 119—2008）收录面积大于等于 500 米^2 的海岛 1546 个，本次调查，福建省海岛数量增加了 668 个。海岛数量变化有以下几种情况。

1) 减少的海岛。原收录的 1546 个海岛减少 249 个有如下 6 种情况：①海岛与大陆相连；②海岛与其他海岛相连；③由于炸岛取石取土、挖沙等方式导致海岛灭失；④因大陆海岸线管理位置变更导致原海岛管理属性改变，其中有 13 个河口岛因海河划界后划入河界范围；⑤5 个海岛因闽粤海域行政区域界线勘定不再隶属福建省管辖；⑥《福建省海域地名志》等资料收录有海岛，但通过调查发现该海岛不存在。

2) 原一名含多岛的海岛分离增加的海岛。《福建省海岛志》中有些海岛含多个岛，如东赤屿由 3 个海岛组成，上担岛由 2 个海岛组成。根据《海岛界定技术规程》将面积大于等于 500 米^2 的海岛独立统计，全省共增加 13 个海岛。

3) 新增加的海岛。通过现场和遥感调查等技术手段重新界定海岛岸线，新增 84 个面积大于等于 500 米² 的海岛。

4）原面积小于 500 米² 海岛数量变化。通过利用现场和遥感调查等手段重新界定海岛岸线，原 1546 个海岛中有 73 个面积经重新确定为面积小于 500 米²；此外，调查新增加面积小于 500 米² 的海岛 820 个。

5）有居民海岛数量变化。20 世纪 90 年代调查统计的 102 个有居民海岛中，有 9 个海岛因大陆海岸线管理位置变更导致原海岛属性变更，分别为宁德市蕉城区的雷东岛，福鼎市的青屿、上屿和下屿，福清市的大板岛和江阴岛，厦门市的丙洲岛，龙海市的沙洲岛，云霄县的佳洲岛。有 7 个海岛因调查核实新界定为有居民海岛，分别为霞浦县的柏屿、虾山岛、大屿头岛、大屿，福安市的牛头屿（当地称虎头鼻），平潭县的马腿屿，莆田市秀屿区的盘屿。因此，本次调查结果核实福建省有居民海岛总数为 100 个。

（三）海岛位置分布特征

1）福建北部和中部海域海岛分布多，南部海域海岛分布少。兴化湾南岸以北的海岛数量约占全省的 72%，它们大多在 20 米等深线范围之内，有少数分布在 30 米等深线附近。

2）海岛分布相对集中，呈明显的链状、密集型分布，多数以列岛或群岛的形式出现，全省有群岛 11 个、列岛 12 个。

3）大部分海岛分布在距离大陆 10 海里以内的沿岸海域。尤其在大陆海岸线曲折率大、向海域延伸较大的半岛周围海域以及向内陆深凹的港湾内，常为海岛密集分布区，如沙埕港、三沙湾、福清湾、兴化湾、厦门湾、东山湾等。少数分布在距离大陆 10～20 海里的海域，连江县的东引岛距大陆 28 海里，是福建省距离大陆最远的海岛。

（四）海岛类型与分布

1. 按海岛成因分类

海岛按成因可分为大陆岛、冲积岛和海洋岛三大类，福建省海域未发现海洋岛。

福建省大陆岛共 2202 个，约占海岛总数的 99.45%；冲积岛共 12 个，占总数的 0.55%（表 6-1），主要分布在白马港、敖江口、九龙江口等海域。

表 6-1 福建省海岛成因和海岛物质组成类型统计表

行政区	数量/个	大陆岛/基岩岛 比例/%	数量/个	冲积岛/泥沙岛 比例/%
宁德市	616	27.82	3	0.14
福州市	785	35.45	5	0.23
莆田市	268	12.10	—	—
泉州市	270	12.20	—	—
厦门市	39	1.76	—	—
漳州市	224	10.12	4	0.18
福建省	2202	99.45	12	0.55

2. 按海岛物质组成分类

海岛按其物质组成可分为基岩岛、泥沙岛和珊瑚岛三类。

福建省基岩岛的物质主要由花岗岩、火山岩和变质岩组成，占全省99.45％。泥沙岛多形成于江河入海口处，系由径流携带的泥沙堆积而成的岛屿，地势低平，形态多变化，多由沙与黏土等碎屑物质组成，福建省海域数量较少，仅占0.55％。珊瑚岛主要由海洋中造礁珊瑚钙质遗骸和石灰藻类生物遗骸堆积形成的岛屿，该类型岛屿福建省内海域未见。

3. 按海岛分布的状态与构成的状态分类

福建省海岛分布相对集中，按海岛分布状态可分为群岛、列岛。群岛内海岛彼此相距较近、成群地分布在一起，列岛内海岛呈线（链）形或弧形排列分布。

福建省内共有群岛11个，其中宁德市有1个，为三门墩群岛；福州市有9个，为三屿群岛、金沙群岛、东鼓礁群岛、三块石群岛、四母屿群岛、三洲群岛、四屿群岛、茗箩群岛、姜山群岛等；莆田市有1个，为南日群岛。

福建省海域内共有列岛12个，其中宁德市有5个，为星仔列岛、台山列岛、七星列岛、福瑶列岛、四礵列岛；福州市有4个，为马祖列岛、白犬列岛、东洛列岛、塘屿列岛；莆田市有2个，为十八列岛、虎狮列岛；漳州市有1个，为菜屿列岛。

4. 按海岛与大陆海岸距离与联系的不同分类

按照海岛与大陆海岸的距离与联系不同可分为堤连岛、沿岸岛、近岸岛、远岸岛。沿岸岛一般与大陆岸线距离不足10千米，近岸岛一般与大陆岸线距离在10～100千米。福建省主要为沿岸岛，其次为近岸岛及堤连岛。

福建省共有堤连岛84个，主要集中分布在宁德和福州两市；沿岸岛占全省海岛数的66％；近岸岛约占全省海岛数的22％。

5. 按海岛有无居民常住分类

福建省有居民海岛共100个，无居民海岛共2114个。有居民海岛中建制乡镇以上海岛有19个，包括1个市级政府驻地海岛，即厦门岛；海坛岛、东山岛、金门岛等3个县级政府驻地海岛；三都岛、西洋岛、大嵛山、马祖岛、琅岐岛、东庠岛、大练、屿头岛、草屿、南日岛、湄洲岛、小金门岛、大嶝岛、鼓浪屿、浒茂洲等15个乡镇或街道驻地的海岛。此外，还有54个行政村委会驻地的海岛和27个自然村海岛（表6-2）。

表6-2　福建省沿海各地市海岛统计表

行政区	无居民海岛	有居民海岛	合计
宁德市	582	37	619
福州市	756	34	790
莆田市	256	12	268
泉州市	266	4	270
厦门市	35	4	39
漳州市	219	9	228
福建省	2114	100	2214

（五）海岛面积与分布

1. 海岛面积统计

福建省海岛总面积为 1155.83 千米^2，其中有居民海岛总面积为 1107.83 千米^2，无居民海岛总面积为 48.00 千米^2（表 6-2）。面积大于等于 500 米^2 的 1321 个海岛面积合计 1155.67 千米^2，面积小于 500 米^2 的 894 个海岛面积合计 0.15 千米^2。

2. 海岛类型按面积分类

根据海岛面积大小，可将海岛分为特大岛、大岛、中岛、小岛和微型岛几类。

面积大于 2500 千米^2 的海岛为特大岛，福建省内无该类型海岛。

面积在 100～2500 千米^2 的海岛为大岛，福建省该类海岛共有 4 个。按面积从大到小分别是海坛岛、东山岛、厦门岛和金门岛。

面积在 5～100 千米^2 的海岛为中岛，福建省该类海岛共有 20 个，均为有居民海岛。

面积在 500 米^2 与 5 千米^2 之间的海岛为小岛，福建省该类海岛数量最多，共有 1297 个，约占全省海岛总数的 58.58%。

面积小于 500 米^2 的海岛为微型岛，福建省该类海岛有 893 个，约占全省海岛总数的 40.33%。

3. 海岛面积分布特征

福州市岛陆面积合计最多，面积为 417.80 千米^2，占全省海岛总面积的 36.15%；莆田市岛陆面积合计最少，面积为 65.39 千米^2，占全省海岛总面积的 5.66%。

海岛面积大于 5 千米^2 的海岛总共 24 个，仅占全省海岛总数的 1.08%，其余 98.92% 的海岛面积都小于 5 千米^2，所有无居民海岛都小于 5 千米^2。

有居民海岛面积超过 100 千米^2 的共有 4 个，占有居民海岛总数的 4.00%，面积在 5～100 千米^2 的海岛共有 20 个，其比例为 20.00%。其余 76 个有居民海岛面积在 0.07 千米^2 与 5 千米^2 之间。无居民海岛中面积大于等于 500 米^2 的海岛 1221 个，占无居民海岛总数的 57.76%，面积小于 500 米^2 的海岛 893 个，占无居民海岛总数的 42.24%。

二、海岛岸线

（一）海岛岸线类型及分布

根据《海岛调查技术规程》，福建省海岛岸线类型主要有基岩岸线、砂质岸线、淤泥质岸线、生物岸线、红土岸线和人工岸线等 6 种类型。全省海岛岸线总长为 2503.6 千米（表 6-3），其中基岩岸线长度最长，为 1638.8 千米，占全省海岛岸线长度的 65.46%；其次为人工岸线，长度为 559.5 千米；砂质岸线长度 250.8 千米，排名第三；红土岸线长度为 31.4 千米；淤泥质岸线长度为 20.5 千米；生物岸线最少，长度仅 3.0 千米。

表 6-3　福建省各地市海岛岸线类型长度统计表

行政区	基岩岸线 /千米	砂砾质岸线 /千米	淤泥质岸线 /千米	生物岸线 /千米	红土岸线 /千米	人工岸线 /千米	合计 /千米
宁德市	525.6	15.2	0.3	0.2	17.9	48.6	607.8
福州市	661.2	113.6	5.9	0	4.8	156.7	942.2
莆田市	173	32.4	0	0	6.1	36.2	247.6
泉州市	120.9	61.8	7.9	0	0.3	20.7	211.5
厦门市	15.3	3.5	0	0	0	99.1	117.8
漳州市	142.8	24.3	6.4	2.8	2.3	198.2	376.7
福建省	1638.8	250.8	20.5	3.0	31.4	559.5	2503.6
占海岛岸线 总长度的比例/%	65.46	10.01	0.81	0.12	1.26	22.34	100.00

全省海岛岸线最长的海岛是海坛岛，其后依次是东山岛、金门岛、南日岛和厦门岛。各沿海市海岛岸线长度以福州市最长，达 942.2 千米，占全省海岛岸线总长的 37.64%；宁德市居第二，海岛岸线长 607.8 千米，占全省海岛岸线总长的 24.28%（图 6-2）。

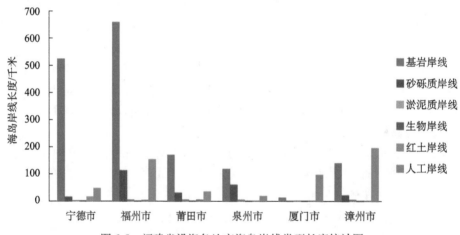

图 6-2　福建省沿海各地市海岛岸线类型长度统计图

全省有居民海岛岸线总长度为 1612.9 千米，占海岛岸线总长度的 64.43%。其中乡级及乡级以上政府驻地海岛岸线总长度为 981.9 千米，占海岛岸线总长度的 39.20%；村委会驻地及自然村海岛岸线总长度为 631.0 千米，占海岛岸线总长度的 25.21%。

（二）海岛岸线变迁特征与评价

1. 海岛岸线变迁

与 20 世纪 60 年代、80 年代的海岛岸线比较，主要海岛岸线变迁特征如下。

宁德市和漳州市的海岛岸线变化不明显，基本处于较稳定状态，福州、莆田、泉州和厦门 4 市的海岛岸线变化较大（图 6-3），海岛岸线变化与各市经济发展状况有关。

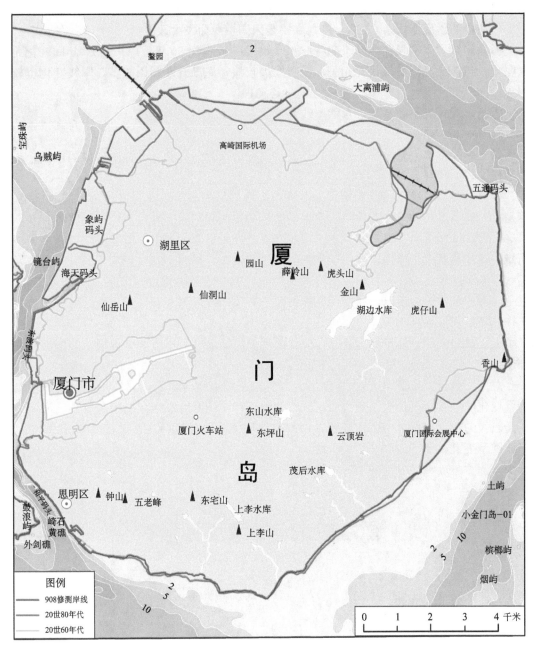

图 6-3 厦门岛岸线变迁

　　海湾内的海岛由于距离大陆较近，开发利用程度较高，海岛岸线发生较大的变化。海湾外的海岛与大陆距离较远，交通较不方便，开发利用程度较小，海岛岸线基本保持稳定状态。

　　有居民海岛由于人为的活动较多，海岛岸线发生较大变化；而无居民海岛的开发利用活动较少，岸线变化较小。

基岩岸线变化十分缓慢，砂质岸线受到人为活动的影响，可能发生较大变化（如湄洲岛西南段的砂质岸线）。人工岸线则主要是因围填海而发生改变。

海岛岸线发生明显变化始于20世纪80年代，20世纪90年代以来的20年间变化尤其明显，与社会经济发展状况相关。经济发展较快，海岛开发利用较多，岸线变化也较明显。

人工岸线长度不断增加，自然岸线长度不断减少。

2. 不同海岛岸线类型的变迁

基岩岸线基本上处于稳定状态，其发生侵蚀的部分是在开阔海域中迎风面岸段，受海浪侵蚀较为明显。

砂质岸线相对稳定，近年来人为占滩和违法盗采海砂的现象越来越多，同时旅游、养殖等人类开发活动，使砂质岸线发生侵蚀，如东山岛东岸因养殖造成沙滩破坏。

淤泥质岸线主要在河口区，在正常状态下是处于不断淤涨中，但因围填海许多淤泥质岸线被围填成人工岸线，且由于不断的围填海活动，岸线不断向外延伸。

红土岸线因质地松软，受海浪侵蚀较厉害。福建省部分海岛已开展整治修复工作，避免了进一步的侵蚀后退，如厦门岛的香山－五通岸段（图6-4）。红土岸线的整治修复工作还需不断加强。

人工岸线大部分处于稳定状态，但新的围填海活动导致岸线向海推进，如厦门岛北部岸线。

总之，福建省海岛岸线近30年来大部分处于相对稳定状态，对海岸线形态产生影响及变化的主要原因是围填海活动，自然的淤积和冲刷对海岸线影响相对较小。海岸线变迁较大的地方主要集中在经济较发达的有居民海岛，如厦门岛、海坛岛和东山岛等。岸线类型变化主要为人工岸线增加、自然岸线减少、岸线裁弯取直、海岛的小湾澳减少。

第二节 海岛地质地貌

一、海岛地质

（一）地层

福建海岛地层出露不全，主要为晚三叠世－侏罗纪变质岩、晚侏罗－早白垩世火山岩系及第四纪地层（图6-5）。前第四纪地层自老到新划分为上三叠统－侏罗系长林组、南园组第二和第三段、小溪组下段和上段，以及白垩系下统石帽山群下组下段、上段等8个地层单元。

第四纪地层按时代划分为中、晚更新世和早、中、晚全新世，按成因分为残积层、

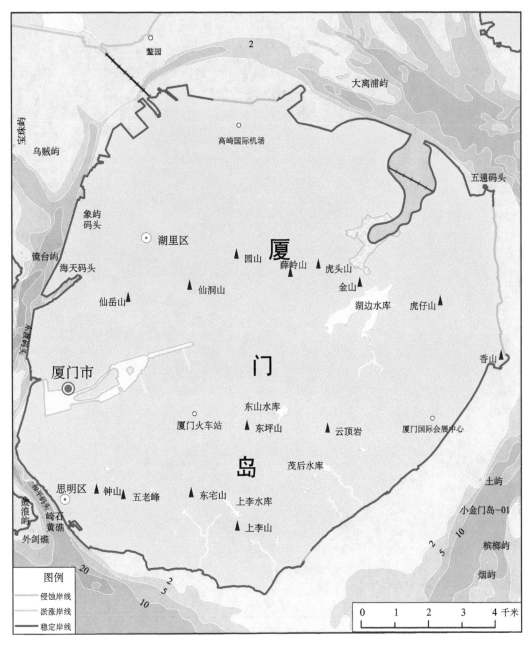

图 6-4　厦门岛岸线稳定性

冲（冲洪）积层、风积层、湖积层、海陆过渡层、冲海积层、海积层等类型①。

　　海坛岛伯塘、大福、南山、东户，湄洲岛白石村，东山岛澳角、宫前等地发育中一上全新世的海滩岩，其由粗砂细砾与贝壳碎片胶结而成，部分为疏松的砂砾与海滩岩互

———————————

① 福建省海岛资源综合调查研究报告，1996。

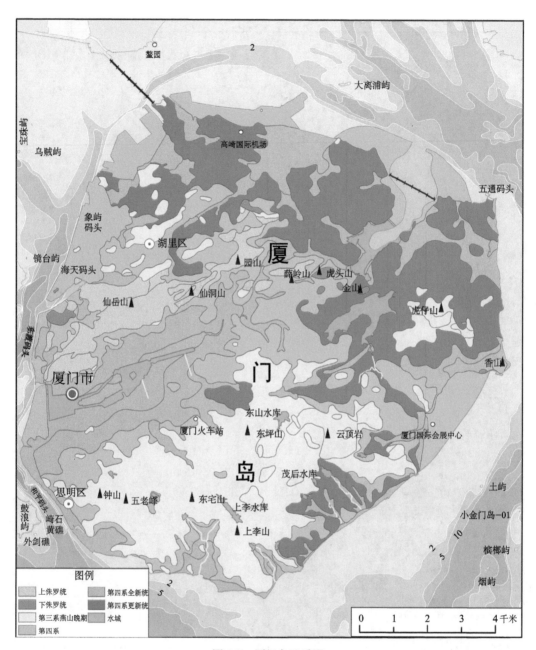

图 6-5　厦门岛地质图

层，厚 1.5～4.2 米。

（二）岩浆岩和变质岩

1. 火山岩

福建省火山岩较发育，从晚元古代至第三纪主要有四个活动时期，即晚元古代、石炭纪、中生代及晚第三纪。沿海海岛发育晚侏罗世和晚第三纪喷发的火山岩，岩性复杂，基性、中性、中酸性和酸性火山岩均有。岩性和岩相也多种多样，包括喷溢相各类熔岩、爆发相各类火山碎屑岩、火山径相石英斑岩和角砾熔岩、次火山岩相各类斑岩、火山－沉积碎屑岩相层凝灰岩，以及凝灰质砂砾岩和凝灰质砂页岩等。

2. 侵入岩

强烈的构造运动导致频繁岩浆活动，形成布满全区的侵入岩。岩性大部分为酸性、中酸性花岗岩类，少数为基性辉长－辉绿岩类，前者多形成岩基和岩株，后者形成岩瘤和岩墙。侵入岩的分布与构造关系密切，主要受华夏系及新华夏构造体系控制，呈北东及北北东方向展布。

3. 变质岩

区内发育中生代的动力变质带，呈北东方向展布，长达几千米至几十千米，宽几百米至几千米不等。大多表现为挤压、片理化带。其变质程度由西北向东南逐渐加深。由于晚期岩浆活动十分强烈，第四系大面积覆盖，出露不全且不连续。依据混合变质程度将东山岛一带变质岩划分为三个动力混合变质岩区和五个混合变质岩带，即混合花岗岩带、混合花岗闪长岩带、条痕状混合岩带、条带状混合岩带和混合变粒岩带，属于侏罗系－上三叠统动力变质岩（T_3-J）。

东山一带变质岩普遍具有片状、条痕状或片麻状等变质构造，方向基本一致，主要呈北东 $40°\sim60°$ 方向条带状展布，如龙屿、虎屿、狮屿、象屿、虎头屿等。即使在混合程度非常高的混合花岗岩中，也同样具有明显的北东 $40°\sim60°$ 方向的片麻状构造；有些脉体呈 M 型或 X 型，说明定向压力在混合变质作用的过程中起重要作用。

（三）区域地质构造

福建沿海位于闽东火山断拗带的福鼎－云霄断陷带及闽东南沿海变质岩带内。构造变动以断裂、破碎等碎性变形为主，褶皱比较少。区内自晚第三纪晚期以来的新构造运动十分强烈，在燕山运动和喜马拉雅运动的基础上继续发展，以继承性的断裂活动和区域性的断块差异活动为基本特征，以间歇性的缓慢上升为总的趋势。

区域构造主要有北东、北北东向构造、北西向构造、东西向及南北向构造，它们控制岛屿的展布及岛屿岸线展布与形态等。北东、北北东向构造，为区域内最发育的构造，主要受长乐－南澳深断裂和与之在长乐以南斜接的白琳－笏石北北东向断裂带的控制；北西向构造发育程度仅次于北东、北北东向构造，在海岛区域常斜切北东、北北东向构造，并显示压扭或张扭性兼备的活动特征；东西向构造在调查区内微弱，而且连续性差，仅个别地段断续出现。南北向构造形迹更少，仅在个别地段与东西向构造相随出现。

（四）矿产和旅游地质资源

海岛矿产资源主要有非金属矿、温泉、饮用天然矿泉水。历史上矿产开采主要是石材、砂矿（石英砂和建筑砂）、黏土。目前主要开采石英砂、温泉、矿泉水等。石英砂矿开采地主要在东山岛、海坛岛等，储量丰富，海坛岛还是全国著名的标准砂矿区。花岗岩石材分布于全省多数海岛，海坛岛已探明饰面花岗岩石料大型矿床和中型矿床各一个，均为优质石料矿床。琅岐岛和东山岛发育有高岭土矿，大练岛有三个叶蜡石矿体和一处明矾石小型矿床，东山岛冬古有矽线石矿点。温泉开采地主要在厦门岛，出露于钟宅湾海积层中，见泉眼三处，大致沿北东 $60°\sim70°$ 方向分布；三处温泉水温分别为 $54℃$、$55℃$、$56℃$，水质无色透明，具臭味和咸味，有气体逸出，为中温热水，属溴型水，可选择对口使用。厦门岛饮用天然矿泉水资源丰富，厦门岩体内构造裂隙发育，具有地下水深部循环条件，对形成饮用天然矿泉水有利，已发现有五老峰、大厝山（取名龙舌山）、黄厝（取名百胜）、半兰山、金鸡亭等处矿泉水，它们多以低钠、低矿化度，富含偏硅酸以及锂、锌、钼等十几种微量元素为特征，口感纯正，可供开发利用。海岛独特的地质地貌特征形成优良的旅游资源，如林进屿火山地貌景观、火烧屿地质景观、东山岛海蚀地貌景观等。

（五）工程地质

1. 碎石土岩组

岩性为第四系冲洪积或海积砂砾卵石、泥质砂砾卵石、碎石。土体松散，密实。工程地质性能好，承载力为 $160\sim550$ 千帕，可作为工民建的桩基持力层。

2. 砂土岩组

分布广泛，主要由第四系上更新统、全新统风积、海积及部分冲洪积砂土组成。属中偏低压缩性土，抗剪强度较高，工程地质性能较好，容许承载力为 $110\sim270$ 千帕，其中风积砂容许承载力为 $110\sim180$ 千帕。

3. 黏性土岩组

分布于西洋岛、云淡门岛、琅岐岛、海坛岛、南日岛、浒茂洲、东山岛等。由第四系全新统冲积、冲海积、冲洪积及上更新统冲海积、冲洪积层组成。属中压缩性土，抗剪强度一般，工程地质性能一般，容许承载力为 $90\sim310$ 千帕。

4. 软土岩组

分布于三都岛、云淡门岛、粗芦岛、琅岐岛、江阴岛、屿头岛、海坛岛、南日岛、浒茂洲、东山岛等。由第四系全新统及上更新统海积层组成。压缩性稍高，抗剪性亦较低，工程地质性能差。全新统海相淤泥容许承载力为 $30\sim70$ 千帕，上更新统淤泥质黏土容许承载力为 $65\sim85$ 千帕。

5. 残积土岩组

分布广泛，由第四系更新统残积层组成。属中压缩性土，抗剪强度较高，工程地质性能较好，容许承载力为 $200\sim350$ 千帕，部分可达 450 千帕（福建省海岸带和海涂资源综合调查领导小组办公室，1990）。

二、海岛地貌与第四纪地质

（一）海岛地貌特征

福建海岛绝大多数为大陆岛。海岛地貌以丘陵、台地为主，部分海岛有海积平原及小面积洪积台地、冲洪积平原、冲海积平原和风成沙地等，浒茂洲、乌礁洲和玉枕洲等泥沙岛全部由冲海积平原组成。

受地质构造的控制，闽江口以北多单个的基岩岛，多数只有高丘陵、低丘陵和残丘陵地貌类型。闽江口以南，海岛被沙洲相连较常见，面积较大，由高丘陵、低丘陵、红土台地，以及大小不一的海积平原、风成沙地等地貌类型组成。

（二）海岛地貌类型

福建海岛地貌分为侵蚀剥蚀低山、侵蚀剥蚀高丘陵、侵蚀剥蚀低丘陵、侵蚀剥蚀台地、洪积台地、冲洪积台地、冲海积平原、海积平原和风成沙地等9种地貌类型，其中前4种属于侵蚀剥蚀地貌，后5种属于堆积地貌。

1. 侵蚀剥蚀低山

仅大嵛山岛有海拔超过500米的侵蚀剥蚀低山，主峰红纪洞山，海拔541.4米，位于岛东北侧；次主峰天鹅尾，海拔535.4米，位于岛西南侧。

2. 侵蚀剥蚀高丘陵

全省共有9个海岛地貌类型含侵蚀剥蚀高丘陵，其中3个海岛的高丘陵海拔在400米以上，有6个海岛高丘陵最高海拔在275米以下。主要高丘陵有大嵛山岛的天峣岗，最高海拔455米；三都岛的黄湾山顶，最高海拔461米；海坛岛的君山，最高海拔439米。西洋岛的烟台顶山最高海拔221米；摩天岭最高海拔213米；琅岐岛的白云山最高海拔275米、九龙山最高海拔253米；粗芦岛的九龙山最高海拔233米；大练岛的围营山最高海拔239米、大帽山最高海拔232米；草屿的洋雷顶最高海拔212米；东山岛的苏峰山最高海拔274米、大帽山最高海拔252米。

3. 侵蚀剥蚀低丘陵

海拔在50~200米。山顶多数较浑圆，山坡较平缓，坡度在10°~20°，少数可达30°以上。有13个乡级及以上海岛含侵蚀剥蚀低丘陵地貌，其中大嵛山岛、西洋岛、三都岛和草屿4个海岛的低丘陵，属于低山和高丘陵延续的一部分；琅岐岛、粗芦岛、大练岛、海坛岛和东山岛等5个海岛的低丘，属于高丘的延续部分；屿头岛、东庠岛、南日岛、湄洲岛等4个海岛的低丘，属于单个零星分布或断续成片分布。

4. 侵蚀剥蚀台地

海拔在10~50米，面积大小不一，或孤立分布或成片分布。闽江口以北海岛的台地及闽江口以南部分海岛的台地（如大练岛、东庠岛），是侵蚀丘陵的延续部分。闽江口以南部分海岛的台地常有花岗岩残丘和花岗岩块石分布，有的基岩上还保存海蚀穴、海蚀柱等古海蚀地貌痕迹。闽江口以南海岛的红土台地成片分布，海拔多在10~30米。

5. 洪积台地

多呈扇形状分布在海岛丘陵的沟口位置，海拔在5~25米，多由含砾亚砂土或含黏土的砂砾卵石组成，在三都岛、西洋岛、粗芦岛、海坛岛和东山岛等海岛上发育。

6. 冲洪积台地

分布于海岛的河谷两岸，由河流的一、二级阶地组成，高3.5~20米，从沟口至沟源高度逐渐升高，由冲洪积的亚黏土、亚砂土和砂砾石组成。主要分布在琅岐岛、海坛岛、厦门岛、东山岛等海岛。

7. 冲海积平原

海拔 2～5 米，位于大河流下游附近河口段的海岛，如九龙江口的浒茂洲、乌礁洲、大涂洲，闽江口的乌猪洲等。

8. 海积平原

海拔多在 1～5 米，地势平坦，主要分布在琅岐岛、粗芦岛、三都岛、海坛岛、南日岛、湄洲岛、厦门岛、东山岛等海岛。晚更新世以来多次的海侵海退，沉积了厚度不等的海陆交互相地层，随全新世末海面相对下降形成。

9. 风成沙地

分布在海岛沙质海岸的迎风岸段，可分为现代风成沙地和早期风成沙地。现代风成沙地海拔多在 5～20 米，少数沙丘顺山坡上爬可达 40 米。主要分布在闽江口的琅岐岛、粗芦岛、闽江口以南的海坛岛、南日岛、湄洲岛、厦门岛、东山岛等。早期风成沙地由砖红色、棕红色半固结中细砂组成，分布在闽江口以南海岛的迎风岸段，如海坛岛的青峰、流水、钱便澳，东山岛的东沈、澳角等地。

（三）海岛第四纪地质

海岛第四纪地层与相邻的大陆岸段类似。

闽江口以北海域，海岛与沿岸大陆于第三纪至早更新世处于抬升状态，中、晚更新世至全新世中期相对下降，全新世晚期又相对抬升。由于相对抬升抵偿不了前期下降，大陆海岸以基岩海岸为主，海岛也以基岩岛为主。第四纪地层多数不发育，大多分布于湾内的海岛，如三沙湾内的三都岛，发育上更新统冲洪积层，而湾外的西洋岛仅有局部上更新统冲洪积层出露。

闽江口至九龙江口之间海域，海岛与大陆沿岸一样，长期以来处于缓慢的间歇性抬升中，第四纪地层比较发育，且多出露地表，但厚度不大。中更新统发育冲洪积层和红土台地残积层，上更新统发育冲洪积层、海陆过渡层、湖沼层和风积老红砂，全新统发育冲洪积层、冲海积层、海积层和风积砂层。海岛多以沙洲相连，少数为单独的基岩小岛。

九龙江口以南海域，海岛与大陆沿岸以缓慢上升为主，第四纪地层比较发育。海岛在更新统发育有红土台地残积层，上更新统发育冲洪积层、湖沼层、风成老红砂，全新统发育冲洪积层、风积砂层等。基岩海岛多由连岛沙洲相连。

九龙江口由于下降构造特征，浒茂洲、乌礁洲、玉枕洲、大涂洲等形成河口沙洲堆积型海岛，第四纪厚度达 80 米。发育有上更新统的冲洪积层、冲海积层，以及全新统的冲海积层和海积层。

三、海岛潮间带沉积类型

宁德市海岛潮间带表层沉积物共有 10 种类型，分别为砾石、砂砾、砾砂、含砾粉砂、砂、粉砂质砂、含黏土砂、砂质粉砂、粉砂和黏土质粉砂。

　　福州市海岛潮间带表层沉积物共有 10 种类型，分别为砾石、砂砾、砾砂、含砾粉砂质砂、含砾砂质粉砂、砂、粉砂质砂、砂质粉砂、粉砂和黏土质粉砂。

　　莆田市海岛潮间带表层沉积物共有 8 种类型，分别为粗砂、中粗砂、中砂、中细砂、细砂、砂、砂质粉砂和粉砂。

　　泉州市海岛潮间带表层沉积物共有 3 种类型，分别为中粗砂、中细砂、砂。

　　厦门市海岛潮间带表层沉积物共有 6 种类型，分别为砂砾、砾砂、砂、粉砂质砂、砂质粉砂和黏土质粉砂。

　　漳州市海岛潮间带表层沉积物共有 10 种类型，分别为粗砂、中粗砂、中砂、中细砂、细砂、砂、粉砂质砂、黏土质砂、粉砂、黏土质粉砂。

四、海岛岸滩地貌与冲淤动态

（一）潮间带类型、面积及分布

　　福建省海岛潮间带分为岩滩、砾石滩、砂质海滩、粉砂淤泥质滩、生物滩 5 种类型。全省海岛潮间带总面积约为 474.7 千米²，以福州市最大，为 191.5 千米²，占全省海岛潮间带总面积的 40.3％；厦门市最小，为 41.5 千米²，占总面积的 8.8％。海岛潮间带中以岩滩、砂质海滩、粉砂淤泥质滩为主（图 6-6），其中以砂质海滩面积最大，为 215.2 千米²，占总面积的 45.3％；砾石滩面积最小，为 0.9 千米²，占总面积的 0.2％（表 6-4）。

表 6-4　福建省海岛潮间带类型及面积统计表　　　　（单位：千米²）

潮间带		宁德市	福州市	莆田市	泉州市	厦门市	漳州市	全省合计
岩滩		11.7	32.0	15.3	11.7	2.0	11.4	84.1
砾石滩		<0.1	<0.1	0.2	—	0.7	<0.1	0.9
砂质海滩		2.6	102.5	20.5	40.6	27.8	21.2	215.2
粉砂淤泥质滩		29.6	52.9	11.5	0.3	11.0	50.5	155.8
生物滩	树木滩	0.2	<0.1	<0.1	—	<0.1	1.8	2.0
	丛草滩	6.7	1.7	—	0.1	—	5.8	14.3
	芦苇滩	—	2.4	—	—	—	—	2.4
合计		50.8	191.5	47.5	52.7	41.5	90.7	474.7

（二）岸滩地形与地貌

　　福建海岛岸滩受内外营力的制约，不同区位和不同方位形成形态各异的地貌类型。海岛周边常发育砂质海滩地貌，主要发育在开阔海湾，部分海岛周围发育连岛沙坝；砂质海滩高潮带的坡度一般为 2°～6°，东山岛南部可达到 11°，中潮带一般为 2°～4°，低潮带一般小于 2°，形成下凹型剖面。在海岛背风侧或波浪难以抵达的近岸海岛，其潮间带发育有大面积的潮滩，主要以淤泥滩、粉砂淤泥滩为主，坡度平缓，坡度小于 1°。海岛岩滩较为发育，常伴有海蚀平台、海蚀柱、海蚀崖、海蚀洞等海蚀地貌。在面朝强风

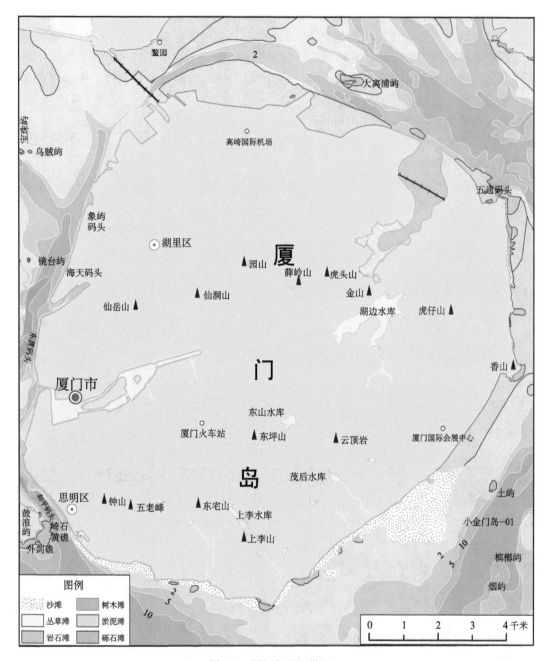

图 6-6　厦门岛潮间带类型

浪的小海湾还发育有小面积的砾石滩，坡度一般在 3°～4°。闽江口、九龙江口发育有河口三角洲，海岛潮间带地貌以砂质海滩和粉砂淤泥质滩为主。红树林滩主要见于浒茂洲东侧、海门岛西岸等。

　　海岛周边海域海底地貌类型主要有海底平原、水下岸坡、潮流脊系、潮流三角洲及河口水下三角洲等。西洋岛、海坛岛、南日岛和东山岛周边海域发育海底平原。大嵛山岛、西洋岛周边海域发育水下岸坡，地形平缓，从岛缘向外延伸；海坛岛及其以南的海岛水下岸坡多分布在朝海一面的东部和南部。潮流脊系分布在岛与岛（如大嵛山岛、西洋岛）、岛与陆（如海坛岛、南日岛、湄洲岛），以及港湾内（如三都岛、东山岛的西海域）海岛的周边海域。潮流三角洲见于西洋岛及海坛岛海域，由落潮流通过狭窄的水道口门后，流速骤减泥沙沉降堆积而成。琅岐岛周边发育闽江口水下三角洲、浒茂洲周边发育九龙江口水下三角洲。

（三）海岛岸滩动态变化与评价

因海岛岸滩所处地理位置、环境条件与动力条件的差异，其发育阶段和动态也随之而异，福建省海岛岸滩一般可分为侵蚀型岸滩、淤涨型岸滩和微侵蚀及稳定型岸滩三种。

1. 侵蚀型岸滩

侵蚀型岸滩主要分布在海岛朝海开敞的岸滩，按岸滩类型有三种不同性质的侵蚀型岸滩。

开敞海域的基岩岸滩。特别是面迎强风浪的岬角岸段，长期处于强浪作用下，海蚀崖、海蚀平台、海蚀柱、海蚀洞穴等海蚀地貌发育。花岗岩和火山岩岸滩抗蚀能力强，短期无明显蚀退，但其侵蚀作用依然存在。岩石风化较深或节理裂隙较发育的岸段，抗蚀能力弱，其蚀退现象显著，如海坛岛东北的流水至西楼 4 千米长的岸段，岩性较松软，在风浪冲击下岩体常呈块体崩塌，蚀退率达 1～2 米/年。

开敞海域的沙质岸滩。面朝强风向，海浪作用明显，造成砂质岸滩的蚀退或下蚀，特别是遇到台风形成的风暴潮，侵蚀作用更为显著。例如，湄洲岛东部下李一带 2 千米长的砂质岸滩，沙堤后退并造成下部风化层出露，据调访，近 30 年来该段沙堤后退距离超过 30 米，蚀退率达 1 米/年（高智勇等，2004）。南日岛的万湖山岸段，受 1990 年 21 号台风影响，出现岸蚀和人工护岸的决堤。东山岛东北部湾澳近 30 年来 0 米等深线后退约 40 米，岸滩面积大幅减小。

港湾中的侵蚀海岸，在港湾迎风面的部分岸滩也存在蚀退现象，如三都岛东北部潮滩，从 1966 年到 1999 年的 33 年间蚀退 50～160 米，最大蚀退约 200 米。

2. 淤涨型岸滩

淤涨型岸滩多分布在海岛背风面较隐蔽的潮滩。例如，海坛岛的幸福洋北部潮滩、湄洲岛的汕尾潮滩、东山岛西侧的诏安湾沿岸等，多为深入岛陆的隐蔽或半封闭湾澳，风浪作用小，水动力条件弱，由潮流及沿岸小溪携带的泥沙堆积而成的潮滩，呈逐年淤积的趋势。东山湾湾顶的八尺门西港道，1960～1983 年滩面淤高速率为 10 厘米/年。湄洲岛西侧受岛体的遮挡，滩涂面积不断增大，最大淤涨宽度约 500 米。三都岛南澳潮滩，20 多年来淤涨推进 50～500 厘米，岛西北端背风一侧近 30 年来 0 米等深线外推约 200 米。闽江口的琅岐岛南岸潮滩每年淤高 10 厘米，西岸潮滩每年淤高 3～5 厘米。近 40 年来，琅岐岛的 0 米等深线向海一侧外推，岛边的几块滩涂逐渐连接在一起，形成较大面积的滩涂地（王海鹏等，2000）。

3. 微侵蚀及稳定型岸滩

海岛常风与强风向相背一侧的岸滩，风浪弱，泥沙源少，岸滩较稳定，此基岩岸或岩滩，虽略有侵蚀，但浪蚀作用弱，相对较为稳定，属微侵蚀岸滩，如南日岛背风一侧20年来0米等深线位置基本没变。

人工海岸保护并阻止了海岸蚀退，属稳定型海岸，如重力式码头、防波堤、围垦区护堤等。

第三节　海　岛　气　候

一、气候概况

福建省地处亚热带海洋季风气候区，光、热、水和风能等气候资源丰富，气候温和，雨水充沛，立体气候明显，海陆差异显著。年平均气温 17～21℃，夏季炎热，冬有严寒，20 世纪 90 年代以来冬季明显偏暖，冰雪和寒害天气减少。年平均降水量 1091～2034 毫米，时空分布不均，春季雨水集中，秋冬少雨，夏季旱涝分化；3～9 月降水量占全年总雨量的 81.4% 以上，常有洪涝灾害发生，10 月至翌年 3 月仅占 18.6%，是秋冬旱频繁出现的季节。东南沿岸地区、大陆突出部及一些岛屿为全省少雨地区，是干旱频发区。

1991～2005 年福建气候变化呈现年气温偏高、暖冬明显、雨季降水"旱涝分化"、极端天气事件出现频繁等特点。

二、气候要素特征

(一) 气温

1. 平均气温的年变化

气温的年变化明显，最热月为 7 月或 8 月，平均气温为 26.3～28.0℃；最冷月为 2 月，平均气温为 8.4～13.1℃；平均气温年变化曲线呈单峰单谷型。春季为升温季节，以 4 月至 5 月升温最快，月际升温 4.5℃左右；秋季为降温季节，以 11 月至 12 月降温最快，月际降温 5.0℃左右。

气温由北部、中部到南部逐步升高；冬季南部、北部海岛平均气温差较大，达 4℃左右，夏季温差较小，仅 1～2℃。海湾内海岛气温受陆域影响略高于湾外海岛，如厦门岛夏季平均气温略高于东山岛。

2. 最高气温

北部的北礵岛年平均最高气温为 20.3℃，中部的海坛岛为 22.2℃，最南部的东山岛为 23.8℃；厦门岛因位于湾内，年平均最高气温略高于位置更南的东山岛。年极端最高气温南北部海岛差别不大，6 月至 9 月月最高气温均高于 30℃，主要受局部气候变化影响。

3. 最低气温

年平均最低气温由北到南逐渐升高，北部的北礵岛为 16.4℃，中部的海坛岛为 17.5℃，南部的东山为 18.8℃。年极端最低气温南北部海岛差异较为明显，北部海岛冬季极端最低气温在 0℃以下，中部海岛高于 0℃，南部海岛在 2~4℃。

(二) 降水

1. 降水量

福建海岛区域是全省降水量最少的地区，年平均降水量在 1160.7~1315.4 毫米，南北部差别不大。受东亚季风的影响，四季降水分布极不均匀，呈双峰型。北部海岛全年降水量的 50% 集中在 3 月至 6 月的春雨和梅雨季节，在 6 月达到第一个高峰；20% 集中在 8 月和 9 月的台风季节，在 9 月出现第二个高峰；降水量以 12 月为最少，约占全年的 3%。中、南部海岛的年变化趋势与北部基本相同，略有不同的是第二个降水高峰值出现在 8 月。

2. 降水日数

日降水量大于等于 0.1 毫米为降水日。年平均降水日数为 99~124.9 天，南部和北部海岛略少，中部海岛较多。历年最长连续降水日数在 15~23 天，南北部相差不多，总雨量在 139.4~427.8 毫米。最长连续无降水日数南部明显长于北部与中部。

(三) 风

1. 风向

福建海岛地处东亚季风区的前沿，季风的季节变化及台湾海峡的"狭管效应"，是海岛地区风况形成和变化的主要控制因素。

福建湾外海岛与湾内岛屿风向变化有所不同。湾外海岛年主导风向为 NNE-NE，全年以东北偏北向最多，频率为 35%~50%，风向明显受季风和台湾海峡走向的制约。湾外的海岛除夏季为西南季风外，秋、冬、春季主导风向为东北季风所控制，冬季风比夏季风盛行的时间要长得多。

湾内海岛风向季节变化明显，但主导风向占比相对均衡，9 月至翌年 5 月盛行东北偏东风，频率为 10%~20%；6 月至 8 月盛行西南偏南风，频率为 10%~15%。厦门岛等地的风向除受到季风作用，还受九龙江谷地及海湾走向的影响，偏东风占 23%。

2. 风速

湾外海岛风速大，年平均风速一般大于 6 米/秒，主要是受台湾海峡"狭管效应"影响，风速在全国海岛区中名列前茅。极端最大风速为北礵岛 40.0 米/秒，风向为东南偏南向，出现在 1982 年 7 月 30 日。

海岛风速的年变化与风速变化特征相似，湾外海岛风速的年变化明显，平均风速秋冬季大，北部北礵岛 10 月至翌年 2 月约为 9 米/秒，南部东山岛也大于 7 米/秒。湾内的厦门岛，四季平均风速较小且均衡，各月平均风速都小于 4 米/秒。

三、灾害性天气

福建省是气象灾害多发省份，一年四季均可能出现灾害性气象。春季常有雷电、冰雹、暴雨、倒春寒和大风袭击；夏季有热带气旋、暴雨、高温和干旱；秋季有寒露风和秋旱；冬季有寒潮和沿海大风。干旱每年都会发生，主要出现于闽东南沿海地区，春旱 2.5～3.3 年一遇，夏旱 1～2 年一遇，秋冬旱 2～3 年一遇。

（一）台风

福建地处我国东南沿海，台风活动频繁。1961～2008 年的 48 年中，影响和登陆福建的台风共有 232 个，年平均 5 个。受台风影响最多的是 1974 年，共受 12 个台风影响；没有受台风影响的年份有 4 年，分别为 1962 年、1963 年、1976 年和 1977 年。影响福建海岛的台风最早出现在 4 月 11 日，最晚出现在 11 月 17 日。74% 的台风出现在 7 月至 9 月。

影响福建海岛区域的台风路径主要有四条：一是从菲律宾以东穿过吕宋岛北部进入南海，而后在广东西部到海南岛之间登陆；二是沿菲律宾东部北上，登陆台湾后再登陆福建；三是从南海东部北上登陆广东东部转向福建影响本区；四是从台湾省东部海上北上转向影响本区。其中前两者居多。

（二）大风

福建海岛区域风速大于等于 8 级（17.2 米/秒）的大风出现几率较大。海岛区平均大风日数最多的为位于南北部较开阔海域的海岛，年大风日数超过 100 天，如北礵岛、东山岛等；湾内海岛大风日数相对较少（表 6-5）。

表 6-5　福建主要海岛各月大风日数 （单位：天）

海岛	月　份												年平均
	1	2	3	4	5	6	7	8	9	10	11	12	
北礵岛	11.6	10.2	8.5	5.5	5.9	9.5	8.8	6.5	8.3	11.8	13.1	11.3	110.7
海坛岛	9.1	8.1	6.4	5.1	3.2	4.4	4.0	3.9	6.4	11.8	12.6	10.1	84.9
厦门岛	1.3	1.7	2.5	2.3	1.6	1.8	3.1	3.0	2.8	3.6	3.1	2.0	28.7
东山岛	14.3	14.5	13.6	8.6	6.2	3.6	2.5	3.3	6.7	14.1	15.4	14.8	117.5

四、气候资源评价

（一）风资源

风是海岛最典型的气候资源，福建海岛具有风力强、季节和昼夜变化明显的特点，福建沿海是全国风能资源最丰富的地区之一。外海离岸岛屿风力强劲，累计历年各月平均风力在4~5级，随着岛屿离岸距离的趋近，风力逐渐减小，风向更加多变。

以风速达到3~20米/秒为有效风速，计算港湾外的岛屿全年有效风速时间累计可达7000~8000小时，有效率80%~90%，平均每天可发电19~22小时。港湾内的岛屿全年有效风速时间累计为3000~7000小时，平均每天可发电8~19小时，有效率30%~80%。

沿海岸或岛屿的有效风速最多出现在秋冬季，在风能最丰富的地方每天可发电20小时以上。

有效风能密度与风速关系大，港湾外的岛屿风能密度最大，如台山列岛、大嵛山、四礵列岛、浮鹰岛等岛屿的风能密度在200瓦/米²以上，台山列岛为562瓦/米²。而湾澳内岛屿的风能密度可减弱到100瓦/米²以下。风能密度年最大值发生在秋冬季，春夏季为弱风季节，风能密度较小，5~7月出现最小值（表6-6，表6-7）。

表6-6 福建主要海岛月份有效风能密度 （单位：瓦/米²）

月份 海岛	1	2	3	4	5	6	7	8	9	10	11	12
北礵岛	469	483	359	276	266	297	363	309	432	588	668	535
海坛岛	147	147	125	105	100	123	123	124	188	197	196	149
厦门岛	87	98	96	91	76	75	91	76	108	97	96	88
东山岛	489	523	363	363	287	145	155	142	238	463	439	337

表6-7 福建主要海岛年有效风能 （单位：千瓦时/米²）

海岛	北礵	海坛	厦门	东山
风能量	3571	988	441	2252

福建海岛如北礵岛、海坛岛和东山岛，全年风能可达1000~3500千瓦时/米²，在强风季节每天可发电20小时以上，在弱风季节每天亦可发电15~20小时，适于大型风力发电机。海岛风能的利用在福建省得到十分重视，在海坛岛和东山岛已建大型风电场。

（二）热量资源

福建省海岛受自然环境、岛屿生物量和生产力限制，热量资源价值多不显著。但在一些如海坛岛和厦门岛等较大型海岛，热量资源对岛上植被覆盖、种群分布有较大影响。一些行政村、乡镇所在地的小岛屿，无霜期和作物积温对岛上的农作物种植有较大影响。

（三）水资源

福建海岛总体水资源不足，较大岛屿因拥有较为丰富的植被和地表形态，对雨水具有一定的蓄水能力，如大嵛山岛、三都岛。一些海岛拥有地下水资源，可通过开挖水井而获得，但因盐度高、味道咸涩，不适宜作为长期的饮用水。

降水是海岛的主要水来源，影响海岛水资源的其他因素还包括蒸发能力和地表蓄水能力。降水随着海岛离岸距离增大而呈减少趋势，降水丰富区主要集中在海岸带地形抬升处，处于港湾、河口的一些近岸岛屿具有相对较大的降水量。

第四节 海 岛 湿 地

一、海岛湿地总体分布

本次海岛湿地统计范围为海岛周围 0 米等深线以浅海域。全省海岛湿地总面积607.7 千米^2，其中自然湿地面积 436.2 千米^2，人工湿地面积 171.5 千米^2。自然湿地中砂质海岸面积最大，计 201.3 千米^2，红树林沼泽面积最小，仅 2.1 千米^2；人工湿地中养殖池塘面积最大，计 94.1 千米^2，水库面积最小，仅 4.5 千米^2（表 6-8）。

表 6-8　福建省海岛湿地类型和面积汇总表

Ⅰ级	Ⅱ级	Ⅲ级	面积/千米^2
滨海湿地	自然湿地	岩石性海岸	83.8
		砂质海岸	201.3
		粉砂淤泥质海岸	115.2
		滨岸沼泽	19.2
		海岸潟湖	—
		河口水域	—
		三角洲湿地	—
		红树林沼泽	2.1
		湖泊	5.2
		河流	9.4
		小计	436.2
	人工湿地	水库	4.5
		盐田	28.0
		养殖池塘	94.1
		水田	44.8
		小计	171.5
合计			607.7

福州市海岛湿地面积最大，为 239.6 千米^2，莆田市海岛湿地分布面积最小，仅48.7 千米^2，其他自大而小依次为漳州市、泉州市、宁德市和厦门市（表 6-9）。

表 6-9　福建省海岛湿地类型分布汇总表　　　　　（单位：千米^2）

湿地类型	福建省	宁德市	福州市	莆田市	泉州市	厦门市	漳州市
岩石性海岸	83.8	11.6	31.9	15.3	11.7	2	11.3
砂质海岸	201.3	2.6	98.9	16.8	40.6	28.1	14.4
粉砂淤泥质海岸	115.2	28.4	41.5	11.5	0.3	10.7	22.8
滨岸沼泽	19.2	4.1	6.9	0.2	0.2	0.2	7.5
红树林沼泽	2.1	0.2	<0.1	0.1	—	<0.1	1.8

湿地类型	福建省	宁德市	福州市	莆田市	泉州市	厦门市	漳州市
河流	9.4	0.1	5.2	0.3	0.5	0.5	2.7
湖泊	5.2	0.3	2.4	<0.1	1	1.5	—
养殖池塘	94.1	6.5	23.7	4.4	5.4	4.8	49.3
水田	44.8	3.3	23.2	<0.1	0.5	1.8	16.1
水库	4.5	0.1	1.3	<0.1	—	1.5	1.6
盐田	28	—	4.6	—	—	3.4	20
合计	607.6	57.2	239.6	48.6	60.2	54.5	147.5

二、海岛主要湿地类型与分布

（一）自然湿地

1. 岩石性海岸

海岛岩石性海岸以裸滩地为主，基本没有植被或仅有少量藻类附着。岩石性海岸在全省海岛基本都有分布，总面积约 83.8 千米^2，其中福州市海岛分布面积最大，达 31.9 千米^2，厦门市海岛分布面积最小，仅 2.0 千米^2。

2. 砂质海岸

福建全省海岛砂质海岸面积合计 201.3 千米^2，沿海各地市均有分布，是福建省海岛湿地中面积最大的类型。福州市最多，达 98.9 千米^2，主要分布在海坛岛、琅岐岛、粗芦岛和川石岛岸周围；泉州市第二，为 40.6 千米^2，主要分布在大坠岛西侧和金门岛四周沿岸；厦门市第三；漳州市第四，主要分布于东山岛东侧海滩；宁德市最小，仅为 2.6 千米^2。

3. 粉砂淤泥质海岸

福建全省海岛粉砂淤泥质海岸面积 115.2 千米^2，是福建海岛湿地中第二大面积的湿地类型。福州市面积最大，约 41.5 千米^2，主要分布于海坛岛的西侧、西南端、坛南湾等处；宁德市第二，主要分布在东吾洋海域；漳州市第三，主要分布于东山岛向阳盐场、西埔港西侧海滨和龙海市浒茂洲、玉枕洲和海门岛附近海滩。

4. 滨岸沼泽

福建全省海岛滨岸沼泽面积约 19.2 千米^2，主要分布在三沙湾、闽江口、九龙江口的部分海岛以及海坛岛群周围。其中，漳州市面积最大，其后依次是福州市、莆田市、泉州市和厦门市。

福建省海岛的滨岸沼泽植物以盐生植物和沙生植物分布为主，如芦苇、芒、短叶茳芏、藨草、卡开芦、互花米草、厚藤、铺地黍等，一些草本植物混生在红树林沼泽里。海岛滨岸沼泽植被中分布最广的是米草，为外来物种，因米草抗逆性强、蔓延速度快，致使航道被淤、滩涂被占，原有滩涂生态遭到严重破坏，影响了沿海航运、滩涂养殖、滩涂生态及海洋旅游。

5. 红树林沼泽

福建全省海岛红树林沼泽面积约 2.1 千米^2，主要分布在漳州市龙海的浒茂洲东南部和海门岛西部，其面积约 1.8 千米^2，占全省海岛红树林沼泽面积的 87%，其余红树林沼泽主要分布在宁德市云淡门岛和长屿、福州市粗芦岛、莆田市湄洲岛、厦门市鳄鱼屿等。泉州市海岛没有发现红树林分布。全省海岛红树林沼泽的树种主要是秋茄和白骨壤。红树林区内拥有丰富的鸟类食物资源，是候鸟的越冬场、迁徙中转站、觅食栖息及生产繁殖的场所。红树林群落中的植物种类虽然不多，但动物繁多。

宁德福鼎市红树林是中国天然红树林分布的最北端，红树林湿地群落结构较简单，仅秋茄 1 层组成纯林。为低矮小乔木状，较为整齐，群落总盖度 20%～40%，建群种秋茄，树高 0.7～1 米，丛生型，每丛 2～5 分枝，冠幅 0.5～0.7 米，每 100 米^2 有 15～20 丛。边缘伴生有少量米草和铺地黍混生。主要分布在蕉城区的云淡门岛高速公路西侧和福鼎市的姚家屿。

福州市海岛的红树林沼泽很少，只有在连江县粗芦岛西南海岸有少量分布，分布较散，且以秋茄为主，伴有大量的芦苇、芒草等草本植物。

莆田市海岛红树林沼泽主要分布在秀屿区湄洲岛港楼和西亭村两处，树种较单一，全部为秋茄，都是人工种植。在湄洲岛港楼海堤西岸的人工种植秋茄林高 0.8～1.0 米，最高的近 1.2 米，靠海堤的秋茄仅 40～50 厘米高，群落总盖度 40%～60%，树皮平滑，红褐色，枝粗壮有膨大的节。该红树林群落基本没有其他伴生树种和草种，生态系统较脆弱，易受到外界的干扰因素破坏。

厦门市海岛红树林沼泽主要分布于翔安的鳄鱼屿，主要品种为秋茄。40 多年来，由于围海造田等，厦门市海岛 90% 以上的红树林已经消失，只有鳄鱼屿上还存留着一小片零散的红树林湿地。

漳州市海岛红树林沼泽内较多的是以秋茄和白骨壤为主，红树林集中分布在龙海的浒茂洲的东南部和海门岛的西部，生长旺盛且比较集中，盖度达 60%～90%，建群种为秋茄，树高 2～3 米，丛生型，每丛 2～4 分枝，冠幅 1～2 米，每 100 米^2 有 30～40丛。几乎无其他伴生树种，林下有不同高度的秋茄幼苗，林缘偶有米草、铺地黍等混生。

6. 湖泊

福建全省海岛湖泊湿地主要分布于几个较大的岛上。大嶝山岛上约有 0.18 千米^2，海坛岛上有 2.3 千米^2，湄洲岛上不到 0.1 千米^2，金门岛上有 1.0 千米^2，厦门岛上有 1.5 千米^2。

大嶝山岛上有天然湖泊 3 座，分别为万猪拱槽湖、大天鹅湖和小天鹅湖。面积最大的是大天鹅湖，约 0.12 千米^2，素有"海上天湖"之称；小天鹅湖 200 多亩[①]。二湖相隔 1000 多米，各有泉眼，常年不竭，水质甜美，水清如镜。因日而耀，因风而皱，时

---

① 1 亩≈666.7 平方米。

有白鸥翔集。

海坛岛上三十六脚湖为天然淡水湖，为福建省海岛最大的天然淡水湖，位于海坛岛北厝镇东北，距城关 3 千米。三十六脚湖周长 16.5 千米，水面 2.1 千米^2，最大水深 16.3 米，湖水清澈，是平潭县城生活和工业用水的重要水源。

湄洲岛中部西亭村的果石湖，面积约 0.04 千米^2，湖泊边上有刺桐、榕树、木麻黄等乔本植被覆盖，草本层以芦竹、白茅、铺地黍为主，芦竹叶层高 1.5～3 米，白茅叶层高 0.5～1.2 米，伴生有狗牙根等。

厦门岛筼筜湖面积约为 1.53 千米^2，原本是厦门岛西侧海域的湾澳筼筜港，与厦门西海域相连。20 世纪 70 年代初，因围海造田修建了一条海堤，成为仅靠涵洞纳潮的海水湖。20 多年来，筼筜湖的湖区环境展开了多次全面治理，海域环境明显改善。碧波荡漾的湖水、湖畔青翠的草地和翩翩飞舞的白鹭共同组成了筼筜湖区新的自然美景。

7. 河流

福州市海坛岛上河流面积 3.5 千米^2，琅岐岛上河流面积 1.7 千米^2，漳州市东山岛上河流面积 1.3 千米^2 等，其他海岛的河流湿地面积较小，在 1.0 千米^2 以下（图 6-7）。

（二）人工湿地

1. 水库

岛屿的水库作用极大，水库水位高低严重影响水库周边生态环境，也直接影响岛屿上居民的生活。东山岛和厦门岛岛上水库面积最大，分别为 1.55 千米^2 和 1.54 千米^2；其次是海坛岛，水库面积约为 1.24 千米^2；其他还分布在宁德市三都岛和西洋岛、福州市琅岐岛、莆田市南日岛等。

东山岛有小 II 型以上水库 25 座，总库容 950×10^4 米^3，其中小 I 型以上水库仅红旗水库 1 座，设计总库容 300×10^4 米^3。湖边水库是厦门岛内最大的水库，位于湖里区，竣工于 1960 年；厦门岛其他主要水库还有高殿水库、埭辽水库、茂后水库、上李水库等。海坛岛上主要有山桥水库、韩厝水库等小型水库，共有 20 余座，总面积约 1.24 千米^2。琅岐岛上有小 II 型水库 2 座，面积约 0.09 千米^2，年蓄水量约 80×10^4 米^3。

2. 盐田

福建全省海岛盐田湿地面积 28.0 千米^2。东山岛盐田面积最大，达 20.0 千米^2，其次是海坛岛和大嶝岛，盐田面积分别为 4.6 千米^2 和 3.4 千米^2。

东山岛盐田年产量为 10 多万吨，是福建省三大产盐区之一。平潭县盐场位于海坛岛西部，面积约 4.6 千米^2，海滩宽广，泥沙不多，风多雨少，日照充足，蒸发旺盛，是福建省的优质盐场之一，目前因平潭综合试验区建设已经回填成陆地。大嶝岛盐田实际生产面积仅约 2.2 千米^2，海盐年生产能力 1 万～1.2 万吨。

3. 养殖池塘

福建全省海岛养殖池塘规模较大，面积 94.1 千米^2，是除砂质海岸和粉砂淤泥质海

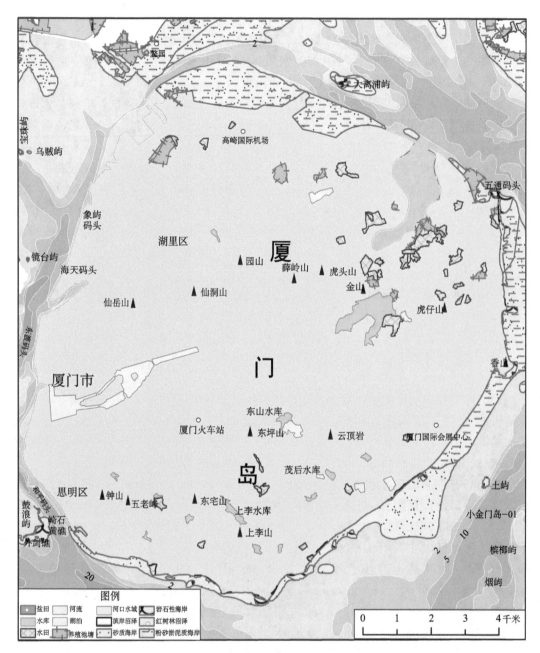

图 6-7　厦门岛湿地类型

岸外面积第三大海岛湿地类型，也是海岛人工湿地中面积最大的湿地类型。东山岛养殖
池塘分布面积最大，池塘面积 26.2 千米²，占全省养殖池塘面积的 28%。

4. 水田

福建全省海岛水田湿地面积 44.8 千米²，沿海各市海岛多有分布。主要集中在琅岐
岛，面积 19.1 千米²；粗芦岛，面积 3.0 千米²；海坛岛，面积 1.0 千米²；浒茂洲，面

积 8.3 千米^2；乌礁洲，面积 6.0 千米^2；三都岛，面积 2.3 千米^2。以上海岛水田合计约占全省海岛水田湿地面积的 88.6%。

第五节 海岛植被

一、植物种类组成

（一）植物种类

福建海岛调查共记录维管植物 1558 种（包括亚种和变种等），隶属 189 科 843 属，其中蕨类植物 28 科 46 属 81 种、裸子植物 8 科 20 属 34 种、被子植物 153 科 777 属 1443 种，植物种类较为丰富。

福建海岛维管植物平均每科 4.46 属，每属 1.85 种，科属相对较多，种数相对较少。在全部植物中，园林、蔬菜、果树、观赏等栽培种类有 517 种，占 33.2%；野生和半野生的种类有 1041 种，占 66.8%。乔木 314 种，占 20.2%，很多都是外来引种的，如湿地松、木麻黄、细枝木麻黄、粗枝木麻黄、台湾相思、凤凰木、垂叶榕、王棕、假槟榔及桉树属的种类等，本地野生的有马尾松、榕树、黄槿、朴树、黄连木、柞木、楝、潺槁树、猴耳环、粗糠柴等种类。灌木 231 种，占 14.8%，主要种类有胡颓子、车桑子、黄栀子、桃金娘、马缨丹、倒卵叶算盘子、槟榔、了哥王、铁包金、山芝麻、露兜树、龙舌兰、草海桐等。草本和藤本植物 1013 种，占 65.0%，常见的种类有芒、五节芒、铺地黍、狗牙根、白茅、茵陈蒿、藿香蓟、肿柄菊、海金沙等。

在福建海岛维管植物 189 个科中，含 10 种以上的大型科共 35 科。蕨类植物和裸子植物均为小型科，它们没有达到或超过 10 种的科；被子植物在科的隶属上呈现两个极端，大部分被子植物隶属于一些大科，种数超过 10 种的科合计 35 科 1036 种，达总数的 71.7%，其中禾本科、豆科和菊科的种类超过 100 种，大戟科种类超过 50 种。这些大型科体现了植物种类的多样性，而另一些小型科科数多，每科种类少，对区系科的丰富性作出贡献。超过 7 种的大型属共 21 属，其中榕属种类最多，达 18 种，此属有多种园林栽培种类；蕨类植物凤尾蕨属和毛蕨属种类也有 7 种。

上次海岛调查对福建 15 个乡级及以上岛屿的植物资源开展了调查，共有维管植物 173 科 701 属 1183 种及 15 变种。本次海岛调查与上次海岛调查相比，记录的维管植物增加种类数 360 种，共有 637 种没有出现在上次海岛调查的维管植物名录中。原因主要是本次调查的海岛数量和海岛面积增加，近年来园林科研等部门引进较多种类，以及外来入侵物种种类增加。此外，上次海岛调查维管植物名录中有 231 种植物未出现在本次海岛调查植物名录中，原因可能是调查的详细程度有一定差别（表 6-10，表 6-11）。

表 6-10　福建海岛维管植物 10 种以上的大型科

序号	科名	种数	序号	科名	种数
1	禾本科 Gramineae	149	19	天南星科 Araceae	18
2	豆科 Leguminosae	118	20	桃金娘科 Myrtaceae	17
3	菊科 Compositae	113	21	夹竹桃科 Apocynaceae	16
4	大戟科 Euphorbiaceae	55	22	紫金牛科 Myrsinaceae	15
5	莎草科 Cyperaceae	40	23	旋花科 Convolvulaceae	15
6	百合科 Liliaceae	37	24	葫芦科 Cucurbitaceae	15
7	蔷薇科 Rosaceae	34	25	樟科 Lauraceae	14
8	茜草科 Rubiaceae	32	26	伞形科 Umbelliferae	14
9	桑科 Moraceae	31	27	石竹科 Caryophyllaceae	13
10	唇形科 Labiatae	28	28	苋科 Amaranthaceae	12
11	锦葵科 Malvaceae	25	29	葡萄科 Vitaceae	12
12	棕榈科 Palmaceae	25	30	景天科 Crassulaceae	11
13	蓼科 Polygonaceae	23	31	山茶科 Theaceae	11
14	马鞭草科 Verbenaceae	22	32	卫矛科 Celastraceae	10
15	茄科 Solanaceae	23	33	鼠李科 Rhamnaceae	10
16	十字花科 Cruciferae	20	34	石蒜科 Amaryllidaceae	10
17	芸香科 Rutaceae	19	35	兰科 Orchidaceae	10
18	玄参科 Scrophulariaceae	18			

表 6-11　福建海岛维管植物种类较多的属

序号	属名	种数	序号	属名	种数
1	榕属 Ficus	18	12	山矾属 Symplocos	8
2	蓼属 Polygonum	15	13	木槿属 Hibiscus	8
3	蒿属 Artemisia	12	14	凤尾蕨属 Pteris	7
4	画眉草属 Eragrostis	11	15	毛蕨属 Cyclosorus	7
5	大戟属 Euphorbia	11	16	决明属 Cassia	7
6	芸薹属 Brassica	10	17	艾纳香属 Blumea	7
7	金合欢属 Acacia	10	18	狗尾草属 Setaria	7
8	茄属 Solanum	10	19	苔草属 Carex	7
9	簕竹属 Bambusa	9	20	莎草属 Cyperus	7
10	飘拂草属 Fimbristylis	9	21	薯蓣属 Dioscorea	7
11	大青属 Clerodendrum	8			

（二）珍稀种类

调查发现，有一些国家重点保护植物，主要有国家一级重点保护植物钟萼木（*Bretschneidera sinensis* Hemsl），国家二级重点保护植物油杉（*Keteleeria fortunei* (Murr.) Carr）、樟（*Cinnamornum camphora* (L.) Presl）、花榈木（*Ormosia henryi* Prain）、红豆树（*Ormosia hosiei* Hemsl. et Wils.）和珊瑚菜（*Glehnia littoralis* F. Schmidt es Miq）。

其他珍稀植物主要有福建石楠（*Photinia fokienensis* (Franch.) Franch）、红锥（*Castanopsis hystrix* J. D. Hooker et Thomson ex A. De Candolle）、白桂木（*Arto-carpus hypargyreus* Hance）、山柑（*Fortunella hindsii* (Champ. ex Benth.) Swing.）、金豆（*Fortunella chintou* (Swing.) Huang.）、花皮胶藤（*Ecdysanthera utilis* Hay. et

Kaw.）、木榄（*Bruguiera* 克 *ymnorrhiza*（L.）Lam.）、草海桐（*Scaevola sericea* Vahl）、老鼠簕（*Acanthus ilicifolius* Linn.）、绞股蓝（*Gynostemma pentaphyllum* (Thunb.) Makino）和中华结缕草（*Zoysia sinica* Hance）等。

（三）种子植物分布新纪录

调查发现了福建省种子植物地理分布新记录属 1 个，为假还阳参属（*Crepidiastrum* Nakai）；新记录种 5 个，分别是海滨木槿（*Hibiscus hamabo* Sieb. et Zucc.）、假还阳参（*Crepidiastrum lanceolatum*（HouH.）Nakai）、普陀狗哇花（*Heteropappus arenarius* Kitam.）、浙江大青（*Clerodendrum kaichianum* Hsu）和厚叶石斑木（*Rhaphiolepis umbellate*（Thunb.）Makino）。

二、植被类型

福建海岛海拔一般较低，地形地貌较简单，受人为活动影响，海岛现有植被类型多为次生林或人工林野化形成，有居民海岛基本没有原生状态的植被。根据植被的植物种类组成、外貌、结构特征，以及群落优势种的区别特征，采用群落学分类系统，福建海岛植被可划分为 15 个植被型 90 个群系，其中人工植被有 5 个植被型 15 个群系。

福建海岛的针叶林主要有马尾松林、黑松林、湿地松林，以及少量的杉木林，多数是人工营造的水土保持、防风固沙的海岛防护林，是福建海岛的主要植被类型之一。常绿针叶林外貌色彩通常单调，呈暗绿色或翠绿色，季相变化不明显，林冠整齐，层次分明；群落结构比较简单，一般可分为乔木一层、灌木一层、草本一层，伴生有层间藤本植物和附生植物；建群种为常绿针叶树种，常混生阔叶树种；常绿针叶林可分为马尾松林、黑松林、湿地松林 3 个群系。

福建海岛阔叶林可分为台湾相思林、木麻黄林、台湾相思与木麻黄混合林、桉树林、木荷林、樟木林、椰榆林、黄槿林、银合欢林、榕树林、红树林和竹林等 14 个群系。海岛上分布的常绿阔叶林主要是台湾相思林、木麻黄林和少量竹林，木麻黄林几乎分布于各个岛屿。

灌丛是福建海岛植被的主要植被类型之一。多为常绿灌丛，主要有桃金娘灌丛、车桑子灌丛、龙舌兰灌丛、仙人掌灌丛、马缨丹灌丛、倒卵叶算盘子灌丛、福建胡颓子灌丛、滨柃灌丛、草海桐灌丛、枸杞灌丛、黑面神灌丛、硕苞蔷薇灌丛、黄栀子灌丛、牡荆灌丛、野牡丹灌丛、羊角拗灌丛、藤金合欢灌丛、露兜树灌丛等。

福建海岛草丛植被的建群种主要是喜热性、中生性和旱中生性的多年生蕨类和禾本科植物，草丛中还常有灌木及乔木树种的苗木或幼树，但数量比较少。主要有芒萁草丛群落、五节芒草丛群落、芦竹草丛群落、白茅草丛群落、铺地黍草丛群落、芒草丛群落、野古草群落、扭鞘香茅群落、野菊花群落、芙蓉菊群落、肿柄菊群落、藿香蓟群落、茵陈蒿群落等群落。

福建海岛滨海盐生植被主要有碱蓬群落、番杏群落、大米草群落、厚藤群落等。

福建海岛植被中滨海沙生植被主要群落有海边月见草群落、狗牙根群落、老鼠芳群落、卤地菊群落等草本群落和单叶蔓荆群落、苦郎树群落、灌木群落等。

福建海岛沼生水生植被主要有芦苇群落、短叶茳芏群落等沼生植被群落和凤眼莲群落、香蒲群落等水生植被群落。

福建海岛木本栽培植物群落主要有茶树等经济林、木麻黄林和台湾相思等防护林及荔枝、龙眼、葡萄、柑橘、香蕉等果园。园林植被有凤凰木行道树林、芒果行道树林等。草本栽培植被主要有水稻、甘薯、小麦、蔬菜、花生、大豆等农作物群落和芦笋、玫瑰茄等特用经济作物群落。

三、植被类型分布

(一)植被类型面积分布

宁德以针叶林为最主要的植被,福建其余地区海岛则以常绿阔叶林为最主要的植被。海岛的草本和木本栽培植物面积占的比例如表 6-12 所示,其中农作物群落面积所占比例最大,莆田和漳州两市均占 50% 左右;海岛果园和防护林植被也有较大的面积,说明福建海岛尤其是有居民海岛植被主要是人工植被,受人为的影响大。海岛沙生植被和沼生水生植被面积比例小,这与海岛沙滩和湿地面积小相一致。

表 6-12　福建海岛植被类型面积统计 （单位：千米²）

植被类型	宁德	福州	莆田	泉州	厦门	漳州
针叶林	35.7	5.2	0.1	0.3	0.9	3.1
阔叶林	2.9	109.1	10.2	49.1	23.3	41.5
灌丛	15.1	1.4	0.2	0.4	<0.1	0.1
草丛	24.1	29.4	1.8	25.9	0.2	8.5
滨海盐生植被	6.8	4.7	—	0.1	—	5.6
滨海沙生植被	—	0.3	—	—	—	—
沼生水生植被	—	2.9	—	—	—	<0.1
木本栽培植被	5.2	24.8	2.7	<0.1	4.8	49.2
草本栽培植被	28.8	133.9	20.0	48.7	4.3	44.7
合计	118.6	311.7	35.0	124.5	33.5	152.7

注：合计一行未包括红树林面积,其中宁德 0.1 千米²、漳州 1.8 千米²。

(二)植被类型分布与生境关系

海岛迎风面和山顶多以低矮、抗风力强的草本植物为主,生物量少;海岛背风山凹和坡面,可以出现针叶类乔木和小型灌木;港湾内弱风处较大岛屿上可以出现阔叶类乔木,植被覆盖与邻近陆地没有差别。

福建海岛因海拔不高,垂直分布上一般没有很明显的变化。一般邻近高潮线多为盐生植被和沙生植被。

小型岛屿避风能力弱,地表蓄水力差,植被覆盖种类、植株大小、覆盖密度要差于大型岛屿。

　　远离港湾和大陆岛屿，降水强度弱，受风蚀影响严重，土层薄，影响着植被分布的类型和生物量。例如，罗源湾内的古鼎屿，岛上植被为台湾相思＋胡颓子群落，植被覆盖率为75％，稍外一些的上担屿和下担屿，岛上植被为灌草丛，植被覆盖率降至60％～70％。

（三）植被类型分布总体特征

　　海岛植被分布与大陆具有一致性。福建海岛历史上和大陆相连，加上开发历史久远，人为影响较大，植物种类相互传播，海岛植物和植被与沿海大陆相似度高。

　　植被类型的单纯性。由于相对简单的海岛生态环境、相对孤立分散的地形、风大雨少干燥的气候特征、土壤贫瘠土层薄的地质条件等原因，海岛植被发育比较单调。宁德和福州多以马尾松林、台湾相思林为主，莆田至漳州的海岛多以台湾相思林、木麻黄林为主，植被外观也相对单调。尽管如此，这种单纯性还存在着内、外海岛屿的差异，并与岛屿面积大小密切相关。靠近大陆的岛屿植被状况与大陆植被相似度高，反之则低；面积越大的岛屿植被类型较丰富，小岛屿则植被类型简单。

　　植被分布的特殊性。在海岛分布着部分多见于海岛的特殊植物种类，其中属于海岛山地的特有种主要有草海桐、苦槛兰、苦郎树、中华补血草、黄槿、狗哇草、链荚豆、小叶厚皮香、福建胡颓子、柴胡、羽芒菊、卤地菊、异蕊草等；属于海滩沙地特有的有艾堇、海刀豆、匍匐苦荬菜、海滨藜、海马齿、南方碱蓬、海边月见草、厚藤、假厚藤、中华补血草、短叶江芏、蔓荆、绢毛飘拂草、老鼠艻、露兜树等；属于海滩红树林特有植物的有秋茄树、桐花树、白骨壤等。

　　植物区系的过渡性。福建海岛处于南亚热带雨林区与中亚热带阔叶林区的过渡性地带，植物区系特征具有起源古老、原始类型多、地理成分复杂、热带成分大的特点。

四、植被资源评价

（一）植被资源特征

1. 植物物种丰富

　　福建海岛植物种类比较丰富，记录1558种，其中厦门市有居民海岛的种类超过1000种。在海岛植物种类中，有居民海岛栽培种类比例通常达30％以上，而无居民海岛的栽培种类比例通常不超过5％（表6-13）。

表 6-13　福建海岛植物种类资源比较

区域		科	属	种	栽培种
宁德	全部海岛	132	437	701	221
福州	有居民海岛	159	555	846	301
	无居民海岛	99	257	346	9
莆田	有居民海岛	121	425	598	206
	无居民海岛	88	263	337	14

续表

区域		科	属	种	栽培种
泉州	有居民海岛	113	385	536	164
	无居民海岛	95	287	385	19
厦门	有居民海岛	178	699	1017	453
	无居民海岛	102	323	433	47
漳州	有居民海岛	138	514	714	299
	无居民海岛	97	284	387	16

2. 材用树种较为丰富

海岛有较为丰富的材用树种，常见的有青冈、石栎、樟树、檫木、木荷、赤杨叶、光叶石楠、香椿、马尾松、杉木等。此外，还有经济竹类，如毛竹、绿竹。近年来，桉树属的树种引进较多，因生长迅速，各地栽种面积逐渐扩大，主要有柠檬桉、窿缘桉、尾叶桉和巨尾桉等。

3. 药用植物丰富

福建海岛药用植物资源丰富，主要有鱼腥草、海金沙、鸡血藤、红凉伞、百两金、黄毛楤木、常春藤、夏枯草、白英、益母草、黄毛耳草、淡竹叶、山姜、金银花、虎杖、天门冬、半夏、何首乌、黄栀子、珊瑚菜、射干、乌药、苍耳、土茯苓、黎芦、五味子、白木通、白花筋骨草等。

4. 油脂资源植物较为丰富

福建海岛油料植物主要有油桐、木油桐、山苍子、油茶、马尾松、香樟、乌桕、山乌桕、蓖麻、黑莎草等。可以利用的油料植物还有黄连木、野花椒、盐肤木、粗糠柴、石岩枫、虎皮楠、苍耳、山桐子、白花龙、赛山梅、笔罗子、碱蓬、乌药等。

5. 众多的园林绿化种质资源

福建海岛园林观赏植物种类主要有凤凰木、台湾相思、棕榈、王棕、加拿利海枣、蒲葵、假槟榔、针葵、榕树、高山榕、垂叶榕、合欢、叶子花等，种类繁多。近年来还在不断引种驯化新的观赏种类。

6. 果类植物种类丰富

福建海岛无论草本类还是木本类果类植物均很丰富。主要种类有杨梅、杨桃、橄榄、芒果、番木瓜、番石榴、柑橘、柚、荔枝、龙眼、枇杷、香蕉等。近年来，由于和台湾省的交往联系更加紧密，还从台湾省引进了许多新的品种。

（二）植被与植物资源的变化趋势

1. 植被、植物资源有所衰退

福建海岛植被覆盖率一般较高，但也有一些海岛的山顶仅残存稀疏矮小的"老头林"和草丛，有的甚至为荒山，岩层裸露，植被和植物资源呈现衰退迹象。有的海岛人口密度高，长期以来为解决粮食和薪炭问题，滥伐林木，乱挖草皮，盲目开荒种粮，致使许多地表裸露，水土流失趋于严重。

2. 林分结构趋于简单

大多数海岛上的天然次生林、人工次生林中纯林所占的比例较大，树种和林种趋于减少，常为马尾松林、台湾相思林和木麻黄林，其他树种少或者面积很小，几乎不成林，林分结构简单，群落外观单调，生境逐渐单一化。

3. 海岛森林资源的利用价值降低

许多岛屿没有形成防护林体系和良性的森林生态系统，林木生长不良，树形矮小，主干不明显，只能作为薪炭林，不能作为材用林。

4. 经济果树生产趋于停滞

福建大多数外海岛屿都没有果树产业，仅在房前屋后零星种植香蕉、番石榴、龙眼等。内海岛屿果树栽培产业比较发达，主要果树为荔枝和龙眼，然而，近年来由于产品价格不稳定，土地资源限制，果树生产业趋于停滞。

5. 农业植被趋于单纯

由于灌溉条件较差，许多海岛上只种植花生、甘薯等少数几种旱作物及少量蔬菜，许多外海岛屿无法种植。粮食和蔬菜依靠大陆供应，海岛农业植被趋于单纯。

6. 外来物种入侵明显

目前福建海岛外来物种入侵明显，主要入侵种类有马缨丹、藿香蓟、肿柄菊、五爪金龙等。马缨丹在许多海岛上都有存在，藿香蓟则在林下或林下边缘生长，随处可见。外来物种一旦入侵，控制一般都很困难，须及早预防。

7. 人工造林简单化

近年来在福建的一些海岛上进行了人工造林，改善了一些海岛的植被覆盖状况。但是由于造林树种并非本地树种，多为速生种和引进种，如桉树属的一些种类，这样容易造成林内植物种类简单，几乎没有动物或者动物极少，生态系统简单，短时间看造林效果不错，实际上只形成了一个脆弱的生态系统。

（三）植物资源的开发利用与保护对策

1. 保护现有森林资源

各海岛的森林植被都遭受了不同程度的破坏，必须认真贯彻执行《森林法》和《海岛保护法》，切实保护好现有森林植被，在法律上、行政上和经济上采取有力的措施，切实加强保护，避免森林植被进一步被破坏，并为今后改造、恢复和发展森林植被创造必要的生态条件。

2. 完善防护林体系

福建海岛上现有的防护林大多树种单纯、林种单一，不利于森林植被的天然更新和自我发展，不利于森林生态功能的充分发挥。应改造现有的防护林，大力发展针阔混交林，增强防护林的生态功能，促进海岛森林生态系统良性发展。

3. 加强海岛绿化

海岛荒山造林绿化势在必行，它不仅可获得森林生态效益，而且可以获得经济效益。黑松可作为海岛荒山造林的先锋树种，它能在岩石裸露、土层瘠薄的荒山上扎根生长，起到绿化和保持水土的作用，然后引种阔叶树种，逐步形成针阔混交林。对现在的黑松林，要有计划地疏伐更新，并混种台湾相思，形成混交林。

4. 保护和营造红树林

福建海岛红树林的面积比例较小，长期没有很好的保护，有的甚至遭到砍伐破坏，对海岸和海岛造成影响，应大力开展海岛红树林生态修复工作。

5. 积极发展水果产业

福建海岛的果树生产还不是很发达，农业生产结构还比较单一。大多数海岛可以直接引种一些适生的果树，有些海岛在建设防护林的基础上，可进一步发展水果产业。此外，一方面应大力发展传统果品，另一方面可引进试种其他优质、高产、创汇的热带、亚热带果品，成功后再大面积推广。

6. 适当发展海岛畜牧业

宁德三都、西洋、嵛山等海岛都有大面积草地和牧草资源，莆田一些岛屿也有面积小而分散的草场。可采取季节性天然草场和人工草场轮流放牧的方式发展畜牧业。通过扩建草场或改良牧草来发展牧草资源，引种马唐、雀稗、狗尾草等适生的优质牧草，改变草场草种质量差、利用率低的状况，发展集中型牧场供天然或半天然性放牧，以适应畜牧业发展的需要。

7. 合理开发利用海岛植物资源

福建海岛植物资源比较丰富。除用材林、薪炭林、经济林和果林、粮油作物和蔬菜等经济林外，还有如狭叶海金沙、黄栀子、车前草等药用植物，如龙舌兰、五节芒等纤维植物，如乌桕、马尾松、蓖麻等油料作物，如胡颓子、茅莓、菝葜等淀粉植物，如榕树、盐肤木、药用黑面神等单宁植物，如马唐、雀稗等饲料植物，以及蜜源植物、绿肥植物、园林花卉植物，它们都具有一定的经济价值，可在充分保护海岛植被的前提下合理地开发利用。

8. 兴修水利发展农业

东山、紫泥等大岛有水稻生产，耕作制度和结构与陆地相似，外海岛屿以旱作为主，甚至只有少数几种旱作作物，生产技术落后，产量很低。对此可以兴修水利，改善灌溉条件，合理调整农作物结构，增加作物品种；可通过加强农业生产管理技术，采取间作、套种技术，发展立体农业，提高土地利用率和产量。

9. 加速岛屿的绿化和美化，发展旅游事业

福建海岛有丰富的旅游资源，可以发展旅游业，如宁德青山岛和斗帽岛、漳州林进屿火山岩和红屿的风动石等，通过岛屿的绿化和美化等，开发利用海岛自然景观资源，发展海岛旅游，促进海岛经济和社会产业发展。

第六节　海岛沉积化学与环境质量

一、海岛潮间带表层沉积物化学特征

海岛潮间带表层沉积物化学调查项目包括硫化物、有机碳、石油类、重金属（汞、

铜、铅、锌、镉、铬）和砷、Eh、666、DDT、PCB 等。

全省海岛潮间带表层沉积物有机碳含量范围在未检出至 4.78% 之间，平均值为 0.76%，有 9 个调查站有机碳未检出，与上次海岛调查值相比略低。最高值在琅岐岛，最低值在莆田南日岛。福州市所属海岛有机碳含量均值最高，为 0.97%。

全省海岛潮间带表层沉积物硫化物含量范围在未检出至 424×10^{-6} 之间，平均值为 46×10^{-6}，是上次海岛调查结果的 4 倍多。有 35 个调查站未检出。最高值在漳州市的浒茂洲，为 98×10^{-6}，宁德市所属岛屿硫化物平均含量次之，约为 57×10^{-6}。

全省海岛潮间带表层沉积物石油类含量在未检出至 2228×10^{-6}，平均值为 68×10^{-6}，约是上次海岛调查结果的 2 倍。最高值出现在湄洲岛，莆田市和漳州市所属海岛石油类含量均值较高，分别为 340×10^{-6} 和 189×10^{-6}。

全省海岛潮间带表层沉积物铜含量变化范围介于未检出至 67.3×10^{-6} 之间，平均 15.3×10^{-6}，与上次海岛调查结果相比降低 1/4。最高值出现在湄洲岛。宁德市海岛潮间带沉积物铜含量均值最高，均值为 19.6×10^{-6}；泉州市海岛均值最低，为 2.8×10^{-6}。

全省海岛潮间带表层沉积物铅含量在未检出至 315×10^{-6} 之间，平均 35×10^{-6}，与上次海岛调查结果相比略微降低。有 7 个调查站沉积物中铅未检出。最高值出现在湄洲岛。莆田市海岛和漳州市海岛潮间带沉积物铅平均含量分别为 81×10^{-6} 和 79×10^{-6}，宁德市平均含量为 43×10^{-6}。

全省海岛潮间带表层沉积物锌含量变化范围介于未检出至 209×10^{-6} 之间，平均 77×10^{-6}，与上次海岛调查结果相比略降低。最高值出现在漳州市浒茂洲，最低值出现在泉州市浮山岛。泉州市海岛潮间带沉积物锌的均值最高，为 114×10^{-6}，其余均值相差无几。

全省海岛潮间带表层沉积物镉含量变化范围在未检出至 0.62×10^{-6} 之间，平均 0.10×10^{-6}，与上次海岛调查结果相比略降低。有 47 个调查站镉含量未检出。最高值出现在湄洲岛，莆田市海岛潮间带沉积物镉含量均值最高，为 0.32×10^{-6}，其余镉含量均较低。

全省海岛潮间带表层沉积物汞含量在未检出至 0.25×10^{-6} 之间，平均 0.05×10^{-6}，与上次海岛调查结果差异不大。有 16 个调查站镉未检出。最高值出现在琅岐岛。福州市海岛潮间带沉积物中汞平均含量最高，为 0.07×10^{-6}，其余依次为厦门市海岛和漳州市海岛，莆田市海岛平均含量最低。

全省海岛潮间带表层沉积物铬含量变化范围介于未检出至 57×10^{-6} 之间，平均 10×10^{-6}。莆田市所属海岛铬含量最高，均值为 27×10^{-6}。

全省海岛潮间带表层沉积物砷含量变化范围介于 $0.12 \times 10^{-6} \sim 29.7 \times 10^{-6}$，平均 8.23×10^{-6}。宁德市所属海岛潮间带沉积物砷含量均值最高，为 12.5×10^{-6}。

全省海岛潮间带表层沉积物 666 含量很低，在未检出至 208×10^{-9} 之间，平均值为 3.93×10^{-9}，与上次海岛调查结果相比有所下降。最高值出现在湄洲岛的断面，个别站位 666 含量为 208×10^{-9}，可能为异常值。福州市潮间带沉积物海岛 666 含量均值最高，为 0.44×10^{-9}。

全省海岛潮间带表层沉积物 DDT 含量在未检出至 $15\,933 \times 10^{-9}$ 之间，平均 277×10^{-9}。在湄洲岛断面与 666 一样出现异常高值。本调查海岛潮间带 DDT 含量均值是上次海岛调查 DDT 含量均值的 20 余倍，可能与湄洲岛断面异常高含量有关。

全省海岛潮间带表层沉积物 PCB 含量在未检出至 115×10^{-9} 之间，平均值为 8.20×10^{-9}。漳州市海岛与泉州市海岛含量较高，均值分别为 31×10^{-9} 和 18.1×10^{-9}。

全省海岛潮间带表层沉积物大部分处于还原态。

调查结果表明，所调查的海岛沉积环境总体上较好。与上次海岛调查结果相比较，有机碳、铜、铅、锌和镉的含量均值有所减少，而硫化物、石油类、666、DDT 和汞的含量均值有所上升（表 6-14）。

表 6-14　全省海岛潮间带沉积物化学调查各要素平均值

种类	宁德市	福州市	莆田市	泉州市	厦门市	漳州市	全省	上次海岛调查结果
有机碳/%	0.59	0.97	0.52	0.35	0.69	0.63	0.76	1.10
硫化物（10^{-6}）	57	35	48	5	33	98	46	11.95
石油类（10^{-6}）	58	5	340	13	4	189	68	35.70
铜（10^{-6}）	19.60	15.10	16.50	2.80	11.00	11.90	15.30	21.50
铅（10^{-6}）	43	16	81	5	23	79	35	36.11
锌（10^{-6}）	89	82	62	8	65	72	77	85.13
镉（10^{-6}）	0.11	0.06	0.01	0.01	0.02	0.1	0.1	0.13
汞（10^{-6}）	0.03	0.07	0.01	0.02	0.06	0.03	0.05	0.05
铬（10^{-6}）	—	6	27		10	—	10	—
砷（10^{-6}）	12.53	7.21	2.98		6.92		8.23	
666（10^{-9}）		0.38	29.00		0.07	0.21	3.93	5.32
DDT（10^{-9}）	—	20.79	1850	153.3	7.49	106.9	277	11.42
PCB（10^{-9}）	—	2.86	—	18.15	0.60	30.59	8.20	

注：一为未测，后同。

二、沉积化学环境质量评价

根据《海洋沉积物质量》（GB 18668—2002）对全省海岛 107 站潮间带沉积物的硫化物、有机碳、石油类、汞、铜、铅、锌、镉含量等调查结果进行评价。

表层沉积物中有机碳含量除 9 个调查站超标外，其余全部符合第一类沉积物质量标准的要求。这 9 个调查站均位于福州市所属的海岛上。

表层沉积物中硫化物含量有 35 个调查站未检出。除 3 个调查站硫化物含量超过第一类沉积物质量标准要求外，其余各站硫化物含量都符合第一类沉积物质量标准的要求。超标的调查站 2 个位于漳州市所属海岛，1 个位于福州市所属海岛。

表层沉积物中除 3 个调查站石油类含量超过第一类沉积物质量标准外，其余各站石油类含量符合第一类沉积物质量标准的要求。超标的调查站 2 个位于漳州市所属海岛，1 个位于莆田市所属海岛。

表层沉积物中有 10 个调查站铜含量超过第一类沉积物质量标准，其余各站铜含量符合第一类沉积物质量标准的要求。超标站包括宁德 2 个，莆田 1 个，福州 7 个。

表层沉积物中有 10 个调查站铅含量超过第一类沉积物质量标准，其余站铅含量符合第一类沉积物质量标准。超标站包括宁德 2 个，漳州 4 个，莆田 4 个。

表层沉积物中有 11 个调查站超过第一类沉积物质量标准，其余站锌含量符合第一类沉积物质量标准。超标站包括漳州 2 个，福州 9 个。

表层沉积物中镉含量仅漳州和莆田市各 1 个站位出现超出第一类沉积物质量标准，其余站都符合第一类沉积物质量标准。

表层沉积物中汞含量除 3 个调查站超标外，其余站含量符合第一类沉积物质量标准。超标的调查站均位于福州市所属海岛上。

综上所述，海岛潮间带沉积物化学要素大都符合第一类沉积物质量标准。调查海岛潮间带沉积环境总体上较良好，各地市中，福州市所属海岛超标因子最多，其次为漳州和莆田两市（表 6-15）。

表 6-15 全省海岛潮间带表层沉积物化学污染指数

种类	宁德市	福州市	莆田市	泉州市	厦门市	漳州市	全省
有机碳/%	0.29	0.49	0.26	0.18	0.35	0.32	0.38
硫化物（10^{-6}）	0.19	0.12	0.16	0.02	0.11	0.33	0.15
石油类（10^{-6}）	0.12	0.01	0.68	0.03	0.01	0.38	0.14
铜（10^{-6}）	0.56	0.43	0.47	0.08	0.31	0.34	0.44
铅（10^{-6}）	0.72	0.26	1.34	0.09	0.38	1.32	0.58
锌（10^{-6}）	0.59	0.54	0.41	0.05	0.44	0.48	0.51
镉（10^{-6}）	0.21	0.11	0.65	0.02	0.03	0.21	0.20
汞（10^{-6}）	0.15	0.37	0.04	0.08	0.29	0.16	0.25
铬（10^{-6}）	—	0.07	0.34	—	0.13	—	0.13
砷（10^{-6}）	0.63	0.36	0.15	—	0.35	—	0.41
666（10^{-9}）	—	—	0.06	—	—	—	0.01
DDT（10^{-9}）	—	1.04	92.52	7.66	0.37	5.35	13.85
PCB（10^{-9}）	—	0.14	—	0.91	0.03	1.53	0.41

第七节 海岛潮间带底栖生物

一、底栖生物种类组成与分布

19 个调查断面所采获的底栖生物样品，经鉴定共有 212 科 615 种（鉴定到种的有 453 种），其中藻类 19 种、环节动物 198 种、软体动物 190 种、节肢动物 152 种、棘皮动物 14 种、鱼类 7 种、其他动物 35 种（表 6-16）。

表 6-16　福建海岛调查各断面潮间带底栖生物种类组成

海岛	藻类	多毛类	软体动物	甲壳动物	棘皮动物	其他动物	总种数
大嵛山岛	0	6	13	7	5	2	33
西洋岛	0	0	4	3	0	0	7
三都岛	0	7	10	9	0	5	31
琅岐岛	0	9	3	9	0	2	23
屿头岛	4	70	18	31	2	5	130
大练岛	1	23	8	22	0	8	62
大板屿	2	60	17	27	1	3	110
海坛岛上楼	1	16	4	9	0	2	32
大吉岛	4	60	23	28	0	6	121
东庠岛	7	20	36	19	5	5	92
草屿岛	11	21	35	20	1	6	94
江阴岛	2	33	19	20	1	4	79
南日岛	0	57	31	16	2	6	112
湄洲岛	0	43	19	11	1	3	77
大嶝岛	4	52	18	29	0	5	108
厦门岛	4	59	36	43	1	13	156
鼓浪屿	0	56	5	21	1	4	87
浒茂洲	0	11	2	8	0	1	23
东山岛	1	54	54	52	2	6	169

二、底栖生物数量组成与分布

19 个调查断面的海岛潮间带底栖生物，平均生物量为 82.34 克/米^2，其中软体动物平均生物量 33.99 克/米^2、节肢动物 25.46 克/米^2、棘皮动物 4.26 克/米^2、多毛类 2.96 克/米^2、藻类 12.83 克/米^2、其他类群动物 2.87 克/米^2。平均栖息密度 988.5 个/米^2，其中节肢动物平均栖息密度 504.8 个/米^2、环节动物 283 个/米^2、软体动物 186.9 个/米^2、其他类群生物 8.9 个/米^2、棘皮动物 4.9 个/米^2。

三、底栖生物的季节变化

海岛潮间带底栖生物调查各岛底栖生物出现的种类数春季在 5～123 种，秋季在 5～102 种；生物量春季在 2.9～992.23 克/米^2，秋季在 1.1～139.64 克/米^2；栖息密度春季在 12～2088 个/米^2，秋季在 12～2988 个/米^2（表 6-17～表 6-19）。

表 6-17　福建海岛潮间带生物数量的季节变化

海岛	种类数/种			生物量/（克/米^2）		栖息密度/（个/米^2）	
	春季	秋季	合计	春季	秋季	春季	秋季
大嵛山岛	17	27	33	60.80	266.68	128	156
西洋岛	5	5	7	6.28	39.68	12	12

续表

海岛	种类数/种			生物量/（克/米²）		栖息密度/（个/米²）	
	春季	秋季	合计	春季	秋季	春季	秋季
三都岛	14	26	31	68.72	139.64	68	192
琅岐岛	11	14	23	10.58	12.06	231	1263
屿头岛	65	102	130	14.29	15.90	468	2434
大练岛	34	34	62	11.33	14.12	166	244
大板屿	69	64	110	32.00	5.52	545	507
海坛岛上楼	20	18	32	175.13	1.35	1652	49
大吉岛	88	60	121	32.72	29.44	822	445
东庠岛	90	12	92	992.23	0.57	7619	2988
草屿	78	19	94	472.48	1.10	4093	145
江阴岛	64	46	79	27.03	14.99	1811	315
南日岛	89	46	112	24.60	10.32	1216	512
湄洲岛	53	46	77	25.84	6.06	901	440
大嶝岛	65	64	108	357.45	14.28	1743	1050
厦门岛	107	77	156	61.08	20.60	652	390
鼓浪屿	54	53	87	2.90	13.21	372	177
浯茂洲	15	18	23	20.95	10.59	360	156
东山岛	123	88	169	79.32	39.95	2088	1174

四、海岛潮间带生物质量

参照《海洋生物质量》（GB 18421—2001）等级划分进行评价。

琅岐岛牡蛎体内汞、砷、666 含量符合国家海洋生物质量一类标准；铅、DDT 含量符合二类标准；镉含量符合三类标准；铜、锌含量超出国家海洋生物质量三类标准。

平潭屿头岛牡蛎中汞、砷、666 含量均符合国家海洋生物质量一类标准；秋季DDT、PCB 含量符合一类标准；铅、镉、秋季锌、春季 DDT、PCB 的含量符合二类标准；铜含量超出国家海洋生物质量三类标准。

大练岛牡蛎体内汞、砷、666 含量、秋季 DDT 含量符合一类标准；铜、铅、镉、PCB 含量符合二类标准。秋季锌含量符合三类标准。

草屿牡蛎体内汞、砷、666 含量符合一类标准；铅、镉、DDT 和 PCB 符合二类标准；锌含量符合三类标准；铜含量超出三类标准。

大吉岛牡蛎中汞、砷、666 含量为符合一类标准；铜、铅、镉、PCB 和 DDT 含量符合二类标准；锌含量仅符合三类标准。

东庠岛螺类样品体内铜、铅、锌、镉、砷含量均符合二类标准；汞含量符合一类标准。

海坛岛上楼牡蛎体内汞、砷、666 含量符合一类标准；铅、镉、DDT 和 PCB 含量符合二类标准；锌含量符合三类标准；铜含量超出三类标准。

福清北楼牡蛎中汞、砷、666 含量符合一类标准；镉、铅、秋季锌、DDT、PCB 含量符合二类标准；春季铜含量符合三类标准。

表6-18 福建海岛潮间带生物数量组成

断面	藻类 生物量/(克/米²)	多毛类 生物量/(克/米²)	多毛类 栖息密度/(个/米²)	软体动物 生物量/(克/米²)	软体动物 栖息密度/(个/米²)	甲壳动物 生物量/(克/米²)	甲壳动物 栖息密度/(个/米²)	棘皮动物 生物量/(克/米²)	棘皮动物 栖息密度/(个/米²)	其他动物 生物量/(克/米²)	其他动物 栖息密度/(个/米²)	合计 生物量/(克/米²)	合计 栖息密度/(个/米²)
大嵛山岛	0	2.16	10	52.20	76	15.48	14	77.06	36	16.30	6	163.20	142
西洋岛	0	0	0	3.14	6	19.84	6	0	0	0	0	22.98	12
三都岛	0	10.98	26	18.34	28	57.38	60	0	0	17.48	16	104.18	130
琅岐岛	0	0.77	589	1.27	11	9.28	147	0	0	0.01	1	11.33	748
屿头岛	0.62	4.93	1066	6.35	62	2.40	276	0.34	13	0.46	35	15.10	1452
大练岛	0.12	0.62	35	9.97	23	1.96	144	0	0	0.06	5	12.73	207
大板圩	0.30	3.72	354	12.47	60	1.65	100	0.01	2	0.62	11	18.77	527
海坛岛上楼	0	0.88	27	86.79	809	0.56	13	0	0	0.02	2	88.25	851
大昔岛	1.3	2.47	252	22.58	279	4.62	98	0	0	0.12	6	31.09	635
东庠岛	177.61	2.32	51	75.30	168	241.09	5077	0.02	2	0.08	8	496.42	5306
草屿岛	37.93	1.50	95	126.03	310	60.59	1701	0.24	8	10.51	6	236.80	2120
江阴岛	0.05	1.42	157	11.12	100	4.63	781	3.12	1	0.17	4	20.51	1043
南日岛	0	5.34	688	9.11	120	2.44	39.9	0	0	0.57	16	17.46	864
湄洲岛	0	5.70	577	4.70	62	0.35	21	0	0	5.21	11	15.96	671
大蚱岛	20.63	1.80	382	159.48	817	3.51	182	0	0	0.44	12	185.86	1393
厦门岛	5.16	4.66	211	18.4	112	10.32	161	0.08	11	2.22	25	40.84	520
鼓浪屿	0	1.63	210	4.39	11	1.99	34	0.02	18	0.01	1	8.04	274
浒茂洲	0	0.78	153	0.06	8	14.90	95	0	0	0.04	2	15.78	258
东山岛	0	4.59	495	24.09	489	30.77	643	0.06	3	0.13	2	59.64	1631

表6-19 福建海岛潮间带底栖生物生物质量检测结果

岛名	指标样品	铜（×10⁻⁶）	钴（×10⁻⁶）	锌（×10⁻⁶）	镉（×10⁻⁶）	总汞（×10⁻⁶）	砷（×10⁻⁶）	铬（×10⁻⁶）	石油烃（×10⁻⁶）	666（×10⁻⁹）	DDT（×10⁻⁹）	PCB（×10⁻⁹）
大畲山岛	近江牡蛎	105	0.21	283	1.00	0.02	1.00	0.80	—	<1.00	47.80	1.74
西洋岛	近江牡蛎	143	0.32	548	1.50	0.03	0.83	0.90	—	<1.00	47.00	1.57
三都岛	近江牡蛎	7.02	0.09	16.2	0.04	0.01	0.09	0.48	0.70	—	—	—
琅岐岛	牡蛎	264	0.47	813	2.21	0.03	0.49	—	—	12.10	34.90	21.00
	紫菜	1.32	0.14	5.20	0.09	<0.01	0.64	—	—	13.20	20.10	20.20
屿头岛	秋季牡蛎	6.98	0.16	34.58	0.39	0.01	0.21	—	—	5.72	10.00	8.59
	春季牡蛎	118	0.81	231	1.19	0.04	0.56	—	—	9.71	49.90	21.50
大练岛	秋季牡蛎	68.4	0.33	174	0.78	0.02	0.50	—	—	5.49	10.00	17.70
	春季牡蛎	72.9	0.43	187	1.11	0.03	0.56	—	—	11.70	25.90	22.20
草屿岛	春季牡蛎	109	0.77	203	1.30	0.05	0.56	—	—	11.00	13.50	15.90
大昔岛	紫菜	0.8	0.07	3.01	0.03	<0.01	0.44	—	—	13.20	25.30	71.30
	牡蛎	74.4	0.47	161	0.87	0.03	0.49	—	—	16.40	62.00	33.70
东庠岛	螺类	22.5	1.74	28.70	0.24	0.02	1.41	—	—	—	—	—
海坛岛上楼	牡蛎	108	0.68	207	0.86	0.04	0.72	—	—	12.00	41.90	17.40
福清北楼	秋季牡蛎	17.13	0.21	45.03	0.39	0.01	0.26	—	—	5.98	20.10	12.00
	春季牡蛎	96.5	0.45	194	0.87	0.04	0.45	—	—	11.60	40.80	21.70

续表

岛名	样品\指标	铜 (×10⁻⁶)	铅 (×10⁻⁶)	锌 (×10⁻⁶)	镉 (×10⁻⁶)	总汞 (×10⁻⁶)	砷 (×10⁻⁶)	铬 (×10⁻⁶)	石油烃 (×10⁻⁶)	666 (×10⁻⁹)	DDT (×10⁻⁹)	PCB (×10⁻⁹)
江阴岛	紫菜	1.56	0.01	7.39	0.12	<0.01	1.05	—	—	13.60	17.90	20.90
	石莼	1.11	0.30	3.80	0.19	<0.01	0.33	—	—	12.80	17.90	23.40
	春季牡蛎	65.2	0.55	131	0.75	0.05	0.45	—	—	35.80	11.20	14.20
	秋季牡蛎	7.32	0.19	20.30	0.32	0.01	0.11	—	—	1.13	4.54	6.55
南日岛	石蟹	—	0.08	—	0.61	0.03	0.40	—	1.53	—	—	—
湄洲岛	真鲷	0.20	0.23	0.20	0.13	0.02	0.04	—	0.50	—	—	—
	对虾	0.31	0.06	28.4	0.02	0.01	6.22	—	2.80	—	—	—
	僧帽牡蛎	10.60	0.33	0.86	0.46	0.10	0.12	—	5.02	—	—	—
	紫菜	2.48	0.30	21.60	0.33	—	4.74	—	4.60	—	—	—
大蠓岛	紫菜	1.61	0.26	5.61	0.02	<0.01	0.84	—	—	13.90	21.90	63.20
	春季牡蛎	118.2	0.45	215	0.42	0.02	1.66	—	—	13.30	16.20	13.50
	秋季牡蛎	29.06	0.34	114	0.39	0.02	0.59	—	—	1.19	72.80	35.80
厦门岛	春季牡蛎	39	0.58	198	0.39	0.02	1.04	—	—	4.61	41.50	14.50
厦门岛浦口	秋季牡蛎	21.44	0.26	70.8	0.24	0.01	0.33	—	—	1.22	20.80	21.70
洋茂洲	巴壳肌蛤	3.35	1.98	—	0.21	—	—	—	131	—	—	—
东山岛	菲律宾蛤仔	1.15	0.29	—	0.22	0.01	0.16	—	9.20	—	—	—
	斜带髭鲷	0.13	0.14	—	0.10	0.03	0.04	—	4.40	—	—	—

江阴岛牡蛎中秋季砷、铜、汞、666、DDT、PCB 含量符合国家海洋生物质量一类标准；春季和秋季的铅、镉，春季铜、666、DDT 和 PCB，秋季锌含量含量符合二类标准。

湄洲岛僧帽牡蛎、虾、真鲷、紫菜的石油烃含量均符合二类标准；虾、真鲷、紫菜体内铜含量符合一类标准，僧帽牡蛎体内铜含量符合二类标准；虾体内铅含量符合一类标准，僧帽牡蛎、真鲷、紫菜体内铅含量符合二类标准；僧帽牡蛎、紫菜体内镉含量符合二类标准；虾、真鲷体内镉含量符合一类标准；僧帽牡蛎、真鲷体内砷含量符合一类标准，紫菜体内砷含量符合二类标准，虾体内砷含量符合三类标准；僧帽牡蛎、真鲷体内锌含量符合一类标准，虾、紫菜体内锌含量符合三类标准；虾、真鲷、紫菜体内汞含量符合一类标准，僧帽牡蛎体内汞含量符合二类标准。

厦门岛浦口牡蛎中汞、秋季砷、666 含量符合一类标准；镉、铅、秋季铜、DDT 和 PCB 含量符合二类标准；锌、春季铜含量符合三类标准。

厦门大嶝岛牡蛎中汞、秋季砷、666 含量符合一类标准；镉含量符合二类标准；铅、春季砷、秋季铜、DDT、PCB 含量符合二类标准；锌、春季铜含量符合三类标准。

浒茂洲凸壳肌蛤中铜含量符合一类标准；镉、铅含量符合二类标准；石油烃含量超出生物质量三类标准。

东山岛菲律宾蛤仔、斜带髭鲷中铜、汞、砷和石油烃含量符合一类标准；斜带髭鲷体中镉含量符合一类标准；菲律宾蛤仔、斜带髭鲷的铅含量，菲律宾蛤仔的镉含量符合二类标准。

第八节　海岛土地利用

一、海岛土地利用类型及其面积结构

福建省海岛土地利用总面积 1628.39 千米²，其中包含海岛岸线外侧沿海滩涂利用面积 472.56 千米²。有居民海岛土地面积 1107.83 千米²，无居民海岛土地利用面积 48.00 千米²。各土地利用类型中，水域及水利设施用地面积最大，约 553.57 千米²，占 33.99%；其次为林地，面积 338.16 千米²，占 20.77%；耕地第三，面积约 265.12 千米²，占 16.28%；工矿仓储用地和特殊用地最小，面积分别为 14.46 千米² 和 9.20 千米²，分别占 0.89% 和 0.56%（表 6-20，图 6-8）。

表 6-20　福建省海岛土地利用类型面积分布表　　　　（单位：千米²）

地类	宁德市	福州市	莆田市	泉州市	厦门市	漳州市	福建省	百分比/%
耕地	11.71	136.37	20.19	48.64	4.30	43.91	265.12	16.28
园地	6.86	5.61	—	—	4.77	49.13	66.37	4.08
林地	61.61	137.96	13.04	50.01	24.28	51.25	338.16	20.77
草地	23.56	23.20	1.66	25.62	0.17	1.54	75.76	4.65

续表

地类	宁德市	福州市	莆田市	泉州市	厦门市	漳州市	福建省	百分比/%
居民地①	3.11	43.18	16.23	11.56	80.53	36.37	190.99	11.73
工矿用地②	0.16	3.72	0.75	0.35	5.46	4.04	14.46	0.89
特殊用地	0.70	3.38	<0.01	0.02	2.77	2.32	9.20	0.56
交通用地	0.72	8.72	1.04	4.26	21.64	4.74	41.12	2.53
水域用地③	53.84	215.82	48.65	59.69	49.29	126.27	553.57	33.99
其他用地	18.86	29.24	11.30	5.67	0.28	8.30	73.64	4.52
合计	181.13	607.20	112.86	205.82	193.49	327.87	1628.39	100.00

注：①全称为"居民地及公共管理与服务用地"，②全称为"工矿仓储用地"；③全称为"水域及水利设施用地"，下同。

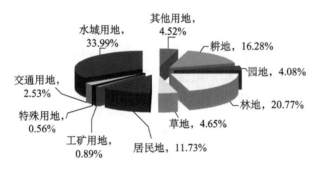

图 6-8　福建省海岛一级土地利用类型面积结构图

二、海岛土地利用类型的分布

因有居民和无居民海岛之间的沿海滩涂边界无法划定，不对沿海滩涂子类进行有居民海岛和无居民海岛归属区分。

有居民海岛土地利用主要是林地、耕地，以及居民地及公共管理与服务用地，面积分别为 320.78 千米²、264.63 千米² 和 190.75 千米²，合计占 70.06%（表 6-21）。

表 6-21　福建省有居民海岛土地利用类型面积分布表　　（单位：千米²）

地类	宁德市	福州市	莆田市	泉州市	厦门市	漳州市	福建省	百分比/%
耕地	11.62	136.08	20.10	48.63	4.30	44.51	264.63	23.89
园地	6.84	5.50	—	—	4.77	49.09	66.20	5.98
林地	55.87	134.26	12.27	48.36	23.29	46.73	320.78	28.95
草地	18.81	18.47	0.42	24.51	0.14	0.90	63.25	5.71
居民地	3.04	43.08	16.19	11.54	80.53	36.37	190.75	17.22
工矿用地	0.12	3.71	0.73	0.35	5.46	4.04	14.40	1.30
特殊用地	0.71	3.38	—	0.02	2.71	2.29	9.11	0.82
交通用地	0.63	8.67	1.03	4.23	21.63	4.73	40.92	3.69
水域用地	2.21	24.22	1.16	7.08	7.86	35.00	77.53	7.00
其他用地	14.26	24.51	8.82	4.88	0.23	7.57	60.26	5.44
合计	114.11	401.88	60.72	149.60	150.92	231.23	1107.83	100.00

注：此处数据不包含沿海滩涂面积。

全省海岛耕地面积 265.12 千米^2，其中有居民海岛耕地面积 264.63 千米^2。海岛耕地中，水田 44.82 千米^2，占耕地总面积的 16.91%；水浇地 23.13 千米^2，占 8.72%；旱地 197.16 千米^2，占耕地面积的 74.40%。

全省海岛园地面积 66.37 千米^2，其中有居民海岛园地面积 66.20 千米^2。

全省海岛林地面积 338.16 千米^2，其中有居民海岛林地面积 320.78 千米^2。全部有林地面积 268.18 千米^2，占林地总面积的 79.33%；其他林地面积 34.34 千米^2，占 10.14%；灌木林地面积 35.64 千米^2，占 10.53%。

全省海岛草地面积 75.76 千米^2，其中有居民海岛草地面积 63.25 千米^2，天然牧草地面积 6.00 千米^2，占海岛草地总面积的 7.58%；其他草地面积 69.76 千米^2，占海岛草地总面积的 92.42%。

全省海岛居民地及公共管理与服务用地面积 190.99 千米^2，其中有居民海岛 190.75 千米^2。

全省海岛工矿仓储用地面积 14.46 千米^2，其中有居民海岛工矿仓储用地面积 14.40 千米^2。

全省海岛特殊用地面积 9.20 千米^2，其中有居民海岛特殊用地面积 9.11 千米^2。

全省海岛交通运输用地面积 41.12 千米^2，其中有居民海岛交通运输用地面积 40.92 千米^2。交通运输用地中铁路用地 0.71 千米^2，占海岛交通运输用地面积的 1.74%；公路用地面积 27.38 千米^2，占 66.58%；机场用地 5.13 千米^2，占 12.47%；港口码头用地 7.90 千米^2，占 19.21%。

全省水域及水利设施用地，包括河流水面、湖泊水面、水库水面、坑塘水面、内陆滩涂、沟渠、水工建筑用地、沿海滩涂等，总面积 553.57 千米^2，其中有居民海岛水域及水利设施用地面积 77.53 千米^2。

全省海岛其他土地，包括空闲地、设施农用地、盐碱地、沼泽地、沙地、裸地等，总面积 73.64 千米^2，其中有居民海岛面积 58.85 千米^2（表 6-22，图 6-9）。

表 6-22　福建省无居民海岛土地利用类型面积分布表　（单位：千米^2）

地类	宁德市	福州市	莆田市	泉州市	厦门市	漳州市	福建省	百分比/%
耕地	0.09	0.30	0.09	0.01	—	—	0.50	1.04
园地	0.02	0.11	—	—	—	0.04	0.18	0.38
林地	5.74	3.71	0.76	1.65	0.99	4.52	17.38	36.21
草地	4.75	4.73	1.24	1.11	0.03	0.64	12.51	26.06
居民地	0.07	0.10	0.04	0.03	<0.01	<0.01	0.24	0.50
工矿用地	0.04	0.01	0.02	—	—	—	0.06	0.13
特殊用地	—	<0.01	<0.01	—	0.06	0.02	0.09	0.19
交通用地	0.08	0.05	0.01	0.03	0.01	0.01	0.19	0.40
水域用地	0.96	0.27	0.02	—	0.14	0.57	1.96	4.08
其他用地	4.60	4.73	2.48	0.78	0.06	2.25	14.89	31.02
合计	16.35	14.01	4.66	3.61	1.29	8.05	48.00	100.01

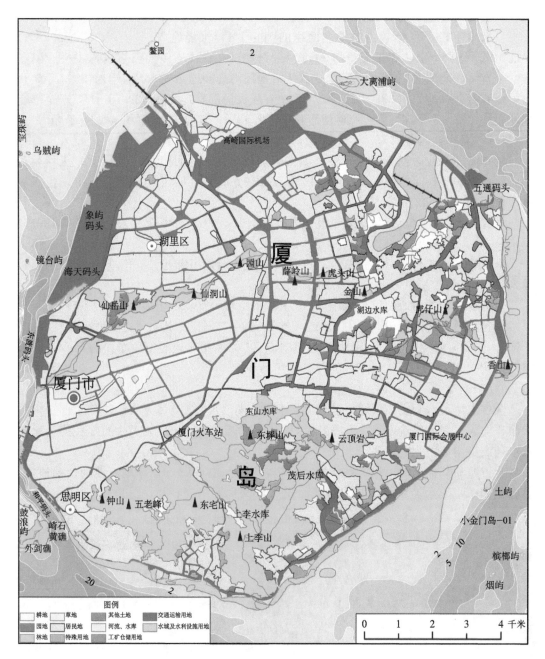

图 6-9　厦门岛土地利用类型

三、海岛土地资源利用的特点

有居民海岛土地利用类型有耕地、林地、园地、牧草地、居民点及独立工矿用地、水利设施用地、其他农用地等多种土地利用类型。而无居民海岛土地利用类型较为单一，主要为林地、草地、其他土地等类型。

水域及水利设施用地占福建省海岛土地利用面积的比重很大，尤以沿海滩涂所占比重最大。旅游用地比例小，与福建省海岛旅游资源丰富不相称。

土地开发利用程度不均衡，海岛岛陆土壤以砂质和裸岩石砾地居多，土地利用效益不高，土地利用结构还不够合理。有居民海岛耕地以旱地为主，且淡水资源稀少，生产力不高，不适合农业开垦；海岛上农村居民点布局分散，不仅浪费大量的土地，而且不利于公共设施的建设。

其他用地类型占了海岛总面积一定的比重，其中的沙地、裸地等开发难度高。

在一些海岛上，防护林分布太少，沙土流失较为严重，生态环境脆弱、抗灾能力低。

在某些无居民海岛上有一些居民用地，多是临时居住的渔民房，抵抗台风和暴雨的能力较差，存在着一定的安全隐患。

四、福建省乡级及其以上海岛土地利用变化分析

调查全省 14 个乡级及乡级以上海岛的面积为 893.88 千米^2，与上次海岛调查结果相比增加 9.52 千米^2。其中陆地面积 674.58 千米^2，减少 90.89 千米^2；沿海滩涂面积 219.31 千米^2，增加 100.42 千米^2（表 6-23）。

表 6-23　福建省乡级及其以上海岛陆地土地面积对比统计表　（单位：千米^2）

海岛名称	上次海岛调查			本次海岛调查			变化量
	陆地土地	滩涂面积	合计	陆地土地	滩涂面积	合计	
大嵛山岛	21.50	0.71	22.21	21.39	0.95	22.35	0.14
西洋岛	8.46	0.34	8.80	7.93	0.83	8.76	−0.04
三都岛	29.57	4.76	34.34	26.74	16.81	43.56	9.22
琅岐岛	64.65	14.41	79.06	56.09	19.48	75.57	−3.49
粗芦岛	13.67	5.93	19.60	13.70	7.82	21.52	1.92
海坛岛	274.33	38.66	312.99	250.02	69.50	319.52	6.53
东庠岛	4.75	0.72	5.47	4.96	1.37	6.32	0.85
屿头岛	8.35	4.70	13.06	7.65	6.15	13.80	0.74
草屿岛	5.21	1.66	6.87	5.58	1.73	7.31	0.43
大练岛	10.84	0.81	11.65	10.47	4.12	14.59	2.94
湄洲岛	14.21	1.89	16.10	13.65	12.49	26.14	10.04
南日岛	45.08	4.28	49.36	42.16	15.62	57.79	8.42
浒茂洲	46.99	19.08	66.07	41.65	5.30	46.96	−19.12
东山岛	217.84	20.93	238.78	172.59	57.11	229.71	−9.07
合计	765.47	118.89	884.36	674.58	219.31	893.88	9.52

14 个乡级及乡级以上海岛的耕地面积减少 16.61 千米^2，园地面积减少 7.57 千米^2，林地面积增加 8.87 千米^2，草地面积增加 9.03 千米^2，居民地及工矿仓储用地面积减少 5.42 千米^2；交通用地面积增加 4.15 千米^2，陆地水域及水利设施用地面积减少 31.62 千米^2，沿海滩涂面积增加 100.42 千米^2。

耕地面积减少的原因是因为南日岛、浒茂洲、东山岛等海岛的耕地抛荒，成为空闲地，而空闲地在新的统计类型中归为其他用地。另外，由于海岛交通不便，近十几年来很多海岛上的居民逐渐往陆地迁移，原先开垦的耕地、园地渐渐抛荒，致使土地利用类型中耕地、园地、居民地及工矿仓储用地、水域及水利设施用地等的面积减少，同时使草地面积增加。近20年来福建省在海岛防护林体系建设中投入了大量的经费和人力，林地面积增加。随着海岛经济的发展，海岛的基础建设也取得了长足的进展，交通用地面积增长，尤其是粗芦岛、海坛岛、东庠岛、大练岛、湄洲岛、东山岛等海岛的交通用地面积显著增长。

五、海岛土地资源利用建议

合理利用闲置土地，重视农村居民点及工矿用地的合理布局与挖潜利用，提高土地使用率。加大对耕地的投入。加大耕地保护执法力度，通过对土壤的改造，以及新农作物经济品种引进，提高海岛耕地的利用价值。对土地利用实行有偿使用，加强土地管理，保护土地资源。

加大对林地的建设和草地的保护，建立和健全有关海岛保护利用、海岛环境修复整治和海岛生态环境保护等方面的管理制度，保护海岛生态环境。加大对海岛生态环境保护的宣传，提高和调动各级领导干部和群众自觉保护海岛生态环境的积极性。

第九节　海岛开发与保护现状

一、有居民海岛开发现状

（一）海岛主要产业和基础设施

福建海岛开发历史悠久，不同历史时期发展速度差异很大。改革开放前，福建海岛作为海防前线，国家投入少，各项建设发展受限，社会经济发展速度较慢，是社会经济相对较落后的地区。改革开放以来，海岛成为福建省对外开放的前沿，经济社会事业取得了长足进步，海岛因其地理位置和海洋资源优势社会经济得到快速发展。例如，2009年平潭县全县地区生产总值 69.13 亿元，比增 12%；财政总收入 4.65 亿元，比增41.3%。东山县 2009 年全县地区生产总值达58.5 亿元，比增 12.5%，地方级财政收入2.67 亿元，比增 23%；2010 年全县地区生产总值达 75.8 亿元，比增 17.6%，地方级财政收入 4.53 亿元，比增 56.55%。海岛经济已成为福建建设海洋经济强省的重要组成部分。

福建省海岛海洋资源开发利用程度较高，已初步形成以海洋捕捞、海水养殖、海岛旅游、海洋矿产和海洋运输等产业开发为重点的海岛经济结构。

1. 渔业成为海岛经济的核心和主体

福建海岛海水养殖业和海洋捕捞业已形成一定规模，乡镇级以上海岛渔业占海岛农业的比重在85%以上，占海岛经济的比重多在70%以上；绝大多数海岛的海洋捕捞产量占渔业总产量的80%以上，尤其是大嵛山岛。东山岛、三都岛、海坛岛、粗芦岛、浒茂洲等海水养殖业发展较好。20世纪90年代以来，网箱养殖发展迅猛，经济效益得到了较大的提高。滩涂浅海养殖较发达的海岛有三都岛、海坛岛、草屿和海坛海峡中的诸海岛、南日岛、大嶝岛、小嶝岛、玉枕洲、浯屿等，有些海岛的养殖品种已创造出品牌，如南日岛的鲍鱼。

2. 海岛渔港建设力度得到加强

海岛作为海洋捕捞渔业的前哨基地，不少海岛已建各级渔港，有效增强了船舶靠泊、装卸、交易能力，渔船的后勤补给和避风条件也有了较大的改善，为渔船避风减灾发挥了重要作用。目前，海岛上已建厦门高崎、东山大澳两个国家级中心渔港，平潭东澳、龙海浯屿和湄洲岛北埭澳三个一级渔港，以及16个二级渔港和众多三级渔港，为海岛群众渔业生产、避风提供基本保障。

3. 农业是多数海岛岛陆的主要产业

20世纪80和90年代，海岛的农业总产值年增长高于全省年平均递增速度，种植业、林业、牧业、渔业和副业都得到全面发展。先后批准成立了东山岛创汇农业实验区、海峡两岸水产品加工集散基地、琅岐岛"菜篮子"工程等重点开发区和经济功能区，对海岛特色经济发展和海岛建设起到重要的推动作用，如东山岛的芦笋种植面积和产量分别占全省的47%和58.7%。

4. 盐业是海岛较早开发的产业

海岛蒸发量大、降水少、淡水入海少、水质好，是盐业生产的主要基地。20世纪50年代以来，福建省建设有三都岛的宁德县盐场、江阴岛的江阴盐场和新港盐场、海坛岛的平潭火烧港盐田、大嶝岛的大嶝盐场、厦门岛的钟宅盐场、东山岛的向阳盐田和西港盐田等盐场。近年来经过盐业结构调整，全省海岛仅保留有东山岛的向阳盐田和西港盐田两个，盐田面积大幅度缩小。

5. 海岛港口是福建沿海港口体系建设的一个组成部分

具备发展大型深水泊位条件的海岛有厦门岛、东山岛、海坛岛和琅岐岛等，其他岛屿由于自然条件或社会经济状况的限制，一般仅建设适应当地交通、货运需求的小型泊位、陆岛交通码头，或作为邻近大中型港区的附属作业区。

厦门港作为福建省的重要港口，经整合后，除了原厦门岛的东渡港区和客运港区外，还包括了大嶝岛码头作业区，石码港区的浒茂洲、海门岛，以及东山岛的东山港区等12个港区。琅岐岛西侧的琅岐作业区，江阴岛的江阴港区，海坛岛的金井、竹屿、娘宫、东澳、苏澳等作业区是福州港的重要组成部分。其他还有莆田南日岛客运码头、大嵛山港口区，湄洲岛宫下港口区、湄洲岛对台贸易港口区等。福建省具有发展商贸港口航运条件的海岛，港口建设正在大力推进。

6. 海岛上的交通、水、电和邮电通信设施建设得到长足发展

改革开放以来，基础设施建设投入得到重视，各级政府着力解决海岛"四缺""四难"问题，为海岛经济社会发展和居民生活改善创造条件。

厦门岛、东山岛、海坛岛、浮山岛、浒茂洲、大嶝岛、琅岐岛等正通过公路（桥）与大陆相连，其他有居民海岛多数都建有客运码头或陆岛交通码头，陆岛交通条件极大改善，主要乡镇级以上海岛基本建设了渔船和渡轮停靠码头，有固定渡轮往返于大陆和海岛之间。

有居民海岛上公路建设近几年发展较快，岛内道路硬化得到提高，硬化率达到67.2%，有的海岛已实现村村通水泥路，有的建有环岛公路。

海岛水、电、广播电视、通信等基础设施建设得到改善。乡镇级以上海岛用水基本能有效供应，厦门岛、鼓浪屿、东山岛、南日岛、浒茂洲、琅岐岛、粗芦岛、浯屿已建设引水工程供水，其他大部分海岛的供水取自岛上水库等蓄水设施或地下水。多数有居民海岛的电力设施和通信电缆通过海底铺设或高架与大陆相连。电缆已铺架到各乡镇级以上海岛，电网覆盖较完善。广播电视节目通过有线、无线和卫星等多种手段加强了对海岛的覆盖；移动通信信号覆盖到所有海岛。

7. 海岛旅游设施建设发展显著

福建省海岛的自然景观和人文旅游资源兼备，海岛旅游业正成为海岛经济发展的重要产业。海岛旅游区主要有：①厦门岛及其周边海岛旅游区，包括厦门岛、鼓浪屿旅游景区、火烧屿－大兔屿－小兔屿－白兔屿岛链生态地学旅游，小嶝岛、鳄鱼屿休闲度假区等；②湄洲岛国家级旅游度假区，包括湄洲天后宫、滨海沙滩、海蚀地貌景观和鹅尾山神石风景旅游区等；③海坛岛国家风景名胜区，包括龙王头海滨度假区、龙凤头海滨浴场、坛南湾海滨沙滩等海滨度假区、王爷山南麓东海仙境、石牌洋花岗岩巨型海蚀柱等；④东山岛滨海旅游区，包括马銮湾海滨度假区、乌礁湾海滨森林公园度假区、铜陵古城、关帝庙、塔屿等风景名胜区；⑤闽江口海岛旅游区，包括琅岐旅游区和连江川石度假旅游区；⑥三都澳群岛旅游区，主要包括蕉城区的三都岛、青山岛、斗帽岛、鸡公山岛、橄榄屿等；⑦福瑶列岛旅游区，由大嵛山岛、小嵛山岛、鸳鸯岛、鸟岛等岛礁组成，其中大嵛山岛山峦奇露，岛上有天然淡水湖及众多名胜古迹，沿海成片金黄色沙滩。

8. 可再生能源开发

近几年，在海坛岛长江澳、君山、流水等地，以及东山岛和南日岛等都已建成具有一定规模的风力发电设施。海坛岛曾建设有幸福洋潮汐电站，但已不再生产。

9. 矿产开发利用

海岛石英砂矿和花岗岩石材等比较丰富。石英砂矿开发集中在海坛岛和东山岛。东山岛已建成三个较有规模的硅砂选矿厂，年产50万吨，配套硅砂专用码头，是目前我国最大的硅砂生产基地。平潭竹屿－长江澳发育有铸型用型砂大型矿床，芦洋浦是全国标准砂矿生产供应基地之一。

花岗岩石材分布于全省多数海岛，一些海岛已开采花岗岩石料。海坛岛已探明饰面花岗岩石料中型矿床和大型矿床各 1 个，均为优质石料矿床。

10. 防灾体系建设

海岛防灾减灾体系建设稳步推进，主要海岛建设了防浪堤，基本实现了海岛自然灾害的监测预警。

（二）有居民海岛围海造地

福建海岛开发的围垦养殖区主要在三都岛、琅岐岛、东壁岛、南日岛、海坛岛等。随着海岛社会经济发展需要，现有围垦养殖区已有部分转为港口、工业与城镇建设用地。因应平潭综合实验区的建设开发，海坛岛的幸福洋、山门湾、火烧港等围垦区也将转为建设用地。

1. 有居民岛围垦状况

福建省海域围垦面积较大的有居民海岛主要有海坛岛、东山岛、厦门岛、琅岐岛、粗芦岛、南日岛、三都岛、浒茂洲、乌礁洲、玉枕洲等。海坛岛围垦面积最大，约为 43.88 千米^2，主要用于池塘养殖和城镇建设用地。东山岛其次，围垦面积约为 42.75 千米^2，主要是盐田和池塘养殖等用途。厦门岛围垦主要用于城镇、港口和路桥建设等，面积约为 24.6 千米^2。南日岛围垦区面积约 5.59 千米^2，主要为池塘养殖。三都岛围垦区面积约 4.44 千米^2，主要是盐田和池塘养殖等用途。浒茂洲、乌礁洲和玉枕洲围垦主要是城镇建设用地，面积分别为 6.92 千米^2、2.09 千米^2 和 2.19 千米^2。琅岐、粗芦围垦区面积分别为 1.40 千米^2 和 0.44 千米^2，多用于池塘养殖。

2. 海岛围垦的生态环境影响

海域改变了区域海洋水文动力条件，造成水流变阻，减少了海湾的纳潮量、削弱了海水自净能力，环境容量降低。例如，东山岛西埔围垦使诏安湾的自净能力减小了 15.72%；厦门湾西海域和同安湾因围填海，纳潮量分别减小了 32% 和 20%，西海域的海水半交换周期也由 1938 年的 17.0 天增加至 1984 年的 23.2 天。

海岛围填海多数作为养殖池塘，投放饵料和药物不科学，排放养殖废水；以及城镇建设填海造地，排放生活污水入海，加剧海洋环境污染。

海域围垦和填海造地改变了海域的属性，影响海洋生物的栖息环境，甚至造成其生境的消失，生物多样性减少，生物组成结构改变。对比厦门海域 20 多年来的调查，底栖生物的种类数量急剧减少，造成多毛类增多和棘皮动物种类减少，生物种类多样性下降。

围填海活动对中华白海豚、厦门文昌鱼等珍稀海洋物种，以及白鹭等水禽和红树林等生境造成影响。

二、无居民海岛开发利用状况

福建省无居民海岛开发利用的程度总体上较低，但部分岛屿的不合理开发造成了海岛资源和生态环境的破坏。

（一）无居民岛开发利用总体特点

海湾内的无居民海岛开发利用程度高于湾外海域的无居民海岛；港湾内的无居民海岛的开发利用以围填海、港口与工程建设、渔业生产和农业开发等为主，湾外的岛屿部分已多建立保护区，其开发利用基本以渔业生产为主；围填海工程常以海岛为堤坝连接点，以鱼鳞状和截弯取直的粗放用海方式进行，引起海岛属性发生变化。

（二）无居民岛开发利用形式

1. 海水养殖

是海岛开发利用的主要方式。主要有海岛周围海域筑堤围海的围堰养殖；利用围网、条石养殖牡蛎等开展滩涂养殖；浅海吊养贝类、网箱养殖；设置定置网等捕鱼；建设水产育苗池和养殖池，以及蓄水池、锅炉房等配套设施，如蕉城区鲎母山、罗源县的下担屿等。

2. 筑堤围海

对于面积相对较大的海岛，海岛岸线水深较深的，有的已建造陆岛交通码头，如惠安县的大竹岛、漳浦县的林进屿、东山县的尾涡尾等；有的被围填为港区或工矿及城镇建设区的一部分而消失，如厦门市海沧区钱屿、象屿、宁德的过境屿；还有部分海岛建有堤岸。

3. 旅游设施建设

部分海岛建有旅游设施，开发海岛景点，如莆田市的鸬鹚岛、惠安县的大坠岛、南安大百屿、厦门火烧屿等。

4. 构筑民房、管理房或庙宇等小建筑物

主要作为沿岸近海从事浅海吊养、网箱养殖、定置网等捕捞的渔民临时居住之用。有些海岛建小庙宇、坟墓等。

5. 建筑导航标志

为引导船只安全航行，交通管理部门在航道附近的海岛顶部、岸边或毗邻的礁石上建设导航灯塔、灯桩或灯标。

6. 基础设施

部分岛上修建供电铁塔、电线杆、电讯发射塔，架设电缆、电力设施或其他标志建筑，如宁德市蕉城区的猴毛屿、厦门市的猴屿。

7. 垦荒

早期的垦荒砍伐森林，部分保留有开垦的耕作地，种植作物；部分已荒废，如连江县的兀屿。

8. 开山采石

在部分海岛上开山采石，来建养殖池或房屋，个别海岛开采范围较大，山体破坏较严重，如蕉城区鲎母山、莆田市的尾山等。

三、领海基点海岛保护利用现状

福建省管辖海域内有 6 个领海基点海岛（表 6-24），其中东引岛、东沙岛、乌丘屿、东锭岛目前由台湾控制，牛山岛、大柑山（兄屿）分别由平潭县、东山县管辖。

表 6-24　福建省管辖海域内领海基线海岛

岛名	面积/千米²	纬度	经度	所在行政区
东引岛	3.65	26°22.6′	120°30.4′	连江县
东沙岛	0.06	26°09.4′	120°24.3′	连江县
牛山岛	0.26	25°25.8′	119°56.3′	平潭县
乌丘屿	0.98	24°58.6′	119°28.7′	秀屿区
东碇岛	0.09	24°09.7′	118°14.2′	龙海市
大柑山（兄屿）	0.004	23°31.9′	117°41.3′	东山县

牛山岛位于海坛岛东南部海域 8.5 千米，面积 0.26 千米²。岛上植被覆盖率不高，主要是草本植物，基岩裸露，水土流失比较明显。岛上设立我国领海基点界碑，建有航标灯塔及管理房、简易码头、码头至灯塔的小石路、牛山将军宫（小庙）、简易一层石房。周围海域为汇聚流生态系统，已设立牛山岛汇聚流生态系统海洋特别保护区。海域渔业资源丰富，是闽中渔场的一部分，渔汛期各地捕捞渔船云集，牛山将军宫曾有渔民上岛拜祭，目前岛上有人居住，承包管理岛屿，主要是放养山羊和采集贝类等。2008年向社会公开招标承包管理，平潭县当地群众中标承包管理保护。

大柑山（兄屿）位于东山岛东侧 27 千米，面积 0.004 千米²。岛上植被覆盖率较高，主要是草本植物、藤本植物，基岩部分裸露，是鸟类迁移栖息地之一。岛上人为活动少，主要建有航标灯塔、移动通信发射塔及管理房、直升机简易停机坪等。海况较好时常有渔民到兄屿周围海域采拾贝类和上岛活动。

四、海岛开发与保护存在的主要问题

（一）有居民海岛开发与保护存在的问题

1. 经济基础较薄弱，社会经济发展不平衡

除厦门岛外，福建省大部分海岛社会经济的发展水平低于沿海地区，存在明显的地区性差距。海岛经济基础、规模较小，发展速度慢；经济以渔业为主，工业结构简单，主要为水产品保鲜加工业和渔船渔具修造等，生产方式落后，生产效率不高；第三产业比重偏低，渔业劳动力过剩，却难于向第二、第三产业转移。

2. 基础设施落后，经济发展的制约因素十分突出

福建省海岛的基础设施，近年来虽有明显改善，但交通、能源和水源仍是制约海岛经济发展的三大因素。大部分重点海岛蓄水能力差，水资源紧缺，部分海岛饮水安全得不到保障；部分居住人口多的海岛陆岛交通状况仍然滞后，码头设施不完善，渡船班次

少、档次低，海岛居民出行不便且存在交通安全隐患，部分自然村海岛甚至目前仍没有码头，只能依靠天然滩地搁浅作业。交通不便，制约了游客进出，限制了海岛旅游发展。

3. 社会事业滞后，政府公共服务保障能力明显不足

政府公共服务保障能力明显不足，偏远海岛的困难尤其突出，严重制约了海岛社会经济的发展。目前大多乡镇建制海岛的学校老旧，中小学危房多，教师数量和教学质量无法保证；卫生基础设施落后，医疗卫生人员短缺；文化基础设施薄弱，存在"无、旧、小"等问题。

4. 人口素质、教育科技水平较低

海岛人口的文化素质普遍较低，岛上各类科技人员和管理人才缺乏，人才引进困难，人才流失严重，影响了海岛应用技术推广和海岛产业向高层次的发展。同时，青壮人口到附近城镇打工，海岛居民以老人、妇女居多，不利于海岛发展。

5. 环境保护设施严重短缺，生态环境压力大

海岛环境保护设施落后，减灾防灾能力弱，除厦门、东山和海坛等几个大的海岛外，其他海岛基本没有环境处理设施，船舶排污、生活污水和垃圾，以及工农业废水直接排放入海，对海域造成严重污染，影响海岛周围的水产养殖。赤潮和风暴潮灾害时有发生，同时海洋灾害预测监测体系不健全，海岛环境保护和改善任务繁重。海堤等防护设施由于频受台风风暴潮暴雨等袭击，破坏海岛海堤，存在一定的安全隐患。

（二）无居民海岛开发与保护存在的问题

1. 无居民海岛权属不清，缺乏管理法律法规

《海岛保护法》颁发实施前，无居民海岛处于无人管理的状态，或存在多头管理现象，缺乏支撑的法律法规，管理职责与权限不清。一些单位和个人将无居民海岛视为无主地，随意占用、使用、买卖和出让，海岛资源流失严重。有一些海岛被个别单位和个人违法占有，影响国家正常的科学调查、研究、监测和执法管理活动，滋生违法乱纪行为，成为当地社会治安的隐患。大多数人对无居民海岛属于国有资源的意识淡薄，保护观念不强、保护措施不力，不仅造成海岛资源的极大浪费，而且破坏了海岛生态环境及周围海域环境。

2. 缺乏统一协调管理，开发利用处于无序无度状态

在一些资源较丰富的海岛，水产养殖、旅游、港口及海洋运输、农林牧等各行业在开发利用海岛资源中相互竞争。无居民海岛面积狭小，地理环境独特，生态脆弱，对海岛的开发利用普遍缺少规划，随意性很大，基本上处于盲目、随意、无序、无度和无偿的开发状态，粗放型开发、过度开发现象比较突出，资源浪费的现象比较严重。

3. 无居民海岛开发难度大

长期以来，无居民海岛环境条件恶劣，缺乏最基本的生活条件，一般缺乏淡水，只作为渔民海洋生产活动的临时利用场所。大多数无居民海岛资源有限，规模开发困难。

4. 旅游资源粗放式开发利用

无居民海岛的旅游开发缺少对海岛历史文化底蕴、自然文化景观等独特资源做深入

的研究、详细的策划与合理的开发。多数属于粗放式开发，产品雷同无新意，缺乏各个海岛景观独自个性和精髓的发挥，缺乏有个性的包装和品牌策划，没有长久吸引力。

5. 易受侵蚀破坏

福建多数岛礁断裂发育，风化强烈，受海浪和风力的侵蚀破坏，岛屿岸线后退、岛屿面积缩小、山体裸露陡坡失稳。大多数无居民海岛地势低洼，极易受海平面上升和风暴潮的侵袭。

第十节　海岛开发与保护总体设想

一、海岛开发利用与保护分类

（一）有居民海岛分类及其开发指南

有居民海岛的开发与保护应因岛制宜，将其分为四类。

1）第一类海岛为开发程度高，资源与环境条件、经济基础、交通条件等比较发达的海岛，如厦门岛、鼓浪屿。这类海岛的发展方向是进一步提升海岛开发品位，优化布局，同时加强海岛生态环境保护，加大生态修复力度；培养海洋科研人才，推动海洋高新技术和关键技术研发，拓展海岛开发与保护示范作用。

2）第二类海岛为开发程度一般，资源与环境条件、社会经济、交通等较好的海岛，如海坛、东山岛、琅岐岛、粗芦岛、湄洲岛、大嵛岛、浒茂洲等。这类海岛须加强海岛基础设施建设，完善海岛道路、码头、交通运输、通信设施建设，加强海岛淡水资源保护和提高供水能力，完善医疗卫生、基础教育、邮电通信、广播电视等公共服务设施，要充分利用海岛优势，着力发展港口航运、加工贸易、度假旅游、海岛能源，并根据资源环境特点做好海岛生态环境保护，避免开发过度或利用不当而造成岸滩侵蚀后退等资源破坏，以及沿海防护林退化造成风沙灾害。

3）第三类海岛为离大陆较近，资源与环境条件、经济基础、交通条件一般的海岛，如大嵛山岛、西洋岛、大练岛、东庠岛、屿头岛、草屿、塘屿、南日岛等。这类海岛应结合海岛资源、环境、经济基础、交通运输等方面的开发现状，选择海岛发展方向，制定开发与保护规划；加强基础设施建设，提高运输能力，发展加工贸易、海岛旅游，建立海水农业新型种植模式、海岸滩涂开发利用生态化示范；促进海岛渔业转型升级，积极发展休闲渔业，重点开展海洋农牧化工作，开展海水增养殖、工厂化海水养殖、离岸网箱养殖、滩涂和浅海增养殖，推广大型深水抗风浪网箱养殖，建设海水养殖产业体系化示范工程，促进海水养殖技术升级和产业良性发展；加强优良品种培育、病害快速诊断及其综合防治、渔业资源评估及可持续利用等关键技术的成果转化；推动海洋水产品加工、贮藏、运输，以及水产品质量安全保障等技术的应用；建设海岛生态养殖示范区，建设海岛观光休闲和生态特色旅游示范区，建设海岛生态整治和修复示范区；实施适合海岛特点的风能、太阳能、波浪能、潮流能利用和海水淡化与综合利用等示范工程，以及循环经济发展模式示范工程，形成网络，带动海岛科技兴海发展。

4）第四类海岛为距离大陆比较远，交通条件相对比较差的海岛行政村、自然村级海岛，如台山列岛等。此类海岛发展基础条件比较薄弱，应着重改善环境条件，发展渔业捕捞、海珍品增养殖、水产品加工、海岛旅游，发展新能源。围绕"资源、环境、生态"三大主题，以示范工程为带动，形成海岛合理的开发与保护网络；建设海岛生态养殖示范区、海岛观光休闲和生态特色旅游示范区；实施适合海岛特点的风能、太阳能、波浪能、潮流能利用和海水淡化与综合利用等示范工程，形成网络，带动海岛科技兴海发展。

上述四类有居民海岛，不论其原有的开发程度如何，所有新开发项目都需符合海洋功能区划、海岛保护规划和海洋环境保护规划，要遵循有关城乡规划、环境保护、土地管理、海域使用管理、水资源和森林保护等法律法规的规定，保护海岛及其周边海域的生态系统。在有居民海岛进行工程建设，应当坚持先规划后建设、生态保护设施优先建设或者与工程项目同步建设的原则。工程建设造成生态破坏的，应当负责修复；无力修复的，由县级以上人民政府责令停止建设，并可以指定有关部门组织修复，修复费用由造成生态破坏的单位、个人承担。

（二）无居民海岛利用与保护分类

综合考虑海岛地理区位条件、生态环境特点、资源特征、开发利用现状及社会经济发展需求等因素，采用三类二级分类体系，将福建省无居民海岛划分为特殊保护类海岛、一般保护类海岛、适度利用类海岛等3个一级类，各类再分若干二级类共11小类。

1）特殊保护类海岛指在海洋权益与国家安全、军事设防方面有重要价值，或指已建或待建自然保护区、特别保护区范围内，以及具有特殊功能的无居民海岛，可分为领海基点海岛、国防用途海岛和海洋保护区内海岛等3小类。其中海洋保护区内海岛指自然保护区、历史遗迹保护区、海洋特别保护区中的海岛；或为鸟类及其他野生动物繁殖、栖息，以及植物种群和森林植被覆盖比较典型的海岛；或海岛上现有具有保护价值的古墓、古塔、古庙、古树，以及海岛周围为红树林分布区、古代沉船保护区、产卵场、索饵场。对珍稀动植物主要栖息的岛屿、生物多样性较高的岛屿，以及具有特殊地貌景观和人文遗迹的岛屿，应建立国家、省、市、县各级海岛自然保护区或特别保护区加以保护。

2）一般保护类海岛指没有明显的资源优势，目前或近期不具有开发利用条件的无居民海岛或不宜开发的无居民海岛。一般保护类海岛，应维持海岛的现状，保护海岛及周围海域生态环境，严格控制在海岛开山取土采石以及破坏海岛景观、植被和岸滩地貌的开发活动，近期以保护为主，远期根据开发利用情况可作适当调整。

3）适度利用类海岛指海岛或其周围海域具有明显的优势资源，根据当地国民经济和社会发展需求，考虑海岛资源开发与生态环境的承载力，可进行适度开发利用的无居民海岛，包括旅游娱乐用岛、交通运输用岛、工业与城镇建设用岛、渔业用岛、农林牧业用岛、可再生能源用岛、公共服务用岛等7小类。开发利用无居民海岛要始终坚持"在保护中开发，在开发中保护"的原则。

二、海岛开发与保护对策

（一）完善海岛保护法配套管理办法

为了尽快落实《中华人民共和国海岛保护法》，应及早制定《福建省海岛保护管理办法》。管理办法应明确海岛保护与利用审批程序等管理规定，明确海岛开发与保护规划编制要求，明确海岛开发与保护监测检查要求，明确对海岛开发利用历史遗留问题的管理要求等。根据海岛的具体实际，实施分类管理。

严格保护特殊保护海岛，主要包括自然保护区核心区、国防和领海基点保护范围内的无居民海岛和有居民海岛的特殊用途区域等。任何单位和个人不得开发利用特殊保护海岛。

有居民海岛开发建设不应超出资源环境承载能力，超出岛屿本身的环境容量。重点保护海岛沙滩、植被、淡水、珍稀动植物及其栖息地，优化开发利用方式，改善海岛人居环境。完善公共基础设施和公共事业设施建设，保障居住安全，防止自然灾害侵袭等。对于改变海岸线、填海连岛等严重影响海洋生态的行为，必须经过严格的审批程序，并强化国土资源、环境保护、建设、海洋等行政管理部门的责任。

明确由国家海洋行政主管部门对无居民海岛保护与利用实施管理，沿海省、自治区、直辖市人民政府和国家海洋行政主管部门的派出机构负责无居民海岛保护和利用工作，沿海县级以上地方人民政府对可利用无居民海岛保护和利用规划实施监督管理。对具有开发利用价值的无居民海岛，根据资源与环境的承受能力情况适度开发，坚持"在开发中保护，在保护中开发"的原则，促进海岛的开发与保护。

（二）健全法制建设，依法治岛

增强依法治岛的观念意识。各级政府及海洋管理部门要向社会深入宣传海岛开发保护的各项法律，表彰先进典型，处罚违法行为，使海岛生态环境保护、资源合理开发、污染控制、海域功能区保护、生物多样性保护等理念广为人知；使海岛资源开发、产业发展等严格控制在海岛资源生态环境的承受能力之内的观念深入人心；使按照法律、法规管理海岛、保护开发海岛的做法成为自觉行为。

编制海岛开发与保护规划。引导落实"规划先行、保护为主、适度开发、分类推进"的要求，将海岛开发、建设与保护工作切实纳入法制轨道。沿海县（市、区）政府及海洋行政主管部门，要认真做好各项规划的衔接和落实工作。根据海岛保护法规定，编制当地的海岛开发与保护规划，明确海岛开发与保护的功能定位、空间布局、开发规模、开发时序、保护对策及实施措施等。

完善法规政策。省人民政府及海洋行政主管部门和沿海市、县各级政府，要及时研究制定国家有关涉及海岛开发、建设与保护的法律法规和政策措施，在海岛范围具体的实施措施，及时修订既有地方法规和政策措施。

严格执法。海洋行政主管部门强化执法队伍建设，要经常深入海岛基层，加强检查，及时发现问题，排查问题，解决问题，及时制止违反海岛管理和海岛保护法律法规的行为，并按照规定给予相应的处罚制裁。

（三）扩大海岛对外开放

拓展海岛对外开放程度，加快平潭县综合实验区建设，发挥先行先试的作用，带动其他海岛的开发，把海岛作为对外开展经贸合作和科技交流的窗口，吸引岛外资金，引进先进技术、人才、管理经验，为海岛开发与保护提供支撑。改善海岛对台交流基础设施条件，开辟新的对台口岸，不断提升海岛对台合作交流的优势及其影响力。

（四）加大基础设施与公共事业建设

针对海岛基础设施与公共事业存在的薄弱环节和突出问题，重点加强交通、安全饮水工程、渔港、电网、防灾减灾等基础设施建设，加强基础教育、医疗卫生、文化体育设施、广播电视等公共事业的建设，有效改善海岛群众生产、生活的条件，促进海岛对外交流和特色产业发展。

（五）加强海岛生态环境保护

制定海岛开发与保护措施，逐步提高环境保护意识，保护海岛生态环境，禁止开山取石挖土、烧山滥伐林木、捕捉野生动物、酷捕鱼虾贝藻、任意排放污水、随意倾倒垃圾等损害资源、影响生态环境的违法行为。

加强海岛森林植被保育养护，提高森林覆盖率，防止和减少水土流失。改良土壤，加强土壤环境的污染监测，及时预报土壤的环境质量变化。

严格保护海岛水源地，实施海岛绿化和水源涵养工程。严格管理和合理利用海岛水资源；因地制宜地建设海岛水库、大陆引水等工程。对海岛上的深井，要在雨季时采取人工回灌，恢复地下水的再循环，防止井位附近地面沉陷，保持地下水的正常开采水量。要严格防止污染物质进入蓄水工程，提高淡水利用率。

海岛开发须制定完善的保护方案与环保对策措施，履行环保三同时制度。

加强海岛污染和生态灾害监测、治理，落实海岛岸线整治与保育，受损自然生态系统整治与修复，海岸环境地质灾害防护等措施，提高减灾防灾能力。

（六）加强海岛保护区管理和建设

进一步完善落实各类保护区总体规划及管理计划，落实管理措施。加强保护区管理保护、监测、科研、宣传教育等基础设施的建设，初步建成全省保护区监测监视网络和综合信息平台。进一步充实完善保护区管理的社区共管体制，完善保护区的可持续财政支持渠道，加强保护区管理人员的培训。制定全省海洋自然保护区和海洋特别保护区发展规划，科学规划海洋保护区布局，分期规划和建设一批多层次的具有保护价值的海洋保护区。

（七）不断提高海岛开发技术、管理水平和执法能力

提高海岛整体科技水平，积极引进、培养科技人才，提高海岛开发保护技术和管理水平，建设一批有特色的海岛科技服务机构，加强重大问题与关键技术研发力度，为全面加强海岛开发与保护提供技术支撑。

引进高新技术成果、先进的技术设备，因地制宜地建立高新技术产业区，优化产业结构，提高生产效率。用现代化的船舶和飞机及先进仪器设备装备海上执法队伍，提高应对违法、违规事件及其他突发事件的应急处置能力；充实和加强海洋执法力量，强化执法人员监督管理，努力建设专业的海岛执法队伍。

第十一节　小　　结

福建省海岛总数为 2214 个，其中有居民海岛 100 个，无居民海岛 2114 个；面积大于等于 500 米^2 的海岛 1321 个，面积小于 500 米^2 的海岛 893 个。

（一）海岛资源环境状况

海岛潮间带发育类型有岩石滩、砾石滩、沙滩、淤泥滩、生物滩五种。潮间带总面积 474.6 千米^2，海岛潮间带中以岩滩、砂质海滩、粉砂淤泥质滩为主，其中以砂质海滩最大，面积为 215.2 千米^2，约占总面积的 45.3%；砾石滩面积最小，面积 0.9 千米^2，约占总面积的 0.2%。

海岛潮间带表层沉积物的化学环境基本处于良好的状态，大多数观测要素符合《海洋沉积物质量》中的第一类标准。与上次海岛调查结果相比，虽然个别污染物含量有所增加，如硫化物、石油类、666 和 DDT，但多数污染物含量维持在以往水平，有些污染物含量略有降低。

三都岛、江阴岛、南日岛、湄洲岛、东山岛相关监测生物的生物质量相对较好，琅岐岛、浒茂洲的生物质量较差，多项检测项目超出《海洋生物质量》中的第三类标准。

海岛湿地总面积约 607.7 千米^2，其中自然湿地面积约 436.2 千米^2，人工湿地面积约 171.5 千米^2。自然湿地中砂质海岸面积最大，总计约 201.3 千米^2，红树林沼泽面积最小，仅约 2.1 千米^2。人工湿地中养殖池塘面积最大，总计约 94.1 千米^2，水库面积最小，仅约 4.5 千米^2。

海岛植被调查共记录维管植物 1558 种，与上次海岛调查相比，维管植物共增加种类数 360 种，新记录属 1 个、种 5 个。

海岛土地总面积 1628.39 千米^2，其中有居民海岛土地面积 1107.83 千米^2，无居民海岛土地利用面积 48.00 千米^2。按土地利用类型划分，耕地 265.1 千米^2；园地 66.4 千米^2；林地 338.2 千米^2；草地 75.8 千米^2；居民地及公共管理与服务用地 191.0 千米^2；工矿仓储用地 14.5 千米^2；特殊用地 9.2 千米^2；交通用地 41.1 千米^2；水域及水利设施用地 553.6 千米^2；其他用地 73.6 千米^2。

（二）海岛开发与保护存在的问题

有居民海岛经济基础较薄弱，社会经济发展不平衡；基础设施落后，经济发展的制约因素十分突出；社会事业滞后，政府公共服务保障能力明显不足；人口素质、教育科技水平较低；环境保护设施短缺，生态环境压力大；海岛信息化设施相对落后。

无居民海岛权属不清，缺乏管理法律法规，缺乏统一协调管理，开发利用处于无序无度状态；无居民海岛开发难度大；盲目的开发利用加剧对海岛脆弱的生态环境的破坏；旅游资源粗放式开发利用；易受侵蚀破坏。

（三）海岛开发与保护对策措施

完善《海岛保护法》配套管理办法，严格保护特殊保护海岛，加强对有居民海岛的生态环境保护，适度开发利用无居民海岛。

增强依法治岛的观念意识，编制海岛开发与保护规划，完善法规政策，严格执法。

拓展海岛对外开放程度，把海岛作为对外开展经贸合作和科技交流的窗口，吸引岛外资金，引进先进技术、人才、管理经验，为海岛开发与保护提供支撑。

针对海岛基础设施与公共事业存在的薄弱环节和突出问题，重点加强交通、安全饮水工程、渔港、电网、防灾减灾等基础设施建设和教育、医疗、文化设施、广播电视等公共事业的建设，有效改善海岛群众生产、生活的条件，促进海岛对外交流和特色产业发展。

制定海岛开发与保护措施，保护海岛生态环境；加强海岛森林植被保育养护，改良土壤，提高土壤的肥力水平；严格保护海岛水源地，实施海岛绿化和水源涵养工程；海岛开发必须认真履行环保三同时制度，加强海岛污染和生态灾害监测、治理；加强海岛保护区的管理和建设。

提高海岛整体科技水平，引进高新技术成果、先进的技术设备，因地制宜地建立高新技术产业区，发展高新技术产业，优化产业结构，提高生产效率。提高应对违法、违规事件及其他突发事件的应急处置能力；充实和加强海洋执法力量，强化执法人员监督管理，努力建设专业的海岛执法队伍。

加强组织领导，建立协调机制；完善规章制度，加强监察执法；广泛动员社会，加强公众参与；渠道筹措资金，设立专项基金，加大投资力度；加快人才培养，促进合作交流。

第七章
海岸带调查

福建海岸带调查范围为福建管辖海岸带，向海方向以潮间带为中心延伸至海图 0 米等深线附近；向陆地方向的延伸距离，根据成图和应用需要确定，一般为海岸线向陆地延伸 1 千米。调查基本比例尺为 1∶50000，但海岸线测量比例尺提高至 1∶10000。为便于叙述，将 20 世纪 80 年代开展的福建省海岸带和海涂资源综合调查简称为"上次海岸带调查"（图 7-1）。

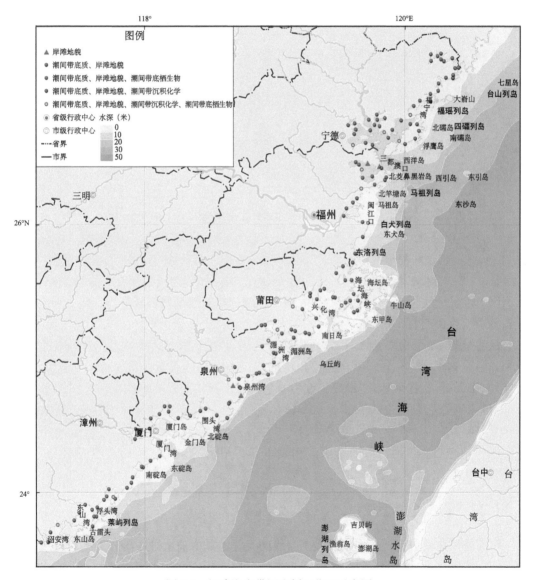

图 7-1　福建海岸带调查剖面位置示意图

按照专项总体实施方案的要求，调查沿福建省海岸线大约每 20 千米间距布设一条地形测量剖面，在部分地形测量剖面和底质、沉积化学和底栖生物调查，剖面布置尽量与上次海岸带调查的剖面一致。本次海岸带调查完成全省海岸线 1∶10000 比例尺测量、全省海岸潮间带沿程踏勘填图与验证、150 个海岸与潮间带地形测量剖面、110 个潮间带底质采样剖面、32 个潮间带沉积化学与环境质量调查剖面、春秋两季各 16 个潮间带底栖生物调查剖面，以及沿海岸带的资源调访与调查等工作，获得全省海岸线测量数据、150 个海岸与潮间带地形测量剖面数据、297 个潮间带表层沉积物样品、33 个潮间带沉积物短柱状样品、96 个表层沉积化学样品、10 个潮间带沉积化学短柱状样品、96 站潮间带底栖生物样品和 32 站生物残毒样品。

第一节　海　岸　线

一、海岸线特征

（一）岸线长度及其分布

福建大陆（不包括厦门岛和东山岛）岸线总长度为 3486 千米。其中，宁德市岸线最长，为 1047 千米，占全省岸线长度的 30.03％；其次为福州市，岸线长度 910 千米，占 26.10％，宁德和福州两市岸线合计长度占全省岸线总长的 56.13％；第三为漳州市，岸线长度 551 千米，占 15.81％；第四为泉州市，岸线长度 516 千米，占 14.80％；第五为莆田市，岸线长度 334 千米，占 9.58％；厦门市岸线最短，长度为 128 千米，仅占全省海岸线总长度的 3.67％。

福建全省 34 个沿海县/区中，海岸线最长的县为宁德市的霞浦县，岸线长度 482千米，占全省的 13.83％；其次是福州市的福清市，岸线长度 403 千米，占全省岸线长度的 11.56％；其余县/区岸线长度占全省岸线长度 5％以上的依次还有宁德市的福鼎市（7.96％）、漳州市的漳浦县（7.42％）、莆田市的秀屿区（6.98％）、福州市的连江县（6.88％）、泉州市的惠安县（6.06％）。沿海县级城市中，由于福州的平潭县、泉州的金门县、厦门市的思明区和湖里区、漳州的东山县为海岛县/区，其大陆岸线长度为 0。

（二）海岸线类型

福建省海岸线分为自然岸线和人工岸线两大类，其中前者进一步分为基岩岸线、砂质岸线、粉砂淤泥质岸线、河口岸线四个类型（图 7-2）。在全省海岸线中，人工岸线最长为 1764 千米，占全省岸线长度的 50.61％，显示福建省海岸带开发程度较高；其次是基岩岸线，长度为 1099 千米，占岸线长度的 31.52％（表 7-1）。

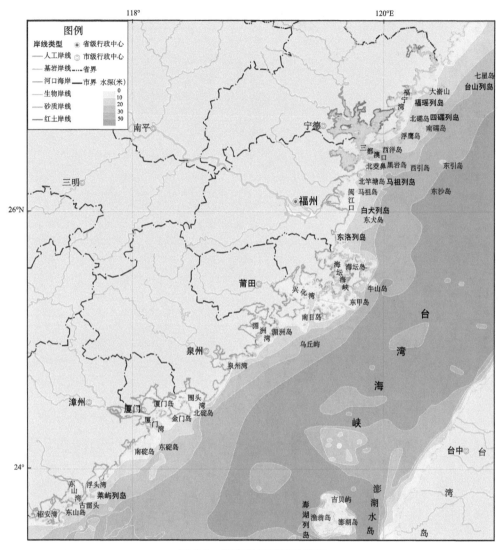

图 7-2　福建海岸带岸线类型

表 7-1　福建全省各地市不同岸线类型长度及占全省岸线长度的比例

行政区	基岩岸线		砂质岸线		粉砂淤泥质岸线		河口岸线		人工岸线	
	岸线长度/千米	占全省比例/%	岸线长度/千米	占全省比例/%	岸线长度/千米	占全省比例/%	岸线长度/千米	占全省比例/%	岸线长度/千米	占全省比例/%
福建省	1099	31.52	254	7.29	357	10.25	11.5	0.33	1764	50.61
宁德市	464	13.30	23	0.65	306	8.79	3.2	0.09	252	7.21
福鼎市	188	5.38	3	0.09	44	1.25	1.1	0.03	42	1.21
霞浦县	235	6.75	20	0.56	176	5.05	0.3	0.01	51	1.46
福安市	20	0.58	0.0	0.00	61	1.75	0.8	0.02	85	2.42
蕉城区	20	0.58	0.0	0.00	26	0.74	1.0	0.03	74	2.13

续表

行政区	基岩岸线		砂质岸线		粉砂淤泥质岸线		河口岸线		人工岸线	
	岸线长度/千米	占全省比例/%	岸线长度/千米	占全省比例/%	岸线长度/千米	占全省比例/%	岸线长度/千米	占全省比例/%	岸线长度/千米	占全省比例/%
福州市	414	11.88	58	1.66	6	0.18	2.6	0.07	429	12.30
罗源县	96	2.74	1	0.03	<1	0.01	0.2	0.01	58	1.67
连江县	128	3.68	9	0.24	0.0	0.00	0.2	0.01	103	2.96
马尾区	0.0	0.00	0.0	0.00	0.0	0.00	0.4	0.01	12	0.35
长乐市	17	0.49	33	0.94	6	0.18	0.4	0.01	43	1.24
福清市	173	4.97	16	0.45	0.0	0.00	1.4	0.04	212	6.08
平潭县	—	—	—	—	—	—	—	—	—	—
莆田市	54	1.55	23	0.66	19	0.54	0.7	0.02	237	6.79
涵江区	0.0	0.00	0.0	0.00	1	0.02	0.4	0.01	19	0.54
荔城区	4	0.12	1	0.02	5	0.14	0.2	0.01	30	0.87
秀屿区	50	1.44	22	0.64	13	0.37	0.0	0.00	158	4.53
城厢区	0.0	0.00	0.0	0.00	1	0.02	0.1	0.00	22	0.62
仙游县	0.0	0.00	0.0	0.00	0.0	0.00	0.1	0.00	8	0.23
泉州市	94	2.69	57	1.62	11	0.30	2.7	0.08	353	10.12
泉港区	9	0.26	1	0.03	2	0.05	0.5	0.00	58	1.66
惠安县	49	1.39	24	0.70	6	0.16	0.5	0.00	132	3.79
洛江区	0.0	0.00	0.0	0.00	0.0	0.00	<0.1	0.00	4	0.10
丰泽区	1	0.04	0.0	0.00	0.0	0.00	0.4	0.01	20	0.56
晋江市	19	0.54	21	0.59	2	0.05	1.7	0.05	68	1.94
石狮市	16	0.45	10	0.30	<1	0.00	0.1	0.00	36	1.04
南安市	<1	0.01	<1	0.01	1	0.03	0.1	0.00	36	1.02
金门县	—	—	—	—	—	—	—	—	—	—
厦门市	1	0.02	1	0.02	0.0	0.00	0.7	0.02	126	3.62
翔安区	0.0	0.00	0.0	0.00	0.0	0.00	0.7	0.02	54	1.55
同安区	0.0	0.00	0.0	0.00	0.0	0.00	0.7	0.02	14	0.40
集美区	0.0	0.00	0.0	0.00	0.0	0.00	0.0	0.00	24	0.67
海沧区	1	0.02	1	0.02	0.0	0.00	0.0	0.00	34	0.98
湖里区	—	—	—	—	—	—	—	—	—	—
思明区	—	—	—	—	—	—	—	—	—	—
漳州市	73	2.09	93	2.68	15	0.43	1.5	0.04	369	10.57
龙海市	24	0.67	11	0.32	1	0.04	0.4	0.01	96	2.75
漳浦县	34	0.96	65	1.86	6	0.16	0.4	0.01	155	4.43
云霄县	10	0.28	3	0.07	6	0.18	0.2	0.00	53	1.52
诏安县	6	0.17	15	0.42	2	0.06	0.6	0.02	65	1.86
东山县	—	—	—	—	—	—	—	—	—	—

注：厦门岛的思明、湖里两个区、金门县、东山县、平潭县是海岛，海岛岸线不参与统计。各岸线比例是指本类型岸线长度与全省岸线长度的百分比值。

1. 基岩岸线

福建全省基岩海岸岸线长度 1099 千米。其中，福州市最多，长度 414 千米；其次是宁德市，长度 464 千米；第三是泉州市，长度 94 千米；第四是漳州市，长度 73 千米；第五是莆田市，长度 54 千米；厦门市最小，长度约 600 米。

从各市基岩岸线占该市岸线长度的比例来看，基岩岸线比例最高的是福州市，占 45.49%；其次是宁德市，占 44.32%；第三是泉州市，占 18.22%；第四为莆田市，占 16.17%；第五为漳州市，占 13.25%；厦门市最少，仅占 0.78%。基岩岸线的比例主要与地质构造背景有关，闽江口以北地区为低山和丘陵地区，多发育基岩海岸类型。

2. 砂质岸线

福建全省砂质海岸岸线长度 254 千米。其中，漳州市最多，长度 93 千米；其次是福州市，长度 58 千米；第三是泉州市，长度 57 千米；第四是莆田市，长度 23 千米；第五是宁德市，长度 23 千米；厦门市最小，长度 600 米。

从各市砂质岸线占该市岸线长度的比例来看，砂质岸线比例最高的是漳州市，占 16.92%；其次是泉州市，占 10.96%；第三是莆田市，占 6.93%；第四为福州市，占 6.37%；第五为宁德市，占 2.15%；厦门市最少，占 0.43%。闽江口南部、漳州龙海和漳浦、泉州晋江、惠安、南安等是主要的砂质海岸分布地区。

3. 粉砂淤泥质岸线

福建全省粉砂淤泥质海岸岸线长度 357 千米。其中，宁德市最多，长度 306 千米；其次是福州市，长度 19 千米；第三是漳州市，长度 15 千米；第四是泉州市，长度 11 千米；第五是莆田市，长度 6 千米；厦门市没有粉砂淤泥质岸线。值得指出的是，众多粉砂淤泥质海岸被开发成滩涂养殖区和盐田；被填海形成码头、堆场和工农业开发区，如沙埕港、三沙湾、罗源湾、兴化湾、湄洲湾、泉州湾、厦门湾等，其原来的粉砂淤泥质岸线大部分被开发利用，岸线类型发生了很大的变化。

从各市粉砂淤泥质岸线占该市岸线长度的比例来看，粉砂淤泥质岸线比例最高的是宁德市，占 29.25%；其次是福州市，占 5.68%；第三是漳州市，占 2.75%；第四为泉州市，占 2.04%；第五为莆田市，占 0.70%。

4. 河口岸线

福建省主要入海河流有闽江、九龙江、晋江、漳江、木兰溪、白马河等。

全省河口岸线总长 11.5 千米，占全省岸线长度的 0.32%。宁德市、泉州市和福州市均约为 3 千米，漳州市为 2 千米，厦门市和莆田市均约为 700 米。河口岸线占该市岸线比例最大的是厦门市，占 0.57%；其次是泉州市，占 0.53%；第三是宁德市，占 0.30%；第四是福州市，占 0.28%；第五是漳州市，占 0.27%；最小的是莆田市，占 0.22%。

5. 人工海岸

福建全省人工海岸岸线长度 1764 千米。其中，福州市最多，长度 429 千米；其次是漳州市，长度 369 千米；第三是泉州市，长度 352 千米；第四是宁德市，长度 252 千米；第五是莆田市，长度 237 千米；厦门市最小，长度 126 千米。

从各市人工岸线占该市岸线长度的比例来看，人工岸线比例最高的是厦门市，比例高达 98.54%；其次是莆田市，占 70.94%；第三是泉州市，比例为 68.33%；第四为漳

州市，比例为 66.86%；第五为福州市，比例为 47.13%；宁德市最少，比例为
24.02%。人工岸线的比例主要与海洋开发程度和岸线类型有关（表 7-2）。海洋开发程
度越高，人工岸线长度越长，比例也较高；基岩岸线多的海域，其开发利用和防灾的需
要均较低，人工岸线相对较少。

表 7-2　福建省重要港湾大陆岸线长度　　　　　　　　（单位：千米）

重要港湾	沙埕港	三沙湾	罗源湾	兴化湾	湄洲湾	泉州湾	厦门湾	东山湾	诏安湾—宫口湾
基岩岸线	89	117	59	96	20	5	14	14	6
砂质岸线	—	—	1	16	4	8	8	5	11
粉砂淤泥质岸线	44	257	—	7	8	<1	3	5	3
人工岸线	38	179	98	202	185	104	308	87	74
河口岸线	1.1	1.9	0.2	1.6	0.2	1.9	1.5	0.2	0.6

二、海岸线动态变化

对比宁德、福州、厦门三个地区 20 世纪 60 年代和 80 年代与本次调查（2007 年）
的海岸线位置，以及莆田、泉州、漳州三个地区 20 世纪 80 年代和 90 年代与本次调查
的海岸线位置，重要港湾中沙埕港、三沙湾、厦门湾、湄洲湾的面积变化较大（表 7-
3），主要是由于围海造地导致的，如厦门湾内杏林湾和筼筜湖的围海造地，沙埕港内丹
岐、马井鼻、梅树脚、八尺门和翁江等地的围垦养殖区。

表 7-3　宁德、福州、厦门重要港湾不同年代面积对比

港湾	口门起止坐标		海湾面积/千米²		
	经度	纬度	20 世纪 60 年代	20 世纪 80 年代	2007 年
沙埕港	120.4232°E 120.4368°E	27.1644°N 27.1531°N	111.12	93.75	87.38
三沙湾	119.8234°E 119.8014°E	26.5287°N 26.5126°N	813.79	782.27	784.35
罗源湾	119.8268°E 119.8361°E	26.4441°N 26.4289°N	221.48	220.61	213.01
福清湾	119.5833°E 119.5840°E	25.6875°N 25.5905°N	148.85	149.37	153.01
厦门湾	118.2423°E 118.1972°E 118.0277°E 118.0856°E	24.5411°N 24.4853°N 24.4433°N 24.4359°N	188.96	181.07	156.05

注：海湾面积计算采用岸线起止点包括的海域面积，厦门湾已经剔除厦门岛面积，其他海湾面积包括海湾岸线
所包围的岛屿面积。

开敞型海岸以基岩海岸和砂质海岸为主，基岩海岸受侵蚀较小，岸线变化不明
显。部分砂质海岸受侵蚀严重，岸线有不同程度的后退。例如，在崇武小岞镇北部砂

质岸段可见岸线侵蚀后退，从 20 世纪 80 年代到 90 年代，岸线后退最大约 90 米。从 20 世纪 90 年代到 2007 年，斗尾－小岞镇岸段砂质岸线后退范围在 50～130 米（表 7-4）。

表 7-4　莆田、泉州、漳州重要港湾不同年代面积对比

港湾	口门起止坐标		海湾面积/千米²		
	经度	纬度	20 世纪 80 年代	20 世纪 90 年代	2007 年
兴化湾	120.4232°E	27.1644°N		829.71	
	120.4368°E	27.1531°N			
湄州湾	119.8234°E	26.5287°N	379.40	372.53	361.71
	119.8014°E	26.5126°N			
泉州湾	119.8268°E	26.4441°N	137.53	135.10	135.16
	119.8361°E	26.4289°N			
旧镇湾	117.7309°E	23.9359°N	75.15	76.04	86.36
	117.7048°E	23.9505°N			
东山湾	117.5846°E	23.7196°N	271.22	278.96	272.33
	117.5359°E	23.7376°N			
	117.4060°E	23.7766°N			
	117.4039°E	23.7749°N			
诏安湾	117.4060°E	23.7760°N	210.68	215.32	214.96
	117.4039°E	23.7749°N			
	117.3163°E	23.5745°N			
	117.2499°E	23.6093°N			
宫口湾	117.2292°E	23.6257°N	13.16	16.62	23.97
	117.2262°E	23.6247°N			

注：海湾面积计算采用岸线起止点包括的海域面积，东山湾和诏安湾已经剔除东山岛面积，其他海湾面积包括海湾岸线所包围的岛屿面积。

第二节　海岸带地质地貌

一、海岸带第四纪地层

福建省海岸带第四纪沉积物分布，受构造运动和地形地貌控制，特别是新构造运动的控制。第四纪沉积物包括残积层、坡积层、残积坡积层、洪积层、冲积层、洪积冲积层、湖积层、潟湖堆积层、海积层、冲积海积层、风积层等。

滨海平原区上更新统中下段地层以冲海积和潟湖积层为主；上更新统上段地层以冲海积、潟湖积层和海积层为主；下全新统地层以冲海积为主；中全新统地层以冲海积、海积、潟湖积层为主；上全新统地层以冲积、冲海积、海积和风积层为主（表 7-5）。

表 7-5 福建滨海平原第四纪地层划分

系统		代号	成因类型	厚度/米	极性事件及¹¹C测年数据（a BP）
第四系	上全新统	Q_4^3	冲积、冲海积、海积、风积	1～14.5	2 500±
	中全新统	Q_4^2	冲海积、海积、潟湖积	1～28.5	8 300±1 200
	下全新统	Q_4^1	冲海积	3～21	9 500～10 300
	上更新统	Q_3^3	冲海积、海积、潟湖积	3～42	哥德堡事件（1.2万～1.3万）蒙哥事件Ⅰ 29 000～30 000
		Q_3^2	冲海积、潟湖积	1～34	蒙哥事件Ⅱ（40 000） 61 000
		Q_3^1	冲海积、潟湖积	5～43.6	布莱克事件（110 000） 125 000

资料来源：福建省海岸带和海涂资源综合调查领导小组办公室（1990）。

二、潮间带沉积物类型及沉积环境

闽江口以北的沙埕港、三沙湾、罗源湾等封闭海湾潮间带沉积物以黏土质粉砂为主。兴化湾、湄洲湾、泉州湾、厦门湾等半封闭海湾的湾顶和较隐蔽的次级海湾沉积物以黏土质粉砂为主，受岬角或岛屿屏护较差的岸段常发育粉砂、砂等较粗的沉积物。沙埕港—三沙湾、闽江口南—长乐松下、兴化湾—湄洲湾、湄洲湾—泉州湾、厦门湾—东山湾之间比较开敞的岸段，常发育次级的岬角海湾海岸，岬角突出部常为基岩，岬角之间常发育很好的沙滩，潮间带沉积物以砂和砾砂为主（表 7-6）。

表 7-6 福建主要封闭—半封闭港湾潮间带沉积物粒度特征

海域	类型	砂含量/%	粉砂含量/%	黏土含量/%	平均粒径/Φ	分选系数	偏态	峰态
闽江口以北	平均值	1.85	67.27	30.87	7.34	1.57	0.67	2.11
	标准偏差	2.74	2.62	2.98	0.22	0.19	0.90	0.28
闽江口—厦门湾	平均值	9.33	70.50	19.33	6.40	1.89	—1.07	2.50
	标准偏差	7.76	7.66	4.92	0.64	0.64	1.24	0.81
厦门湾以南	平均值	33.52	55.77	10.71	5.18	2.10	—0.08	2.57
	标准偏差	22.63	18.57	4.66	1.07	0.38	1.66	0.34

全省海岸带黏土矿物以伊利石为主，其次为绿泥石，高岭石含量变化较大，蒙脱石含量最低，一般小于10%，个别断面蒙脱石含量小于5%，甚至不含蒙脱石。

由北往南，伊利石含量由60%逐渐降低到约45%，反映长江等北方河流输入使伊利石的含量减少；高岭石含量自北而南增大，由10%增加到20%。闽江、九龙江河口的潮间带，伊利石含量明显低于其他潮间带，一般小于40%；高岭石含量很高，可高达30%～40%；绿泥石含量一般保持在20%，没有明显的变化趋势。闽江和九龙江两河口高高岭石含量，较低伊利石含量的特征，显示黏土矿物在福建沿海潮间带具有物源指示意义。

潮间带沉积物中孢粉种类较为丰富，共发现37科48属49种沉积孢粉，以及4种未定类型和1种再沉积花粉。其中蕨类孢子22科24属38种，淡水环纹藻1属1未定种；花粉共17科28属29种，其中裸子植物花粉为5科8属9种，被子植物花粉为12

科 12 属 12 种；被子植物花粉中草本为 8 科 8 属 8 种，木本为 4 科 4 属 4 种。孢粉以花粉为主，绝大部分站位花粉含量超过 60%，在 43.6%～90.8%。罗汉松、油松，以及单孔的禾本科花粉分布较为广泛，且在部分区域含量较高，而其他类型的花粉含量低，分布范围有限。蕨类孢子以三缝的里白，以及石松、凤尾蕨、桫椤、海金沙及单缝的水龙骨科等类型为主，分布较为广泛，它们是蕨孢中的主要分子，其他类型的蕨类孢子含量较低，分布范围有限。另外一种能反映河源输入的淡水藻类（环纹藻）出现较为频繁，其含量不高，但分布范围较广。

福建潮间带沉积环境可划分为六个分区，即封闭—半封闭港湾细颗粒沉积区、基岩岬角间粗颗粒沉积区、河口混合沉积区、北部开敞—半开敞海岸细颗粒沉积区、中部开敞—半开敞混合沉积区，以及南部开敞—半开敞海岸粗颗粒沉积区。

三、海岸带陆地地貌类型与分布

陆地地貌类型下分侵蚀剥蚀地貌、流水地貌、海成地貌和风成地貌等三级地貌类型。其中侵蚀剥蚀地貌类型主要包括中山（海拔大于 1000 米）、低山（海拔在 500～1000 米）、高丘陵（海拔在 200～500 米）、低丘陵（海拔在 50～200 米）、台地和平原等；流水地貌类型主要包括洪积台地、洪积平原、洪积冲积平原、冲积平原等；海成地貌主要可分为冲积海积平原、海积平原、三角洲平原和潟湖平原等类型；风成地貌主要包括沙地和沙丘。

全省海岸带陆地地貌，闽江口以北以侵蚀剥蚀低山、侵蚀剥蚀丘陵为主；闽江口以南以侵蚀剥蚀台地、海积平原为主。长乐梅花—松下及镇海角—古雷头沿岸发育规模较大的风成沙丘。厦门湾口南部镇海角至旧镇湾一带海岸发育熔岩台地和熔岩丘陵，为福建沿海独具特色的燕山期基性火山岩分布区，并在海岸线附近发育火山口，该段海岸还发育风成沙丘，独特的滨海火山地貌和滨海沙滩、风成沙丘组合构成很好的旅游资源。

四、潮间带地貌类型、 面积和分布变化

福建潮间带地貌分为岩滩、海滩和潮滩三大类三级地貌类型，其中潮滩含部分生物滩，海滩含部分砾石滩。岩滩分为海蚀阶地、古海蚀崖、老海蚀穴、阶地陡坎、海蚀柱、海蚀沟、海穹石、礁石、海蚀崖、海蚀穴、海蚀残丘、海积阶地等四级地貌类型；潮滩可分为淤泥滩、粉砂淤泥滩、粉砂滩、贝壳堤、贝壳沙滩、贝壳沙堤、芦苇滩、草滩和潮沟等四级地貌类型；海滩进一步分为连岛砂坝、沿岸砂堤、水下砂堤、离岸砂坝、贝壳砂坝、潟湖、潮汐通道、冲积扇、沙滩、滨海沙丘、滩脊、沙嘴、海滩岩、砾石滩、砾石堤、砂砾滩等四级地貌类型。

全省海岸带潮间带面积 2100 千米² （含部分毗邻大陆海岛潮间带），其中潮滩面积最大，为 1724 千米²，占全省潮间带面积 82.11%；其次是海滩，面积 330 千米² （其中

含砾石滩 2 千米^2），占 15.73％；岩滩面积 45 千米^2，占 2.16％。另有生物滩面积 129 千米^2，占 6.13％，包括在潮滩地貌类型内。相比较而言，闽江口以北为面向东海的开敞岸段，基岩海岸较为发育；闽江口以南陆地较低平，基岩海岸较少，海滩较发育。

福州市潮间带面积最大，面积为 672 千米^2，占全省潮间带面积的 31.99％；其次是宁德市，潮间带面积 439 千米^2，占 20.93％；第三是漳州市，潮间带面积 337 千米^2，占 16.04％；泉州市第四，潮间带面积 288 千米^2，占 13.73％；莆田市潮间带面积与泉州市很接近，面积为 281 千米^2，占 13.40％；厦门市潮间带面积最小，仅 82 千米^2，占 3.91％（表 7-7）。

表 7-7　福建全省潮间带地貌类型分布一览表

行政区	岩滩	海滩	潮滩	合计
福建省	45	330	1724	2100
宁德市	6	32	401	439
福州市	9	124	539	672
莆田市	7	33	241	281
泉州市	14	62	213	288
厦门市	<1	3	79	82
漳州市	9	76	252	337

岩滩主要分布在基岩岬角岸段，常与基岩海岸相伴，一般后靠海蚀陡崖，前临深水岸波，高潮时淹没，低潮时露出。宽度各地不一，由数米至百余米不等，多数呈狭窄带状岩礁和片状平台沿岸分布，例如，崇武大岞基岩岬角岸段，由粗粒花岗岩组成的岩滩，滩面崎岖不平，呈岩礁状延伸入海，长 500 余米，宽 150～300 米。

海滩多见于开敞海湾和海域，按照物质组成可分为砾石滩和沙滩。砾石滩主要分布在基岩岬角间的小海湾，如镇海牛头山岬角、南镇至东冲半岛等岸段。一般在火山岩组成的岸段较为常见，宽度不大，多以砾石堤或砂砾堤的形式出现。沙滩多见于腹地较大的开敞海湾和海域，从北至南主要分布在南镇至外浒、梅花至江田、大港湾、崇武至秀涂、深沪湾、围头湾、镇海角至古雷头、大埕湾等岸段，沙滩宽度由数十米至数百米，长乐江田一带可达 1000 余米，沿岸常发育有沙堤。

潮滩是福建沿岸潮间带主要的地貌类型，分布广、面积大，因所处地理位置和动力因素的不同，各处潮滩地貌和沉积特征不甚一致，大致可分为隐蔽的海湾潮滩、开敞的海湾潮滩和河口潮滩等类型。隐蔽的海湾潮滩主要分布在沙埕港、三沙湾、罗源湾、福清湾、兴化湾、湄洲湾、泉州湾、厦门湾、东山湾、诏安湾、宫口湾等半封闭海湾内部，潮流作用为主，因环境隐蔽、水动力条件弱，普遍发育了潮滩；宽度不等，一般在数百米至数千米，坡度平缓，组成物质细，多为黏土或粉砂质黏土；滩面地貌形态较单一，常发育潮沟，是小型船舶的主要通道，目前多为滩涂养殖区。开敞的海湾潮滩主要见于海湾湾口两侧，尤其在面朝向常风浪的方向，除潮流作用外，波浪也参与作用，潮滩上下部沉积物粗细变化较大，往往在高潮区形成宽度不大的砂带，低潮区多为粉砂质黏土，滩面平缓，目前多为养殖区。河口潮滩主要是分布在闽江、九龙江、晋江等沿海较大河流入海处的潮滩，滩面略呈扇形向海伸出，低潮时露出，组成物质较杂，滩面起伏不平，常因入海径流和潮流的分割，呈片状或放射状展布，也以河口沙坝的形态出现（图 7-3）。

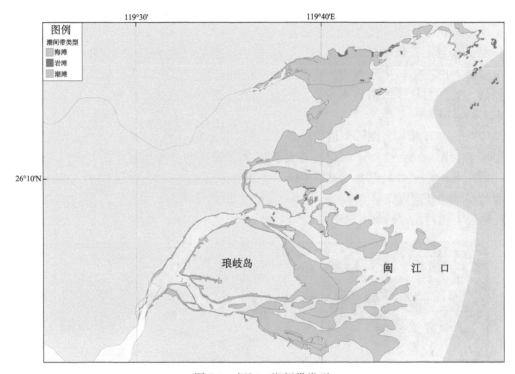

图 7-3　闽江口潮间带类型

五、岸滩地貌动态与沉积速率

根据当前福建海岸带各岸段岸滩地貌的动态情况，可分为侵蚀型岸滩、淤涨型岸滩和稳定型岸滩等三种类型。

侵蚀型岸滩主要见于面向开敞海域的基岩岬角岸段和泥沙补给不足的沙质岸段。基岩岬角岸段，面向开敞海域，岸滩长期处于物质补给不足和强风大浪的作用，蚀退现象多见，发育海蚀崖、海蚀平台、海蚀柱、海蚀洞和海蚀沟槽等海蚀地貌，主要分布在南镇角、东冲半岛、黄岐半岛、石城至平海角、崇武半岛、祥芝至围头、镇海至流会、六鳌半岛、古雷半岛、梅岭半岛等基岩岬角岸段。侵蚀型的沙质岸段往往因人工挖沙、不合理海岸工程等影响，岸滩泥沙补给不足，动态平衡受到破坏，岸滩快速侵蚀后退，主要分布在霞浦外浒、长乐江田、莆田嵌头、崇武半月湾、围头湾白沙至塔头等沙质岸段。

淤涨型岸滩主要分布在沙埕港、福宁湾、三沙湾、罗源湾、闽江口、福清湾、兴化湾、湄洲湾、安海湾、泉州湾、厦门湾、佛昙湾、旧镇湾、东山湾、诏安湾、宫口湾等封闭、半封闭海湾的隐蔽岸段，这些岸段泥沙来源丰富、水动力条件弱，岸滩淤涨明显。

稳定型岸段岸滩冲淤变化动态不明显，主要有四种类型。第一为开敞的沙质岸滩，如深沪湾，尽管岸滩季节变化明显，局部有冲淤现象，但常年来看冲淤基本平衡，岸滩变化小；第二种类型主要是海湾内航道和水道的边滩，环境隐蔽，物源丰富，但受水道束管效应影响，流速大，泥沙不易停积，发育空间有限，岸滩变化小，如厦门西港南段等；第三种类型主要是海湾内的基岩岬角岸滩，因隐蔽条件较好，波能较弱，抗蚀力较强的基岩岸段，海岸侵蚀弱，海岸基本处于稳定状态；第四种类型为人工稳定岸滩。

1986~2005 年，九龙江河道以外浅滩面积急剧扩大，增长约 39.01%；河道部分则减小了 13.73%。近 30 年来河口浅滩面积呈显著淤涨的趋势，紫泥岛与海门岛之间浅滩，1976 年时多成片状散布在河口湾内，之间有水道相连，至 21 世纪初，整个海门岛以西的浅滩已经连成完整的一片；相对于海门岛以西浅滩的明显变化，海门岛以东海域的浅滩处于相对稳定的状态（图 7-4）。

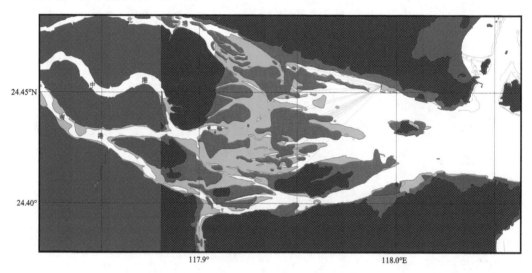

图 7-4　1976~2005 年河口湾内浅滩分布变化图

注：绿色区为 2005 年浅滩、粉色区为 1976 年浅滩，1976 年版海图仅覆盖了乌礁洲以东的区域，

2005 年版的海图覆盖了整个九龙江河口

1976~1991 年，整个厦门湾地区冲淤变化范围主要在 1 米以内，未表现出大面积比较强烈的侵蚀和淤积。厦门西海域嵩屿水道、猴屿以北航道、小金门岛西侧淤积大于2.5 米，表现出比较明显的淤积；厦门西海域厦鼓水道、大小金门间水道冲刷超过 2.5米。九龙江河口地区，河口西北侧的紫泥岛东侧呈现微冲特征，河口湾其他地区呈现微淤的特征（图 7-5）。

1991~2005 年，整个厦门湾地区冲淤变化明显。鼓浪屿—打石坑—浯屿间海域呈现大片的淤积区，淤积厚度多在 1 米以上，鼓浪屿南侧淤积中心区超过 2.5 米；就九龙江河口而言，在河口湾的中部，可见明显的淤积条带，淤积厚度多在 1 米以上，而在河口湾的两侧、鸡屿南岸可见零星的侵蚀区，在中港口门处侵蚀明显，冲刷深度在 2.5 米以上；环厦门岛呈现出明显的淤积，尤其是厦门西港和同安湾西侧，淤积厚度在 1～2.5 米；在同安湾东侧、大嶝岛周边，以及金门岛南部海域均呈现明显的侵蚀；九龙江河口湾冲刷与淤积不太明显；厦门湾湾口整体呈现冲刷特征，其中小金门南侧可见 0～1 米的冲刷，大金门南侧可见 1～2.5 米的冲刷（表 7-8）。

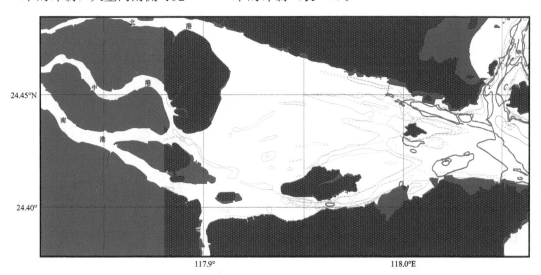

图 7-5　九龙江河口外部海域水深变化

注：蓝色为 2 米、粉色为 5 米、红色为 10 米；实线为 1976 年、虚线为 2005 年，1976 年版海图仅覆盖了乌礁洲以东的区域，2005 年版的海图覆盖了整个九龙江河口

表 7-8　九龙江河口浅滩历史面积统计表

海图出版年	不含河道 / 千米²	河道部分 / 千米²
2005 年	51.31	2.64
1986 年	36.91	3.06
1976 年	34.41	—
1976～2005 年变化	16.90	—

对比九龙江河口与厦门湾的冲淤变化，两者趋势大体一致，均在 20 世纪 90 年代后开始出现明显变化，可见九龙江口的冲淤变化并非单一事件，而是与整个厦门湾地区息息相关，近 20 年来强烈的人类活动可能是其主要影响因素。

以 2005 年和 1976 年海图等深线的对比反映水下地形的变化。总体上，河口湾内水深呈减小趋势，等深线向海迁移，只在河口湾北侧（鸡屿北侧）水深变深，等深线向西延伸。

等深线具体变化表现为：①2 米线：鸡屿周边的 2 米线连为一体，且等深线向北侧推移。②5 米线：鸡屿北侧略向西延伸 460 米；海门岛东侧 5 米等深线消失，向东推进至鸡屿南侧；而在河口湾南侧招银港区，5 米等深线向外推移约 300 米，港区淤积严重。③10 米线：鸡屿北侧向西延伸 750 米，并与厦门港航道连成一体，其变化应与航道开挖有关；河口湾口门处该等深线明显向海推进，显示淤积明显。

根据潮间带柱状沉积物沉积速率测定，沙埕港西部潮间带沉积速率为 1.11 厘米/年，三沙湾西南部潮间带平均沉积速率为 1.92 厘米/年，罗源湾内西侧潮间带平均沉积速率为 0.80 厘米/年，闽江入海口南侧上游潮间带平均沉积速率为 2.34 厘米/年，湄洲湾内东侧石门澳潮间带平均沉积速率为 0.42 厘米/年，泉州湾南部石狮市蚶江镇西北部潮间带平均沉积速率为 1.97 厘米/年。东山湾顶部潮间带平均沉积速率为 0.48 厘米/年。

同安湾鳄鱼屿潮间带沉积速率低，仅为 0.16 厘米/年，同安湾湾口刘五店西侧附近潮间带地区沉积速率为 2.30 厘米/年，显著高于湾内其他地区。厦门西海域潮间带沉积速率在海堤建设前后（20 世纪 50 年代）沉积速率变化大。高集海堤建设前，西侧平均沉积速率为 1.30 厘米/年，建设后，西海域北部沉积速率增加到 2.30～7.30 厘米/年。漳州龙海东部沿海潮间带地区沉积速率较小，为 0.31 厘米/年（表 7-9）。

表 7-9 厦门湾不同海域潮间带沉积速率

海域	钻孔位置	沉积速率/（厘米/年）	资料来源
西海域	西海域宝珠屿西侧	1956 年以来：7.30	程汉良等，1985
	高集海堤西侧	1956 年以前：1.30 1956 年以后：2.30	程汉良等，1985
	象屿保税区二期	1995 年以前：0.48～0.61* 1995 年以后：4.50	黄明群等，2001
同安湾	大离亩屿南侧	1958 年以前：0.23 1958 年以后：0.66	蔡锋等，1998
	鳄鱼屿西北侧	0.16	蔡锋等，1998
	刘五店西侧	2.43	李东梅等，2005
大嶝海域	大嶝岛西北侧	0.61*	陈峰，苏贤泽，2002
	大嶝岛南侧	1.15	王爱军等，2010
漳州沿海	漳州开发区人工岛	0.31	陈峰，苏贤泽，2005

注：带 * 的沉积速率是根据原始资料中重新计算获得的。

第三节 海岸带湿地与植被

一、 海岸带湿地

（一）湿地类型及分布

福建省滨海湿地类型多样，人工湿地和自然湿地都有分布，主要包括岩石性海岸、砂质海岸、粉砂淤泥质海岸、红树林沼泽、河口水域、滨岸沼泽、浅海水域、养殖池塘、稻田、水库、盐田等 11 种湿地类型。

福建省海岸带湿地总面积为 4321 千米²[①]。福州市和宁德市湿地分布较集中，面积分别有 1319 千米² 和 881 千米²，其次为漳州、泉州和莆田，厦门湿地面积最小，面积仅 197 千米²。福州市主要是粉砂淤泥质海岸、浅海水域和养殖池塘类型的湿地（图 7-6），其面积分别为 539 千米²、280 千米² 和 165 千米²。各类型中自然湿地面积 3446 千米²，约占 80%，人工湿地面积为 875 千米²，约占 20%，人工湿地面积约为自然湿地面积的 25.4%。

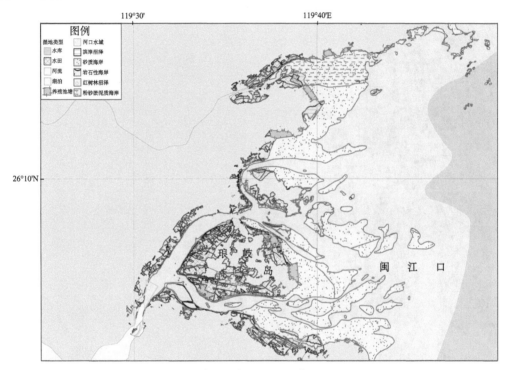

图 7-6　闽江口湿地类型

1. 自然湿地

福建省海岸带自然湿地总量大，湿地类型较多，种类较为齐全。主要包括有粉砂淤泥质海岸，面积约为 1724 千米²，占 50%；其次是浅海水域，面积为 971 千米²，占 28%；砂质海岸面积约为 330 千米²，占 10%；河口水域面积为 237 千米²，占 7%；滨岸沼泽面积为 136 千米²，占 4%；岩石性海岸 45 千米² 以及少量红树林沼泽。

2. 人工湿地

福建省海岸带人工湿地主要包括有养殖池塘，面积约为 524 千米²，占 60%；其次是稻田，面积为 271 千米²，占 31%；盐田面积约为 77 千米²，占 9%；少量的水库，面积约为 4 千米²。

①　湿地面积向海统计至海图 5 米等深线。

（二）湿地现状

养殖池塘在所有人工湿地类别中占比最大，占湿地总面积的 21%，其次是稻田湿地，面积约为 271 千米^2。说明福建省沿海是以养殖业为主，种植业为辅的经济模式（表 7-10）。

表 7-10　福建省海岸带湿地类型面积分布特征　　　　（单位：千米^2）

	湿地类型	宁德	福州	莆田	泉州	厦门	漳州	全省合计
自然湿地	粉砂淤泥质海岸	401.10	539.19	240.88	212.62	78.59	251.64	1724.02
	红树林沼泽	0.12	0.04	0.03	0.41	0.22	1.68	2.48
	河口水域	45.14	113.66	1.21	27.42	16.52	32.57	236.52
	浅海水域	153.59	280.28	140.92	180.62	29.82	185.81	971.04
	砂质海岸	32.21	123.62	33.44	60.60	3.45	75.98	330.31
	岩石性海岸	6.10	8.83	7.00	14.15	0.14	9.17	45.39
	滨岸沼泽	78.97	46.02	0.15	10.45	0.00	0.56	136.16
	小计	717.23	1111.64	423.63	506.27	128.74	557.41	3445.92
人工湿地	水库	0.25	1.68	0.05	0.06	1.36	0.16	3.52
	稻田	79.99	38.94	29.41	50.40	6.15	65.71	270.59
	人工湖泊	0.00	0.00	0.00	0.00	0.00	0.00	0.00
	养殖池塘	83.57	164.64	49.50	32.20	51.24	143.05	524.20
	盐田	0.00	2.48	24.82	28.21	9.12	11.97	76.61
	小计	163.79	207.74	103.78	110.87	67.88	220.87	874.93
	湿地面积合计	881.02	1319.38	527.41	617.14	196.62	778.28	4320.85
	人工湿地/自然湿地/%	21.1	18.7	24.5	21.9	52.7	39.6	25.4

二、海岸带植被

福建省海岸带由于开发历史长，人口密集，一些原生植被，尤其是原生乔木树种破坏非常严重，目前存留的原生植物种类多为适应当地环境的乔木、灌木和草本。福建省海岸带地区维管束植物合计 175 科 716 属 1177 种（含变种），其中蕨类 22 科 30 属 49 种、裸子植物 8 科 15 属 25 种、被子植物 145 科 671 属 1103 种。从区系分析看，平均每科 4.1 属，每属 1.6 种。在全部植物中，栽培或外来植物有 277 种，占 23.5%；野生和半野生的种类 900 种，占 76.5%。

沿海各市行政区域内所属海岸带种子植物热带成分属数占全部海岸带种子植物总属数的 59.2%～70.5%，热带成分占明显的优势。厦门市最高，宁德市最低；温带成分占 29.5%～40.8%，宁德市最高。在各热带成分中，泛热带最多，占 42%～52%，漳州最高、宁德最低；其次是热带亚洲和热带美洲间断分布占 14.1%～29%，莆田最低、宁德最高；旧世界热带分布占 11.5%～22%，漳州最高、厦门最低。在泛热带分布之外，热带亚洲（印度-马来西亚）分布占有重要地位，在温带成分中有少量东亚和北美间断分布；东亚（东喜马拉雅－日本）分布成分也较少。

福建省海岸带地区外来生物入侵现象较明显，国家公布的 90 种严重入侵植物中，福建省海岸带地区发现 40 余种，其中大米草、马缨丹、蓖麻、空心莲子草、凤眼莲、三裂蟛蜞菊已遍布海岸带各地，对福建省地区海岸带的生态环境已构成一定的影响；尤其是大米草和互花米草在海岸带占据了许多沿海滩涂，影响较大。

（一）植被类型

福建省海岸带植物种类以喜热型乔木、灌木、草本为主。主要有亚热带常绿针叶林、常绿阔叶林、灌草丛、潮间带抗盐性强的沙生或盐生草本植被和红树植物群落。植被可划分为 9 个植被型 81 个群系，其中有 7 个天然植被型 52 个群系，2 个人工植被型 29 个群系。

1. 天然植被

主要天然植被类型有常绿针叶林、常绿阔叶林、灌丛、草丛、滨海盐生植被、滨海沙生植被、沼生水生植被等 7 个植被型，包括马尾松林、杉木林、黑松林、湿地松林、栲树林、樟树林、相思树林、木麻黄林、相思树＋木麻黄林、桉树林、黄槿林、香椿林、散生竹林、丛生竹林、秋茄林、蜡烛果林、白骨壤林、老鼠簕林、桃金娘灌丛、车桑子灌丛、小果黑面神灌丛、龙舌兰灌丛、马缨丹灌丛、藤金合欢灌丛、牡荆灌丛、仙人掌灌丛、露兜树灌丛、龙舌兰-铺地黍群落、枸杞-铺地黍群落、芒萁草丛、芒草丛、五节芒草丛、白茅草丛、类芦草丛、芦竹草丛、肿柄菊草丛、铺地黍草丛、南方碱蓬群落、互花米草群落、大米草群落、厚藤群落、海边月见草群落、老鼠簕群落、海滨藜群落、狗牙根群落、单叶蔓荆群落、苦郎树群落、芦苇群落、短叶茳芏群落、莲群落、凤眼莲群落、香蒲群落等 52 个群系。

2. 人工植被

福建省海岸带地区的人工植被分为木本栽培植被和草本栽培植被两大类型，主要有木麻黄防护林、相思树防护林、樟树行道树林、芒果行道树林、木棉行道树林、巨尾桉行道树林、海枣行道树林、柚木行道树林、朱缨花行道树林、刺桐风景林、柠檬桉风景林、荔枝果园、龙眼果园、芒果果林、番木瓜果园、香蕉果园、柑橘果园、葡萄果园、茶园、粮食作物、油类作物、糖料作物、蔬菜作物、草坪、西瓜作物、甘蔗群落、芦笋、玫瑰茄群落和穿心莲群落等 29 个群系。

（二）植被分布面积

全省海岸带调查范围内天然植被中常绿针叶林 409 千米^2、常绿阔叶林 205 千米^2、草丛 75 千米^2、灌草丛 99 千米^2、落叶灌丛 0.02 千米^2、禾草型盐生植被 135 千米^2、草本沙生植被 1 千米^2，以及少量的沼生植被 0.3 千米^2 和滨海盐生植被 0.05 千米^2。人工植被中农作物群落 695 千米^2、防护林 73 千米^2、果园 79 千米^2、经济林 28 千米^2 和人工草坪 0.9 千米^2。

（三）植被分布

福建省海岸带地区天然植被的原生植被少，森林植被原生的类型少，人工次生的植被多，尤以马尾松林最为常见，木本栽培植被较多的是荔枝和龙眼等热性果树；草本栽培植被农作物群落中粮食作物、蔬菜作物等作物各占一定比例，与福建省海岸带地区的植被生境条件、开发历史、居民的生活习惯、周边资源供给状况、经济发展趋势等人为活动有着密切的关系。

第四节　潮间带沉积化学与环境质量

一、潮间带表层沉积物沉积化学分布特征

1. Cu

宁德市沿岸潮间带沉积物中的 Cu 含量介于 $24.7 \times 10^{-6} \sim 64.3 \times 10^{-6}$，平均为 36.7×10^{-6}；福州市 Cu 含量介于 $2.7 \times 10^{-6} \sim 31.8 \times 10^{-6}$，平均为 19.7×10^{-6}；莆田市 Cu 含量介于 $12.4 \times 10^{-6} \sim 16.7 \times 10^{-6}$，平均为 15.0×10^{-6}；泉州市 Cu 含量介于 $1.5 \times 10^{-6} \sim 38.7 \times 10^{-6}$，平均为 12.1×10^{-6}；厦门市 Cu 含量介于 $11.3 \times 10^{-6} \sim 45.5 \times 10^{-6}$，平均为 22.8×10^{-6}；漳州市 Cu 含量介于 $4.8 \times 10^{-6} \sim 31.1 \times 10^{-6}$，平均为 15.3×10^{-6}（图 7-7）。

2. Pb

宁德市沿岸潮间带沉积物中的 Pb 含量介于 $28.6 \times 10^{-6} \sim 107 \times 10^{-6}$，平均为 54.7×10^{-6}；福州市 Pb 含量介于 $20.7 \times 10^{-6} \sim 66.0 \times 10^{-6}$，平均为 33.4×10^{-6}；莆田市 Pb 含量介于 $83.4 \times 10^{-6} \sim 112 \times 10^{-6}$，平均为 94.3×10^{-6}；泉州市 Pb 含量介于 $4.9 \times 10^{-6} \sim 103 \times 10^{-6}$，平均为 29.8×10^{-6}；厦门市 Pb 含量介于 $36.4 \times 10^{-6} \sim 52.8 \times 10^{-6}$，平均为 44.2×10^{-5}；漳州市 Pb 含量介于 $11.1 \times 10^{-6} \sim 174 \times 10^{-6}$，平均为 69.7×10^{-6}（图 7-7）。

3. Zn

宁德市沿岸潮间带沉积物中的 Zn 含量介于 $97.9 \times 10^{-6} \sim 306 \times 10^{-6}$，平均为 190×10^{-6}；福州市 Zn 含量介于 $47.1 \times 10^{-6} \sim 121 \times 10^{-6}$，平均为 90.8×10^{-6}；莆田市 Zn 含量介于 $79.4 \times 10^{-6} \sim 93.8 \times 10^{-6}$，平均为 88.4×10^{-6}；泉州市 Zn 含量介于 $7.1 \times 10^{-6} \sim 154 \times 10^{-6}$，平均为 66.4×10^{-6}；厦门市 Zn 含量介于 $51.8 \times 10^{-6} \sim 126 \times 10^{-6}$，平均为 81.0×10^{-6}；漳州市 Zn 含量介于 $24.5 \times 10^{-6} \sim 153 \times 10^{-6}$，平均为 87.3×10^{-6}（图 7-7）。

4. Cd

宁德市沿岸潮间带沉积物中的 Cd 含量介于 $0.07 \times 10^{-6} \sim 2.26 \times 10^{-6}$，平均为 0.76×10^{-6}；福州市 Cd 含量介于 $0.01 \times 10^{-6} \sim 0.11 \times 10^{-6}$，平均为 0.04×10^{-6}；莆田市 Cd 含量介于 $0.35 \times 10^{-6} \sim 0.39 \times 10^{-6}$，平均为 0.37×10^{-6}；泉州市 Cd 含量介于 ND $\sim 0.24 \times 10^{-6}$，平均为 0.08×10^{-6}；厦门市 Cd 含量介于 $0.06 \times 10^{-6} \sim 0.14 \times 10^{-6}$，平均为 0.09×10^{-6}；漳州市 Cd 含量介于 $0.01 \times 10^{-6} \sim 0.22 \times 10^{-6}$，平均为 0.07×10^{-6}

（图 7-7）。

5. Cr

泉州市、漳州市沿岸潮间带沉积物样品未进行 Cr 含量的测定。宁德市沿岸潮间带沉积物中的 Cr 含量介于 $10.6 \times 10^{-6} \sim 27.4 \times 10^{-6}$，平均为 20.2×10^{-6}；福州市 Cr 含量介于 $0.9 \times 10^{-6} \sim 16.7 \times 10^{-6}$，平均为 6.9×10^{-6}；莆田市 Cr 含量介于 $55.2 \times 10^{-6} \sim 61.6 \times 10^{-6}$，平均为 57.5×10^{-6}；厦门市 Cr 含量介于 $17.8 \times 10^{-6} \sim 84.5 \times 10^{-6}$，平均为 41.2×10^{-6}（图 7-7）。

6. Hg

宁德市沿岸潮间带沉积物中的 Hg 含量介于 $0.08 \times 10^{-6} \sim 0.35 \times 10^{-6}$，平均为 0.20×10^{-6}；福州市 Hg 含量介于 $0.05 \times 10^{-6} \sim 0.20 \times 10^{-6}$，平均为 0.13×10^{-6}；莆田市 Hg 含量介于 ND$\sim 0.16 \times 10^{-6}$，平均为 0.09×10^{-6}；泉州市 Hg 含量介于 $0.01 \times 10^{-6} \sim 0.09 \times 10^{-6}$，平均为 0.04×10^{-6}；厦门市 Hg 含量介于 $0.08 \times 10^{-6} \sim 0.21 \times 10^{-6}$，平均为 0.13×10^{-6}；漳州市 Hg 含量介于 $0.01 \times 10^{-6} \sim 0.50 \times 10^{-6}$，平均为 0.22×10^{-6}（图 7-7）。

7. As

泉州市、漳州市沿岸潮间带沉积物样品未进行 As 含量的测定。宁德市沿岸潮间带沉积物中的 As 含量介于 $9.4 \times 10^{-6} \sim 25.9 \times 10^{-6}$，平均为 14.7×10^{-6}；福州市 As 含量介于 $5.3 \times 10^{-6} \sim 9.5 \times 10^{-6}$，平均为 8.4×10^{-6}；莆田市 As 含量介于 $4.8 \times 10^{-6} \sim 6.5 \times 10^{-6}$，平均为 5.9×10^{-6}；厦门市 As 含量介于 $4.9 \times 10^{-6} \sim 13.8 \times 10^{-6}$，平均为 8.2×10^{-6}（图 7-7）。

8. 石油类

宁德市沿岸潮间带沉积物中石油类含量介于 $3.9 \times 10^{-6} \sim 16.3 \times 10^{-6}$，平均为 8.6×10^{-6}；福州市石油类含量介于 $3.4 \times 10^{-6} \sim 8.9 \times 10^{-6}$，平均为 5.9×10^{-6}；莆田市石油类含量介于 $28.8 \times 10^{-6} \sim 183.9 \times 10^{-6}$，平均为 101.1×10^{-6}；泉州市石油类含量介于 $4.0 \times 10^{-6} \sim 630.3 \times 10^{-6}$，平均为 104.4×10^{-6}；厦门市石油类含量介于 $6.2 \times 10^{-6} \sim 10.2 \times 10^{-6}$，平均为 7.6×10^{-6}；漳州市石油类含量介于 $60.5 \times 10^{-6} \sim 464.0 \times 10^{-6}$，平均为 189.9×10^{-6}（图 7-7）。

9. 硫化物

宁德市沿岸潮间带沉积物中硫化物含量介于 $9.0 \times 10^{-6} \sim 288 \times 10^{-6}$，平均为 92.9×10^{-6}；福州市硫化物含量介于 ND$\sim 185 \times 10^{-6}$，平均为 77.5×10^{-6}；莆田市硫化物含量介于 $9.8 \times 10^{-6} \sim 54.4 \times 10^{-6}$，平均为 37.0×10^{-6}；泉州市硫化物含量介于 $6.3 \times 10^{-6} \sim 106 \times 10^{-6}$，平均为 25.7×10^{-6}；厦门市硫化物含量介于 $51.8 \times 10^{-6} \sim 120 \times 10^{-6}$，平均为 88.8×10^{-6}；漳州市硫化物含量介于 $10.3 \times 10^{-6} \sim 428 \times 10^{-6}$，平均为 105×10^{-6}（图 7-7）。

10. 有机碳

宁德市沿岸潮间带沉积物中有机碳含量介于 $0.71 \times 10^{-2} \sim 1.34 \times 10^{-2}$，平均为 0.92×10^{-2}；福州市有机碳含量介于 $0.13 \times 10^{-2} \sim 1.43 \times 10^{-2}$，平均为 0.78×10^{-2}；

莆田市有机碳含量介于 $0.81 \times 10^{-2} \sim 1.10 \times 10^{-2}$，平均为 0.92×10^{-2}；泉州市有机碳含量介于 $0.07 \times 10^{-2} \sim 1.28 \times 10^{-2}$，平均为 0.47×10^{-2}；厦门市有机碳含量介于 $0.68 \times 10^{-2} \sim 1.02 \times 10^{-2}$，平均为 0.81×10^{-2}；漳州市有机碳含量介于 $0.33 \times 10^{-2} \sim 1.43 \times 10^{-2}$，平均为 0.89×10^{-2}（图7-7）。

11. 六六六

宁德市沿岸潮间带沉积物中六六六含量介于 $0.25 \times 10^{-9} \sim 0.86 \times 10^{-9}$，平均为 0.52×10^{-9}；福州市六六六含量介于 $0.08 \times 10^{-9} \sim 2.65 \times 10^{-9}$，平均为 0.60×10^{-9}；莆田市六六六含量介于 ND$\sim 2.85 \times 10^{-9}$，平均为 2.61×10^{-9}；泉州市六六六含量介于 $0.01 \times 10^{-9} \sim 0.48 \times 10^{-9}$，平均为 0.10×10^{-9}；厦门市六六六含量介于 $0.04 \times 10^{-9} \sim 0.07 \times 10^{-9}$，平均为 0.06×10^{-9}；漳州市六六六含量介于 $0.04 \times 10^{-9} \sim 0.56 \times 10^{-9}$，平均为 0.18×10^{-9}（图7-7）。

12. DDT

宁德市沿岸潮间带沉积物中 DDT 含量介于 $2.46 \times 10^{-9} \sim 83.1 \times 10^{-9}$，平均为 23.2×10^{-9}；福州市 DDT 含量介于 $0.12 \times 10^{-9} \sim 35.6 \times 10^{-9}$，平均为 12.0×10^{-9}；莆田市 DDT 含量介于 $3.43 \times 10^{-9} \sim 29.9 \times 10^{-9}$，平均为 15.9×10^{-9}；泉州市 DDT 含量介于 $0.45 \times 10^{-9} \sim 28.1 \times 10^{-9}$，平均为 7.21×10^{-9}；厦门市 DDT 含量介于 $4.13 \times 10^{-9} \sim 43.3 \times 10^{-9}$，平均为 19.9×10^{-9}；漳州市 DDT 含量介于 $12.0 \times 10^{-9} \sim 268 \times 10^{-9}$，平均为 84.5×10^{-9}（图7-7）。

13. PCB

莆田市沿岸潮间带沉积物样品未进行 PCB 含量的测定。宁德市沿岸潮间带沉积物中 PCB 含量介于 $0.58 \times 10^{-9} \sim 9.78 \times 10^{-9}$，平均为 3.36×10^{-9}；福州市 PCB 含量介于 $0.02 \times 10^{-9} \sim 6.08 \times 10^{-9}$，平均为 1.73×10^{-9}；泉州市 PCB 含量介于 $0.21 \times 10^{-9} \sim 5.94 \times 10^{-9}$，平均为 1.56×10^{-9}；厦门市 PCB 含量介于 $0.35 \times 10^{-9} \sim 1.57 \times 10^{-9}$，平均为 0.97×10^{-9}；漳州市 PCB 含量介于 $4.33 \times 10^{-9} \sim 42.4 \times 10^{-9}$，平均为 15.9×10^{-9}（图7-7）。

14. 营养盐（TN、TP）

仅宁德及福州市沿岸潮间带沉积物样品有进行 TN、TP 含量的测定。宁德市的 TN 含量介于 $0.72 \times 10^{-3} \sim 7.96 \times 10^{-3}$，平均为 1.66×10^{-3}；福州市的 TN 含量介于 $0.10 \times 10^{-3} \sim 7.08 \times 10^{-3}$，平均为 1.36×10^{-3}。

宁德市的 TP 含量介于 $0.45 \times 10^{-3} \sim 8.96 \times 10^{-3}$，平均为 1.44×10^{-3}；福州市的 TN 含量介于 $0.12 \times 10^{-3} \sim 8.08 \times 10^{-3}$，平均为 1.20×10^{-3}（图7-7）。

15. Eh

仅泉州及漳州市沿岸潮间带沉积物样品有进行 Eh 的测定。泉州市的 Eh 介于 $-38.7 \sim 502.3$ 毫伏，平均为 173.7 毫伏；漳州市介于 $-472.0 \sim 238.3$ 毫伏，平均为 -51.7 毫伏（图7-7）。

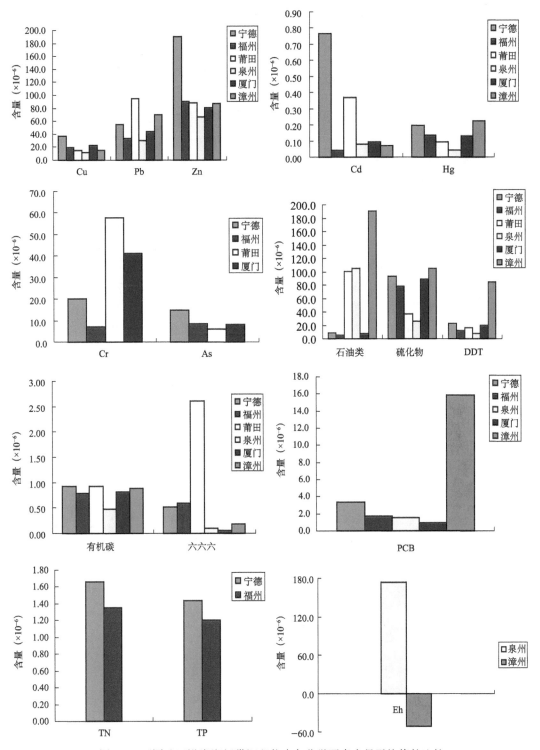

图 7-7　不同地区沿岸潮间带沉积物中各化学要素含量平均值的比较

二、潮间带底质环境质量分析与评价

（一）环境质量综合分析

宁德、漳州市沿岸潮间带底质的质量较差。宁德市超过一类标准的要素主要是重金属及DDT，漳州市则是Pb、Hg、DDT及PCB；福州、莆田、泉州及厦门市沿岸潮间带底质的质量较好，仅个别站位个别要素的含量超过国家海洋沉积物一类质量标准，但湄洲湾的Pb含量均超过一类标准，表明莆田市沿岸潮间带底质的Pb污染较为严重；潮间带底质质量的优劣排列顺序依次为泉州、福州、厦门、莆田、宁德、漳州，其中泉州市底质质量最好，漳州最差，但这些调查地区中潮间带底质质量总体上符合国家一类沉积物质量标准。

沙埕港、沙埕港－三沙湾潮间带底质的环境质量较差，超过国家海洋沉积物一类质量标准的要素主要为Cu、Pb、Zn、Cd、Hg及DDT；三沙湾、龙海－漳浦、厦门湾、东山湾、诏安湾潮间带底质的环境质量一般，超过国家海洋沉积物一类质量标准的要素主要是DDT、Pb；闽江口、湄洲湾－泉州湾、泉州湾、泉州湾－厦门湾潮间带底质的环境质量较好，各要素均基本符合国家海洋沉积物一类质量标准；不同岸段潮间带底质质量的优劣排列顺序依次为湄洲湾－泉州湾、泉州湾－厦门湾、闽江口、泉州湾、福清湾－海坛湾、诏安湾、湄洲湾、罗源湾、东山湾、兴化湾、厦门湾、龙海－漳浦、三沙湾、沙埕港、沙埕港－三沙湾，其中湄洲湾－泉州湾底质质量最好，沙埕港－三沙湾则最差。

（二）潮间带底质环境评价

1. 超标分类评价

潮间带底质主要污染物是重金属（Cu、Pb、Zn、Cd、Cr、Hg）、As、硫化物、DDT、PCB。无污染物超标站位占40.5%，一种污染物超标占23.8%，二种污染物超标占14.3%，三种污染物超标占9.5%，多种污染物超标占11.9%。

2. 单因子与多因子评价

宁德市沿岸潮间带底质中28.6%站位的Cd含量、3.7%站位的硫化物含量，以及11.1%站位的DDT含量符合国家海洋沉积物三类或超三类质量标准，Cu、Pb、Zn、Hg等重金属及As约有30%站位符合国家海洋沉积物二类质量标准，其余均符合国家海洋沉积物一类质量标准。表明宁德市沿岸潮间带底质主要受DDT及重金属Cd污染。

福州市沿岸潮间带底质中4.0%站位的DDT含量符合国家海洋沉积物三类质量标准，4.0%站位的Cu及硫化物含量、8.0%站位的Pb含量、20.0%站位的Hg含量及12.0%站位的DDT含量符合国家海洋沉积物二类质量标准，其余均符合国家海洋沉积物一类质量标准。表明福州市沿岸潮间带底质主要受DDT及Hg污染。

莆田市沿岸潮间带底质中8.3%站位的DDT含量超过国家海洋沉积物三类质量标

准，8.3％站位的 Pb 及 Hg 含量符合国家海洋沉积物三类质量标准，8.3％站位的 Cr 及 DDT 含量、75.0％站位的 Pb 含量符合国家海洋沉积物二类质量标准，其余均符合国家海洋沉积物一类质量标准。表明莆田市沿岸潮间带底质主要受 Pb、Hg、DDT 污染。

泉州市沿岸潮间带底质中 3.3％站位的石油类含量超过国家海洋沉积物三类质量标准，10.0％站位的 Cu 含量、13.3％站位的 Pb 含量、6.7％站位的 Zn 含量、6.7％站位的 DDT 含量符合国家海洋沉积物二类质量标准，其余均符合国家海洋沉积物一类质量标准。表明泉州市沿岸潮间带底质主要受石油类污染。

厦门市沿岸潮间带底质中 11.1％站位的 Cr 含量、22.2％站位的 DDT 含量符合国家海洋沉积物三类质量标准，22.2％站位的 Cu、Hg 及 DDT 含量，以及 11.1％站位的 Pb 及 Zn 含量符合国家海洋沉积物二类质量标准，其余均符合国家海洋沉积物一类质量标准。表明厦门市沿岸潮间带底质主要受 Cr 及 DDT 污染。

漳州市沿岸潮间带底质中 22.2％站位的 DDT 含量、5.6％站位的硫化物含量超过国家海洋沉积物三类质量标准，16.7％站位的 Pb 含量、5.6％站位的 Hg 含量符合国家海洋沉积物三类质量标准，22.2％站位的 Pb 含量、11.1％站位的 Pb 及石油类含量、38.9％站位的 Hg 含量、44.4％站位的 DDT 含量、27.8％站位的 PCB 含量符合国家海洋沉积物二类质量标准，其余均符合国家海洋沉积物一类质量标准。表明漳州市沿岸潮间带底质主要受 DDT、硫化物及 Pb、Hg 污染。

福建全省沿岸潮间带底质中 5.8％站位的 DDT 含量、0.8％站位的硫化物及石油类含量超过国家海洋沉积物三类质量标准，3.3％站位的 Pb 含量、6.6％站位的 Cd 含量、1.4％站位的 Cr 含量、2.5％站位的 Hg 含量、0.8％站位的硫化物含量、3.3％站位的 DDT 含量符合国家海洋沉积物三类质量标准，13.1％站位的 Cu 含量、25.4％站位的 Pb 含量、13.1％站位的 Zn 含量、1.4％站位的 Cr 含量、21.3％站位的 Hg 含量、8.1％站位的 As 含量、1.6％站位的石油类含量、2.5％站位的硫化物含量、0.8％站位的有机碳含量、14.0％站位的 DDT 含量、5.5％站位的 PCB 含量符合国家海洋沉积物二类质量标准，其余均符合国家海洋沉积物一类质量标准。表明福建全省沿岸潮间带底质主要受 Pb、Hg、Cd 及 DDT 污染（图 7-8）。

三、沉积物质量历史变化

1982～1986 年的福建省海岸带资源综合调查曾开展了较全面的沉积物质量调查。由于与本次调查所布设的站位及调查要素不尽相同，故仅对海湾部分要素进行比较。

（1）沙埕港

沙埕港潮间带沉积物 Cu、Pb、Zn、Cd、硫化物的平均含量有较为明显的增加，尤其是 Cd 的平均含量约为 1982～1986 年的 20 倍，Cu、Zn、Cd 的平均含量从上次海岸带调查时符合国家海洋沉积物一类质量标准变为符合国家海洋沉积物二类质量标准；Pb、硫化物的平均含量虽增加，石油类、有机碳的平均含量变化不大，六六六的平均含量有较为明显的降低，与上次海岸带调查一样符合国家海洋沉积物一类质量标准；Hg、DDT 的平均含

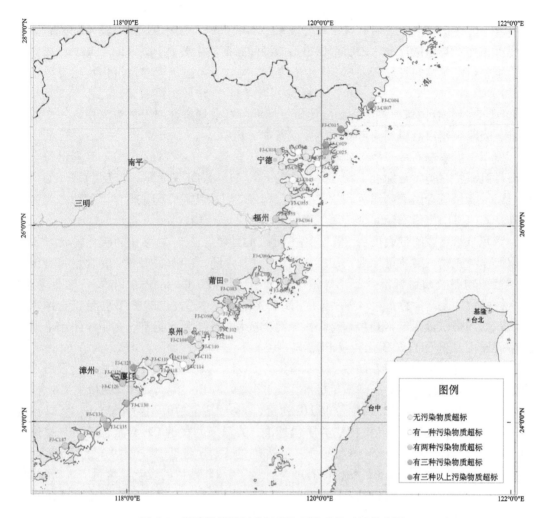

图 7-8　福建沿岸潮间带沉积物环境质量区域分布图

量变化不大，与上次海岸带调查一样符合国家海洋沉积物二类质量标准。

与上次海岸带调查结果相比，沙埕港潮间带沉积物的环境质量状况略有恶化，主要是重金属（Cu、Pb、Zn、Cd）的平均含量增加较明显，尤其是 Cd，但仍符合国家海洋沉积物二类质量标准。

（2）三沙湾

三沙湾潮间带沉积物 Cu、Pb、Cd、硫化物的平均含量有较为明显的增加，Zn、石油类、有机碳的平均含量变化不大，六六六的平均含量降低明显，但各要素仍与上次海岸带调查一样符合国家海洋沉积物一类质量标准；DDT 的平均含量变化不大，仍与上次海岸带调查一样符合国家海洋沉积物二类质量标准；Hg 的平均含量降低明显，从超过国家海洋沉积物三类质量标准变为符合国家海洋沉积物一类质量标准。

与上次海岸带调查结果相比，三沙湾潮间带沉积物的环境质量状况略有好转，除

DDT 仍符合国家海洋沉积物二类质量标准外，其余各要素的平均含量均符合国家海洋沉积物一类质量标准。

（3）罗源湾

罗源湾潮间带沉积物中 Cu、Pb、Zn、Cd、石油类的平均含量变化不大，Hg、硫化物、有机碳的平均含量有较明显的增加，六六六的平均含量有较为明显的降低，但各要素仍与上次海岸带调查一样符合国家海洋沉积物一类质量标准；DDT 的平均含量略有降低，从符合国家海洋沉积物二类质量标准变为符合国家海洋沉积物一类质量标准。

与上次海岸带调查结果相比，罗源湾潮间带沉积物的环境质量状况基本不变，各要素的平均含量均符合国家海洋沉积物一类质量标准。

（4）闽江口

闽江口潮间带沉积物中 Cu、Pb、Zn、Cd、Hg、石油类、硫化物、有机碳、六六六的平均含量均有明显的降低，与上次海岸带调查一样符合国家海洋沉积物一类质量标准；DDT 的平均含量亦有较为明显的降低，从符合国家海洋沉积物二类质量标准变为符合国家海洋沉积物一类质量标准。

与上次海岸带调查结果相比，闽江口潮间带沉积物的环境质量状况略有好转，各要素的平均含量均符合国家海洋沉积物一类质量标准。

（5）福清湾－海坛湾

福清湾－海坛湾潮间带沉积物中 Cu、Pb、Zn、Cd、有机碳的平均含量变化不大，Hg、硫化物的平均含量有较为明显的增加，石油类、六六六的平均含量有较为明显的降低，DDT 的平均含量略有降低，但各要素的平均含量仍与上次海岸带调查一样符合国家海洋沉积物一类质量标准。

福清湾－海坛湾潮间带沉积物的环境质量状况基本不变，各要素的平均含量均符合国家海洋沉积物一类质量标准。

（6）兴化湾

兴化湾潮间带沉积物中 Cu、Pb、Zn、硫化物的平均含量变化不大，Cd、Hg、有机碳的平均含量有较为明显的增加，石油类、六六六的平均含量有较为明显的降低，但各要素仍与上次海岸带调查一样符合国家海洋沉积物一类质量标准；DDT 的平均含量有较为明显的降低，从符合国家海洋沉积物二类质量标准变为符合国家海洋沉积物一类质量标准。

兴化湾潮间带沉积物的环境质量状况基本不变，DDT 的平均含量随着自然降解过程而有较为明显的降低，各要素的平均含量均符合国家海洋沉积物一类质量标准。

（7）湄洲湾

湄洲湾潮间带沉积物中 Cu、Zn、Hg、有机碳的平均含量变化不大，Cd 的平均含量有较为明显的增加，石油类、硫化物、六六六的平均含量有较为明显的降低，但各要素仍与上次海岸带调查一样符合国家海洋沉积物一类质量标准；DDT 的平均含量有较为明显的降低，从符合国家海洋沉积物二类质量标准变为符合国家海洋沉积物一类质量标准；Pb 的平均含量有较为明显的增加，从符合国家海洋沉积物一类质量标准变为符合国家海洋沉积物二类质量标准。

湄洲湾潮间带沉积物的环境质量状况变化不大，仅 Pb 的平均含量增加较明显，但仍符合国家海洋沉积物二类质量标准，其余各要素的平均含量均符合国家海洋沉积物一类质量标准。

（8）泉州湾

湄洲湾潮间带沉积物中 Cu、Pb、Zn、Cd、Hg、石油类、有机碳的平均含量变化不大，硫化物、六六六的平均含量有较为明显的降低，但各要素仍与上次海岸带调查一样符合国家海洋沉积物一类质量标准；DDT 的平均含量有较为明显的降低，从符合国家海洋沉积物二类质量标准变为符合国家海洋沉积物一类质量标准。

泉州湾潮间带沉积物的环境质量状况基本不变，DDT 的平均含量随着自然降解过程而有较为明显的降低，各要素的平均含量均符合国家海洋沉积物一类质量标准。

（9）厦门湾

厦门湾潮间带沉积物中 Cu、Zn、Hg、石油类、有机碳的平均含量变化不大，Cd、硫化物的平均含量有较为明显的增加，六六六的平均含量有较为明显的降低，但各要素仍与上次海岸带调查一样符合国家海洋沉积物一类质量标准；DDT 的平均含量降低明显，从符合国家海洋沉积物三类质量标准变为符合国家海洋沉积物一类质量标准；Pb 的平均含量增加较明显，从符合国家海洋沉积物一类质量标准变为略超过国家海洋沉积物一类质量标准。

厦门湾潮间带沉积物的环境质量状况变化不大，仅 Pb 的平均含量增加较明显，但仅略超过国家海洋沉积物一类质量标准，其余各要素的平均含量均符合国家海洋沉积物一类质量标准。

（10）东山湾

东山湾潮间带沉积物中 Cu、Pb、Zn、Cd、Hg、硫化物、有机碳、六六六的平均含量降低较明显，石油类的平均含量增加明显，但各要素仍与上次海岸带调查一样符合国家海洋沉积物一类质量标准；DDT 的平均含量增加明显，约为 4 倍，从符合国家海洋沉积物质量三类标准变为超过国家海洋沉积物质量三类标准。

东山湾潮间带沉积物的环境质量状况变化不大，问题主要是 DDT 的平均含量高，超过国家海洋沉积物质量三类标准，但其余各要素的平均含量仍均符合国家海洋沉积物一类质量标准。

（11）诏安湾

诏安湾潮间带沉积物中 Cu、Zn、Cd 的平均含量有较为明显的增加，Hg、石油类、六六六的平均含量有较为明显的减低，硫化物、有机碳的平均含量变化不大，但各要素仍与上次海岸带调查一样符合国家海洋沉积物一类质量标准；Pb 的平均含量增加较明显，从符合国家海洋沉积物一类质量标准变为符合国家海洋沉积物二类质量标准；DDT 的平均含量降低较明显，从原有符合国家海洋沉积物三类质量标准变为符合国家海洋沉积物二类质量标准。

诏安湾潮间带沉积物的环境质量状况变化不大，Pb 的平均含量略有增加，DDT 的平均含量随自然降解而降低明显，Pb、DDT 的平均含量均符合国家海洋沉积物二类质量标准，其余各要素的平均含量仍均符合国家海洋沉积物一类质量标准。

总体而言，全省海岸带潮间带沉积物中重金属的平均含量增加较为明显，尤其是沙埕港的 Cu、Zn、Cd 及诏安湾的 Pb，六六六的平均含量降低显著，DDT 的平均含量总体上略有降低，但东山湾增加明显，可能与漳江入海带来的陆源高 DDT 有关（图 7-9）。

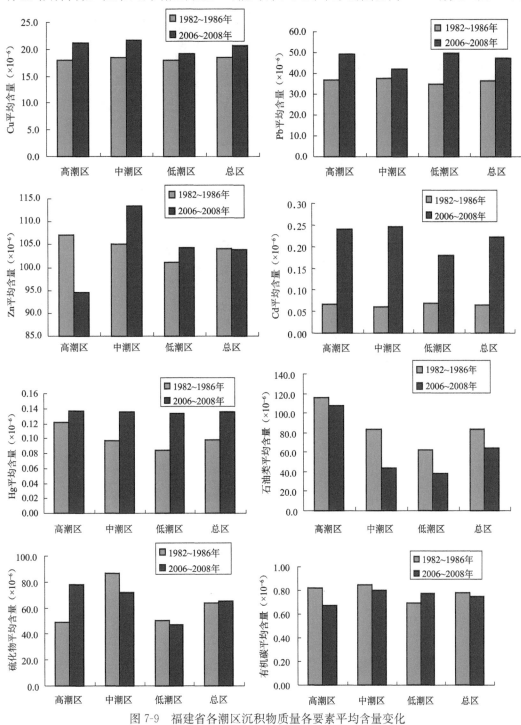

图 7-9 福建省各潮区沉积物质量各要素平均含量变化

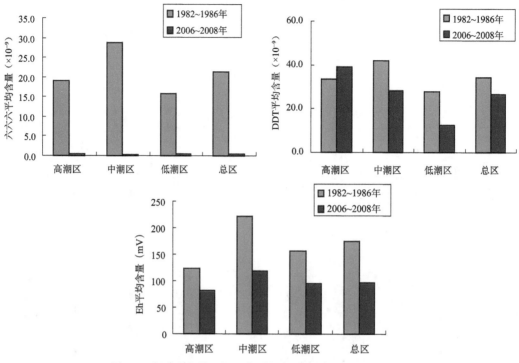

图 7-9　福建省各潮区沉积物质量各要素平均含量变化（续）

第五节　潮间带底栖生物

一、种类组成与分布

福建省沿岸软相潮间带生物调查鉴定的种类共 486 种，其中藻类 8 种、多毛类 191 种、软体动物 133 种、甲壳动物 122 种、棘皮动物 4 种和其他生物 28 种。多毛类、软体动物和甲壳动物占总种数的 91.76％，构成潮间带生物主要类群。

全省沿岸软相潮间带生物各断面种数在 34～112 种。种数季节变化，以春季 352 种略大于秋季的 345 种，除个别断面秋季种数大于春季外，大多数断面均是春季大于秋季（表 7-11）。

表 7-11　福建沿岸潮间带生物物种数组成

季节	藻类	多毛类	软体动物	甲壳动物	棘皮动物	其他生物	合计
春季	4	152	107	74	1	14	352
秋季	5	140	84	90	4	22	345
合计	8	191	133	122	4	28	486

全省沿岸软相潮间带生物种数垂直分布，中潮区最多，为 400 种，低潮区次之，为 269 种，高潮区最少，为 125 种。春季和秋季均是中潮区最高，高潮区最低（表 7-12）。

表 7-12　福建沿岸潮间带各生物物种数垂直分布

潮区	季节	藻类	多毛类	软体动物	甲壳动物	棘皮动物	其他生物	合计
高潮区	春季	0	31	21	14	0	3	69
	秋季	0	37	31	18	0	4	90
	合计	0	53	40	27	0	5	125
中潮区	春季	4	131	74	59	1	14	283
	秋季	5	116	66	67	1	14	269
	合计	8	166	106	97	2	21	400
低潮区	春季	2	92	35	41	1	3	174
	秋季	4	82	30	41	3	11	171
	合计	5	132	50	68	3	11	269

二、潮间带生物数量分布

福建沿岸潮间带生物平均生物量为 42.19 克/米^2，平均栖息密度为 979 个/米^2。生物量以甲壳动物居首位，为 20.47 克/米^2，软体动物居第二位，为 17.70 克/米^2；栖息密度以甲壳动物居第一位，为 504 个/米^2，多毛类居第二位，为 273 个/米^2，软体动物居第三位，为 191 个/米^2（表 7-13）。

表 7-13　福建沿岸潮间带生物数量组成

数量	季节	藻类	多毛类	软体动物	甲壳动物	棘皮动物	其他生物	合计
密度/(个/米^2)	春季	0	332	250	618	2	9	1210
	秋季	0	213	132	390	2	11	748
	平均	0	273	191	504	2	10	979
生物量/(克/米^2)	春季	0.85	3.39	19.99	10.47	0.56	0.33	35.60
	秋季	0.02	1.40	15.42	30.46	0.27	1.22	48.79
	平均	0.44	2.39	17.70	20.47	0.41	0.78	42.19

福建沿岸潮间带生物生物量，霞浦北壁最高，为 258.02 克/米^2；霞浦溪南最小，为 11.07 克/米^2。栖息密度霞浦溪南最大，为 3626 个/米^2；长乐鸡目沙最小，为 89 个/米^2。春季生物量莆田涵江断面最大，为 127.08 克/米^2；福清琯下最小，为 3.05 克/米^2。春季栖息密度霞浦溪南最大，为 6899 个/米^2；宁德沙埕港最小，为 39 个/米^2。秋季生物量霞浦北壁最大，为 425.84 克/米^2；霞浦溪南最小，为 8.11 克/米^2。栖息密度以霞浦北壁最大，为 5157 个/米^2；长乐鸡目沙最小，为 82 个/米^2。

全省沿岸潮间带平均生物量中潮区最大，为 76.55 克/米^2；低潮区其次，为 31.14 克/米^2；高潮区最小，为 18.89 克/米^2。栖息密度低潮区最大，为 1483 个/米^2；中潮区其次，为 1113 个/米^2；高潮区最小，为 342 个/米^2。春季平均生物量中潮区最大，为 51.95 克/米^2；低潮区其次，为 43.39 克/米^2；高潮区最小，为 11.45 克/米^2。栖息密度低潮区最大，为 2382 个/米^2；中潮区其次，为 835 个/米^2；高潮区最小，为 414 个/

米²。秋季平均生物量中潮区最大，为 101.15 克/米²；高潮区其次，为 26.33 克/米²；低潮区最小，为 18.89 克/米²。栖息密度中潮区最大，为 1390 个/米²；低潮区其次，为 585 个/米²；高潮区最小，为 269 个/米²（表 7-14）。

表 7-14　福建沿岸潮间带各生物数量垂直分布

潮区	数量	季节	藻类	多毛类	软体动物	甲壳动物	棘皮动物	其他生物	合计
高潮区	密度/(个/m^2)	春季	0	223	92	97	0	2	414
		秋季	0	132	94	41	0	1	269
		平均	0	178	93	69	0	2	342
	生物量/(克/米²)	春季	0	2.80	7.44	1.20	0.00	0.02	11.45
		秋季	0	0.84	19.83	5.19	0.00	0.46	26.33
		平均	0	1.82	13.63	3.20	0.00	0.24	18.89
中潮区	密度/(个/m^2)	春季	0	368	319	134	0	13	835
		秋季	0	275	244	865	0	6	1390
		平均	0	322	282	500	0	9	1113
	生物量/(克/米²)	春季	2.32	3.92	24.47	20.36	0.07	0.81	51.95
		秋季	0.01	1.71	16.52	81.57	0.00	1.32	101.15
		平均	1.17	2.82	20.49	50.97	0.03	1.07	76.55
低潮区	密度/(个/m^2)	春季	0	406	339	1621	4	11	2382
		秋季	0	231	57	265	6	26	585
		平均	0	319	198	943	5	18	1483
	生物量/(克/米²)	春季	0.24	3.44	28.08	9.86	1.60	0.17	43.39
		秋季	0.04	1.65	9.89	4.62	0.81	1.87	18.89
		平均	0.14	2.55	18.99	7.24	1.20	1.02	31.14

三、潮间带生物质量

（一）生物体污染物含量特征

宁德沙埕港紫菜中的铜含量为 1.68 毫克/千克，铅含量为 0.25 毫克/千克，锌含量为 4.03 毫克/千克，镉含量为 0.27 毫克/千克，汞含量小于 0.01 毫克/千克，砷含量为 0.39 毫克/千克；牡蛎中铜含量为 97.4 毫克/千克，铅含量为 0.45 毫克/千克，锌含量为 177 毫克/千克，镉含量为 0.98 毫克/千克，汞含量为 0.05 毫克/千克，砷含量为 0.46 毫克/千克。紫菜中六六六含量为 $13.2×10^{-9}$，DDT 含量为 $19.5×10^{-9}$，PCB 含量为 $36.2×10^{-9}$；牡蛎中六六六含量为 $4.04×10^{-9}$，DDT 含量为 $18.4×10^{-9}$，PCB 含量为 $9.92×10^{-9}$。

霞浦沙塘里紫菜中的铜含量为 1.37 毫克/千克，铅含量为 0.14 毫克/千克，锌含量为 3.41 毫克/千克，镉含量为 0.28 毫克/千克，汞含量小于 0.01 毫克/千克，砷含量为 0.56 毫克/千克，六六六含量为 $14.2×10^{-9}$，DDT 含量为 $18.6×10^{-9}$，PCB 含量为 $26.4×10^{-9}$；春秋季牡蛎中铜含量为 24.65～73.9 毫克/千克，铅含量为 0.24～0.43 毫克/千克，锌含量为 75.6～163 毫克/千克，镉含量为 0.60～0.86 毫克/千克，汞含量为 0.02～0.03 毫克/千克，砷含量为 0.27～0.57 毫克/千克，六六六含量为 1.82×10^{-9}～3.89×10^{-9}，DDT 含量为 34.4×10^{-9}～35.6×10^{-9}，PCB 含量为 11×10^{-9}～13.6×10^{-9}。

霞浦北壁春秋季牡蛎中铜含量为 14.19～43.7 毫克/千克，铅含量为 0.18～0.27 毫克/千克，锌含量为 24.9～162 毫克/千克，镉含量为 0.29～0.81 毫克/千克，汞含量为 0.01～0.03 毫克/千克，砷含量为 0.10～0.47 毫克/千克，六六六含量为 6.24×10^{-9}，DDT 含量为 21.9×10^{-9}，PCB 含量为 14.8×10^{-9}。紫菜中六六六含量为 14.4×10^{-9}，DDT 含量为 20.1×10^{-9}，PCB 含量为 46.8×10^{-9}。

霞浦溪南紫菜中的铜含量为 0.72 毫克/千克，铅含量为 0.03 毫克/千克，锌含量为 2.19 毫克/千克，镉含量为 0.02 毫克/千克，汞含量小于 0.01 毫克/千克，砷含量为 0.16 毫克/千克；春秋季江篱中铜含量为 0.63～1.10 毫克/千克，铅含量为 0.03～0.20 毫克/千克，锌含量为 4.79～8.20 毫克/千克，镉含量为 0.06～0.07 毫克/千克，汞含量小于 0.01 毫克/千克，砷含量为 0.21～0.27 毫克/千克。秋季牡蛎中铜含量为 34.15 毫克/千克，铅含量为 0.26 毫克/千克，锌含量为 75.5 毫克/千克，镉含量为 0.48 毫克/千克，汞含量为 0.03 毫克/千克，砷含量为 0.31 毫克/千克。春秋季江篱中六六六含量为 17.5×10^{-9}～18.7×10^{-9}，DDT 含量为 14.7×10^{-9}～18.5×10^{-9}，PCB 含量为 18.8×10^{-9}～50×10^{-9}。

宁德上村春秋季牡蛎中铜含量为 7.89～74.3 毫克/千克，铅含量为 0.11～0.26 毫克/千克，锌含量为 32.54～385 毫克/千克，镉含量为 0.33～0.90 毫克/千克，汞含量为 0.01～0.04 毫克/千克，砷含量为 0.40～0.53 毫克/千克，六六六含量为 5.76×10^{-9}～6.24×10^{-9}，DDT 含量为 20.0×10^{-9}～21.9×10^{-9}，PCB 含量为 13.3×10^{-9}～14.8×10^{-9}。

连江合峰紫菜中的铜含量为 1.21 毫克/千克，铅含量为 0.04 毫克/千克，锌含量为 3.71 毫克/千克，镉含量为 0.08 毫克/千克，汞含量小于 0.01 毫克/千克，砷含量为 0.60 毫克/千克，六六六含量为 12.8×10^{-9}，DDT 含量为 17.4×10^{-9}，PCB 含量为 50.3×10^{-9}；牡蛎中铜含量达 45.5 毫克/千克，铅含量为 0.49 毫克/千克，锌含量为 114 毫克/千克，镉含量为 0.87 毫克/千克，汞含量为 0.04 毫克/千克，砷含量为 0.55 毫克/千克，六六六含量为 25.2×10^{-9}，DDT 含量为 25.8×10^{-9}，PCB 含量为 14.4×10^{-9}。

连江山坑紫菜中的铜含量为 6.60 毫克/千克，铅含量为 0.84 毫克/千克，锌含量为 13.11 毫克/千克，镉含量为 0.55 毫克/千克，汞含量小于 0.01 毫克/千克，砷含量为 8.63 毫克/千克，六六六含量为 15.1×10^{-9}，DDT 含量为 20.5×10^{-9}，PCB 含量为 31.4×10^{-9}；牡蛎中铜含量达 111.6 毫克/千克，铅含量为 0.63 毫克/千克，锌含量为 252 毫克/千克，镉含量为 1.32 毫克/千克，汞含量为 0.04 毫克/千克，砷含量为 0.52 毫克/千克，六六六含量为 25.5×10^{-9}，DDT 含量为 77.6×10^{-9}，PCB 含量为 30.9×10^{-9}。

长乐鸡母沙春秋季蛤中铜含量为 2.90～3.02 毫克/千克，铅含量为 0.24～0.71 毫克/千克，锌含量为 16.87～49.2 毫克/千克，镉含量为 0.03～0.46 毫克/千克，汞含量为 0.01～0.02 毫克/千克，砷含量为 0.42～0.46 毫克/千克。秋季蛤中六六六含量为 6.63×10^{-9}，DDT 含量为 21.7×10^{-9}，PCB 含量为 7.33×10^{-9}。

福清琯下春秋季牡蛎中铜含量为 20.1～118.4 毫克/千克，铅含量为 0.15～0.60 毫克/千克，锌含量为 60.5～199 毫克/千克，镉含量为 0.45～0.96 毫克/千克，汞含量为 0.01～0.02 毫克/千克，砷含量为 0.17～0.52 毫克/千克，六六六含量为 1.11×10^{-9}～18.6×10^{-9}，DDT 含量为 5.90×10^{-9}～22.8×10^{-9}，PCB 含量为 2.36×10^{-9}～19.9×10^{-9}。

厦门下后滨春秋季牡蛎中铜含量为 13.68～25.50 毫克/千克，铅含量为 0.11～0.23 毫克/千克，锌含量为 71.4～122 毫克/千克，镉含量为 0.41～0.74 毫克/千克，汞含量为 0.01～0.02 毫克/千克，砷含量为 0.27～0.37 毫克/千克，六六六含量为 6.85×10^{-9}～16.2×10^{-9}，DDT 含量为 16.0×10^{-9}～16.3×10^{-9}，PCB 含量为 14.6×10^{-9}～22.5×10^{-9}（表 7-15）。

表 7-15　福建沿岸潮间带生物体内污染物含量特征

断面	季节	生物体	铜/(毫克/千克)	铅/(毫克/千克)	锌/(毫克/千克)	镉/(毫克/千克)	汞/(毫克/千克)	砷/(毫克/千克)	六六六($\times 10^{-9}$)	DDT($\times 10^{-9}$)	PCB($\times 10^{-9}$)
沙埕		紫菜	1.68	0.25	4.03	0.27	<0.01	0.39	13.2	19.5	36.2
		牡蛎	97.4	0.45	177	0.98	0.05	0.46	4.04	18.4	9.92
霞浦沙塘里		紫菜	1.37	0.14	3.41	0.28	<0.01	0.56	14.2	18.6	26.4
	春季	牡蛎	73.9	0.43	163	0.86	0.03	0.57	3.89	35.6	11
	秋季	牡蛎	24.65	0.24	75.6	0.60	0.02	0.27	1.82	34.4	13.6
霞浦北壁	春季	牡蛎	43.7	0.27	162	0.81	0.03	0.47	6.24	21.9	14.8
	秋季	牡蛎	14.19	0.18	24.9	0.29	0.01	0.10	3.04	86.3	9.61
霞浦溪南	秋季	紫菜	0.72	0.03	2.19	0.02	<0.01	0.16	14.4	20.1	46.8
	秋季	江蓠	0.63	0.03	4.79	0.06	<0.01	0.21	18.7	18.5	50
	春季	江蓠	1.10	0.20	8.20	0.07		0.27	17.5	14.7	18.8
	秋季	牡蛎	34.15	0.26	75.5	0.48	0.03	0.31	1.49	31.3	12.8
宁德上村	秋季	牡蛎	7.89	0.11	32.54	0.33	0.01	0.40	5.76	20.0	13.3
	春季	牡蛎	74.3	0.26	385	0.90	0.04	0.53	6.24	21.9	14.8
连江合峰		紫菜	1.21	0.04	3.71	0.08	<0.01	0.60	12.8	17.4	50.3
		牡蛎	45.5	0.49	114	0.87	0.04	0.55	25.2	25.8	14.4
连江山坑		紫菜	6.60	0.84	13.11	0.55	<0.01	8.63	15.1	20.5	31.4
		牡蛎	111.6	0.63	252	1.32	0.04	0.52	25.5	77.6	30.9
长乐鸡母沙	秋季	蛤	3.02	0.24	16.87	0.46	0.01	0.46	6.63	21.7	7.33
	春季	蛤	2.90	0.71	49.2	0.03	0.02	0.42			
福清琯下	春季	牡蛎	118.4	0.60	199	0.96	0.01	0.52	18.6	22.8	19.9
	秋季	牡蛎	20.1	0.15	60.5	0.45	0.01	0.17	1.11	5.90	2.36
厦门下后滨	春季	牡蛎	13.68	0.11	71.4	0.41	0.01	0.27	6.85	16.0	22.5
	秋季	牡蛎	25.5	0.23	122	0.74	0.02	0.37	16.2	16.3	14.6

（二）生物体污染程度评价

参照国家《海洋生物质量标准》（GB 18421—2001），以湿重计，评价潮间带生物体内重金属含量和农残含量：

宁德沙埕断面牡蛎中铜、锌含量仅符合国家海洋生物质量三类标准；铅、镉和DDT 含量仅符合二类标准；汞、PCB 和六六六含量均符合国家海洋生物质量一类标准。

霞浦沙塘里断面牡蛎中春季铜含量符合二类标准，秋季符合三类标准；铅、镉含量春、秋季均符合二类标准；锌含量春、秋季均符合三类标准；汞和砷含量春、秋季都符合一类标准；六六六含量符合一类标准，DDT 和 PCB 含量均符合二类标准。

霞浦北壁断面牡蛎中秋季铜、锌含量符合二类标准，春季符合三类标准；铅、镉含量春、秋季均符合二类标准；汞和砷含量春、秋季均符合一类标准；春、秋季六六六含量均符合国家生物质量一类标准；DDT 含量均符合国家二类标准；PCB 含量春季符合二类标准，秋季符合一类标准。

霞浦溪南断面牡蛎中铜、铅、锌、镉、DDT 和 PCB 含量均符合二类标准；汞、砷和六六六的含量符合一类标准。

宁德上村断面牡蛎中铜含量秋季符合国家海洋生物质量一类标准，春季符合三类标准；铅、镉含量春、秋季均符合二类标准；锌含量秋季符合二类标准，春季仅符合三类标准；汞、砷含量春、秋季都符合一类标准。春、秋季牡蛎中六六六含量均符合国家海洋生物质量一类标准；DDT 和 PCB 含量符合国家海洋生物质量二类标准。

连江合峰断面牡蛎中铜、锌含量符合国家海洋生物质量三类标准；铅、镉含量符合二类标准；汞、砷含量符合一类标准。牡蛎中六六六、PCB 和 DDT 含量符合国家海洋生物质量二类标准。

连江山坑断面牡蛎中铜含量超出国家海洋生物质量标准；铅、镉含量符合国家海洋生物质量二类标准；锌含量仅符合三类标准；汞、砷含量符合一类标准。牡蛎中 666、PCB 和 DDT 含量符合国家海洋生物质量二类标准。

长乐鸡母沙断面蛤体内铜含量春、秋季均符合国家海洋生物质量一类标准；铅含量符合二类标准；锌含量秋季符合一类标准，春季符合二类标准；镉含量秋季符合二类标准，春季符合一类标准；汞、砷含量符合一类标准。蛤体内六六六和 PCB 含量符合国家海洋生物质量一类标准，DDT 含量符合二类标准。

福清琯下断面春季牡蛎体内铜含量超过国家海洋生物质量标准，秋季符合二类标准；铅、锌和镉含量春、秋季均符合二类标准；汞和砷含量春、秋季都符合一类标准。秋季牡蛎中六六六、DDT、PCB 含量都极低，均符合国家海洋生物质量一类标准；春季牡蛎中六六六含量符合一类标准，DDT 和 PCB 含量符合二类标准。

厦门下后滨断面牡蛎体内铜含量春季符合二类标准，秋季符合三类标准；铅、镉含量春、秋季均符合二类标准；锌含量春、秋季均符合三类标准；汞含量和砷含量春、秋季都符合一类标准。牡蛎中六六六的含量均符合一类标准，DDT、PCB 含量均符合二类标准。

四、潮间带底栖生物资源分析

（一）主要种类

根据数量和出现率，福建沿岸潮间带生物优势种和主要种有：吐露内卷齿蚕（*Aglaophamus toloensis*）、光突齿沙蚕（*Leonnates persica*）、日本稚齿虫（*Prionospio japonica*）、好斗埃蜚（*Ericthonius pugnax*）、刚鳃虫（*Chaetozone* sp.）、小头虫（*Capitella capitata*）、线沙蚕（*Drilonereis filum*）、四索沙蚕（*Lumbrineris tetraura*）、无疣卷吻沙蚕（*Inermonephtys inermis*）、异蚓虫（*Heteromastus filiformis*）、双齿围沙蚕（*Perinereis aibuhitensis*）、日本刺沙蚕（*Neanthes japonica*）、短拟沼螺（*Assiminea brevicula*）、粒结节滨螺（*Nodilittorina (N.) radiata*）、短滨螺（*Littorina (L.) brevicula*）、粗糙滨螺（*Littoraria (Palustorina) articulata*）、黑口滨螺（*Littoraria (P.) melanostoma*）、珠带拟蟹守螺（*Cerithidea cingulata*）、纵带滩栖螺（*Batillaria zonalis*）、小翼拟蟹守螺（*Cerithidea microptera*）、托氏昌螺（*Umbonium thomasi*）、泥螺（*Bullacta exarata*）、雕刻拟蚶（*Arcopsis sculptilis*）、等边浅蛤（*Gomphina aequilatera*）、米埔假蛏蛤（*Pseudopythina maipoensis*）、仿樱蛤（*Tellinides* sp.）、文蛤（*Meretrix meretrix*）、缢蛏（*Sinonovacula constricta*）、光滑河蓝蛤（*P. laevis*）、中国绿螂（*Glauconme chinensis*）、凸壳肌蛤（*Musculista senhausia*）、青蛤（*Cyclina sinensis*）、巧楔形蛤（*Cyclosunetta concinna*）、侧底理蛤（*Theora lata*）、毛满月蛤（*Pillucina* sp.）、彩虹明樱蛤（*Moerella iridescens*）、红明樱蛤（*Moerella rutila*）、日本大鳌蜚（*Grandidierella japonica*）、强壮藻钩虾（*Amphitoe valida*）、美原双眼钩虾（*Ampelisca miharaensis*）、弧边招潮蟹（*Uca (Deltuca) arcuata*）、秀丽长方蟹（*Metaplax elegans*）、韦氏毛带蟹（*Dotilla wichmanni*）、痕掌沙蟹（*Ocypode stimpsoni*）、明秀大眼蟹（*Macrophalmus (Mareotis) definitus*）、淡水泥蟹（*Ilyoplax tansuiensis*）、薄片蜾蠃蜚（*Corophium lamellatum*）、宽身大眼蟹（*Marcrophthalmus (M.) dilataun*）、光亮倍棘蛇尾（*Amphioplus (Amphioplus) lucidus*）、孔鰕虎鱼（*Trypauchen vagina*）等。

上次沿岸调查布设 67 条潮间带生物断面，所调查的底质类型有岩石、沙滩、泥沙滩和泥滩等多种类型，共分析鉴定了物种 999 种。本次调查断面少，调查底质类型少，物种种数少。在岩石相中许多优势种和习见种如青蚶（*Barbatia virescens*）、变化短齿蛤（*Brachidontes variabilis*）、黑荞麦蛤（*Xenostrobus atratus*）、条纹隔贻贝（*Septifer virgatus*）、短石蛏（*Lithophaga (Leiosolenus) curta*）、僧帽牡蛎（*Saccostrea cucullata*）、棘刺牡蛎（*S. echinata*）、敦氏猿头蛤（*Chama dunkeri*）、嫁戚（*Cellana toreuma*）、矮拟帽贝（*Patelloida pygmaea*）、单齿螺（*Monodonta labio*）、锈凹螺（*Ch. rustica*）、粒花冠小月螺（*Lunella coronata* 克 *ranulata*）、齿纹蜒螺（*Nerita (R.) yoldii*）、疣荔枝螺（*Thais clavigera*）、黄口荔枝螺（*T. luteostoma*）、甲虫螺

（*Cantharus cecillei*）、粒神螺（*Apollon olivator rubustus*）、鳞笠藤壶（*Tetraclita squamosa squamosa*）、日本笠藤壶（*T. japonica*）、白脊藤壶（*Balanus albicostatus*）等均未采集到。一些原来的主要种和习见种本次调查依然出现，如短拟沼螺、粒结节滨螺、短滨螺、粗糙滨螺、珠带拟蟹守螺、纵带滩栖螺、小翼拟蟹守螺、托氏昌螺、泥螺、等边浅蛤、文蛤、缢蛏、中国绿螂、凸壳肌蛤、青蛤、侧底理蛤、彩虹明樱蛤、弧边招潮、韦氏毛带蟹、痕掌沙蟹、淡水泥蟹、光亮倍棘蛇尾、孔鰕虎鱼等。

福建沿岸潮间带生物物种分布与底质类型密切相关，沙滩潮间带风浪大、潮流急，底质不稳定，适合栖息于该生境的物种较少，通常有痕掌沙蟹、平掌沙蟹（*Ocypode cordimana*）、韦氏毛带蟹、等边浅蛤、文蛤、紫藤斧蛤（*Chion semigranosus*）、巧楔形蛤（*Cyclosunetta concinna*）、广大扁玉螺（*Natica ampla*）、葛氏胖钩虾（*Urothoe grimaldii*）、颗粒黎明蟹（*Matuta granulosa*）、红点黎明蟹（*Matuta lunaris*）等。在泥沙滩中，物种种数相对较多，许多物种可以发展成为优势种，如珠带拟蟹守螺、纵带滩栖螺、小翼拟蟹守螺、中国绿螂、凸壳肌蛤、青蛤、侧底理蛤、彩虹明樱蛤、弧边招潮、淡水泥蟹等。在泥滩中，多以底内食沉的生物为主。值得注意是，曾经报道在闽江口潮间带低潮区数量极大的中国蛤蜊（*Mactra (Mactra) chinensis*），本次调查未出现。

（二）主要经济种的数量分布

福建沿岸潮间带生物，主要经济种有30种，但数量和出现率不高。春季断面湄洲湾发现经济种种数最多，秋季断面湄洲湾、宁德上村发现经济种种数最多。春季物种出现率最高的为珠带拟蟹守螺（8条断面），其次为凸壳肌蛤、彩虹明樱蛤、中国绿螂和泥螺（分别为4条断面）；秋季物种出现率最高的为珠带拟蟹守螺（8条断面），其次为孔鰕虎鱼（6条断面），凸壳肌蛤（5条断面）。

第六节　海岸带资源与开发利用

一、港航资源

福建省海岸线长3486千米，约占全国海岸线总长的18.3%。岸线曲折，港湾众多，多口小腹大，湾口或湾外有岛屿庇护，周围有山丘屏障，湾内浪小，一般不需要防波堤即可建港。湾内海域广阔，锚泊点多，是船只锚泊及避风的优良场所。沿岸广布花岗岩及火成岩，工程地质条件优良。全省沿海规划26个港区79个作业区，规划形成岸线长度345.5千米，其中深水岸线292千米，有40多千米的岸线可建设20万～30万吨级的大型深水泊位。

目前，三沙湾的城澳、溪南、三都澳、樟湾、白马港口，罗源湾的将军帽、可门，长乐的松下，福清的江阴、牛头尾，湄洲湾的斗尾、东吴，厦门湾的海沧、打石坑，龙海的后石，漳浦的古雷半岛等，均拥有可建 10 万吨以上深水泊位的天然条件。其中可建 20 万～30 万吨泊位的是三都澳和湄洲湾斗尾。从空间分布来看，可分为宁德港、福州港、莆田港、泉州港、厦门港和漳州港等六大港群。

二、旅游资源

福建海滨地区气候条件优越，自然和历史人文旅游资源丰富，形成了独特的以山海资源、历史文化、民俗风情为主体的旅游资源带。

滨海奇山异峰旅游资源：福建省山多海阔，海岸带名山颇多，有被列入全国重点风景区的太姥山、鼓山、清源山等名山，还有诸如泉州九日山、漳浦海月岩等，都以"山海大观"为共同特征，既可赏山景，又可揽海胜。

海湾和沙滩旅游资源：福建沿岸海湾众多，湾面宽阔，沿岸风光秀丽，海岸沙滩连绵，如著名的惠安崇武、东山金銮湾、石狮黄金海岸等沙滩，滩缓、浪平、沙粒适中，海水洁净，日照充足，都可以开发为优良的海水浴场。

滨海人文和历史旅游资源：沿海地区开放历史悠久，经济、文化较发达，人文旅游资源十分丰富，名胜古迹颇多。历代名人朱熹、陆游、戚继光、郑成功、冯梦龙等都留下过足迹和珍贵文物。有"海上山丝绸之路"起点的泉州海丝文化旅游资源；中国现代造船业发源地马尾船政文化旅游资源，崇武古城遗址，具有宗教和地方文化特色的湄洲妈祖文化旅游资源，具有地方民俗特色的多彩惠安民俗文化资源；日本国高僧空海入唐求法登陆地霞浦赤岸旅游资源，闽东畲族聚居地和革命老区的畲族风情及革命历史遗迹也是旅游资源的一大特色。

独特的海岸地质地貌旅游资源有中国唯一的滨海火山地质地貌风景旅游区漳州滨海火山国家地质公园；有 7000 多年前的海底古森林遗迹，还包括海湾内的牡蛎礁和海岸自然地质地貌、名胜古迹、防风林带，以及石圳海岸海蚀变质岩自然剖面等。

温泉资源：数量多，类型丰富，集中分布在福州、漳州和厦门市。为发展温泉疗养旅游资源提供了很好的条件。

河口红树林湿地旅游资源：主要位于九龙江河口、漳江口、泉州湾洛阳江河口，区内物种资源丰富，科研、教学、旅游开发潜力巨大。

三、主要矿产资源

（一）福建滨海矿产资源

福建省海岸地质构造复杂，滨海矿产资源分布包括浅海海域、滨海海域和海岸带，已经发现和勘察的种类有金属、非金属、地热、矿泉水等 60 多种，有工业利用价值的 21 种，矿产地 300 多处，其中型砂、水泥标准砂、建筑砂、建筑用花岗石、叶蜡石等探明储量居全国前列；饰面花岗石、高岭土、明矾石、砖瓦黏土、玻璃用石英砂在全国占重要地位。

1. 金属矿

台湾海峡西部大陆架浅海域是重矿物砂矿远景区，在金门岛至泉州湾以东、澎湖西北，水深30~70米海底表层，分布有大片锆石，其中间部位已达到工业品位，平均含量1.1千克/米^3，并有金红石、独居石等相伴生。闽江等河口、海湾洼地及滨海沙滩分布有砂金，多为前寒武纪变质岩系经风化和搬运后形成残积、坡积、冲积和海积型金矿床。锆石矿主要分布在诏安、厦门、东山、漳浦、惠安、晋江、平潭和长乐等地。独居石矿以长乐品位最高，2千克/米^{3}左右。金红石矿主要分布在东山岛、漳浦、长乐等地。诏安、厦门、东山、长乐等地有铁钛砂矿。铁砂分布很广，以福鼎、霞浦、福清、江阴岛、南日岛、惠安和龙海日屿等最集中。钨锡矿位于佛昙－南澳北东向的断折带燕山早期细颗粒花岗岩顶部及其近侧粗颗粒斑状黑云母花岗岩的扭性裂隙中。

2. 非金属矿

福建滨海石英砂极为丰富，储量大、质量好，属全国之首，闽江砂含二氧化硅95%以上，平潭砂的硅含量更达98%以上，具有易采易选、运输方便的特点。石英砂矿主要分布于长乐－平潭、晋江、漳浦、东山等县。可分为玻璃用石英砂矿、造型用石英砂矿和标准砂矿。玻璃用砂主要分布在晋江、漳浦、东山等地，已探明东山的梧龙、东山山只、晋江深沪三个大型矿床，晋江华峰和漳浦赤湖其他若干个中小型矿床。全省玻璃用砂保有储量近1.2×10^8吨，其中工业储量0.78×10^8吨，居全国第二位。铸型用砂主要分布在长乐、平潭、东山等地，已探明长乐江田－文武砂、平潭竹屿－长江澳等大型矿床，总保有储量达7.8×10^8吨，居全国第一位。水泥用标准砂分布在海坛岛上，芦洋浦是全国的标准砂矿生产、供应基地之一，长期供应全国5000多家水泥厂使用。建筑用砂主要分布在闽江、晋江、九龙江等较大河流近海河段。储量为6.4×10^8米^3。

福建省内建筑的石材资源极为丰富，类型齐全，属于优势矿种之一。全省海岸带分布着1063个岩体，出露面积约6000千米^2，保有储量居全国第五位。有黑、白、红、黄、青、紫六大系列100多个品种，在已确定的产地和潜在资源地的有80处，已探明20处，预测资源总量约21×10^8米^3。可作建筑石料的岩石类型种类繁多，大宗开采且已出口的或有潜在较大经济意义的岩石类型有花岗岩类、混合二长花岗岩类和基性岩类及彩石类等四个主要类型。

铝土矿主要集中分布在漳浦佛昙沿岸一带，南起漳浦申社北至龙海流回，大致是北东方向延伸达40多千米，基本上沿现代海岸线分布。

沿岸高岭土矿已探明储量7000多万吨，预测资源总量17×10^8吨。是福建省的主要矿种之一，比较集中分布在莆田、龙海、南安、同安和晋江沿海等。全省433处，其中大型2处、中型3处、小型31处。

耐火黏土主要分布在晋江、同安和漳浦一带，成因类型有海积型和冲积型两种，前者质量较佳，其规模也大。

砖瓦黏土矿主要分布在河口三角洲、河床阶地和花岗岩、火山岩风化带内，是全省重要的建筑原料之一。

3. 地热资源

福建沿海地热梯度较大，地热资源丰富，具有开采价值的热水区域较多。地下热水是福建省沿海地区具有开发利用前景的矿产资源之一，密度次于台湾、广东两省，居全国第三位。集中分布在连江至漳州沿海一带。以地热异常区总面积内的1000米深度计算，总资源量相当于 $3.72×10^8$ 吨标准煤或 $5.3×10^8$ 吨原煤的热值，估计每年最大可采量相当于 $42×10^4$ 吨标准煤，是极其宝贵的"绿色能源"海洋能源资源。

（二）滨海矿产开发现状

滨海砂产品有10多种，主要分布在平潭、惠安、晋江、漳浦、东山和诏安等沿海地区，已在玻璃、水泥、冶金、机械、石化等工业得到广泛应用。精选玻璃砂、水泥标准砂、铸造型砂、各类海砂产量基本满足本省的需要并外销省外或出口。

沿海石材开采利用有悠久的历史，改革开放以来，石材生产逐步从以手工为主转变为以机械生产为主，板材加工业从无到有，从小到大，现有大小工厂3000多家，遍布沿海各地，年产量近 $3000×10^4$ 米^2，居全国第一位。石雕业发展迅速，传统工艺配上现代技术，增加了品种，提高了产品档次。

沿海地区目前开发的金属矿主要是铝矾土矿、钼矿，以及少量的重金属矿。高岭土和叶蜡石是福建陶瓷工业的主要原料。

在福州、漳州等地地热资源陆续被发现和探明，为大规模开采提供了条件。地热资源也得到较好的开发，每年地热和矿泉水产值超亿元。

四、淡水资源

福建省内河流多，河川径流丰富，是陆地水体中最主要的组成部分。而地下水资源分布不均。闽西南地区碳酸盐类岩溶裂隙水地下水资源最丰富，其次是沿海平原松散岩类孔隙潜水，碎屑岩类变质岩类和闽东地区侵入岸喷出岩类最少。福建省水资源总量为 $1168.7×10^8$ 米^3，如计入客水，则是 $1195.3×10^8$ 米^3，占全国总量的4.3%，但由于地域之间分布不均，年际、年内变化大，水旱灾害仍较频繁。

（1）地表水资源

全省流域面积在50千米^2 以上的水系有48条，合计河长3138千米，流域面积111 953千米^2。主要水系有13个。流域面积在1500千米^2 以上的主要河流有闽江、九龙江、汀江、晋江、交溪、鳌江、霍童溪和木兰溪。地表径流丰富,年径流模数 $30\sim$ 40 秒·升/千米^2。年平均流量变化不大,但流量和水位季节变化则较明显。全省溪流河床坡降大,含沙量少,水能资源丰富,其理论蕴藏量经普查为 1181.03×10^4 千瓦。

(2)地下水资源

全省降水下渗补给系数为 0.149(1956~1990 年平均值),闽江流域补给系数为 0.156,闽西汀江补给系数为 0.154,闽南诸河、闽东诸河补给系数分别为 0.145 和 0.127。多年平均(1956~1990 年)降水下渗补给地下水量和地表水体下渗补给量为 302.7×10^8 米^3,占河川径流量的 25.9%,年补给模数 24.9×10^4 米^3/千米^2。其中,山丘区 299.5×10^8 米^3,平原区 3.5×10^8 米^3,与基流重复量为 0.3×10^8 米^3。闽南诸河地下水补给量 77.6×10^8 米^3,其中,九龙江流域地下水补给量为 42.7×10^8 米^3(山丘区为 41.7×10^8 米^3,平原区为 1.1×10^8 米^3,与基流重复量为 0.1×10^8 米^3)。

地下水勘探区、收集资料区和比拟区的计算表明,全省地下水资源开采利用调节量为 28.11×10^8 米^3/年,其中,岩溶盆地为 8.12×10^8 米^3/年,第四纪盆地为 11.99×10^8 米^3/年,基岩裂隙水为 8.0×10^8 米^3/年。

全省已建成总库容 1×10^8 米^3 以上大型以灌溉为主的水库 6 座,设计灌溉面积 1130.3 千米^2,已配套灌溉 804.2 千米^2,坝后电站装机 52 430 千瓦。水库的建成,不仅解决大片易旱农田的灌溉,而且在解除洪涝灾害方面也发挥较大的作用,并为当地工业、城乡人民提供可靠的水源,使当地的经济面貌发生根本性的变化。

第七节 海洋保护区

1990 年以来,福建沿海各市、县加强对海洋、海岛资源和生态环境的保护,建立了各种类型的海洋自然保护区和海洋特别保护区,截止到 2013 年,福建省海域内已建五个国家级自然保护、六个省级自然保护区、三个市级自然保护区和六个市级海洋特别保护区、四个县级自然保护区和二十六个县级海洋特别保护区,这些保护区大多与海岛有关。此外,海洋与渔业主管部门还通过封岛栽培等措施,有计划地保护海岛周围的海洋生态环境和渔业资源。

与海岛相关的海洋保护区建设有三种类型:一是以海岛为主体,以周围海域为依托的保护区。县级政府批准建立的二十六个海岛生态特别保护区就属于该类型,如牛山岛海岛生态特别保护区。二是以海域为主体,海岛是保护区域内的组成部分。该类保护区面积一般较大,国家级和省级的保护区多属这种类型,如泉州湾河口湿地自然保护区。三是海岛与其周边的海域均是保护区的重要组成部分,二者唇齿相依,缺一不可,如东山珊瑚省级自然保护区(表 7-16)。

表 7-16 福建省海域各类保护区一览表 （单位：公顷）

保护区类型	名称	行政隶属	面积	保护对象	批准时间
国家级保护区	深沪湾海底古森林遗迹国家级自然保护区	泉州市	2 700	古树桩遗迹、古牡蛎礁、变质岩、红土台地等典型地质景观	1992 年
	厦门珍稀海洋物种国家级自然保护区	厦门市	12 000	中华白海豚、厦门文昌鱼、白鹭	2000 年
	漳江口红树林国家级自然保护区	漳州市	2 360	红树林生态系统	2003 年
	漳州滨海火山地貌国家级地质公园	漳州市	31 864	海底古火山地貌景观、海蚀地貌	2001 年
	厦门国家海洋公园	厦门市	2 487	海洋生态、海岸地貌和人文景观	2011 年
	闽江河口湿地国家级自然保护区	福州市	3 129	滨海湿地、野生动物、水鸟	2013 年
省级保护区	宁德官井洋大黄鱼繁殖保护区	宁德市	31 464	大黄鱼	1985 年批准、2011 年调整
	长乐海蚌资源增殖保护区	长乐市	4 660	海蚌	1985 年
	泉州湾河口湿地省级自然保护区	泉州市	7 039	湿地、红树林、中华白海豚及鸟类等	2003 年
	龙海九龙江口红树林省级自然保护区	龙海市	200	红树林生态	1988 年批准、2006 年调整
	东山珊瑚省级自然保护区	东山县	3 630	珊瑚礁	1997 年批准、2008 年调整
市级自然保护区	平潭三十六脚湖自然保护区	福州市	1 340	湿地生态、淡水湖泊及海蚀地貌	1997 年
	台山列岛自然保护区	福鼎市	7 300	森林植被、厚壳贻贝等生物资源	1997 年
	环三都澳水禽红树林自然保护区	宁德市	39 313	湿地、水禽、红树林、野生动植物	1997 年
	平海海滩岩和沙丘岩市级自然保护区	莆田市	20	海滩岩、沙丘岩	1997 年
市级海洋特别保护区	日屿岛海洋特别保护区	福鼎市	107	生物资源、海岛	2002 年
	福瑶列岛海洋特别保护区	福鼎市	5 536	生物资源、海岛	2002 年
	七星列岛海洋特别保护区	福鼎市	8 800	生物资源、海岛	2009 年
	西洋岛龟足繁育保护区	霞浦县	8 200	龟足种群及生态系统	2002 年
	平潭岛礁海洋特别保护区	平潭县	16 300	坛紫菜、仙女蛤、中国鲎、厚壳贻贝、海滨沙滩等	2003 年
	湄洲岛海洋特别保护区	莆田市	9 990	海蚀地貌，滨海沙滩，岛屿、红树林等	2004 年
县级自然保护区	环沙埕内港红树林自然保护区	福鼎市	2 174	红树林、湿地及水禽	1997 年
	大嵛山岛天湖水源保护区	福鼎市	146	湿地生态系统	2002 年
	鉴江滩涂自然保护区	罗源县	434	湿地及水禽	2002 年
	菜屿列岛自然保护区	漳浦县	3 200	黄嘴白鹭等鸟类及海洋生物	1996 年
县级海洋特别保护区	南船屿海洋特别保护区	福鼎市	590	海岛及周围海域生态系统	2007 年
	小嵛山岛海洋特别保护区	福鼎市	2 122	海岛及周围海域生态系统	2007 年
	笔架山岛海洋特别保护区	霞浦县	598	海岛及周围海域生态系统	2007 年
	魁山岛海洋特别保护区	霞浦县	9 599	海岛及周围海域生态系统	2007 年
	黄湾岛海洋特别保护区	连江县	136	海岛及周围海域生态系统	2007 年
	人屿岛海洋特别保护区	长乐市	200	海岛及周围海域生态系统	2007 年
	牛山岛海洋特别保护区	平潭县	100	海岛及周围海域生态系统	2007 年
	赤屿山海洋特别保护区	秀屿区	300	海岛及周围海域生态系统	2007 年
	小碇屿海洋特别保护区	秀屿区	300	海岛及周围海域生态系统	2007 年
	城洲岛海洋特别保护区	诏安县	575	海岛及周围海域生态系统	2007 年

续表

保护区类型	名称	行政隶属	面积	保护对象	批准时间
县级海洋特别保护区	星仔岛海洋特别保护区	福鼎市	海岛及周边3海里海域	海岛及周围海域生态系统	2008年
	鸳鸯岛海洋特别保护区	福鼎市		海岛及周围海域生态系统	2008年
	牛仔岛海洋特别保护区	霞浦县		海岛及周围海域生态系统	2008年
	樟屿岛海洋特别保护区	福安市		海岛及周围海域生态系统	2008年
	灶屿岛海洋特别保护区	蕉城区		海岛及周围海域生态系统	2008年
	山洲列岛海洋特别保护区	平潭县		海岛及周围海域生态系统	2008年
	大麦屿海洋特别保护区	秀屿区		海岛及周围海域生态系统	2008年
	东沙屿海洋特别保护区	秀屿区		海岛及周围海域生态系统	2008年
	南洋屿海洋特别保护区	惠安县		海岛及周围海域生态系统	2008年
	南碇岛海洋特别保护区	漳浦县		海岛及周围海域生态系统	2008年
	姥屿海洋特别保护区	福鼎市		海岛及周围海域生态系统	2009年
	横沙屿海洋特别保护区	秀屿区		海岛及周围海域生态系统	2009年
	白屿海洋特别保护区	秀屿区		海岛及周围海域生态系统	2009年
	石矾塔屿海洋特别保护区	云霄县		海岛及周围海域生态系统	2009年
	兄屿（大柑山）海洋特别保护区	东山县		海岛及周围海域生态系统	2009年
	弟屿（小柑山）海洋特别保护区	东山县		海岛及周围海域生态系统	2009年

第八节 小 结

1. 福建省大陆岸线

福建省大陆岸线总长度为3486千米（不包括厦门岛和东山岛）。其中，宁德市岸线最长，为1047千米，占全省岸线长度的30.04%；其次为福州市，岸线长度910千米，占26.10%；第三是为漳州市，岸线长度551千米，占15.82%；第四是为泉州市，岸线长度516千米，占14.80%；第五为莆田市，岸线长度334千米，占9.57%；厦门市岸线最短，长度128千米，仅占全省海岸线总长度的3.66%。

在全省海岸线中，人工岸线最长，长1764千米，占全省岸线长度的50.61%；其次是基岩岸线，长度1099千米，占岸线长度的31.52%，这两者占岸线总长度的82%；砂质岸线长度254千米，仅占全省岸线总长的7.29%；淤泥质岸线长度357千米，占全省海岸线总长度的10.25%；河口岸线长度12千米，仅占全省海岸线总长度的0.33%。

全省人工海岸线福州市最多，长度429千米；其次是漳州市，长度369千米；第三是泉州市，长度353千米；第四是宁德市，长度252千米；第五是莆田市，长度237千米；厦门市最小，长度126千米。人工岸线比例最高的是厦门市，比例高达98.54%；其次是莆田市，比例为70.94%；第三是泉州市，比例为68.33%；第四为漳州市，比例为66.86%；第五为福州市，比例为47.13%；宁德市最少，比例为24.02%。

2. 潮间带面积

全省沿岸潮间带面积 2100 千米^2，其中潮滩面积 1724 千米^2，面积最大，占全省潮滩面积的 82.11%；其次是海滩，面积 330 千米^2，占 15.73%；岩滩面积 45 千米^2，占 2.16%。此外，生物滩面积 129 千米^2，占 6.13%（包括在潮滩等内）。

全省三沙湾、罗源湾、泉州湾潮间带发育较大量的互花米草，三个海湾互花米草滩面积分别为 71 千米^2、16 千米^2 和 9 千米^2，分别占该三个海湾潮间带面积的 23.77%、10.11% 和 11.07%，显示该三个海湾互花米草生物入侵比较严重，尤其是三沙湾。互花米草严重影响了海湾湿地生态系统和滩涂养殖，迫切需要开展治理工作。

全省重要海湾中，厦门湾、东山湾、泉州湾和沙埕港发育较好的红树林滩，其面积分别为 2.9 千米^2、0.7 千米^2、0.4 千米^2 和 0.2 千米^2，分别占各海湾潮间带面积的 1.28%、0.72%、0.41% 和 0.33%。

3. 滨海湿地

全省滨海湿地面积 4321 千米^2，其中自然湿地 3446 千米^2，人工湿地 875 千米^2。自然湿地中浅海水域面积约 971 千米^2，粉砂淤泥质海岸面积 1724 千米^2，滨岸沼泽面积 136 千米^2，砂质海面积岸 330 千米^2，河口水域面积 237 千米^2，岩石性海岸面积 45 千米^2，以及少量的红树林沼泽。人工湿地中养殖池塘最多，面积 524 千米^2，其次是稻田，面积 271 千米^2，盐田 77 千米^2，水库 3.5 千米^2。

4. 植被资源

福建海岸带地区有维管束植物合计 175 科 716 属 1177 种（含变种），包括蕨类 22 科 30 属 49 种，裸子植物 8 科 15 属 25 种，被子植物 145 科 671 属 1103 种。从区系分析看，平均每科 4.1 属，每属 1.6 种。在全部植物中，栽培或外来植物有 277 种，占 23.5%；而野生和半野生的种类有 900 种，占 76.5%。

5. 海岸带沉积环境

闽江口北部的沙埕港、三沙湾、罗源湾等封闭海湾潮间带沉积物以黏土质粉砂为主。兴化湾、湄洲湾、泉州湾、厦门湾等半封闭海湾的湾顶和较隐蔽的次级海湾沉积物以黏土质粉砂为主，受岬角或岛屿屏护较差的岸段常发育粉砂、砂等较粗的沉积物。沙埕港—三沙湾、闽江口南—长乐松下、兴化湾—湄洲湾、湄洲湾—泉州湾、厦门湾—东山湾之间比较开敞的岸段，常发育次级的岬角海湾岸线，岬角突出部常为基岩，岬角之间常发育很好的沙滩，是发展滨海旅游的首选之地。

6. 潮间带沉积物的总体环境状况

厦门、福州市海岸带潮间带底质重金属基本上未受污染，宁德市海岸带潮间带底质重金属受到一定程度的污染，主要是由镉引起的；福建省海岸带潮间带底质的石油类、硫化物、有机质、六六六、PCB 均未超标，DDT 有 27.3% 的超标率。

与上次海岸带调查结果相比，随着经济的发展，福建全省海岸带潮间带底质中重金属平均含量，特别是沙埕港的 Cu、Zn、Cd 及诏安湾的 Pb 增加较为明显，六六六的平均含量降低显著，DDT 的平均含量总体上略有降低，但东山湾 DDT 的平均含量却有明显的增加。

7. 潮间带生物

福建省海岸带软相潮间带生物调查鉴定 486 种,其中多毛类 191 种、软体动物 133 种、甲壳动物 122 种,构成潮间带生物的主要类群。全省潮间带生物平均生物量为 42.19 克/米^2,甲壳动物和软体动物分别居第一和第二位;平均栖息密度为 979 个/米^2,甲壳动物、多毛类和软体动物分别居前三位。

8. 海岸带的海洋保护区

全省通过设立各类海洋保护区,海洋生态环境与海洋渔业资源得到了较好的保护。1990 年以来,福建沿海各市、县加强对海洋、海岛资源和生态环境的保护,建立了各种类型的海洋自然保护区和海洋特别保护区,截止到 2013 年,福建省海域内已建 5 个国家级自然保护区、6 个省级自然保护区、3 个市级自然保护区和 6 个市级海洋特别保护区、4 个县级自然保护区和 26 个县级海洋特别保护区,这些保护区大多与海岛有关。

第八章
海域使用现状调查

海域使用现状调查对全省 13 149 宗用海单元和 8 个重点海湾、75 个海洋功能区、736 宗违规用海单元等的海域使用现状开展了调查，基本查清了福建省的海域使用现状。

第一节　福建省海域使用结构与布局

一、海域使用现状概述

截至 2009 年 6 月，福建省共有各类用海 13 149 宗，海域使用面积 1675.15 千米²，占福建省行政区毗邻海域面积 36 759.26 千米² 的 4.56%。

全省 6 个沿海设区市中，宁德市用海 4900 宗，面积 351.66 千米²，占全省海域使用面积的 20.99%；福州市 2169 宗，面积 354.68 千米²，占 21.17%；莆田市 869 宗，面积 295.18 千米²，占 17.62%；泉州市 1339 宗，面积 246.07 千米²，占 14.69%；厦门市 259 宗，面积 68.59 千米²，占 4.09%；漳州市 3613 宗，面积 358.97 千米²，占 21.43%（图 8-1）。

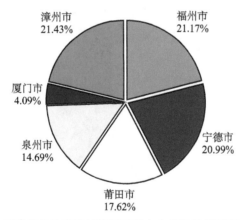

图 8-1　福建省各地市海域使用面积占全省海洋使用面积的比例

全省渔业用海 11 733 宗，面积 1237.38 千米²，占海域使用总面积的 73.87%；围海造地用海 459 宗，面积 201.31 千米²，占 12.02%；交通运输用海 557 宗，面积 77.92 千米²，占 4.65%；工矿用海 223 宗，面积 71.37 千米²，占 4.26%；旅游娱乐用海 40 宗，面积 4.29 千米²，占 0.26%；海底工程用海 48 宗，面积 14.03 千米²，占 0.84%；排污倾倒用海 7 宗，面积 2.98 千米²，占 0.18%；特殊用海 37 宗，面积 41.74 千米²，占 2.49%；其他用海 45 宗，面积 24.12 千米²，占 1.44%（图 8-2）。

全省已确权的用海 7391 宗，面积 1027.94 千米²，占全省海域使用总面积的 61.36%；未确权的有 5758 宗，面积 647.21 千米²，占 38.64%，海域使用总体确权率

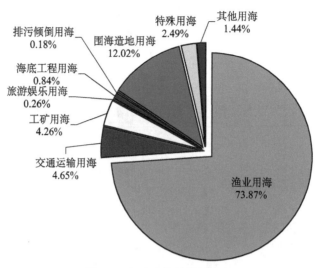

图 8-2 福建省海域使用类型

不高。按用海类型分，排污倾倒用海确权率最高，为 100%；特殊用海确权率最低，为 14.83%（表 8-1）。按行政区域分厦门市海域使用确权率最高，为 100%；宁德市的海域使用确权率最低，为 39.99%（表 8-2）。

表 8-1　福建省九大类型用海确权情况

一级类用海类型	用海宗数/宗	用海面积/千米²	确权面积/千米²	确权率/%
渔业用海	11 733	1 237.38	731.70	59.13
交通运输用海	557	77.92	64.22	82.41
工矿用海	223	71.37	33.89	47.49
旅游娱乐用海	40	4.29	3.60	84.07
海底工程用海	48	14.03	10.78	76.85
排污倾倒用海	7	2.98	2.98	100.00
围海造地用海	459	201.31	153.22	76.11
特殊用海	37	41.74	6.19	14.83
其他用海	45	24.12	21.36	88.55
合计	13 149	1 675.15	1 027.94	61.36

表 8-2　福建省沿海 6 个设区市用海确权情况

行政区	用海宗数/宗	用海面积/千米²	确权面积/千米²	确权率/%
宁德市	4 900	351.66	140.62	39.99
福州市	2 169	354.68	234.52	66.12
莆田市	869	295.18	237.91	80.60
泉州市	1 339	246.07	164.94	67.03
厦门市	259	68.59	68.59	100.00
漳州市	3 613	358.97	181.36	50.52
合计	13 149	1 675.15	1 027.94	61.36

在所调查的 13 149 宗、面积 1 675.15 千米^2 的用海中，符合海洋功能区划的用海有 10 898 宗，面积 1 443.77 千米^2，占 86.19％，海域使用总体与海洋功能区划符合性良好；不符合海洋功能区划的有 2251 宗，面积 231.38 千米^2，占 13.81％。按用海类型分，排污倾倒用海符合海洋功能区划的比例最高，达到 100％；工矿用海最低，为 82.62％（表 8-3）；按行政区域分，用海符合海洋功能区划比例最高的为厦门市，达到 95.90％；最低的莆田市，为 82.81％（表 8-4）。

表 8-3 福建省九大类型用海海洋功能区划符合情况

一级类用海类型	用海宗数/宗	用海面积/千米^2	符合海洋功能区划宗数/宗	符合海洋功能区划面积/千米^2	面积符合率/％
渔业用海	11 733	1237.38	9 670	1 037.89	83.88
交通运输用海	557	77.92	482	72.72	93.32
工矿用海	223	71.37	172	58.97	82.62
旅游娱乐用海	40	4.29	34	3.66	85.37
海底工程用海	48	14.03	42	11.69	83.29
排污倾倒用海	7	2.98	7	2.98	100.00
围海造地用海	459	201.31	422	197.99	98.35
特殊用海	37	41.74	29	40.02	95.87
其他用海	45	24.12	40	17.85	74.01
合计	13 149	1 675.15	10 898	1 443.77	86.19

表 8-4 福建省沿海 6 个设区市海洋功能区划符合情况

行政区	用海宗数/宗	用海面积/千米^2	符合海洋功能区划宗数/宗	符合海洋功能区划面积/千米^2	面积符合率/％
宁德市	4 900	351.66	4 115	292.06	83.05
福州市	2169	354.68	1 743	310.05	87.42
莆田市	869	295.18	695	244.43	82.81
泉州市	1 339	246.07	1 212	218.73	88.89
厦门市	259	68.59	249	65.78	95.90
漳州市	3 613	358.97	2 884	312.72	87.12
合计	13 149	1 675.15	10 898	1 443.77	86.19

全省海域使用大部分集中在 10 米等深线以浅浅海域。其中，滩涂围垦用海面积 931.99 千米^2，占全省海域使用面积的 55.64％，0～5 米等深线海域使用面积 448.69 千米^2，占 26.78％；5～10 米等深线海域使用面积 188.68 千米^2，占 11.26％；10～30 米等深线海域使用面积 103.18 千米^2；占 6.16％；大于 30 米等深线海域使用面积 2.61 千米^2，占 0.16％。即约 94％的用海集中在 10 米等深线以浅，约 6％的用海分布在 10 米等深线以深海域（表 8-5）。

表 8-5　福建省滩涂围垦及不同水深面内海域使用面积数据统计表（单位：千米²）

一级类用海类型	滩涂围垦	0～5 米	5～10 米	10～30 米	大于 30 米	合计
渔业用海	604.93	395.57	167.15	68.85	0.89	1237.38
交通运输用海	28.78	12.42	9.99	25.25	1.47	77.92
工矿用海	55.62	6.11	6.46	3.18	0.008	71.37
旅游娱乐用海	2.63	1.27	0.39	—	—	4.29
海底工程用海	2.81	4.02	2.49	4.47	0.24	14.03
排污倾倒用海	1.57	0.95	0.34	0.13	—	2.98
围海造地用海	186.27	12.69	1.37	0.98		201.31
特殊用海	27.53	13.42	0.47	0.32		41.74
其他用海	21.86	2.23	0.04	0.0011	—	24.12
合计	931.99	448.69	188.68	103.16	2.61	1675.15
所占比例/%	55.64	26.78	11.26	6.16	0.16	100.00

从海域使用地域看，海域开发利用主要集中在海湾。8 个重点海湾海域使用面积 948.94 千米²，占海域使用总面积的 56.65%，其中开发利用程度最高的海湾是罗源湾，海域使用率为 45.86%，开发利用程度较高的海湾还有东山湾、湄洲湾，海域使用率分别为 42.63%、30.20%；开发利用程度较低的厦门湾、闽江口，海域使用率分别为 11.08%、13.88%（表 8-6）。

表 8-6　福建省 8 个重点海湾海域使用面积及比例

海湾名称	三沙湾	罗源湾	闽江口	兴化湾	湄洲湾	泉州湾	厦门湾	东山湾	合计
海域面积/千米²	726.75	216.44	400.97	704.77	552.24	211.24	1281.21	283.14	4376.76
海域使用面积/千米²	165.18	99.25	55.66	138.25	166.8	61.2	141.89	120.7	948.94
海域使用率/%	22.73	45.86	13.88	19.62	30.2	28.97	11.08	42.63	21.68

二、各用海类型海域使用现状

（一）渔业用海

全省渔业用海面积 1 237.38 千米²，其中漳州市渔业用海面积最大，其他依次是宁德市、莆田市、福州市、泉州市、厦门市。按用海面积大小依次为设施养殖、底播养殖、池塘养殖、渔港、工厂化养殖、渔船修造，分别占渔业用海总面积的 58.26%、20.92%、19.09%、1.33%、0.39% 和 0.01%（表 8-7）。

全省沿海滩涂围垦内渔业用海面积 604.93 千米²，占全省渔业用海面积的 48.89%；0～5 米等深线内渔业用海面积 395.57 千米²，占 31.97%；5～10 米等深线内渔业用海面积 167.15 千米²，占 13.51%；10～30 米等深线内渔业用海面积 68.85 千米²，占 5.56%；大于 30 米等深线以深渔业用海面积不到 1 千米²，占 0.07%。即 94.36% 的渔业用海集中在 10 米等深线以浅，只有 5.64% 的渔业用海分布在 10 米等深线以深海域

（表 8-8）。

表 8-7 福建省沿海 6 个设区市各类型渔业用海面积 （单位：千米²）

行政区	渔港用海	渔船修造用海	工厂化养殖用海	池塘养殖用海	设施养殖用海	底播养殖用海	合计	区域比例/%
宁德市	1.67	0.07	—	49.25	212.08	33.26	296.33	23.96
福州市	7.35	0.02	0.03	74.75	112.20	31.92	226.27	18.3
莆田市	0.69	—	0.48	28.97	195.06	34.10	259.30	20.96
泉州市	3.39	0.09	0.14	12.10	59.98	79.49	155.18	12.54
厦门市	0.38				1.37		1.75	0.11
漳州市	2.95	—	4.16	71.08	140.18	80.17	298.54	24.13
合计	16.44	0.18	4.81	236.15	720.88	258.93	1237.38	100.00
比例/%	1.33	0.01	0.39	19.09	58.26	20.92	100.00	—

表 8-8 福建省不同水深范围渔业用海面积 （单位：千米²）

渔业用海类型	滩涂围垦	0~5 米	5~10 米	10~30 米	大于 30 米	合计
渔港	9.51	5.60	1.10	0.18	0.03	16.44
渔船修造	0.15	0.02	0.001			0.17
工厂化养殖	4.09	0.64	0.08	—	—	4.81
池塘养殖	231.17	4.84	0.07	0.07	—	236.15
设施养殖	178.68	329.67	155.84	55.93	0.76	720.88
底播养殖	181.32	54.80	10.05	12.67	0.09	258.93
合计	604.93	395.57	167.15	68.85	0.89	1237.38
比例/%	48.89	31.97	13.51	5.56	0.07	100.00

全省渔业用海的面积确权率较低，平均确权率为 59.13%，确权率最高的是渔港，为 73.72%，最低的是工厂化养殖，为 38.28%。渔业用海与海洋功能区划符合性总体良好，用海面积符合率达 83.88%。其中渔港的海洋功能区划符合性最好，达 88.34%，工厂化养殖最低，仅 54.26%（表 8-9）。

表 8-9 福建省各种类型渔业用海确权及海洋功能区符合情况

用海类型	渔港用海	渔船修造用海	工厂化养殖用海	池塘养殖用海	设施养殖用海	底播养殖用海	合计
调查宗数/宗	207	3	225	3666	6825	807	11 733
调查面积/千米²	16.44	0.17	4.81	236.15	720.88	258.93	1 237.38
确权宗数/宗	149	2	109	1819	3 640	628	6 347
确权面积/千米²	12.12	0.09	1.84	144.24	417.42	155.99	731.70
面积确权率/%	73.72	49.68	38.28	61.08	57.90	60.24	59.13
符合海洋功能区划宗数/宗	160	2	168	2 983	5 680	677	9 670
符合海洋功能区划面积/千米²	14.52	0.10	2.61	186.52	623.87	210.26	1 037.89
面积符合率/%	88.34	58.82	54.26	78.98	86.54	81.21	83.88

（二）交通运输用海

全省交通运输用海面积 77.92 千米²，其中厦门市最大，其他依次是漳州市、福州市、泉州市、宁德市、莆田市。二级用海类型主要为大中型港口和专业港口，以及滨海大通道、疏港道路等。在各类型交通运输用海中，按面积大小排序依次是航道、港池、路桥用海、港口工程、锚地（表 8-10）。

表 8-10　福建省沿海 6 个设区市各类型交通运输用海面积　（单位：千米²）

行政区	港口工程用海	港池用海	航道用海	锚地用海	路桥用海	合计	区域比例/%
宁德市	1.30	0.53	5.59	—	1.14	8.57	10.99
福州市	4.62	5.40	0.35	0.21	0.91	11.48	14.74
莆田市	0.15	1.25	—	—	1.26	2.65	3.41
泉州市	1.72	4.96	0.16	—	3.43	10.26	13.18
厦门市	0.38	2.37	22.99	0.01	7.58	33.34	42.78
漳州市	1.54	2.70	5.13	1.55	0.69	11.62	14.91
合计	9.72	17.20	34.22	1.77	15.01	77.92	100.00
比例/%	12.47	22.07	43.92	2.27	19.27	100.00	

注：不包括未确权的公共航道、锚地用海。

交通运输用海主要分布在沿海滩涂围垦和 10～30 米等深线内，用海面积分别为 28.78 千米² 和 25.25 千米²，占全省交通运输用海总面积的 36.94% 和 32.41%。0～5 米和 5～10 米等深线海域分别为 12.42 千米² 和 9.99 千米²，占 15.94% 和 12.83%；大于 30 米等深线以深海域 1.47 千米²，占 1.89%（表 8-11）。

表 8-11　福建省不同水深范围交通运输用海面积　（单位：千米²）

交通运输用海类型	滩涂围垦	0～5 米	5～10 米	10～30 米	大于 30 米	合计
港口工程	4.05	2.60	1.80	1.25	0.01	9.71
港池	3.66	4.14	2.80	6.07	0.52	17.20
航道	8.12	3.74	5.25	16.17	0.94	34.22
锚地	0.02	0.18	0.003	1.56	—	1.77
路桥用海	12.93	1.76	0.13	0.20		15.01
合计	28.78	12.42	9.99	25.25	1.47	77.92
比例/%	36.94	15.94	12.83	32.41	1.89	100.00

注：不包括未确权的公共航道、锚地用海。

交通运输用海的确权率较高，总体确权率达 82.41%，其中锚地确权率 100.00%，最低的路桥用海确权率也达 79.11%。交通运输用海与海洋功能区划用海面积符合率达 93.32%，符合性总体优良。航道、锚地、路桥等用海类型符合性都在 90% 以上，港口工程和港池符合性分别为 78.43% 和 87.50%（表 8-12）。

表8-12 福建省各类型交通运输用海确权及功能区划符合情况

用海类型	港口工程用海	港池用海	航道用海	锚地用海	路桥用海	合计
调查宗数/宗	272	159	14	5	107	557
调查面积/千米²	9.72	17.20	34.22	1.77	15.01	77.92
确权宗数/宗	174	125	13	5	68	385
确权面积/千米²	8.27	13.67	28.63	1.77	11.88	64.22
确权率/%	85.08	79.48	83.66	100.00	79.11	82.41
符合海洋功能区划宗数/宗	214	151	13	4	100	482
符合海洋功能区划面积/千米²	7.62	15.05	33.88	1.63	14.54	72.72
面积符合率/%	78.43	87.50	98.99	92.19	96.83	93.32

（三）工矿用海

全省工矿用海面积 71.37 千米²，其中漳州市最大，其他依次是泉州市、莆田市、福州市、宁德市、厦门市。二级类工矿用海中按面积大小排序，依次为盐业用海、临海工业用海、固体矿产开采用海（表 8-13）。

表8-13 福建省沿海6个设区市各工矿用海面积 （单位：千米²）

行政区	盐业用海	临海工业用海	固体矿产开采用海	合计	区域比例/%
宁德市	1.21	2.20	1.36	4.77	6.68
福州市	0.80	7.07	0.01	7.87	11.03
莆田市	2.03	0.003	6.69	8.72	12.22
泉州市	15.15	4.20	0.80	20.15	28.23
厦门市	—	0.33		0.33	0.47
漳州市	29.15	0.37	0.01	29.53	41.37
合计	48.34	14.17	8.86	71.37	100.00
比例/%	67.73	19.86	12.41	100.00	

全省工矿用海主要集中在滩涂围垦内，用海面积达 55.62 千米²，占全省工矿用海总面积的 77.93%；0～5 米等深线内工矿用海面积 6.11 千米²，占 8.56%；5～10 米等深线内工矿用海面积 6.46 千米²，占 9.05%；10～30 米等深线内工矿用海面积 3.18 千米²，占 4.46%；大于 30 米等深线以深海域工矿用海面积非常少，仅占 0.01%（表 8-14）。

表8-14 福建省不同水深范围工矿用海面积 （单位：千米²）

工矿用海类型	滩涂围垦	0～5 米	5～10 米	10～30 米	大于 30 米	合计
盐业用海	48.34	0.001	—	—	—	48.34
临海工业用海	5.35	5.30	1.74	1.78	0.01	14.17
固体矿产开采用海	1.93	0.81	4.72	1.40	—	8.86
合计	55.62	6.11	6.46	3.18	0.01	71.37
比例/%	77.93	8.56	9.05	4.46	0.01	100.00

工矿用海的确权率差异很大，固体矿产开采的用海确权率高达 90.88％，而盐业用海和临海工业用海的用海确权率仅为 6.80％和 7.51％。工矿用海总体上与海洋功能区划符合性良好，用海面积符合率为 82.62％，其中临海工业用海和盐业用海面积符合率达 98.51％和 95.39％，固体矿产开采用海符合率为 88.72％（表 8-15）。

表 8-15　福建省各种类型工矿用海确权及功能区划符合情况

用海类型	盐业用海	临海工业用海	固体矿产开采用海	合计
调查宗数/宗	94	120	9	223
调查面积/千米²	48.34	14.17	8.86	71.37
确权宗数/宗	94	120	9	223
确权面积/千米²	48.34	14.17	8.86	71.37
确权率/%	6.8	7.51	90.88	17.38
符合海洋功能区划宗数/宗	75	94	3	172
符合海洋功能区划面积/千米²	45.05	13.11	0.81	58.97
面积符合率/%	95.39	98.51	88.72	82.62

（四）围海造地用海

全省围海造地用海面积 201.31 千米²，其中福州市最大，其他依次是泉州市、宁德市、厦门市、漳州市。在二级类围海造地用海中，其用海规模按用海面积从大到小的顺序依次是围垦用海、城镇建设用海和港口建设用海（表 8-16）。

表 8-16　福建省沿海 6 个设区市各围海造地用海面积　　（单位：千米²）

行政区	港口建设用海	城镇建设用海	围垦用海	合计	区域比例/%
宁德市	1.53	5.22	33.25	40.00	19.87
福州市	8.60	33.03	29.25	70.88	35.21
莆田市	3.20	3.62	1.80	8.62	4.28
泉州市	6.34	10.63	36.99	53.96	26.8
厦门市	7.81	11.78	—	19.59	9.73
漳州市	3.80	4.47	—	8.26	4.11
合计	31.27	68.74	101.29	201.31	100.00
比例/%	15.53	34.15	50.32	100.00	

围海造地主要分布在沿海滩涂区内，面积达 186.27 千米²，占全省围海造地用海面积的 92.53％；0～5 米、5～10 米和 10～30 米等深线内的围海造地，用海面积比例均不超过 7％，大于 30 米等深线以深没有围海造地用海（表 8-17）。

表 8-17　福建省不同水深范围围海造地用海面积　　（单位：千米²）

围海造地用海类型	滩涂围垦	0～5 米	5～10 米	10～30 米	合计
港口建设用海	21.47	7.56	1.27	0.97	31.27
城镇建设用海	64.69	3.95	0.09	0.01	68.74
围垦用海	100.11	1.18	0.0001	—	101.29
合计	186.27	12.69	1.37	0.98	201.31
比例/%	92.53	6.30	0.68	0.49	100.00

围海造地用海总体确权率为 76.11％，其中港口建设用海最高，为 93.89％，城镇建设用海和围垦用海确权率分别为 67.18％和 76.69％。围海造地与海洋功能区划符合性在福建省全部用海类型中最高，总体达 98.35％，其中港口建设用海为 97.9％、城镇建设用海为 96.16％、围垦用海为 99.98％（表 8-18）。

表 8-18　福建省各种类型围海造地用海确权及功能区划符合情况

用海类型	港口建设用海	城镇建设用海	围垦用海	合计
调查宗数/宗	196	229	34	459
调查面积/千米²	31.27	68.74	101.29	201.31
确权宗数/宗	179	161	22	362
确权面积/千米²	29.36	46.18	77.68	153.22
确权率/％	93.89	67.18	76.69	76.11
符合海洋功能区划宗数/宗	187	202	33	422
符合海洋功能区划面积/千米²	30.62	66.10	101.27	197.99
面积符合率/％	97.9	96.16	99.98	98.35

（五）特殊用海

全省特殊用海面积 41.74 千米²，其中福州市最大，其他依次是漳州市、厦门市、泉州市、宁德市、莆田市。在二级类特殊用海中，按用海面积从大到小依次是保护区用海、海岸防护工程、科研教学用海和军事设施用海（表 8-19）。

表 8-19　福建省沿海 6 个设区市各类型特殊用海面积　　（单位：千米²）

行政区	科研教学用海	军事设施用海	保护区用海	海岸防护工程用海	合计	区域比例/％
宁德市	—	—	—	0.12	0.12	0.28
福州市	0.16	0.01	30.20	1.08	31.45	75.35
莆田市	—	—	—	0.0002	0.002	
泉州市	0.12	0.10	—	0.52	0.74	2.41
厦门市	0.04	—	—	0.97	10.0	1.78
漳州市	0.21	—	8.05	0.16	8.43	20.19
合计	0.53	0.11	38.25	2.86	41.74	100.00
比例/％	1.27	0.26	91.63	6.84	100.00	

福建省沿海滩涂围垦内特殊用海面积 27.53 千米²，占全省已利用特殊用海面积的 65.96％；0～5 米等深线内特殊用海面积 13.42 千米²，占 32.15％；5～10 米等深线内特殊用海面积 0.47 千米²，占 1.13 ％；10～30 米等深线内特殊用海面积很少，不到 0.5 千米²；大于 30 米等深线以深没有调查到特殊用海。即 99.24％的特殊用海集中在 10 米等深线以浅，只有 0.76％的特殊用海分布在水深超过 10 米海域（表 8-20）。

表 8-20　福建省不同水深范围特殊用海面积　　（单位：千米²）

特殊用海类型	滩涂围垦	0～5 米	5～10 米	10～30 米	大于 30 米	合计
科研教学用海	0.03	0.27	0.02	0.21	—	0.53
军事设施用海	0.11	—	—	—	—	0.11
保护区用海	24.81	12.92	0.42	0.10	—	38.25
海岸防护工程	2.58	0.23	0.03	0.01	—	2.86
合计	27.53	13.42	0.47	0.32	—	41.74
比例/%	65.96	32.15	1.13	0.76	—	100.00

特殊用海的确权情况差异很大，军事设施用海确权率达 100%，而保护区用海确权率仅为 9.44%，科研教学用海和海岸防护工程用海确权率分别为 60.06% 和 75.48%。特殊用海与海洋功能区划符合性差异也较大，军事设施用海全部符合海洋功能区划要求，保护区用海与海洋功能区的符合性达 98.05%，而科研教学用海和海岸防护工程等分别为 69.18% 和 71.49%（表 8-21）。

表 8-21　福建省各种类型特殊用海确权及功能区划符合情况

用海类型	科研教学用海	军事设施用海	保护区用海	海岸防护工程用海	合计
调查宗数/宗	7	3	7	20	37
调查面积/千米²	0.53	0.11	38.25	2.86	41.74
确权宗数/宗	6	3	2	16	27
确权面积/千米²	0.32	0.11	3.61	2.16	6.19
确权率/%	60.06	100	9.44	75.48	14.83
符合海洋功能区划宗数/宗	6	3	5	17	31
符合海洋功能区划面积/千米²	0.37	0.11	37.50	2.04	40.77
面积符合率/%	69.18	100	98.05	71.49	97.66

（六）其他

以上五种用海是福建省最主要的用海类型，其用海面积占全省全部用海面积的 97.25%，其他用海类型如旅游娱乐用海、海底工程用海、排污倾倒用海及其他用海等，合计用海面积只占全省全部用海面积的 2.75%。其中：

旅游娱乐用海面积 4.29 千米²，主要分布在厦门市、漳州市、泉州市。其中的旅游基础设施用海、海水浴场用海和海上娱乐用海的面积分别为 2.80 千米²、0.55 千米² 和 0.94 千米²；确权率分别为 88.82%、32.15% 和 100%；海洋功能区划符合率分别为 95.39%、98.51% 和 88.72%。

海底工程用海总面积 14.03 千米²，面积最大的位于莆田市，其次是福州市、厦门市、泉州市和宁德市，漳州市最少。其中电缆管道用海和海底隧道用海的面积分别为 13.39 千米² 和 0.64 千米²；电缆管道用海和海底隧道用海的确权率分别为 75.75% 和 100%；海洋功能区划符合率分别为 82.49% 和 100%。

排污倾倒用海总面积 2.98 千米²，主要分布在泉州市和福州市，漳州市也有一部分。其中污水排放用海和排污倾倒用海的面积分别为 1.44 千米² 和 1.54 千米²。排污倾倒用海确权率和海洋功能区划符合率均为 100%。

其他用海全省共 45 宗，总面积 24.12 千米²。用海面积最大的是莆田市，其次是厦门市、福州市、漳州市，宁德市很小，泉州市最小。全省其他用海确权面积为 21.36 千米²，确权率为 88.55%。不符合海洋功能区划的其他用海面积为 17.85 千米²，不符合率为 74.01%。

三、各设区市海域使用现状

(一) 宁德市

宁德市行政区域毗邻海域总面积 8393.13 千米²，海域使用宗数 4900 宗，面积 351.66 千米²，海域使用率 4.19%（表 8-22）。

表 8-22　宁德市各县区各大类型用海宗数、面积、确权率、功能区划符合率

用海类型	用海情况	福鼎市	霞浦县	福安市	蕉城区	总计
渔业用海	宗数/宗	710	1686	614	1684	4694
	面积/千米²	41.26	192.24	7.21	55.63	296.33
	确权率/%	39.44	43.53	33.14	26.50	39.51
	符合率/%	68.72	90.11	66.39	60.65	81.03
交通运输用海	宗数/宗	8	30	16	42	96
	面积/千米²	0.18	5.82	0.67	1.90	8.57
	确权率/%	100	2.54	54.00	34.35	15.68
	符合率/%	99.40	99.93	91.21	94.28	97.98
工矿用海	宗数/宗	6	2	26	1	35
	面积/千米²	0.06	0.02	3.48	1.21	4.77
	确权率/%	100	31.13	84.36	—	63.03
	符合率/%	100	100	53.87	—	40.97
旅游娱乐用海	宗数/宗	1	—	—	—	1
	面积/千米²	0.18	—	—	—	0.18
	确权率/%	100	—	—	—	100
	符合率/%	0	—	—	—	0
海底工程用海	宗数/宗	1	1	—	2	4
	面积/千米²	0.19	0.53	—	0.62	1.35
	确权率/%	100	100	—	100	100
	符合率/%	100	100	—	100	100
围海造地用海	宗数/宗	7	17	31	11	66
	面积/千米²	3.47	25.18	10.44	0.90	40.00
	确权率/%	100	10.06	99.60	93.51	43.12
	符合率/%	100	100	99.73	82.24	99.53

续表

用海类型	用海情况	福鼎市	霞浦县	福安市	蕉城区	总计
特殊用海	宗数/宗	—	1	—	1	2
	面积/千米²	—	0.03	—	0.09	0.12
	确权率/%	—	100	—	100	100
	符合率/%	—	0	—	100	76.21
其他用海	宗数/宗	1	—	—	1	2
	面积/千米²	0.30	—	—	0.05	0.35
	确权率/%	100	—	—	0	85.19
	符合率/%	100	—	—	100	100
合计	宗数/宗	734	1737	687	1742	4900
	面积/千米²	45.64	223.82	21.80	60.40	351.66
	确权率/%	45.25	38.84	73.43	28.06	39.99
	符合率/%	71.34	91.49	81.12	61.31	83.05

宁德市用海确权率不高，仅为 39.99%。其中，福安市用海确权率最高，为 73.43%；蕉城区用海确权率最低，仅 28.06%。用海的海洋功能区划符合性较好，为 83.05%。其中，霞浦县用海的海洋功能区划符合性最高，为 91.49%；蕉城区用海的符合性最低，仅 61.31%。

（二）福州市

福州市行政区域毗邻海域总面积 11 115.39 千米²，海域使用宗数 2169 宗，面积 354.68 千米²，海域使用率 3.19%。用海确权率不高，为 66.12%。其中，平潭县用海确权率最高，为 93.13%；长乐市用海确权率最低，仅 30.31%。用海的海洋功能区划符合性较好，为 87.42%。其中，福清市用海的海洋功能区划符合性最高，为 97.57%；连江县用海的符合性最低，仅 64.86%（表 8-23）。

表 8-23　福州市各县区各大类型用海宗数、面积、确权率、功能区划符合率

用海类型	用海情况	长乐市	福清市	连江县	罗源县	马尾区	平潭县	总计
渔业用海	宗数/宗	22	228	388	946	6	306	1896
	面积/千米²	7.92	68.96	75.35	35.32	2.14	36.56	226.27
	确权率/%	92.33	58.01	70.49	67.47	46.89	92.03	70.24
	符合率/%	97.47	99.34	62.36	87.37	100	88.41	83.33
交通运输用海	宗数/宗	15	19	23	12	8	7	84
	面积/千米²	1.66	4.81	2.05	1.32	0.17	1.45	11.48
	确权率/%	79.07	75.24	70.04	61.24	100	71.56	73.16
	符合率/%	99.60	66.83	74.67	89.95	100	43.10	73.15
工矿用海	宗数/宗	1	8	16	1	0	9	35
	面积/千米²	0.22	6.03	0.52	0.69	0	0.63	7.87
	确权率/%	0	59.85	100	100	0	100	69.20
	符合率/%	0	94.25	93.71	100	0	1.87	87.34

续表

用海类型	用海情况	长乐市	福清市	连江县	罗源县	马尾区	平潭县	总计
旅游娱乐用海	宗数/宗	—	—	1	3	—	1	5
	面积/千米²	—	—	0.01	0.01		0.05	0.08
	确权率/%	—	—	0	70	—	100	80.34
	符合率/%	—	—	0	100		0	17.04
海底工程用海	宗数/宗		3			1	8	12
	面积/千米²	—	0.68	—	—	0.15	2.64	3.48
	确权率/%	—	100			100	63.52	72.29
	符合率/%		100			0	100	95.57
排污倾倒用海	宗数/宗	—	1	—	—	—	—	1
	面积/千米²	—	0.28				—	0.28
	确权率/%	—	100	—				100
	符合率/%	—	100					100
围海造地用海	宗数/宗	14	36	39	27	1	4	121
	面积/千米²	5.8	40.49	4.98	19.32	0.06	0.23	70.88
	确权率/%	54.17	91.24	99.80	50.79	100	100	77.82
	符合率/%	76.58	99.94	97.93	99.96	0	54.16	97.67
特殊用海	宗数/宗	2	3	1	1	—	—	7
	面积/千米²	30.49	0.55	0.2	0.21			31.45
	确权率/%	0.98	100	0	100			3.36
	符合率/%	100	1.82	100	0			96.98
其他用海	宗数/宗	3	1	4	—			8
	面积/千米²	2.63	0.14	0.12				2.88
	确权率/%	100	0	40.78				92.88
	符合率/%	100	100	87.41	—			99.49
合计	宗数/宗	57	299	472	990	16	335	2169
	面积/千米²	48.51	121.95	83.23	56.89	2.53	41.57	354.68
	确权率/%	30.31	69.91	72.20	62.18	54.94	93.13	66.12
	符合率/%	96.77	97.57	64.86	91.53	91.72	85.96	87.42

（三）莆田市

莆田市行政区毗邻海域面积 4048.97 千米²，海域使用宗数 869 宗，用海面积 295.18 千米²，海域使用率 7.29%。用海确权率较好，为 80.60%。其中，涵江区用海确权率最高，为 99.83%；城厢区用海确权率最低，仅 46.74%。用海的海洋功能区划符合性较好，为 82.81%。其中，涵江区用海的海洋功能区划符合性最高，为 100%；荔城区用海的符合性最低，仅 52.14%（表 8-24）。

表 8-24　莆田市各县区各大类型用海宗数、面积、确权率、功能区划符合率

用海类型	用海情况	城厢区	涵江区	荔城区	仙游县	秀屿区	总计
渔业用海	宗数/宗	102	46	46	2	560	756
	面积/千米²	21.07	24.94	14.10	0.01	199.18	259.30
	确权率/%	47.23	100	87.36	0	84.18	83.63
	符合率/%	89.46	100	72.89	100	85.78	86.75
交通运输用海	宗数/宗	—	7	—	2	36	45
	面积/千米²	—	0.06	—	0.01	2.59	2.65
	确权率/%	—	0	—	85.14	53.85	52.80
	符合率/%	—	100	—	85.14	83.92	84.26
工矿用海	宗数/宗	2	—	3	—	3	8
	面积/千米²	0.21	—	1.82	—	6.69	8.72
	确权率/%	0	—	0	—	14.88	11.41
	符合率/%	0	—	69.29	—	0	14.49
旅游娱乐用海	宗数/宗	—	—	—	—	2	2
	面积/千米²	—	—	—	—	0.09	0.09
	确权率/%	—	—	—	—	0	0
	符合率/%	—	—	—	—	0	0
海底工程用海	宗数/宗	—	—	—	—	11	11
	面积/千米²	—	—	—	—	4.76	4.76
	确权率/%	—	—	—	—	78.71	78.71
	符合率/%	—	—	—	—	54.01	54.01
围海造地用海	宗数/宗	—	—	—	6	25	31
	面积/千米²	—	—	—	2.24	6.38	8.62
	确权率/%	—	—	—	100	56.93	68.10
	符合率/%	—	—	—	99.73	99.97	99.91
特殊用海	宗数/宗	—	—	—	—	1	1
	面积/千米²	—	—	—	—	0.0002	0.0002
	确权率/%	—	—	—	—	0	0
	符合率/%	—	—	—	—	0	0
其他用海	宗数/宗	3	9	3	—	—	15
	面积/千米²	0.01	4.79	6.21	—	—	11.02
	确权率/%	0	58.68	100	—	—	81.91
	符合率/%	100	100	0	—	—	43.61
合计	宗数/宗	107	62	52	10	638	869
	面积/千米²	21.29	29.78	22.14	2.26	219.70	295.18
	确权率/%	46.74	99.83	83.71	99.31	80.77	80.60
	符合率/%	88.58	100	52.14	99.37	82.84	82.81

（四）泉州市

泉州市行政区毗邻海域面积 4157.36 千米²，海域使用宗数 1339 宗，用海面积

246.07 千米²，海域使用率 5.92％。用海确权率不高，为 67.03％。其中，洛江区用海确权率最高，为 95.57％；石狮市用海确权率最低，仅 34.94％。用海的海洋功能区划符合性较好，为 88.89％。其中，洛江区用海的海洋功能区划符合性最高，为 100％；丰泽区用海的符合性最低，为 84.99％（表 8-25）。

表 8-25　泉州市各县区大类型用海宗数、面积、确权率、功能区划符合率

用海类型	用海情况	丰泽区	惠安县	晋江市	洛江区	南安市	泉港区	石狮市	总计
渔业用海	宗数/宗	35	668	135	2	44	65	86	1035
	面积/千米²	7.63	31.33	41.36	1.28	17.30	33.40	22.88	155.18
	确权率/%	71.43	34.52	76.78	100	99.41	42.20	22.56	55.26
	符合率/%	73.66	78.54	82.83	100	100	79.45	80.22	82.46
交通运输用海	宗数/宗	12	15	18	—	15	26	25	111
	面积/千米²	1.17	1.76	1.39	—	0.89	3.72	1.33	10.27
	确权率/%	100	99.71	97.05	—	97.14	91.69	88.59	94.81
	符合率/%	100	100	98.97	—	95.36	99.91	100	99.42
工矿用海	宗数/宗	—	4	3	—	1	7	6	21
	面积/千米²	—	2.90	3.54	—	0.60	11.12	1.98	20.15
	确权率/%	—	100	96.71	—	0	100	13.14	87.92
	符合率/%	—	100	100	—	0	100	100	100
旅游娱乐用海	宗数/宗	—	4	—	—	—	—	3	7
	面积/千米²	—	0.22	—	—	—	—	0.96	1.18
	确权率/%	—	99.41	—	—	—	—	100	99.89
	符合率/%	—	100	—	—	—	—	100	100
海底工程用海	宗数/宗	—	1	1	2	—	—	3	7
	面积/千米²	—	0.41	0.12	1.04	—	—	0.25	1.82
	确权率/%	—	0	100	17.11	—	—	100	30.17
	符合率/%	—	0	100	100	—	—	100	100
排污倾倒用海	宗数/宗	—	—	1	—	—	1	3	5
	面积/千米²	—	—	0.09	—	—	1.26	1.33	2.68
	确权率/%	—	—	100	—	—	100	100	100
	符合率/%	—	—	100	—	—	100	100	100
围海造地用海	宗数/宗	20	31	12	4	8	30	36	141
	面积/千米²	4.12	36.0	1.78	0.06	4.53	3.27	4.20	53.96
	确权率/%	99.17	99.80	49.49	0	11.44	95.86	60.71	87.27
	符合率/%	99.58	99.99	98.52	100	100	99.58	100	99.89
特殊用海	宗数/宗	3	4	—	—	—	—	1	8
	面积/千米²	0.59	0.14	—	—	—	—	0.02	0.74
	确权率/%	16.82	91.19	—	—	—	—	100	32.54
	符合率/%	100	100	—	—	—	—	100	100
其他用海	宗数/宗	—	1	1	—	—	—	2	4
	面积/千米²	—	0.03	0.01	—	—	—	0.07	0.11
	确权率/%	—	0	0	—	—	—	0	0
	符合率/%	—	100	100	—	—	—	100	100

续表

用海类型	用海情况	丰泽区	惠安县	晋江市	洛江区	南安市	泉港区	石狮市	总计
合计	宗数/宗	70	728	171	6	68	131	165	1339
	面积/千米²	13.50	72.78	48.29	1.34	23.33	53.82	33.02	246.07
	确权率/%	79.99	71.10	77.90	95.57	79.67	61.69	34.94	67.03
	符合率/%	84.99	90.76	85.21	100	99.82	87.21	86.29	88.89

（五）厦门市

厦门市行政区毗邻海域面积 2000.78 千米²，海域使用宗数 259 宗，用海面积 68.59 千米²，海域使用率 3.43%。厦门市用海全部确权。各类型用海确权率均为 100%。工矿用海、旅游娱乐用海、海底工程用海、特殊用海和其他用海的海洋功能区划符合性为 100%，渔业用海最低，为 90.57%（图 8-26）。

表 8-26 厦门市各大类型用海宗数、面积、确权率、功能区划符合率

用海类型	宗数/宗	面积/千米²	确权率/%	符合率/%
渔业用海	9	1.95	100	90.57
交通运输用海	122	33.34	100	96.28
工矿用海	7	0.33	100	100
旅游娱乐用海	19	1.25	100	100
海底工程用海	13	2.33	100	100
围海造地用海	68	19.59	100	92.82
特殊用海用海	10	1.00	100	100
其他用海	11	9.00	100	100
合计	259	68.59	100	95.9

（六）漳州市

漳州市行政区毗邻海域面积 7043.64 千米²，海域使用宗数 3613 宗，用海面积 358.97 千米²，海域使用率 5.10%。总体确权率不高，仅 50.52%。其中，诏安县用海确权率最高，为 76.85%；漳浦县用海确权率最低，仅 37.99%。用海的海洋功能区划符合性较好，为 87.12%。其中，东山县用海的海洋功能区划符合性最高，为 91.32%；云霄县用海的符合性最低，仅 74.54%（表 8-27）。

表 8-27 漳州市各县各大类型用海宗数、面积、确权率、功能区划符合率

用海类型	用海情况	龙海市	云霄县	漳浦县	东山县	诏安县	总计
渔业用海	宗数/宗	371	282	1588	573	529	3343
	面积/千米²	8.46	45.47	133.51	59.53	51.57	298.54
	确权率/%	96.12	59.45	34.45	51.95	76.09	50.69
	符合率/%	73.86	74.52	87.55	88.42	87.44	85.33

用海类型	用海情况	龙海市	云霄县	漳浦县	东山县	诏安县	总计
交通运输用海	宗数/宗	48	2	26	23	—	99
	面积/千米²	3.55	0.02	7.34	0.70	—	11.62
	确权率/%	66.90	0	96.00	81.34	—	86.08
	符合率/%	99.47	4.79	99.03	81.63	—	97.98
工矿用海	宗数/宗	34	1	41	33	8	117
	面积/千米²	0.30	0.26	8.50	19.06	1.40	29.53
	确权率/%	95.98	0	36.70	8.31	100	21.67
	符合率/%	65.34	100	91.35	100	78.93	96.15
旅游娱乐用海	宗数/宗	1	—	3	2	—	6
	面积/千米²	0.07	—	0.87	0.57	—	1.50
	确权率/%	100	—	100	0	—	61.83
	符合率/%	100	—	100	48.39	—	80.30
海底工程用海	宗数/宗	1	—	—	—	—	1
	面积/千米²	0.29	—	—	—	—	0.29
	确权率/%	100	—	—	—	—	100
	符合率/%	100	—	—	—	—	100
排污倾倒用海	宗数/宗	1	—	—	—	—	1
	面积/千米²	0.02	—	—	—	—	0.02
	确权率/%	100	—	—	—	—	100
	符合率/%	100	—	—	—	—	100
围海造地用海	宗数/宗	25	—	1	5	1	32
	面积/千米²	7.73	—	0.02	0.45	0.05	8.26
	确权率/%	99.98	—	100	100	100	99.99
	符合率/%	100	—	100	100	100	100
特殊用海	宗数/宗	4	1	—	2	2	9
	面积/千米²	4.53	0.06	—	3.61	0.23	8.43
	确权率/%	3.24	0	—	100	7.99	44.76
	符合率/%	84.86	0	—	100	100	91.15
其他用海	宗数/宗	2	—	2	1	—	5
	面积/千米²	0.30	—	0.05	0.41	—	0.76
	确权率/%	100	—	100	0	—	46.48
	符合率/%	100	—	25.43	100	—	94.86
合计	宗数/宗	487	286	1661	639	540	3613
	面积/千米²	25.27	45.81	150.29	84.33	53.26	358.97
	确权率/%	75.38	59.01	37.99	43.86	76.85	50.52
	符合率/%	88.05	74.54	88.37	91.32	87.28	87.12

第二节　重点港湾海域使用

一、八个重点港湾海域使用现状

（一）三沙湾

海洋功能区划中，三沙湾主要功能为港口航运、海水增养殖和特殊用海。重点功能区有城澳港区、溪南港口区、下白石港口区、三沙湾航道区、官井洋锚地区、三都澳锚地区、东吾洋浅海养殖区、官井洋大黄鱼繁育保护区、三都澳滩涂养殖区、三都澳旅游区、铁基湾围海造地预留区、漳湾围海造地区等。

三沙湾海域面积约 727 千米²，用海类型有渔业用海、交通运输用海、工矿用海、海底工程用海、围海造地用海、特殊用海及其他用海等 7 种，宗数 3882 宗，共利用海域面积 165.18 千米²，约占三沙湾海域总面积的 22.7%（表 8-28）。

表 8-28　三沙湾各用海类型海域使用宗和面积

用海类型	宗数	面积/千米²	占已利用海域面积比例/%	占港湾总面积比例/%
渔业	3735	137.88	83.47	19.0
交通运输	69	8.22	4.97	1.1
工矿	28	6.78	4.11	0.9
海底工程	2	0.62	0.38	0.1
围海造地	46	11.53	6.98	1.6
特殊	1	0.09	0.05	0.01
其他	1	0.05	0.03	0.01
合计	3882	165.18	100.00	22.7

（二）罗源湾

海洋功能区划中，罗源湾主要功能为港口航运和临海工业。重点功能区有碧里港口区、可门港口区、罗源湾航道区、罗源湾锚地区、白水其他工程用海域、大官坂其他工程用海预留区、罗源湾限养区等。

罗源湾海域面积约 216 千米²，用海类型有渔业用海、交通运输用海、工矿用海、旅游娱乐用海、围海造地用海和特殊用海等 6 种，宗数 470 宗，已利用海域面积 99.24 千米²，约占罗源湾海域总面积的 45.9%（表 8-29）。

表 8-29　罗源湾各用海类型海域使用宗数和面积

用海类型	宗数	面积/千米²	占已利用海域面积比例/%	占港湾总面积比例/%
渔业	400	71.83	72.38	33.2
交通运输	19	2.21	2.22	1.0
工矿	1	0.69	0.7	0.3
旅游娱乐	3	0.01	0.01	0.01
围海造地	45	24.09	24.27	11.1
特殊用海	2	0.41	0.41	0.2
合计	470	99.24	100.00	45.9

（三）闽江口

海洋功能区划中，闽江口主要功能为港口航运、保护区、滨海旅游。重点功能区有闽江口港口区、牛头湾港口区、闽江口航道区、闽江口锚地区、闽江口湿地保护预留区、漳港海蚌增养殖保护区、长乐滨海旅游度假区、定海湾浅海养殖区等。

闽江口海域面积约 401 千米²，用海类型有渔业用海、交通运输用海、工矿用海、旅游娱乐用海、海底工程用海、围海造地用海、特殊用海与其他用海等 8 种，宗数 200 宗，已利用海域面积 55.65 千米²，约占闽江口海域总面积的 13.9%（表 8-30）。

表 8-30　闽江口各用海类型海域使用宗数和面积

用海类型	宗数	面积/千米²	占已利用海域面积比例/%	占港湾总面积比例/%
渔业	148	20.30	36.48	5.1
交通运输	26	1.00	1.8	0.3
工矿	8	0.5	0.89	0.1
旅游娱乐	1	0.01	0.02	0.0
海底工程	1	0.15	0.28	0.04
围海造地	12	3.42	6.15	0.9
特殊	1	30.20	54.25	7.5
其他	3	0.07	0.12	0.02
合计	200	55.65	100.00	13.9

（四）兴化湾

海洋功能区划中，兴化湾主要功能为港口航运、海水增养殖、临海工业。重点功能区有江阴围海造地区、江阴港口区、兴化湾航道区、兴化湾滩涂养殖区、兴化湾浅海养殖区、江阴其他工程用海预留区等。

兴化湾海域面积约 705 千米²，用海类型有渔业用海、交通运输用海、工矿用海、海底工程用海、排污倾倒用海、围海造地用海、特殊用海与其他用海等 8 种，宗数 292 宗，已利用海域面积 138.26 千米²，约占兴化湾海域总面积的 19.6%（表 8-31）。

表 8-31　兴化湾各用海类型海域使用宗数和面积

用海类型	宗数	面积/千米²	占已利用海域面积比例/%	占港湾总面积比例/%
渔业	217	97.96	70.86	13.9
交通运输	17	3.43	2.48	0.5
工矿	10	12.99	9.4	1.8
海底工程	3	0.75	0.54	0.1
排污倾倒	1	0.28	0.2	0.04
围海造地	28	11.16	8.07	1.6
特殊	3	0.55	0.4	0.1
其他	13	11.14	8.06	1.6
合计	292	138.26	100.00	19.6

（五）湄洲湾

海洋功能区划中，湄洲湾主要功能为港口航运、临海工业、旅游。重点功能区有斗尾港口区、肖厝港口区、秀屿港口区、湄洲湾航道区、白礁锚地区、湄洲岛旅游区、湄洲岛生态特别保护区等。

湄洲湾海域面积约 552 千米²，用海类型有渔业用海、交通运输用海、工矿用海、旅游娱乐用海、海底工程用海、排污倾倒用海、围海造地用海、特殊用海与其他用海等9 种，宗数 529 宗，已利用海域面积 166.81 千米²，约占湄洲湾海域总面积的 30.2%（表 8-32）。

表 8-32　湄洲湾各用海类型海域使用宗数和面积

用海类型	宗数	面积/千米²	占已利用海域面积比例/%	占港湾总面积比例/%
渔业	367	94.24	56.5	17.1
交通运输	65	7.48	4.49	1.4
工矿	13	13.97	8.37	2.5
旅游娱乐	1	0.07	0.04	0.01
海底工程	6	2.16	1.3	0.4
排污倾倒	1	1.26	0.76	0.2
围海造地	72	47.60	28.54	8.6
特殊	1	0.0002	—	0.0
其他	3	0.01	0.008	0.0
合计	529	166.81	100.00	30.2

（六）泉州湾

海洋功能区划中，泉州湾主要功能为港口航运、环境保护、旅游。重点功能区有后渚港口区、石湖港口区、泉州湾河口湿地省级自然保护区、泉州湾跨海桥梁区、大坠岛旅游区、青山湾旅游区、泉州湾贝类增养殖区等。

泉州湾海域面积约 211 千米²，类型有渔业用海、交通运输用海、工矿用海、旅游娱乐用海、围海造地用海、特殊用海与其他用海 7 种，宗数 335 宗，已利用海域面积 61.19 千米² ，约占泉州湾海域总面积的 29.0％ （表 8-33）。

表 8-33　泉州湾各用海类型海域使用宗数和面积

用海类型	宗数	面积/千米²	占已利用海域面积比例/%	占港湾总面积比例/%
渔业	217	48.67	79.53	23.0
交通运输	35	2.56	4.19	1.2
工矿	5	1.09	1.78	0.5
旅游娱乐	5	0.45	0.74	0.2
围海造地	63	7.59	12.41	3.6
特殊	8	0.74	1.21	0.4
其他	2	0.09	0.14	0.04
合计	335	61.19	100.00	29.0

（七）厦门湾

海洋功能区划中，厦门湾主要功能为港口航运、保护区、滨海旅游。重点功能区包括厦门西海域港口航运区、九龙江口两岸港口航运区、围头湾港口航运区、鼓浪屿一万石岩国家级风景旅游区、厦门东部滨海旅游区、厦门国家级海洋珍稀生物自然保护区、九龙江口红树林生态系统自然保护区等。

厦门湾海域面积 1281 千米² ，用海类型有渔业用海、交通运输用海、工矿用海、旅游娱乐用海、海底工程用海、排污倾倒用海、围海造地用海、特殊用海与其他用海等 9 种，宗数 779 宗，已利用海域面积 143.2 千米² ，占厦门湾海域总面积的 11.2％ （表 8-34）。

表 8-34　厦门湾各用海类型海域使用宗数和面积

用海类型	宗数	面积/千米²	占已利用海域面积比例/%	占港湾总面积比例/%
渔业	372	52.20	36.43	4.1
交通运输	195	34.83	24.33	2.7
工矿	43	4.66	3.25	0.4
旅游娱乐	20	1.32	0.92	0.1
海底工程	14	2.62	1.83	0.2
排污倾倒	1	0.02	0.02	0.0
围海造地	107	32.73	22.86	2.6
特殊	14	5.53	3.86	0.4
其他	13	9.30	6.50	0.7
合计	779	143.21	100.00	11.2

（八）东山湾

海洋功能区划中，东山湾主要功能为港口航运、海水增养殖、军事用海、保护区。重点功能区有古雷港区、东山港口区、东山湾航道区、大坪锚地区、大澳渔港区、东山湾海水增养殖区、漳江口红树林生态系统自然保护区等。

东山湾海域面积约 283 千米^2，用海类型为渔业用海、交通运输用海、工矿用海、围海造地用海和特殊用海等 5 种，宗数 771 宗，已利用海域面积 120.71 千米^2，约占东山湾海域总面积的 42.7%（表 8-35）。

表 8-35 东山湾各用海类型海域使用宗数和面积

用海类型	宗数	面积/千米^2	占已利用海域面积比例/%	占港湾总面积比例/%
渔业	739	114.78	95.09	40.5
交通运输	18	1.37	1.13	0.5
工矿	9	0.62	0.51	0.2
围海造地	3	0.42	0.35	0.2
特殊	2	3.52	2.92	1.2
合计	771	120.71	100.00	42.7

二、海域使用与功能区划符合性分析

八个重点港湾海域使用面积 950.23 千米^2，符合《福建省海洋功能区划》（2006 年）的用海面积 778.53 千米^2，海洋功能区划符合率为 81.9%。海洋功能区划符合率最高的是厦门湾，符合率 92.3%，其次是闽江口、泉州湾，均为 90.8%，最低的是罗源湾，为 68.2%（表 8-36）。

表 8-36 福建省八个重点港湾海域使用与功能区划符合性

港湾名称	海域面积/千米^2	海域使用面积/千米^2	海域使用率/%	符合海洋功能区划用海面积/千米^2	海洋功能区划符合率/%
三沙湾	726.75	165.18	22.7	130.51	79.0
罗源湾	216.44	99.25	45.9	67.73	68.2
闽江口	400.97	55.66	13.9	50.55	90.8
兴化湾	704.77	138.25	19.6	120.90	87.5
湄洲湾	552.24	166.80	30.2	127.37	76.4
泉州湾	211.24	61.20	29.0	55.58	90.8
厦门湾	1281.21	143.20	11.2	132.11	92.3
东山湾	283.14	120.70	42.6	93.77	77.7
合计	4376.76	950.23	21.7	778.53	81.9

三、海域使用排他性与兼容性分析

（一）港口航运

海域使用排他性表现较普遍的是在港口航运区内存在水产增养殖活动，如三沙湾溪南港口区、盐田航道内有网箱、海带养殖等；罗源湾的可门港口区、牛坑湾港口区、罗源湾锚地区等港区内有牡蛎、海带、网箱养殖等设施；湄洲湾肖厝港区、斗尾港区、东吴港区等内有底播和设施养殖，养殖面积分别约为 2.01 千米^2、0.30 千米^2、4.97 千米^2；厦门湾的金井港口区、塔角港口区、角美港口区等港区的牡蛎吊养和紫菜养殖面积分别约 0.23 千米^2、0.92 千米^2、0.88 千米^2；东山湾古雷港口区的设施养殖面积约 4.03 千米^2。在同一海域港口航运与水产养殖在空间上是不兼容、排他的，但在各港湾的港口航运功能区未按区划功能用海前可暂时保留养殖功能。另外，海水浴场、盐田、海底管线、海洋自然保护区等用海活动与港口航运也是排他性的。

港口航运与临海工业、旅游观光、科学实验、污水达标排放等海域使用活动具有兼容性，如三沙湾城澳港区及白马河两岸的港口区、港口预留区内分布有较多的船舶工业，罗源湾的可门港口区内的可门电厂温排水、江阴港区内的江阴电厂温排水，湄洲湾斗尾港区内的泉州修造船项目，泉州湾石湖港区、祥芝港区内的渔港、修造船项目等。

（二）增养殖

海水增养殖海域必须严格控制周边污染源排放，保护养殖区生态环境，执行不低于二类海水水质标准，应禁止养殖区内进行有碍养殖生产或污染海域环境的活动，如海洋工程、排污、倾废、纳污口等。水下爆破、洄游通道内建闸等活动与增养殖也属于排他性。

在养殖区内适当开展旅游、科学实验等活动属兼容功能区的发挥，增养殖与海洋保护区功能上也属兼容。

（三）海洋保护区

在海洋自然保护区、海洋特别保护区、重要河口湿地、港湾等生态敏感区域内的临海工业、港口航运、排污倾废等是冲突和排他的，如白马港红树林保护区、闽江口湿地保护区内分布有船舶工业、渔港、交通码头项目。

在海洋保护区实验区内开展旅游、海水增养殖、盐业等活动属兼容功能的发挥，如泉州湾河口湿地自然保护区、漳江口红树林自然保护区、东山湾养殖科研实验区内较大面积的底播贝类养殖等。

（四）旅游区

在旅游区发生排污、岛礁爆破、倾废等用海活动是海域功能冲突利用，是排他性海域使用。

在旅游区开展海水养殖、路桥建设、滨海城市景观建设的围海造地工程、科学实验、海洋保护区、海底管道、港口等活动属兼容功能的发挥，如湄洲岛度假旅游区周边海域分布滩涂浅海养殖，厦门北部旅游区和集美滨海旅游区内开展路桥、景观建设等均属兼容功能。

第三节　福建省岸线开发利用现状

一、岸线利用概况

福建大陆与厦门岛和东山岛（简称"两岛"）海岸线全长 3752 千米。全省已开发利用的大陆与两岛岸线长度约为 1350 千米，约占 36.0％。在海域使用一级类中，渔业用海、围海造地用海、交通运输用海和工矿用海是占用海岸线的主要用海类型，与其占用海域面积的比例基本相一致。其中，渔业用海占用岸线最长，约为 766 千米，约占全省已利用岸线长度的 56.8％，约为全省大陆与两岛岸线总长度的 20.4％；围海造地用海利用岸线约 302 千米，约占全省已利用岸线长度的 22.4％，约为全省岸线总长的 8.1％；交通运输用海约占用岸线 120 千米，约占全省已利用岸线长度的 8.9％，约为全省大陆与两岛岸线总长的 3.2％；工矿用海约占用岸线 91 千米，约占全省已利用岸线长度的 6.7％，约为全省大陆与两岛岸线总长的 2.4％；其余五类用海的岸线利用长度占全省大陆与两岛岸线总长的百分比很低。总的来说，渔业岸线和围海造地岸线是福建省最主要的岸线利用类型，两者之和约占全省海域使用岸线总长的 4/5（表 8-37）。从岸线利用的区域分布来看，厦门、漳州、泉州等海峡西岸沿海的岸线利用率最高，尤其是厦门，利用率达 60％。而闽东岸线资源开发程度相对较低，利用率达不到 30％。

表 8-37　福建省海岸线利用现状统计分析表

用海类型	使用长度/千米	占已利用岸线长度百分比/％	占全省大陆与两岛岸线总长度百分比/％
渔业用海	766.44	56.8	20.4
交通运输用海	120.11	8.9	3.2
工矿用海	90.97	6.7	2.4
旅游娱乐用海	11.20	0.8	0.3
海底工程用海	7.21	0.5	0.2
排污倾倒用海	2.32	0.2	0.1
围海造地用海	301.99	22.4	8.1
特殊用海	12.09	0.9	0.3
其他用海	37.62	2.8	1.0
合计	1349.95	100.0	36.0

二、岸线利用现状

（一）渔业岸线

渔业岸线利用主要分布在漳州、宁德、福州，与渔业用海面积分布类似，占各地市区县岸线长度的 20％以上，甚至有达到 50％以上的。渔业岸线由北往南比较集中的岸段主要有：福鼎沙埕港八尺门、霞浦牙城湾顶、沙江－长春－北壁－下浒、蕉城漳湾镇、罗源湾南侧、湄洲湾顶、漳浦佛坛湾、旧镇湾、东山湾北侧、诏安湾北侧、宫口湾等岸段。在渔业用海的二级类用海中，以围海筑堤方式进行的池塘养殖（即围海养殖）和渔港建设为使用岸线的主要用海类型。从养殖主体看，除个别属于专业养殖公司以外，大部分为当地个体养殖户，属习惯性用海，确权率低。渔业用海开发利用岸线基本上与区域海洋功能区划的渔业岸段相一致。

（二）港口岸线

交通运输用海中主要以港口利用岸线为主，其中宁德市和漳州市港口岸线占各自交通运输用海的 80％以上。海洋功能区划符合率达到 93.32％，确权率达 82.41％。港口利用岸线主要分布在海上交通运输业比较发达的地区，如湄洲湾、厦门海域等，其中厦门市的港口岸线开发利用占本市海岸线的 21.7％，湄洲湾南岸的泉州市泉港区港口岸线开发利用占本区岸线长度的 36.7％，福州市马尾区的港口岸线开发利用率也达到 14.7％。厦门湾、湄洲湾、福州闽江口海域等港口得到较大程度的开发，其他港湾港口岸线潜力远未得到充分的发挥。总体来看，港口岸线利用有较大空间、深水泊位较少。

（三）工矿岸线

福建省工矿用海不多，占用海岸线的长度也比较小，多数分布在漳州市、泉州市和宁德市沿海，其用途主要是盐业、电力工业、修造船业、化工业等用海项目。漳州市东山县的盐业用海开发利用岸线为 32 千米，占该县岸线长度的 20.0％；泉州市的泉港区盐业用海岸线达到 13 千米，占该区岸线长度的 18.0％；宁德福安市修造船业发展较快，岸线开发长度达 12 千米，占该地市岸线长度的 6.9％。由南往北主要有：东山县的盐业、后石电厂、嵩屿电厂、莆田 LNG 电厂、大唐电厂、宁德核电站取排水口、赛江的修造船业，以及其他海域的船舶修造。

（四）旅游娱乐岸线

福建全省旅游娱乐用海占用岸线较少，统计共约 11 千米，为全省海域使用岸线的 0.8％，占全省大陆与两岛岸线总长度的 0.3％。主要分布在闽南的厦漳泉地区和闽东沿海。泉州的旅游娱乐用海利用岸线最多，占旅游娱乐岸线统计长度的 33.2％，以石狮市和惠安县的旅游娱乐用海开发较为活跃，石狮市旅游娱乐岸线占该市岸线的 4.2％；漳州的旅游娱乐用海岸线长度位列福建省第二。由南往北较大规模使用海岸线的旅游娱乐用海项目主要有：东山岛东部滨海旅游区、漳州火山滨海旅游区、鼓浪屿旅游区、厦门东南部滨海旅游区、深沪湾滨海旅游区、石狮黄金海岸滨海旅游区、崇武滨海旅游区、湄洲岛旅游区、三都澳群岛旅游区等。

（五）海底工程岸线

福建全省海底工程占用岸线长度约为 7.2 千米，仅占全省海域使用岸线的 0.5％，占全省大陆与两岛岸线长度的 0.2%。莆田市秀屿区海底工程占用岸线较多,达 3.4 千米,主要用于电缆管道用海,如黄瓜岛海底管线、南日岛海底管线、湄洲岛海底管线区-1 和湄洲岛海底管线区-2 等。调查的海底工程在符合区域海洋功能区划的前提下尚未对周边海洋环境产生不利影响。

(六) 排污倾倒岸线

在各种海域使用类型的岸线当中,排污倾倒岸线最少,仅约 2 千米,不到全省海域使用岸线的 0.2%,占全省大陆与两岛岸线总长度的 0.06%。由于排污区、倾倒区主要与临海工矿业和海上交通运输业相关联,所以排污倾倒岸线的分布情况与工矿岸线及港口岸线大致相似,即集中分布在工业、交通运输业比较发达的沿海城市,如福州市、泉州市和漳州市,尤其是泉州市泉港区。已使用的排污倾倒岸段有古雷石化工业排污区、角美排污区、后石电厂排污区、湄洲湾电厂排污区、莆田 LNG 电厂排污区、大唐电厂排污区等。

(七) 围海造地岸线

围海造地岸线主要用于城镇建设、港口建设及围垦填海用海等。漳州市的港口建设用岸线长度占本市围海造地岸线的 61.8%,莆田市和福州市的城镇建设用海岸线占围海造地使用岸线长度的比例分别达到了 56.2% 和 61.9%,宁德市的围垦用海岸线约占 54.7%,各地市的各类围海造地岸线利用率较高。福州和泉州是全省围海造地使用海域最多的设区市,围海造地岸线也主要分布在这两个市的沿岸,特别是福州市,约为 99 千米,其余在宁德、厦门、漳州、莆田等地也分布较广。福州市罗源县的围海造地岸线约占本县岸线的 22.9%,泉州市泉港区的围海造地岸线占本区岸线的 19.6%,洛江区为 20.1%,南安市为 34.1%,围海造地岸线开发利用率较高;厦门市的围海造地岸线占本市岸线的 24.7%,岸线占用比例较高。全省使用岸线较多的围填海主要有八尺门围海造地区、铁基湾围海造地区、江阴围海造地区、文甲围海造地区(妈祖城建设用海)、高崎围海造地区、海沧港口区、福清东壁、泉州外走马埭等。

(八) 特殊用海岸线

特殊用海是福建省用海类型中利用岸线较少的一种类型,约 12.1 千米,占已利用岸线长度的 0.9%,为全省大陆与两岛岸线总长度的 0.3%。特殊用海中的海岸防护工程用海和军事设施用海是占用岸线的最主要用海类型,其中海岸防护工程使用的海域面积虽然不多,但是这类用海占用的海岸线却最长,主要分布在厦门市。

海岸防护工程在功能上以防风暴潮和防侵蚀为主,主要分布在风暴潮灾害和海岸侵蚀灾害比较严重的地区,如泉州市的石狮市有 268 米、福州市罗源县有 454 米、宁德市蕉城区有 1303 米、厦门市则达到 7993 米,工程规模较大的主要有浮头湾海岸防护工程、九龙江口沿岸海岸防护工程区、嵌头海岸防护工程、大澳海岸防护工程。保护区用海所利用的岸线并不多,使用长度较长的主要有漳江口红树林自然保护区等。

（九）其他岸线

其他用海岸线共约 37.6 千米，为全省海域使用岸线的 2.8%，占全省大陆与两岛岸线总长度的 1.0%。

第四节　福建省海域使用特点

一、海域使用类型齐全

福建省的海域使用类型较齐全，包含了全部九个一级类和除油气开采用海、海底仓储用海之外的所有二级类，一级类覆盖率 100%，二级类覆盖率为 93.55%。

二、海域使用主要集中在滩涂和浅海域，较深海域还有利用空间

福建全省海域使用面积约占海域面积的 4.56%，整体而言，全省海域利用率低，但海域使用主要集中在滩涂和浅水区。其中滩涂围垦用海面积约 931.99 千米²，分别占滩涂海域面积和总用海面积的 37.65% 和 55.64%，主要用海类型有渔业用海、围海造地用海和交通用海。0～5 米等深线海域用海面积约 448.69 千米²，海域使用面积分别占该区海域使用面积和总用海面积的 20.84% 和 26.78%，用海类型同样主要为渔业用海、围海造地用海和交通用海；5～10 米等深线海域用海面积约 188.68 千米²，同样分别占10.05% 和 11.26%；10～30 米等深线海域用海面积约 103.17 千米²，分别占 0.87% 和6.16%。大于 30 米等深线海域用海面积仅为 2.61 千米²，分别占 0.01% 和 0.17%。海域使用主要在集中在 10 米等深线以浅海域的滩涂和浅海域，以滩涂和 0～5 米等深线海域为主，因此，福建省海域使用仍有潜力，可向较深海域拓展（表 8-38）。

表 8-38　福建省不同等深线范围海域面积与用海面积统计

用海类型	滩涂	0～5 米	5～10 米	10～30 米	大于 30 米	合计
海域面积/千米²	2 475.62	2 152.87	1 878.00	11 921.46	18 331.31	36 759.26
用海面积/千米²	931.99	448.69	188.68	103.17	2.61	1 675.15
占该区海域面积比例/%	37.65	20.84	10.05	0.87	0.01	4.56
占总用海面积比例/%	55.64	26.78	11.26	6.16	0.16	100.00

三、海域使用以渔业用海为主，非渔业用海数量增长快速

从海域使用类型结构看，在已利用海域中，渔业用海占大部分，共 1237.38 千米²，

占 73.87％；围海造地用海居第二位，用海面积 201.31 千米²，占 12.02％，交通运输用海 77.93 千米²，占 4.65％。

历史上福建省海域使用主要以渔业用海为主，其中的养殖用海包括筏式养殖、网箱养殖、围塘养殖、工厂化养殖、浅海底播增殖、人工渔礁、定置网架设等。改革开放 30 多年来，福建省经济快速发展。因人多地少，港口码头，公路、铁路，修造船厂，公共设施等一大批工程建设均需要大量填海造地，因此，海域使用类型发生了很大的变化。从渔业用海向围海造地用海和交通运输用海等临海工业用海转变，尤其是国务院颁布加快海峡西岸经济区建设的战略决策之后，临海工业、港口等非渔业用海数量有较大增加，沿岸传统的渔业用海域正在逐步减少。

四、海域使用结构存在区域差异，但基本与经济资源条件匹配

福建省沿海 6 个地级市有 32 个县区，各地市的经济发展程度存在差异、海域资源条件也不同。各县区的海域使用结构虽然存在差异，但基本上与经济资源相匹配。国务院 1980 年批准厦门市设立的经济特区，城市总体规划为"经济繁荣、人民富强、社会进步的社会主义现代化国际性港口风景城市"，根据厦门城市定位和经济资源条件，厦门首先保障交通用海，其用海面积占厦门市用海面积的 50.67％；为了美化和整治海域环境，厦门海域退出原有全部养殖用海，提高了海域资源价值。

漳州市传统上是一个农业市，大部分海域资源适宜渔业用海，渔业用海面积达 298.54 千米²，占用海面积的 83.13％，居全省首位；近年来，漳州城市定位为"努力建成海峡西岸经济区的重要增长极、东南沿海的重要出海口、资源节约型和环境友好型社会的示范区"；在此定位推动下，漳州市加快发展港口经济，加快建设九龙江口、东山湾两个临港产业集聚区，把临港工业作为"工业立市"的重点，交通用海、工矿用海、围海造地用海的比例有所增加。

宁德市的经济发展较晚，传统产业占主要地位，海域使用以渔业用海为主，面积约占 84.27％，1991 年大黄鱼人工养殖在三都澳获得成功，以大黄鱼为主的养殖业迅速发展，从 1991 年的 1.2 万箱增加到目前的 12 万多箱，育苗场从 32 家发展到 160 家，成为全国最大的大黄鱼养殖基地；三都澳是著名天然深水良港，具备发展深水港区的资源条件，1994 年国家批准三都澳城澳港及漳湾等相邻海域成为国家一类开放口岸，近年来，宁德市委市政府审时度势，提出建设海峡西岸经济区新兴港口城市的决策部署，港口建设力度得到加快，原来的部分渔业用海逐步被港口用海替代，海域资源优势得到初步发挥。

五、区域海域使用类型组合基本上与地域特征相适应

除厦门市以交通运输用海为主外，各地市的用海以渔业用海为主，其余主要为围海

造地和交通运输用海（表 8-39）。各地市海域使用基本上把养殖区、港区、航道区、锚地和旅游区结合在一起，尽管在不同区域这种组合内容有所不同、各组成类型侧重点有所不同，但基本上能与地域特征相适应。

表 8-39　福建各地市区域海域使用类型组合

行政区	使用海域/千米²	渔业		交通运输		围海造地	
		面积/千米²	比例/%	面积/千米²	比例/%	面积/千米²	比例/%
福州市	354.68	226.27	63.80	11.48	3.24	70.88	19.98
宁德市	351.66	296.33	84.27	8.57	2.44	34.0	11.37
莆田市	295.18	259.30	87.85	2.65	0.90	8.62	2.92
泉州市	246.07	155.18	63.06	10.27	4.17	53.96	21.93
厦门市	68.59	1.75	2.55	33.34	48.60	19.59	28.56
漳州市	358.97	298.54	83.17	11.61	3.24	8.26	2.30
合计	1675.15	1237.37	73.87	77.92	4.65	195.31	12.02

六、海域使用现状基本符合海洋功能区划要求

与福建省海域功能区划比较，一级类调查宗数海洋功能区划符合率 82.88%、面积符合率 86.19%，海域使用基本符合海洋功能区划，渔业用海宗数最多，面积最大，宗数和面积符合率分别为 82.4% 和 83.9%。排污倾倒用海全部符合海洋功能区划要求；围海造地用海宗数符合率 91.94%、面积符合率 98.35%；符合率最低的是其他用海，宗数符合率为 88.89%、面积符合率为 74.01%；其余类型用海的宗数符合率在 78%~88%、面积符合率在 82%~96%。

第五节　小　　结

（一）海域使用总体特点

1）福建省的海域使用类型齐全，覆盖了 9 个一级类和 31 个二级类的用海类型。

2）福建省海域使用主要在集中在 10 米等深线以浅海域，并以滩涂和 0~5 米等深线范围为主，10 米等深线以上海域还有开发利用潜力。

3）福建省海域使用以渔业用海为主，占全省海域使用总面积的 73.87%。渔业用海以水产养殖占绝对优势，养殖类型包括筏式养殖、网箱养殖、围塘养殖、工厂化养殖、浅海底播增殖等。随着临海工业、港口等用海需求的增加，传统的渔业用海域域正逐步减少。

4）福建省沿海各地市的经济发展程度存在差别，海域使用类型也不同。厦门市经

济发展较早，速度较快，海域使用以交通用海为主，渔业用海仅占该市各类用海总面积的 2.55%；漳州市和宁德市渔业用海面积分别占该市各类用海面积的 83.13% 和 84.27%。

5）从海域使用的海洋功能区划符合性看，全省各地市的差别不大，但从海域使用确权率看，厦门市最高，宁德市和漳州市的较低。

（二）福建省海域使用基本状况

1. 海域使用区域

福建省海域使用总面积 1675.15 千米²，沿海 6 个设区市中，漳州市的用海面积最大，为 358.97 千米²；其次为福州市和宁德市，海域使用面积分别为 354.68 千米² 和 351.65 千米²，分别占全省海域使用面积的 21.17% 和 20.99%；厦门市用海面积最小，为 68.59 千米²，仅占 4.09%。

2. 海域使用类型结构

全省渔业用海 11 733 宗，面积 1237.38 千米²，占全省海域使用总面积的 73.87%；围海造地用海占 12.02%，交通运输用海占 4.65%，工矿用海占 4.26%，其余用海所占比例很小。

3. 海域使用确权率

全省已确权的用海共 7391 宗，面积 1027.94 千米²，占全省海域使用总面积的 61.36%，海域使用确权率总体不高。各类用海中，排污倾倒用海确权率最高，特殊用海确权率最低。从行政区域的确权率看，厦门市海域使用确权率最高。

4. 海域使用功能区划符合性

全省符合海洋功能区划的海域使用 10 898 宗，面积 1443.77 千米²，占全省海域使用总面积的 86.19%；按用海类型，排污倾倒用海 100% 符合海洋功能区划，工矿用海最低，为 82.62%。从行政区域看，厦门市符合海洋功能区划用海比例最高，为 95.90%。

5. 海域使用空间分布

全省海域使用大部分集中在海岸带围垦、滩涂和 10 米等深线以浅海域。其中，滩涂围垦用海占全省海域使用总面积的 55.64%，0～5 米等深线范围海域使用面积占 26.78%，5～10 米等深线范围海域使用面积占 11.26%，10～30 米等深线海域使用面积占 6.61%，30 米等深线以深海域使用面积仅占 0.16%。

海域开发利用主要集中在港湾，8 个重点港湾海域使用面积 948.93 千米²，占全省海域使用总面积的 56.65%；海域使用率最高的是罗源湾，达 45.86%，海域使用率最低的是厦门湾，为 11.08%。

（三）各设区市海域使用基本状况

宁德市海域使用面积 351.66 千米²，海域使用率 4.19%；以渔业用海为主，面积 296.33 千米²，占该市海域使用总面积的 84.27%；全市海域使用确权率为 39.99%，海洋功能区划符合率 83.05%。

福州市海域使用面积 354.68 千米², 海域使用率 3.19%; 以渔业用海为主, 面积 226.27 千米², 占该市海域使用总面积的 63.80%, 其次为特殊用海, 占 8.87%; 全市海域使用确权率为 66.12%, 海洋功能区划符合率 87.42%。

莆田市海域使用面积 295.18 千米², 海域使用率 7.29%; 以渔业用海为主, 面积 259.30 千米², 占该市海域使用总面积的 87.85%; 全市海域使用确权率为 80.60%, 海洋功能区划符合率 82.81%。

泉州市海域使用面积 246.07 千米², 海域使用率 5.92%; 渔业用海面积 155.18 千米², 占该市海域使用总面积的 63.06%, 其次为围海造地用海, 面积 53.96 千米², 占 21.93%; 全市海域使用确权率为 67.03%, 海洋功能区划符合率 88.89%。

厦门市海域使用面积 68.59 千米², 海域使用率 3.43%; 交通运输用海面积 33.34 千米², 占该市各类用海总面积的 48.60%, 渔业用海仅 9 宗, 面积 1.75 千米², 占 2.55%; 全市海域使用确权率为 100%, 海洋功能区划符合率 95.90%。

漳州市海域使用面积 358.97 千米², 海域使用率 5.10%; 以渔业用海为主, 面积 298.54 千米², 占该市海域使用总面积的 83.17%, 其次为工矿用海, 占 8.23%; 全市海域使用确权率为 50.52%, 海洋功能区划符合率 87.12%。

(四) 海岸线开发利用状况

全省已被开发利用的大陆与厦门东山两岛岸线长度为 1349.96 千米, 占海岸线总长度的 35.98%。主要为渔业、围海造地、交通运输和工矿用海所占用, 其余五类用海岸线利用长度占岸线总长的百分比很低。

渔业用海占用岸线最长, 达到 766.44 千米, 占全省已开发利用岸线长度的 56.77%, 占全省大陆与两岛岸线总长度 20.43%。

围海造地用海占用岸线 301.99 千米, 占全省已开发利用岸线的 22.37%, 占全省大陆与两岛岸线总长的 8.05%。

交通运输用海岸线主要是港口占用岸线, 该类用海占用岸线 120.11 千米, 占全省已开发利用岸线长度的 8.90%, 全省大陆与两岛岸线总长的 3.20%。

工矿用海占用岸线 90.97 千米, 占全省已开发利用岸线长度的 6.74%, 占全省大陆与两岛岸线总长的 2.42%。

第九章

沿海社会经济基本状况调查

调查区域范围为福建省沿海宁德市、福州市、莆田市、泉州市、厦门市和漳州市 6 个设区市的 33 个县区，不包括金门、马祖。调查基本单元为沿海乡镇，基本统计单元为沿海县市。调查时间以每个五年计划期末为基础调查年；为了系统反映沿海地区社会经济发展的变化过程，并与上次海岸带调查相衔接，部分涉海数据指标起始年为 1980 年或 1990 年；调查成果数据统一到 2006 年。各种调查指标和数据标准按照《沿海社会经济基本状况调查技术规程》和《沿海地区社会经济基本情况一次性调查制度》的要求采集。

第一节　沿海社会经济基本状况

（一）经济发展水平

2006 年，全省实现地区生产总值 7614.55 亿元，增长 15.9%，财政总收入 1011.86 亿元，工业总产值 3311.59 亿元。2009 年，全省实现地区生产总值 12 236.53 亿元，增长 13.8%，连续 10 年保持两位数的增幅，变动幅度不大；工业总产值达到 5106.38 亿元，2004 年到 2009 年的年均增长率为 15%；"十五""十一五"规划预定的指标绝大多数都已完成或超额完成。

（二）区域比较分析

1. 地区生产总值

在我国沿海 11 个省级行政单元中，福建省 2006 年地区生产总值位居第八位，仅高于天津、广西和海南；人均国内生产总值 2.14 万元/人，位居第八，仅高于河北、广西和海南，低于沿海地区平均水平。福建省在我国沿海地区中无论是 GDP 总量还是人均值均处于较低的水平。

福建沿海地区与内陆地区相比，从总量上来看，2006 年沿海地区生产总值为 6257.43 亿元，内陆地区生产总值为 1296.77 亿元，沿海地区生产总值占全省地区生产总值的 82.8%；从地均地区生产总值来看，2006 年福建内陆地区为 0.017 亿元/千米^2，沿海地区为 0.142 亿元/千米^2；从地区人均生产总值来看，2006 年福建内陆地区为 1.57 万元/人，沿海地区为 2.30 万元/人。无论地区生产总值、地均生产总值或人均地区生产总值，福建省沿海地区都要比内陆地区高，沿海地区与内陆地区经济差异显著。

福建沿海六个地级市之间经济发展差异也很明显，1980～2006 年地区生产总值增速最快的是泉州市，其次是福州市，最慢的是宁德市。到 2006 年，泉州市地区生产总值达到 1901 亿元，居福建省各地市之首，占全省地区生产总值的 24.9%。

2. 产业结构

福建沿海地区与内陆地区相比，2006 年沿海地区三次产业比重为 10∶51∶39，内陆地区三次产业比重为 23：41：36，沿海地区第二产业的比重明显高于内陆地区。

福建沿海六个地级市中，漳州市第一产业产值最大，2006 年为 716.9 亿元，占其地区生产总值的 23.4%；厦门市第一产业的产值最少，2006 年为 18.6 亿元，仅占其地区生产总值的 2%。第二产业比重最大的是泉州市，2006 年占其总产值的 59%；比重最小的是宁德市，仅占其地区生产总值的 36%。第三产业比重最大的是厦门市，2006 年占其地区生产总值的 45%，比重最小的是莆田市，仅占其地区生产总值的 31%。

3. 工业

2006 年福建全省工业总产值 11 855.68 亿元，居全国第九位，各地级市中泉州市居首位，达 3490 亿元；规模以上工业总产值 10 005 亿元，占工业总产值的 84.4%。各地级市中 1980~2006 年生产总值增速最快的是泉州市，其次是福州市，最慢的是宁德市。

福建省的支柱产业从 1980 年到 2006 年发生了较大的变化。1980 年支柱产业为食品工业、机械工业、化学工业、纺织工业、森林工业。2006 年支柱产业为通信设备、计算机及其他电子设备、电力、蒸汽、热水的生产和供应业、皮革、毛皮、羽绒及其制品业、非金属矿物制品业、纺织业；主导产业进一步凸显，电子、机械、石化实现产值 4259.50 亿元，占规模以上工业产值的比重达 42.6%。高新技术产业 "十五" 期间年均增长 26.5%，2006 年其产值占工业总产值的比重达 25%。品牌优势进一步发挥，到 2006 年年底，福建省的中国名牌产品、中国驰名商标、国家免检产品分别达到 76 个、49 件、228 个，均居全国第五位。

福建已初步形成大小产业集群 60 多个，总产值 3000 亿元以上。2006 年，全省三十二个重点产业集群产值增长 25%，占规模以上工业产值的 43% 左右。在沿海地区，以纺织服装、鞋业、建材等劳动密集型为主的优势产业迅速集聚，如晋江市产业集群已聚集企业 6300 多家，年产值占全市工业总产值的 95%。

4. 农业

除厦门外福建沿海地级市农业总产值呈不断增长的态势，1980~2006 年增速最快的是福州市，其次是漳州市，厦门市农业总产值先增加后逐渐减少。2006 年，福州市农业总产值 313.2 亿元，居全省各地市之首。

沿海地区和内陆地区相比，2006 年沿海地区农业总产值为 1055.4 亿元，内陆地区为 473.3 亿元，沿海地区远高于内陆地区；沿海地区的农业总产值构成中以渔业和农业为主，内陆地区的农业总产值构成中则以农业和牧业为主，沿海地区与内陆地区农业生产构成差异显著；农业人口人均农业产值沿海地区为 6107 元/人，内陆地区为 6600 元/人，沿海地区略低于内陆地区。

近年来，福建省农、林、渔的构成不断得到改善，农业生产结构正逐步由以传统的粮油等作物生产为主向有比较优势的畜产品、水产品等农产品变化。2006 年福建省沿海六个地级市中，厦门市林业产值最少，为 1342 万元，仅占厦门市农业总产值的 0.4%；福州市林业产值最大，为 313.2 亿元；宁德市林业产值比重最大，占宁德市产业总产值的 5.4%。牧业在厦门市所占的比重最大，为其农业总产值的 31.9%；牧业在宁德市所占的比重最小，为其农业总产值的 9.4%。渔业在福州市所占的比重最大，为其农业总产值的 52.9%；在厦门市所占的比重最小，为其农业总产值的 27.7%。

5. 固定资产投资

2000～2006 年福建全省全社会固定资产投产总额逐年增长，年平均增长速度为 19.7%，2006 年全社会固定资产投资额 31.1 亿元。与全国相比，增速比全国低 2 百分点，在我国 11 个沿海省市中，列第九位，仅高于广西和海南。

从投资的构成来看，2006 年福建省在第一产业、第二产业和第三产业的固定投资额分别为 0.6 亿元、11.5 亿元和 19.0 亿元，三次产业固定资产的投资比例分别为 1.9%、37% 和 61.1%，固定资产在第三产业的投资比例略有上升。从近几年的投资来看，第一产业和农村基础设施投入明显不足，不利于提高农业综合生产能力和社会主义新农村建设；投资的重点在于第二产业和第三产业，客观上有利于推动福建省的工业化进程，提高福建省的社会化服务水平。

从投资的区域分布来看，区域差异比较显著。2006 年，福州、厦门、泉州三个中心城市完成固定资产投资 1888.92 亿元，占全省固定资产投资的 60.1%。从投资总量来看，2006 年沿海地区城镇固定资产投资额为 2138.0 亿元，内陆地区投资额为 411.9 亿元；从人均投资额来看，沿海地区城镇人均投资额为 15 582 元/人，内陆地区为 11 675 元/人；从投资的构成来看，沿海地区工业建筑业占城镇总投资额的比重小于内陆地区。

6. 对外贸易

福建全省 1985～2006 年进出口总额逐年增长，年均增速为 22.4%，2006 年达到 626.6 亿元，在 11 个沿海省市中，位列第七，仅高于河北、辽宁、广西和海南。沿海地区各地市出口总额和增长速度地区差异较大，出口总额和增长速度较快的是厦门市和福州市，莆田市和宁德市出口额小，增长速度缓慢。1999～2006 年沿海地区出口额年均增长速度为 24.9%，内陆地区年均增长速度为 32.5%；2006 年沿海地区出口额为 401.4 亿美元，内陆地区为 11.2 亿美元，沿海地区远超过内陆地区，但增长速度不如内陆地区。

福建全省 1980～2006 年利用外资额逐年增长，年均增速为 17.3%，2006 年达到 108.0 亿元美，其中沿海地区外商直接投资合同金额为 83.8 亿美元。沿海地区的六个地级市中，2006 年外商直接投资合同金额较高的是厦门市和泉州市，分别为 31.6 亿美元和 24.7 亿美元，莆田市和宁德市分别为 6.0 亿美元和 1.5 亿美元。沿海地区厦门市、泉州市和福州市三个中心城市投资环境良好，对外商投资吸引力大。2006 年沿海地区外商直接投资实际金额为 56.8 亿美元，利用率为 67.8%，内陆地区外商直接投资实际金额为 15.0 亿美元，利用率为 62.0%，沿海地区优越的区位条件和良好的投资环境对外商投资吸引力要明显高于内陆地区。

7. 交通能源

福建全省 1985～2006 年交通运输能力有了较大的增长，铁路营运里程从 1985 年的 1006 千米增长到 2006 年的 1630 千米；公路里程从 1985 年的 35 987 千米增加到 2006 年的 86 560 千米，年均增长 2408 千米；高速公路里程从 2001 年的 351 千米增长到

2006 年的 1229 千米。2006 年，福建省港口完成货物吞吐量 2.39 亿吨，集装箱吞吐量 588.15 万标箱，分别比上年增长 20.5％和 20.8％。

2006 年福建省公路、铁运、水路、民航旅客运输量的比例为 93.8∶2.9∶1.9∶1.3。公路、水运、铁路、民航货物运输量的比例为 67.28∶24.47∶8.23∶0.02。公路、水路运输在福建省综合运输体系中继续发挥着主导作用。

福建生产的一次能源目前只有原煤、水电和风电，全省加工转换的二次能源主要有成品油和火电。在生产的一次能源中，水电和风电的比重由 1990 年的三成逐步提高到 2007 年的四成，原煤比重相应下降。电力生产以火电为主，水电资源开发利用率接近 60％，远高于 19％的全国平均水平。已建成投产风电项目 7 个，累计安装风电机组 176 台，装机总量 23 万多千瓦，在建风电项目 22 万千瓦，规划总装机 79 万千瓦。随着福清、宁德核电项目的开工，福建的电力在完全满足自己需要的同时，有望成为电力生产大省。成品油供应从无到有，2007 年生产成品油 246.83 万吨。生物质能发电逐步兴起，已建成福州红庙岭、厦门后坑、石狮和晋江等 4 个垃圾发电厂，并计划三年内在全省九个地市再建设 20 个垃圾发电厂。

（三）人口与就业

1. 人口趋海性移动

1980～2006 年福建省沿海地区人口数由 1546 万人增加到 2658 万人，2006 年年末该区人口占福建省总人口的 74.72％。城镇人口由 2000 年的 1113 万人增长到 2007 年的 1390 万人，城镇人口比重由 2000 年的 42.77％上升到 2007 年的 50.45％，这从一个侧面反映了福建省沿海地区社会分工的不断进步和商品经济水平的不断发展。沿海地区近年来人口密度逐渐增加，而内陆地区人口密度有所下降。全省区域人口密度差异显著，各地级市中以厦门市人口密度最高。

2. 劳动与就业

2005 年福建省沿海地区各行业就业总人数 966.55 万人，占该区年末总人口的 36.6％。农林牧渔业、制造业和批发零售贸易餐饮业的就业人数居前三位，三者合计所占比重为 80.7％。沿海地区第一、第二、第三产业在就业人数及构成上由多到少，呈现"二一三"格局，大致呈现钟鼓型结构。与全省相比，沿海地区的第一产业就业人员比重较全省低，第三产业就业人员比重与全省大致持平，第二产业就业人员比重较全省大，表明福建沿海地区的工业化程度较内陆地区高。

（四）沿海城镇发展

围绕海峡西岸经济区建设的总体目标，福建省城镇体系空间发展布局以沿海城市带为脊梁，闽江口、厦门湾、泉州湾三大城镇密集地区为支撑，六条城镇发展轴为网络，构筑"一带三区六轴"的城镇空间发展新格局。"一带"即沿海城市带，是覆盖福州、厦门、泉州三大中心城市，以及漳州、莆田、宁德三大区域中心城市及众多沿海经济发达中小城市和小城镇的城镇密集地带。"三区"是指以福州为核心的闽江口城镇密集地区、以厦门为核心的厦门湾城镇密集地区、以泉州为核心的泉州湾城镇密集地区。"六轴"即与高速道路并行的福鼎—诏安（沈海高速）城镇发展轴、松溪—武平（长深高速）城镇发展轴、福州—邵武（福银高速）城镇发展轴、泉州—宁化（泉南高速）城镇发展轴、厦门—长汀（厦成高速）城镇发展轴、福安—武夷山（宁上高速）城镇发展轴。六条城镇发展轴构成"二纵四横"发展形态，以沈海、长深城镇发展轴延伸两翼，对接两大三角洲，强化南承北接；以福银、泉南、厦成、宁武城镇发展轴连接港口和内地，纵深推进，拓展腹地，强化东出西进。

（五）沿海功能园区

2006 年福建省沿海国家级和省级功能园区规划面积 1150 千米^2，已开发的面积为 349 千米^2，实现地区生产总值为 2124 亿元，利税总额 190 亿元，从业人员为 22.8 万人。截至 2010 年 11 月底，沿海功能园区共有规模以上工业企业 5952 家（表 9-1）。

表 9-1　福建沿海国家级和省级功能园区建设情况一览表

级别	规划面积/千米^2	已开发面积/千米^2	生产总值/亿元	利税总额/亿元	从业人员/万人
国家级	344	149	860	120	8.5
省级	807	199	1264	70	14.2
合计	1151	348	2124	190	22.7

2006 年，全省国家级沿海功能园区，已开发的面积、累计投资、产生的利税总额以厦门市占主导，其次是福州市和莆田市，宁德市没有国家级的沿海功能园区。省级沿海功能园区，已开发的面积、累计投资、生产总值、产生的利税总额以泉州市占主导，其次是福州市和漳州市。

截至 2010 年年底，沿海各市国家级功能园区的数量达到 20 个，其中福州 8 个、莆田 1 个、泉州 2 个、厦门 7 个、漳州 2 个。省级功能园区的数量达到 30 个，其中福州 2 个、莆田 5 个、泉州 8 个、厦门 3 个、漳州 9 个、宁德 3 个。

第二节　海洋经济发展状况调查

一、海洋经济发展现状

2006 年全省海洋生产总值 1743.1 亿元，年增长 14.9%，比同期全省生产总值增速高 4.1 百分点。海洋产业增加值占全省生产总值比重为 14.1%。海洋三次产业结构由 2001 年的 34.7∶18.2∶47.1 调整为 2006 年的 9.7∶40.2∶50.1。海洋渔业、海洋交通运输、滨海旅游、海水产品加工、船舶修造五大产业占全省海洋产业总产值的 82.6%，海洋支柱产业已经形成。

海洋渔业内部产业结构得到优化，渔民收入得到提高。2005 年渔区渔民人均年纯收入 6456 元，超出全省农民人均年纯收入 2000 元。

全省临海工业已涉及工业行业十五大类，占全省现有工业行业的 1/3。福州经济技术开发区、琅岐经济开发区、元洪投资区、融侨工业区、秀屿开发区、湖里工业区、海沧台商投资区等，一大批以港口为依托的新兴工业集聚地逐步形成。随着石化、冶金、电力、造纸、汽车、船舶修造、海产品加工和工程机械等八大重点临港工业的快步发展，形成了临港重化工业雏形。以湄洲湾、泉州港和厦门海沧为中心的临港石化产业集群，以福州和厦门为中心的汽车及零部件产业集群，以泉州、厦门、福州、宁德为重点的修造船工业和以漳州招银港区为重点的港口工程机械产业集群，以及能源和原材料加工等临海工业集聚区已经成为经济发展领头雁。

二、主要海洋产业

（一）海洋渔业

2006 年全省水产品总产量 602.02 万吨，为全国第三位，渔业总产值 1000.11 亿元，增加值 537.20 亿元。其中，第一产业即水产品和苗种生产产值为 481.23 亿元，增加值为 273.93 亿元，分别占渔业经济总产值的 48.12% 和增加值的 50.99%；第二产业即渔业工业和建筑业，包括水产品加工、饲料和渔机制造等，产值为 270.13 亿元，增加值为 144.30 亿元，分别占渔业总产值的 27.01% 和增加值的 26.86%；第三产业即渔业流通和服务业，包括水产流通、运输和休闲渔业，产值为 248.75 亿元，增加值为 118.97 亿元，分别占渔业总产值的 24.87% 和增加值的 22.15%。水产品总产值 481.23 亿元，增加值 273.93 亿元，其中海洋捕捞产值和增加值分别为 145.52 亿元和 83.55 亿元；海水养殖产值和增加值分别为 207.28 亿元和 119.01 亿元。海洋渔业一、二、三产业比例为 48.1：27.0：24.9。

2009 年，水产品总产量 569.67 万吨，同比增长 2.79%，其中海洋捕捞（含远洋）204.93 万吨，同比增长 0.87%；海水养殖 293.03 万吨，同比增长 3.3%。水产品人均占有量 157.06 千克，同比增加 3.29 千克，同比增长 2.14%。渔业总产值 1194.85 亿元，同比增长 4.14%；渔区渔民人均纯收入 8291 元，比上年增加 532 元，同比增长 6.86%。

远洋渔业获得长足发展，2006 年全省远洋渔船 203 艘，总吨位 57 162 总吨，总功率 87 258 千瓦，远洋捕捞总产量 12.88 万吨，占当年海洋捕捞产品产量的 5.94%。福建省外海捕捞渔船具备在八级风的海域作业的能力，新开辟了闽东北、彭钓、东沙三个外海渔场和省外的海南岛渔场、济州渔场等，沿海 14 个县（市）参与发展远洋渔业，组建 50 多家不同经济类型的远洋渔业企业，先后涉足西非、南美、北太、南太、南亚、波斯湾等海域，与 10 个国家开展渔业合资合作，形成了一支具有较强能力的远洋渔业船队和远洋渔业生产管理体系。

2006年全省渔业固定投资总额33.9亿元，其中中央资金0.6亿元，占1.70%；地方的资金4.1亿元，占11.99%；自筹的资金29.2亿元，占86.31%。渔港建设固定资产投资0.8亿元；捕捞生产固定资产投资9.3亿元，其中远洋捕捞船只固定资产投资0.2亿元，占2.06%；水产加工固定资产投资10.1亿元。海洋捕捞渔船34 517艘，总吨位62.26万总吨，总功率182.73×10⁴千瓦，其中600马力①以上的捕捞渔船311艘，总吨位6.35万总吨，总功率15.74×10⁴千瓦，占总数的0.90%；61～599马力的捕捞渔船9356艘，总吨位44.49万总吨，总功率131.71×10⁴千瓦，占总数的27.11%；60马力以下的捕捞渔船24 850艘，总吨位11.42万总吨，总功率35.28×10⁴千瓦，占总数的71.99%。

（二）海洋交通运输业

截至2005年年底，全省港口拥有生产性泊位509个，万吨级以上泊位66个。2005年海洋交通运输业产值747.3亿元，港口吞吐量1.96亿吨，增长23.4%，其中，福州港货物吞吐量为7423万吨，居全国第12位，集装箱吞吐量80.4万标箱，居全国第10位；厦门港集装箱吞吐量334万标箱，居全国第7位。2006年港口货物吞吐量增至2.39亿吨，集装箱吞吐量588.15万标箱。2009年全省沿海地区货物吞吐量3.0亿吨，国际标准集装箱运量3272万吨，国际标准集装箱吞吐量9001万吨，旅客吞吐量1072万人次。从2000年到2009年，福建港口的总客运量和货运量逐年增加，客运量从2000年的726万人增长到2009年的1340万人，平均每年以61.4万人次的速度增加，货运量也以每年1019.3万吨的速度增长。目前全省沿海各类港口企业226家，共开辟63条国际集装箱班轮（含港澳台地区）航线，与世界100多个港口有货运往来，参与福建省国际集装箱班轮运输的公司，月平均有700多个国际航班停靠福建省港口作业。已初步形成了厦门国际航运枢纽港和福州、湄洲湾主枢纽港，大中小港口相配套的格局。

（三）滨海旅游业

滨海旅游业已经成为福建省旅游业的主要部分，2005年滨海旅游收入470.33亿元，占旅游总收入的80%以上。增加值182亿元，接待境外游客占全省70%以上，国内游客占70%。滨海旅游业增加值占海洋产业总增加值的比重不断上升，已成为全省五大海洋支柱产业之一。福鼎的太姥山、霞浦的杨家溪、宁德的三都澳等，在省内外有较高的知名度。宁德支提寺，福鼎大嵛山岛，霞浦的高罗、大京、外浒等滨海沙滩有待进一步开发利用。福州市许多历史古迹、纪念地、自然景观等旅游资源已经构成了一批在省内外知名度较高的旅游区（点），如平潭海坛风景区、平潭坛南湾沙滩、平潭龙王头沙滩、福州罗星塔公园、长乐大鹤滨海森林公园等。莆田市湄洲岛已开发成为国家旅游度假区。泉州市许多滨海旅游景点已为省内外闻名，如石狮黄金海岸旅游区、崇武滨

① 1马力=735.498 75瓦。

海旅游区等,六胜塔、洛阳桥、安平桥、深沪湾古森林、惠安青山湾沙滩和半月湾沙滩等也有不同程度的开发。厦门市滨海旅游在国内外已有很高的知名度,如鼓浪屿一万石岩、集美旅游区、南普陀寺、胡里山炮台、厦门景州乐园等都得到较好开发,青礁慈济宫、海沧大桥旅游区、大嶝英雄三岛战地观园、同安北辰山旅游区、白鹭洲公园、环岛路旅游带等也得到不同程度的开发。漳州市已经构成了一批在省内外知名度较高的旅游景区(点),如东山的金銮湾、马銮湾沙滩、风动石景区、龙海隆教湾沙滩,漳州滨海火山国家级地质公园等。

以重点项目建设为依托,福建滨海旅游已初步形成了融休闲度假、生态观光、宗教文化、都市体验等多功能于一体的滨海旅游产品体系。厦门鼓浪屿旅游区、漳州滨海火山国家地质公园、泉州海丝文化旅游区、湄洲妈祖文化旅游区、马尾船政文化旅游区、三都澳海上旅游区等一批精品旅游项目相继建成;"四岸"(泉州黄金海岸、厦门假日海岸、宁德绿色海岸和福州阳光海岸)、"四岛"(鼓浪屿、东山岛、湄洲岛和海坛岛)、"三湾"(三都澳、浮头湾、泉州湾三大梦幻港湾)、"三心"(福州、厦门、泉州三大海滨旅游中心城市)的滨海旅游空间格局初步形成;鼓浪琴岛、惠女风采、妈祖朝觐、滨海火山、海丝文化等旅游品牌的号召力不断提升;海峡旅游博览会、厦门国际音乐节、妈祖文化旅游节、"海上丝绸之路"文化节等旅游节庆的影响力不断扩大。

(四)海洋船舶工业

至 2006 年福建省共有大小修造船企业 220 家,宁德 27 家、福州 23 家、泉州 8 家、厦门 3 家、漳州 15 家,其中大、中型船厂主要有福建省船舶工业集团公司下属的马尾造船股份有限公司、东南造船厂、厦门船舶重工股份有限公司、龙海国安船业有限公司等。共有船台 17 座,总造船能力达到 62.4 万吨,最大造船能力的船台容量为 8.5 万吨;船坞 16 座,总造船能力达到 51 万吨。已具备设计、制造、修理 7 万吨级以下各类船舶,改装 10 万吨级以下船舶,以及部分船舶配套设备制作的能力。全省基本形成沿"三江(闽江、白马江、九龙江)、两港(厦门港、泉州港)"布局而发展壮大的格局。2005 年,福建省的船舶工业总产值 41.07 亿元,在沿海省市中居于第六位的中等水平。

(五)海洋工程建筑业

2008 年,全国海洋工程建筑业实现增加值 411 亿元,福建省海洋工程建筑业增加值约 75 亿元,居全国首位,占全国的 18.2%。完成港航固定资产投资 61.2 亿元,新增万吨级以上泊位 10 个。目前沿海工程建设中的水产养殖工程和码头建设工程的比例比较高,其中,福州、厦门、泉州的工程建设项目所占的比重较高。

(六)海洋盐业

福建盐场主要有漳浦县旧镇竹屿盐田、湄洲湾中部西侧的山腰盐田、泉港区潘南盐田、惠安县的辋川盐田及东桥盐田和埕边盐田、秀屿区的莆田盐场、平潭县的火烧港盐田、晋江市的晋江盐田、东山县的向阳盐田及西港盐田和双东盐田。大多为国营盐场或规模较大的乡镇企业盐场，是福建盐业生产的主要基地。近年来，盐业产品市场竞争能力较差，已经逐步转产，有的实施水产养殖或耕种农作物，有的回填成陆地用于道路、城镇等工程建设或临海工业用地。从考虑福建省今后盐业需求的角度，应严格控制盐田转产。

（七）海洋矿业

福建近海石油、天然气具有一定的发展潜力，台湾海峡西部海域油气资源已开展勘探工作，但开发条件尚未成熟。开发的金属矿主要是铝矾土矿、钼矿，以及少量的重金属矿。滨海石英砂、花岗石材、叶蜡石及高岭土等是滨海具有优势的非金属矿产。沿海石材开采企业 3000 多家，年产量近 3000×10^4 米^3，居全国第一位；高岭土和叶蜡石是福建陶瓷工业的主要原料；砂产品有 10 多种，主要分布在平潭、惠安、晋江、漳浦、东山和诏安等沿海地区，精选玻璃砂、水泥标准砂、铸造型砂、各类海砂产量基本满足本省的需要并外销省外或出口。在福州、漳州等地，地热资源陆续被发现和探明，每年地热和矿泉水两项产值超亿元。

（八）海洋化工业

福建省主要的海洋化工企业有 4 家，主要以化工产品生产为主，生产琼脂、离子膜烧碱、液氯、高纯盐酸、环氧丙烷、聚醚、加碘日晒盐、散装加碘一级盐。化工产品总产量为 8.9 万吨，销量收入为 6.4 亿元，在全国处于末流水平，未被列入中国海洋统计年鉴。

（九）海洋生物医药业

近几年来福建沿海各地区在海洋生物活性物质及综合开发利用技术方面取得了一定突破，开发生产了一批海洋药物和保健品，形成了厦门星鲨药业集团、厦门中药厂、石狮市海洋生物化工等一批有实力的生产企业，具有一定的产业基础和规模效益。由于福建省在海洋药物开发方面起步较晚，海洋生物医药研究仍处于萌芽状态。

（十）海洋电力业

大中型风能电站主要位于东山岛、海坛岛、南日岛、大嶝山岛、黄岐半岛、六鳌半岛、古雷半岛及宫口半岛等沿海突出部和沿海海域。目前具有一定规模的沿海风电工程有平潭莲花、东山岛冬古、莆田南日岛和漳浦六鳌风力发电场。

潮汐能电站"连江大官坂万千瓦级潮汐电站"和"福鼎市八尺门潮汐电站"开展了可行性论证，要作为重点站址来进一步研究并开发利用。

三、其他海洋产业

（一）海洋科研

福建省有较强的海洋科技力量，拥有多家从事海洋生产开发的科技队伍，主要海洋科研单位有国家海洋局第三海洋研究所、福建海洋研究所、福建水产研究所等，一些综合性大学也开设了涉海学院和专业，如厦门大学的近海海洋环境科学国家重点实验室、亚热带海洋研究所、海洋学系、环境科学与工程系、海岸带可持续发展国际培训中心，集美大学的水产学院和航海学院，福建师范大学的地理研究所等。海洋科技人员近2000人，约占全国的1/3，海洋专业人才拥有数居全国第二位，海洋科技进步对海济发展的贡献率已达到50%。

（二）海洋环保

2006年福建省沿海地区排污企业3133家，直接排放入海的污染物5.7亿吨。海洋污染治理项目当年完成投资12.9亿元，其中大部分用于废水治理。

第三节　区域海洋经济发展定位与布局

一、海洋经济发展定位

1）全国重要的临港制造业基地。努力建成全国重要的石化基地和船舶修造基地、东南沿海新兴的海洋生物制药研发和生产基地、全国重要的海洋能源开发和海水综合利用示范基地。

2）全国高水平的海水养殖加工基地。培育发展东山湾、三沙湾等十大生态型海水养殖基地，积极开展闽台渔业合作，建设连江、石狮、东山等十大海水产品加工基地。

3）全国独具特色的滨海旅游基地。优先发展"四岸、四岛"海滨旅游发展区，建成我国重要的滨海旅游目的地和具有地方特色的蓝色滨海旅游带。

4）全国有重大影响的海洋科技创新与教育基地。力争建成国家南方海洋研究中心、人才教育培训中心、海洋科考基地、海洋高新技术转化基地，为海洋经济发展提供强大的技术和人才支撑。

5）海峡两岸海洋经济合作的示范基地。将东南沿海地区建成对台通航的重要通道和集散地；拓展闽台渔业、旅游和科技、人才等合作空间，建设两岸海洋经济全面合作与交流的重要示范基地。

二、海洋经济发展布局

由北到南构建四个体现各地海洋优势与发展特色的海洋经济集聚区。

1) 闽东海洋经济集聚区。加快发展成为福建省东北部临港工业、水产养殖、修造船、海洋新能源和重要滨海旅游业快速发展的新兴区域。

2) 闽江口海洋经济集聚区。大力发展电力、修造船、钢铁等临港重化工业，建设罗源湾、福清湾和海坛岛沿岸海洋农牧化基地和较完备的远洋渔业基地，扶持发展港口物流业、滨海旅游业和海洋运输业，开发利用风能、潮汐能等新能源，加快建设成为我国东南沿海海洋经济发展的新增长区域。

3) 湄洲湾、泉州湾海洋经济集聚区。加快建设成为国家重点石化基地之一，福建省新兴临港工业和能源基地、海洋交通运输基地、远洋渔业基地、区域性物流枢纽中心，成为我国东南沿海海洋经济发展新的亮点地区。

4) 厦门、漳州海洋经济集聚区。大力发展海洋生物制药、海水综合利用等高新技术产业，壮大港口运输业、临港工业和滨海旅游业，优化提升海洋渔业，积极拓展闽台海洋合作，加快建设成为我国东南沿海重要的海洋综合开发基地和海洋经济发展的优势区域。

第四节　小　　结

自建设海峡西岸经济区以来，福建经济进入了平稳发展阶段，地区生产总值连续10年保持两位数的增幅，"十五""十一五"规划预定的指标绝大多数都完成或超额完成。但与我国沿海地区相比，无论 GDP 总量还是人均值均处于较低的水平。省内沿海地区与内陆地区经济差异显著，沿海的地区生产总值、地均生产总值或人均生产总值，都要比内陆地区高。沿海地区第二产业的比重明显高于内陆地区，第一产业的比重明显低于内陆地区，第三产业的比重略高于内陆地区。

海洋经济蓬勃发展，全省海洋生产总值增速高于同期地区生产总值增速，海洋产业增加值占地区生产总值的比重不断提升。海洋三次产业结构持续优化，海洋渔业、海洋交通运输、滨海旅游、海水产品加工、船舶修造五大产业占全省海洋产业总产值的82.6%，海洋支柱产业已经形成。

今后福建海洋经济发展目标和定位为：全国重要的临港制造业基地、全国高水平的海水养殖加工基地、全国独具特色的滨海旅游基地、全国有重大影响的海洋科技创新与教育基地、海峡两岸海洋经济合作的示范基地。将由北到南构建闽东海洋经济集聚区，闽江口海洋经济集聚区，湄洲湾、泉州湾海洋经济集聚区，厦门、漳州海洋经济集聚区四个体现各地海洋优势与发展特色的海洋经济集聚区。

第十章

沿岸和港湾资源综合评价

福建省海域辽阔，海岸线绵长曲折，港湾众多，拥有得天独厚的港口航运、海洋生物、滨海旅游、滩涂和滨海湿地、海洋能等资源，为海洋开发提供了较为丰富的物质基础。改革开放以来福建省在港口航运、海水养殖、滨海旅游等海洋资源开发利用等方面取得了巨大的成就。然而，因人多地少，狭窄的海岸地区集中了全省大部分的工业和人口，经济快速发展给海洋资源环境带来了很大的压力，如围海造地对海湾环境的影响日益显著，海湾滩涂和水域面积迅速减少，纳潮量和海水自净能力显著下降；港口航运建设规模不断增长，与海水养殖、海洋渔业用海矛盾问题日益突出；过度开发导致渔业资源几近枯竭；违法采砂等引发海岸侵蚀、生产生活设施毁坏、沙质海滩破坏与退化等。

科学评估福建省重要的海洋资源特征及开发潜力，对建设"海峡西岸经济区"具有重要意义。

第一节　福建省港口岸线资源开发利用评价

2006 年福建省委和省政府将沿海港口定位为海峡西岸港口群，规划到 2040 年前港口经济成为福建省的支柱产业，使沿海港口成为综合交通运输系统的枢纽和现代物流的基础[①]。因此，科学开发和利用沿海港口航运资源，对海西经济建设具有重要意义。

一、沿海港口岸线资源概况

福建拥有大小港湾 125 处，其中，沙埕港、三沙湾、罗源湾、兴化湾、湄洲湾、厦门湾、东山湾等 7 个优良天然深水港湾及闽江口有丰富的港口航运资源。全省深水港口岸线资源居全国首位，可大规模开发建设 10 万吨级以上泊位。

适宜港口建设的岸段主要有沙埕港的沙埕、杨岐、岙腰、钓澳壁、八尺门等岸段；三沙湾的城澳、漳湾、白马、溪南（长腰岛）、关厝埕、东冲、三都岛等岸段；赛江的赛岐镇区、南安和罗江村；闽江口及其下游河道的台江、马尾、青州、洋岐、大屿、松门、长安、琅岐、粗芦岛、象屿等岸段；兴化湾的新厝、江阴、牛头尾、万安、草屿岛岸段；湄洲湾的秀屿、东吴、肖厝、斗尾岸段；泉州湾的后渚、石湖、锦尚岸段；深沪湾的深沪镇、梅林岸段；厦门湾的东渡、海沧、嵩屿、招银、后石、石码、刘五店，以及围头角、石井镇、水头镇、菊江西部岸段；东山湾的古雷、城垵、青径岸段；诏安湾的赭角以南岸段；以及福宁湾和牙城湾等。

根据自然条件，福建沿海规划 26 个港区 79 个作业区，规划形成岸线长度 345.5 千米，其中深水岸线 292 千米，有 40 多千米的岸线可建设 20 万～30 万吨级的大型深水泊位。规划可建泊位 1417 个，其中深水泊位 1070 个，通过能力 35.4 亿吨和集装箱 1.12 亿 TEU（表 10-1）。

---

① 《福建省港口布局规划》，2006。

表 10-1 福建省沿海各地市港口岸线规划指标

地区	港区数/个	作业区数/个	规划形成岸线/千米	规划形成深水岸线/千米	可建泊位数/个	深水泊位数/个	通过能力/万吨	集装箱数量/TEU
宁德	4	14	52.53	45.51	211	173	37 560	—
福州	4	22	74.63	69.84	301	248	81 957	1 450
莆田	3	9	69.67	62.11	253	226	78 735	4 888
泉州	5	15	73.65	54.22	328	190	84 972	1 990
厦门	7	13	54.06	47.06	218	178	57 300	2 895
漳州	3	6	20.99	13.28	106	55	13 613	—
合计	26	79	345.53	292.02	1 417	1 070	354 137	11 223

二、沿海港口岸线资源条件分级评价

(一)港口岸线资源分级

以水文泥沙状况、岸线空间资源状况、气象条件等自然属性,以及港口集疏运条件和经济腹地等社会属性为评价指标,采用主观赋权法与客观赋权法相结合的方法确定评价指标权重,评价福建各适宜建港岸段。

全省规划的 79 个作业区中位列前 10 位的作业区分别是:海沧、可门、肖厝、秀屿、江阴、鲤鱼尾、东吴、东渡、城澳和嵩屿港区。其中,湄洲湾 4 处,厦门湾 3 处,兴化湾、罗源湾和三沙湾各 1 处(表 10-2)。

表 10-2 福建省沿海港口规划作业区岸线资源综合评价结果

序号	作业区	得分	序号	作业区	得分	序号	作业区	得分	序号	作业区	得分
1	海沧	71.05	21	城安	53.80	41	角美	49.26	61	杨岐	44.13
2	可门	69.07	22	狮岐	53.76	42	白马2	49.04	62	牛头尾	42.64
3	肖厝	67.20	23	长安	53.72	43	罗屿	48.46	63	三江口	42.40
4	秀屿	65.18	24	碧里	53.51	44	琅岐	47.81	64	海澄	42.40
5	江阴	64.27	25	围头	53.07	45	梅岭	47.71	65	澳腰	42.20
6	鲤鱼尾	63.71	26	将军帽	52.13	46	水头及安海	47.68	66	林炉	42.17
7	东吴	61.92	27	樟湾	52.08	47	粗葫芦	47.54	67	云霄	42.04
8	东渡	61.85	28	关厝埕	51.67	48	台江	47.24	68	东冲	41.87
9	城澳	60.72	29	秀涂	51.67	49	市井	46.96	69	枫亭	41.59
10	嵩屿	60.49	30	外走马埭	51.30	50	山前	46.63	70	盘屿	41.32
11	莆头	59.83	31	洋屿	50.91	51	石城东部	46.25	71	锦尚	39.43
12	石湖	59.37	32	濂澳	50.75	52	菊江	45.82	72	纺车礁	39.40
13	斗尾	59.28	33	象屿	50.44	53	后渚	45.66	73	钓澳壁	39.34
14	后石	57.84	34	松门	50.36	54	紫泥	45.39	74	梅林	37.66
15	招银	57.73	35	青州	50.13	55	一比疆	45.11	75	八尺门	37.59
16	古雷	57.31	36	石门澳	49.85	56	六鳌	44.97	76	深炉	37.41
17	刘五店	56.76	37	小长门	49.81	57	石城西部	44.96	77	沙埕	37.12
18	牛坑湾	55.95	38	白马1	49.74	58	普贤	44.62	78	古镇	36.78
19	溪南	55.65	39	大屿	49.56	59	冬古	44.34	79	小岞	36.57
20	马尾	54.04	40	迹头	49.53	60	牛头湾	44.32			

79个作业区可分为四个等级，港口岸线资源最好（第一等级）的作业区有10个，相对较好（第二等级）的有25个，中等（第三等级）的有35个，相对较差（第四等级）的有9个。港口岸线资源相对较好的作业区（第一、第二等级）主要分布于厦门湾（有海沧、东渡、嵩屿、招银、刘五店、后石、围头等作业区）、湄洲湾（有肖厝、秀屿、鲤鱼尾、东吴、莆头、斗尾、外走马埭等作业区）、罗源湾（有可门、牛坑湾、狮岐、碧里、将军帽、濂澳等作业区）、三沙湾（有城澳、溪南、漳湾、关厝埕等作业区）和闽江口（有马尾、长安、洋屿、象屿、松门、青山等作业区）。此外还有泉州湾的石湖、秀涂和东山湾的城安等作业区（表10-3）。

表10-3　福建沿海港口各规划作业区资源情况分级表

等级	个数	作业区名称
一	10	海沧、可门、肖厝、秀屿、江阴、鲤鱼尾、东吴、东渡、城澳、嵩屿
二	25	莆头、石湖、斗尾、后石、招银、古雷、刘五店、牛坑湾、溪南、马尾、城安、狮岐、长安、碧里、围头、将军帽、漳湾、关厝埕、秀涂、外走马埭、洋屿、濂澳、象屿、松门、青州
三	35	石门澳、小长门、白马1、大屿、迹头、角美、白马2、罗屿、琅岐、梅岭、水头及安海、粗芦岛、台江、石井、山前、石城东部、菊江、后渚、紫泥、一比疆、六鳌、石城西部、普贤、冬古、牛头湾、杨岐、牛头尾、三江口、海澄、澳腰、林炉、云霄、东冲、枫亭、盘屿
四	9	锦尚、纺车礁、钓澳壁、梅林、八尺门、深沪、沙埕港、古镇、小岞

（二）港口利用效率分析

港口利用效率为港口实际吞吐量与港口设计通过能力的比值。2003～2007年除宁德市外各地市港口利用效率超过100%，港口码头超负荷运行，港口建设不能满足实际运输需要，以福州和莆田两市最为明显。2003年和2004年集装箱港口利用效率超过了100%，2005年以后集装箱码头利用效率降低，从全省角度来看，集装箱码头建设呈现过剩情况，尤其是宁德、莆田和漳州三市（表10-4，表10-5）。

表10-4　沿海各地市港口总利用效率　　　　　　　　　　（单位：%）

年份	宁德	福州	莆田	泉州	厦门	漳州
2003	63.29	174.42	161.77	123.54	132.40	108.83
2004	82.22	217.85	225.35	146.70	124.71	152.53
2005	57.40	239.42	280.76	136.60	126.24	182.25
2006	47.71	217.23	247.89	161.78	113.50	142.18
2007	73.76	123.36	431.21	187.94	113.50	142.18
平均	64.88	194.46	289.40	151.31	122.07	145.60

表10-5　沿海各地市集装箱港口利用效率　　　　　　　　（单位：%）

年份	宁德	福州	莆田	泉州	厦门	漳州
2003	0.00	112.75	99.00	102.58	152.36	15.88
2004	0.00	133.57	47.67	83.48	108.37	35.41
2005	0.00	136.25	40.67	83.07	102.00	0.00
2006	16.00	102.19	29.67	83.07	102.00	0.00
2007	14.50	87.10	31.00	100.93	83.37	0.00
平均	6.10	114.37	49.60	90.63	109.62	10.26

（三）规划效率和规划泊位开发利用率分析

港口规划效率为预测吞吐能力与规划吞吐能力的比值。据福建省沿海港口发展与规划有关数据，到2010年全省的港口规划效率只有百分之十几，到2020年规划效率不到30%；六地市比较，厦门港规划效率最高，到2020年也不到50%，莆田港规划效率最低，到2020年只有14.32%。说明全省规划岸线长度已远超过可预测的港口发展需要。

至2009年福建全省已开发岸线长度约49千米，其中深水岸线长度约37千米，开发利用率不到15%。各市港口开发利用率很不平衡，厦门开发利用率最高，约36%；其次是福州和泉州，开发利用率均约百分之十几，莆田和宁德最小，只有1%～3%，与莆田和宁德开发程度低但有丰富的深水岸线资源有关。

2003～2007年，福州、泉州和厦门港口发展较快，各货类吞吐量较大；莆田港发展相对较差，各货类吞吐量较小；宁德港和漳州港处于初步发展阶段，各货类吞吐量最小。沿海各地市规划岸线长度和规划深水岸线长度最长的是福州港，其他依次是泉州港、莆田港、宁德港、厦门港和漳州港，各地市规划岸线长度与福建省港口发展"两集两散"总体布局不一致（表10-6）。

表10-6 沿海各地市集装箱港口利用效率

地市	规划形成岸线长度/千米	其中：深水岸线/千米	已用岸线/千米	其中：深水岸线/千米	规划岸线开发利用率/%	规划深水岸线开发利用率/%
福建省	345.55	292.02	49.02	37.04	14.19	12.68
宁德	52.53	45.51	0.82	0.20	1.56	0.44
福州	74.63	69.84	12.05	11.44	16.15	16.38
莆田	69.67	62.11	2.20	0.82	3.16	1.32
泉州	73.65	54.22	13.53	6.59	18.37	12.15
厦门	54.06	47.06	18.79	17.16	34.76	36.46
漳州	20.99	13.28	1.63	0.82	7.77	6.17

（四）港口规划与海洋功能区划的协调性分析

沿海各港口大部分港口规划与福建省功能区划功能基本一致，但位置和范围有所差别。部分规划港口区占用了围海造地区、其他工程用海域、限养区、增殖区、养殖区、海底输油管道预留区、海底排污管线区、跨海桥梁预留区、盐田区、旅游区、砂矿区等海洋功能区。海洋功能区划中，有些港口航运功能区没有在港口规划中体现。尚需要进一步协调港口规划与海洋功能区划的关系。

三、对策措施

以集中布局、优化港口功能结构为主要目标，通过对全省沿海各作业区的一体化整合，与闽江口、湄洲湾、厦门湾等产业集中区域相衔接，科学定位各港区功能。

加强已建码头的技术改造，充分发挥码头效率，节约岸线资源。根据实际社会经济的需求，将有限的资金投入到港口利用效率高、急需建设的码头泊位。

分步实施港口规划，坚持遵循深水深用原则，着力保护深水岸线；在港口建设之前，规划泊位海域可暂时作为其他不破坏港口岸线资源的用海项目使用。

调整不符合功能区划的港口规划。港口规划中没有的港口航运功能区，可作为潜在的港口资源加以保护，并在以后的港口规划制定中考虑增加。

以海洋功能区划为依据，加强对港口陆域、海域、岸线等资源的管理，特别是沿海大型深水港址岸线的保护和管理，并理顺港口岸线后方陆域土地使用协调机制。

第二节　福建省潜在海洋渔业资源开发与保护评价

一、海域渔业资源及开发状况

台湾海峡的渔业资源生物量为 250.23 万吨，最大持续产量为 136.9 万吨[①]；2002～2008 年，两岸在台湾海峡的生产量为 205 万～232 万吨，捕捞产量已超过渔业资源的承受能力。目前福建省开发利用的渔业资源有 497 种，其中头足类 28 种、蟹类 44 种、虾类 44 种、藻类 1500 余种。

2008～2009 年福建省水产研究所在闽东北海域利用桁杆虾拖网开展四个季节的头足类、虾蟹类资源调查，共采集游泳动物 293 种，其中虾类 44 种、占 15.0%，蟹类 47 种、占 16.0%，头足类 17 种、占 5.8%，鱼类 185 种、占 63.1%（表 10-7）。

表 10-7　福建省和台湾省近年来在台湾海峡的生产量[②]　　（单位：万吨）

地区	2002 年	2003 年	2004 年	2005 年	2006 年	2007 年	2008 年
福建	198.53	206.87	206.48	204.79	206.07	183.06	187.27
台湾	23.567	25.727	25.407	25.467	20.93	18.97	18.09
合计	222.09	232.59	231.89	230.25	227.00	202.03	205.36

2007～2008 年福建省水产研究所利用三重流刺网、张网、敷网和手抄网等渔具在三沙湾、兴化湾进行渔业资源调查，两个港湾共采集游泳动物 86 种，其中鱼类 63 种、占 73.3%，虾类 10 种、占 11.6%，蟹类和头足类各 5 种、各占 5.8%，口足类 3 种、占 3.5%。

目前福建海域带鱼等底层鱼类和鲐鲹等中上层鱼类资源开发利用程度高，头足类及虾蟹类还有一定的资源可供开发。龙头鱼、黄鲫、发光鲷、棱鲛、硬头鳎、斑鰶等低质鱼类由于个体小，大部分作为网箱养殖饵料，未能充分体现其实际价值。头足类、虾蟹

---

① 福建省水产研究所，2000～2001 年在台湾海峡开展的渔业资源调查资料。

② 福建省水产统计年鉴和台湾渔业水产统计年鉴。

类、低质鱼类和藻类可作为潜在渔业资源。

二、潜在海洋渔业资源开发利用与保护

福建省具有潜在利用能力的海洋渔业资源主要有头足类 3 种、虾类 4 种、低质鱼类 6 种和藻类 24 种。头足类资源中，中国枪乌贼、杜氏枪乌贼、剑尖枪乌贼有开发利用潜力；虾类资源中，假长缝拟对虾、中华管鞭虾、鹰爪虾、哈氏仿对虾等有开发利用潜力；低质鱼类中，黄鲫、龙头鱼、发光鲷、棱鮻、硬头鲻、斑鰶等可通过深加工提高利用价值；藻类资源中有 24 种藻类具有开发利用潜力；蟹类资源中没有具有开发利用潜力的种类；三沙湾、闽江口、厦门湾、东山湾 4 个重要海洋渔业资源保护海域目前面临海洋生态环境恶化和渔业资源衰退的危机，应加强有效的保护和修复（表 10-8，表 10-9）。

表 10-8 福建海域渔业资源生物量优势种组成

海域	优势种组成/%
全省	中国枪乌贼 15.85、带鱼 9.76、发光鲷 4.92、拥剑梭子蟹 4.62、大头狗母鱼 3.54、口虾蛄 2.48、剑尖枪乌贼 1.68、条尾鲱鲤 1.38、丝背细鳞鲀 1.35、目乌贼 1.25、长蛇鲻 1.18、竹荚鱼 1.14、黑姑鱼 1.11、棕腹刺鲀 1.08、白姑鱼 1.06、哈氏仿对虾 1.05、绿布氏筋鱼 1.03
闽东渔场	发光鲷 12.70、带鱼 10.70、剑尖枪乌贼 5.0、长蛇鲻 3.5、黑姑鱼 3.3、棕腹刺鲀 3.2、口虾蛄 3.1、刺鲳 2.6、尖嘴魟 2.4、白姑鱼 2.1、目乌贼 2.0、竹荚鱼 2.0
闽中渔场	带鱼 33.60、口虾蛄 7.86、哈氏仿对虾 5.76、龙头鱼 5.35、发光鲷 3.53、叫姑鱼 3.27、黄斑篮子鱼 2.66、紫隆背蟹 2.62、须赤虾 2.22、海鳗 2.15、中华管鞭虾 2.04、杜氏枪乌贼 1.98、白姑鱼 1.95、鹰爪虾 1.89、黄鲫 1.67
闽南台浅渔场	中国枪乌贼 33.03、拥剑梭子蟹 9.62、大头狗母鱼 7.37、条尾鲱鲤 2.87、丝背细鳞鲀 2.82、绿布氏筋鱼 2.15、二长棘鲷 2.12、多鳞鱚 1.95、蓝圆鲹 1.89、半线天竺鲷 1.79、静鲾 1.67、目乌贼 1.21、六指马鲅 1.19、花斑蛇鲻 1.07、竹荚鱼 0.98

资料来源：戴天元等（2003）。

表 10-9 福建海域渔业资源密度优势种组成

海域	优势种组成/%
全省	发光鲷 12.84、静鲾 11.28、须赤虾 7.51、鹰爪虾 4.12、拥剑梭子蟹 3.17、剑尖枪乌贼 3.01、中华管鞭虾 2.51、绿布氏筋鱼 2.66、带鱼 2.49、中国枪乌贼 2.41、半线天竺鲷 2.06、凹管鞭虾 2.02、条尾鲱鲤 1.58、大头狗母鱼 1.52、口虾蛄 1.40、双斑蟳 1.32、麦氏犀鳕 1.30、长缝拟对虾 1.19
闽东渔场	发光鲷 30.80、须赤虾 10.20、剑尖枪乌贼 7.90、凹管鞭虾 5.30、双斑蟳 3.49、麦氏犀鳕 3.40、中华管鞭虾 3.30、鹰爪虾 3.10、长缝拟对虾 3.10、带鱼 3.0、黄带鲱鲤 2.10
闽中渔场	角突仿对虾 17.08、须赤虾 10.75、口虾蛄 8.24、带鱼 7.84、中华管鞭虾 7.26、发光鲷 6.37、紫隆背蟹 5.84、鹰爪虾 4.46、七星鱼 3.99、直额蟳 3.93、龙头鱼 2.40、杜氏枪乌贼 2.30、黄斑篮子鱼 1.20、叫姑鱼 1.93、黄鲫 1.85
闽南台浅渔场	静鲾 25.20、拥剑梭子蟹 7.10、绿布氏筋鱼 5.94、中国枪乌贼 5.38、鹰爪虾 4.85、半线天竺鲷 4.62、须赤虾 4.00、条尾鲱鲤 3.53、大头狗母鱼 3.39、多鳞鱚 2.28、斑鲆 2.22、赤鼻棱鳀 1.45、柏氏四盘耳乌贼 1.35、丝背细鳞鲀 1.14

三、对策建议

把开发利用潜在渔业资源作为今后海洋捕捞业的方向；开发利用藻类资源，开展渔

业资源深加工技术研究，提高低质鱼类利用价值；加大重要渔业资源修复科技投入；倡导负责任捕捞，制定确实可行的法律法规，认真加以实施；加强渔政管理，加大渔业资源重要海域的保护；开展海峡两岸渔业合作，携手养护海峡渔业资源。

第三节　福建省新型潜在滨海旅游区评价与选划

在福建省滨海旅游资源调查的基础上，评价各资源品质和等级，选划一批具有重大生态和经济价值的新型潜在滨海旅游区，作为未来福建滨海旅游发展的后备区。

一、滨海旅游资源总体状况

福建滨海旅游资源，集陆地与海洋之胜，融自然与人文景观于一体，具有游览观赏、健身、娱乐、避暑、疗养、科学考察、采集品赏和购物的功能。

（一）滨海自然类旅游资源或景点

世界级资源或景点有坛南湾、鼓浪屿、漳州国家地质公园、五缘湾湿地公园等4个。

国家级资源或景点有太姥山、石牌洋、漳江口红树林国家级自然保护区、湄洲岛国家旅游度假区、清源山、环马祖澳、厦门岛、三都澳海上渔村、霍童山、海坛天神、观音山海滨浴场、东壁岛旅游度假区、东方海岸、湿地古榕公园、闽江河口鳝鱼滩湿地公园、风动石景区、东山乌礁湾景区、下沙海滨度假村、东山马銮湾景区、金沙澳旅游度假区、青芝山、大嵛山岛、金刚腿、天竺山国家森林公园、院前海水温泉、仙人境、古火山、日月谷温泉、九龙江口红树林、六鳌崎屿山海蚀抽象岩画群、沁前海上温泉、狐尾山公园、筼筜湖、菜屿列岛风景区、火烧屿生态乐园、野山谷、莲花山国家森林公园、石狮闽南黄金海岸、大佰岛、琅岐岛、牛栏岗海滨浴场、南日岛、川石岛、深沪湾国家地质公园、晴川海滨大员当天然海滨浴场、斗姥风景、平海嵌头沙滩、马銮湾湿地公园、十二龙潭、龙凤头海滨浴场、半月湾、洛阳江、香山岩、台山岛、高罗海滨度假村、三都岛、小白鹭浴场、三十六脚湖、衙口沙滩、濂澳村灰鹤栖息地、青山岛等61个。

省级资源或景点有五虎礁、君山、大坠岛、洛阳桥湿地、南太武山、后沙海滨浴场、环岛海滨浴场、双龟把口、围头金沙湾、青峰岩、东山金銮湾景区、东冲半岛葛洪山、外浒沙滩、杨家溪风景区、湖边水库、龙池岩、东门屿景区、旧镇狮头海水温泉、小嵛山岛、鳄鱼屿、东山宫前湾景区、枫亭塔斗山风景区、南寨山、赤湖海滨森林公园、泉港区惠屿岛旅游区、瑞竹岩、九侯山、龙角峰、风母礁、青山湾、紫云岩、大蚶山、大京沙滩、吉壁村沙滩、泉港后龙湾五里海沙、凤凰山沙坡、西沙湾、石梯旅游景区、漳浦玄武岩峡谷、目屿岛、南北澳旅游度假区、白鹿洞、莲峰度假区、白塘湖风景区、雁阵山、粗芦岛、猴屿洞天岩等47个。

（二）自然类旅游资源或景点潜在性评价

潜在性评价总分高的资源或景点有三都澳海上渔村、鼓浪屿、野山谷、泉港区惠屿岛旅游区、菜屿列岛风景区、风动石景区、东山马銮湾景区、东山乌礁湾景区、院前海水温泉等9个。

新业态开发潜力大的资源或景点有三都澳海上渔村、风动石景区、东山马銮湾景区、东山乌礁湾景区、院前海水温泉、环马祖澳、仙人境、五缘湾湿地公园、金沙澳旅游度假区、湄洲岛国家旅游度假区等10个。

规模扩展潜力大的资源和景点有鳄鱼屿、斗姥风景、君山、香山岩、泉港后龙湾五里海沙、青山湾、东门屿景区、东山金銮湾景区、东山宫前湾景区、后沙海滨浴场、川石岛、五虎礁、目屿岛、雁阵山、青峰岩、赤湖海滨森林公园、双龟把口、莲峰度假区、粗芦岛等19个。

深度开发潜力大的资源或景点有鼓浪屿、野山谷、泉港区惠屿岛旅游区、菜屿列岛风景区、霍童山、青山岛、君山、香山岩、泉港后龙湾五里海沙、青山湾、东门屿景区、东山金銮湾景区、东山宫前湾景区、台山岛、后沙海滨浴场、川石岛、五虎礁、目屿岛、南寨山、洛阳桥湿地、雁阵山、衔口沙滩、洛阳江、石梯旅游景区、吉壁村沙滩、双龟把口等26个。

原生开发潜力大的资源或景点有五缘湾湿地公园、清源山2个。

（三）滨海人文类旅游资源或景点

世界级资源或景点有黄岐半岛战地风光旅游区、五缘湾帆船俱乐部、厦门园博园、南普陀寺、琴江满族村、开元寺、闽菜佛跳墙、鳌园、中国闽台缘博物馆、厦门市博物馆、厦门高崎国际机场、灵山圣墓、厦门国际会展中心、海峡奥林匹克高尔夫球场、妈祖信俗、厦门大桥、厦门大学、厦门环岛路思明区路段、福州三宝等19个。

国家级资源或景点有郑成功纪念馆、厦门第一村——马塘村、万石植物园、海峡工艺美术城、妈祖宴、南音、福州小吃、五缘湾特色商业街、梵天寺、厦门博饼民俗园、南太武高尔夫乡村俱乐部、海沧大桥、坂美村闽南古民居、草庵摩尼教遗址、厦门大嶝对台小额商品交易市场、SM城市广场、莆田桂圆、湖里公园、航空旅游城、莆田荔枝、瑞成休闲农庄、小岞妇女林场、青礁慈济宫、英雄三岛、集美学村、显应宫、泉州提线木偶、崇武古城风景区、泉州博物馆、真武庙、解放军烈士庙、郑成功史迹、将军山、九仙山景区、胡里山炮台、东湖公园、天后宫、福州闽剧、大岞惠女民俗村、泉港刘氏古民居群、西湖公园、高甲戏、安平桥、蔡氏古民居、丰泽桃源山庄、杏林湾钓鱼基地、豪翔石材展示中心、白礁慈济祖宫、华侨博物馆、清净寺、圣水寺、龙山寺、洛阳桥、永宁卫城、五通客运码头、陈嘉庚先生故居、归来堂、归来园、泉州海交馆、西山岩寺等60个。

省级资源或景点有仙岳公园、幸福洋风电场、石湖塔、飞来双塔、福龙体育公园、龙头山寨遗址、厦门中山公园、平海天后宫、姑嫂塔、江头台湾街、同安孔庙、五峰村、虎岫禅寺、长乐海蚌公园、蒲竺寺、奇达渔村、陈埭丁氏宗祠、苏颂故居、蔡襄祠、净峰寺、平海卫城城隍庙、凯歌高尔夫俱乐部梅妃故里、梅山寺、大鹤海滨森林公园、南顺鳄鱼园、翠微涧龙首寺、妈祖城、金熊观赏园、万安古塔、"惠安暴动"红军二团军事会议旧址、贤良港天后祖祠、同安影视城、青山宫、宋代瓷窑遗址、汀溪水库、泉港沙格灵慈宫、天一总局、航天测控站、青龙寨、陈靖姑祖庙、五缘湾运动馆、资国寺、峡门畲族乡、大岞山新石器时代文化遗址、泉州浦西江滨体育公园、钟宅畲族民俗村、西柯镇吕厝村的送王船仪式、忠仑公园、真寂寺、石码杨家古大厝、乌石天后宫、莲花寺、碧岩寺、镇海堤、赤岸村海空纪念堂、乌山自然风景区、三沙留云洞、石室禅院、紫霄洞、大京古堡、莆仙戏、百户澳、上塘珠宝城、妈祖阁、古檗山庄、灌口凤山庙、六鳌古城、明代石牌坊、流米禅寺、莆禧古城、岳庙、五恩宫、晏海楼、定海古城遗址、松山天后宫、在田楼、芦山堂、罗源湾游艇娱乐中心、传胪古堡、翠郊古民居、施氏大宗祠、LNG液化天然气厂、沙西海月岩景区、宁海桥、仙女洞、蚶江对渡、福州评话、走马埭现代农业游览区、镇海卫城、深土锦江楼、江东桥、浯屿天妃宫等100个。

地方级资源或景点有凤山公园、永泽堂林氏义庄、万松关、宋明寺庙、蔡襄纪念馆、郑和广场、亿豪度假村、邺山讲堂、秀屿港/秀屿码头等9个。

（四）人文类旅游资源或景点潜在性评价

潜在性评价总分高的资源或景点有仙女洞、乌山自然风景区2个。

新业态开发潜力大的资源或景点有大鹤海滨森林公园、百户澳、仙女洞、丰泽桃源山庄、泉州浦西江滨体育公园、西湖公园、崇武古城风景区、金熊观赏园、万石植物园、天一总局、乌山自然风景区等11个。

规模扩展潜力大的资源和景点有资国寺、翠微涧龙首寺、大京古堡、郑和广场、百户澳、福州评话、蔡襄纪念馆、宁海桥、莆仙戏、仙女洞、亿豪度假村、平海卫城城隍庙、秀屿港/秀屿码头、上塘珠宝城、丰泽桃源山庄、泉州浦西江滨体育公园、飞来双塔、蚶江对渡、施氏大宗祠、邺山讲堂、万松关、晏海楼、浯屿天妃宫、镇海卫城、明代石牌坊、宋明寺庙等26个。

深度开发潜力大的资源或景点有翠郊古民居、莲花寺、资国寺、翠微涧龙首寺、流米禅寺、碧岩寺、罗源湾游艇娱乐中心、凤山公园、定海古城遗址、郑和广场、万安古塔、福州闽剧、福州评话、妈祖阁、蔡襄纪念馆、梅妃故里、宁海桥、仙女洞、莆仙戏、亿豪度假村、秀屿港/秀屿码头、上塘珠宝城、东湖公园、泉港沙格灵慈宫、泉州浦西江滨体育公园、大岞山新石器时代文化遗址、古檗山庄、草庵摩尼教遗址、飞来双塔、蚶江对渡、施氏大宗祠、石室禅院、青龙寨、灌口凤山庙、宋代瓷窑遗址、汀溪水库、同安影视城、邺山讲堂、万松关、浯屿天妃宫、镇海卫城、乌山自然风景区、明代石牌坊、宋明寺庙等44个。

原生开发潜力大的资源或景点有闽菜佛跳墙、福州三宝、开元寺、灵山圣墓、厦门国际会展中心、万石植物园等 6 个。

(五)滨海旅游资源(景点)综合评价

1. 滨海自然类旅游资源

高开发价值和高潜在价值景点有鼓浪屿、三都澳海上渔村、风动石景区、院前海水温泉、环马祖澳等。

中开发价值和高潜在价值景点有青山岛、泉港区惠屿岛旅游区、鳄鱼屿、君山、东门屿景区等,是今后旅游开发的重点。

开发价值和潜在价值较低景点有小白鹭浴场、杨家溪风景区、三都岛、凤凰山沙坡、围头金沙湾、龙池岩、瑞竹岩、紫云岩等。在区域旅游资源开发中,可以作为补充资源(景点),丰富区域旅游资源的类型和内容,也具有很好的开发前景。

高开发价值和低潜在价值景点有坛南湾、漳州国家地质公园、漳江口红树林国家级自然保护区、东壁岛旅游度假区、厦门岛、东方海岸、马銮湾湿地公园等。具有相对较高的开发价值,但开发潜力相对较低,要做到开发与保护并重。

2. 滨海人文类旅游资源

高开发价值和高潜在价值景点有西湖公园、东湖公园、万石植物园、厦门第一村——马塘村、南太武高尔夫乡村俱乐部等。

开发价值较低和高潜在价值景点有翠微涧龙首寺、大鹤海滨森林公园、梅妃故里、金熊观赏园、青龙寨、天一总局、石室禅院等。这些景点旅游发展水平相对较低,但代表了旅游业发展的方向,具有很好的前景,开发空间大。

开发价值和潜在价值较低景点有龙头山寨遗址、厦门中山公园、五峰村、江头台湾街、五缘湾运动馆、钟宅畲族民俗村、航天测控站等。可以作为当地旅游区的补充景点用以补充和丰富旅游区的内容和类型。

高开发价值和低潜在价值景点有琴江满族村、开元寺、闽菜佛跳墙、厦门市博物馆、海峡奥林匹克高尔夫球场等。由于悠久的历史或者文化内涵,景点具有很高的开发价值,由于受到文物保护的限制,其开发的扩展潜力相对要小一些。

二、新型潜在滨海旅游区选划

在符合福建省海洋功能区划、海峡西岸旅游区发展规划、福建省海洋经济发展规划等基本条件下,依据各类新型潜在滨海旅游区的本身情况、旅游资源评价结果、开发状况、市场分析、旅游开发环境影响评价等综合判别。福建省可选划出 6 个类型 27 个新型潜在滨海旅游区,分别为:泉州湾、深沪湾、九龙江口、漳州国家地质公园、漳江口等 5 个生态滨海旅游区;晴川湾、三沙湾、南日岛、佛昙湾、旧镇湾、诏安湾等 6 个休闲渔业滨海旅游区;福宁湾、下沙等 2 个特种运动滨海旅游区;闽江口、崇武沿海、石狮黄金海岸等 3 个度假休闲旅游区;罗源湾、云霄院前等 2 个游艇滨海旅游区;大嵛山岛、浮鹰岛、海坛岛、目屿、湄洲岛、大嶝岛、厦门岛、菜屿列岛、东山岛等 9 个海岛综合旅游区。

潜在沙滩旅游区有：霞浦秋竹岗、霞浦高罗澳、霞浦大京、霞浦下浒、琅岐岛云龙、琅岐岛东岐、长乐东北岸、长乐东南岸、平潭长江澳、平潭大澳湾、平潭海坛湾、平潭坛南湾、南日岛北岸、南日岛南岸、兴化湾南岸、平海湾东北岸、湄洲岛东岸莲池、惠安净峰墩南、惠安大港湾东湖、青山湾中部、石狮新沙堤、晋江围头湾塘东、厦门岛东岸、龙海隆教湾中部、漳浦前湖湾、漳浦将军湾、漳浦浮头湾、东山岛金銮湾、东山岛乌礁湾、诏安大埕湾。

三、对策措施

1) 加强法律、法规体系的建设，保证旅游规划的法规地位，促进全省滨海旅游的区域合作。

2) 加强滨海旅游资源等保护，划定旅游资源及其周边保护范围，禁止在保护范围内从事采石、采砂、破坏植被、排污等活动。

3) 成立福建海滨地区旅游发展协调委员会，协调滨海旅游业发展与国民经济其他行业的关系，协调各行政区域之间的旅游协作关系，保障《福建滨海旅游发展总体规划》的实施。

4) 成立福建滨海旅游协会，加强行业自律、监督和管理，扩大对台和对外交流，推广滨海旅游产品和形象；培育本地旅游客源市场，加大长三角、珠三角和台湾的区域旅游市场构建。

5) 加大旅游基础设施投入，实行优惠的税收政策，发行旅游发展专项债券，改善中小旅游企业融资环境，鼓励旅游企业上市。

6) 创新滨海旅游产品，开展旅游经营管理电子信息化，提高游客安全风险意识教育，完善旅游紧急事故救援网络建设。

第四节　福建省海水养殖容量评价与新型潜在增养殖区选划

分析研究福建重要港湾海水养殖现状与养殖容量，提出潜在优良海水养殖品种及养殖模式，选划新型潜在海水增养殖区，评估福建海水养殖可持续发展潜力。

一、海水养殖现状

2008 年福建全省海水养殖面积 1207.04 千米^2，海水养殖产量 283.68 万吨。其中

13 个重要港湾海水养殖面积约 1030.54 千米^2，占全省海水养殖总面积的 85.38%，海水养殖产量约 225.96 万吨，占福建全省海水养殖总产量的 79.65%。海水养殖方式主要为筏式养殖、底播养殖、池塘养殖、普通网箱养殖、吊笼养殖、深水网箱养殖、工厂化养殖等；养殖品种包括鱼类、甲壳类、贝类、藻类和其他约 100 种，并不断开发和引进新品种。受到技术、成本、装备等方面制约，海水养殖向湾外发展进程缓慢。

全省现有海水苗种场 1489 座，育苗水体 33.14 千米^3，其中国家级原种场 4 座和良种场 12 座。2008 年育苗总产量为鱼苗 21.35 亿尾、虾苗 2452.29 亿尾、贝苗 8136.40 亿粒、藻苗 190.62 亿贝。众多的苗种场基本可满足全省海水养殖对苗种的需求。

福建省海水养殖病害主要有细菌性病害、寄生虫病害、病毒性病害、真菌性病害和其他病害等，其中前两者最为多发。2008 年水产养殖病害损失面积 55.84 千米^2，损失产量 2.03 万吨，直接经济损失 22 187 万元。

进入 21 世纪，福建省海水养殖业的发展逐步由面积的增长带动转变为由养殖技术、养殖模式、新品种、养殖装备等方面的带动。当前海水养殖业面临环境变化、种质退化、病害频发、政策影响、养殖海域缩减等问题，必须加快转变发展方式，加快海水养殖业现代化步伐。

二、重要港湾海水养殖容量

采用沿岸海域生态系统能流分析模式，估算罗源湾、深沪湾和诏安湾的滤食性贝类养殖容量分别为 37.25 万吨、4.43 万吨和 9.85 万吨，单位面积容量分别为每公顷 22.91 吨、15.85 吨和 6.18 吨。采用无机氮和无机磷供需平衡法估算罗源湾、深沪湾和诏安湾的海带和紫菜养殖容量，单养海带时，养殖容量分别为 48.30 万吨、7.55 万吨和 40.23 万吨，单位面积容量分别为每公顷 29.71 吨、27.01 吨和 25.25 吨；单养紫菜时，养殖容量分别为 7.18 万吨、1.79 万吨和 5.98 万吨，单位面积容量分别为每公顷 4.42 吨、6.40 吨和 3.75 吨。

港湾初级生产力水平呈现上升趋势，滤食性贝类养殖容量也随之提高；由于各港湾营养盐供应量有增有减，部分港湾大型藻类养殖容量有所增加，部分港湾有所减少。港湾可通过改进养殖模式和设施、引进新品种、充分利用海域资源等措施，港湾滤食性贝类和藻类养殖仍具有相当可观的发展潜力。

在符合海洋功能区划的前提下，海水养殖业应对养殖区域、规模、品种进行合理调整和配置，以充分利用港湾海域资源，推广规范化、标准化、生态化的健康养殖模式，实现高产、优质、高效的目标，促进海水养殖业可持续和健康发展。

三、新型潜在海水养殖区和海水增殖区选划

(一) 潜在优良养殖品种及养殖模式

从生物学特性、经济价值、生态习性、开发技术水平、产业化前景等方面，从适合

福建海域养殖条件的鱼类、甲壳类、贝类、大型藻类及其他种类中筛选出具有食用、药用或观赏价值的云纹石斑鱼、弹涂鱼、三斑海马、半滑舌鳎、褐毛鲿、刺参、中国仙女蛤、栉江珧、西施舌、真蛸、锦绣龙虾、石花菜和蕨藻等 13 种，作为福建潜在优良养殖品种。通过不同养殖模式效果比较，选划池塘养殖、工厂化养殖、深水网箱养殖、滩涂及浅海海水综合养殖等 4 种养殖模式，结合福建海域水质、水文等条件，确定其适合的增养殖海域。

（二）新型潜在海水养殖区

根据鱼类、贝类和藻类等养殖品种的生态习性，选划新型潜在海水养殖区 26 处，总面积 368.43 千米^2。其中，筏式养殖区面积 217.99 千米^2、底播养殖区 40.35 千米^2、网箱养殖区 110.09 千米^2。选划区大多位于湾外海域，普遍存在浪大流急的特点，但随着近年新技术的发展，如抗风浪网箱、消波堤、耐流新品种等，潜在海水养殖区的利用将成为可能。新型潜在海水养殖区在宁德、福州、莆田、泉州和漳州市面积分别为 154.14 千米^2、117.43 千米^2、26.87 千米^2、18.58 千米^2 和 51.41 千米^2。

潜在筏式养殖区分布在福鼎冬瓜屿海域、福鼎晴川湾海域、福宁湾、大京海域、目屿浅海、平海湾海域、湄洲下山海域、山龙屿浅海、浮山浅海、将军澳、旧镇湾口、诏安湾口；潜在底播养殖区分布在南猫岛海域、下沙海域、牛头山浅海、林进屿浅海、佛坛湾口；潜在网箱养殖区分布在福鼎大嵛山西北海域、浮鹰岛海域、东洛岛海域、苔菉海域、黄岐海域、长江澳海域、塘屿岛海域、小碇岛海域；潜在滩涂养殖区分布在粗芦岛。

（三）新型潜在海水增殖区

在分析研究海域生态环境条件、增殖对象的生态习性、增殖潜力、拟采取增殖措施的必要性和可行性的基础上，选划新型潜在海水增殖区七处，总面积 281.50 千米^2。其中增殖区 30.04 千米^2，包括兴化湾缢蛏增殖区 26.48 千米^2，旧镇湾菲律宾蛤仔繁育区 3.56 千米^2；海洋生物繁殖保护区 238.70 千米^2，包括厦门文昌鱼繁殖保护区 48.70 千米^2，官井洋大黄鱼繁殖保护区 190.00 千米^2；渔业资源增殖区 12.76 千米^2，包括牛山岛西部礁区 2.95 千米^2，南日岛礁区 6.08 千米^2，菜屿列岛礁区 3.73 千米^2。选划区大多受到过渡捕捞或海洋环境污染的影响，资源呈现衰退的趋势，必须根据实际情况，采取相应的增殖保护措施。

四、对策措施

调整、优化海水增养殖业的结构和布局，合理配置海水养殖区域、范围、品种、模式、密度和规模，增强可持续发展能力。以经济补贴、政策引导和技术装备支持，有序引导海水养殖生产者向经改造后适宜养殖的湾外海域转移。加强沿海各行政区域协作，确保重要增养殖区用海需求，保障海水养殖业的可持续发展（陈尚等，2008；余兴光等，2008）。

推动水产育苗、优质苗种选育、新品种繁育、生态养殖、现代装备、环保型饲料、养殖环境修复等新技术的应用，完善海水养殖病害综合防治技术，实现海水养殖业的战略转移和产业升级，促进福建海水养殖由数量渔业向质量渔业、传统渔业向现代渔业的根本转变。

控制海水养殖自身污染，保护和改善海洋生态环境，实现海水养殖与环境的友好、和谐。同时，对陆源、船舶及其他污染源进行严格监管，保证养殖环境的适宜性，保障养殖产品食用的安全性。并加强对湾内海域环境的监测及污染控制。

在全省沿海范围内开展港湾重要水产资源繁育区域调查，对重要天然苗种场、产卵场和幼鱼幼体索饵场所加以重点保护，采取限制围填海和采砂、禁止倾废、控制陆源污染物排放等综合措施，保护和改善水产资源繁育场所的生态环境。科学开展增殖放流、扩大人工鱼礁建设规模等，保障水产资源的可持续利用和海洋渔业的可持续发展（王清印，2007）。

第五节　福建省海砂资源综合评价

一般将粒径大于0.125毫米颗粒含量超过50%以上的松散沉积物称为海砂，富含重矿物的海砂如其达到工业开采价值可以称为砂矿。本次评价的区域为福建沿岸12海里以内海域。评价中，将粒径大于0.125毫米颗粒含量超过50%以上的松散沉积物较大范围的分布区称为海砂远景区，将粒径大于0.125毫米颗粒含量超过75%以上的松散沉积物较大范围的分布区称为重点海砂远景区。

一、滨海砂矿资源

福建省滨海砂矿主要分布在闽江口以南，有铁砂、钛铁矿、金红石、锆石、独居石、磷钇矿、型砂、标准砂、玻璃砂等，共有矿床21处，矿点77处。其中经详查和勘探17处、普查22处、踏勘59处（福建省情地图集编纂委员会，2009），主要是玻璃砂矿、稀有金属砂矿等。

玻璃砂矿区集中分布在海坛岛、深沪湾、东山湾内。按其二氧化硅含量及用途可分为型砂、标准砂、玻璃用砂等。型砂矿6处，其中5处为大型矿床，已探明储量5.4亿吨；东山梧龙型砂矿床储量5060万吨，东山山只型砂矿床型砂储量15 188万吨。开采地主要有长乐东山、晋江、平潭等地。标准砂矿1处，为平潭竹屿至长江澳型砂矿的伴生矿，竹屿标准砂矿储量957.6万吨，折标准砂78.71万吨，中楼标准砂矿原矿表内储量9232.5万吨。已在平潭竹屿建厂，为全国唯一的标准砂供应厂。玻璃用石英砂矿10处，其中大型矿床3处，已探明储量近亿吨，远景储量在2亿吨以上，其中东山梧龙、山只玻璃砂矿以"量大质优"著称，已大规模生产。

铁砂矿共有矿点49处，主要分布在福清湾、海坛岛、兴化湾、湄洲湾、围头湾、东山湾等地。有用矿物以磁铁矿为主，有少量赤铁矿和褐铁矿，部分矿点伴生钛铁矿、金红石、独居石等。钛铁矿、金红石矿共有4处，其中小型矿床2处，厦门黄厝探明储量51 340吨，漳浦东林和诏安宫口的金红石伴生矿已探明储量1794吨。锆英石矿3处，其中诏安宫口、厦门黄厝为小型矿床，已探明储量6400吨，地质储量近万吨。独居石矿16处，其中中型1处、小型2处，主要分布在厦门湾、东山湾、宫口湾、次为福清湾和湄洲湾，已探明储量2868吨，地质储量4000吨。磷钇矿为小型矿床，分布于厦门黄厝和诏安宫口，与锆英石矿为同一矿体，探明储量仅百吨。滨海砂矿一般裸露于海滩，或埋深浅，利于开采；多为多种矿的复合砂矿，可综合利用和降低开采成本。

滨海地区还有众多可用于建筑用途的海砂，主要分布在潮间带和潮上带地区，离岸近，水深小，开采难度小，成本低。但开采容易产生比较严重的环境问题，如海岸侵蚀、海水入侵，对海岸环境、航运、管道缆线和水产养殖等产生不良影响。滨海海砂应尽量少开采，以保护维持为主。

二、浅海海砂资源

浅海海砂资源一般离岸较远，处于波基面以下，开采对环境的影响相对较小。在目前海砂需求十分旺盛的情况下，海洋管理部门应大力引导相关企业通过设备升级和技术革新前往外海进行采砂作业，来满足经济发展的需求。

福建省浅海海砂资源主要分布在闽江口外、海坛海峡、南日岛北侧、厦金海域局部、东山岸外等海域，此外在一些海湾口门分布一些海砂，如闽江口及其外海，泉州湾口等；海砂远景区面积约1246千米²，资源量约41.19亿米³；海砂重点远景区面积356千米²，资源量约16.44亿米³（表10-10，表10-11）。

表10-10　福建省近海典型海砂远景区面积及资源量

区域	面积/千米²	资源量/（×10⁴米³）
闽江口	245.25	177 415.0
海坛海峡	72.25	48 334.7
南日岛周边	88.25	38 837.2
围头	66.25	12 534.2
厦金南部	339.25	56 610.3
佛昙湾	105.50	17 144.9
浮头湾	37.75	5 969.0
东山外海	288.50	53 601.1
泉州湾	2.75	1 471.3
九龙江口	0.25	30.8
合计	1 246.00	411 948.5

表 10-11　福建省近海典型海砂重点远景区面积及资源量

区域	面积/千米²	资源量/（×10⁴米³）
闽江口	96.75	85 258.3
海坛海峡	31.50	24 861.8
南日岛周边	18.75	11 227.0
围头	7.75	1 831.4
厦金南部	139.25	25 294.1
佛昙	16.75	4 271.6
浮头	6.50	1 418.4
东山外	42.50	10 251.2
合计	359.75	164 413.8

三、对策措施

加强福建省近海砂、砾石资源的勘探，做好海砂资源开发规划，圈定海砂禁采区，加强海砂开采的执法管理，保护海洋环境。资源管理部门、海域管理部门、环保管理部门、建设管理部门等协同制定海砂开发政策，保证海砂开发活动有序开展。制定海上采砂产业的政策和技术规范，引导企业开采外海海砂，保护近岸海洋生态环境（陈坚和胡毅，2005）。

第六节　福建省海洋新能源综合评价

对福建省沿海风能、海洋能的类型和分布、可利用资源量、开发潜力、开发状况等展开评价，为福建省实施海洋能资源开发利用提供科学依据。

一、福建省海洋能开发现状

截至 2007 年年底，福建省已建成投产风能项目 7 个，累计安装风电机组 176 台，装机总量达 23.375 万千瓦，累计发电 3.04 亿千瓦时。在建风电装机 22 万千瓦，27 个项目正开展前期工作，规划总装机 79 万千瓦。主要的沿海风电厂有大唐漳州风力发电厂，福清嘉儒风电场，福能风电公司的东峤、石井和后海风电场等，另外 2009 年在东山陈城镇岐下村的海上养殖区，建成风能海水淡化装置。至 2010 年累计装机 83.37 万千瓦[①]，在沿海 11 个省市中排名第六。

福建省是我国利用潮汐能最早的省份之一。1956 年在闽江下游感潮区河网港浦里建设我国第一座潮汐水轮泵站，扬水灌田 840 亩（王传崑和卢苇，2009）。此后在闽江、

---

① 中国可再生能源学会风能专业委员会.2011.2010 年中国风电装机容量统计.

九龙江下游先后建成一批潮汐水轮泵站，除扬水灌田外，还兼作加工、发电照明等，如长乐城关筹东潮汐站。1980 年后开展连江大官坂和平潭幸福洋潮汐电站的选址、论证和设计工作。1984 年幸福洋潮汐电站动土兴建，设计装机容量 1280 万千瓦、年发电量 315.17 万千瓦时，1989 年四台机组全部安装完毕，其中两台开始投产发电，但由于不能很好协调解决电站运行与库区水产养殖等的矛盾，最后未能正常发电。此外，还建设了集美太古潮汐电站、龙海港口潮汐电站，但均未能长期运行。

二、福建省海洋新能源状况

福建省海洋能包括潮汐能、波浪能、潮流能、海流能、盐差能等类型，全省近岸海洋能资源蕴藏总量约 0.24 亿千瓦（王传昆等，1989；伍伯瑜等，1988）。风能作为当前的绿色能源，在海洋开发中具有重要地位，一并评价（表 10-12）。

表 10-12　福建近岸海洋能资源蕴藏总量　（单位：×10⁴ 千瓦）

海洋能能种	潮汐能	波浪能	潮流能	海流能	盐差能	温差能	全省总和
蕴藏量	1320.1	166.0 (221.0)	128.0	4	771.2	—	2389.3 (2444.4)

（一）沿海风能资源

1. 资源情况

福建省风能资源非常丰富，居全国前列。全省沿海海湾岛屿区全域年平均有效风能密度 267.8 瓦/米²（38.4～751.6 瓦/米²），年有效风速大于等于 3.0 米/秒的累计时数达 6218 小时（2684～8062 小时）。

全省沿海陆地风能资源总储量达 4131 万千瓦，居全国前列，其中技术可开发量达 607 万千瓦，全部集中于仅占全省总面积 2.51％的海岛和半岛上。近海至 10 米等深线左右海域的风能蕴藏量是陆域的 3 倍以上，福建风能资源的开发潜力巨大。

福建可供近中期开发的沿海陆地风电场址 17 处、近海海域风电场址 14 处。前者有长乐的午山、江田，福清的江阴、高山，莆田的南日岛、石城、石井、东峤，霞浦的长春、三沙，漳浦的六鳌、古雷，以及惠安的崇武，东山的澳角，诏安的梅岭，连江的北茭和平潭等 17 处沿海陆地风电场，总装机容量为 156 万千瓦，年可发电量约 43 亿千瓦时。后者有福鼎的黄岐、大嵛山，霞浦的高岗、大京，平潭的青峰、大沃、潭角尾，莆田的石城、石井、湄洲岛，连江的晓澳，崇武的溪底，石狮的祥芝和漳浦的古雷等近海海域风电场址 14 处，总装机容量达 397 万千瓦，年可发电量约 129 亿千瓦时（表 10-13）。

表 10-13　沿海部分岛屿的年风能储藏量

岛　名	台山岛	北礵岛	海坛岛	江阴岛	南日岛	小嵛岛	厦门岛	东山岛
年有效风能 /（千瓦时/米²）	4549.0	3958.1	1844.4	1356.3	4628.1	2587.5	201.9	1997.8
风能蕴藏量 /（亿千瓦时）	0.97	0.835	50.61	10.32	21.00	3.78	2.61	43.52

全年有效风能密度和有效风时具有秋冬季大、春夏季小，每日下午至晚上大等特征，适合福建沿海地区用电的季节和日用电高峰要求，给电网均衡运行创造了有利条件。

2. 开发的不利条件

风力发电不稳定，需要与其他能源互补；热带气旋活动频繁，容易损坏风机；沿海地区经济发达，人口稠密，岛屿面积小，风能开发用地受到限制；风机噪声干扰雷达，影响鸟类栖息等。

3. 开发建议

建议将平潭的长江澳、青峰，福清的嘉儒、高山、福清—海坛海峡，莆田的南日岛、湄洲岛、石井、石城，惠安的崇武、小岞、漳浦的六鳌、古雷，东山的澳角、鸟礁湾等作为优先开发的重点风电场场址。

（二）潮汐能

厦门以北海域的潮差大，历史最大潮差 8.51 米，平均潮差大于 4.0 米；潮汐能能量密度较高，而且主要集中在三沙湾、兴化湾、湄州湾和厦门湾。福建省沿岸潮汐能资源一类资源区有 19 处，二类资源区有 6 处，三类资源区有 1 处。

重要港湾的潮汐能资源合计装机容量 1333.48 万千瓦，单向年发电量 267.42 亿千瓦时，双向年发电量 367.70 亿千瓦时。沿岸可开发站址的年发电量 361.77 亿千瓦时，装机容量达 1033.29 万千瓦，约占全国可开发装机容量的 47.4%，居全国首位。

福建省海岸曲折，岛屿众多，形成了许多港湾，湾中有湾，湾中有岛，有利于潮汐能资源的开发，可结合土地围垦、港湾整治等进行综合开发利用。福建省海洋功能区划确定了福鼎八尺门、连江大官坂、厦门马銮湾潮汐能开发功能区，建议选择它们作为重点站址研究和开发利用。

（三）潮流能

福建省沿岸 19 处潮流能资源区理论平均功率为 128.05 万千瓦。其中，海坛岛以北 14 处，理论平均功率为 112.1 万千瓦，占全省的 87.5%。尤其是三沙湾资源最为丰富，最大能流密度达每平方米 15.11 千瓦，理论平均功率达 78.5 万千瓦，占全省的 61.4%。三沙湾的潮流能资源具有能流密度高、蕴藏量大、开发利用方便等优点，应列为优先开发的站址。

三沙湾的三都角西北部为一类资源区，三沙湾三都岛东部和青山岛东部、闽江口的壶江至川石、海坛海峡的大屿岛南部、湄洲湾的大竹航门为二类资源区。建议将三沙湾作为潮流能优先开发区。

（四）波浪能

福建沿海波浪能资源大多分布于海坛岛以北沿岸，波浪能平均密度大，均在每米 4.5 千瓦以上。其中，以北礵地区波浪能平均密度最大，达每米 7.31 千瓦，波功率达 151.35 万千瓦。秋冬季波功率密度较高，春夏季较低。受台风影响，春末和夏季（南部为 5～8 月、北部为 7～10 月）波功率密度也较高，甚至会出现全年最高值。

全省沿岸单位岸线长度上的波浪能平均密度为每米 2～6 千瓦，全省波浪能资源蕴藏量 221.0 万千瓦，占全国波浪能理论蕴藏总量的 29%，仅次于广东（占 45%）而居第二位。

建议以解决边远海岛用电为目标，选择台山、北礵或海坛岛开发利用波浪能。

（五）盐差能

全省入海河口盐差能资源共有 771.2 万千瓦。其中，闽江口约 425 万千瓦，九龙江口约 113 万千瓦。闽江、九龙江、交溪和晋江等河口盐差能资源较有可利用前景。

（六）其他海洋能

福建省近海的海流能资源约有 4 万千瓦，温差能资源的蕴藏量估计可达 1000 万千瓦。

三、海洋能开发的环境问题

风电场风机运行噪声较大，会干扰雷达信号，且对鸟类等的栖息环境带来影响；建设潮汐电站影响海湾生态环境；波浪能发电装置可产生消波作用，有利于船舶安全抛锚和减缓海岸侵蚀，但污损生物生长可能会堵塞发电装置；海洋温差发电装置的热交换器使用氨等低沸点物质作为工质，可能会污染海洋环境；建在河口区的盐差能发电装置，需考虑海洋生物的保护等问题。

四、对策措施

制定海洋新能源发展规划，统一规划，统筹考虑，为海洋能产业发展预留发展空间。在科研资金和示范项目资金、事业费补贴及贴息政策等方面，加大扶持力度。

在财政、信贷、用地、税收、上网电量和上网电价等方面给予政策支持，以鼓励地方、企业和个人投资开发利用海洋新能源。

总结福建省在潮汐能开发上正、反经验教训，制定潮汐电站库区整治、滩涂围垦和发电综合利用政策，统一规划，统一建设，统一管理，统一经营，将库区水面和沿岸滩涂综合利用作为潮汐电站的重要组成，成为"以库养站，以副兴站"的重要途径。

建立福建省可再生能源发展基金，长期坚持海洋能研究和技术开发，培养人才，为下一轮大规模开发利用海洋能打好基础。

第七节　福建省海洋特殊保护资源综合评价

福建省特殊海洋保护生物资源主要有中华白海豚、珊瑚、文昌鱼、大黄鱼、中国鲎、尖刀蛏、西施舌（海蚌）等 7 种。特殊海洋自然遗迹保护资源主要有深沪湾海底古森林遗迹、漳州牛头山滨海火山地质遗迹等。

一、海洋特殊资源状况

（一）中华白海豚

中华白海豚是我国海洋鲸豚类中唯一的国家Ⅰ级重点保护动物，有极高的科学价值和美学价值。福建主要分布在厦门湾，泉州湾有少量发现。目前厦门海域的中华白海豚数量已不足 100 只。

近年来，九龙江口流域大面积的围填海，导致适宜中华白海豚的生境面积缩小和位置变化；港口建设和水路运输产生的噪声和意外事故也对中华白海豚的生存造成了威胁。

为保护中华白海豚资源，1997 年建立了"厦门中华白海豚省级自然保护区"；2000年国务院批准建立了"厦门海洋珍稀物种国家级自然保护区"，将中华白海豚、厦门文昌鱼和白鹭三个物种保护区归并管理；2006 年厦门有关部门论证在五缘湾建立白海豚人工救护基地；2008 年厦门市设置"厦门海洋珍稀物种保护区管理办公室"，以加强对中华白海豚保护区的管理监督，提高保护区的管理力度。

（二）珊瑚

东山海域的造礁石珊瑚是中国大陆沿岸造礁石珊瑚群落分布的最北缘。以标准蜂巢珊瑚、锯齿刺星珊瑚和盾形陀螺珊瑚为主要优势种，表现出很强的亚热带特色[①]。东山海域的海水环境质量较好，各项环境要素如温度、盐度、光照等都基本适于造礁珊瑚生长，但冬季较低的水温导致了该海域造礁珊瑚未能成礁。

历史上周边居民的非法捕捞对东山珊瑚破坏极大，东山珊瑚省级自然保护区成立以后，非法捕捞活动得到了有效遏制。东山珊瑚面临的威胁主要是不合理开发活动、全球气候变化和外来物种入侵，但威胁程度尚属轻微。总体上，东山海域的珊瑚资源相对稳定，处于缓慢恢复进程中。

（三）文昌鱼

福建文昌鱼的产地主要在厦门，主要分布在刘五店海域、前埔－黄厝海域、南线－十八线海域、鳄鱼屿海域、小嶝岛－角屿海域（吕小梅和方少华，1997；曾国寿等，1996；汪伟洋和陈必哲，1989）。目前后两者多年未调查到有文昌鱼出现。刘五店海域曾是举世著名的文昌鱼产区。受围填海、滩涂养殖等影响，文昌鱼产量从 1957 年的54.15 吨下降到 1969 年的 2.23 吨，并逐渐停止了生产性作业。

---

① 黄晖，练健生，李振兴，等.2007.福建东山石珊瑚（省级）自然保护区范围调整综合科学考察报告.

已设立"厦门珍稀物种国家级自然保护区"保护厦门的文昌鱼。

(四) 大黄鱼

福建大黄鱼资源量 1979 年估算为 9.2 万吨，1982 年为 1.6 万吨。自 1987 年至今，官井洋大黄鱼自然资源一直无法得到恢复，处于濒临灭绝的状态（谢书秋和刘振勇，2006）。与此同时，2008 年宁德市大黄鱼养殖产量达到 4 万吨，成为我国优势的六大出口养殖水产品之一。由于自然资源的枯竭，养殖大黄鱼种近亲繁殖导致资源严重退化，引起群体中某些稀有基因丧失，种质资源的遗传组成趋于同质化（王军等，2001）。

影响大黄鱼资源的主要因素是过度捕捞导致野生种群资源小型化、过度网箱养殖造成大黄鱼遗传多样性下降、围填海工程产生的动力沉积及水质环境的变化、海洋污染、美国红鱼和大米草等入侵物种的影响。

1985 年，在宁德官井洋设立了"官井洋大黄鱼繁殖保护区"，制定了《官井洋大黄鱼繁殖保护区管理规定》；1997 年和 2010 年对管理规定分别做了修订。有关部门自 1985 年以来资助了多项大黄鱼科研项目，主要集中在苗种繁育、养殖模式、病害防治、养殖环境监测、产品保鲜加工与质量安全监控等大黄鱼产业技术体系。这些项目的实施对缓解大黄鱼资源枯竭起到了积极作用，但到目前为止，官井洋地区大黄鱼自然资源仍无法恢复，处在濒临灭绝状态。

(五) 中国鲎

中国鲎是珍贵的海洋活化石，有着极高的医学价值和科研价值。20 世纪 60~70 年代前，中国鲎普遍生活在福建省沿岸砂质海岸附近，80 年代中国鲎资源面临枯竭威胁（廖永岩和李晓梅，2001）。

例如，平潭在 20 世纪 70 年代，鲎产量比 50 年代减少 80%~90%。1984 年鲎产量 15 000 对，1995 年降低到 9500 对，1998 年 3700 对，2002 年约 1000 对，资源量大大减少。近期调查显示，漳浦古雷沿海中国鲎资源较为丰富，厦门刘五店和大嶝也有所发现（翁朝红和肖志群，2008）。

影响中国鲎资源衰退的因素主要是过度捕捞和环境恶化，填海、围垦养殖及沙滩旅游占用海滩，破坏鲎产卵场。

(六) 尖刀蛏

福宁湾是福建省唯一的尖刀蛏野生种群产地。历史产量 100 吨左右，20 世纪 80 年代末以来，由于过量采贝，亲贝存量大大减少，产量逐年下降。2002 宁德市人民政府设立了福宁湾尖刀蛏繁育保护区，来保护和恢复该珍稀水产资源。

影响尖刀蛏资源衰退的主要因素有围海造地等导致栖息地遭受破坏、过量采贝导致亲贝存量减少、养殖污染和滩涂养殖导致尖刀蛏繁殖和栖息面积锐减、潮间带底质环境污染导致资源下降、大米草入侵导致湿地生态系统衰退和破坏等（谢松平，2006）。

（七）西施舌

长乐漳港海域海蚌个大，肉脆、味美，是优质的水产资源。1965 年产量 150 吨，1969 年降至 58 吨，1971 年进一步降至 20 吨左右，自 20 世纪 80 年代末采用"深水高压水头拖钯"捕蚌作业以来，资源量迅速下滑，目前年产量不足 1 吨，资源衰退严重（林志钦，2008）。近十几年来，1985 年成立"长乐海蚌资源增殖保护区"，保护珍贵的特产海鲜。

（八）海洋自然遗迹

深沪湾海底古森林古牡蛎礁遗迹和牛头山火山地质公园是以地质科学意义、珍奇秀丽和独特的地质景观为主，融合自然景观与人文景观的自然遗迹（梁诗经，2004）。

牛头山火山地质公园位于福建省龙海市隆教乡，当地人口压力小，经济不太发达，工业污染较少，大气环境质量和所在海域水质指标均符合国家一级标准，人为干扰较少，生态环境条件保存得较为理想。

深沪湾海底古森林遗迹保护的是油杉陆上古林与海上古牡蛎礁。已设立"深沪湾海底古森林国家级自然保护区"。古森林古牡蛎礁遗迹的现有发现部分保存状态良好，遗迹保存地的生态环境整体情况较好。在较稳定的生态环境下古森林古牡蛎礁遗迹的侵蚀、碳化和破坏现象得到有效延缓，基本适宜该特殊海洋资源的存在和维持，保护前景尚好。

二、对策措施

进一步加强大黄鱼保护区建设，严格控制捕捞力量；保护大黄鱼繁殖区生态环境，控制污染物排放；合理布局产业结构，适度缩减养殖规模；防止各类海洋工程破坏大黄鱼栖息地、产卵场及洄游通道，减少人工养殖大黄鱼污染野生大黄鱼基因库；进一步加大科研投入，拓宽融资渠道，加大大黄鱼增殖放流科学研究。

必须进一步加强现有保护措施，保护和恢复生物栖息地，控制过度采捕，降低污染物排放；另外，海洋工程建设的同时，应进行环境影响综合评价，充分认识海洋工程对生物资源可能造成的影响，防止生物栖息环境遭到破坏；加大资金投入，在自然海域开展资源增殖，采取移植管理、繁衍生殖、增殖保护等多种技术措施，以增加自然海域资源量或形成新的自然种群。

建立中国鲎自然保护区，就地保护；加强对中国鲎保护的立法和执法力度；加强宣传教育，提高保护中国鲎的意识；开展人工资源恢复工作；加强环境保护和栖息地保护；加大科研投入，开展中国鲎的基础研究；加强国际交流和合作。

加强海域航道管理等措施，特别需考虑中华白海豚对于船只噪声、海洋工程建设和港口航运的敏感性，改善中华白海豚栖息条件，减轻生存压力，不断恢复中华白海豚的数量。

第八节 小 结

福建沿海规划 26 个港区 79 个作业区，规划形成岸线长度 345.5 千米，其中深水岸线 292 千米，有 40 多千米的岸线可建设 20 万～30 万吨级的大型深水泊位。规划可建泊位 1417 个，其中深水泊位 1070 个，通过能力 35.4 亿吨和集装箱 1.12 亿 TEU。

福建省选划出 6 个类型 28 个新型潜在滨海旅游区，分别为：泉州湾、深沪湾、九龙江口、漳州国家地质公园、漳江口等 5 个生态滨海旅游区；晴川湾、三沙湾、南日岛、佛昙湾、旧镇湾、诏安湾等 6 个休闲渔业滨海旅游区；福宁湾、下沙等 2 个特种运动滨海旅游区；闽江口、崇武沿海、石狮黄金海岸等 3 个度假休闲旅游区；厦门五缘湾、罗源湾、云霄院前等 3 个游艇滨海旅游区；大嶍山岛、浮鹰岛、海坛岛、目屿、湄洲岛、大嶝岛、厦门岛、菜屿列岛、东山岛等 9 个海岛综合旅游区。

选划新型潜在海水养殖区 26 处，总面积 368.43 千米^2。其中筏式养殖区 217.99 千米^2、底播养殖区 40.35 千米^2、网箱养殖区 110.09 千米^2。选划新型潜在海水增殖区 7 处，总面积 281.50 千米^2。其中增殖区 30.04 千米^2，包括兴化湾缢蛏增殖区 26.48 千米^2，旧镇湾菲律宾蛤仔繁育区 3.56 千米^2；海洋生物繁殖保护区 238.70 千米^2，包括厦门文昌鱼繁殖保护区 48.70 千米^2，官井洋大黄鱼繁殖保护区 190.00 千米^2；渔业资源增殖区 12.76 千米^2，包括牛山岛西部礁区 2.95 千米^2，南日岛礁区 6.08 千米^2，菜屿列岛礁区 3.73 千米^2。

福建拥有丰富的滨海玻璃砂矿资源，是我国最大的滨海石英砂资源区，主要分布在海坛岛、东山岛和晋江石湖地区。福建省浅海海砂资源远景区面积 1245 千米^2，资源量约 41.19 亿米^3。主要分布在闽江口外、海坛海峡、南日岛北侧、厦金海域局部，东山岸外。

全省近岸海洋能资源蕴藏总量约 0.24 亿千瓦，主要有潮汐能、盐差能、温差能、波浪能和潮流能等。沿海陆地风能资源总储量达 0.41 亿千瓦，居全国前列，其中风能资源技术可开发量达 607 万千瓦；近海至 10 米等深线左右海域风能资源量，为沿海陆域的 3 倍以上。

福建省特殊海洋保护生物资源主要有中华白海豚、东山珊瑚、厦门文昌鱼、大黄鱼、中国鲎、尖刀蛏、西施舌等 7 种。除中华白海豚和东山珊瑚保护情况较好外，总体上资源衰退严重。特殊海洋自然遗迹保护资源主要有深沪湾海底古森林遗迹、漳州牛头山滨海火山地质遗迹，保护情况良好。

第十一章
沿岸和港湾生态环境综合评价

当前海洋开发强度不断增大，大规模的围海造地工程和快速发展的临海工业等，造成近岸海域的环境污染日趋严重、赤潮灾害频发、湿地退化、生物多样性下降、海洋生态系统群落结构恶化等，给沿岸海域的生态系统造成强烈的生态胁迫，严重制约了沿海地区社会经济的持续发展。为了维护海洋的健康，促进海洋资源的永续利用，有必要开展福建省海域海洋生态环境的综合评价。

第一节　福建省滨海沙滩保护利用评价

一、滨海沙滩岸段旅游环境质量评估

福建沿海 43 个岸段发育较好的沙滩，按岸滩形态组合特征和成因可划分为岬湾岸型、沙坝－潟湖岸型和平原夷直岸型三种基本形态（图 11-1）。

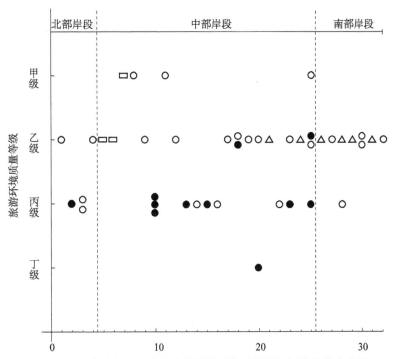

图 11-1　福建沿海主要滨海沙滩旅游环境质量分级评价结果分布图

○岬湾型海岸，湾内为第四纪沉积平原或沙堤、沙丘岸的沙滩；

●岬湾型岸型，湾内为丘陵、台地或第四纪沉积阶地陡坡岸的沙滩；

□平原夷直型沙滩；△沙坝－潟湖岸型沙滩

按旅游环境质量分级评价指标体系及评分模式的计算，甲级占 9.3％、乙级占 55.8％、丙级占 32.6％和丁级占 2.3％。福建自北往南主要滨海沙滩旅游环境质量等级的分布有如下特征：岬湾型沙滩的质量评分等级跨度较大，其中岬湾内沿岸若为第四纪沉积平原或沙堤、沙丘岸的沙滩，其评分等级普遍较高，而湾内沿岸为丘陵/台地或第四纪沉积阶地陡坡岸的评分等级一般较低；平原夷直岸型沙滩和沙坝—潟湖岸型沙滩的评分等级均为甲级或乙级。

二、开发利用现状与问题

（一）开发与保护利用

目前福建滨海沙滩资源主要用于旅游开发、一般性的滨海土地资源利用和砂矿产品开采等三种类型。旅游开发主要见于福州以南岸段，开发程度较低，旅游基础设施较差；一般性土地资源开发主要用于滨岸工程建设，如码头、防波堤、房地产和养殖池等。滨海砂矿开采主要在平潭、东山等地，但较多地区存在盗采的情况，尤其是 20 世纪 90 年代以前。

厦门岛已实施香山至长尾礁（观音山）沙滩修复一期工程，建造长 1500 米、滩面宽 180～230 米、滩面面积 16 万米^2 的沙滩。在鼓浪屿东岸实施了人造沙滩实验性铺沙工程，修复岸线长 740 米、宽 30～50 米的滩面铺上约 5700 米^3 白沙，形成 2.83 万米^2 的海滩。厦门正在推进环岛路沙滩修复工作，未来从厦门岛的五通至厦大白城，长达 15 千米长的海岸线都将有黄金沙滩供游客游玩。此外，厦门市海洋与渔业局正在组织编制《厦门沙滩修复技术导则》和开展"厦门湾滨海沙滩稳定性观测和研究"，为沙滩保护与修复提供技术支持。

2010 年年初，泉州发布《关于加强崇武至秀涂海岸带资源环境保护的决议》，决定切实加强对崇武至秀涂海岸带资源环境保护和开发利用的指导和监督。目前，泉州市规划局已经通过了"崇武至秀涂海岸带资源环境保护和开发利用专项规划"，通过沙滩修复等海岸保护修复工作，将该海岸打造成为国内知名的滨海旅游胜地。规划范围为崇武至秀涂海岸区域，海岸线陆域方向约 3 千米，面积 138 千米^2，人口规模约为 11.6 万人。

（二）存在问题

1. 人为肆意采沙，使沿岸滨海沙滩资源遭受毁灭性破坏

20 世纪 70 年代末期以来，沿海城乡大规模建设对砂石的需求量猛增，滨海沙滩及其近滨和后滨的采沙严重，且几乎遍及全省，直至目前还有一部分沙滩岸段仍在继续采沙，给滨海旅游沙滩资源带来十分严重的破坏。

2. 粗放型旅游开发影响滨海旅游的持续发展

福建沿海高速公路全线贯通后，为滨海旅游产业的发展提供了便利条件。目前，除了厦门、东山等地外，滨海旅游区基本上处于初级开发阶段，多缺乏科学规划，占滩建筑多、旅游休闲娱乐项目少、配套设施不完善等，对游客吸引力有限，游客滞留时间

短，不利于滨海旅游持续发展。

3.较多的一般性滨海土地资源利用引发众多负面环境影响

占滩建筑、围填海造地和不合理海洋工程，如湄洲岛对台客运码头等，导致宝贵的旅游沙滩直接消失或引起沙滩的品质等破坏；惠安崇武半月湾滨海沙滩东侧建成一级渔港后，引起水动力和输沙条件改变，造成沙滩严重侵蚀破坏。在后滨或前滨修建养殖塘池或围网养殖场，在沙滩低潮区设立牡蛎吊养（或条石）养殖区，高位养殖场在沙滩滩面上布设进水排水管道，以及在近滨海域吊养紫菜和海带等不合理养殖活动，导致污染沙滩浴场水质、破坏沙滩品质，影响海岸景观，改变沙滩沉积物的正常输沙关系，甚至引起沙滩局部侵蚀破坏。

三、对策措施

禁止滨海采沙及一切破坏滨海沙滩资源的不合理开发行为。严格遵循"先规划、后建设"的原则，根据沿海各地区的自然条件、滨海旅游资源特点及社会经济条件，科学制定滨海沙滩资源利用保护规划。加强规划的实施与管理，充分发挥规划的向导作用，推动沿海各地滨海旅游业的可持续发展。

严格贯彻海洋功能区划，不得将滨海旅游功能用于其他与滨海旅游功能相冲突的开发活动。严格实施旅游资源开发环境影响评价和后期监测评价工作，坚决查处破坏资源和生态环境的开发行为。

加强科学研究和长期监测工作，深入了解福建滨海沙滩变化特征和破坏原因，为整治和保护措施的制定提供科学依据。

第二节 福建省滨海湿地生态系统评价

一、滨海湿地退化现状

福建滨海湿地面积总体上呈现减少趋势，景观结构化破碎日益严重，污染严重，滨海湿地系统的物质能量平衡遭到破坏，生物多样性减少，生态功能减弱，湿地的社会价值不断削弱。

三沙湾，天然湿地面积减小，景观破碎化加剧，生物入侵现象严重，红树林湿地消失殆尽；生物栖息环境退化、污染严重，富营养化明显，生物多样性降低、湿地功能衰退、价值下降。退化级别属轻度退化。

兴化湾，围填海工程造成了天然红树林湿地的丧失，破坏了缢蛏及巴菲蛤天然苗场，造成了围填区内底栖生物的破坏，并使得海湾生态系统供给功能、调节功能及支持功能等生态系统服务功能受到损害。退化级别属轻度退化。

诏安湾，滨海湿地总面积增加，但是天然湿地面积减少，红树林湿地消失殆尽，沿岸养殖密度高，滩涂面积很少，鸟类分布数量和种类都非常有限。退化级别属重度退化。

二、滨海湿地退化原因

（一）填海工程

建港和围填海工程是福建省滨海湿地面积减少的主要原因。据不完全统计，全省13个重要港湾围填海275处，总面积达836.68千米²。围垦直接导致天然滨海湿地面积减少，加剧景观破碎化，干扰滨海湿地自然演替过程，带来严重的海洋生态环境问题。

（二）资源过度开发

过度海洋捕捞使得渔业资源遭受破坏，三沙湾因捕捞过度导致渔业资源衰退，大黄鱼已经形不成渔汛；兴化湾枵江珧、中国鲎等一些海珍品资源量已很少。水产养殖密度大甚至超负荷，导致水质恶化和增产不增收等问题，如诏安湾湾内水产养殖密度过高，湾顶密密麻麻的围网，水流不畅，并阻断经济生物的食饵、栖息场所和洄游路线，导致波纹巴非蛤数量大大下降。

（三）环境污染

城市生活污水的排放，农业化肥和农药的使用，工业化和城市化中废弃物的不合理处理，以及旅游垃圾直接堆放等，都直接导致了滨海湿地水环境与沉积环境的污染。不合理海水养殖结构和养殖方式，加剧污染，导致海水富营养化，诱发有害藻类和病原微生物的大量繁殖，近岸海域赤潮频发并呈不断上升趋势，破坏湿地生态系统功能发挥。

（四）外来生物入侵

近年来，互花米草泛滥成灾，宁德市的互花米草面积正以每年4.0千米²的速度蔓延。全省至今已繁殖蔓延的互花米草面积99.24千米²，其中三沙湾62.45千米²、罗源湾10.64千米²、泉州湾6.64千米²、闽江口5.77千米²、厦门湾5.43千米²。互花米草不仅破坏近海生物栖息环境，与海带、紫菜等争夺营养，而且堵塞航道，影响各类船只航行，给海洋渔业、运输业甚至国防带来潜在危害，并威胁到海洋生物的多样性（王卿等，2006）。

其他导致滨海湿地退化的原因还有海平面上升、风暴潮灾害、海水入侵和海岸侵蚀等。

三、典型滨海湿地生态系统评价

（一）三沙湾滨海湿地生态系统评价

三沙湾滨海湿地环境质量尚属良好，多数水质指标可以满足二类海水水质标准，甚至一类海水水质标准；沉积物各评价因子基本符合一类海洋沉积物质量标准。但表层海水无机氮和活性磷酸盐超标率较高，且逐年增长，潮间带沉积物有机碳、铜、铅和锌在部分断面存在超标现象；三沙湾海洋生物质量已受到一定程度的污染。

三沙湾叶绿素 a 浓度偏低，珍稀濒危生物和生态敏感区受到人类活动影响。湾内互花米草泛滥成灾，严重威胁当地的海湾生态系统。三沙湾滨海湿地年服务价值总额为29.71 亿元。三沙湾滨海湿地受损综合评价结果为 0.325，处于轻度受损阶段。人均污水排放量、外来物种入侵、污水处理率及公共意识等四个方面是三沙湾受损滨海湿地保护重点考虑的对象（图 11-2）。

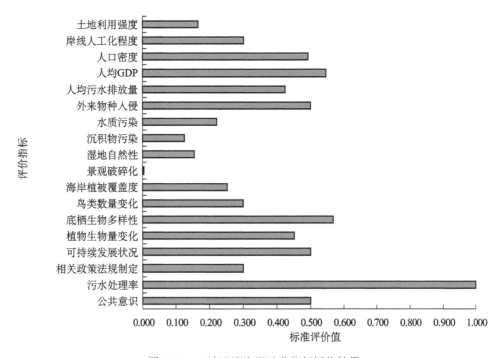

图 11-2　三沙湾滨海湿地分指标评价结果

（二）兴化湾滨海湿地生态系统评价

兴化湾滨海湿地环境质量处在较好水平，多数水质指标可以满足二类海水水质标准，甚至一类海水水质标准，沉积物各评价因子基本符合一类海洋沉积物质量标准，潮间带生物质量未超二类标准。但表层海水无机氮和活性磷酸盐超标率较高，且逐年增长；部分海域沉积物中的硫化物和锌存在超标现象；内湾富营养化严重。

人为活动（主要是围垦）的加剧破坏了天然种苗场和鸟类的栖息地。兴化湾滨海湿地年服务价值总额为 52.38 亿元。兴化湾滨海湿地受损综合评价结果为 0.306，处于轻度受损阶段。土地利用强度、岸线人工化程度、人均污水排放量和海岸植被覆盖度等四个方面是兴化湾受损滨海湿地保护重点考虑的对象（图 11-3）。

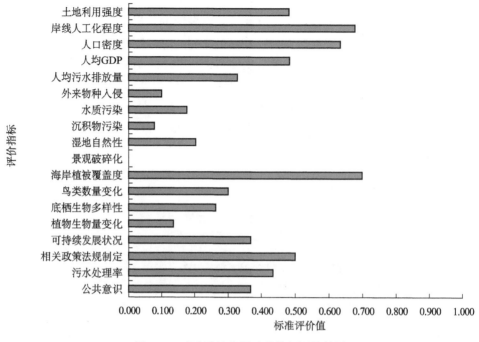

图 11-3　兴化湾滨海湿地分指标评价结果

（三）诏安湾滨海湿地生态系统评价

诏安湾滨海湿地环境质量长期以来保持在较好水平，水质指标均满足二类海水水质标准，甚至一类海水水质标准；沉积物各评价因子基本符合一类海洋沉积物质量标准，生物体中的铅、镉、DDT等指标超标，总体环境属轻微污染。水体的无机氮和活性磷酸以及沉积物中的铅含量较以往有了一定程度的增长，生物质量检测中众多指标不同程度超一类标准；湾顶站位已达到或接近富营养化。

诏安湾生态状况整体不错。但湾顶有害夜光藻细胞数量多，湾内仅少量海鸟出现。由于过度围垦，西施舌、巴非蛤和海蚌的产卵场现已少见，蚶苗也很少出现。诏安湾滨海湿地年服务价值总额为 15.55 亿元。诏安湾滨海湿地受损综合评价结果为 0.365，处于轻度受损阶段，接近 0.4 这个临界点。岸线人工化程度、人均污水排放量、污水处理率、湿地自然性、海岸植被覆盖度及鸟类数量变化等六个方面是诏安湾受损滨海湿地保护对策重点考虑的对象（图 11-4）。

（四）九龙江口红树林生态系统评价

九龙江河口区除活性磷酸盐、无机氮、粪大肠菌群外，其他水质监测指标均符合相应的评价标准要求，营养盐无机氮、无机磷含量从湾口到湾内有略升高的趋势。沉积物中铅、铜、镉、锌、砷、汞、铬、有机碳、硫化物、油类 10 项质量均符合《海洋沉积物质量》二类标准，九龙江河口区的沉积物质量状况良好。

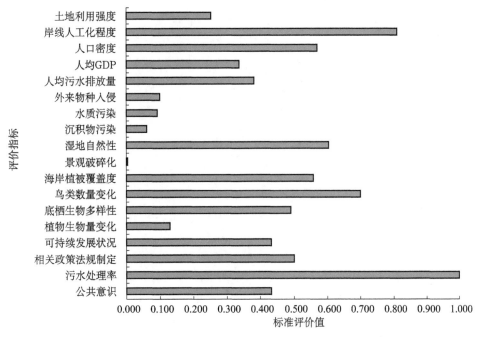

图 11-4 诏安湾滨海湿地分指标评价结果

九龙江口红树林湿地综合评价结果为 0.72，处在生态退化对系统健康影响较小的范围，正处于保护与退化的相持阶段。

导致九龙江口红树林湿地生态系统的 11 种退化因素中船舶兴波造成的威胁最大，影响了幼苗的生长，已经产生了较大影响；其次是海堤建设和围塘养殖，目前九龙江口红树林地区的围海造地已经受到严格控制，多数红树林处在保护区范围内，受法律保护，响应程度较好，压力风险相应减少；城市污染、病虫害、海平面上升和污损生物对红树林生态系统的威胁仍在控制范围内，对九龙江口红树林生态系统产生一定的胁迫作用（图 11-5）。

（五）闽江口湿地景观格局变化与生态效应

1. 景观格局变化

1989～2009 年闽江河口永久性河流湿地面积，从 1989 年的 220.26 千米^2 减少到 200.54 千米^2。洪泛平原湿地、滩涂、坑塘、水库、水田、人工湖泊、养殖场等七种湿地类型。1989 年、1999 年和 2009 年面积分别为 349.68 米^2、293.63 米^2 和 224.64 千米^2。20 年期间湿地面积减少了 35.76 ％，平均每年减少 6.25 千米^2。

1989～1999 年湿地变化主要是水田斑块的转化，主要发生在福州城区以北和以东、南台岛及琅岐岛等易被开发利用的平地地区；1999～2009 年主要是城市外围的水田变化，如闽侯大学城、金山区建设等直接占用了大量的水田。永久性河流和洪泛平原湿地的变化主要在福州城区的河流沿岸；滩涂湿地的变化主要发生在鳝鱼滩湿地和琅岐岛周边地区，其中前 10 年变化较大，主要转化成永久性河流和养殖场，养殖场面积的增加

图 11-5　九龙江口红树林分布及生态系统综合评价等级图

主要发生在琅岐岛（刘剑秋等，2006）。

2. 碳吸存与甲烷排放

闽江口区域干扰较小的天然芦苇湿地、草滩湿地（狗牙根和铺地黍混生湿地）土壤碳储量分别为 136.29 吨/公顷和 196.659 吨/公顷，高于干扰较大的滩涂养殖地（121.7 吨/公顷）、池塘（85.31 吨/公顷）和稻田（68.81 吨/公顷）（曾从盛等，2009）。随着天然湿地土地利用方式的转变和人类干扰程度的增加，土壤碳吸存潜力不断降低。芦苇湿地的甲烷排放高于短叶茳芏，多数月份表现为涨落潮过程中排放到大气环境中的甲烷较低。

3. 重金属迁移与污染评价

塔礁洲、洋中村边滩、蝙蝠洲和鳝鱼滩四个湿地区中，按照湿地土壤重金属地累积指数方法评价，不同重金属元素污染程度由大到小的顺序为 Cd 污染、Zn 污染、Pb 污染和 Cu 污染。洋中村和蝙蝠洲主要受 Zn 污染，其次是 Cd 污染，而 Pb 和 Cu 的污染较轻。塔礁洲和鳝鱼滩主要受 Cd 污染，其次是 Zn 污染，Pb 和 Cu 的污染也较轻。按照湿地土壤重金属潜在生态危害指数方法评价，闽江口总体处于中等程度的生态危害，其中蝙蝠洲、鳝鱼滩、洋中村边滩处于中等的生态危害，塔礁洲处于强的生态危害。潜在生态危害指数自强至弱依次为塔礁洲、蝙蝠洲、鳝鱼滩、洋中村边滩。

4. 互花米草入侵对生态系统的影响

芦苇、短叶茳芏和互花米草总的碳吸存潜力分别是 1056.75 克碳/（米² · 年）、1035.13 克碳/（米² · 年）和 1401.40 克碳/（米² · 年）。与芦苇和短叶茳芏比较，互花米草的入侵增加了闽江口湿地碳吸存，其以地上碳吸存为主，与此同时，也显著增加了闽江口湿地甲烷的排放。近几年来河口湿地，特别是鳝鱼滩湿地，互花米草入侵蔓延迅速，入侵原光滩地，以及芦苇、短叶茳芏、红树林和藨草等生长地，尤其是藨草湿地，现其只见零星分布。藨草湿地的减少，导致雁鸭类等游禽无法觅食其喜食的根茎，密布的互花米草也减少湿地鸟类的觅食空间，对闽江口湿地生物多样性构成了威胁。

四、对策措施

开发活动应符合国家产业导向；做好规划和论证工作，避免盲目开发，控制围垦规模；做好当地民众的意见反馈；按滨海湿地资源重要性分级保护重要湿地；保护现有湿地资源，积极申报国际重要湿地和国家级保护区。

建设污水处理体系，严格控制沿岸工农业和生活废水直排；保护好海岸带植被资源，防止植被破坏造成陆上土壤大量流失；做好养殖规划，优化养殖品种，控制海域养殖容量；轮换养殖区，使原海域得以自净一段时间后再进行养殖；发展工厂化（集约化）养殖技术，有利于对养殖环境进行综合控制和管理，并且对养殖废水进行集中处理；发展海洋牧业化，以充分利用广大海域的自然生产力；发展生态农业，减少陆地农药的使用率；做好宣传教育工作，提升当地民众的环保意识。

第三节　福建省典型海湾生态系统健康与安全评价

以压力-状态-响应（PSR）模型为基本框架，研究海湾生态健康评价指标体系和评价方法，探索评价指标的筛选和评价指标的标准化处理、评价指标的赋值等，对福建省三沙湾、罗源湾、泉州湾和东山湾等典型海湾的生态系统健康状况进行评价。分析海湾生态系统面临的压力状况，确定海湾生态健康压力指标，采用专家打分与层次分析法相结合确定权重，进行压力总值的综合评价（刘佳，2008；左伟等，2003；肖风劲和欧阳华，2002）。

一、三沙湾

（一）生态系统健康压力评价

三沙湾海湾生态系统压力评价值2002年为0.46，2005年为0.54，2008年为0.58。总体上看，2000年以来三沙湾海湾生态系统压力变化不大，缓慢增加，2008年压力综合评价值表明，目前三沙湾海湾生态系统承受着较大的压力，但尚未对生态环境产生严重影响，有进行控制、改善和恢复的余地。

三沙湾周边地区第一产业是传统产业，但近几年在产业结构的比重逐渐下降，在三次产业中比重已是最小。2000 年以来渔业占农林牧渔业 50％以上的产值，渔业产业中海洋捕捞量有所减少，海水养殖海域目前已基本利用殆尽。三沙湾周边虽工业基础薄弱，开发程度不高，但近十年发展很快，工业污水的排放污染潜在压力增大；三沙湾周边每年排污总量比较严重，海上污染源 COD 的排放在福建省 13 个重要港湾中最大；三沙湾围填海项目较多，截止到 2004 年已开发了 40 多处的围填海工程；互花米草的入侵仍然无法有效遏制。

根据评价结果，海水养殖业、COD 和氮磷类污染物排放、围填海工程、外来物种入侵等因子相对于其他压力因子，压力强度更大些，需要注意进行重点调控（蔡清海等，2007）。

（二）生态系统状态评价

三沙湾海湾生态系统状态综合评价值为 0.711，处于"良"的范围，说明三沙湾海湾生态系统整体状态较健康。海湾内生物生态质量也处于较优状态，但生物的多样性较低，如 2005～2006 年浮游植物平均多样性指数为 1.64，表明生态系统状况一般，无机氮和活性磷酸盐的状态评价结果较差。湾内官井洋和东吾洋的生态环境质量良好，但局部海域已受到一定程度的污染，除了无机氮和活性磷酸盐超一类海水水质标准外，其他因子均未超标，湾内一澳海域水质无机氮和重金属铜局部超过二类海水水质标准，其他因子未超二类海水水质标准。

（三）生态系统响应评价

三沙湾海湾生态系统响应评价指标总分为 100 分，生态系统响应综合分数为 77 分，说明三沙湾周边市县政府、社区的保护工作做得不错，但基层乡镇行政区域的生态保护管理执行力度，以及居民的保护观念还有待进一步加强。地方级政府下辖的乡镇生态保护法制建设和执行还需完善，三沙湾周边乡镇居民的生态保护意识还需进一步宣传教育，要树立资源可持续利用的观念。

二、罗源湾

（一）生态系统健康压力

1991 年罗源湾海湾生态系统综合压力值为 0.2062，2002 年为 0.4467，2008 年为 0.6198，压力呈上升趋势。2008 年罗源湾生态系统综合压力值处于中等偏上水平，还没有对罗源湾生态系统产生严重的影响，若进行有效的控制、改善和恢复工作，罗源湾生态系统压力有下降的可能。

在各项压力中，污染压力和海域使用压力较大，捕捞压力和外来物种压力较小。

2008 年污染压力占总压力的 35%，海域使用压力占总压力的 36%，捕捞压力占 12%，外来物种压力占 17%。

（二）生态系统状态评价

生态系统健康状态综合评价为 0.6635，处于良的范围。其中水质环境质量评价结果为 0.622，属于良的范围，污染情况集中在活性磷酸盐富营养化以及重金属铅和铜超标上，与罗源湾周边地区大力发展水产养殖业有一定的关系，应采取有效措施进行治理（蔡清海和杜琦，2007）；沉积物环境质量评价结果为 0.8012，属于优的范围，海洋沉积物质量总体情况较好，但是接近优，还有提高的空间，应引起有关管理部门的重视；罗源湾生物多样性指数评价结果为 0.7125，属于良的范围，浮游动、植物的多样性较高，潮间带生物多样性较低，潮间带底栖生物受围填海工程、陆源污染排入等人类活动的干扰较严重。

（三）生态系统响应评价

罗源湾生态系统健康响应综合评价指标总分为 80 分，评价结果为 54 分。反映了罗源湾周边县市对罗源湾生态系统的响应存在一定的不足，但总体而言，政府管理工作有力，各类活动基本上有法可依，科研和监测工作充足，社区响应良好，社会生态系统朝着更好的方向进行。但是罗源湾周边县市的保护区建设和财政投入这两项工作明显不足，罗源湾周边围填海工程和临海工业的发展对保护区有着一定程度的破坏，应该引起有关管理部门的注意。

目前罗源湾周边连江县和罗源县正大力发展冶金、建材、能源、船舶修造、轻工食品、机械制造等临港工业。快速发展的社会经济活动给罗源湾生态系统带来了很大影响，政府应加强重点行业、企业的监督管理，调整产业结构，合理引导进行绿色生产，从而达到社会经济的可持续发展。

从罗源湾的水质环境评价中可以看出，罗源湾无机氮和活性磷酸盐含量较高，存在富营养化的危险，可能引发一系列生态环境问题。富营养化主要是水产养殖自身污染所致，应控制好海水养殖的规模和规范，加强对陆源污染物排放的控制，从多方面入手，改善氮、磷污染状况。罗源湾潮间带底栖生物多样性较低，保护区已遭到较严重的破坏，与近几年来罗源湾较多的围填海活动有关。政府应该协调好围填海项目与罗源湾生态环境之间的关系，对围填海项目进行严格评估和监管。

三、泉　州　湾

（一）生态系统健康压力

泉州湾海湾生态系统 2002 年的压力综合评价指数为 0.5301，2004 年为 0.5210，2008 年为 0.6812。2008 年压力值明显大于 2002 年和 2004 年，泉州湾面临的压力呈现变大的趋势，人类活动给生态系统带来越来越大的压力。

（二）生态系统状态评价

泉州湾海湾生态系统状态综合评价指数为 0.6356，处在"一般"的水平。环境质量得分 0.6032，与泉州湾污染较严重有关；泉州湾生物生态综合评价值 0.6，浮游动物多样性水平较高，潮间带生物多样性下降严重，外来物种入侵没有得到有效控制，特殊生境的综合评价值为 0.75，说明泉州湾河口湿地保护区的保护工作较好。

（三）生态系统响应评价

泉州湾海湾生态系统响应评价得分 66 分，可认为政府管理工作做得较好，社会响应良好，生态系统状态得到一定程度的修复，保护工作受到重视，各类开发活动基本得到依法监管。

比较压力、状态和响应三方面的评价结果，可以看出，泉州湾濒临经济发达的泉州市，生态环境受周边人类活动的干扰较强，环境质量较差，污染严重。尽管政府及相关部门已经认识到了生态保护的重要性，并作出了很多努力，致力于改善污染，加强湿地保护等，但是泉州湾面临的压力并没有缓解，反而呈增大趋势，生态系统状态也不见好转。目前的环境保护工作相对于海湾的开发利用尚显不足，加强对泉州湾生态环境的管理保护很有必要（袁建军和谢嘉华，2002）。

四、东山湾

（一）生态系统健康压力

东山湾海湾生态系统压力评价值 1994 年为 0.3020，2007 年为 0.6125，2008 年为 0.6619。总体上看，近两年来东山湾海湾生态系统压力变化不大，但相对 1994 年有很大增加。2008 年压力综合评价值表明，目前东山湾海湾生态系统承受着较大的压力，但尚未对生态环境产生严重影响，有进行控制、改善和恢复的余地。

东山湾海湾周边地区第一产业发展迅速，特别是渔业产值增长显著，渔业产业中海洋捕捞量有所减少；东山湾周边工业基础好，发展迅速，工业污水的排放污染潜在压力增大；东山湾周边每年排污总量虽然在福建省各海湾中属于较好水平，但最新的数据表明，东山湾海域污染面积达到 47%，不容乐观。此外，东山湾围填海项目较多，围填海面积较大。

（二）生态系统状态评价

东山湾海湾生态系统状态综合评价值为 0.5960，处于"一般"的范围，说明东山湾海湾生态系统整体状态一般，并不尽如人意，需要加强环保力度，改善东山湾生态环境质量。

（三）生态系统响应评价

东山湾海湾生态系统响应评价中有 3 个二级指标达到满分 10 分，海湾生态系统响应综合分数为 75 分，说明东山湾周边市县政府、社区的保护工作做得不错，但乡镇生态保护法制建设和执行还需完善，海湾周边乡镇居民的生态保护意识还需进一步宣传教育，要加强资源可持续利用观念的灌输。

五、对策措施

加强海洋环保意识、保护海洋生物和生态环境。限制海湾捕捞活动，减少养殖和排污活动对野生生物的影响，既要避免海洋野生经济生物的数量和质量下滑，也要保证海洋生物资源整体的物种多样性得以维持。

因地制宜、调整优化海洋产业结构，减轻海湾生态系统压力，开发结构更加合理。

积极推行海洋生态补偿政策。建议对现有"排污收费制度"进行改革，提高收费标准，突出生态补偿的内涵，建立以排污单位为补偿主体，地方政府作为代理人充当补偿对象的生态补偿机制，利用经济手段，鼓励减少排污行为。建立流域和海域、内地和沿海之间的用水生态补偿机制。建立围海造地生态补偿机制，用海单位是补偿主体，地方政府充当补偿对象，以资金补偿为主，补偿标准建议参考同期用于商业开发的围海造地土地价格制定。

加强对大型围填海工程的引导和控制，包括围填海总量控制、围填海方式选择和选址，减轻其对海湾生态系统服务的影响。

加强海洋自然保护区和特别保护区的选划和建设。划定一些急需修复的海湾生境，开展生态建设，恢复海湾生态系统功能。

第四节　福建省重要港湾环境容量评估

一、重要港湾环境质量现状

2009 年全省近海海域环境状况继续保持良好态势，水质维持在清洁、较清洁水平。近岸海域监测区域水环境质量与 2008 年相比有所改善，受污染海域面积 9664 千米^2，较 2008 年减少 693 千米^2。清洁、较清洁、轻度污染、中度污染和严重污染海域面积分别为 7276 千米^2、5060 千米^2、2644 千米^2、3791 千米^2 和 3229 千米^2。中度污染和严重污染海域主要分布在宁德沿海近岸、罗源湾、闽江口、泉州湾和厦门沿海近岸局部海域。主要污染物为无机氮、活性磷酸盐和石油类。

无机氮和活性磷酸盐污染较重区域主要分布于宁德沿海近岸、罗源湾、闽江口、泉州湾，以及厦门沿海近岸局部海域；石油类污染区域主要分布于沙埕港和兴化湾局部海域。

2009 年，全省 13 个重要港湾中 9 个港湾处于富营养化状态，其中 7 个港湾为严重富营养化状态。与 2008 年相比，闽江口、兴化湾、湄洲湾和厦门湾水环境质量有所改善，但沙埕港、三沙湾、罗源湾和福清湾水环境质量有所下降。

2009 年全省近岸海域沉积物质量总体良好，但沙埕港、泉州湾和旧镇湾等局部海域存在粪大肠菌群或 DDT 超标的现象。2009 年贝类生物质量状况总体良好，大部分贝类质量符合《无公害食品 水产品中有毒有害物质限量》（NY 5073—2006）和《养殖生物质量安全性评价》标准值的有关规定，仅宁德沙埕港和牙城湾个别站点的牡蛎中镉残留量略有超标。

二、海湾入海污染源与特征

（一）入海直排口

2009 年全省共监测陆源入海排污口 73 个，污水排海总量 65.4 亿吨，污染物排海总量 89.3 万吨。其中，主要污染物排海总量 48.5 万吨，其中悬浮物 42.1 万吨、化学需氧量 5.5 万吨、氨氮 0.7 万吨、活性磷酸盐 0.1 万吨、石油类 374 吨、砷及重金属 8.4 吨。

在开展监测的 39 个重点陆源入海排污口中有 33 个排污口存在超标排放行为。主要超标排放的污染物为化学需氧量、氨氮、总磷和悬浮物等。

（二）主要江河污染物入海总量

2009 年闽江、九龙江等 10 条江河主要污染物排海总量为 133.9 万吨，其中，化学需氧量 129.3 万吨、氮磷 3.8 万吨、油类 0.4 万吨、重金属 0.3 万吨，比上年增加 24.1 万吨。

（三）港湾污染特征

7 个重要港湾中，泉州湾的单位污染物负荷最大，表明所受的污染压力最大，而相关的调查结果也表明，泉州湾的 N、P 测值较高的罗源湾和三沙湾单位污染物负荷相比其他港湾的要小，说明其本身的污染物排放压力不大，但由于两个港湾都属于口小腹大，口门处极其狭窄，不利于污染物向湾外迁移扩散，而易于滞留于湾内，因而其 N、P 等测值反而高；相反的，湄洲湾由于整体相对开阔，虽然单位污染物负荷大于罗源湾、三沙湾，但其 N、P 测值要低；将口门开口同样开阔的泉州湾、兴化湾和湄洲湾相比，其单位纳潮量污染物负荷自大而小依次为泉州湾和湄洲湾、兴化湾，污染物测值也基本反映了该特征，由此可以看出，单位纳潮量入海污染物负荷的概念能够在一定程度上反映港湾所承受的污染压力（表 11-1）。

表 11-1 港湾入海污染源排放总量及单位污染物负荷汇总表

项目		罗源湾	泉州湾	厦门湾	三沙湾	兴化湾	湄洲湾	东山湾
港湾面积/千米²		162.62	128.18	460	675.5	624.97	457.72	247.89
滩涂面积/千米²		78.18	80.48	152	290.5	223.70	169.90	92.36
平均潮差/米		4.98	4.27	3.98	5.05	4.74	4.65	2.3
纳潮量/万方		61 518	37 550	152 832	267 776	243 219	173 338	46 393
污染物量/(吨/年)	COD	31 579	40 941	58 386	159 064.7	101 880.6	188 314.2	23 528
	TN	3 096	20 103	28 922	12 808.72	40 132.72	19 211.06	12 450
	TP	622	1 791.778	3 249	1 228.54	5 762.8	2 867.73	—
单位纳潮量污染物负荷	COD	0.51	1.09	0.38	0.55	0.42	1.09	0.51
	TN	0.05	0.54	0.19	0.04	0.17	0.11	0.27
	TP	0.01	0.05	0.02	0.00	0.02	0.02	
调查年份		2009	2008	2009	2004	2004	2004	2003

注：单位纳潮量污染物负荷＝港湾入海污染总量/港湾纳潮量。

三、港湾污染特征评价

（一）入海污染物排放总量分布

福建重要港湾入海污染物 COD 排放量最大的是湄州湾，为 188 314.2 吨/年，最小的是东山湾，为 23 528 吨/年；TN 排放量最大的是兴化湾，为 40 132.72 吨/年，最小的是罗源湾，为 3096 吨/年；TP 排放量最大的是兴化湾，为 188 314.2 吨/年，最小的是罗源湾，为 23 528 吨/年。从单位纳潮量入海污染物负荷来看，泉州湾的单位污染物负荷最大。

（二）入海污染源构成特征

污染物进入近岸海域的主要途径有河流输送、污水排放口、海水养殖、港口船舶直（混合）排入海大气输送等。福建省近岸海域主要污染物大部分经由河流输送入海。福建省近岸海域污染源主要由陆源污染源和海源污染源两部分组成，陆源污染源包括工业、农业、生活污水和水土流失进入海洋的污染物；海上污染源包括港口和海上船舶污染源、水产养殖污染源等。

总体上，福建重要港湾入海污染源以陆源污染物为主，陆源 COD、N、P 所占的平均比例分别为 61%、88%、84%。其中，农业污染源所占比重较高，其 COD、N、P 所占的平均比例分别为 28%、57%、48%；其次是生活污染源，其 COD、N、P 所占的平均比例分别为 27%、56%、33%；然后是水土流失；所占比重最少的是工业污染源，其 COD、N、P 所占的平均比例仅为 1%～3%。海源污染物中，主要以水产养殖为主，其 COD、N、P 所占的平均比例分别为 39%、12%、16%，船舶污染源所占比例很小。

各港湾具体情况是：罗源湾和三沙湾入海污染物以海源污染物输入为主，其 COD

所占的比例分别高达 83％、98％，N 所占的比例分别为 46％、72％，P 所占的比例分别为 73％、79％，主要来源于水产养殖。其他湾则以陆源污染物输入为主，泉州湾以生活污染为主，TN、TP 所占的比例高达 86％、83％；厦门湾污染物中 COD 以生活污染为主，占 55％，其次是农业污染，占 33％，N、P 以农业源为主，所占的比例分别为 58％、63％，主要是受九龙江流域入海污染物的影响；兴化湾以农业污染为主，TN、TP 所占的比例为 86％、64％，湄洲湾则农业污染和生活污染并重，两者 COD、N、P 所占的比例约为 76％、75％、75％。

（三）港湾污染物分布特征

1．水质

根据 2005 和 2006 年的调查结果，福建省港湾海水环境质量评价因子中，超二类海水水质标准的主要因子为无机氮、活性磷酸盐、石油类，以及部分重金属指标。无机氮和活性磷酸盐含量在多数港湾海水中超二类标准，甚至不同程度地超四类标准；石油类含量也在大部分港湾海水中部分站位超二类，但能满足三类海水水质标准。

湄洲湾水环境质量，仅个别站位无机氮超二类标准；罗源湾和兴化湾次之，氮、磷超标现象较为普遍；三沙湾和泉州湾不仅氮、磷超标现象十分普遍，而且石油类含量也在部分站位出现超标现象；厦门湾和东山湾海水中无机氮、活性磷酸盐仍然是主要的超标因子，重金属铅、锌和铜也出现有超标现象。

2．沉积物

根据 2005 和 2006 年的调查结果，福建省港湾大部分港湾潮下带沉积物质量优于潮间带沉积物质量，超一类海洋沉积物质量标准的主要因子为有机碳、硫化物、石油类、铜、铅、锌、汞等，但均能满足二类海洋沉积物质量标准。

湄洲湾、东山湾沉积环境质量相对较好，东山湾沉积环境中各监测指标均满足一类标准，湄洲湾沉积环境中仅个别站位锌含量超标。

罗源湾沉积环境中石油类和铜、兴化湾中硫化物和锌、泉州湾中铜和铅等存在个别站位超标现象，这些港湾沉积物质量已经受到轻微污染。

三沙湾沉积物中的有机碳、铜、铅和锌含量少量站位存在超标现象，厦门湾中有机碳、镉、铜、锌和铅含量少量站位存在超标现象；这两个港湾超标因子相对较多，应引起足够的重视。

3．生物质量

根据 2005 和 2006 年的调查结果，福建省港湾超一类海洋生物质量标准的主要因子为砷、铜、铅、锌、汞、镉、六六六和 DDT 等。多数港湾海洋生物质量已受到不同程度的污染，应引起相关部门的注意。罗源湾、湄洲湾生物质量相对较好；三沙湾、兴化湾、泉州湾、东山湾生物质量不仅主要重金属超标，而且六六六和 DDT 也有超标现象，当中尤以泉州湾及东山湾的六六六和 DDT 超标情况较为突出；厦门湾大嶝海域生物质量中的砷、铜、铅、锌、汞和镉含量出现超标，尤以铜、铅和锌含量超标较为突出，生物质量不容乐观。

四、港湾环境容量研究及其利用特征

（一）环境容量计算结果

各个港湾的 COD 的现状排放量基本小于其环境容量，尚能接纳一定的排放量；但是，除了湄洲湾 N 尚有较小的容量外（5947 吨/年），其他港湾的 N、P 的现状排放量均已超过其环境容量，均需要削减。

（二）环境容量利用特征

厦门西海域北部湾顶、同安湾北部湾顶、罗源湾湾顶均为 N、P 环境容量利用率较大的海域，N 环境容量利用率分别为 190%、133%、394%，P 环境容量利用率分别为 180%、142%、373%，港湾现状污染物的入海量是其环境容量的 1～4 倍，应当着重对这些港湾的污染物实施总量控制与减排。

与湾顶的过度利用形成对比，湾口的环境容量利用率较低，同安湾南部湾口、罗源湾可门湾口的 N 环境容量利用率分别 58%、9%，P 环境容量利用率分别为 32%、16%，尚有较大的接纳污染物的余地。

响应系数表明，湾顶排放口污染物浓度的响应系数远大于湾口，即当排放等量污染物时，湾顶排放所引起的污染物浓度增量远大于在湾口排放。因此，今后港湾污染物应逐步引到湾口、湾外排放，推行离岸深水处置，以有效地利用港湾环境容量，为海洋污染控制创造有利条件。

五、对策措施

河海兼顾，加强流域污染控制，特别应重点落实闽江、漳溪、木兰溪、晋江、九龙江、漳江等河流的污染物总量控制目标。

加强污染源治理，完成污染物削减目标。以福州、厦门、莆田、宁德、漳州和泉州为依托，逐步向县级市推进，加强污水管网和处理能力建设。沿海城市新建城镇生活污水处理厂均应达到一级标准。

加强沿海地区产业发展的结构升级，逐步淘汰以畜禽养殖、重化工、钢铁、印染、造纸、冶金等为代表的高污染行业。积极发展金融、现代机械制造、现代医药、高端精密设备、计算机、新兴电子、新能源等为代表的新兴产业。

进一步加强主要入海直排源、河流污染物入海通量监测和近岸海域生态环境监测工作；加强近岸海域环境监测基础设施建设，提升海洋环境监测能力；完善海水水质标准和基准体系，健全近岸海域环境评价和考核体系。

第五节 闽江入海物质对闽江口及沿海地区的影响

综合研究闽江口入海淡水、泥沙、营养盐、污染物的历史变化，以及在河口的输移和沉积过程，为河口拦门沙整治、湿地和生物多样性保护，以及区域持续发展提供科学依据。

一、闽江入海水沙变化及影响

（一）闽江口入海泥沙变化

闽江水沙呈现明显的季节差异，夏秋洪水期间，径流量和含沙量均呈现高值。根据资料计算[①]，1970～1975 年年均含沙量呈上升趋势，1976 年以后呈下降趋势，其中 1993 年明显减少。从年输沙量看，大致可分为 1970～1975 年、1976～1984 年、1985～1992 年、1993～2004 年和 2005～2006 年等阶段，其中头尾两个阶段呈上升的趋势，其余呈阶梯状下降（图 11-6）。

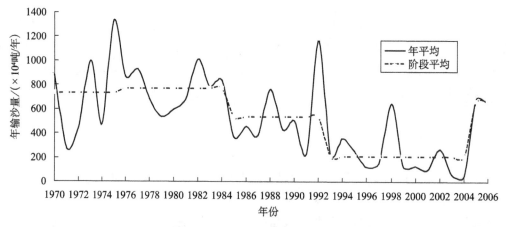

图 11-6　竹歧站年输沙量变化

（二）闽江口地貌演变与机制

闽江河口浅滩主要发育在河口区的南部，水下河道主要发育在河口区的北部。1913～2005 年，浅滩面积除 1986～1999 年减小外，均为增加。梅花水道浅滩逐渐增长发育，水下河道变窄变浅；闽江北支则由单一的川石水道变成由川石水道和壶江水道并存的形

---

① 福建水文局竹歧站闽江径流与输沙量的观测资料（1970～2006 年）。

态，其口门外浅滩逐渐冲刷，水下河道流势日益顺畅。梅花水道口门浅滩日益发育，其输送水沙的作用减弱，闽江入海泥沙主要通过北支输出（刘苍字等，2001）。

1913 年到 2005 年间，乌猪水道、梅花水道西半段变窄；琅岐岛东岸进积；梅花镇东侧的闽江口南岸向海推进，但近年来推进速率明显减小。

20 世纪上半叶，闽江口表现为较强的淤积，此后淤积速率逐渐减小，20 世纪 80 年代后期到 20 世纪末河口区有冲刷也有淤积，但以冲刷为主，冲刷淤积的转化反映了水下浅滩与水下河道的迁移变化。三角洲前缘斜坡在河口区南部以侵蚀为主、河口区北部以淤积为主。

对比河口浅滩面积变化，1986～1999 年浅滩面积的减小，与径流泥沙供应减少的情况一致，而 1999～2005 年浅滩面积的增加，与 2005 年以后泥沙供应显著增加有关（表 11-2）。

表 11-2　闽江口 0 米线以浅海域面积增加速率

时期	1913～1950 年	1950～1975 年	1975～1986 年	1986～1999 年	1999～2005 年
面积变化速率/（×10⁶ 米²/年）	0.54	0.04	1.91	−1.92	1.67

1975 年以后入海泥沙呈减少的趋势，其主要与水库建设和下游河道采沙等活动密切相关，泥沙供应的变少进一步造成了 20 世纪 80～90 年代河口浅滩面积的减少和海底的侵蚀冲刷。浅滩面积减少客观上减少了河口滩涂湿地的面积，如河口南部的鳝鱼滩湿地、琅岐岛东侧的南上行沙、川石岛东侧的铁板沙等，进一步影响了湿地植被及湿地动物的生存环境。

根据现场观测和数值模拟，闽江口南、北支河道具有不同的泥沙输送特征，基本可概括为"北出南积"，即北支河道向海输送大部分径流和泥沙，泥沙沉积在河口及三角洲前缘地区；河口区泥沙易发生再悬浮，可通过涨潮流向南支上游输送，与南支水道带出的泥沙一道促使了南支口外浅滩的发育（俞鸣同，1992；潘定安等，1991）。

二、营养盐和污染物增长性输入产生的影响

闽江口 10 米等深线内海域的溶解氧（DO）平均含量符合国家一类海水水质标准，活性磷酸盐平均含量符合国家二～三类海水水质标准，溶解无机氮（DIN）平均含量严重超标，超过国家四类海水水质标准；闽江口 10 米等深线外海域的 DO 平均含量符合国家一类海水水质标准，活性磷酸盐平均含量符合国家二～三类海水水质标准，DIN 平均含量则符合国家三类海水水质标准。

不论是 10 米等深线内海域还是 10 米等深线外海域，N/P 比值背景值都为 28.3。N/P 比值均远大于 Redfield 比值显示磷是闽江口海域营养盐限制因子。

比较该研究海域的 DIN、活性磷酸盐背景值与 2006～2008 年该海域的平均值相比较，闽江口的活性磷酸盐平均含量增加了 62.5%，但仍然保持在国家二～三类海水水质标准；DIN 平均含量增加了 188%，从原有的符合国家二类海水水质标准恶化到如今

的超过国家四类海水水质标准；N/P 比值约增加了一倍，该海域的磷限制越来越严重。

2007 和 2008 年，每年通过闽江入海的 N、P 总量分别达到 46 929 吨和 37 732 吨，携带入海的 N、P 污染物是造成闽江口及其周边海域 N、P 超标的主要因素。营养盐的过度输入造成了河口区水质的恶化，赤潮灾害频发发生，不但给养殖、滨海旅游等造成巨大的损失，也会因赤潮藻类的过度繁殖和死亡造成海域缺氧等事件，对河口海蚌等珍稀物种造成重大损害（许清辉等，1991）。

三、入海冲淡水扩散及其影响

根据 2006～2007 年四个季节的现场调查，如以盐度 32 作为闽江冲淡水的影响范围，四个季节中，秋季冲淡水影响范围最大，夏季最小，春季和冬季相差不大，居中。

夏季在闽江口－海坛岛东侧存在高盐－低温的涌升水，盐度显示较明显，可达表层。夏季除了冲淡水带来大量营养物外，涌升水也可为该海域提供较丰富的营养盐。同时自南向北的南海暖流及该涌升水可能阻隔闽江冲淡水向外的输送，限制了夏季冲淡水等扩散范围。如冲淡水扩散受限制，可导致大量输入的营养盐无法及时扩散到外海，增加海域的污染状况。

四、海水入侵与数值模拟

受海域和地形格局的影响，历史记录表明，闽江口在枯水大潮期间常发生盐潮入侵（俞鸣同，1992）。闽江口南岸长乐梅花－松下一带沙质海岸地区，易受海水入侵的影响。2008 年监测结果显示，部分地区地下水氯度和矿化度较高，已受地下海水入侵的影响。

盐水入侵数值模型显示，在枯水期上游流量 350 米^3/秒，大潮下盐度大于 0.5 的含盐水入侵到马尾以西河道，最远达到新岐附近，影响到马尾、城门、义序水厂取水口。仅剩东南区水厂和文山里的西区水厂尚处安全范围。

在 50 年一遇高潮位下结合上游流量 350 米^3/秒下，盐度大于 0.5 的含盐水入侵到闽江中游南北支，北支盐水可达解放大桥，南支可达科贡，影响到马尾、城门、义序、东南区水厂取水口。仅剩文山里的西区水厂尚处安全范围（图 11-7）。

五、对策建议

河口因水沙变异，导致河口湿地面积缩小。基于目前流域水利工程开发情况，应加强流域水沙调蓄的工程措施研究，尤其在干流水口电站，既可保证水库库容的维护，也可向水库下游提供足够的泥沙，保障河口泥沙供应平衡，维护河口区生态环境的稳定。

加强流域污染排放总量控制。制定排放总量标准，并落实各地区排放指标，切实控制入海污染物总量，保持河口区的生态安全。

重视海水入侵问题，保障城市饮水安全，加强现场监测，建设闽江口取水安全预警

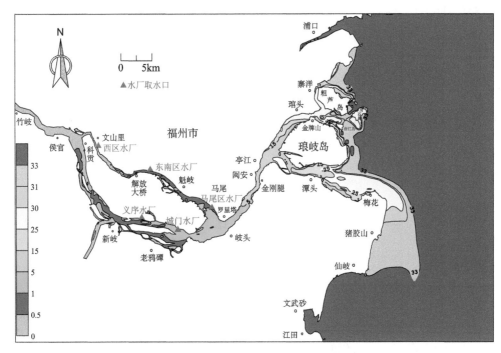

图 11-7 50 年一遇高潮位下枯水期盐潮入侵范围

系统，尤其是精细化数值预报模型。

第六节 福建省海岛生态系统评价与开发保护策略

近几十年来，福建省海岛经济迅猛发展，迫切需要对福建省海岛生态系统进行科学、全面的评价，为合理开发利用海岛资源提供决策依据（周珂和谭柏平，2008；高俊国和刘大海，2007；罗美雪等，2007；黄发明和谢在团，2003）。

一、福建省海岛开发利用状况

福建海岛开发已呈现以下几个特点：一是已初步形成渔业捕捞、浅海滩涂养殖、海岛旅游休闲、海洋矿产开发和海洋运输等产业为重点的海岛经济结构；二是面积较大海岛经济逐步壮大；三是海岛渔业是海岛经济的核心和主体；四是批准成立的东山岛创汇农业实验区、湄洲岛旅游度假区、海坛岛旅游开发实验区、琅岐岛"菜篮子"工程等，对海岛特色经济发展和海岛建设起到重要的推动作用。

海岛的开发利用方式主要有：通过筑堤围海，使海岛成为堤连岛或堤内岛，或者填成更大的岛屿或陆地；在海岛建水产育苗池和养殖池，在海岛周围海域发展海水养殖；

修建堤岸、防波堤、码头、导航标志等；修建供电铁塔、电线杆、电讯发射塔，架设电线等基础设施；开发海岛旅游景点，建设旅游设施，挖井，开采地下水；在海岛上开山采石、挖井采水、垦荒、种植作物等；其他还有如建设房屋等建筑物。

无居民海岛开发利用的程度总体上不高，尤其是距离大陆较远和人类活动较少的无居民海岛，基本上仍保持相对原始的状态。但有些靠近大陆和港湾内的无居民海岛或毗邻有居民岛的小岛，岛上资源开发利用程度相对比较高，部分岛屿在开发中因不注重保护，造成海岛资源和生态环境的破坏。

二、福建省海岛开发利用存在的问题

无居民海岛未经审批、擅自开发利用的现象比较普遍，因盲目和粗放开发，造成海岛资源浪费和破坏。

海岛教育、卫生、文化等社会事业较为落后；海岛交通仍有待改善，海岛饮水安全得不到保障，环境及防护设施严重缺乏。

厦门、东山、平潭等开发程度高、基础设施和社会事业建设发达的海岛，外来人口集聚，给海岛的资源环境带来较大的压力，而一些村乡建制的海岛则出现居民外流现象。有居民海岛出现两极分化的情况。

领海基点岛设有各种等级的基线点、重力点、天文点、水准点、全球卫星定位控制点等设施和标志等，目前普遍缺乏有力的保护措施。

三、福建海岛生态系统状况

选取福建省辖区内具有代表性的典型海岛进行重点评价，以点带面，概括地反映福建省海岛生态系统状况。典型海岛概况如表 11-3 所示。

表 11-3　典型海岛概况表

海岛名称	行政隶属	位置	面积/千米²	有无居民及规模
六屿	宁德	赛江河口	0.21	村级岛
东安岛	宁德	三沙湾内	6.66	村级岛
岗屿	福州	罗源湾内	0.08	无居民岛
川石岛	福州	闽江口	2.84	村级岛
南日岛	莆田	兴华湾外	42.16	乡级岛
大坠岛	泉州	泉州湾内	0.61	无居民岛
小嶝岛	厦门	围头湾内	0.97	村级岛
塔屿	漳州	东山湾口	0.66	无居民岛
西屿	漳州	诏安湾口	1.18	无居民岛

采用层次分析法、熵值法、综合法等方法评价海岛生态系统状况。全省海岛生态系统综合评价得分为 0.69，对应的生态等级为良。总体而言，海岛生态系统状况较好，区域环境质量较好，受到轻微污染；生物多样性较高，特有物种或关键物种保有较好，

生物类群结构种类虽受到一定干扰，但在生态系统承受能力范围内，生态系统较稳定，生态功能较完善；自然性较高，异质性较低，景观破碎度较小。

全省海岛除生物状态的生态等级为一般之外，其他三个一级指标的评价等级均为良，总体而言，生物状态指标是海岛生态系统中相对较为脆弱的一个指标，在海岛生态系统管理中应注重海岛及周围海域生物群落的保护和修复。此外，对有居民海岛，生物状态和景观格局指标相对较弱，生态得分等级均为一般；评价无居民海岛生态系统的各一级指标得分均为良。

海岛潮间带底质类型、台风灾害、海域无机氮和潮间带底栖生物多样性等四个指标是福建省海岛生态系统表现较脆弱的指标。潮间带底质类型短期内不会发生明显变化；台风灾害严重威胁海岛生态系统的稳定性；福建省海域无机氮含量预计将进一步增加，影响海岛生态系统的演化进程；潮间带底栖生物多样性趋向单一化，是福建省海岛生态系统管理中应给予重点关注的问题之一。

以六屿为代表的海岛其生态系统状态等级为一般。它们岛陆面积小，开发适宜性差，仅有少量的开发利用活动，岛陆生态系统相对稳定，其距离社会经济相对发达的大陆近，周边海域水动力条件较差，受大陆和近海的人类活动影响明显，潮间带和近海海域生态系统相对较差。这类海岛生态系统状态一般，管理上应从区域的角度，对岛陆周围海域的生态系统进行重点管理。

以小嶝岛为代表的海岛其生态系统状态等级为一般。它们面向开阔海域，海域生态系统相对稳定，但岛陆面积较小，人口密度高，住宅用地高度集中，人工景观占据绝对优势，岛陆生态系统非常脆弱。这类海岛管理的重点在于对岛陆生态系统进行整治和改造，增加植被覆盖率，尤其是集中区域进行植树造林，增加高生态服务价值的森林面积，提高海岛自然性（表11-4）。

表 11-4　福建省典型海岛生态系统综合评价结果

岛屿	六屿	东安岛	川石岛	岗屿	南日岛	大坠岛	小嶝岛	塔屿	西屿	平均
层次分析法	0.56	0.76	0.71	0.73	0.63	0.72	0.49	0.73	0.81	0.68
熵值法	0.53	0.74	0.70	0.70	0.71	0.71	0.64	0.76	0.80	0.70
综合法	0.56	0.76	0.71	0.72	0.63	0.72	0.50	0.73	0.81	0.68
平均	0.55	0.75	0.71	0.72	0.66	0.72	0.54	0.74	0.81	0.69
生态等级	一般	良	良	良	良	良	一般	良	优	良

以南日岛为代表的海岛其生态系统状态等级为良。它们面向开阔的、水动力条件好的海域，岛陆面积大，人类开发利用活动强度高。这类海岛具有较强的生态承载力和抗干扰力，适宜进行一定程度的开发利用，但应以生态系统管理为中心进行开发利用规划，引导人类居住和开发利用活动区域集中布局，保护和整治自然景观，以提高海岛的自然性，降低景观斑块破碎化程度。

以东安岛为代表的海岛，其生态系统状态等级为良。它们较一般无居民海岛的面积大，具有较好的生态承载力，开发强度适中。因此，可以认为具有较大岛陆面积的海岛可实施一定程度的开发利用，只要遵循海岛生态系统规律，了解这一海岛生态系统的优势和弱势，进行合理规划和布局，不会对海岛生态系统产生明显不利的影响。

其他无居民海岛生态系统的生态等级在优和良之间。它们受人类活动干扰和破坏的程度相对较低，植被覆盖率较高，所处海域水动力条件好，沉积物环境质量和水质环境质量较好，景观自然性较高，破碎化程度较低，生态系统较为稳定。但无居民海岛岛陆面积小，岛陆生态系统较为脆弱，生态承载力较差，从维持或保护无居民海岛生态系统的角度而言，应保护为先，不作大规模的开发利用。

福建省典型海岛年生态系统服务价值最高的川石岛为 8948.5 万元，最低的岗屿为 88.4 万元。各典型海岛单位面积的年服务价值在 77.7～247.4 万元/千米^2，最高的是东安岛，最低的是大坠岛，各海岛单位面积的年服务价值的平均值为 126.1 万元/千米^2（表 11-5）。

表 11-5 福建典型海岛生态系统脆弱性指标分布表

评价指标	六屿	东安岛	川石岛	岗屿	南日岛	大坠岛	小嵛岛	塔屿	西屿	频次/%
植被覆盖率							*			11.1
潮间带底栖生物多样	*			+		+		+		44.4
浮游植物生物多样性	*			+				*	*	44.4
浮游动物生物多样性			+					+	+	33.3
浅海底栖生物多样性	*									11.1
有机碳										0
硫化物	+									11.1
石油类	*									11.1
COD										0
无机氮	*			*		+	+		+	55.5
活性磷酸盐				+			*			22.2
石油类										0
海岛潮间带底质类型	*			+				+	+	55.5
道路平均坡度				+						11.1
自然性指数					+		*			22.2
破碎性指数				*						11.1
年降水量						+				11.1
年平均风速	+	+								22.2
赤潮发生次数										0
台风发生次数		+	+	+	+	+				55.5

注：＊为极端脆弱性指标；＋为脆弱性指标；频次指两者出现的频率。

四、海岛资源开发保护策略

加强土地管理，防止耕地大面积锐减。防止水土流失，保持和提高土地的质量水平。严格规划，合理利用。

海岛淡水资源短缺，人均占有率远远低于大陆，应当采取涵养水源、建设水利工程和防治污染等措施加以保护。

福建海岛海洋能资源和风能资源相当可观，具有很大的开发潜力。建议开展海岛风能、太阳能、海洋能等可再生能源开发利用技术及多能互补技术研究。加大对偏远海岛可再生能源建设工程的扶持，对条件困难的偏远有居民海岛建设可再生能源设施进行补贴。

以渔业资源开发利用为主的海岛，建议根据海洋功能区划，确定海岛区域主导功能，在适宜条件下合理开展海水增养殖。建立贝类苗种基地和生态综合养殖示范区；加快渔港基础设施建设和鲜活水产品出口基地建设，使渔业向规模化、基地化发展。建立海水农业新型种植模式、海水灌溉技术和海岸滩涂开发利用生态化示范工程，构建滩涂海水生态农业产业化开发体系。加强优良品种培育、病害快速诊断及其综合防治、渔业资源评估及可持续利用等关键技术的成果转化，使养殖在品种上向名优特海珍品养殖发展；推动海洋水产品加工、贮藏、运输等关键技术应用，以及水产品质量安全保障等技术的应用；促进海岛渔业转型升级，积极发展休闲渔业，重点开展海洋农牧化工作。加强渔业管理，确定禁捕期和禁捕区，加强对渔具使用的监管，限制近海作业渔船数量和马力，提高邻近海域巡逻的效率，控制捕捞强度，调整捕捞结构，改变浅海、近海超负荷捕捞状态；对经济虾蟹资源执行"春保、夏养、冬捕"的生产方针；严格保护滩涂贝类苗种产地和主要聚集区。

采取措施促进森林生长发育，有条件的地方实行梯度培育，利用主林层、培育亚主林层、促进演替层、保护更新层。严格保护岛陆植被，禁止未经论证、批准的砍伐或经济林种植，对破坏森林的行为要依法惩处。严防森林火灾。保护生物多样性，严格保护自然保护区、自然保护小区的森林、林木，满足濒危野生动植物物种特定的栖息地数量与质量要求。

针对珍稀动植物主要栖息的岛屿、生物多样性较高的岛屿，以及具有特殊地貌景观、人文遗迹的岛屿，建立国家、省、市、县级海岛生态自然保护区或特别保护区加以保护，保护区的类型和范围应与海洋功能区划取得一致。选择一些特殊的岛屿，可考虑建立物种引种和驯化基地，还可以通过海峡两岸科技工作者的合作与交流，开展种质资源保护和原种保护。

建立福建省海岛综合利用示范工程，形成海岛合理的开发与保护网络。鼓励远洋捕捞、海水养殖、生态旅游、交通运输、中转贸易等海岛特色产业发展；建设海岛观光休闲和生态特色旅游示范区，完善海岛旅游基础设施建设；实施海洋典型生态系统修复示范工程，建设海岛生态整治和修复示范区、海洋特别保护区；实施适合海岛特点的风能、太阳能、波浪能利用和海水淡化与综合利用等示范工程，以及循环经济发展模式，逐步提高可再生能源在海岛能源消费中所占的比例；扶持在台风、风暴潮、洪涝、滑坡、泥石流等灾害高风险区建设社区避难场所，提高海岛防灾抗灾能力。

第七节　福建省围填海对海洋生态环境的影响

一、围填海现状

（一）围填海规模

福建省围填海面积大，近 50 余年时间里围填海面积 1114.51 千米^2。以围填面积 1.00～5.00 千米^2 规模为主，累计面积 340.54 千米^2，占围填海总面积的 30.56％；其次是 0.50～1.00 千米^2 规模的围填海，面积 58.96 千米^2，占总面积的 5.29％；面积 5.00～10.00 千米^2 的围填海面积 268.72 千米^2，占总面积的 24.11％；面积大于等于 10.00 千米^2 的围填海面积有 446.29 千米^2，占围填海总面积的 40.04％。单个围填海面积最大的是泉州市外走马埭围垦，面积达 34.67 千米^2；其次是福清市东壁岛围垦，面积 28.98 千米^2；第三的是连江县大官坂围垦，面积 27.53 千米^2（表 11-6）。

表 11-6　福建省面积大于等于 0.50 千米^2 的围填海开发利用类型情况

		农业种植	水产养殖	盐田	港口与临港工业	城镇建设	总面积
初用途	面积/千米^2	401.63	405.33	212.05	59.73	35.77	1114.51
	比例/％	36.03	36.37	19.03	5.36	3.21	100.00
现用途	面积/千米^2	318.86	445.80	145.51	84.89	119.45	1114.51
	比例/％	28.61	40.00	13.05	7.62	10.72	100.00

（二）围填海的开发利用类型

福建省围填海主要用于农业种植和水产养殖，二者占 72.40％，其次是盐田，占 19.03％，港口与临港工业及城镇建设用地占 8.57％。随着社会经济的持续发展，产业结构发生变化，围填海的开发利用相应发生变化，农业种植围填海面积下降 7.42％，盐田面积减少 5.98％，水产养殖面积增加 3.63％，港口与临港工业用海面积增加了 2.26％，城镇建设用地增加了 7.51％。

（三）围填海的时间分布

福建省围填海活动大致可分为三个阶段。20 世纪 50～70 年代，围填海以农业种植、水产养殖和盐业建设为主，大于等于 0.50 千米^2 的围填海面积合计有 538.28 千米^2；20 世纪 80～90 年代，围填海主要以水产养殖业为主，部分为种植业和解决"占补平衡"的围填海，港口与临港工业和城镇建设用海所占比例仍较小，且主要在厦门市。大于等于 0.50 千米² 的围填海面积合计有 196.33 千米²，围填海主要用于厦门市的港口和机场建设；20 世纪 90 年代至近期，面积大于等于 0.50 千米² 的围填海面积合计有 379.90 千米²，港口和临港工业、城镇建设围填海大幅度上扬，非农用地需求逐渐增加，一些垦区原有的种植和水产养殖功能也逐渐发生变化（表 11-7）。

表 11-7　福建省面积大于等于 0.50 千米² 的围填海类型时间变化　（单位：千米²）

时期	农业种植	水产养殖	盐田	港口与临港工业	城镇建设	总面积
1949~1979 年	217.40	148.35	163.11	0	9.42	538.28
1980~1989 年	58.10	95.27	37.87	3.00	2.09	196.33
1990 年以后	126.13	161.71	11.07	54.78	26.21	379.90
合计	401.63	405.33	212.05	57.78	37.72	1114.51

（四）围填海的空间分布情况

福建省围填海有 75% 集中在厦门湾、兴化湾、湄洲湾、罗源湾、三沙湾、海坛海峡、福清湾、诏安湾和泉州湾等半封闭型港湾内，围填海面积合计 836.16 千米²。以厦门湾围填海面积最大，占全省的 15.39%，其次是兴化湾和湄洲湾，各占全省的 12.02% 和 11.03%。沿海六个地级市中，福州市围填海总面积居全省沿海六地市首位，共 369.14 千米²，其次为漳州市，围填海总面积 189.03 千米²，其他四个地市的围填海面积基本在 130.00 千米² 和 150.00 千米² 之间（图 11-8）。

（五）海岛围填海情况

有居民海岛围填海主要发生在三都岛、琅岐岛、粗芦岛，海坛岛、南日岛、厦门岛、紫泥岛、乌礁洲、玉枕洲和东山岛。2010 年厦门岛、海坛岛和东山岛三个县级以上海岛岸线总长 441 千米，比 1959 年减少了 26 千米，其中厦门岛减少 14 千米，为 1959 年厦门岛岸线长度的 17.17%，海坛岛减少 10 千米，东山岛减少了 2 千米。

海坛岛上围填海面积最大，约为 44.46 千米²，主要用于盐田和水产养殖；其次是东山岛，约为 43.36 千米²，主要是盐田和水产养殖等用途；厦门岛围填海用于城镇、港口和路桥建设等，面积约为 26.84 千米²；南日岛围填海面积约 5.39 千米²，主要为水产养殖；紫泥、乌礁洲和玉枕洲围填海主要是水产养殖，面积分别为 6.92 千米²、2.09 千米² 和 2.19 千米²；琅岐、粗芦围填海面积分别为 1.40 千米² 和 0.44 千米²，多是用于水产养殖和农业种植。

福建省因港口建设围填海而消失的海岛有 36 个，如过境岛、象屿、目屿等。厦门湾、三沙湾和湄洲湾最突出。

二、围填海生态效应与损失估算

（一）对海湾水动力的影响

沙埕港历史围填海工程造成海湾最大流速减小超过 20 厘米/秒，纳潮量减少

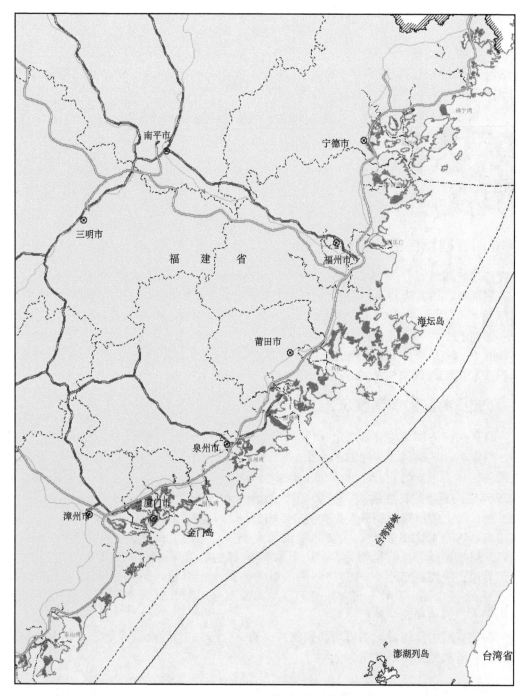

图 11-8　福建省面积大于等于 0.50 千米² 的围填海工程区分布示意图

7.11%～8.15%；水交换率减小超过 10%，污染物浓度增大。三沙湾早期围垦面积较大，纳潮量减幅达 6.5%～12%，水交换率减少近 18%。罗源湾白水围填海工程使得海湾大潮纳潮量减少 2.38%，小潮纳潮量减少 3.26%，潮位降低，水交换能力有所下降。

1980 年以后围填海工程使得福清湾及海坛海峡纳潮量降低了 7.1%～18.0%，其中福清湾纳潮量减少了 18.0%，湾内多数站位潮流流速降低，最大降低 22.9%，影响极为显著。南埔围垦工程使得湄洲湾纳潮量虽仅降低 0.88% 左右，但内湾降低达 6.7% 左右，内湾局部流速明显降低，全湾交换率有所降低。五一围垦使得泉州湾内湾流速增加 50 厘米/秒左右，底层悬浮泥沙浓度增加 10 毫克/分米³ 左右，冲淤速度改变量大于每年 20 厘米。厦门湾大面积的填海，造成潮位上升、纳潮量减小，西海域和同安湾纳潮量减小分别达 32% 和 20%、流速减小 40% 和 20%，淤积增加，底质改变，同安湾海底从砂质变为泥质，造成文昌鱼资源消失。东山西埔围垦造成诏安湾大潮纳潮量期减小 6.67%～11.19%；平均流速减小 4.29 厘米/秒，最大减小值已经超过 10 厘米/秒。

总的来说，海湾围填海引起海湾纳潮量降低、流速减弱、水交换能力减弱，进一步加剧了海湾淤积和水质恶化，甚至影响了海洋生物的生存（鲍献文等，2008）。

（二）生态效应

围填海后，围填海区周边海域水换变差，无机氮、活性磷酸盐、石油类和重金属含量均呈上升趋势，多处围垦无机氮和活性磷酸盐含量较围垦前普遍增长 1～3 倍，泉州湾和旧镇湾无机氮实际增加近 6 倍；生物体中 DDT 和重金属含量等也呈增大趋势（陈尚等，2008；余兴光等，2008）。

围填海活动较多的海湾，环境容量的损失可达 1/3 左右，因围填海造成重要生境破坏的有沙埕港红树林的退化和消亡、三沙湾三都澳水禽湿地保护区缩小、罗源湾红树林的灭亡，以及漳江口红树林保护区的破坏等。

（三）资源损益

至 2004 年，围填海活动至少造成三沙湾丧失天然的浅海和滩涂面积 77.88 千米²。围填海活动还破坏了沿海岸线的自然风光，使原有的旅游价值下降或丧失。

白水围垦造成罗源湾浅海湿地减少 4.67 千米²，海水体积损失约 17.45 亿米³，鱼卵每年损失 22.5 亿粒、仔稚鱼 31.9 亿粒、渔获量损失 896 千克、底栖生物量 188.4 吨。

蝙蝠洲围垦使得闽江口湿地面积至少减少 3.3 千米²，降低了当地的旅游价值；而云龙围垦区所形成的水面用于划艇比赛，增加了当地的旅游价值。1950 年以来福清湾（含海坛海峡）围填海总面积为 143 千米²，养殖业得到较大的发展，水产养殖产量上升，但也导致浅海滩涂资源丧失，中国鲎生息繁衍地面积减少了 50%，中国鲎资源锐减。

兴化湾 20 世纪 50 年代后围填区总面积约为 122.08 千米²，占整个海湾面积的 19.62%。湄洲湾天然滩涂资源减少约 47 千米²，约占整个海湾面积的 10.57%，直接破坏岸线资源，加剧海域淤积，损害沙滩景观。泉州湾内的围填海面积 28.63 千米²，占湾内滩涂面积的 40.6%，加重淤积，港口航道资源减少 31%，很多古泉州港遗迹被掩埋，破坏旅游资源。

厦门湾围填海总面积 125.74 千米^2，大幅度降低了海域的纳潮量和航道的冲淤强度，并导致厦门同安湾文昌鱼渔场消失和天然红树林消失，损害滨海旅游资源。

旧镇湾内已经建成 17.80 千米^2 围填海工程，占湾内滩涂面积的 33.5%，湾内浅滩淤积加重。东山湾围填海活动对漳江口红树林破坏较严重，对生态和旅游资源影响较大。诏安湾围垦区面积约 40.84 千米^2，约占整个海湾面积的 18.4%，围垦和连岛海堤造成港口岸线资源的破坏、海湾淤积，影响滨海沙滩景观。

（四）价值损失估算

福建全省因围填海造成生态系统服务价值损失合计约每年 56.93 亿元。其中 13 个重要港湾损失约每年 49.83 亿元，其余 15 个小港湾损失约为每年 6.071 亿元，湾外海域损失约为每年 5869.55 万元，海岛损失约为每年 4444.98 万元。

全省滩涂资源和滨海旅游资源价值损失约每年 70.73 亿元。其中 13 个重要港湾损失为每年 60.43 亿元，湄洲湾损失相对较大；其余小港湾损失约每年 7 亿元，其中鳌江口损失最大；湾外海域损失每年约为 3.3 亿元。

三、围填海对滩涂浅海及海岛的影响

（一）围填海对滩涂和浅海空间资源占用

福建省 1959 年海岸线总长 4367 千米，至 2010 年时海岸线减少了 475 千米，约 10.88%。其中，福州市减少海岸线 138 千米居首位，其次是宁德市 102 千米，厦门市减少 54 千米居第三位。厦门市海岸线减少比例居首位，为 30.32%，其次是莆田市约 19.72%，福州市约 10.95% 居第三位。

福建省沿海（含海岛）滩涂面积共 1906 千米^2，20 米等深线以浅的浅海滩涂面积共 9629 千米^2，占全省海域面积的 27.05%。围填海就用了 1114 千米^2 的滩涂和浅海，是 20 米等深线以浅海域面积的 11.6%，造成大量海域空间资源的占用。

75% 的围填海发生在海湾内，造成许多港湾只剩下狭窄的潮流通道，影响海湾的自净能力，对海湾环境造成极大破坏，最典型的有泉州湾的安海湾、漳州市的佛昙湾和宫口湾。河口区域的围填海活动还严重影响到河口的泄洪通道，影响河口农田、村庄和道路的安全，如闽江口南支河道围垦和诏安湾的东溪河口围垦。

（二）围填海对滩涂和浅海生物资源的影响

福建省重要渔业海域主要集中在港湾内，受围填累积效应的影响，许多围填海面积较大的海域流场和底质发生变化，水质恶化，海洋生物的栖息地、产卵场和洄游通道遭到严重破坏。例如，海坛岛大规模的围垦，中国鲎生息繁衍场所减少了 50%，加速了中国鲎资源的衰竭。滨海电厂温排水改变了周围海水温度，影响鱼卵和仔稚鱼的生存，很多养殖生物生存环境遭到破坏，不再适宜海水养殖。

（三）围填海对湿地生境的影响

缺乏合理规划的围填海活动造成滨海湿地、红树林、珊瑚礁、河口等重要的生态系统严重退化，生境破坏、生物多样性和环境容量降低，尤其是发生在湾内的围填海活动，影响更是明显。围填海已导致沙埕港、罗源湾、厦门湾和漳江口红树林的退化和消亡，三沙湾三都澳水禽湿地保护区缩小，如厦门湾红树林面积从 1960 年前后的 3.20 千米² 至 2004 年下降为 0.21 千米²，导致海湾湿地生态功能和渔业资源的衰退。

（四）围填海对海岛的影响

围填海完全或部分改变海岛周边海域的自然属性，破坏海岛及其周围海域的生态环境和海洋生物资源。海岛围填海常采取炸岛方式取土取石造成海岛灭失、植被破坏、山体破碎等，例如，莆田澄峰围垦，在菜屿和鸡公山岛上采石取土，导致该岛面临消失危险。围填海也可改善海岛交通、供水、供电等基础设施，对海岛开发具有促进作用，如福清市的过屿。

四、对策措施

海洋功能区划是引导和调控围填海的重要法律依据和政策手段，也是围填海年度计划管理和围填海项目审批的依据，应严格控制海洋功能区划的调整（刘修德等，2009；杨顺良和罗美雪，2008）。

将围填海正式纳入国民经济和社会发展计划，实行年度总量控制管理。由海洋管理部门牵头，组织编制全省海域围填海规划，或重点海湾的围填海规划。

在海域使用管理中，从项目审批、项目过程管理、执法力度和围填海后评估等对围填海项目从申请到竣工等各阶段进行系统管理。

实施湾外围填海优惠政策，建立围填海招标拍卖市场运作机制，充分运用经济杠杆制止违规违法的围填海活动。

加强受围填海活动影响区域的生态修复建设，采取行之有效的手段保护水产资源产卵场、苗种场、索饵场和洄游通道等海域。

对围填海工程运行过程中产生的环境问题进行有效的跟踪评价，发现问题及时整改，以避免重大环境问题的产生，并为今后围填海政策制定和规划研究提供依据，引导围填海活动走健康、可持续发展之路。

第八节　小　　结

1）福建省滨海沙滩面临人为肆意采沙、旅游开发多处在粗放经营阶段和将滨海沙滩资源当成一般性滨海土地资源使用等现状，导致沙滩资源受到破坏，急需坚决查处破坏资源和生态环境的滨海旅游开发行为，推动沿海各地滨海旅游业的可持续发展。

2）过度围垦、资源过度开发、环境污染和外来生物入侵导致福建省滨海湿地面积快速减少，使滨海湿地生态功能减弱、滨海湿地系统的物质能量平衡遭到破坏、湿地的社会价值不断削弱。

对福建省三沙湾、罗源湾、泉州湾和东山湾的生态系统健康状况进行评价。在对生态健康概念和 PSR 模型研究的基础之上，分析海湾生态系统面临的压力状况，确定了海湾生态健康压力指标。

3）2010 年，全省近岸海域海水水质达到清洁海域水质标准的比例为 39.0%，较清洁海域比例为 20.5%，轻度污染海域比例为 10.1%，中度污染海域比例为 18.3%，严重污染海域比例为 12.1%。中度污染和严重污染海域主要分布在宁德沿海近岸、罗源湾、闽江口、泉州湾和厦门近岸局部海域。主要污染物为无机氮和活性磷酸盐。2009年，全省 13 个重要港湾中有 9 个港湾处于富营养化状态，其中 7 个港湾为严重富营养状态。

4）综合分析了闽江口入海淡水、泥沙、营养盐、污染物的历史变化和在河口的输移和沉积过程，为河口湿地和生物多样性保护等提供科学依据。

5）福建省 50 余年时间内围填海面积达 1114.5 千米^2。围填海造成海湾纳潮量减少和流速降低，加重了海湾淤积；围填海引起海域水换变差，多处围垦无机氮和活性磷酸盐含量较围垦前普遍增长 1～3 倍，泉州湾和旧镇湾无机氮增加近 6 倍；围填海活动较多的海湾，环境容量的损失可达 1/3 左右，因围填海沙埕港和罗源湾红树林消亡、三都澳水禽湿地保护区缩小、漳江口红树林保护区的破坏等。围填海完全或部分改变海岛周边海域的自然属性，破坏海岛及周围岛礁海域的生态环境和海洋生物资源。

第十二章
海洋灾害及防治对策评价

福建地处东南沿海，每年频繁遭受台风暴潮、赤潮、外来物种入侵、海岸侵蚀，以及突发性污染等海洋灾害，造成的经济损失日益增大，妨碍了社会经济的持续发展。

第一节 海浪与台风暴潮灾害对沿海社会经济发展的影响评价

统计分析福建沿岸历史重大风暴潮的影响特征，建设福建沿海风暴潮、海浪灾害经济损失评估模型，分析相关的风暴潮、台风浪灾害特征及损失；以厦门湾、湄洲湾等海湾为例，分析风暴潮灾害防护能力，提出政策建议。

一、福建省海浪和风暴潮灾害特征

福建省沿海地区热带风暴和台风影响频繁，加上海峡对风的狭管效应影响，台湾海峡平均风速强于我国其他沿海海域，海域风浪较大，浪高可达 16 米，风暴潮灾害和海浪灾害极为严重。每逢夏秋季节，台风伴随暴雨和巨浪，洪、涝、风和潮等灾害，影响沿岸堤防安全，破坏养殖、农田、交通、海堤、涵闸和码头等海岸设施，影响滨海城市供水、供电和防洪排涝，造成巨大经济损失，甚至危急人员生命安全。

（一）福建沿海灾害性海浪主要特征

灾害性海浪破坏力大，它不仅对海上活动造成严重威胁，而且可轻易摧毁滨海地区人工构筑物，加剧海岸侵蚀退化，恶化岸滩生态环境，危害极大。

根据 1966～1993 年台湾海峡海域的海浪资料统计，灾害性海浪频繁发生，28 年里波高为 6 米以上的狂浪年平均出现 7.29 次。冬季因海峡狭管效应，极易出现波高为 4 米以上的巨浪。福建沿海台风以外的灾害性海浪，每年有 100 多天，绝大多数由寒潮引发，与 8 级以上大风发生天数相当。

据统计，1949～2008 年的 60 年间，平均每年影响福建沿海的热带气旋或台风为 7.8 次，平均每个热带气旋或台风发生 2.3 天灾害性海浪，引起的大浪远远大于寒潮和温带气旋产生的波浪，波高年极值往往由台风造成。根据历史资料的不完全统计，福建沿海出现的最大波高是在平潭引起的 7613 号台风，波高约 16 米。其他站波浪极值也均为台风浪，如台山站 12.0 米（1972 年 8 月 17 日）、北礵站 15.0 米（1966 年 9 月 3 日和 1971 年 9 月 23 日）、崇武站 6.9 米（1983 年 7 月 25 日）、围头站 7.0 米（1972 年 10 月 10 日）、流会站 8.2 米（1969 年 7 月 28 日）。台风浪的浪向，北部沿岸海域以 N 向浪为主，中部沿岸海域以偏 S 向浪为主，南部沿岸海域则以 S 向浪为主。

（二）福建沿海风暴潮超警戒水位状况

根据资料[①]统计，1986～2008 年的 23 年间福建全省有 237 站次超过当地警戒水位的高潮位。闽北沙埕站出现 44 次，次数最多；三沙、梅花、白岩潭次之，闽南较其他区域少，厦门站仅出现 15 次。出现超过警戒水位高潮位 30 厘米以上的站次 96 次，东山、厦门和平潭较其他站少；出现超过警戒水位 80 厘米以上的高潮位的站次共有 13 次，沙埕站最多，为 4 次，三沙和梅花出现 3 次，崇武、平潭、白岩潭站各出现 1 次，东山、厦门站没有出现。

二、台风灾害损失评估模型与方法

2003～2009 年 7 年来，福建省每年因台风暴潮灾害造成的直接经济损失占当年全省地区生产总值的比重均超过 1.5‰以上；按 2008 年 CPI 折算，这 7 年潮灾造成的直接经济损失为 417.46 亿元，其中 2005 年和 2006 年两年的直接经济损失最大，损失占 2008 年福建全省 GDP 的 2.6%，给福建沿海地区的社会经济发展造成了严重的影响。

（一）风暴潮损失及评估模型

2000～2009 年间的 22 起影响福建省的风暴潮灾害，可划分为气象型灾害和混合型灾害。综合考虑风速、距离和气压等气象因素，风暴潮增水等海洋因素、防御设施、经济发展水平等，通过构造综合性评估因子并进行回归分析，建立福建台风风暴潮灾害预评估模型。通过该模型预评估的灾害损失与致灾因子的总体相关性系数超过 0.8，模型可以和网络信息发布平台结合，实现自动分析和发布；在台风影响福建前 12～24 小时，导入预报的风暴潮增水，可估计台风灾害对福建的直接经济损失的大概范围。误差分析其评估有效性概率约为 82.6%，具备了一定的实用价值。

1. 气象型灾害损失评价模型

$De = a(Sd)^3 + b(Sd)^2 + cSd + d$，其中 $a = -14.389$，$b = 16.028$，$c = -0.7882$，$d = -1.3427$。De 为经济损失指数，$De = \ln\left(\frac{l}{Tg}\right) + m$；$l$ 为灾害直接经济损失；Tg 为我国的当年 GDP；为调整 De 值域到原点附近，可设置一任意常量 m；Sd 为灾害影响指数，无量纲因子。

$Sd(x) = Tn \cdot \left(\frac{P_{min}}{Pc}\right) \cdot \left(\frac{R_{mv}}{Rc}\right)$，其中 P_{min} 热带气旋过程最低气压，Pc 是指热带气旋中心距福建省最近的一个路径点（以下简称"近距路径点"）时的热带气旋的中心气压，单位都是百帕。Tn 是近距路径点的"现时强度指数"，该指数是根据 Dvorak 云图判读法确定的热带气旋强度指标。Rc 是热带气旋中心位于近距路径点时，与福建省台风灾害评估点的特征距离，R_{mv} 是近距路径点时刻的热带气旋最大风速半径。

---

① 1986～2008 年三沙站、沙埕站、梅花、白岩潭、平潭站、东山、厦门、崇武等 8 个台站的潮位资料。

2. 混合型灾害损失评价模型

$De = \ln[\exp(De_w - m) + \exp(De_t - m)] + m$。其中，$De_t$ 是单纯由风暴潮因素造成灾害的经济损失指数；De_w 为单纯气象因素造成灾害的经济损失指数，采用气象型灾害模型确定。

（二）海浪灾害经济损失评价

因台风近岸浪造成的损失难以收集和统计，灾害性海浪损失主要统计为海上航行船只因浪造成的碰撞、触礁或浪击等诱因受损或沉没的损失。根据 CPI，将每年的经济损失全部折算为 2008 年的物价水平。根据发生海浪事故船只的吨位大小、船舶类型、人员伤亡、所载货物等灾情资料，参考国务院、交通部和沿海省市的有关分类标准，结合福建沿海具体特征，把福建沿海的海浪灾害划分为特大浪灾、严重浪灾、较大浪灾和轻度浪灾等 4 个等级。

根据历史年份发生的海浪灾害沉船或船只重大毁损灾害，考虑风速、风向（气象因素）、浪级（海洋因素）、吨位（船舶因素），通过统计回归，建立福建沿海海浪灾害预评估模型，可在灾害性海浪影响福建沿海前 12～24 小时，快速评估潜在海浪灾害及所造成的直接经济损失，从而发出相应的航行警告，为沿海的海洋安全提供可靠的保障服务。

三、海平面上升和海水入侵

海平面上升加重福建沿海地区风暴潮灾害、增大台风浪幅度，使原有防潮设施的防御能力降低，加重沿海地区的海水入侵，增加淹没次数和淹没范围，同时，其长期效应还将加剧海岸侵蚀、土壤盐渍化和咸潮入侵等灾害。给沿海地区经济社会的可持续发展和人民群众生产生活造成一定影响。

2009 年 8 月，福建沿海海平面比常年同期高 81 毫米，台风"莫拉克"形成大范围、长时间的风暴潮增水，最高水位超过警戒水位 88 厘米，造成部分岸段堤防损毁，160 多万人受灾，直接经济损失 19.83 亿元。2008 年 8～10 月，处于高海平面期间的福建沿海多次遭受风暴潮的侵袭，造成较大经济损失，给当地人们正常的生产和生活带来一定影响。

海平面上升和过度利用地下水，部分海岸带地区海水入侵程度、距离和面积持续扩大，入侵地的地下水水质变咸，破坏生态环境，导致生活用水困难，影响了沿海地区的社会经济发展。2009 年，福建沿海局部区域发生了不同程度的海水入侵，最严重的为漳州漳浦，已伸入陆地近 3 千米，并导致土壤盐渍化；福州长乐、泉州泉港区海水入侵范围略有增加，由于过度开采地下水，近岸个别监测站位地下水位下降/氯度和矿化度呈上升趋势，泉港部分农用和饮用水井已受海水入侵影响；厦门部分沿海地区有轻度的海水入侵[①]。

---

① 2009 年《福建省海洋环境状况公报》。

四、福建沿岸风暴潮灾害防护能力

根据 GB 50286—98《堤防工程设计规范》、GB 50201—94《防洪标准》和《港口工程设计规范》，重新核定现有码头、海堤等沿岸工程的防潮防洪标准和工程级别，重新核算设计潮位。

长期潮位资料采用频率分析法核算；短期资料不具备频率分析时限条件的，利用相关法推求临时潮位站的设计潮位。福建沿海 10 个长期验潮站，9 个临时验潮站（表 12-1）。

表 12-1　福建省沿海主要验潮站重新核算的设计潮位

港 湾	站名	年频率 $P/\%$			
		0.5	1	2	5
沙埕港	沙埕	4.45	4.32	4.20	4.03
	八尺门	4.76	4.63	4.50	4.33
三沙湾	三沙	4.65	4.50	4.36	4.17
	三都澳	5.31	5.17	5.04	4.80
罗源湾	迹头	5.53	5.34	5.15	4.90
	门边	5.45	5.25	5.05	4.78
闽江口	梅花	5.55	5.31	5.07	4.75
福清湾	松下	5.40	5.17	4.95	4.64
	城头	5.61	5.38	5.14	4.84
兴化湾	三江口	5.91	5.73	5.55	5.32
	东甲	5.95	5.77	5.59	5.35
湄洲湾	秀屿	5.22	5.08	4.79	4.51
泉州湾	崇武	4.75	4.60	4.45	4.25
	后渚	5.25	5.09	4.93	4.71
	蚵埔	5.55	5.39	5.23	5.02
厦门湾	厦门	4.79	4.66	4.52	4.28
旧镇湾	旧镇	3.58	3.50	3.42	3.30
东山湾	下寨	3.52	3.43	3.34	3.22
	东山	3.22	3.13	3.05	2.93

五、对策与建议

秋冬季，冷空气活动影响强度难以把握、影响频率较高、灾害程度和经济损失相对较小，承灾体单一，容易忽视，发生较多海浪灾害事故。因此，在重点防抗台风暴潮和台风浪的同时，也应重视寒潮等海浪灾害的防范工作。

及时开展全省沿海各地市警戒潮位的新一轮修订，并开展海岸带基础信息如地面高程、基础地理、防御设施信息、岸段内保护目标等的收集整理，保护海岸地区及其重要目标免受超警戒潮位的影响。

关注福建沿海海平面上升、海水入侵等长期累积的缓发性海洋灾害，在制订地区发展规划时，充分考虑海平面上升因素。开展海平面上升脆弱区划，将评价结果和脆弱区划范围作为沿海重点经济区规划的重要指标。

不仅要关注海岸防护的硬件建设，还应高度重视以灾害防范为目标的软件对策组合的建设，如确定不同潮位高度下的土地淹没影响范围，海岸带土地淹没分析及风险区划，规划避难路线和避难场所等。

加强科学研究，重视敏感区域的风暴潮和台风浪的非线性作用问题。进一步推进沿岸防灾综合数值解析系统建设，包括海象情报统计解析系统、常态波浪潮位的统计解析、概率波浪潮位计算解析、波浪预报系统、风暴潮预报系统、风暴潮与台风浪灾害评估模型等。通过预报实践和经验积累总结，积极应对灾害预警和评估出现的新问题。

第二节　福建省海洋赤潮灾害趋势评估及防治对策

通过研究福建省海洋赤潮灾害发展趋势和原因，探索赤潮预警方法和防范对策。

一、福建省海洋赤潮灾害损失状况

福建沿海是我国赤潮多发海域之一，发生频率高、持续时间长，有毒赤潮发生比例高，对渔业和养殖业生产的破坏性大，严重影响海洋经济的持续发展和社会安定。1962～2009 年福建沿海共记录赤潮 199 起，其中有毒赤潮 45 起，1980～1999 年 20 年间发生有毒赤潮 15 起，2000 年以后 10 年间发生 28 起有毒赤潮。按照赤潮生物分类，1962～2009 年福建发生甲藻类赤潮 107 起，占赤潮总数的 56.3%；硅藻赤潮 75 起，占赤潮总数的 39.5%；其他为蓝藻类、金藻类、隐藻类和原生动物赤潮。

1979～2009 年，有毒赤潮引起人类中毒死亡的特大事件 2 起；赤潮引起渔业生物直接经济损失额达千万元以上的重大事件 6 起；水产生物直接经济损失额达千万元以下百万元以上的大型事件 15 起（其中 4 起损失达 500 万以上）；水产生物直接经济损失额十万元至百万元之间的中型事件 11 起。

特大事件是 1986 年 11 月东山湾发生的裸甲藻赤潮和 1989 年 11 月福鼎县沙埕港发生赤潮。前者导致东山县磁窑村 136 人食用菲律宾蛤仔中毒、59 名患者住院治疗、1 人死亡；后者导致 4 人死亡（表 12-2）。

表 12-2　1979～2009 年发生的 6 起重大事件

时间	海域	有毒赤潮生物	直接经济损失/万元
1989 年 4 月	福清沿岸海域	夜光藻	3 100
1997 年 12 月～1998 年 1 月	泉州湾—汕尾	球形棕囊藻	18 000
1998 年 3～5 月	漳州沿岸海域	—	5 000
2003 年 5～6 月	连江近岸海域	米氏凯伦藻	2 500
2007 年 8 月	罗源湾迹头至岗屿海域	中肋骨条藻	1 500
2009 年 5 月	南日岛周边海域	夜光藻	6 300

在 15 起大型事件中，有 10 起赤潮的有毒赤潮生物为裸甲藻、旋沟藻和米氏凯伦藻等，发生在沙埕港、福鼎和霞浦东部海域、连江近岸海域、罗源湾海域、平潭海域、泉州湾口至围头湾、东山八尺门海域。另外由夜光藻赤潮引起的 5 起，发生在海坛湾海域。

二、福建省海洋赤潮灾害趋势特征

1962～2009 年间，福建沿海每年发生赤潮次数为 1～30 次。2001 年以前每年发生赤潮 10 次以下，2001 年以后每年发生赤潮 10 次以上，2003 年最高，达 30 次。

2000 年之前未记录过中肋骨条藻赤潮（含双相和多相赤潮）、角毛藻赤潮（含双相和多相赤潮）和具齿原甲藻赤潮（含双相和多相赤潮）。2000 年后分别发生了 40、35 和 32 起上述种类的赤潮，占各类赤潮总比例的首位、第三位和第四位，2000 年之前的夜光藻赤潮次数由第一位退居第二位。

福建沿海潜在的赤潮生物有 121 种，其中硅藻 82 种，以近岸种为主；甲藻 31 种，近岸性暖温种占多数；其他藻类 8 种，包括蓝藻 4 种，定鞭藻 2 种，隐藻 1 种，裸藻 1 种。

赤潮生物优势种绝大多数是沿岸富营养性种类，与水体富营养化关系密切。例如，硅藻类的中肋骨条藻、角毛藻（未定种）、旋链角毛藻、聚生角毛藻、地中海指管藻等，以及甲藻门中的夜光藻、短凯伦藻、原甲藻属和裸甲藻属的一些种类。主要分布于河口、近岸、海湾。中肋骨条藻在福建沿海富营养区出现频繁。

赤潮多发区多在厦门海域（厦门西海域发生赤潮 38 起、同安湾 15 起）、宁德沿岸海域（四礵列岛海域 15 起、三沙湾 12 起、福宁湾 12 起）、平潭沿岸海域（27 起）和连江海域（16 起），占福建省发生赤潮总数的 77.8%。东山湾和沙埕港各为 8 起和 6 起，泉州湾、兴化湾、台山列岛海域、闽江口等海域发生起数在 5 起以下。

厦门西海域赤潮生物基本上为硅藻，主要有中肋骨条藻、角毛藻等。宁德沿岸海域多发生甲藻赤潮，如具齿原甲藻、米氏凯伦藻和夜光藻等。平潭海域频繁出现夜光藻赤潮，偶尔发生多纹膝沟藻、三角原甲藻、微小原甲藻等甲藻赤潮。连江海域赤潮生物主要有中肋骨条藻、米氏凯伦藻和东海原甲藻。

福建沿海赤潮主要出现在 4～7 月，高发期在 5～6 月。夜光藻赤潮季节分布特别明显，主要出现在 4～5 月；中肋骨条藻赤潮和角毛藻赤潮主要出现在 6～7 月；东海原甲藻赤潮主要出现在 4～6 月。有毒赤潮藻类，除血红哈卡藻发生在 2～3 月，球形棕囊藻赤潮主要发生在秋季和 11～12 月外，其他种类大多发生在 5～7 月，如米氏凯伦藻赤潮出现在 5～6 月，裸甲藻赤潮主要出现在 5 月，塔玛亚历山大藻出现在 6～7 月，多纹膝沟藻和旋沟藻出现 6 月。

三、福建省海洋赤潮灾害发生的主要原因

福建沿海生长着 121 种潜在的赤潮生物，可引发赤潮的种类有 27 种，经常引发赤

潮的种类有硅藻门的中肋骨条藻、角毛藻，甲藻门的夜光藻、东海原甲藻/具齿原甲藻、米氏凯伦藻、裸甲藻和金藻门的球形棕囊藻等，为发生赤潮提供了物种基础。

陆源污染对赤潮发生的影响最大，如厦门西海域的水产养殖退出以后，该海域发生赤潮的次数没有减少。原因是尽管水产养殖退出，但陆源的污染物排入量未减，导致近岸海域富营养化程度并未减轻，引发赤潮。

围填海导致海洋水动力改变，减少港湾纳潮量，降低海水交换和稀释扩散污染物的能力，环境容量大为降低，加剧海湾的污染和富营养化，增加赤潮发生的机会。

海域养殖布局不合理，部分海域网箱养殖集中、密度高，海水养殖污染加重了海域的污染和富营养化，导致赤潮发生的次数增多。

全球气候变化对海洋生态系统的影响也是近年来赤潮频发的主要诱因。

四、对策与建议

尽快制定陆地污染物排海总量标准，全面查清陆地排海污染源，严格控制污染物入海，加大对氮、磷污染的防治力度，限制和减轻环境污染状况。

科学规划围填海，严控规模，严格执行围填海项目环境影响评价，限制对海洋环境和水动力有严重影响的项目，保证海水交换和自净能力，减少赤潮发生。

根据自然环境、资源状况、环境容量，合理开发浅海和滩涂，减缓海水养殖富营养化。

深入研究和重点控制有毒赤潮，如裸甲藻和米氏凯伦藻赤潮。加强对外来赤潮藻的控制和研究，减少外来物种赤潮的风险。建立系统的赤潮数据库，深入分析赤潮生成的机制和主要原因，提高赤潮发现、监控、减灾和应对能力。

完善全省赤潮和贝毒监测管理和网络系统的建设，强化赤潮监测、管理的职能，整合资源，形成减灾防灾快速反应机制。逐步在主要入海河口、港湾和海域各区段设立自动监测系统，形成完整的海洋环境监测网络，实时通报海洋污染状况，以采取有效的防范措施。

第三节 福建省海洋外来物种入侵现状与对策研究

评价福建省沿海滩涂和港湾外来物种的入侵现状与危害程度，分析外来物种入侵风险，提出控制与防治对策，为维护福建省海洋生态系统健康、海洋生物多样性保护，以及海洋资源的可持续利用提供支持。

一、福建省海洋外来物种入侵现状

20世纪80年代初和90年代初，互花米草和沙筛贝被有意引进和无意带入福建，损害海洋生态环境，给海洋经济造成了较大的损失；压舱水携带生物及有意引进的海水增养殖品种和海洋观赏生物，由于缺少严格的监管和检验检疫等管理措施，也存在造成生态灾害和经济损失的入侵风险。

全省互花米草入侵区域面积为 99.24 千米^2，已占全省潮间带滩涂面积的 4.83%。沿海各地市均有互花米草分布，其中宁德市分布面积最大为 66.29 千米^2，其次为福州市 16.91 千米^2。全省 13 个重点海域及重要港湾中仅福清湾、深沪湾、诏安湾未发现互花米草，入侵面积前五位的港湾为三沙湾 62.45 千米^2、罗源湾 10.64 千米^2、泉州湾 6.64 千米^2、闽江口 5.77 千米^2、厦门湾 5.43 千米^2。福建沿海互花米草已呈现分布广、面积大，危害程度严重，且继续蔓延扩散的态势。

沙筛贝在福建省沿海的一些垦区港湾已经大量繁殖并成为当地优势种群，最南端出现在东山八尺门海堤西侧海域，最北端出现在宁德三沙湾后陂塘垦区。其间龙海卓歧垦区、厦门马銮湾和员当湖、泉州湾惠安百歧"五一"垦区、罗源湾松山垦区和白水围等围垦内湾均有分布。沙筛贝在福建沿海正呈迅速蔓延扩张之势。

孙美琴（2005）从进入厦门港的船舶压舱水及沉积物中检测到 12 种甲藻及孢囊，其中 3 种为有毒种类。908 专项调查从压舱水检出的是链状亚历山大藻可产麻痹性贝毒素，该藻于 20 世纪 80 年代仅在日本和韩国发现其孢囊，90 年代以后才在世界各地被发现，并从进入澳大利亚的日本和韩国船舶压舱水中被成功培养出来，证明压舱水及其沉积物在外来物种入侵中起到重要的媒介作用。

福建省近 20 年有意引进的海水增养殖品种有 23 种，遍布沿海六个设区市。养殖产量前五名的品种为长牡蛎（太平洋牡蛎）、欧洲鳗鲡、凡纳滨对虾（南美白对虾）、罗非鱼、眼斑拟石首鱼。全省沿海各市皆有养殖的品种分别为眼斑拟石首鱼、欧洲鳗鲡、罗非鱼、斑节对虾、凡纳滨对虾（南美白对虾）。目前，沿海各地沿岸自然海域均发现眼斑拟石首鱼，且数量呈增长趋势。

二、福建省海洋外来物种入侵评价

（一）福建省主要海洋外来物种入侵危害

互花米草的植物学特性和对环境的较强适应性使得其可大面积扩散和争夺土著植物生长空间。互花米草占据潮间带其他生物的栖息地，导致适宜养殖区域缩小，生物多样性降低，影响海水交换能力和湿地景观，危害本地生态系统。互花米草还具有可观的初级生产力，对滩涂土壤理化性质改变也有一定影响。

沙筛贝能耐受较差的生态条件、具有较强的繁殖能力、空间占有能力和利用个体数量优势的争饵能力，导致本土滤食性贝类衰退。对赤潮的形成有一定的抑制作用，但导致栖息地沉积物污染，不利于底栖生物的生存、生长。

压舱水携带赤潮藻类入侵引发赤潮，目前中国海域纪录的物种绝大多数无法考证其原产地，压舱水携带外来生物对福建省沿岸海域的危害程度尚难以进行科学、合理的评价。

福建省有意引进的优良海水增养殖品种，对推动福建水产养殖业的快速发展做出了重要贡献。但由于缺少健全的相关法律法规及有效的监管措施，引入品种未经检疫，也没进行严格的隔离与防病处理，致使在引种过程中带入对虾白斑病毒、真鲷虹彩病毒等致命性病菌，在 20 世纪 90 年代对福建省乃至全国的鱼、虾育苗与养殖生产造成毁灭性的打击，其影响至今仍未消除。

（二）对海洋生态系统与海洋经济的影响及潜在威胁

互花米草对海洋生态系统的负面影响主要表现在挤占本土滩涂植物生存空间，改变底栖生物群落结构，破坏本土滩涂湿地生态系统，导致湿地生态服务功能的降低和土著水生生物的消失；正面影响主要表现为保滩促淤、消浪护岸、固定二氧化碳、释放氧气、动物栖息地、物质循环和净化环境等。互花米草对福建省滩涂生态系统的间接经济影响为每年 10.60 亿元，因为侵占滩涂养殖区而造成海水养殖经济损失总量为每年 19.0 亿元。

沙筛贝对海洋生态系统尤其是养殖生态的负面影响十分明显，其适应性强，繁殖和生长速度快，与牡蛎、贻贝等本土养殖贝类争夺生存空间、竞争饵料，堵塞养殖网箱的网孔，改变局部海域生物群落结构。沙筛贝对福建省局部海域生态系统的间接经济影响为每年 0.84 亿元。目前，沙筛贝作为虾蟹的优良饵料而演变为养殖产品，已给当地群众带来一定的经济效益。

除沙筛贝外，虽然迄今尚没有由压舱水带入外来生物造成灾害影响的报道，但压舱水携带生物的不良影响及潜在威胁是显而易见的，尤其是赤潮的发生与压舱水的排放有一定的关联。有毒赤潮的发生，对福建海洋生态系统与海洋经济产生较大的影响。

（三）福建省海洋外来物种入侵风险分析

外来入侵物种对生态系统影响间接经济损失评估：外来入侵物种对湿地生态系统影响的间接损失主要是湿地生态服务功能的降低和土著水生动物的消失，采用的间接经济损失评估模型为

$$L_{外来植物} = S_{外来植物} \times F_{滩涂} \times K_{滩涂}$$

式中，L 表示间接经济损失，F 表示生态系统服务功能间接使用价值，S 表示面积，K 表示外来入侵物种对湿地所造成的损害。

外来物种风险评估指标体系框架包括包括目标层（入侵风险）、准则层（入侵性、适生性、扩散性和危害性共 4 个指标）和指标层（17 个量化指标）。入侵风险总分为100，其中入侵性权重 40、适生性权重 10、扩散性权重 25、危害性权重 25。目标层即指外来入侵物种的风险；准则层由入侵性、适生性、扩散性和危害性组成；指标层由引入地的发生程度、引进途径、防止措施、适应能力、抗逆性、气候适合度、其他限制因子适合度、生长速度、繁殖能力、扩散能力、适宜的气候范围、其他限制因子范围、控制机制、经济重要性、生态环境重要性、人类健康重要性和其他不利影响等 17 个指标组成。参考有关外来物种风险评估指标体系，构建互花米草、沙筛贝、有意引进养殖生物入侵风险评估体系。

互花米草在福建省的扩散流动途径：首先是人为引进种植，然后为无序种植和自然繁殖扩散。其入侵风险评估值为 64.5，属于风险性高，禁止引入物种。

沙筛贝在福建省的扩散流动途径为：一是被当作虾蟹饵料人为无序扩散，二是天然海域自然繁殖扩散，即无意引进后无序移植和自然扩散。其入侵风险评估值为 39.0，属严格限制引入。

对罗非鱼、凡纳滨对虾、眼斑拟石首鱼、红鳍东方鲀、硬壳蛤、长牡蛎、（日本）真鲷、九孔鲍、欧洲鳗鲡、斑节对虾等 10 种养殖产量较大的有意引进养殖种类的入侵风险进行评估，其入侵风险值为 31～48，具有潜在的入侵风险，应适当限制引入的区域、数量、次数和种类。

三、对策与建议

及早制定针对海洋外来物种的管理与防控办法，规范海洋外来物种的引进、管理、监控和治理等工作。

尽快建立和完善外来物种的风险评估制度，协调相关部门的职责，防范潜在入侵物种及可能携带的病原生物对我国生态环境、生物多样性和海洋经济的不利影响，保护我国海洋生态安全。

开展对有意引进外来物种风险的预先评估和分析，环境影响评价中增加外来物种入侵风险评估；应用外来物种风险评估模型，对潜在入侵物种、入侵区域及危害程度进行预测和评估，防患于未然，为有效管理提供科学依据。

加强出入境检验检疫工作，对无意引入的外来物种或可能携带外来物种的物品及时进行隔离和销毁，切断无意引入外来物种通过口岸的入侵途径，避免可能引入外来物种的风险。

明确外来物种监测和防控的责任机构，建立早期预警与快速反应体系，配备相应的专业人员和设备，开展外来物种的监测和预警，科学评估入侵危险和潜在影响，开展外来入侵物种科普宣传，群防群治，提高扑灭能力。

依托海洋主管部门，组建海洋外来物种治理协调机构和专家委员会，加强各相关部门、区域之间的协作。协调统一治理行动和提供技术指导。筹措资金，组织人员和设备，有针对性地开展治理行动。

第四节　福建省滨海沙滩侵蚀评价

一、沙滩侵蚀现状

福建省滨海沙滩主要分布在闽江口以南岸段，闽江口以北海岸沙滩分布较零星且规模较小，主要发育于岬湾深处。除大京岸段由于人工采砂，侵蚀较严重，闽江口以北岸段的沙滩侵蚀强度相对较小。闽江口与九龙江口之间的中部海岸沙滩分布十分广泛，约占中部岸段总长度的1/3，在开敞海域，红壤型风化壳残坡积物等第四纪"软岩类"地层分布广泛，海岸与沙滩侵蚀最为严重。九龙江以南的南部岸段，风成沙地和沙丘海岸发育，岸滩稳定性与中部岸段大体相近，但海岸与沙滩侵蚀情况略轻。此外，沿岸开敞的岬湾型海岸侵蚀较明显，如黄岐半岛南岸黄岐湾、湄洲湾南侧的墩南－净峰岬湾、晋江半岛的深沪湾、厦门岛东岸和漳浦的后蔡湾与将军湾等。

二、沙滩侵蚀原因

福建省沙滩侵蚀的原因主要是波浪作用，风暴浪潮的袭击，人工过量采沙，河流入海沙量减少，不合理的海岸工程阻断沿岸输沙，区域海平面相对上升等。

波浪作用是最为活跃的一个因素，盛行北东向波浪向海岸倾斜入射引起南向的沿岸输沙，是引起福建省海岸长期侵蚀最为普遍的一个重要因素。偏南向的波浪，对于面向南的海岸也同样引起侵蚀。

夏季风暴浪潮对海岸地形地貌、海底沉积的影响强烈，对海岸和高潮滩的冲刷严重。由于风暴浪强度大、能量集中，海滩地形地貌在短时间内发生强烈变化，一次强台风所造成的侵蚀结果往往超过正常潮汛下整个季节的变化，以至于若干年后仍难以恢复。

福建沿海人工采沙很普遍，以海滩直接取沙和近滨抽沙为多见。宁德里山湾人工采沙造成砂质海岸严重侵蚀后退，滩面几乎无沙存留。青官兰岸段海滩下蚀2米之多，原本埋藏在海滩之下的砾石，目前海滩上基本没有沙存留，砾石裸露严重。霞浦的外浒、高罗、大京等都由于海滩沙的开采而急剧退化。莆田市平海湾近2~3年在海底大量地抽沙，导致海岸线每年蚀退近2米。

福建沿岸河流入海沙量自20世纪60年代以来出现大量减少的趋势，河口三角洲及其邻近海岸泥沙收支失去平衡，海岸侵蚀现象十分普遍。沿岸河流入海沙量减少的原因主要是，河流中上游筑坝建库拦蓄大量粗颗粒泥沙，此外，流域水土保护和河道挖沙等也引起入海泥沙减少。

一些与岸线呈高度角相交的工程拦截了沿岸泥沙流和改变近岸波浪场，使沿岸输沙特征发生变化，下游一侧的岸滩因供沙中断而遭受侵蚀。崇武半岛南部海岸的半月湾岸滩，即因不合理防波堤建设引起侵蚀。

海平面上升，淹没沿海平原低地，导致海岸后退。海面上升后在新的海岸动力条件与泥沙环境下，发生物质平衡和调整，加大海岸侵蚀风险。

三、沙滩侵蚀危险性评价

选取海岸地貌类型、风暴潮和波浪等自然因素，城市化水平等人为因素，海岸侵蚀速率等海岸动态因素，对各因素进行量化分级后，建立岸滩侵蚀危险性评价因子 H。按照平均分割的方法对危险性级别进行界定，$1 \leqslant H < 1.6$ 为侵蚀低危险性沙滩；$1.6 \leqslant H < 2.4$ 为中危险性沙滩；$H \geqslant 2.4$ 为高危险性沙滩（表 12-3）。

表 12-3　福建沿海各县市海岸侵蚀危险性因子得分及危险性等级

县市	平均波高	最大增水	城市化水平	侵蚀速率	危险性得分	危险性等级
福鼎市	3	3	2	1	1.78	中
霞浦县	3	3	1	1	1.56	中
福安县	3	3	2	1	2.00	中
宁德市	2	3	2	1	1.89	中
罗源县	3	2	1	2	1.67	中
连江县	3	2	1	1	1.33	低
福州市	2	2	3	2	2.44	高
长乐市	2	2	1	1	1.44	低
福清市	2	2	1	1	1.33	低
平潭县	2	3	1	3	2.11	中
莆田市	1	3	3	3	2.78	高
泉港区	1	3	1	1	1.44	低
泉州市	2	1	3	1	2.00	中
惠安县	3	1	2	2	2.44	高
晋江市	3	1	2	2	2.11	中
石狮市	3	2	3	2	2.89	高
南安市	3	2	2	1	1.89	中
厦门市	3	2	3	1	2.22	中
龙海市	3	2	2	1	1.89	中
漳浦县	3	2	1	2	1.89	中
云霄县	3	1	1	2	1.78	中
东山县	2	1	2	3	2.33	中
诏安县	3	1	1	2	1.78	中

评价显示沿海 23 个县市中，高危险性沙滩主要分布在福州市、莆田市、惠安县和石狮市 4 个地区；低危险性沙滩主要分布在连江县、长乐市、福清市和泉港区 4 个地区；其余 15 个沿海县市沙滩处于中危险性状态。

四、重点滨海沙滩侵蚀评价

（一）厦门岛东南海岸

厦门岛东南部北部岸段，即五通－香山头岸段，历史上长期处于侵蚀状态，近半个世纪岸线平均蚀退速率约 1.4 米/年；中部岸段，较为稳定；南部岸段，即白石炮台－沙坡尾岸段主要以海豚湾表现为强侵蚀，其他区域稳定（高智勇等，2001）。20 世纪 90 年代以前厦门海岸侵蚀人为影响因素突出，此后的海岸侵蚀主要原因在于波浪主导作用引起的沉积物输运失衡。据危险性评价结果，北部岸段、前埔岸段、中部岸段、南部岸段的海岸侵蚀危险性系数分别为 1、1、1.26、1.16，主要表现为中等危险性，尤其是中部岸段危险系数较高。

（二）平潭岛流水－西楼海滩

西楼－流水海岸岸段（长 5120 米）均处在不同程度的强烈侵蚀状态，各区段均未发生过明显淤积。通过对侵蚀机理评价，侵蚀发生的主要原因包括：海岸组成物质为第四纪冲洪积、残坡积沉积物，以及老红沙和红壤性花岗岩风化壳等，岩性抗蚀能力弱；该区降水丰富，降水渗透降低了海崖稳定性，造成破坏；海洋水动力的掏蚀破坏；风暴潮极端水动力的作用等。根据侵蚀危险性的评价结果，海岸侵蚀危险为中等，部分岸段较高。

（三）崇武半月湾海滩

崇武半月湾自 2003 年以来其西侧岸滩侵蚀十分严重，基本侵蚀殆尽，东部略有淤积。崇武半月湾的最主要的侵蚀原因主要包括以下几个方面：①东侧渔港工程的修建阻挡了往西的输沙造成总体输沙态势失衡，同时也阻挡了 E 向和 NE 向的波浪入射，改变了半月湾的水动力状况；②屡禁不止的人工挖沙；③风暴潮期间的增水和强水动力对岸滩的冲刷作用。这些原因相互叠加、相互增强，导致半月湾海滩成为福建省侵蚀最为严重的岸滩之一。通过其危险性评价，可以知道西侧海岸处于中等危险性，东段危险性较低。

（四）霞浦大京海滩

根据岸滩地形监测结果，可按本岸段的海滩状态及其侵蚀情况划分为两个分区：北段耗散型沙滩侵蚀区和中－南段低潮阶地型沙滩侵蚀分区，北段表现为强侵蚀，侵蚀陡坎十分明显；南部表现为严重侵蚀，主要是由于人工挖沙十分严重。

（五）惠安净峰海滩

净峰海岸位于福建沿海中部岸段湄州湾口南侧。岸线呈南北走向，长度约为 6.2 千米，构成岬湾型的海湾。海岸可划分为两个侵蚀分区：北段红土台地侵蚀区和中－南段海岸前丘侵蚀区。北段护岸堤脚前侧沙滩蚀退，以及前滨滩面出现上冲下淤的侵蚀状态，主要与近期风暴浪潮较为频发有关。损失沙量主要由风暴浪潮输送到近滨区，部分为人工采沙及向南输沙。南段海岸前丘坡面蚀退及前滨滩面发生较强烈的侵蚀现象主要是由于人工肆意采沙所致；另外，出现上冲下淤的侵蚀现象也与近期风暴浪潮较为频发有关。

（六）深沪湾海滩

深沪湾海滩自北往南划分为下列 3 个稳定类型分区：北段海岸前丘岸淤滩蚀区；中

段台地崖岸侵蚀区；南段海岸前丘淤积区。由于沿海大通道建设，整个湾腹岸线陆续人工护岸，中部区段海岸侵蚀的入海泥沙明显减少，这不仅增强岸前海滩的侵蚀态势，使滩面不断裸露沉积"基底"地层，而且对北部和南部区段沙量的供给亦处于减少的趋势。目前，北部区段海滩滩面出现上淤下蚀现象，除偏北东风的向岸吹蚀外，与南来的补给沙量减少也不无关系。

五、对策与建议

要重视滨海沙滩的保护，禁止滨海采沙及一切破坏滨海沙滩资源的不合理开发行为。滨海工程建设应充分考虑其对临近滨海沙滩的影响。

通过建设人工沙滩（包括人造沙滩，或沙滩养护与沙滩修复）的方法保护海岸与海滩免受侵蚀破坏，降低台风风暴潮带来的灾害，改善海岸环境和发展滨海旅游业。严格遵循"先规划、后建设"的原则，根据沿海各地区的自然条件、滨海旅游资源特点及社会经济条件，统筹规划开发利用沙滩资源（蔡锋等，2008）。

第五节　福建省海洋突发性溢油
污染生态损害评估研究

回顾、分析福建省突发性海洋溢油污染情况损害，吸收借鉴国内外溢油事故的生态损害评估技术方法，建立适用于福建省情的海洋突发性溢油事故损害评估方法体系，保障公众生命健康和财产安全，保护海洋生态环境。

一、福建省海洋突发性溢油灾害情况

据统计，1973～2006年，我国沿海共发生船舶溢油事故2635起，其中溢油50吨以上的重大船舶溢油事故69起，总溢油量37 077吨，平均每年发生2起，平均每起污染事故溢油量537吨。特别是自2005年以来，全国沿海和内河海域共发生船舶污染事故253起，其中溢油量50吨以上的事故9起，较大船舶油污事故时有发生。

1996年2月28日，福建省轮船总公司"安福"号油轮满载5.7万吨原油前往福建炼油化工有限公司，在台湾海峡乌丘屿附近与不明物撞击后船壳受损，进港后没有采取任何有效防范措施的情况下加温加压卸油，导致632吨原油泄入海中。这起福建省最大的原油泄漏事故，使湄州湾的海滩养殖业几乎遭受毁灭性破坏，造成直接经济损失2869.15万元，渔民报损达1.3亿元。几年之后，装在编织袋中的块状原油仍然堆砌在沙滩上，对海洋生态造成了严重破坏。

二、生态损害评估方法体系

借鉴国内外的生态损失评估技术方法，建立适用于福建省情的海洋突发性溢油污染事故的生态损害评估方法。

(一) 快速评估

在美国佛罗里达公式的基础上，进行了适于我国国情的修改。公式如下

$$DAMAGE=[(B \times R \times L \times SMA)+(A \times SMA)] \times PC+ETS+AC \quad 式 (12-1)$$
$$A=K \times M \quad\quad\quad 式 (12-2)$$

式中，DAMAGE 为生态损失价值，单位为万元。B 为基数值，取值为 0.2 万元/吨。R 为扣除回收溢油吨数的实际溢油吨数。L 为地理位置系数，离岸 1.6 千米以内取 8，离岸 1.6～4.8 千米取 5，离岸大于 4.8 千米取 1。SMA 为环境敏感系数，海洋生态环境敏感区，包括海洋渔业资源产卵场、重要渔场海域、海水增养殖区、滨海湿地、海洋自然保护区、珍稀濒危海洋生物保护区、典型海洋生态系等，赋值为 3；亚敏感区，包括海滨风景旅游区、人体直接接触海水的海上运动或娱乐区、与人类食用直接有关的工业用水等，取值为 2；海洋生态非敏感区取值为 1。A 为典型生境附加金额，单位为万元；M 为受损生境的面积，单位为平方米；K 为不同生境的价值系数，珊瑚礁 0.07 万元/米^2，红树林或海草 0.007 万元/米^2，湿地 0.0035 万元/米^2，沙滩 0.007 万元/米^2；PC 为污染物的理化系数，持久性油类取 2，非持久性油类取 1；ETS 为珍稀濒危物种损失赔偿金，可用类比法或专家判定法；AC 为调查评估费用，单位为万元。

根据上述公式，每吨溢油造成的生态损害金额为 0.2～6.4 万元。按上述修改后的公式得到的评估数据范围基本符合我国国情，可在中小型溢油中作为快速便捷的生态损害评估方法进行推广实践。

(二) 全面评估

将海洋生态系统服务损失与其所具有的环境经济价值综合考虑，将评估对象确定为生物资源、海洋生境、环境容量、景观文化，分别提出较适宜的评估方法。

1. 生物资源

生物资源损害评估包括受损生物资源量的确定和生物资源价值化。受损生物资源量的确定有两种方法，一种是直接通过现场调查，该方法获取的数据直接、可信，推荐在评估中使用。对不具备现场调查条件或未能通过现场调查获得数据资料的生物资源，可通过历史文献资料查阅分析，或实验室油类及多环芳香烃的毒性实验。受损生物资源量应包括死亡的生物数量和生物质量下降的生物数量之和，在评估中需要综合考虑。

经济物种生物资源价值化，按其市场价格和受损量直接进行价值化。对于非经济物种，没有明确市场价值，选择污染海域中受损生物最重要的食物链，运用食物链的营养级能量传递规律，将受损的非经济物种损失量转化至经济物种损失量，再根据经济物种

的市场价进行价值估算。公式如下

$$W = \sum P_i \times W_i \qquad\qquad 式（12-3）$$

$$W_i = C \times R \times n \qquad\qquad 式（12-4）$$

式中，W 指非经济物种（如浮游植物、浮游动物）的损失价值，单位为元。P_i 指折算为具商品属性的经济物种的平均单价，单位为元/千克；W_i 指折算为具商品属性的经济物种的损失量；n 指非经济物种（如浮游植物、浮游动物）至进行转化计算的经济物种的食物链中的营养级数；C 指非经济物种（如浮游植物、浮游动物）的生物损失量；R 为各营养级平均能量转化效率，一般按 5％～20％计算（林德曼的"十分之一定律"），可通过查阅参考文献并结合专家意见确定。

2. 海洋生境

对海洋生境价值的计算依据费用分析法中恢复费用法的思想，将修复受损生境所需费用作为该生境损失的价值。运用美国国家大气与海洋管理局（NOAA）提出的较为成熟的生境等价分析（habitat equivalency analysis，HEA）方法。将修复工程所需的替代生境面积简化，修复工程所需的替代生境面积等于生境总受损服务水平除以替代生境单位面积服务水平。

$$Q_R = \frac{Q_I\left[\sum_{T=T_0}^{X}(1-\sigma'_T)\rho_T\right]}{\sum_{T=H}^{L}(\varphi'-\delta'_T)\rho_T} \qquad\qquad 式（12-5）$$

$$生境总受损服务水平 = Q_I\left[\sum_{T=T_0}^{X}(1-\sigma'_T)\rho_T\right] \qquad\qquad 式（12-6）$$

$$单位面积服务水平 = \sum_{T=H}^{L}(\varphi'-\delta'_T)\rho_T \qquad\qquad 式（12-7）$$

式中，Q_R 为所需替代生境面积；Q_I 为受损生境面积；T 为时间，T_0 为生境受损的时间，X 为生境恢复至基线水平的时间，H 为修复工程生境开始提供服务的时间，L 为修复工程生境服务期结束的时间；σ'_T 为受损生境在时间 T 的服务水平；$\varphi'-\delta'_T$ 为修复工程的生境服务的净增量；ρ_T 为折算系数，$\rho_T = (1+d)^{-(T-P)}$，P 为评估的年份，d 为贴现率。

$$W = \sum w_i s_i \qquad\qquad 式（12-8）$$

式中，W 为修复工程总成本，单位为万元；w_i 为第 i 种生境单位面积生态修复成本，单位为万元/米²；s_i 为第 i 种生境所需替代生境面积，单位为米²。

3. 环境容量

评估溢油导致的环境容量损失价值量可采用影子工程法，即以处理等同溢油规模的油类污染所需污水处理工程成本作为环境容量损失价值。对于近岸海域，陈伟琪和张珞平（1999）等提出了引入行业系数的环境容量货币化的估算方法，但该方法仅适于已知环境总容量的海域。

此外，我们提出一种快速的、简易评估方法，即

$$C_{UWEC} = R \times V \times \theta \qquad \text{式 (12-9)}$$

式中，C_{UWEC} 为海洋环境容量损失费用；R 为溢油事故的溢油吨数；V 为我国消减石油类污染物的单位成本，约为 13.14 万元/吨；θ 为综合折算系数，结合经验可取 20%～60%。需要指出的是，在实践中运用时，折算系数可通过专家打分法确定使结果更为准确。

4. 景观文化

景观价值的评估可采用意愿支付法，通过公众调查的方式评估。也可采用类比法，选择相似区域类似景观作为参照进行评估。景观文化损失评估还可直接通过事故前后污染区域的相关旅游收入、文化价值损失等的累加进行评估。

三、溢油预测数值模拟研究

(一) 厦门湾

1) 航道附近锚地的油污路径跟踪研究表明：无风时，油污染若是在低平潮时刻、涨急时刻、落急时刻发生，则污染到九龙江河口区与屿仔尾之间的海域，若是在高平潮时刻发生，则污染到航道附近锚地至大担附近的湾外海域。油污染若是在低平潮时刻发生，油污有可能越过嵩鼓水道，到达嵩屿附近。在西南风条件下，油污染若是在低平潮时刻发生，则污染到象鼻嘴附近、东渡一带、胡里山附近岸边。在东北风条件下，油污染若是在低平潮时刻、涨急时刻发生，则污染到屿仔尾以西一带海域及岸边。

2) 海沧码头附近的油污路径跟踪研究表明：无风时，油污染若是在低平潮时刻发生，主要污染到海沧码头以西海域，也影响到嵩鼓水道附近。在西南风条件下，油污染若是在低平潮时刻发生，则污染到象鼻嘴附近岸边。在东北风条件下，油污染若是在低平潮时刻发生，则污染到九龙江河口区附近。

3) 航道附近锚地泄漏 100 吨油污的油膜分布跟踪研究表明：无风时，都是污染到航道附近锚地西北至东南狭长范围的近岸海域。西南风时，都是污染到航道附近锚地以东及以西方向的近岸海域。东北风时，都是污染到屿仔尾附近东西范围的岸边。在东北风条件下，油污染主要是影响到厦门湾的南岸，也就是漳州市的区域范围。

4) 海沧码头附近泄漏 100 吨油污的油膜分布跟踪研究表明：无风时，都是污染到海沧码头、象鼻嘴、鼓浪屿南部一带、及屿仔尾东南海域。西南风时，都是污染到海沧码头、象鼻嘴、鼓浪屿南部一带的近岸海域。东北风时，都是污染到九龙江河口、屿仔尾以西、海门岛附近的近岸海域。

5) 计算不同油膜厚度扫过的面积表明：无风状态下，若连续发生溢油 5 小时共泄漏 100 吨，油污核心区（油膜厚度大于 100 微米）扫过的面积占厦门湾湾内海域的面积的 0.6%～1.3%。无风状态下，溢油泄漏后，油膜厚度减小比较慢，所以油污核心区（油膜厚度大于 100 微米）与非核心区（如油膜厚度大于 15 微米）的面积相差不是很大。西南风状态下，油污核心区扫过的面积占厦门湾湾内海域的面积的 1.0%～1.8%。

比无风状态影响范围的面积大些；东北风状态下，油污核心区扫过的面积占厦门湾湾内海域的面积的 0.7%～1.6%。油污核心区扫过的面积，比无风状态大、比西南风状态小，这主要是风向和地形的原因。

油污扫过的面积大，说明影响范围大，油污扫过的面积小，影响范围虽然小，但油污集中在一个很小范围，影响程度相对比较严重。东北风状态下，锚地附近发生溢油泄漏后影响附近的厦门湾南岸。从锚地到达厦门湾南岸的岸边，距离较短，影响程度比较严重。

（二）湄洲湾

1）油码头附近的油污路径跟踪研究表明：无风时，低平潮时刻发生泄漏污染到秀屿以内的内湾区，高平潮时刻发生泄漏污染到油码头以南的峰尾一带海域，涨急或落急时刻发生泄漏则只污染到油码头附近的狭长范围。

在西南风、东北风作用下，油污染带 1～2 天就被风吹至湾内的某一岸边，对沙滩、浅滩造成污染。西南风时，低平潮时刻发生泄漏污染到秀屿以内的内湾区，涨急时刻发生泄漏污染到秀屿南部一带的近岸区，高平潮时刻发生泄漏污染到油码头以东的小岛屿一带，落急时刻发生泄漏污染到月塘附近的浅滩区。东北风时，低平潮时刻发生泄漏污染到油码头附近的岸边，涨急时刻发生泄漏污染到油码头北部的岸边，高平潮时刻发生泄漏污染到湾内西南部的东桥镇附近的浅滩区，落急时刻发泄漏则污染到峰尾北部一带近岸区。

2）东吴码头附近的油污路径跟踪研究表明：无风时，油污染若是在低平潮时刻发生，则只污染到东吴码头一带的近岸区，若是在高平潮时刻发生，则污染到油码头东部的一带海域，若是在涨急或落急时刻发生，则污染到东吴至东埔一带岸边。在湾口的东吴码头一带若发生油污泄漏，不仅会影响湾口一带海域，也会影响到湄洲湾内的东埔一带。

3）油码头附近泄漏 100 吨油污的油膜分布跟踪研究表明：无风时，都是污染到油码头附近的狭长范围的近岸海域。西南风时，都是先污染到油码头附近南北方向上的狭长范围的近岸海域，然后，被风吹向东北，最后污染到月塘附近的浅滩区。东北风时，都是先污染到油码头以南的南北狭长范围的近岸海域，然后，被风吹向西南方，最后污染到峰尾附近的浅滩区或者到达东桥镇附近的浅滩区。在东北风条件下，油污染主要是影响到油码头的西南方向，也就是泉州市的区域范围。

4）计算不同油膜厚度扫过的面积表明：无风状态下，若连续发生溢油 5 小时共泄漏 100 吨，油污核心区（油膜厚度大于 100 微米）扫过的面积占湄洲湾湾内海域的面积的 3.8%～6.3%。西南风状态下，油污核心区扫过的面积占湄洲湾湾内海域的面积的 2.7%～3.7%。比无风状态影响范围的面积小些。东北风状态下，油污核心区扫过的面积占湄洲湾湾内海域的面积的 0.2%～1.7%。油污核心区扫过的面积比无风状态、比西南风状态小很多，这主要是风向和地形的原因。

油污扫过的面积大，说明影响范围大，油污扫过的面积小，影响范围虽然小，但油污集中在一个很小范围，影响程度相对比较严重。东北风状态下，溢油泄漏后影响油码头附近的湄洲湾西岸。从油码头到达湄洲湾西岸的岸边，距离较短，影响程度比较严重。

四、对策与建议

建立生态损害评估方法体系，确立福建省海洋突发性污染事故生态损害评估制度，切实提高政府应对涉及公共危机的突发海洋环境事件的能力，保障公众生命健康和财产安全，保护海洋环境。

开展溢油运移规律与模型研究，尤其注意油污泄漏时期的风速、风向和泄漏时的潮汐条件。

开展重点海域生态损害预评估，如果该海域以石油化工产业为主要发展方向，且处于较大的风险下，则其他如养殖等矛盾行业应逐渐退出。

建立应急预案，以便统一协调污染发生后的撤退、清除、索赔和重建等工作。

第六节 小 结

台风及台风风暴潮、灾害性海浪、赤潮、外来物种入侵、海岸侵蚀、海面上升和盐水入侵是影响福建沿海地区的主要海洋灾害。随着经济发展，海上溢油、危险化学品泄漏、核电站辐射污染等突发性海洋污染灾害风险性日益增大，应及时引起社会各方的重视。

建议加大力量开展福建省沿海地区海洋灾害风险识别、区划和数据库建设工作。加大各灾害应急预案建设工作，加大灾害风险意识宣传，构筑全社会防范海洋灾害的氛围。加大灾害预报、防护和风险评估技术研究，加大海洋灾害防治相关人才培养，为科学应对提供科技支持。

第十三章
海洋经济发展战略与政策研究评价

"十一五"期间福建省海洋经济年均增速达 25％，比"十五"期间的增速高出 1.5 倍，保持着快速增长的势头。其中，海洋第二产业发展最快，其次为第三产业和第一产业，年均增速分别达 45.5％、18.3％、10.0％，表明海洋第二产业在"十一五"期间发展态势良好。海洋三次产业结构得到调整，海洋第二产业比重稳步上升，2008 年达 25.7％，三年间上升了 10.1 百分点，2008 年海洋第一产业和第三产业比重分别为 20.0％、54.3％，全省海洋产业已经呈现"三、二、一"的局面。从各行业来看，除了海洋生物制药业出现明显的下滑之外，其他行业的发展速度远大于"十五"期间的水平。海洋船舶制造和修理业发展最为迅猛，年均增速达 54.42％；海洋渔业、海水产品加工业、海洋运输业和滨海旅游业分别以 10.16％、12.09％、18.14％和 18.85 的增速稳定增长。

在对福建省海洋经济发展、海洋产业发展、海洋资源合理利用、海洋环境保护等调研基础上，采集和分析了海洋产业、海洋环境、海洋法律法规、综合执法，地方政府职责等多方面内容的调查问卷，对福建省海洋经济发展战略和政策开展综合评价。

第一节 福建省海洋经济发展战略措施

一、福建省海洋经济区域布局研究

在考虑海洋资源情况的基础上，依照选择主要产业原则，以海洋资源、区位优势为前提，结合海洋产业之间的相互联系，来确定海洋经济强省所必须优先或重点发展的海洋主导产业。福建省海洋资源明显优势，突出表现为深水岸线资源、港口资源、旅游资源等，要充分利用这些资源，重点发展港口物流、海洋渔业、临港工业、滨海旅游、海洋能源、海洋生物医药及保健品制造业、海洋信息服务业等。

总体空间布局以沿海一线为主体，以福州、厦门、泉州、漳州、莆田、宁德等沿海城市为重点，推进与长三角、珠三角经济联动，做强做大海洋产业和临港工业，增强沿海一线的辐射、带动和支撑作用；以厦门湾、闽江口、湄洲湾等沿海产业对接集中区为重点，以大产业、大项目为载体，以先进制造业和现代服务业为抓手，加快布局临港产业，建设海洋特色产业基地，加快发展现代服务业，形成沿海港口城市产业一体发展的空间布局；依托高速公路、铁路等内联通道，强化港口与腹地基础设施通道建设，促进南平、三明、龙岩等城市发展，形成纵深推进、连片发展格局，促进特色产业和优势产业发展，提升区域产业协调发展水平；加强对台合作交流和平台建设，深化闽台产业深度对接，建设两岸直接往来综合枢纽，海洋经济强省目标。

立足福建省海域资源环境条件，依据沿海各区域资源比较优势，加快构建环三都澳、闽江口、湄洲湾、厦门湾等具有海洋经济发展优势与特色的海洋经济集聚区。

（一）环三都澳海洋经济集聚区

该区海岸线曲折，港湾多，是世界少有、国内仅有的深水良港，自然条件优越。要结合福建省港口资源整合，加大城澳、漳湾、白马、三沙、沙埕五大港区建设力度，构建较为完善的港口海运体系；积极发展能源电力、石化、钢铁等临海重化工业，发展海洋水产养殖和水产加工业，发展滨海旅游业，打造钢铁、石化、能源、船舶修造等临海工业发展与对台经贸合作新平台。

（二）闽江口海洋经济集聚区

该区应重点发展马尾港、江阴港、松下港"三港"，培育能源电力、修造船、钢铁等临港重化工业和港口物流业；推广罗源湾、福清湾和平潭岛沿岸优高水产增养殖技术和发展海水养殖种苗业，发展养捕并举的现代化渔业；开发利用风能，加强海洋可再生能源、海洋生物工程技术的研究与产业化发展，扶持发展新兴海洋产业；加快建设大型散杂货码头，扶持发展港口物流业、海洋运输业，建立以海洋水产、港口海运、滨海旅游、临海工业，以及高科技产业协调发展的布局合理、结构优化、外向度高、生态环境好的海洋经济体系，将闽江口一带建成我国东南沿海海洋经济发展新的增长区域。

（三）湄洲湾海洋经济集聚区（南北岸）

该区域具有良好深水岸线，宽坦的陆域，便捷的交通，丰富的旅游资源。要利用湄洲湾南北岸港口资源、深水岸线条件，以泉州中心城市为依托，以沿海县市为载体，以大型工业项目为契机，加快推进石化产业集聚，形成规模优势和集群优势，建成国家重点石化产业基地、区域性物流枢纽中心，突出发展临海工业服务业，港口航运业和滨海旅游业，建成我国东南沿海海洋经济发展新的区域。

（四）厦门湾海洋经济集聚区（含漳州）

该区拥有良好的港口、丰富的浅海滩涂、海洋生物资源、滨海矿产资源、旅游资源及海洋科技力量。通过城市联盟，促进港口、产业的分工与协作，发展组合式的港口群，壮大港口运输业和临港工业；建设区域性物流中心，拓展国际物流发展空间；优化提升海洋渔业和滨海旅游业，积极拓展闽台海洋合作，建成我国东南沿海重要的海洋综合开发基地和海洋经济发展优势区域。强化厦门港口建设，加快发展海洋船舶制造、海洋生物制药、海水综合利用等高新技术产业，把厦门湾建成先进制造业基地、对外贸易枢纽、海洋科技研发基地、海滨旅游度假基地和出口创汇农业基地。加快古雷石化工业区的发展。

（五）海岛区域布局

该区应充分利用海岛区位优势、资源优势，抓住机遇，合理规划、统筹安排、因岛制宜，建设与保护并重，实现经济社会发展、资源环境保护的有机统一，推动海岛区域跨越式发展。特别是对平潭岛、湄洲岛和东山岛的合理开发。

海岛与临近海域要调整海岛渔业结构和布局，利用海洋生物技术，重点发展深水养殖；发展海岛休闲、观光和生态特色旅游；依托港口资源优势，做大做强临港工业，发展现代物流业；加大海岛基础设施建设；加强中心岛屿水源和风能、潮汐能电站建设，推广海水淡化利用；加强海岛与临近海域自然环境资源的保护。

二、福建省海洋主要产业发展战略

国务院《关于支持福建省加快建设海峡西岸经济区的若干意见》明确提出了"建设现代化海洋产业开发基地"目标。福建省要把握海峡西岸经济区的发展机遇，顺应世界海洋产业发展规律，充分发挥海洋资源优势，推进海洋产业发展，促进海洋主导产业集聚，培育海洋生物制药、海洋新能源、海水综合利用等海洋新兴产业，为福建省经济又好又快发展提供强有力的产业支撑。

（一）临港工业发展思路

临港工业是指依托港口资源优势，以产业集群、成片开发为基础，以重化工业为主体，以大型化和"大进大出"为特征的产业组织形式。临港工业的选择，主要考虑产业比较优势与原材料成本、产业发展潜力、产业带动效应等因素，具有资金与技术密集、经济外向度高的经济特征，如石化工业、钢铁工业、船舶修造、汽车工业等。

临港工业发展指导思想。按照科学发展观和建设海峡西岸经济区总体要求，抓住大型重化工业布局向沿海沿江地区转移、国家支持海峡西岸经济发展的历史机遇，充分发挥福建区位优势，合理开发利用沿海港口岸线资源，以延伸产业链和提高产业配套能力为切入点，以工业园区为载体，实施项目带动、优化空间布局，重点培育发展石化、冶金、电力、造纸、汽车、船舶修造、海产品加工和工程机械等临港工业，构建产业集聚明显、产业重点突出、分工布局合理、产业竞争力强的临港工业基地，促进海峡西岸先进制造业基地的形成。

临港工业发展目标。突出港口、园区和城市相互融合发展，培育临港工业产业集群，形成港口物流、临港工业园区、先进制造业基地的"港口-园区-基地"发展格局，建成产业集群优势明显，生产力布局合理，港口区、产业区、城市群有机结合的"临港工业带"，到 2010 年临港工业生产总值达 5000 亿元以上，占福建省规模以上工业总产值 50％以上；2020 年临港工业生产总值比 2010 年翻一番，基本建立具有较强竞争力的新型工业产业发展体系。

临港工业发展重点。围绕临港产业发展构想，依据福建比较优势、产业基础、产业升级演进规律和产业链延伸要求，加快石化、冶金、电力、汽车、船舶修造、装备机械等临港工业发展。

（二）船舶修造业发展思路

船舶制造业是集技术密集、资金密集、劳动密集为一体的产业，具有技术先导性强、产业关联度大特点，是福建省海洋产业发展的重点之一。

截至 2008 年年末，福建全省船舶工业企业及相关联企业 260 余家，包括船舶制造、船舶修理和改装、船舶拆解，船舶配套及船舶设计科研机构等，从业人员 2.1 万人。规模以上船舶企业 75 家，年造船生产能力 250 万载重吨，具备修造万吨级以上企业 32 家。2008 年，福建省规模以上船舶行业实现工业总产值 151 亿元，其中修船产值 20 亿元；完成出口交货值 80 亿元，出口创汇 12.29 亿美元。当年造船完工量 110 万载重吨，其中出口船舶完工量 68 万载重吨；修理船舶 2431 艘。

发展船舶修造业，要贯彻落实科学发展观，以产业转型升级、发展方式转变为主线，瞄准产业长远发展，实施技术改造，推进技术进步，提高产品质量，增强自主创新能力，加快海峡西岸经济区先进船舶修造业的发展。主要发展思路如下。

形成五个船舶修造集中区，做大做强造船主业，扶强马尾造船等一批骨干企业发展；稳步提高市场占有率，提高大型船舶、特种船舶、海洋工程装备的修理和改装能力，发挥船舶企业设备及钢结构焊接、安装等优势，承接大型钢结构件加工制作；加快推进船舶配套建设，重点支持船用起重机、舵机、锚绞机等船用甲板机械、舱室机械等生产企业技术改造，提高生产能力，支持船用钢板、船用电机、船用电缆、化工涂料等一批船用原材料和配套产品生产企业扩大规模，引进船用低速柴油机等船舶关键配套件企业，提高原材料和配套产品装船率；加快企业联合重组，鼓励重点骨干船舶企业与上下游产业（钢铁、航运）组成战略联盟，引入战略投资者，嫁接央企、对接台商，提高产业集中度和资源利用率；密切与台湾船舶业企业、协会的联系和技术经贸交流合作，促进闽台产业深度对接与融合，提升游艇等特色船舶制造的产业合作关联度。

（三）海洋渔业发展思路

海洋渔业是福建省海洋传统优势产业，在全国具有重要地位。近几年，通过"调结构、拓空间、重政策、强合作、保资源"等措施，有效促进了海洋渔业的持续健康发展。主要发展思路如下。

提升养殖捕捞加工效益。实施品牌战略，发展品牌渔业，推行无公害水产品、绿色食品、有机食品认证，实施水产品地理标志保护。建立大黄鱼、鲍鱼、海带、紫菜等九大优势区域养殖品种生态养殖基地，拓展区域市场，扩大名牌产品的市场占有率。探索新的养殖技术，培植重点养殖产品产业规模，发展无公害水产品生产基地，推行"政府＋龙头企业＋科研院所＋银行＋渔户"的新型产业化组织形式，实现渔业生态效益、经济效益、社会效益的统一。建设养殖基地，建设一批大型生态养殖基地，扶持建立一批大黄鱼、鲍鱼、海带、紫菜等优势养殖品种和养殖基地，加快鱼塘标准化改造，保持水产品总量全国领先地位。积极拓展湾外养殖，推广新技术和养殖模式，促进渔业资源增养殖，积极推广名优新品种和大型抗风浪深水网箱等生态养殖模式。实施名牌战略，支持龙头企业发展，扶持龙头企业与科研院校联姻，加强水产品精深加工和功能产品研发，建设水产品加工增殖工程，采用生物工程技术，发展海洋药物，功能品和保健食品及海洋药用生物材料。提高渔业组织化程度，建立渔民专业合作社，通过品牌带动渔民专业合作社发展。推进渔业生产标准化、品牌化，健全完善水产品质量安全标准体系、检验检测体系、认证认可体系。赋予专业合作社培养新型渔民的功能，重点开展新型渔民科技培训、海洋捕捞船舶船员技能培训、对台渔工基本技能培训。

促进闽台海洋渔业合作。对接台湾渔业，推动闽台渔业合作，把福建建成台湾渔业对外转移的承接地、进入祖国大陆的中转基地。制定优惠政策，鼓励台商投资建设水产苗种基地，培育优质养殖苗种，扩大优势品种养殖规模，推进优势水产品基地建设。加快渔业合作平台建设，扶持霞浦台湾水产品集散中心、海峡西岸（东山）水产品加工集散基地、连江海峡西岸水产加工基地、漳浦台湾农民创业园渔业产业区建设。加强远洋渔业劳务合作，引进台湾资金、技术，兴办闽台远洋渔业股份制企业或台商独资远洋渔业企业，争取与台湾合作的远洋渔船达 100 艘的规模，重点开展公海大型金枪鱼钓、延绳钓、灯围等项目合作。扩大免税进口台湾水产品范围，实施报关、税收、检疫等优惠通关政策，鼓励两岸水产品小额贸易，扩大台湾大宗水产品进口优惠范围，探索在沿海有条件的区域设立两岸合作的海关特殊监管区，争取农业部、商务部和海关总署批准，在福建省原有鲳鱼、鲭鱼、带鱼、比目鱼、鲱鱼、鲈鱼、虾和贻贝等八种台湾进口水产品实行零关税基础上，增加台湾籍渔船捕捞或台湾地区养殖的鱿鱼、金枪鱼、秋刀鱼、石斑鱼、虱目鱼等五种台湾水产品进口享受零关税优惠。扩大闽台海洋渔业科技文化交流，鼓励台湾科研机构、人员在福建省设立渔业科研、教学、培训、咨询等机构，合作开展渔业重点课题研究、技术研发、成果交流。创建台湾水产良种引育种试验中心和示范推广基地。鼓励福建省渔业科技、经营管理人员赴台开展渔业合作与交流。加强两岸渔民合作组织交流，借鉴并嫁接台湾渔会组织的管理模式和管理经验，推动两岸共创品牌渔业，促进生产、销售、管理、服务多方位合作，促进渔民专业合作社的健康发展。

推进科技兴海科技兴渔。健全渔业公共服务体系，建立水产技术推广、水生动植物疫病防控、水产品质量安全监管等公共服务体系。在县级水产技术推广站实施以"新五有站"为主要内容的能力建设活动，逐步改善基层水技站的工作条件和技术装备，提高公益性服务能力。建立省水生动物疫病监控中心，实行养殖基地备案制度，构建多层次的水产品质量安全监测体系。加快海洋渔业科技成果转化，建设一批规模大、水平高的海洋生物制品、海洋药物、深水抗风浪网箱养殖、优良苗种繁育、水产品精深加工等特色产业基地，提高海洋渔业科技成果转化率。

（四）港口物流业发展思路

突出港口优势。加强港口资源整合，促进港口布局和结构优化，形成结构合理、层次分明、功能完善、信息畅通、便捷高效、适度超前、可持续发展的现代化海峡西岸港口群。重点完善沿海港口集装箱运输系统、大宗散货运输系统，形成专业化、规模化港区，利用深水港湾优势，以港口带动临港工业规模开发；完善集疏运、口岸等综合服务配套体系，实现港口由滞后型向适应型转变，提高港口与公路、铁路货物运输承接能力。

突出物流园区规划。重点建设福州、厦门、泉州三大物流节点，重点推进一批专业物流园区建设。结合厦门、福州、湄洲湾主枢纽港建设，重点规划建设江阴港区物流园区、闽江口物流园区、厦门物流园区（东渡—象屿—航空港物流园区）、海沧物流园区、杏林物流园区、泉州秀涂综合物流园区、石湖物流园区、莆田物流园区。推进厦门、福州保税区实行"区港联动"，以发展物流为主，拓展国际中转、国际配送、转口贸易业务，促进保税区成为区域性物流中心，逐步向自由贸易区转型，推进产业基地与物流基地协调发展。

突出闽台物流对接。发挥保税区"区港联动"政策优势，与台湾高雄、台中等港区对接，吸引台湾实力强、规模大、国际航线多的航商开辟国际航线，做大货物、集装箱吞吐量，扩大港口中转规模。引进台湾大型物流企业，实现与海峡西岸经济区物流企业对接合作，通过改制、兼并、联合重组等多种形式，形成一批主营业务突出、核心竞争力强的物流公司。实现闽台两地互为开单、互为提货、互为拼箱、互为配送。创建快速、便捷的通关模式，在厦门、福州等保税港区、保税物流园区和台湾自由贸易港区之间建立绿色通道，促进两地货物的有序流动。

（五）滨海旅游业发展思路

闽台联手打造滨海旅游带。国务院《关于支持福建省加快建设海峡西岸经济区的若干意见》明确提出，要把海峡西岸经济区建成"我国重要的自然和文化旅游中心"。海峡西岸经济区拥有一大批世界级自然遗产、地质公园和国家级风景名胜区和自然保护区等。突出"海峡旅游"主题，打造"海峡旅游"品牌，依托台湾海峡，拓展闽台旅游合作，建设宁德、福州、莆田、泉州、厦门、漳州蓝色滨海旅游带，依托独特的滨海地质奇观、沙滩、温泉、宗教文化、海丝文化等特色旅游资源，重点开发滨海休闲度假、海洋文化体验、滨海生态观光等旅游产品，逐步从滨海旅游向海洋旅游扩展，形成福建滨海旅游产品体系，打造滨海旅游产业集群。

构建海峡两岸旅游合作区。海峡两岸联合共同打造"海峡旅游"品牌，携手将海峡两岸旅游区建成世界级旅游目的地。扩大与两门两马及与澎湖地区旅游合作，丰富"两山"（武夷山、阿里山）、"两水"（大金湖、日月潭）对接合作内容，整合开发两岸共有文化资源、共性旅游资源，构建海峡亲情游、海峡商贸游、海峡修学游、海峡宗教游、海峡都会游等海峡旅游产品体系，促进两岸旅游业的共同发展。

提升"四岸四岛"旅游水平。"四岸"即泉州黄金海岸、厦门假日海岸、宁德绿色海岸、福州阳光海岸，"四岛"即鼓浪屿、东山岛、湄洲岛、平潭岛，要以海洋观光、海岛历险、海上运动、海港风情、海鲜品尝等旅游项目为主体，形成融观光、休闲、探险、游泳、疗养、度假于一体的现代滨海、海岛旅游业，促进滨海旅游向海洋旅游扩展。

（六）海洋新兴产业发展思路

海洋新兴产业是现代海洋经济发展最具潜质的新兴领域，也是建设海洋经济强省的重要内容。目前，福建省海洋新兴产业尚处于起步阶段，规模小、产业链短、配套条件差。要立足自身优势，强化政府政策引导与扶持，有重点地开发海洋新兴产业。

1. 海洋新兴能源产业发展前景与思路

开展近海风能资源评价、开发、规划和试点、示范工作。要加快风力发电资源开发，重点开发平潭、福清、长乐、莆田、漳浦、东山等条件较好的沿海大型风电场。以风电场规模化建设带动风电配套装备及关键零部件产业发展，支持引进轴承、叶片、齿轮箱、控制系统等关键配套零部件企业；支持自主研发2.5兆瓦及以上风机，开展海上风电机组研究；加快推动变速恒频风力发电机组、中小型离网式风力发电设备和新型风光互补集成应用系统的产业化。

连江大官坂、福鼎八尺门具备开发中型潮汐能电站条件。制定潮汐能开发政策，组织专业人员技术攻关，解决技术瓶颈，开发适合潮汐能发电的机械设备，建设潮汐能发电站，有效利用潮汐能。

以宁德核电和福清核电为源头，延伸核电产业链，支持在仪器、软件、电子、电缆、电机、阀门等行业具备条件的优势企业发展核电配套产品，获取核电配套资质。鼓励研究核-煤联用及其他化石燃料综合利用，提高核能产业的竞争力。

2. 海水综合利用产业发展前景与思路

发展海水淡化，重点解决海岛、沿海居民生活用水和工业用水。在沿海具备条件区域推广海水直流冷却、循环冷却技术，扩大海水直接利用领域，推广海水源热泵、海水脱硫等新技术，扩大生活用海水直接使用范围。通过项目引进，推动海水淡化技术创新，逐步实现关键材料及配套装备的自主生产；制定海水综合利用规划，出台政策扶持海水综合利用，推进重点地区海水淡化项目建设，积极探索和尝试海水淡化项目，使海水淡化成为海岛主要水源；引导临港工业将海水作为工业冷却水，建设若干海水综合利用产业化示范工程，开发海水化学资源和卤水资源及深加工，推进盐业改造提升，突破利用海水提取钾、镁等技术，重点发展钙盐、镁盐、钾盐、溴加工系列产品，以产品优势提升产业优势。在引进、消化、吸收国外海水利用高新技术前提下，培育自主海水利用产业，建立在国内具有带动作用的海水综合利用产业基地。

3. 海洋生物医药产业发展前景与思路

依托海洋生物资源优势，完善海洋药物与生物制品研发、产业化平台建设，推动海洋生物医药产业发展。支持利用现代生物技术对海洋资源进行综合开发，生产新型高附加值海洋功能性食品和海洋生物化妆品，重点支持利用生物技术、基因技术建立海洋水产名优养殖品种规模化繁育基地，培育养殖主导种类优良品种和新品种；充分发挥厦门、福州、泉州生物与新医药产业优势，采用先进技术与设备开发生物创新药物、新化学合成药物、海洋药物等新产品。加强闽台生物与新医药产业对接，重点围绕中药及天然药物、海洋药物及海洋生物资源、生物农业等领域，发挥闽台产业比较优势，合作开展产品研发、技术推广、投资融资，推动闽台生物与新医药产业共同发展。

三、福建省海洋经济发展面临的主要问题

（一）海洋产业结构不合理

总体而言，福建海洋产业仍然处于以传统、粗放型开发为主的初级阶段，产业结构升级有待进一步推进。2006 年以来，福建海洋产业结构比例已经由早期的"三、一、二"向"三、二、一"方向转变，海洋第二产业比重不断上升，2008 年福建海洋第二产业占全省海洋产业增加值的比重为 25.7％，比 2005 年高出 10.1 百分点。但与世界发达沿海国家相比，海洋第二产业比重还偏低，缺乏有规模的海洋特色产业、龙头企业和名牌产品。目前，在海洋第二产业中，尽管海水产品加工业所占比重呈现下降趋势，但仍然最大。2008 年，海水产品加工业增加值为 59.58 亿元，占全省海洋工业增加值的22.99％；其次是临港工业，增加值为 47.67 亿元，占 18.39％，其中，临海火力发电和核力发电业发展最为迅速；船舶制造和修理业仍然持续、稳定发展，海洋化工业发展较快，地位逐渐上升；生物制药和保健品制造业增加值呈现下降趋势，规模很小。海洋产业结构仍需进一步优化升级，继续加快发展海洋第二产业仍然是"十二五"期间海洋经济发展的重点。

（二）海洋资源开发深度不够，海洋高新技术运用存在"瓶颈"

海洋产学研的有效合作机制尚未形成，海洋科技成果产业化程度偏低，海洋高新技术产业发展缓慢。部分资源过度开发、重复开发与一些优势资源开发利用不够并存。目前，福建海洋能源开发、海洋原油开采、海水利用和海洋地质勘查业基本空白，而这些行业均属于对海洋高新技术依赖性很高的行业。

（三）海洋基础设施建设有待进一步改善

"十一五"期间福建海洋基础设施建设水平有了明显的提高，2008 年福建省生产用码头的平均长度（码头长度/泊位个数）达 130.23 米，万吨级泊位比重为 28.40％，高于同期全国生产用码头平均长度（122.94 米）和万吨级泊位比重（26.89％），福建省整体海洋基础设施建设水平开始高于全国平均水平。但从各个港口来看，存在较大的差异。2008 年，福建的五个港口中仅有福州和厦门两个港口的码头平均长度和万吨级泊位比重超过全省平均水平，而漳州更是没有万吨级的码头泊位。基础设施水平没有跟上，导致福建省的各港口的客货吞吐量与国际标准集装箱吞吐量处于较低水平，难以适应国际航运船舶大型化、现代化和物流业等新兴业态发展的需要。

（四）海洋环境和生态保护压力大

全国海洋生态监控情况显示，福建省所属闽东沿岸处于亚健康状态，且五年来呈现略有下降趋势。工农业和城市快速发展产生了大量的工业、农业和生活污水经江河等最

终进入海洋，对近岸海域造成污染。围填海、海上船舶污染、养殖污染、海洋倾废和海洋工程等也对近岸海域生态环境造成压力。

（五）海洋科技与海洋教育水平有待提高

福建省海洋高等教育没有得到很好的发展，博士和硕士的专业点数均处在全国的中下游水平。海洋教育水平的相对落后成为海洋科研的"瓶颈"。从海洋科研人员的学历构成来看，福建省从事海洋科研人员中研究生（尤其是博士研究生）的比例要低于全国平均水平，并且从事海洋科研的人员中高级职称人员的比例也低于全国平均水平。从海洋科研的成果来看，福建省海洋科研的科技课题数、发表科技论文篇数及拥有专利总数均远远落后于广东、山东、江苏和上海等沿海省（市）。海洋科技与海洋教育水平的相对滞后给海洋经济的进一步发展造成了障碍。

此外，福建与台湾一水相连，闽台之间地缘相近、血缘相亲、文缘相承、商缘相连、法缘相循，这就为闽台两岸合作交流奠定了良好的基础，并且近几年来海峡两岸直航成效显著，两岸经济制度化合作取得了重要的成果，这对福建海洋经济的发展无疑是一个良好的机遇。

四、福建省海洋经济发展的政策与措施

今后5到10年，是福建推进海峡蓝色经济试验区和海洋经济强省的关键时期。要在明确发展思路和战略目标的前提下，采取切实有力的措施，持续提升福建在全国海洋经济发展大格局中的地位和作用。

（一）进一步推进涉海基础设施建设

发展海洋经济需要强大的陆域经济和配套完善的基础设施作为支撑，要加快涉海基础设施建设，重点是建设大港口和连接内外高效畅通的综合交通系统，以促进要素合理配置与有效利用。

加强沿海三大港口一体化建设。充分发挥港口优势，加强港口资源整合，完善港口发展布局，推进港口管理体制一体化，加快发展厦门、福州、湄洲湾三大港口，打造面向世界、连接两岸，定位明确、布局优化，分工合理、优势互补，辐射能力强的海峡西岸现代化港口群。厦门港要着力发展国际集装箱干线运输，积极开拓外贸集装箱中转和内陆腹地海铁联运业务，强化对台贸易集散服务功能，加快建立新型的第三方物流体系和航运交易市场，积极探索建立国际航运发展综合试验区，建成覆盖厦门湾、东山湾等港区，以集装箱运输为主、散杂货运输为辅、客货并举的国际航运枢纽港和国际集装箱周转中心。福州港要积极推进福州、宁德港一体化整合，加快主要港区的专业化、规模化开发建设，加快大宗散货接卸转运中心建设，积极拓展集装箱运输业务，提升为临港产业配套服务的水平，建成覆盖三都澳、罗源湾、福清湾、兴化湾北岸各主要港区，集装箱和大宗散杂货运输相协调的国际航运枢纽港。湄洲湾港要以服务临港产业发展和拓

展大宗散货运输为重点，加快港口开发，推进合理布局，建成覆盖湄洲湾、兴化湾南岸、泉州湾等主要港区，大宗散货和集装箱运输相协调的主枢纽港。

构筑沿海港口通往内陆腹地的大通道。着力加快推进福州、厦门、湄洲湾三大港口通往周边及中西部地区的铁路、高速公路网络建设，形成拓展纵深腹地的便捷通道。加快向莆、厦深、龙厦、合福等干线铁路、漳州港尾铁路和湄洲湾南北岸、罗源湾南北岸、福州江阴、宁德白马等一批港口支线铁路建设，开工建设浦、建龙梅和长泉、衢宁等铁路，形成连接长三角、珠三角，辐射中西部地区的大运力快捷通道；全面建成福州至银川、厦门至成都、泉州至南宁、北京至福州、宁德至上饶、莆田至永定、厦门至沙县、古雷至武平等高速公路，拓宽沈海高速公路福建段并新建复线，加快推进湄洲湾至重庆等高速公路建设，完善重点港区疏港高速公路支线、连接线。推进福州、厦门综合交通枢纽规划建设，完善枢纽场站配套体系和通港交通体系，提高换乘、换载效率和港口疏通能力。深化海峡通道工程前期研究工作，开展福州至台北、厦门至高雄海峡铁路、高速公路规划研究。

加强海岛基础设施建设。坚持陆岛统筹、经济与生态兼顾的开发模式，加强海岛基础设施建设，完善陆岛交通码头，为海岛经济社会持续发展提供保障。围绕平潭、东山、湄洲、琅岐、大嶝、三都等重点海岛开发，加强陆岛交通、供电、供水、通信、广播电视等基础设施建设，加快推进福州至平潭高铁、平潭海峡大桥复桥、平潭海峡二桥、平潭22万伏输变电入岛、琅岐大桥、湄洲岛跨海通道等项目建设，积极开展大嶝航空城、三都澳跨海通道等项目前期工作，加快实施平潭、东山等岛屿的岛外调水和岛上蓄水、供水工程建设，推进海水淡化示范，着力解决海岛群众出行难、饮水难等突出问题。加强南日、浒茂、西洋、大嵛山等有居民海岛的道路、码头、供水、供电、信息网络等基础设施建设，改善海岛居民生产生活条件。

（二）大力提升海洋公共服务能力

各级政府和海洋职能管理部门要真正从管理转向服务，逐步扩大公共服务的覆盖面，把发展海洋事业和解决民生问题作为工作重点，为海洋经济发展和人民群众生产生活创造良好的环境和条件。

加强海洋防灾减灾重点工程建设。加快建设"百个渔港"，突出加快一批国家中心渔港和一级渔港建设，提升渔港标准化建设水平，完善渔港配套服务设施，增加有效避风面积，形成以一类渔港为中心轴，宁德、福州、莆田、泉州、漳州等五个市渔港集群为片区的"一轴五区"渔港防灾减灾体系，使福建6万艘渔船就近避风率达到85％以上。加快实施"千里岸线减灾"工程，加强海堤除险加固，建设符合国家标准和实际需要的防洪防潮工程体系。建设和完善海岸线防灾减灾预警预报系统，加快建设20个验潮站，完成沿海33个警戒潮位的核定和重点岸段高程测量项目。加快完善"万艘渔船安全应急系统"，对福建现有3.6万艘捕捞渔船全面安装带有防碰撞、船体定位、语音通信和报警功能的船用信息终端，全面实现IC卡信息化管理。建立健全海洋气象、风暴潮、赤潮、海啸等海洋灾害的监测预报体系，全面完成中尺度灾害性天气预警系统建设任务，提高海洋灾害预警预报能力。建立健全水生动物疫病防控信息网络，提高水生动物疫病诊断、疫情信息处理、预警预报能力。完善台湾海峡及毗邻海域海洋动力环境立体实时监测网，不断提高海洋环境监测水平。

完善海洋灾害应急机制。建设省、市、县三级应急指挥平台和应急指挥系统，对海上渔船安全实行实时监控，增强海上救援能力，提高安全生产水平。整合现有海洋应急力量，建立省、市、县、镇、村等五级联动的海洋灾害应急管理体系，提高灾害应急响应和应急处理能力。建立健全海上人员救助、海上溢油和船舶危险化学品泄漏事故、海上消防等海上事故的应急处置机制。加强福建与台湾、广东、浙江等地在通信和海上救助、海洋放射性事故等方面的合作。建立快速、高效的军地抢险救灾联动机制。

加强海洋基础信息服务平台建设。建立健全海洋基础数据调查、统计和信息发布制度，重点加强海洋开发基础数据、海域环境状况、区域海洋气象和海洋科技研究等信息发布和服务。加强海底实体调查和命名管理。完善近海海洋资源综合调查，开展台湾海峡渔业资源、海洋安全通道、海岛开发与保护等海洋专项调查，推进台湾海峡海洋地理信息服务平台建设。

创新海洋经济核算与监测评估机制。按照"统一组织、专业处理"的原则，建立省、市、县三级海洋经济核算体系，完善海洋经济核算指标体系与监测网络，组织开展海洋经济普查，科学掌握海洋经济运行动态。建立海洋经济运行情况定期发布制度，及时提供海洋经济运行数据和评估分析资料，为海洋开发、海洋经济管理决策和社会公众提供服务。

（三）加快完善海洋科学开发的体制机制

要针对目前海洋开发中存在的问题，探索建立政府引导、市场运作、陆海统筹、集约利用、可持续发展的海洋开发与综合管理体制机制，促进海洋经济又好又快发展。

1. 创新海洋行政管理体制

在有条件的设区市推进"大部门体制"改革试点，强化海洋管理职能。借鉴国外沿海国家集中型海洋管理模式，选择平潭综合实验区，探索实行职能有机统一的"大部门体制"改革试点。条件成熟时，将"福建省海洋开发管理领导小组"由协调机构转为常设机构，设立"福建省海洋开发与管理委员会"，作为全省海洋经济运行的宏观调控部门和海洋事业发展的综合管理部门。

2. 创新海洋综合管理的机制

建立科学用海新体制。严格执行海洋主体功能区划制度，坚持海洋生态环境保护和海洋资源开发相协调，科学论证、统一规划、严格管理、规范使用。编制实施《福建省海岸保护与利用规划》《福建省海洋环境保护规划》《福建省近岸海域环境功能区划》等规划，强化规划引导和控制。开展海湾围填海后评估工作，防止海洋污染和生态破坏，促进海洋经济可持续发展；充分利用"海湾数模"研究成果，加强围填海项目的论证管理。创新海域使用报批认证审批，简化重点项目海域审批手续，提高服务效率。合理划分沿海海域商船通航区与渔业作业区，实现商船航行区与渔业作业区的相对分离，促进渔业与航运业协调发展。建立健全海洋生态补偿机制和渔业补偿机制，规范渔业拆迁补偿工作，使滩涂、海域的拆迁工作走上制度化、法制化轨道。

建立协同护海新体制。实施海陆统筹、河海兼顾、一体化治理，加强海洋、环保等涉海部门在海洋生态环境监测观测设施建设、数据采集、联合执法等方面的配合，推进一体化建设，统一海洋观测、监测技术规范和标准，提高设施利用效率，实现资源共享。加强基层管理协调，实现省、市、县（区）在海洋生态保护上的有序分工与高效合作。探索建立政府主导、相关涉海部门参加的海洋资源开发利用和生态环境保护工作协调机制，明确各涉海部门在海洋管理中的工作职责，加强海洋经济发展重大决策、重大项目的综合协调，合力推动海洋资源科学、规范、有序利用。

建立依法治海新体制。进一步加强地方性海洋法规规章立法，制定和完善海岸带综合管理、入海口与排污口管理等法规体系，对具有完整自然地理单元的特殊海洋生态环境区域，制定相关配套制度。健全省、市、县三级海洋功能区划管理体系，严格按海洋功能区划及有关法规进行管理监督，确保所有用海项目符合海洋功能区划，强化违法用海责任追究，完善海域使用管理配套制度，强化海域使用权属管理。健全海洋环境监测体系和监督管理机制，完善海洋生态修复与环境保护措施，强化海洋环境保护工作。规范海洋执法程序，建立完善海洋、交通、国土、环保、工商、海事等部门相配合的海上执法协调机制，强化海洋执法监察监督。

3. 创新海洋开发政策

贯彻落实国家有关海西建设一系列决策，用足、用活、用好鼓励海洋经济发展的各项政策，最大限度地发挥政策效应。

财政金融政策。落实好国家各项财政扶持政策及各项税收优惠政策，建立海洋公益性事业投入的正常增长机制。加大对海洋战略性新兴产业、重大海洋科技专项的财政投入力度，落实海洋高新企业认定及相关税收优惠政策。拓宽海洋经济发展的资金来源渠道，引导海峡产业投资基金加大对海洋经济的风险投资力度。支持涉海企业资产重组，鼓励社会各类投资主体以直接投资、合资、合作、BOT等多种灵活的投资经营方式，加大海洋开发投入。鼓励银行业金融机构加快信贷产品创新，扩大贷款抵（质）押物范围，推行各类船舶、在建船舶抵押融资模式和渔权、海域使用权抵押贷款等适应海洋产业发展的新型信贷模式。积极推动政策性渔业保险进程，成立福建省渔业互保协会，选择有条件的地方开展政策性渔业保险试点，探索建立大宗水产品出口保险制度；拓宽保险服务范围，增加保险种类，提高理赔质量，最大限度地满足渔民群众和渔业行业风险保障需求。

产业发展政策。建立分类引导的海洋产业发展导向机制，对鼓励类产业，在项目核准、用海指标、资金筹措等方面，予以支持；对限制类产业，严格控制规模扩张，限期进行工艺技术改造；建立淘汰产业退出机制，强制高能耗、高排放的产能退出。建立海洋产业发展专项资金，对列入规划的重大基础设施和重点项目给予财政补助。已有的各项产业发展专项资金重点支持规划中项目。对列入国家重点扶持和鼓励发展的产业和项目，给予企业所得税减免、研发费用税前抵扣等优惠政策。

科教人才政策。建立有效推进和保障机制，加强对需要重点支持的海洋科技研发平台的政策和资金扶持；设立海洋科技攻关专项基金，对制约海洋开发的关键技术组织重点攻关；建立产学研项目对接和成果转化的奖励机制，支持企业和科研院所进行科技成果转化等方面的合作。完善海洋人才培养、引进、使用的激励保障机制，在科研经费、职称评定、住房、户口等方面予以倾斜支持。

用海政策。创新海域使用报批程序，区域建设用海经过整体论证评审的，允许规划区域内的单宗用海项目不再进行单独论证评审。积极争取国家在围填海指标上对福建给予倾斜支持，适当提高海域使用金地方留成比例，对海洋战略性新兴产业项目用海给予享受公益项目海域金征收优惠政策。

第二节　福建省海洋政策评价与建议

一、福建省海洋产业政策

(一) 福建省海洋产业政策存在的问题

1. 海洋渔业发展存在的问题

福建省在渔业资源方面有得天独厚的自然优势，改革开放以来海洋渔业事业也得到的长足的发展，但是目前海洋渔业仍存在诸多问题。

首先，海洋渔业的结构不够合理。渔业生产分散，集约化程度不高，竞争无序，加上低层次、低加工度的渔业产品需求较低，渔业出现大面积亏损。渔业发展仅限于海洋渔业内部，与其他产业结合程度较低，海洋渔业发展空间急需拓展。

其次，捕捞许可证制度所起的作用有限，并没有实现减少渔业资源过度捕捞和过度投资的预期目标。从1981年提出"双控"目标至今，海洋机动渔船数量和总功率非但没有减少反而增加了近5倍。虽然法律明确规定从事海洋渔业捕捞作业者必须持有捕捞许可证，并制定了相关实施细则和管理办法。但至今仍有大量的"三无"和"三证不全"的渔船继续从事捕捞活动，偷捕、滥捕的现象仍屡禁不止。尽管管理机关严格控制捕捞能力的某些要素，如渔船数目、渔具类型和捕鱼方法等，但通常只规定了渔船的主机功率大小、渔具数量、作业类型、作业区域、捕捞品种等，但没有明确限制捕捞数量。渔民可以通过延长作业时间、改造渔业技术等手段增加捕鱼量，总捕捞量无法得到有效控制。

再次，禁渔、休渔政策存在不足。休渔制度被认为是中国保护近海渔业资源符合国情的最有效的渔业管理措施之一。事实上，无论是休渔两个月还是三个月甚至在个别海域实施更长的禁渔期，都不能从根本上解决近海渔业捕捞强度长期处于超负荷、渔业资源持续衰退的问题。这是因为：第一，休渔期间，全部渔船进港，修船补网，恢复、增加生产能力，积蓄强大的生产能量整装待发，休渔结束后，千帆竞发，大量的渔船集中，形成了捕捞高峰。伏季休渔效果被更大的超强度捕捞所抵消，主要经济鱼类小型化、低龄化、性早熟，资源养护和利用的矛盾突出。第二，休渔期间为渔民进行技术创新提供了机会。开捕后良好的经济效益预期诱导渔业生产者增加渔业生产的投入，改进捕捞技术、增加渔网渔具等，从而使"双控"目标受到冲击。

最后，随着《中日渔业协定》《中韩渔业协定》和《中越北部湾渔业合作协定》的相继生效，我国海洋渔业的作业范围进一步缩小，大批渔船被迫从传统外海渔场涌向近海渔场，加大了近海渔业资源的捕捞压力，不仅恶化了海洋渔业船队的经济现状，也极有可能因此增加休渔的难度，即使休渔能够起到一定的效果，其效果也将十分有限。

2. 海陆联动机制尚不成熟

福建是海洋产业大省，近年来港口物流业和临港工业发展迅速。港口物流业的发展除依靠本省经济的发展外，还需要港口腹地相关内陆省市的大力支持，需要深化港口与腹地间的合作深度。发展临港工业一方面要利用本省区位优势和优惠政策吸引外来投资，另一方面要积极主动承接内陆重化工业向沿海的产业转移。港口物流业和临港工业的快速、健康发展都要求福建省要有完善的海陆联动机制。虽然近年来福建省已开始加强与内陆省市的沟通协作，已陆续签署一些合作协议，但相关海陆联动机制尚不成熟，亟待完善。

3. 产业升级改造方案有待完善

完善的产业升级改造方案是顺利实现福建海洋产业升级、促进海洋经济由数量增长型向质量增长型转变的重要保障，现有方案和相关政策在海洋产业布局、海洋产业结构优化等方面尚有一定提高和调整空间。

4. 对海洋新兴产业的培育和支持力度亟待加强

海洋新兴产业以其高投入、高风险、高收益、超前性等特点，日益受到有关部门的重视。近年来，福建省相继出台的一系列海洋产业促进政策均提出要大力发展海洋新兴产业。但目前福建省在海洋新兴产业人才培养与引进、资金投入、技术支持、技术创新、风险管理、科研奖励机制、科研成果转化与产业化机制等方面都亟待加强。对海洋矿产资源和海洋能源的勘探、调查和相关规划工作也还有待进一步深化。

5. 闽台合作在政策层面有待深化

福建省作为两岸合作的桥头堡，应积极向国家申请政策支持，在海峡两岸经济合作框架协议（ECFA）下深化闽台经贸合作，扩展闽台在科技、教育、文化等方面的合作。在台湾开放陆资入台的大形势下，福建省应适时抓住机会，依托闽台之间地缘近、血缘亲、文缘深、商缘广、法缘久的优势，进行相关政策调整，做到"走出去"与"引进来"相结合，早日实现闽台双向投资正常化。

（二）福建省海洋产业政策建议

1. 抓住机遇，贯彻落实国务院关于建设海西经济区的指导意见

以海峡西岸经济区建设为契机，抓住历史机遇，深入贯彻落实国务院和福建省委、

省政府的指导意见，研究制定《福建省发展海洋经济指导意见》和《福建省海洋产业发展指导目录》，贯彻落实"增强经济发展后劲，建设海洋经济强省"的战略部署、进一步促进海洋经济健康发展。

2. 海陆联动，实现经济一体化发展

要按照海峡西岸经济区建设的总体规划，坚持海陆统筹，加强陆域经济和海域经济的联动发展，实现陆海之间资源互补、产业互动、布局互联、协调发展。把海洋产业发展更好地与沿海、海岛的优势资源开发、特色经济发展和工业化、城市化结合起来，在陆海联动中实现海洋产业的调整和布局的优化。加快开辟服务中西部发展的快捷出海通道，有效延伸经济腹地，进一步拓展两翼，对接两个三角洲。

3. 优化结构，促进海洋产业调整升级

结合国家宏观环境及福建省海洋经济的发展形势，"十二五"期间，应加强海洋产业升级方面的调控力度，促进海洋经济由数量增长型向质量增长型转变。福建省海洋资源的优势主要体现在"港、渔、景、矿、涂"五大资源上，要重点培育和发展临港工业、港口物流业、海洋渔业、滨海旅游业、海洋高新技术产业，通过进一步加强陆海资源集成，延长产业链，培育一批区位特色明显、具有前沿优势的海洋产业集群，加快形成并不断增强福建省海洋产业的综合优势。

4. 培育新兴产业，形成海洋经济新增长点

加快培育福建省战略性海洋新兴产业，抓紧开展"福建省战略性海洋新兴产业发展规划"研究工作，加强对海洋新兴产业发展的必要政策引导，提高科技含量，激活产业发展机制，培养和引进高技术人才；大力发展海洋生物制药业，建设海洋药业和保健品研发、生产基地，推进一批新型海洋医药、海洋食品和海洋生物保健品等产业化发展；加大风能、潮汐能等海洋能源开发力度，开展台湾海峡矿产、油气能源的前期研究，做好勘查和开发规划；积极开发海水化学资源和卤水资源及其深度加工，推进盐业改造提升，尽快突破利用海水提取钾、镁等技术，重点发展钙盐、镁盐、钾盐、溴和溴加工系列产品，以产品优势提升产业优势；整合利用全省海洋信息技术和资源，建设"数字海洋"工程，提供海洋信息服务公共平台，实现海洋资源、环境、经济和管理信息化。

5. 增加投入，建立多元化海洋产业投入机制

建立海洋经济发展与综合管理的专项投入机制，加大对海洋经济与综合管理的投入。建立健全市场化的投入产出机制，按市场化原则逐步完善海洋产业项目的投入、产出政策。对海洋基础设施项目用地、用海等提供优惠，降低项目投入成本，科学确定海洋基础设施项目的使用收费办法，形成合理的收入补偿机制。建立平等竞争的市场环境，按企业化管理和运作的方式开发海洋产业项目，积极推动各种资源、资金、劳力、技术等生产要素优化组合，实现规模经营。

6. 深化合作，拓展闽台海洋经济交流合作领域

依托闽台之间地缘近、血缘亲、文缘深、商缘广、法缘久的关系，不断拓展闽台临港产业对接，加快实施《闽台产业对接规划》和政策措施，吸引台湾临港产业转移，加强两地产业协作；加强涉海领域的科技合作，开展闽台海洋信息、生物、新能源、环保

等领域关键技术的攻关协作；扩大闽台渔业合作，鼓励台资来闽发展养殖业；扩大两岸水产品贸易，加快霞浦等台湾水产品集散中心建设；推进闽台人员往来和货物中转，利用"两马"、"两门"和"泉金"航线，把福州、厦门、泉州等港口建成台胞进出大陆或大陆居民赴台旅游的中转基地。

加快开展平潭综合试验区建设，大力推进平潭的开发开放。超常规、高强度推进基础设施建设，实施更加优惠的特殊政策，探索有利于开发和发展的机制，力争实现贸易、投资、人员往来便利化，把平潭建设成为台商投资大陆新的聚集区、两岸人民交流合作的前沿平台，探索两岸合作新模式的示范区。

二、福建省海洋生态环境保护政策

（一）福建省海洋生态环境保护政策存在问题分析

1. 海洋生态环境法律体系尚不健全

一方面，国家的法律体系尚不完善，如《渔业法》经过 2000 年和 2004 年修改后，有关渔业资源养护与管理的规定已经形成了比较完整的制度体系。但是，1987 年制定的《渔业法实施细则》却至今没有根据修改后的《渔业法》进行修改或重新制定，导致修改后的《渔业法》的一些条款缺乏执行性，部分甚至冲突失去了法律效力。另一方面，地方性法律制度有待健全，如《海岛保护法》颁布施行以后，针对福建省海岛众多的特点，需要尽快制定出台合乎福建省《海岛保护法》的实施办法。

2. 行业法规存在一定的局限性

现阶段我国海洋法律制度是以行业管理法律为主，综合管理法律制度还十分不完善。近年来，福建省就海洋综合管理体制机制进行了积极探索和实践，也取得了一定效果。但是海洋立法与其他领域的立法不同，它所涉及的部门多，行业复杂，而且与陆地的部门和行业相比较，涉海部门和行业之间的相互联系和影响更为密切和复杂。此外，海洋管理的许多方面或者缺乏法律的明确授权，或者存在职权的交叉，而在开发利用、保护和管理海洋的实践中也存在着许多部门交叉、行业重叠的现象。因此，对于保护海洋生态环境，如果不从全局出发，在宏观上予以协调，单项法规在实施过程中不可能取得预期的效果。比如，为保护野生大黄鱼种植资源，福建省于 1985 年设立官井洋大黄鱼繁殖保护区，并颁布实施了《官井洋大黄鱼繁殖保护区管理规定》，旨在保护和恢复野生大黄鱼资源，但是由于保护区所在三沙湾开展的各类开发活动，如围填海、水产养殖、港口、捕捞、火电项目等，对大黄鱼的栖息环境构成重大威胁，该地区大黄鱼至今不能形成鱼汛。

3. 缺乏海洋生态补偿机制

目前，我国尚未建立起海洋生态补偿机制。已有的海域有偿使用制度是国家对海域的所有权在经济上的体现。《中华人民共和国海洋环境保护法》只规定对破坏海洋生态、海洋水产资源和海洋保护区的责任者提出损失赔偿要求。渔业行政主管部门依照《建设项目对海洋生物资源影响评价技术规范》代表国家向损害渔业生态环境资源的单位或个人进行索赔，但只赔偿了渔业损失，而未纳入受损的其他生态系统服务功能的补偿。此外，由于渔业部门索赔是在建设工程环评核准并取得海域使用权的情况下的事后行为，大大削弱了索赔的成功性。因此，目前围填海工程对近岸海域生态环境的破坏几乎未得到实质性的补偿，海域资源被消耗了就不可再生，如不进行补偿和功能修复，将严重影响海洋可持续发展。

（二）福建省海洋生态环境保护政策建议

1. 加大污染物排海控制，大力推进海域环境整治

严格控制陆源污染物排放。加快沿海大中城市、江河沿岸城市生活污水、垃圾处理和工业废水处理设施建设，提高污水处理率、垃圾处理率。实施重点陆源污染物直接排放单位主要污染物在线监测监控；严格执行污染物排污总量控制和排污许可证制度，控制陆源污染排放；加强对各种海洋开发活动的环境跟踪监测，实施环境保护动态管理。

开展海域环境综合整治和海湾清淤，增加纳潮量；开展海岸综合整治，保护岸线、沙滩、滨海景观、改善海洋环境与生态环境；保护海砂资源，打击海上非法采砂活动，制定沙滩保护方案，开展沙滩修复工程；清除废弃渔船、网箱及水下废弃物，完善渔港垃圾收集设施，减少垃圾入海，清理海漂垃圾；清除互花米草等入侵物种，大力种植红树林等推进生态修复工程建设，为沿海城市建设、海洋产业发展、滨海旅游、对台交流等提供良好的生态环境。

2. 优化海湾和流域产业布局

在生态功能区划基础上，协调流域上、中、下游利益关系，严把环保审批准入关，依法推进规划环评，坚决淘汰落后生产工艺、过剩产能；加强流域-海湾综合管理。积极推动九龙江、闽江等主要流域及其下游海岸带的生态保护规划成为流域经济社会发展规划的一部分，制定和修订相关流域污染防治和生态保护的有关规章、规划；沿海发达城市在自身的经济发展中应当对流域各地市的产业升级给予适当的反哺和扶持。

3. 加强海洋领域节能减排工作的支持力度

依靠科技支撑，促进循环经济，推进清洁生产；鼓励企业开展可再生能源利用工程，积极推进海上风力发电、潮汐发电、海水综合利用等资源节约型、环境友好型项目；加大科技投入，推进科技创新，依靠科技支撑，推动节能减排工作的进一步落实。

4. 提升海域环境监测能力

重点开展福建省13个重要港湾监测及11条主要河流入海口监测，创新海洋环境监测与评价工作机制，强化涉海工程的环境影响后评估工作；加大对赤潮和外来生物入侵的预警预报力度；加强对围海造地工程、临海工业集中区和重点企业排污口邻近海域、海洋倾废区的环境监视监测。

5. 加强海洋生态与生物资源保护

加强海洋生物资源保护。控制和压缩近海捕捞强度，继续实行禁渔区、禁渔期和休渔制度，限定禁捕鱼类种类及个体大小，推广海水生态养殖；强化渔业资源生长、繁

育、洄游区域的生态环境保护；编制鱼、虾、贝类放流增殖规划，规范放流增殖活动，保障水生生物安全，保护和增加渔业资源；继续开展人工鱼礁建设和封岛栽培试点，加强珍稀濒危水生野生动物救护工作，探索保护濒危水生物种的有效方式，努力恢复近海海洋生物资源。

加强生态修复与海洋自然保护区建设。开展红树林、河口、滨海湿地、海岛等特殊海洋生态系统及其生物多样性的调查研究和保护；加强近海重要生态功能区的修复和治理，在重要海洋生态区域建设海洋生态监控区，强化海洋生态功能区的监测、保护和监管，开展海洋生态保护及开发利用示范工程建设。

6. 加强对岸线资源的规划和保护

根据海洋功能区划，制定海岸利用和保护规划，协调港口、航运、围垦、养殖、防汛、排涝、旅游和临港工业等开发建设活动；加强对具有特色的海岸自然、人文景观的保护；严禁低滩围垦，严格保护沿海沼泽草地、芦苇湿地、红树林区等重要湿地和越冬场、回游场、产卵场等天然渔业种群栖息地；加强侵蚀岸段的整治。

7. 合理开发与保护海岛

坚持规划先行、保护为主、适度开发、分类推进。对有居民海岛加强引导，适当控制人口增长，在不破坏生态环境和生物多样性的前提下进行综合开发利用，建设"海洋第二经济带"；对无居民海岛实行"先保护、后开发"，严格评价制度，按照特殊保护岛屿、保护岛屿和适度利用岛屿分类开发利用与保护；继续对一些无居民岛实行封岛保护，对有科学意义的海岛，减少人为干扰，建立海岛自然保护区；进一步推进海岛建设中的军民共建项目；逐步有序实施"大岛建、小岛迁"战略；加快东山岛的综合管理试点工作，围绕海岛管理立法和海岛开发审批及资源环境保护进行探索和管理实践，为福建省海岛管理工作提供经验和模式。

8. 完善海洋防灾减灾体系

健全海洋自然灾害预警和防范体系。通过卫星遥感、船舶资料、信息共享等手段，扩大气象探测覆盖范围；利用高性能计算机和探测资料同化技术，建立福建海洋数值天气预报模式，逐步完善数字化海上气象服务。继续推进台湾海峡立体监测体系建设，加快海洋环境质量监控区建设，完善海洋环境监测网络体系，编制和完善海洋自然灾害应急预案，提高对沿海台风、暴潮、赤潮、海啸等海洋自然灾害的预警预报和防御决策及应对全球变化的能力。开展海洋防灾减灾相关的基础研究和基础探测，掌握海底地貌、地质构造、海岸变化等基本情况，为防灾减灾提供决策依据。

三、福建省海洋科技与教育政策

（一）福建省海洋科技政策存在的问题

1）福建省水产养殖工作虽然取得了一些成绩，但仍存在着主要养殖品种退化、养殖技术含量不高、病害频繁发生和产业效益较低等严重制约产业发展的瓶颈问题。福建省现有的水产养殖产业结构简单，在同一海域往往是一两个种类长期占主导地位，一方面难以满足市场对产品多样化的要求，另一方面由于缺乏种类的更替而不利于养殖环境的优化。长期在同一海域进行单一种类的养殖，养殖对象容易受到病原生物的侵染，并诱发流行性疾病，造成大规模死亡，致使产业处于剧烈的波动之中。因此，开发新的适于福建省不同海域养殖的名特优良品种的养殖技术，特别是突破种苗培育技术迫在眉睫。

2）现有的海洋技术政策着重于海洋生物资源可利用技术和高效增养殖技术，开始注意到海洋新能源的利用，总体上关注资源开发和利用，需要加强环境和减灾方面的关键技术为资源的有效利用提供坚强后盾。加强海洋生态环境管理、监测、预报、保护、修复及海上污损事件应急处置等技术开发与高技术应用；加强开发海啸、风暴潮、海岸带地质灾害等监测预警关键技术；开发保障海上生产安全、海洋食品安全、海洋生物安全等关键技术。

3）油气勘探开发与高效利用方面技术的政策几乎没有，当前福建省对近海油气等资源的开发利用投入较少，海洋原油开采还是一个空白。

4）福建省在海洋科技方面的科研经费的总投入及人均投入均过低，这是困扰海洋科技发展的核心问题。海洋科技资源配置中行政性色彩过浓，不以竞争、供求、价格等市场体制为配置手段，结果造成科技资源与海洋经济发展难以形成有机联系。

（二）福建省海洋教育政策存在的问题

1）目前，虽然福建省已出台了各类的人才规划，如《福建省 2004—2010 年高技能人才培养计划 》、《福建省"十一五"人才队伍建设专项规划》、《关于加强海洋学科高等教育和人才队伍建设的实施意见》（2007 年）、《福建海事局十一五人才发展规划》（2007 年），但是福建省还没有专门的海洋人才培养规划。

2）海洋人才规模和结构，还不能够适应建设海洋经济强省的需要。首先，人才培养规模较小，特别是高层次人才的培养数量太少，不能适应海洋经济强省建设对海洋类人才的需求，海洋专业人才匮乏成为制约福建省海洋科技和经济发展的瓶颈；其次，专业结构与海洋产业结构发展不相适应，存在量和质的供求不符，海洋高级人才培养任务相当艰巨，海洋知识和技术创新水平不高，质量保障体系和办学条件不够完善。

3）福建省海洋科普教育较为薄弱。目前，中小学的海洋教育还比较弱，普通高中、非海洋类职业学校及综合高中课程中所提供之海洋教育仅涉及一般基本概念，大学教育比较少开设海洋教育相关课程，在人文社会、法政、自然科学及科技等重要领域都相当缺乏。现有福建省海洋相关政策中也比较少提及海洋的科普教育。在一项对海洋相关工作人的问卷调查结果显示约 89.2％的被调查者认为有必要在中小学和非海洋类高校开设海洋教育的课程。海洋科普教育可以提高公众的海洋意识，形成建设海洋经济强省的良好氛围，努力促进海洋经济强省目标的早日实现。

4）在职业教育方面，技术人员占海洋相关行业的比例不高，海洋高技能人才缺乏。调查问卷结果显示海洋相关工作人员中仅约 56.8％的被调查者有参加过与海洋保护及相关知识的教育培训，约 49.8% 的被调查者认为解决福建省海洋综合管理人才不足的最佳途径是对现有工作人员进行进修培训，约 44.8% 的被调查者认为应是专业人才资源共享、交流。这些说明福建省的海洋职业教育培训方面要要继续加强。

（三）海洋科技与教育政策建议

1. 完善海洋科技发展的政策法规

政府必须高度重视海洋科技及其产业的发展，继续组织实施"科技兴海"计划，制定鼓励海洋科技创新的优惠政策，组织和调动社会各方面力量共同投入，特别是鼓励和扶持有条件的企业加强自身科技开发和技术创新；优先推动海洋关键技术集成和产业化，采取有效措施，加强企业与科研单位、高等院校的联合科技攻关，抓住一批开发价值大、市场前景好，具有高技术含量的科技成果进行推广生产。

2. 拓宽海洋科技投入渠道

构建多元化科技投入体系，加大科技投入力度。由政府设立专项基金，重点资助对福建省经济发展具有重大影响、具有福建特色的关键技术项目；推荐一批具有影响力的海洋科技项目，加入到"863"、"973"等国家重大科研计划中，争取国家资金资助，并给予配套资金；吸引有实力的企业向海洋高新技术产业转轨，鼓励其加大投资，推动海洋企业建立技术研发机构，促进企业成为海洋科技创新主体；加强对外技术合作与交流，吸引更多的外资和台资加入到海洋科技的研究开发中，推动技术成果的产业化；设立福建省海洋经济发展基金，鼓励社会力量入股的形式多渠道筹集资金。

3. 强化海洋教育

将海洋高等教育放在优先发展的战略位置。科学制定海洋高等教育发展战略和规划；加强海洋学科专业调整，扩大海洋高等教育办学规模；加快海洋人才培养模式改革，不断提高办学水平与质量；加强产学研合作，建立海洋人才培养基地；加强海洋科学研究，创建海洋科技创新平台。

加大海洋教育设施和研究设备的投入。扩大厦门大学、集美大学、厦门海洋职业技术学院等高等院校的海洋院校办学规模，强化涉海类高校、科研院所博士后流动站、博士点、硕士点的建设；加快南方海洋研究中心筹建工作；加强高层次科技研发人才、工程技术人才、企业管理人才的引进工作，加速培养学科带头人，有效发挥领军人物作用。

重视海洋行业各类人才的培养。加大海洋管理人员知识更新的力度，扶持开展渔民职业技能培训，大力开展海洋职业技术教育和海洋科技普及工作，建立健全沿海县（市、区）、乡（镇）的海洋科技推广体系。

4. 尽快编制福建省海洋人才发展规划

贯彻落实《国家中长期人才发展规划纲要（2010—2020 年）》，结合福建省海洋教育、海洋科技和海洋人才发展的实际情况，抓住人才发展的战略机遇期，研究福建省海洋人才发展的战略定位、中长期目标、主要任务、重点工程等，制定有助于推进福建省海洋人才队伍建设的倾斜政策，打造海洋人才高地。进一步拓宽海洋科技人才的知识面，培养综合型和复合型的高素质海洋科技人才，以满足 21 世纪国家对海洋科学人才的需求。

5. 加强海洋意识教育

加大宣传力度，提高全社会的海洋国土意识、海洋环境保护意识、海洋经济意识和海洋管理意识。加强福建省中小学的海洋教育，从小培养对海洋的兴趣，适应建设海洋经济强省的需要。推动海洋博物馆建设的工作。

6. 促进闽台海洋经济与科技的交流合作

大力拓展闽台海洋经济开发合作领域，推进海洋科技教育合作、海洋能源资源开发合作、滨海旅游业合作和渔业全面合作，建设海峡两岸渔业合作区，加强台湾海峡海洋科学研究和交流，共同编制《台湾海峡区域海洋学》。充分发挥现有对台政策效用，深化对台贸易交流，以"小三通"促进"大三通"。鼓励两岸科技人员往来和优先推进有关涉海领域的合作项目，进一步拓展闽台教育合作，加快建设海峡两岸职业教育交流合作中心，探索建立两岸教育合作园区，开展两岸高校合作办学试点，积极推动闽台院校学生互招、学历学分互认、师资互聘。

四、福建省海洋综合管理政策

（一）福建省海洋综合管理政策存在问题分析

1. 缺乏完善的海洋综合管理体制

长期以来，福建省在海洋环境保护方面的行政执法存在政出多门、各自为政、五龙闹海、职责不清、权限模糊的尴尬局面。海洋管理工作涉及水利、海洋、渔业、交通、环保、农业、林业、国土资源等职能部门。历史上，在港湾、浅海、滩涂的开发涉及的农业、林业、水利、城建等部门，所出台的政策都不同程度地存在着无视或忽视海洋资源和环境保护的倾向，缺乏海陆约束机制和海洋环境保护与海洋开发利用管理协调机制，是加剧海洋开发的不合理性和无序性，以及海洋环境的恶化的主要原因。

由于体制上的综合管理约束，难以将海洋功能区划、海洋开发规划和海洋环境保护综合协调一致，所以随着海洋资源和环境开发利用的规模的扩大，海洋环境污染的损害和行业之间的矛盾不断发生，原有以部门为主的分散管理体制已不能适应需要，必须在分散的行业管理的基础上，建立高层次的海洋综合管理，运用政策、法律、协调等方式，理顺开发部门之间、开发与资源之间、开发与环境之间的复杂关系，达到既保证海洋开发利用的发展，又维护海洋生态平衡的目的，使海洋能够成为人类持续利用的未来领域。

2. 法律法规体系有待进一步完善

海洋环境保护方面，虽然现行的《海洋环境保护法》对海洋污染的控制起到了一定的作用，但是对海洋环境保护整体工作的推进却没起到应有的作用。因为海洋环境是个大的生态系统，在环境法律体系的建立上，既要考虑法律之间内部关系的层次性，即由生态系统的整体保护到生态要素的个别保护，如对生物多样性的保护问题；同时又要考虑法律之间内部关系的区域性。

海洋执法方面，福建省海洋资源十分丰富，各个海域的资源分布不均衡，海域的权属不明确。如果在海域资源保护问题上没有法律依据的话，就会引起地域之间的冲突和争端。尤其是海洋特别保护区、海岸带区域的海洋生态及资源的法律保护问题更应该引起重视。另外，立法上对行政区划海域和自然保护区海域存在不一致的问题也给执法部门带来实际操作的困难。

3. 行政执法与刑事司法衔接机制有待健全

目前，福建省海关、环保、水利、国土资源、林业等具有行政管理和执法权的部门，在行政执法过程都部分涉及行政违法行为与犯罪行为的界定，如危害森林、水产资源与野生动植物管理制度的犯罪等。这些涉及犯罪的违法行为，很多已经列入刑法"破坏环境资源保护罪"等章节中。有关行政管理部门就行政违法与犯罪的界限等也相继提出了如何适用法律的意见，然后由最高人民法院、最高人民检察院以单独或联合解释的形式予以明确。但目前，海洋行政执法部门与司法部门还未建立起行政执法与刑事司法的衔接机制。因此，尽管海洋部门查处了不少严重破坏海洋环境的违法行为，但至今没有相关的移交程序。

4. 执法力度有待加强

海洋执法实践中，存在着执法效果不明显、执法力度不到位、执法手段较单一、执法配合不协调等问题。非法采砂方面的执法尤为突出。

近年来，一些单位和个人受利益驱动非法采砂，加之缺乏统一的采砂规划，现行法律、行政法规对非法采砂行为规定的处罚力度不够，一些基层执法单位在地方保护主义的影响下执法不严，以及多头管理、权责不清、权利和责任不统一的管理体制，致使乱采滥挖海砂现象愈演愈烈。

有些职能部门对法律法规规定的查封、吊销采矿许可证等力度大、效果好的行政强制措施和行政处罚没有适用，而责令停止开采的行政处罚措施又没有完全执行到位，以至对违法采砂治理失之于宽、软。

海洋采砂管理职能部门除了行政处罚外，没有采取其他执法措施，整治手段单一、乏力。在日常管理上，对采砂治理宣传教育力度不够，对非法采矿，破坏性采矿等行为没有予以很好地刑事打击，法律的震慑力不够。

5. 依法用海意识仍需提高

经过多年的宣传和管理工作的深入开展，用海单位和广大干部群众的海洋意识已经有了很大提高，但在部分地区，人们意识的提高与形势的发展相比，仍有一定差距，重陆轻海，重开发轻管理以及"祖宗海"的观念仍然存在，不依法申请和无偿使用海域的问题依然突出，并制约着海域管理工作的进一步推进，海域管理工作仍然任重而道远。

6. 涉海工程环境影响评价制度的相关政策落实不到位

以围填海为例，福建省现有的围填海工程环境影响评价是以围填海工程对海洋环境和海洋资源的影响为重点进行综合分析、预测和评估的，并没有将海洋生态环境作为重要的内容进行影响评价。尽管福建省有关围填海的各项政策法规也提出要加强对围海造地工程的环境影响评价，促进海域的可持续利用，但并没有对评价制度作出具体的规定，也没有涵盖更大范围的政策、计划及其他对环境有影响的战略评价。又如，《防治海洋工程建设项目污染损害海洋环境管理条例》，没有明确工程项目环境影响报告书中在什么情况下应当增加工程对近岸自然保护区等陆地生态系统影响的分析和评价。

（二）福建省海洋综合管理政策建议

1. 建立和完善海洋开发协调机制

建立跨行政区的海洋开发协调机制，实现对厦门湾、湄洲湾等重要港湾规划、建设、管理的有效统筹，推动重要港湾的统一布局、综合功能发挥和临港经济带有序开发。跨行政区域港湾的相关市（县）人民政府可根据需要建立联席会议制度，建立有效的管理体制和机制，协调海岸带、湾内港口、临港产业发展和大型围垦、用海等项目的建设，协调湾内共用的航道、锚地等建设和公共通航、安全等事务，实行资源共享、设施共管、互利互惠的工作机制。加快"数字海洋"的建设步划，推进台湾海峡综合管理系统建设。加强国际、省际、市际海洋经济领域之间的合作与交流。

2. 强化海陆统筹的海洋环境保护协调合作机制

坚持"海陆统筹、河海兼顾"的原则，促进近岸海域污染防止和陆域、流域、环境保护相衔接，按照"海域—流域—控制区域—控制单位"的层次体系进行污染控制，强化海陆统筹的海洋环境保护工作机制。以福建省海洋与渔业厅和福建省环保厅签署《关于建立完善海陆一体化海洋环境保护工作机制》为契机，推动福建省海洋与渔业厅和农业厅签署关于在海洋渔业海域环境保护合作的协议、福建省海洋与渔业厅与土地利用管理部门签署关于沿海地区土地利用和围填海管理的合作协议、福建省海洋与渔业厅与水利部门签署关于入海河流河口地区管理的合作协议、福建省海洋与渔业厅与交通部签署关于港口和航道海域，以及对溢油管理的合作协议。在市、县（区）层面，各沿海市、县（区）的海洋行政主管部门也分别与其他涉海部门签署类似合作协议。

建立海洋与渔业、环保、海事等部门海洋环境保护协调联动机制，定期召开联席工作会议，研究部署相关工作。海洋与渔业部门要与环保、水利、海事等部门建立信息共享平台，实现监测数据信息共享。

强化陆海统筹工作，建立流域统一管理机制，统筹流域的环境污染控制和上下游补偿机制，重点强化闽江、九龙江流域的陆海统筹控制污染和环境保护工作，形成具有示范作用的流域综合管理经验。

3. 强化海域使用监督管理

完善省、市、县三级功能区划管理体系，强化《福建海洋功能区划》的实施。进一步推动福建省海洋保护与利用规划的编制工作。加强海域使用的动态管理，建立有效的跟踪监测制度，定期评估围填海域域的功能利用状况和变化趋势。建立海域使用论证制度，完善海域使用项目审查审核、论证资质审核等行政许可项目的办事程序。严格实行审批用海项目的预审和公示制度。建立适合省情实际的海域评估制度，规范海域使用权的招标拍卖工作，保证国家海域资源的保值和增值。

4. 加强围填海管理

根据沿海滩涂资源的分布状况、社会经济发展计划、耕地开发和保护的任务指标，以及环境保护的要求，编制沿海滩涂围海造地总体规划，统筹考虑全省的土地占补平衡，统筹安排围垦建设项目；对拟建围海造地项目进行环境影响评估时，将滨海陆地与海岸、海洋联系起来作为一个整体进行考虑，综合考虑围填海工程对海岸线和海岸生态环境的影响；对围海造地建设总体规划进行战略性环境影响评价，特别是对重点海域的围垦要开展科学、充分的论证，做到既要发展，又要合理的保护；结合围填海工程特点，运用环境经济学和会计学的原理与方法，选取财务损益、国民损益、社会损益、资源损益和生态损益等多级总量指标构建围海造地综合损益评价体系，对围海造地的利弊与损益做出公正且客观的分析。

5. 创新海洋综合执法体制

创新执法体制，建立高效的联合执法平台，形成坚强的执法合力，为促进海西建设，推进海洋生态文明建设，提供有力的海上执法保障。逐步建立相对集中的海洋综合管理机构，建立高层次的协调管理体制，协调解决各种重大海洋问题；逐步建立统一的多职能的海上执法队伍，开展对海洋环境和开发状况的联合调查和海陆联合执法检查，坚决查处污染海域的违法行为，建立应对海上突发事件的快速反应工作机制；强化海上执法机构和能力建设，明确海上执法队伍职责，严肃海上执法纪律；完善中央与地方分级管理的体制，进行分级管理。

6. 加强宣传教育和推动公众参与

加强对《中华人民共和国海洋环境保护法》《中华人民共和国海域使用管理法》《中华人民共和国海岛保护法》《关于特别是作为水禽栖息地的国际重要湿地公约》（简称湿地公约）《生物多样性公约》等法律法规宣传。不仅要向广大群众宣传，也要向各级政府和领导宣传。利用广播、电视、报刊等新闻媒体对有关法律法规作深入的宣传报道，同时组织力量编写宣传材料，印发给各级领导和广大群众，提高公众的海洋环境意识，激发群众自觉行动起来，举报身边出现的违法涉海活动，自觉保护自己的海洋生态环境和家园。

第十四章

"数字海洋"信息基础框架构建

通过整合国家 908 专项近海调查有关福建省的数据资料、海洋历史调查资料和常规海洋业务化监测资料等信息资源，在国家 908 专项统一的信息标准规范框架下，利用 3S 技术、数据仓库技术、信息网络技术等高新技术手段，对接"数字福建"信息化建设，实现海洋地理、空间、社会经济、资源、环境等数据集成，建设福建省"数字海洋"软硬件平台和数据中心基础框架，为国民经济发展、国防建设、海洋综合管理、海洋环境保护、海洋权益维护和海洋科学研究提供全面的、多层次的海洋信息共享服务。

福建省"数字海洋"信息基础框架构建主要围绕海洋信息基础平台建设、海洋综合管理与服务信息系统建设、系统业务应用能力建设和系统集成建设四个方面展开。

第一节　海洋信息基础数据平台建设

海洋信息基础平台是通过海洋信息的整合处理与系统更新，以建设由基础地理与遥感信息库、海洋基础资料数据库和专题信息库组成的福建省海洋数据仓库。福建省海洋信息基础平台完成了共 12 大类 80 张光盘数据量约 60G 的"908 专项调查与评价资料的获取与处理"，完成了 5 大类数据量约 3T 的"业务化海洋监测信息获取与更新"数据文件的梳理，以及数据量约 213 G 的共 26 大类的部分基础地理数据库的入库。共按国家数据库标准完成了 130.6 多万条的 908 调查资料入库，编制《福建省 908 专项资料和成果清单目录》，向国家海洋第三研究所等多家科研单位共享使用了超过 30 G 的数据及成果资料。

一、海洋信息的整合与更新系统建设

海洋信息包括历史资料、908 专项调查及评价数据与成果、业务化海洋资料（即应用系统信息数据）。在统一的福建省海洋空间基础框架下，通过人工和开发的标准化软件处理转换，实现海洋信息在数据平台上的总体融合。

（一）海洋历史数据的处理与整合改造

资料调研：根据 908 专项建设对历史资料的要求，发放相关调查表，对省市海洋主管部门及涉海相关单位、部门所保存的历史海洋资料进行清查归类。

资料收集：制定海洋历史数据资料汇交管理办法及实施细则，逐步完成收集相关海洋历史数据资料。

资料处理：对历史各载体资料进行汇集和整理，完成历史资料的数字化、标准化处理，以及数据质量控制和数据空间配准等工作。

资料提交：经处理完毕的历史资料提交到省级数据交换中心，相应地汇集到省级海洋数据库数据平台，成为信息服务、专题研究、信息产品制作的基础数据之一。

（二）专项调查及评价数据处理及质量控制

1. 908 专项调查评价资料的获取与处理

依据 908 专项资料管理规定、资料汇交办法及实施细则，对 908 专项调查资料进行系统完整地汇交和集中管理；开展 908 专项调查资料的汇集与整理，数字化、标准化处理，质量控制和数据空间配准等工作，建立标准化数据集和元信息数据集。

标准调研：调研 908 专项调查与评价执行的各项规程，跟踪各专项资料的数据成果，以及技术指标、属性。制定专项调查资料的标准化数据集和元数据信息集格式。

资料收集：制定 908 专项资料调查与评价资料汇交管理办法及实施细则；逐步完整和收集 908 专项的调查与评价资料。

资料处理：对调查资料进行汇集和整理，完成调查资料的数字化、标准化处理，以及数据质量控制和数据空间配准等工作。

资料提交：经处理完毕的调查与评价资料提交到省级数据交换中心，相应地汇集到省级海洋数据库数据平台，作为各信息管理系统基础数据，满足信息服务、专题研究、信息产品制作的需要。

2. 908 专项调查评价资料的整合与重组

针对关系型数据表、空间图层、图形、图片或影像、野外照片等不同数据类型，以满足 908 技术规程为基础，从数据或产品网络共享、集成和应用角度，建立上述数据的元数据标准；建立和组织数据本身的格式、数据文件的编码、信息类别的编码、空间特征的编码、图层的空间范围的规范；建立数据重组方案的框架。

以国家《海洋信息分类与代码》为蓝本，编制福建省"数字海洋"信息分类代码，全面系统地规定海洋信息的分类原则、编码方法和代码，用来统一识别各种海洋要素及属性。

建立并完成福建省"数字海洋"空间基础数据框架，作为"数字海洋"的空间参照体系和定位参考基准。该框架包含地理空间基础框架和海洋专题空间基础框架两个部分，用以约束在不同地理空间位置上的数据，并消除人为的数据差异，使之成为各主体海洋数据与成果之间进行汇交和融合的高效率、高精度平台。

参照国家 908 专项各调查技术规范的规定，基于调查所产生的调查数据和成果，从中析出经质量控制的基础数据和经过分析处理并具备进一步加工处理价值的数据和产品。以此为样本设计数据库逻辑结构和符合数据库标准范式的物理结构，从而形成易扩展的"数字海洋"规范数据库。

（三）业务化海洋资料的获取与更新系统建设

依托国家"863"计划福建示范区项目，完善包括海洋环境监测台站、卫星及航空遥感遥测、海洋浮标和地方海洋监测系统等的信息获取、数据传输、数据处理、数据管理的业务化流程，实现业务化海洋监测信息的有效获取，并通过收集其他国家或地区发布的海洋环境监测信息，为福建近海海洋空间基础数据平台提供持续的、广泛的数据更新。

资料调研：根据 908 专项建设对实时海洋监测资料的要求，提出对业务化海洋监测获取与更新的要求。制定收集海洋监测资料的系统技术方案。

资料收集：根据国家 908 专项信息系统对业务化海洋监测信息的需求，利用信息集成与服务系统平台，收集相关业务化海洋监测信息的实时或延时数据资料。

资料处理：原则上对海洋监测信息的实时资料，直接利用原系统对海洋监测资料的处理结果。对需要重新加工整合的海洋监测信息资料，通过开发数据处理软件依照数据标准规范进行处理。

资料提交：经处理完毕的海洋监测信息资料提交到省级数据交换中心，相应地汇集到省级海洋数据库数据平台，作为各信息管理系统基础数据，满足信息服务、专题研究、信息产品制作的需要。对实时的海洋监测信息资料直接利用信息集成与服务系统的平台来进行信息服务。

二、海洋数据仓库建设

福建海洋数据仓库由基础地理与遥感数据库、基础调查资料数据库、专题信息库三部分组成。

（一）基础地理与遥感数据库

包括全球 1∶400 万，我国全海域 1∶100 万、1∶50 万、1∶25 万、近海 1∶10 万，重点海岸带 1∶5 万、海岛 1∶1 万等各种比例尺的数字线划地图（DLG）、数字栅格地图（DRG）、数字高程模型（DEM）和地名数据库等的海洋基础地理数据库，结合调查、收集的基础测绘资料及遥感资料，重点建立比例尺大于 1∶1 万的海洋基础地理和遥感数据库，成为各专题及海洋综合管理系统空间数据及三维可视化的基础。

基础地理数据库的空间定位系统采用 WGS84 坐标系统，高程基准采用国家 85 高程基准，水深基准采用理论深度基准面。数据库的要素满足国家有关标准的规定，数据结构采用通用的 GIS 数据结构。

福建省海洋空间地理信息所采用的海图和地形图资料，海域部分覆盖了台湾海峡的大部分海域，以及台湾省东部和北部的部分海域；陆地部分覆盖了从海岸线起往陆地 5 千米陆域范围，其中半岛海岸从半岛根部起往陆地 5 千米。调查数据包含福建 908 专项资料，具体包括近岸与港湾海洋水文与海洋气象、海洋化学和生物生态、海底地形编图、海洋生物苗种资源、海洋灾害、海岛和海岸带、海域使用、社会经济、等调查资料，形成包括空间图层、关系型数据、文档资料、媒体数据等多尺度、多源数据，按统一的编码方案、质量控制标准、操作规程进行数字化，建立空间与属性一体化的数据库群。主要建成重点海域海洋基础、海岛、海岸带 1∶1 万比例尺数据库。

1. 重点海域 1∶1 万海洋基础地理空间数据库

针对国家信息基础框架中沿海重点海域基础地理空间数据库中需要完善和修订的部分，利用历史累积的空间数据资料和 908 专项资料，对福建省重点海域和海岛 1∶1 万基础比例尺数据进行修编、完善和更新。资料来源以调查资料为主、补充历史和遥感资料来建立，根据重点海域调查侧重点的不同，建立相应的属性数据库。

2. 1∶1万海岸带和1∶1万海岛数据库

以国家信息基础框架形成的沿海地区1∶1万海岸带和1∶1万海岛基础地理数据库为基础。用908专项海岸带、海岛及遥感调查获得的海岸带、海岛（包括滩涂、滨海湿地、潮间带等区域）资源、环境等数据加以更新，构建现势性强、可靠性高的福建省近海"数字海洋"空间基础框架1∶1万海岸带和海岛基础地理数据库。其空间要素包括岸线、水深点、等深线、碍航物、助航物、水系、海底管线、居民地、交通运输、行政界线等要素。

（二）基础调查资料数据库

资料包括通过专业手段获取的各类基础性数据，主要包括海洋水文、海洋气象、卫星遥感、海洋化学、海洋生物、海洋地质、海洋地球物理、海底地形、海域使用、海洋经济、海洋资源、海洋管理等各类海洋基础资料信息。

1. 历史基础数据的收集整理有数字化、入库

收集和整理与908专项相关的海洋历史资料和历年专题调查资料，按照统一的数据处理规程和相关的标准规范等进行数字化、空间化和规范化工作，形成历史背景或基础数据库。

2. 福建908专项调查与评价基础数据的数字化与入库

对福建908专项资料，形成的多尺度和多源数据按统一的编码方案、质量控制标准、操作规程进行数字化，建立空间与属性一体化的十二大类数据库群。实现数据元信息和字典的登记造册，形成统一的元数据库和数据字典内容。

（三）专题信息库

海洋专题信息库是在海洋基础资料数据库的基础上，通过综合分析、融合处理、信息提炼等多种手段，面向实际应用需求建立。福建省海洋专题信息库建设包括海域管理、海洋环境两个专题数据库。

1. 海域管理专题信息库

海域管理专题信息库包括海域权属、海洋功能区划等数据。

海域权属数据，包括海域权属、界址点和海域使用金缴纳等数据，界址点和海域使用金数据为海域权属的补充数据。海域权属数据包括所有已确权用海项目的确权信息；界址点数据与权属数据通过海籍编号建立对应关系，记录每一用海项目的界址点坐标；海域使用金缴纳数据仅记录以分期方式缴纳海域使用金的用海项目信息，与权属数据通过海籍编号建立对应关系。

海洋功能区划数据，包括海洋功能区划总体数据和海洋功能区单元数据。海洋功能区划总体数据记录关于海洋功能区划的总体信息，海洋功能区划单元数据记录每一功能区单元的详细信息。

2. 海洋环境专题信息库

海洋环境专题信息库重点包括海洋水文气象数据、海洋生物数据、海洋化学数据和海洋动力环境监测数据。

海洋水文气象数据，海面高度、海面温场、海面风场、海洋风浪潮、温盐深、海流数据（含表层流、深层流、潜标、ADCP 等）、海面气象（风、通量、能见度）等数据。

海洋生物数据，包括海洋植物物种数据、底栖生物物种数据、珍稀濒危海洋动物数据、海洋经济鱼虾贝藻数据等。

海洋化学数据，包括福建省近海海域的水体、悬浮颗粒物、沉积物及间隙水中各种海洋化学要素数据，以及产品数据、图件等。

海洋动力环境监测数据，包括岸基监测数据、船基监测数据、高频地波雷达监测数据、近海定点剖面监测数据、环境卫星遥感用监测数据等（表 14-1）。

表 14-1 建成的海洋专题数据主要数据集和种类表

数据内容	数据格式	数据量	图层数	数据类型	备注
福建省海陆 DLG、DEM 基础地理数据	E00、dem	100G	12	矢量、属性	
海域使用权属登记	关系型数据表	50M	1	属性	用海数据 5319 多宗，其中 bj54 坐标系的 298 宗，WGS84 坐标系的数据共有 4234 宗，围填海的有 241 宗
福建省海洋功能区划	Tab	546M	40	矢量、属性	功能区划地理数据库 2.21M；基础地理数据库 16.5M；视频资料 432M；图片资料 94.7M
福建省电子海图	E00	556M	48	矢量、属性	其中陆地部分数据约 400M
海域使用情况现状	关系型、E00、tab	200M	1	矢量、属性	共有用海数据 13000 多宗
海岸线修测	E00	50M	1～2	矢量、属性	
土地利用现状	E00、tiff	200M	1	矢量、属性、影像	数据经信息解译提取和几何精校正精度
沿海社会经济	E00、access	280M	11	矢量、属性	图层个数通过该单位汇报统计
自然保护区	E00，	1M	1	矢量、属性	
港湾水体调查	Excel、txt、关系型数据表，jpg	120M	5	矢量、属性、图件	
福建省海洋灾害	Excel、txt、关系型数据表	10M	4	属性	
海岸带调查	E00、tiff、jpg 关系型数据表	120G	11	矢量、属性、影像、多媒体	福建省海域影像图，大部分数据为 2006 年含 25 景 SPOT 5 全色影像，24 景 SPOT 5 多光谱影像，6 景 ALOS 全色影像，4 景 ALOS 多光谱影像，17 景中巴卫星影像（全覆盖），6 景 1986 年 Landsat 5 TM 图像（岸线变迁）（图层个数通过技术规程统计）
海岛调查	E00、tiff、jpg	300M	12	矢量、属性、影像、多媒体	岛屿 2115 个（包括 500 米^2 以下海岛）

第二节　海洋综合管理信息系统建设

在国家海洋综合管理系统的基础上，根据福建省的海洋管理的实际情况和工作需要，开展包括海域使用管理信息子系统、海洋环境保护子系统、海洋防灾减灾信息子系统、908专项调查资料与成果管理系统、海洋管理三维可视化系统、海洋公众信息服务子系统等特色系统的建设和整合，为福建海洋管理提供了信息运用平台。

一、系统总体布局和功能规划设计

海洋综合管理信息系统建设是福建省"数字海洋"信息基础框架建设的主体。依托国家海洋综合管理系统，以国家部署在福建省节点的数字海洋信息基础平台为基础扩展福建省数据库。向下通过海洋数据仓库和海洋信息传输与交换网络，实现省市县三级的网络统一接入，由福建省数字海洋数据库进行统一汇总与规范化处理后，进行数据同步；向上通过908专项，实现国家海洋综合管理系统与地方特色系统数据融合。面向政府海洋管理与经济开发，以及社会公众对海洋信息服务的实际需求，建立海洋综合管理信息系统，为海洋管理决策和社会公众提供广泛的信息服务，满足海洋发展规划、海域管理、海岛管理、海洋环境保护、海洋防灾减灾等方面对海洋信息技术和服务的需求。

海洋综合管理信息系统建设内容包括海洋业务管理信息系统和公众服务发布系统两大部分。其中，前者包括海域管理、海岛管理、环境保护、海洋防灾减灾、海洋执法、海洋科技、社会经济等特色信息系统；后者包括海洋政务信息网站和海洋环境监测信息服务网站。

海洋综合管理信息系统空间布局总体上由省、市、县三级组成，按照整体设计，统一标准、规范接口和功能一致，以及可与国家级系统互通的要求建设。系统在设计开发过程中，面向应用主题划分为多个子系统，利用统一的系统集成规范和组件技术，将各子系统有机融合为一个整体，以便于用户端的使用。

二、海域使用管理信息子系统

实现海域使用审批流程、海域使用情况查询和图表统计，以及海域使用公示公告及日常业务管理功能。系统可根据需要生成某个区域所有审批项目分布图，为领导审批决策提供了科学支持，已成为福建省海域审批业务的重要辅助工具。

系统可自定义申请审批流程来分别满足省、市、县三级不同的审批管理需求。实现了图、文、表管理一体化应用模式；可自动化、直观地显示整个海域使用申请流程；系统提供地图在线编辑、图表统计辅助工具，可快速直观输入所申请审批的海域坐标数据和输出图表统计信息，提高了工作效率。

面向海域管理、海域动态监视监测、海洋功能区划，海岸带开发与保护等需求，采用 B/S 结构模式建立省、市、县三级海域使用管理信息系统，并与国家级系统实现网络链接、数据共享及应用，为福建省海域管理提供信息服务。

（一）系统体系结构

福建省海域使用管理信息系统分为四个逻辑层次，即数据获取、技术支撑、数据应用和服务对象。其中，数据获取作为系统的数据核心，为系统提供了基础数据支持，包括基础地理空间数据库和海域管理相关的数据库；技术支撑作为系统实现的核心，包括了 GIS/GPS 技术、数据库技术、网络技术、.NET 技术等；数据应用是整个系统的功能核心，开发的海域使用管理信息系统的功能实现是在该层进行数据处理，通过连接底层数据库，为服务对象提供基础信息服务内容；服务对象面向不同需求用户群，提供不同服务界面满足各类用户的办公和决策需求。

（二）系统功能

系统实现了申请意向、海域使用申请、审批、公示、专家论证、海域使用审批呈报、海域使用申请批准、确权登记（海域使用权初始登记）、使用发证、使用权变更登记与注销登记、年度审查、查询与统计分析、缴金与减免、流程定制、辅助信息（申请人信息、公众信息）、地图操作（地图基本操作、查询、图层管理、地图、属性编辑、分析、输出）和权限管理等十七项功能。

三、海洋环境保护信息子系统

面向福建省海洋监测数据管理与海洋环境质量评价、信息公众服务的实际需求，综合采用 WebGIS、J2EE 技术，基于 B/S 体系结构，集成海洋环境管理的应用分析、评价和模拟模型，构成海洋环境质量评价与公报系统为主体的海洋环境保护信息子系统。

该系统为海洋环境质量评价监测结果的综合评定、环境质量月报和年公报生成等提供辅助工具。该系统可快速、便捷地生成海洋环境质量评价与公告，加快环境质量报告编制进度，完善海洋环保的应急响应和公众服务机制。

该系统提供了重要港湾或海域的海洋环境信息统计、汇总、评价、图表生成与可视化结果对比，以及评价报告草拟和修订辅助工具；该系统实现地图与各类图表的联合表达，形成地理图层（背景图和监测站点分布图）、图形和报表的一体化互动机制；该系统具有良好的可扩展性和通用性，只要通过简单的参数设置和更新，就可以适应不同海域范围、评价时段、评价内容、指标体系、监测台站密度的要求。

（一）系统体系结构

该系统采用三层结构，在中间层将业务逻辑通过 J2EE 技术进行封装，便于跨平台部署，实现客户端仅需通过浏览器即可访问应用服务。

该系统通过 JSP 开发的 Web 页面来调用 JavaBean 组件的 UI 界面与用户交互，实现数据录入、评价分析、统计图表生成，以及公告或周报的草拟会审和发布；同时，利用 WebGIS 技术实现地图放大、缩小、漫游、测距和测面积等基本操作，以及查询和检索空间和属性信息。

（二）系统功能

监测方案管理子模块功能包括监测方案定制、监测数据录入、监测数据导入、监测数据编辑和监测数据查询。

工作方案编制子模块功能包括评价方案管理、工作方案形成、方案模板管理。

评价与分析子模块功能包括质量评价、评价结果查看、评价与分析产品生成、超图概览。

公告编制与发布子模块功能包括公告编制、公告审核、公告发布、公告模板管理。

资源共享子模块功能包括添加、删除、修改和搜索图形信息、报表信息、文档信息和媒体信息。

系统管理子模块功能包括用户管理、日志管理、评价管理。

监测信息空间表达包括基本操作、查询检索、专题制图、评价结果查看。

四、海洋防灾减灾信息子系统

面向决策领导层，建设完成以台风暴潮为主的海洋灾害预警预报辅助决策系统。系统基于 2DGIS 系统，可直观呈现台风生成时路径预报信息、台风进入警戒区域后风暴潮预警、台风近岸时风暴潮漫滩风险预报等，并提供辅助决策的相关信息。

采用基于增水数据库的快速预报算法和覆盖台风路径预报概率圆的集合预报方案，利用历史台风个例对系统进行初步检验，表明预报增水落在台风预报所有可能路径的增水包络线内，有效地解决传统的单路径或有限路径预报出现的灾害漏报问题；系统利用集合预报与计算机技术相结合，在 1~2 分钟内完成 2700 多条可能路径风暴潮增水计算，并实现对重要海堤的漫堤预警，比较好地解决了台风期间台风多变所带来的预警预报的难题，达到了科学地为防灾减灾辅助决策的目的。

该系统在台风期间可提供相关信息给福建省防汛抗旱等部门，通过该系统快速计算福建省万亩海堤的风暴潮漫滩风险，前后对 20 多次台风进行跟踪预警，为福建省防汛抗旱指挥部和福建省渔业指挥部决策人员在渔船撤离等指挥决策中提供了科学依据，在近两年的风暴潮防御过程中发挥了重要的作用。

（一）系统体系结构

由于涉及模型数据等大数据量的应用，系统采用 C/S 的模式来构建。系统设计采用多层分布式，并以 .NET Remoting 技术来实现客户端与服务端的数据通信，由服务端来检索各种异构数据,由客户端来展现数据、并提供用户界面交互。考虑到数据保密的需求,设计采用 .NET Remoting 自定义加密信道机制,对客户端与服务器端的数据通信进行加密传输(图 14-1)。

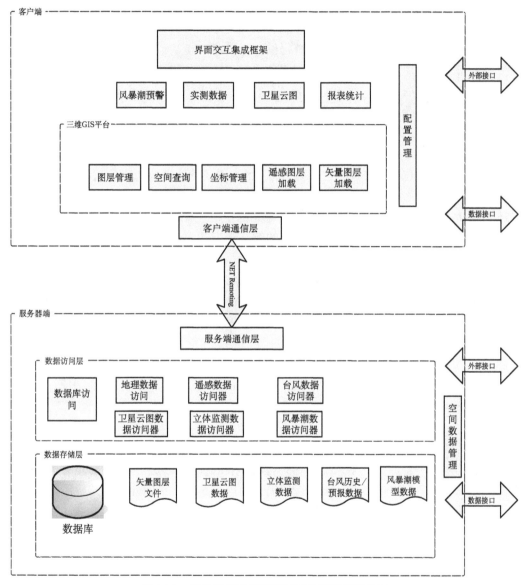

图 14-1 福建省风暴潮预警辅助决策系统架构图

(二)系统功能

风暴潮预警模块包含台风路径、增水计算、路径分析预报、漫滩预警、卫星云图。

实测数据包含沿海潮位站实测潮位、天文潮位、海上浮标、沿海风情等实测数据的展示。

GIS 平台管理包括地图操作、图层加载、图层搜索等。

报表统计包括台风分析、报表生成、统计输出等。

五、公众服务子系统与 PDA 海洋信息通

福建省省级海洋信息公众服务系统提供海洋资源环境基本信息及海洋政务公开信息便捷的发布与服务。作为海洋信息应用服务体系组成部分和海洋信息权威发布窗口，利用因特网和移动互联网络，面向海洋管理部门、海洋科研单位、涉海部门和社会公众，宣传国家海洋相关政策，展示海洋建设与发展成果，发布海洋管理信息及海洋规划、管理、保护与合理利用等权威数据与信息，提供形式多样、内容丰富的网络化在线服务。

通过集成海洋环境实时监测和日常观测数据，建成一站式门户网站和手机 PDA 系统，提供了天文潮位、海洋风浪、渔业气象、海水浴场等海洋环境预报信息，提供了台风路径、风暴潮增水数值预报、实测风浪、卫星云图等与海洋防灾减灾有关的信息。同时还集成并提供了赤潮预警、海洋环境质量、海上突发事件救助数值预报等信息服务。系统能够让社会公众便捷准确地获取权威的海洋预报和海洋环境信息，方便了渔民获取信息安全生产。

系统实现一站式的海洋监测信息网站服务，将实时监测数据从采集、入库、产品制作与展示，以及应用进行一条龙处理与展示；系统采用 MsChart 绘图方法以图形形式实时显示海洋实时监测数据，可快速显示海洋监测数据要素的变化趋势；系统能在 1～3 分钟内将海上实时监测设备采集的数据进行归类、存储入库、分发并以图表方式展示在网站上，实现快速多元化的信息服务。

系统在国内外率先使用手机 PDA 系统来实时展示海洋环境观测及海洋预报信息，为领导决策和社会公众随时提供实时的直观服务。

（一）系统体系结构

系统是一个综合性的应用系统，既要满足一般的管理信息服务，又要支持决策和公众服务；既有简单数据的提取，又有行业模型的运算；既有桌面计算机的应用，又有移动设备的应用。在体系结构的设计上，要保证层次之间的相对独立性和接口的规范性，使得核心服务模块能最大限度地共享。以此为出发点，系统按照（B/A/S）体系结构进行设计（图 14-2）。

（二）系统功能

综合信息服务网站主要由海洋预报、台风暴潮、赤潮、实时监测、环境质量、海难预报、数据检索、后台维护等 8 个栏目组成。海洋环境监测移动 PDA 系统主要由潮位预报、海浪预报、海水浴场、渔业气象、环境质量、海难预报、台风路径、卫星云图、天气预报、一周天气图、赤潮、风暴潮、实测潮位、实时风情数据、实时监测数据、海洋资料、公共通讯录、用户权限管理、自动升级等共 19 个模块组成（图 14-3）。

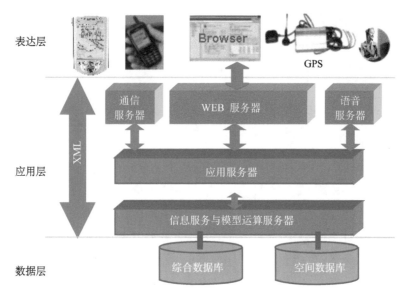

表达层

GPS

通信服务器　WEB 服务器　语音服务器

XML

应用层　　应用服务器

信息服务与模型运算服务器

数据层　　综合数据库　空间数据库

图 14-2　福建省海洋公众信息服务系统体系结构图

六、海洋管理三维可视化系统

福建省海洋管理三维可视化系统利用虚拟现实技术、数据库技术、信息共享技术、计算机网络与通信技术等手段，在国家 908 专项统一信息标准规范下，直观展示国家 908 专项福建近海海洋调查数据资料和研究评价结果、各类海洋历史资料、常规海洋调查与业务化系统监测、国家 863 计划福建示范区项目等信息资源，实现各类数据基于三维球体平台的分析和应用，为建立福建省"数字海洋"三维球体奠定基础和提供示范经验。该系统将海洋调查与管理数据整合到三维球体系统中，利用与高分辨的遥感正射影像图进行叠加、分析。方便领导进行宏观及直观的决策。

（一）系统体系结构

该系统基于政务网的 B/S 加文件本地共享的结构。数据服务功能通过服务网站的形式基于 http 的方式与客户端共享，三维地形数据即 MPT 文件通过文件共享的方式供客户端访问（图 14-4）。

（二）系统功能

该系统主要由以下十大模块组成。

地图操作模块包含常用的地图放大、缩小、测量、环视、查询、定位等功能。

基础信息模块包含福建省海洋基础地理图层控制及福建省 13 个重要港湾浏览功能。

海洋资源模块集成港口规划、主要港口分布、保护区、旅游资源、土地利用现状、植被覆盖、地貌、潮间带、航道、湿地、苗种等信息资源。

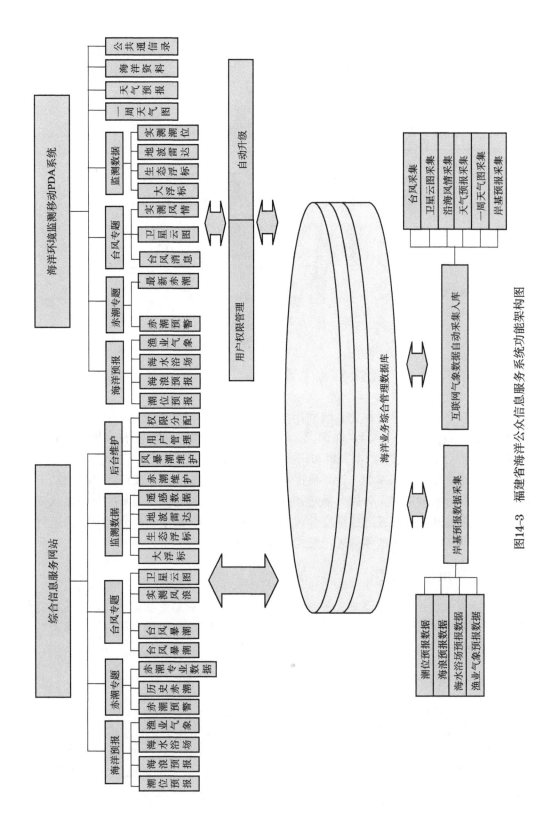

图14-3　福建省海洋公众信息服务系统功能架构图

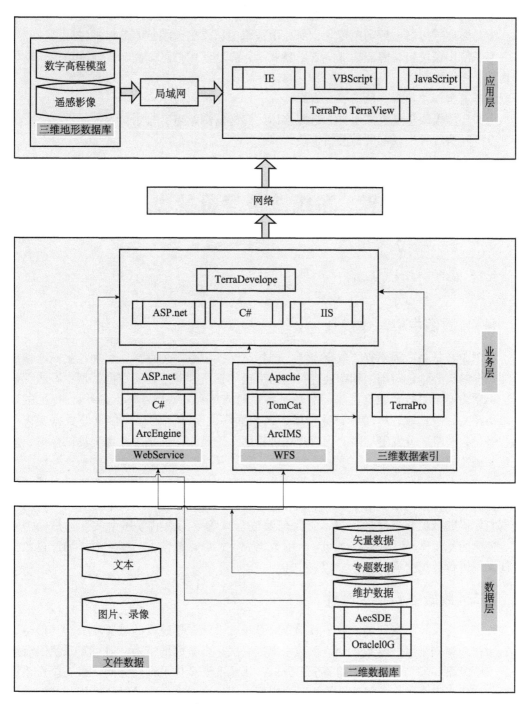

图 14-4 福建省海洋管理三维可视化系统体系结构图

海岸线模块包含岸线信息、岸线变迁信息。在地图上直观展示历年来海岸线的变化情况。

海岛模块包含海岛信息查询和管理、海岛开发、海岛潮间带、海岛岸线、海岛滩途、海岛湿地、海岛土地利用现状、海岛植被覆盖、海岛地貌、海岛保护区。

海域使用模块包含海洋功能区划信息展示、海域使用信息查询、重要港湾重点功能区现状、围填海现状。

海洋灾害模块包含台风灾害、海岸侵蚀、外来物种入侵。

海洋环境模块包含港湾水体、近海水体、海洋监测站点、排污口等。

社会经济统计模块和统计分析模块。

第三节　系统业务运行能力建设

一、数据中心建设

（一）数据中心总体规划

数据中心是整个福建省"数字海洋"的信息交换中枢，是存储、管理、更新、调度海洋数据的核心，是对国家和市县进行数据交换的枢纽。通过建立数据处理中心的存储系统、网络安全系统，数据共享与服务平台，对支持 WebGIS、Web Service 标准的地方级海洋基础数据库、海洋专题数据库、元数据库、海洋基础地理信息等数据实现存储、备份、共享、分发等功能。为海洋综合管理系统及海洋信息服务系统提供标准、规范化基础数据支持。

福建省海洋数据中心的建设标准与规范与国家"数字海洋"数据中心一样，通过标准的数据通道进行数据交换，统一格式和统一接口进行数据传输与共享。横向上可与福建省直厅局的数据共享交换接口，主要是通过全省政务信息共享平台实现，是一个开放、安全的基于 XML 和 Web Services 的数据交换接口；纵向上与国家海洋局通过数据总线系统进行数据交换。

（二）数据中心安全设计

信息安全设计与实现是"数字海洋"信息基础设施框架建设的重要环节。从信息系统安全体系结构来看，网络安全体系是一个多层次、多方面的结构。通过对系统安全风险、安全策略和安全性设计原则的全面分析，将系统安全体系结构分网络级安全、系统安全、应用级安全和企业级安全等为四个层面。通过这四个层面的联合应用与实施，保证福建省"数字海洋"的省、市、县三级信息共享与服务网络的安全。

1. 网络级安全

主要采用物理隔离、VLAN 子网划分、防火墙技术，虚拟专网（VPN）技术、入侵检测、漏洞扫描和网络管理等保证网络级安全。

针对内网（访问全省政务信息网）、外网（访问 Internet），设计了内部信息网和外部信息网两套没有直接物理连接的网络，这两套网络都有自己独立的配线和网络设备。物理隔离方案能在最大意义上地防止来自 Internet 等外部网络的入侵，保护信息安全。

采用基于 SSLVPN 标准的 VPN 技术，通过福建省政务信息网实现省、市、县及直属机构等网络节点互连，为海洋信息的业务管理构造一个便捷、保密的信息传输平台。

防火墙设备、入侵防御系统（IPS）由国家统一规划、安装，并根据福建省的实际情况增加网络安全设备，在网络中心建立起完善的入侵防御系统，以增强防黑抵御攻击的能力。

2. 系统级安全

系统级安全的考虑是使用安全等级较高的操作系统，并从操作系统的角度考虑系统安全措施，建立统一的漏洞服务检测，保障桌面系统的更新，防止不法分子利用操作系统的一些 BUG 和后门取得对系统的非法操作权限。主要内包括配置操作系统，使其达到尽可能高的安全级别；统一即时检测和发现操作系统存在的安全漏洞；对发现的操作系统安全漏洞做出及时、正确地处理。

3. 应用级安全

应用级安全目的主要是在应用层保证各种海洋信息管理应用系统的信息访问合法性，确保用户根据授权合法的访问数据。应用层的安全防护是面向用户和应用程序的，采用用户认证、授权管理作为安全防护手段，实现应用级的安全防护。主要包括自定义的用户安全策略、应用系统用户身份认证、访问控制授权、数据加密传输、审计监督等几个方面。

4. 企业级安全

企业级安全建立在整个网络系统范围内，实现网络设备和应用系统的正常运行、信息存储和传输的安全可靠，确保整个网络的正常运行。企业级安全主要包括建立内部安全管理机制、建立数据的备份机制和加强计算机病毒防范等。

二、网络平台建设

（一）网络总体体系结构

1. 网络总体拓扑结构

福建海洋信息网络基础设施建设主要包括业务化海洋监测网络的完善，省、市、县三级信息共享与交换网络，以及与国家海洋数据中心连接的骨干网建设，公众服务信息网建设等三个方面。

福建省业务化海洋监测网络，由分布全省市、县及近海的业务化监测站点构成。监测网络主要应用国家数字网 DDN、国家分组交换网 CHINAPAC 等有线通信方式和卫星（VSAT、INMARSAT-C、ARGOS）、VHF、HF 等无线通信方式，完成现场监测网监测数据的实时或延时传输，通过信息共享与交换网络进入省级数据中心的服务器。

福建省海洋监测网络建设在原863计划的"台湾海峡及毗邻海域海洋动力环境实时立体监测系统"福建示范区项目基础上完善形成。

2.IP地址分配方案

海洋信息传输网络采用TCP/IP协议，由国家统一规划各国家级和省级节点的IP地址资源占用范围，各省在此规划范围内，负责对本省内部分支网节点进行IP地址划分，并上报国家备案。

IP地址的规划设计范围包括所有在主干网和分支网上运行设备，以及各类需要开展网络信息交换的服务器、终端计算机、输入输出设备等。

（二）省级节点主干网建设

福建省级节点主干网物理网络基于福建省"数字福建"工程已有的福建省政务骨干网，在此基础上增加必要的接入设备完善与升级。通过由国家统一部署的网络设备及专线与国家主节点进行实时连通。

（三）省内分支网建设

省内分支网络通过省数据中心接入主干网，分支网由省到市、县节点组成。考虑到网络信息安全、避免重复建设等因素，分支网基于福建省政务网。建设完成全省海洋部门的VPN，实现全省将近83个市、县（区）海洋与渔业行政主管部门及8个厅属事业单位接入福建省政务网。

第四节　系统集成

根据国家下发省级节点集成工作规范，利用国家海洋综合管理信息系统中开发的整合框架、完成福建省908专项数据库与成果管理系统建设。通过对福建省海洋监测信息服务系统、海洋管理三维可视化系统、福建省海域使用管理系统等特色系统的集成，达到了国家对地方特色系统进行界面层整合。同时，利用国家的数据库标准规范，对福建省节点的数据进行梳理，实现将地方特色系统的数据库记录以及业务化监测数据集成到国家统一部署的节点数据库中。

一、系统集成体系结构

系统集成总体体系结构如图14-5所示。

整个架构从上而下由接入层、应用层、支撑层和接口层构成。以应用层为核心，以支撑层为依托，通过统一的Web接入，为用户提供智能化的数据管理服务，由平台层和组件层构成（表14-2）。

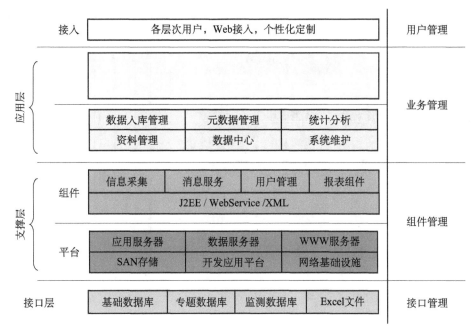

图 14-5　系统集成总体设计图

表 14-2　系统集成总体技术架构表

逻辑层次	描述
接入层	用户可以通过 Web 登录门户系统，进行数据入库、资料成果、元数据管理等操作
应用层	应用层包括信息系统的各项应用服务。该层通过调用支撑层的应用支撑平台，以组件的形式包装，构建应用逻辑群，并形成面对最终用户的门户
支撑层	平台层是网络基础设施和主机存储环境，采用 J2EE 开发体系架构、WebService 和 XML 技术相结合，保证了系统的先进性 组件层，即应用支撑平台，提供了可工作于不同应用系统的核心服务功能，作为应用逻辑运行的基础服务平台
接口层	与基础数据库系统、专题数据库系统、Excel 文件系统等相关业务数据系统相集成。通过在接口层建设建立统一的数据接口标准和智能的数据采集系统，屏蔽了与具体应用的技术细节，使得应用层的数据入库和资料管理可以和其他数据源系统方便地集成

二、系统集成实现的功能

(一)数据整合

　　将海洋水文、海洋气象、卫星遥感、海洋化学、海洋生物、海洋地质、海洋地球物理、海底地形、人文地理、海洋经济、海洋资源、海洋管理等各类海洋基础资料信息，按国家统一的编码方案、质量控制标准、操作规程进行数字化，建立空间与属性一体化的数据库。实现数据元信息和字典的登记造册，形成统一的元数据库和数据字典内容，并与国家"数字海洋"主节点进行数据集成（图 14-6）。

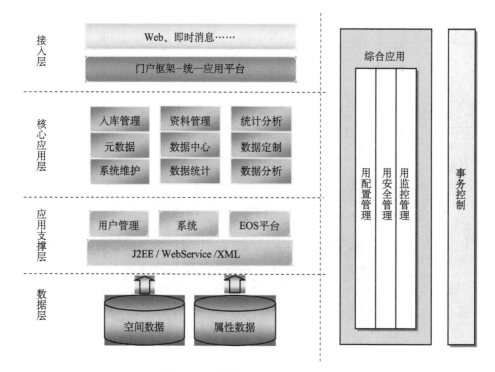

图 14-6　系统集成层次架构实现图

所有海洋基础数据和海洋管理专题数据，包括空间地理属性数据和图式图例，使用国家数据库的设计标准，并使用国家提供的数据库结构设计模型，如 pdm 文件和 sql 语句，建立数据库结构实体。

海洋基础数据和海洋管理专题数据的种类繁多，结构复杂，国家标准库设计并未提供针对数据管理的元数据设计标准模型。为了实现对国家标准库进行准确、方便的入库及管理与更新，补充设计了对数据进行管理的数据库模型设计。

国家标准库在大部分情况下使用国家提供的标准入库工具与程序进行入库，空间数据部分使用 ArcSDE 导入工具，并且根据需要开发相应程序进行数据的导入。其他数据根据需要开发相应的程序，如 Excel 导入工具等，进行导入。

基于国家标准库，在保留原来数据结构的基础上，在允许及可能的情况下，针对数据管理、查询的需要开展优化设计，以提供更高的性能要求。

（二）资料和成果管理

资料和成果管理包括各调查单位汇交资料和成果的情况管理、查询和统计管理；资料和成果共享管理情况管理、用户账户、权限密码管理等。

其中，"信息登记"登记各调查单位汇交资料和成果的情况；"查询统计"包括各汇交单位的已汇交资料的内容、数据量等；"共享管理"登记各单位使用资料和成果的情况，形成相关的统计报表；"系统维护"包括用户权限的设置、基础代码维护、参数设置和日志审计等。

（三）单点登录

单点登录系统应用国家提供的单点登录技术规范，实现单点接入可全网服务，单点认证可全网通行，单点退出可全网退出。

（四）特色系统集成

根据省级节点集成工作规范，利用国家海洋综合管理信息系统中开发的整合框架，主要对特色系统的单点登录、模块权限进行相应配置，按国家规范改造特色系统的 web 应用接口，实现了国家框架系统与福建省特色系统数据接入层、核心应用层、应用支撑层以及数据层的整合，以及福建省 908 专项资料与成果管理系统、海洋公众信息服务系统、海洋管理三维可视化系统和福建省海域使用管理系统的集成，达到国家对地方特色系统进行界面层整合的要求。

（五）福建省节点网站主要内容

成果展示，通过图片的方式按顺序展示福建省节点建设的成果信息，内容可以通过主页管理后台进行添加和修改。

会议通知，面向 908 专项专网用户，在主页上以图文并茂的方式，提供相关 908 专项会议及通知信息，相应在后台管理中提供会议及通知编辑功能。

工作动态，面向 908 专项专网用户，在主页上以图文并茂的方式，提供相关 908 专项工作动态信息和工作新闻，相应在后台管理中提供工作动态信息和工作新闻编辑功能。

数据库建设，面向 908 专项专网用户，在主页上提供福建省节点数据库建设信息，包括数据库建设的清单列表、航次区域、数据调查单位等信息，相应在后台管理中可根据资料与成果汇交的信息自动更新相关信息。

特色系统，在主页上以图文并茂的方式介绍福建省特色系统建设的情况，通过在主页链接的方式提供各特色系统的接口，从而使主页集成了特色应用系统。

主要参考文献

鲍献文，乔璐璐，于华明，等．2008．福建省海湾围填海规划水动力影响评价．北京：科学出版社．

蔡锋，陈峰，罗维芳，等．1998．厦门大嶝码头拟建区海域的沉积环境．台湾海峡，17（2）：172-179．

蔡锋，苏贤泽，刘建辉，等．2008．全球气候变化背景下我国海岸侵蚀问题及防范对策．自然科学进展，18（10）：1093-1102．

蔡清海，杜琦．2007．福建罗源湾网箱养殖区海洋生态环境质量评价．海洋科学进展，25（1）：101-110．

蔡清海，杜琦，钱小明，等．2007．福建省三沙湾海洋生态环境质量综合评价．海洋学报，29（2）：150-160．

陈坚，胡毅．2005．我国海砂资源的开发与对策．海洋地质动态，21（7）：4-8．

陈尚，李涛，刘键，等．2008．福建省海湾围填海规划生态影响评价．北京：科学出版社．

陈伟琪，张珞平．1999．近岸海域环境容量的价值及其价值量评估初探．厦门大学学报（自然科学版），6：896-901．

程汉良，曾文义，施文远，等．1985．海堤建成前后厦门港湾沉积速率的变化及其在海洋工程中的意义．台湾海峡，4（1）：45-52．

戴天元，卢振彬，冯森，等．2003．福建海区渔业资源生态容量和海洋捕捞业管理研究．北京：科学出版社．

福建省海岸带和海涂资源综合调查领导小组办公室．1990．福建省海岸带和海涂资源综合调查报告．北京：海洋出版社．

福建省情地图集编纂委员会．2009．福建省情地图集．福州：福建省地图出版社．

福建省综合调查委员会．1996．福建省海岛资源综合调查研究报告．北京：海洋出版社．

高俊国，刘大海．2007．海岛环境管理的特殊性及其对策．海洋环境科学，26（4）：397-400．

高智勇，蔡锋，和转．2004．福建湄洲岛对台客运码头淤积分析．海洋工程，22（3）：102-106．

高智勇，蔡锋，和转，等．2001．厦门岛东海岸的蚀退与防护．台湾海峡，20（4）：487-483．

黄发明，谢在团．2003．厦门市无居民海岛开发利用现状与管理保护对策．台湾海峡，22（4）：531-536．

黄良敏，李军，张雅芝，等．2010．闽江口及附近海域渔业资源现存量评析．热带海洋学报，29（5）：142-148．

梁诗经．2004．福建的地质遗迹及其科学文化价值．福建地质，23（4）：195-203．

廖永岩，李晓梅．2001．中国鲎资源现状及保护策略．资源科学，23（2）：53-57．

林志钦．2008．西施舌两个地理种群生物学比较及杂交初步研究．福建师范大学硕士学位论文．

刘苍字，贾海林，陈祥锋．2001．闽江河口沉积结构与沉积作用．海洋与湖沼，32（2）：177-184．

刘佳．2008．九龙江河口生态系统健康评价研究．厦门大学硕士学位论文．

刘剑秋，曾从盛，陈宁．2006．闽江河口湿地研究．北京：科学出版社．

刘修德，李涛，等．2009．福建省海湾围填海规划环境影响综合评价．北京：科学出版社．

吕小梅，方少华．1997．福建沿海文昌鱼的分布．海洋通报，16（3）：88-91．

罗美雪，翁宇斌，杨顺良．2007．福建省无居民海岛开发利用现状及存在问题．台湾海峡，26（2）：157-164．

潘定安，谢裕龙，沈焕庭．1991．闽江口川石水道的水文泥沙及其内拦门沙成因分析．华东师范大学学报（自然科学版），1：87-96．

孙美琴．2005．厦门近岸海域外来甲藻的入侵研究．厦门大学硕士学位论文．

汪伟洋，陈必哲．1989．厦门前埔浅海文昌鱼资源调查报告．福建水产，（1）：17-22．

王传崑，陆德超，贺松泉．1989．中国沿海农村海洋能源区划研究．

王传崑，卢苇．2009．海洋能资源分析方法及储量评估．北京：海洋出版社．

王海鹏，张培辉，陈峰，等．2000．闽江口水下三角洲沉积特征及沉积环境Ⅰ．现代沉积特征及沉积环境，19（1）：113-118．

王军，全成干，苏永全，等．2001．宫井洋大黄鱼遗传多样性的 PAPD 分析．海洋学报，23（3）：87-91．

王卿，安树青，马志军，等．2006．入侵植物互花米草——生物学、生态学及管理．植物分类学报，44（5）：559-588．

王清印．2007．海水养殖业的可持续发展——挑战与对策．北京：海洋出版社．

翁朝红，肖志群．2008．创建厦门海域中国鲎自然保护区．集美大学学报（自然版），13（1）：53-56．

伍伯瑜．1988．福建近岸海洋能资源．论福建海洋开发．福建：福建科学技术出版社．

肖风劲，欧阳华．2002．生态系统健康及其评价指标和方法．自然资源学报，17（2）：203-209．

谢书秋，刘振勇．2006．闽东大黄鱼养殖现状分析与发展对策．福建水产，8（3）：95-97．

谢松平．2006．尖刀蛏自然海区增殖技术．齐鲁渔业，23（4）：4-5．

许清辉，郭延宗，林锋，等．1991．闽江口无机氮营养盐的行为及入海通量．厦门大学学报，30（6）：632-634．

杨顺良，罗美雪．2008．福建省海湾围填海规划环境影响预测性评价．北京：科学出版社．

余兴光，马志远，林志兰，等．2008．福建省海湾围填海规划环境化学与环境容量影响评价．北京：科学出版社．

俞鸣同．1992．闽江河口北支冬季盐水入侵的分析．海洋通报，11（4）：17-22．

袁建军，谢嘉华．2002．泉州湾海洋生态环境质量评价．福建环境，19（6）：45-46．

曾从盛，雷波，王维奇，等．2009．闽江河口薧草湿地 CH_4 排放特征．湿地科学，7（2）：142-147．

曾国寿，何明海，程兆第．1996．厦门黄厝文昌鱼保护区监测与研究．台湾海峡，15（2）：174-181．

张波，唐启升，金显仕，等．2005．东海和黄海主要鱼类的食物竞争．动物学报，51（4）：616-623．

周珂，谭柏平．2008．论我国海岛的保护与管理——以海岛立法完善为视角．中国地质大学学报（社会科学版），8（1）：37-43．

左伟，周慧珍，王桥．2003．区域生态安全评价指标体系选取的概念框架研究．土壤学报，（1）：2-7．

《福建省近海海洋综合调查与评价总报告》
各章节编写人员名单

前言：陈坚、柯淑云

第一章　海洋水文与海洋气象调查：郭小钢、许金电、万小芳、王寿景、肖晖

第二章　海洋化学调查：林辉、暨卫东、林彩、孙秀武、邝伟明

第三章　海洋生物生态调查：唐森铭、陈彬、杜建国、林俊辉、王建军

第四章　近海经济海洋生物苗种资源调查：张澄茂

第五章　灾害调查：潘伟然、方民杰、蔡良候、雷刚

第六章　海岛调查：杨顺良、梁红星、方少华、杜庆红、罗美雪、翁宇斌、赵东波、
　　　　　胡灯进、张加晋、姬厚德、李云海、王爱军

第七章　海岸带调查：陈　坚、王爱军、郑承宗、徐勇航、李云海、汪卫国、赖志坤、
　　　　　叶　翔、尹希杰、李东义、方建勇、黄财宾、方少华、杜庆红、
　　　　　杨燕明、许德伟、陈本清、罗凯

第八章　海域使用现状调查：郑国富、颜尤明、汤三钦、莫好容、陈红梅、吴晓琴

第九章　沿海社会经济基本状况调查：李晓、林忠

第十章　沿岸和港湾资源综合评价：陈　坚、徐勇航、赵东波、戴天元、郑耀星、
　　　　　林光纪、胡　毅、郭小钢、陈明茹、王爱军、
　　　　　李云海、赖志坤

第十一章　沿岸和港湾生态环境综合评价：陈　坚、徐勇航、蔡　锋、李荣冠、
　　　　　林元烧、孙　琪、胡灯进、罗美雪、
　　　　　王爱军、汪卫国、李东义、方建勇

第十二章　海洋灾害及防治对策评价：陈　坚、徐勇航、潘伟然、唐森铭、林光纪、
　　　　　蔡　锋、王海燕、王爱军、叶　翔、尹希杰、
　　　　　李东义、黄财宾

第十三章　海洋经济发展战略与政策研究评价：杨圣云、陈明茹、肖佳媚、柯淑云

第十四章　"数字海洋"信息基础框架构建：张数忠

福建省 908 专项课题及承担单位

序号	课题名称	承担单位
1	福建省 908 专项近海水体环境调查与研究	国家海洋局第三海洋研究所 海洋研究所
2	福建省海岛调查	福建海洋研究所
3	福建省海域使用现状调查	福建省水产研究所
4	福建省沿海地区社会经济基本情况调查	福建师范大学
5	福建省 908 专项海底地形图编绘	福建海洋研究所
6	福建省海岸带调查	国家海洋局第三海洋研究所
7	福建省海岛海岸带遥感调查	国家海洋局第三海洋研究所
8	福建近海经济海洋生物苗种资源调查	福建省水产研究所
9	福建省 908 专项灾害调查	厦门大学 国家海洋局第三海洋研究所、福建省水产研究所
10	福建省 908 专项厦门湾海湾容量调查	厦门大学
11	福建省 908 专项深沪湾海湾容量调查	厦门大学
12	福建省 908 专项福清湾海湾容量调查	福建海洋研究所
13	福建省 908 专项闽江口海湾容量调查	长江下游局
14	福建省 908 专项东山湾海湾容量调查	国家海洋局第一海洋研究所
15	福建省 908 专项泉州湾海湾容量调查	国家海洋局第一海洋研究所
16	福建省 908 专项旧镇湾海湾容量调查	国家海洋局第一海洋研究所
17	福建省 908 专项兴化湾海湾容量调查	国家海洋局第三海洋研究所
18	福建省 908 专项湄洲湾海湾容量调查	国家海洋局第三海洋研究所
19	福建省诏安湾海湾容量调查	国家海洋局第三海洋研究所
20	福建省 908 专项三沙湾海湾容量调查	闽东监测中心
21	福建省 908 专项罗源湾海湾容量调查	中国海洋大学
22	福建省 908 专项沙埕港海湾容量调查	中国海洋大学
23	福建省潜在渔业资源开发利用评价	福建省水产研究所
24	福建海水养殖容量用新型潜在增养殖区评价与选划	福建省水产研究所
25	福建省海洋新能源综合评价	国家海洋局第三海洋研究所
26	福建省海洋赤潮灾害趋势评估及防治对策研究	国家海洋局第三海洋研究所
27	福建省海洋特殊保护资源综合评价	厦门大学
28	福建典型海湾生态资本评估	国家海洋局第一海洋研究所
29	福建省新型潜在滨海旅游区评价与选划	福建师范大学
30	福建省典型海湾生态系统健康与生态安全评价	厦门大学
31	福建省围填海综合评价	福建海洋研究所
32	福建省海洋功能区划管理办法	福建海洋研究所
33	福建省沿海港口航运资源保护利用评价	福建海洋研究所

序号	课题名称	承担单位
34	福建省海岛生态系统评价与资源开发利用评价	福建海洋研究所
35	福建省海洋外来物种入侵现状与对策评估	福建省水产研究所
36	福建省海岸带开发活动环境效应评价	国家海洋局第三海洋研究所
37	福建省滨海湿地及红树林生态系统评价	国家海洋局第三海洋研究所
38	福建省海砂资源综合评价	国家海洋局第三海洋研究所
39	福建省闽江入海物质对闽江口及沿海地区影响	国家海洋局第三海洋研究所
40	福建省沿海地区台风风暴潮及台风浪发生状况对社会影响	厦门大学
41	福建省滨海沙滩保护利用评价	国家海洋局第三海洋研究所
42	福建省突发性海洋污染评估	国家海洋局第三海洋研究所
43	福建主要海湾环境容量评价	国家海洋局第三海洋研究所
44	福建海洋政策研究	厦门大学
45	福建海洋经济发展战略研究	福建省人民政府发展研究中心
46	福建省"数字海洋"信息基础框架构建	福建省海洋预报台